高等院校化学化工教学改革规划教材
"十二五"江苏省高等学校重点教材
编号：2013-2-051

无机及分析化学

第二版

总主编　姚天扬　孙尔康
主　编　许兴友　杜江燕
副主编　朱小红　吴正颖　姜　琴
参　编　（按姓氏笔画为序）
　　　　王济奎　田宗城　许冬冬　刘广卿
　　　　陈　丰　吴东辉　郎雷鸣　商艳芳
　　　　杨华玲　胡喜兰　黄　芳　曹　丰
　　　　蒯海伟
主　审　姚　成

南京大学出版社

高等院校化学化工教学改革规划教材

编委会

总 主 编 姚天扬（南京大学） 孙尔康（南京大学）

副总主编 （按姓氏笔画排序）

王　杰（南京大学）　　　左晓兵（常熟理工学院）
石玉军（南通大学）　　　许兴友（淮海工学院）
邵　荣（盐城工学院）　　周诗彪（湖南文理学院）
郎建平（苏州大学）　　　钟　秦（南京理工大学）
赵宜江（淮阴师范学院）　董延茂（苏州科技大学）
姚　成（南京工业大学）　姚开安（南京大学金陵学院）
柳闽生（南京晓庄学院）　唐亚文（南京师范大学）
曹　健（盐城师范学院）

编　　委 （按姓氏笔画排序）

马宏佳	王济奎	王龙胜	王南平
许　伟	朱平华	华万森	华　平
李　琳	李心爱	李巧云	李荣清
李玉明	沈玉堂	吴　勇	杜江燕
汪学英	陈国松	陈景文	陆　云
张莉莉	张　进	张贤珍	罗士治
周益明	赵朴素	赵登山	赵　鑫
宣　婕	夏昊云	陶建清	缪震元

序

　　教材建设是高等学校教学改革的重要内容,也是衡量教学质量提高的关键指标。高校化学化工基础理论课教材在近几年教学改革中取得了丰硕成果,编写了不少有特色的教材或讲义,但就其内容而言基本上大同小异,在编写形式和介绍方法以及内容的取舍等方面不尽相同,充分体现了各校化学基础理论课的改革特色,但大多数限于本校自己使用,面不广、量不大。由于各校化学基础课教师相互交流、相互讨论、相互学习、相互取长补短的机会少,各校教材建设的特色得不到有效推广,不能实施优质资源共享;又由于近几年教学经验丰富的老师纷纷退休,年轻教师走上教学第一线,特别是江苏高校广大教师迫切希望联合编写有特色的化学化工理论课教材,同时希望在编写教材的过程中,实现教师之间相互教学探讨,既能实现优质资源共享,又能加快对年轻教师的培养。

　　为此,由南京大学化学化工学院姚天扬、孙尔康两位教授牵头,以地方院校为主,自愿参加为原则,组织了南京大学、南京理工大学、苏州大学、南京师范大学、南京工业大学、南京邮电大学、南通大学、苏州科技大学、南京晓庄师院、淮阴师范学院、盐城工学院、盐城师范学院、常熟理工学院、淮海工学院、淮阴工学院、江苏第二师范学院、南京大学金陵学院、南理工泰州科技学院等18所江苏省高等院校,同时吸收了解放军第二军医大学、湖北工业大学、华东交通大学、湖南文理学院、衡阳师范学院、九江学院等6所省外院校,共计24所高等学校的化学专业、应用化学专业、化工专业基础理论课一线主讲教师,共同联合编写"高等院校化学化工教学改革规划教材"一套,该系列教材包括《无机化学(上、下册)》、《无机化学简明教程》、《有机化学(上、下册)》、《有机化学简明教程》、《分析化学》、《物理化学(上、下册)》、《物理化学简明教程》、《化工原理(上、下册)》、《化工原理简明教程》、《仪器分析》、《无机及分析化学》、《大学化学(上、下册)》、《普通化学》、《高分子导论》、《化学与社会》、《化学教学论》、《生物化学简明教程》、《化工导论》等18部。

　　该系列教材适合于不同层次院校的化学基础理论课教学任务需求,同时适应不同教学体系改革的需求。

　　该系列教材体现如下几个特点:

　　1. 系统介绍各门基础理论课的知识点,突出重点,突出应用,删除陈旧内容,增加学科前沿内容。

　　2. 该系列教材将基础理论、学科前沿、学科应用有机融合,体现教材的时代性、先进性、应用性和前瞻性。

　　3. 教材中充分吸取各校改革特色,实现教材优质资源共享。

4. 每门教材都引入近几年相关的文献资料，特别是有关应用方面的文献资料，便于学有余力的学生自主学习。

该系列教材的编写得到了江苏省教育厅高教处、江苏省高等教育学会、相关高校化学化工系以及南京大学出版社的大力支持和帮助，在此表示感谢！

该系列教材已被评为"十二五"江苏省高等学校重点教材。

该系列教材是由高校联合编写的分层次、多元化的化学基础理论课教材，是我们工作的一项尝试。尽管经过多次讨论，在编写形式、编写大纲、内容的取舍等方面提出了统一的要求，但参编教师众多，水平不一，在教材中难免会出现一些疏漏或错误，敬请读者和专家提出批评和指正，以便我们今后修改和订正。

编委会

第二版前言

近年来,我国高等教育的结构发生了巨大的变化。一些大学通过合并使专业、学科更为齐全,有的学校同时兼具理、工、农、医科等专业,但无机及分析化学作为一门基础课程仍是各自为政的局面,为了巩固高等教育结构调整的成果,更有利于培养学生的能力,因此编写非化学类理、工、农、医等相关专业本科生通用的无机及分析化学教材非常必要。

本教材的主要目的是使学生在学习无机及分析化学课程后,能掌握最基本的化学原理和定量化学分析的方法,并能用这些原理和方法来观察、思考和处理实际问题,为今后的专业学习、科学研究和生产实践打下基础。因此,本教材首先从宏观上介绍分散体系(稀溶液、胶体)的基本性质和化学反应的基本原理(能量变化、反应速率、反应方向、反应的平衡移动),进而从微观上介绍物质结构(原子、分子、晶体)的基本知识。然后简述定量化学分析的基础知识,论述溶液中各种类型的化学平衡以及在滴定分析中的应用,并对最常用的几种仪器分析法作了简介。最后介绍重要的元素和复杂物质的分离和富集。本教材删减了无机化学和分析化学中重复的内容,合并了相似的内容,增加了仪器分析的内容,以适应当前的教学要求。合并相关章节后,突出了主题,减少了篇幅,能适应一个学期内完成本课程的学时需求。各专业对化学的要求侧重面会有所不同,教师可以根据实际情况对教材进行适当的取舍,部分内容可安排学生自学。

此外,本书还是新形态的立体化教材,书中以嵌入二维码的形式提供了丰富的电子资源,如微课、动画、案例视频、电子课件等,既彰显了信息化教学改革的追求,也提高了学生自主学习的效果和积极性。

为适应高等教育与国际接轨的发展趋势,本教材中的绝大部分专业术语以中英文两种文字给出,同时贯彻中华人民共和国国家法定计量单位,采用国家标准(GB 3102.8—93)所规定的符号和单位。

本教材的编写得到了江苏省高等教育学会的大力支持,2013年入选"十二五"江苏省高等学校重点教材。本书由许兴友、杜江燕任主编,朱小红、吴正颖、姜琴任副主编,参加本书编写工作的有淮海工学院的许兴友、姜琴、胡喜兰,南京师范大学的杜江燕、许冬冬,淮阴工学院的朱小红、蒯海伟,苏州科技大学的吴正颖、曹丰、陈丰,南通大学的吴东辉、商艳芳、杨华玲,湖南文理学院的田宗城,南京晓庄学院的刘广卿、郎雷鸣、黄芳等。

南京工业大学姚成教授主审全书。

限于编者水平,书中肯定会有诸多不尽如人意甚至错讹之处,敬请读者和专家不吝指正。

目 录

绪 论 ·· 1

第1章 物质的聚集状态 ··· 4
1.1 分散系 ··· 4
1.2 气体 ··· 5
1.3 溶液浓度的表示方法 ·· 7
1.4 稀溶液的通性 ·· 8
1.5 胶体溶液 ··· 14
1.6 高分子溶液和乳状液 ·· 19
思考题 ··· 20
习题 ·· 21

第2章 化学反应的一般原理 ·· 23
2.1 基本概念 ··· 23
2.2 热化学 ·· 28
2.3 化学反应的方向与限度 ··· 35
2.4 化学平衡 ··· 40
2.5 化学反应速率 ··· 49
2.6 化学反应一般原理的应用 ··· 58
思考题 ··· 59
习题 ·· 60

第3章 定量分析基础 ··· 63
3.1 分析化学的任务和作用 ··· 63
3.2 定量分析方法的分类 ·· 63
3.3 定量分析的一般过程 ·· 65
3.4 定量分析中的误差 ··· 66
3.5 分析结果的数据处理 ·· 70
3.6 有效数字及运算规则 ·· 75
3.7 滴定分析法概述 ··· 77
思考题 ··· 81
习题 ·· 82

第 4 章 酸碱平衡与酸碱滴定法 ······ 84
- 4.1 酸碱理论 ······ 84
- 4.2 弱酸弱碱的解离平衡 ······ 87
- 4.3 缓冲溶液 ······ 97
- 4.4 酸碱平衡体系中型体分布 ······ 99
- 4.5 酸碱滴定法及应用 ······ 103
- 思考题 ······ 113
- 习题 ······ 113

第 5 章 沉淀溶解平衡与沉淀滴定法 ······ 115
- 5.1 难溶电解质的溶解平衡 ······ 115
- 5.2 沉淀溶解平衡的移动 ······ 119
- 5.3 溶度积规则的应用 ······ 123
- 5.4 沉淀滴定法和重量分析法 ······ 125
- 思考题 ······ 133
- 习题 ······ 133

第 6 章 氧化还原反应 ······ 135
- 6.1 氧化还原反应的基本概念 ······ 135
- 6.2 氧化还原方程式的配平 ······ 136
- 6.3 电极电势 ······ 139
- 6.4 电极电势的应用 ······ 145
- 6.5 元素电势图及其应用 ······ 151
- 6.6 氧化还原反应速率及其影响因素 ······ 154
- 6.7 氧化还原滴定法 ······ 155
- 思考题 ······ 163
- 习题 ······ 163

第 7 章 物质结构基础 ······ 167
- 7.1 核外电子运动状态 ······ 167
- 7.2 多电子原子结构 ······ 174
- 7.3 化学键理论 ······ 181
- 7.4 多原子分子的空间构型 ······ 185
- 7.5 共价型物质的晶体 ······ 193
- 7.6 离子晶体 ······ 194
- 7.7 多键型晶体 ······ 198
- 思考题 ······ 199
- 习题 ······ 200

第 8 章　配位化合物与配位滴定 203

- 8.1　配位化合物的组成和定义 203
- 8.2　配位化合物的类型和命名 205
- 8.3　配位化合物的化学键理论 209
- 8.4　配合物的解离平衡 214
- 8.5　配位滴定法 217
- 思考题 225
- 习题 226

第 9 章　仪器分析法选介 228

- 9.1　紫外-可见分光光度法 228
- 9.2　电位分析法 243
- 9.3　原子吸收分光光度法 255
- 9.4　色谱分析法 261
- 思考题 268
- 习题 269

第 10 章　重要元素及其化合物 271

- 10.1　s 区元素及其重要化合物 272
- 10.2　p 区元素及其重要化合物 284
- 10.3　d 区元素 310
- 10.4　ds 区元素 319
- 10.5　f 区元素 326
- 10.6　化学元素与人体健康 328
- 思考题 331
- 习题 332

第 11 章　常见离子的定性分析 334

- 11.1　无机定性分析概述 334
- 11.2　常见阳离子的分析 337
- 11.3　常见阴离子的基本性质和鉴定 346
- 思考题 351
- 习题 352

第 12 章　化学中常用的分离方法 353

- 12.1　沉淀分离法 354
- 12.2　溶剂萃取分离法 357
- 12.3　挥发和蒸馏分离法 362

12.4　离子交换法 ··· 362
　12.5　层析分离法 ··· 367
　12.6　新的分离和富集方法简介 ··· 371
　思考题 ·· 374
　习题 ·· 374

附　录 ··· 376

　附录Ⅰ　本书采用的法定计量单位 ··· 376
　附录Ⅱ　基本物理常量和本书使用的一些常用量的符号与名称 ············ 377
　附录Ⅲ　一些常见单质、离子及化合物的热力学函数 ························ 377
　附录Ⅳ　常见弱酸、弱碱在水中的解离常数(298.15 K) ······················ 386
　附录Ⅴ　一些配位化合物的稳定常数与金属离子的羟合效应系数 ········ 387
　附录Ⅵ　难溶化合物的溶度积常数(298.15 K) ·································· 392
　附录Ⅶ　标准电极电势(298.15 K) ·· 393

部分习题参考答案 ··· 397
主要参考书目 ·· 399

二维码资源一览表

资源名称	类型	页码	二维码	资源名称	类型	页码	二维码
无机及分析化学课件	PPT	版权页		饱和蒸气压	动画	7	
豆腐制作中的胶体知识	视频	18		乳状液的破乳	PDF	19	
系统和环境	动画	25		状态和状态函数	动画	26	
熵和化学反应方向的判据	PDF	37		科学家观察到过渡态的形成	视频	54	
准确度与精密度	动画	66		用MATLAB简化计算$[H^+]$	视频、PDF	96	
缓冲溶液	微课、PDF	97		酸碱滴定	微课、PDF	107	
多元弱酸的准确滴定	PDF	110		盐效应	PDF、PPT	121	
沉淀滴定法	视频、PDF	126		原电池	微课、PDF、动画	139、140	
氧化还原滴定法	微课、PDF	155		滴定曲线法	PDF	157	
原子结构	微课	167		电子自旋实验	动画	173	
电子云3D模型	动画	174		σ键与π键模型	动画	183	
几种杂化轨道模型	动画	186		极性分子模型	动画	190	
晶形模型	动画	193		离子半径模型	动画	195	
简单离子与络合离子性质比较+络合离子形成	视频	203		配离子稳定性比较	视频	214	
配位滴定终点判断	视频	220		分光光度计使用方法	视频	233	

(续表)

资源名称	类型	页码	二维码	资源名称	类型	页码	二维码
标准曲线制作	视频	236		邻二氮菲－Fe^{2+}络合物滴定操作	视频	241	
电位分析法	微课	243		原子吸收分光光度计原理＋操作	视频、指导手册	255	
气相色谱仪虚拟仿真操作	视频	266		高效液相色谱仪原理＋操作	视频	267	
元素毒性＋化学元素	视频	271		Ag^+的鉴定	视频	340	
Cu^{2+}的鉴定	视频	341		Cd^{2+}的鉴定	视频	341	
Hg^{2+}的鉴定	视频	342		Fe^{2+}/Fe^{3+}的鉴定	视频	343	
Ni^{2+}、Co^{2+}、Zn^{2+}的鉴定	视频	344		Ca^{2+}、Ba^{2+}分离与鉴定	视频	344	
焰色反应	视频	345		Na^+和NH_4^+的鉴定	视频	346	
SO_4^{2-}的鉴定	视频	349		SO_3^{2-}、CO_3^{2-}和PO_4^{3-}的鉴定	视频	349	
Cl^-、Br^-和I^-的鉴定	视频	350		NO_3^-、NO_2^-的鉴定	视频	351	
加标回收率	PDF	353		四甲基氯化铵沉淀法分离提纯铂和钯	PDF	357	
萃取与分离	视频	358		新型稀土萃取剂研究现状与进展＋离子液体萃取分离有机物研究进展	PDF	360	
索氏提取器	视频	362		用离子交换剂软化硬水	视频	366	
柱层析法	视频	367		超临界流体技术研究新进展	PDF	371	
膜分离法	视频	373		元素周期律	视频、图片	400	

绪 论

化学是在原子、分子水平上研究物质的组成、结构和性质以及相互转化的学科。作为自然科学中的一门基础学科,化学是促进当代科学技术进步和人类物质文明飞速发展的基础和动力。化学是一门核心、实用、创造性的科学,化学也是一门古老而又生机勃勃的科学。

人类从懂得用火开始,就从野蛮进入了文明。燃烧是人类最早利用的化学反应,燃烧不仅改善了人类的饮食条件,而且也改善了人类的生活条件,人们利用燃烧反应制作了陶器,冶炼了青铜等金属。古代的炼丹家更是在寻求长生不老药的过程之中使用了燃烧、煅烧、蒸馏、升华等化学基本操作。造纸、染色、酿造、火药等使人类生活质量提高的生产技术的发明,无一不是经历无数化学反应的结果。因此,化学从一开始就和人类的生活密切相关。当然,在古代,化学表现出的是一种经验性、零散性和实用性的技术,化学并没有成为一门科学。

17世纪中叶以后,随着资本主义生产的迅速发展,积累了有关物质变化的知识。同时,数学、物理学、天文学等相关学科的发展促进了化学的发展。1661年,玻意尔(Boyle R)首次指出"化学的对象和任务就是寻找和认识物质的组成和性质",他明确地把化学作为一门认识自然的科学,而不是一种以实用为目的的技艺。恩格斯对此给予了高度的评价:"是玻意尔把化学确立为科学"。

18世纪末,化学实验室开始有了较精密的天平,使化学科学从对物质变化的简单定性研究进入到精密的定量研究。随后相继发现了质量守恒定律、定组成定律、倍比定律等定律,为化学新理论的诞生打下了基础。19世纪初,为了说明这些定律的内在联系,道尔顿(Daltan J)和阿伏伽德罗(Avogadro)分别创立了原子论和原子-分子论,从此进入了近代化学的发展时期。

19世纪下半叶,物理学的热力学理论被引入化学,从宏观角度解决了化学平衡的问题。随着工业化的进程,出现了生产酸、碱、合成氨、染料以及其他有机化合物的大工厂,化学工业的发展更促使了化学科学的深入发展。化学开始形成了无机化学、分析化学、有机化学和物理化学四大基础化学学科。

20世纪是化学取得巨大成就的世纪,化学的研究对象从微观世界到宏观世界,从人类社会到宇宙空间不断地发展。无论在化学的理论、研究方法、实验技术以及应用等方面都发生了巨大的变化。原来的四大基础化学学科已容纳不下新的发展,从而衍生出新的学科分支,例如生物化学、分子生物学、环境化学、材料化学、药物化学、地球化学和化学生物学等。化学科学不但对物理、地质、能源、材料、医学等学科的发展产生过重大的影响,更与生物科学联手,对揭示生命的奥秘有着其他学科无法替代的重要作用。20世纪生命化学的崛起给古老的生物学注入了新的活力,生物分子的化学结构与合成的研究就已经多次获得了诺贝尔化学奖。例如,1955年,维格诺德(Vigneand)因首次合成多肽激素而获得了诺贝尔化学奖。1962年,肯德鲁(Kendrew JC)和佩鲁茨(Perutz MF)因利用X射线衍射成功地测定了鲸肌红蛋白和马血红蛋白的空间结构而获得了诺贝尔化学奖。1980年,伯格(Berg P)、桑格(Sanger F)和吉尔伯特(Gilbert W)因在DNA分裂、重组和测序方面的贡献而获得了诺贝尔化学奖。1982年,克卢格(Klug A)利用X射线衍射法测定了染色体的结构而获得了诺贝尔化学奖。1984年,梅里菲尔德(Merrified RB)因发明多肽固相合成技术而获得了诺贝尔化学奖。1989年,切赫(Cech T)和奥尔特曼(Altman S)因发现核酶而获得了诺贝尔化学奖。1997年,斯科(Skou J)因发现了维持细胞中Na^+和K^+浓度平衡的酶及有关机理、博耶(Boyer P)和沃克尔(Walker J)因揭示能量分子ATP的形成过程而共同获诺贝尔化学奖。现代科学中能源、环境、材料、生物、信息技术等跨世纪学科无一例外地与化学密切相关,化学已成为促进社会及科学发展的基础学科之一。

化学向其他学科的渗透和交融的趋势在21世纪将更加明显。更多的化学工作者会投身到研究生命、材料的工作中去,研究生命、材料的工作者也将更多地应用化学的原理和手段来从事各自的研究。化学的发展也会进一步带动和促进其他相关学科的发展,同时其他学科的发展和技术的进步也会反过来推动化学学科的不断前进。物理科学的发展使得化学家不但能够描述慢过程,亦能用激光、分子束和脉冲等技术跟踪超快过程。这些进步将有助于化学家在更深层次揭示物质的性质及物质变化的规律。数学的非线性理论和混沌理论对化学多元复杂体系的研究产生深刻的影响。随着计算机技术的发展,化学科学与数学方法、计算机技术的结合,形成了化学计量学,实现了计算机模拟化学过程。应用量子力学方法处理分子结构与性能的关系,有可能按照预定性能要求设计新型分子。应用数学方法和计算机确定新型分子的合成路线,使分子设计摆脱纯经验的摸索,为材料科学开辟了新的方向。生物体是由化学元素构成的,元素构成了生物体内形形色色的物质,如蛋白质、核酸、糖类、油脂、水及各种无机盐,这些物质在整个生命活动中按照自身的化学性质和变化规律起着作用。

近代生物学已把生命当作化学过程来认识,化学家和生物学家正在携手合作从分子水平研究生命科学。随着生物工程研究的进展,化学家将更多地和生物学家一起利用细胞来进行物质的合成,同时将更多地应用仿生技术来研制模拟酶催化剂。

化学作为一门中心的、实用的和创造性的科学[①],它与社会的多方面的需求有关,也有人称"化学是一门使人类生活得更美好的学科"。因此化学的基本研究和国民经济各部门的紧密结合将产生巨大的生产力,并影响到每个人的生活。在未来几十年中,我们将会看到化学为解决人类所面临的能源和粮食问题所做的贡献。化学将在研制高效肥料和高效农药、特别是与环境友好的生物肥料和生物农药,以及开发新型农业生产资料等方面发挥巨大作用。化学将在发展新能源和资源的合理开发及高效安全利用中起关键作用。在研制大规模、大功率的光电转换材料,推广太阳能的开发利用等方面发挥特别的作用。这些将改变人类能源消费的方式,同时提高人类生态环境的质量。化学也将在电子信息材料、生物医用材料、新型能源材料、生态环境材料和航空航天材料及复合材料的研究中发挥重大的作用。在发展量子计算机、生物计算机、分子器件和生物芯片等新技术中化学都将做出自己的贡献。化学将在克服疾病和提高人们的生存质量等方面进一步发挥重大的作用。在攻克高死亡率和高致残的心脑血管病、肿瘤、糖尿病以及艾滋病的进程中,化学家将和医学工作者一起不

---

① 布里斯罗 R. 化学的今天和明天. 北京:科学出版社,1998.

断创造和研究包括基因疗法在内的新药物和新方法。化学研究也将使人们从分子水平了解病理过程，提出预警生物标志物的检测方法。化学研究也将在揭示中药的有效成分、揭示多组分药物的协同作用机理方面发挥巨大作用，从而加速中医药走向世界。

总之，化学是与国民经济的各部门、人民生活的各方面、科学技术的各领域都有密切联系的基础学科。它不仅是化学工作者的必备专业知识，而且是理、工、农、医各相关学科专业人士所必须掌握的专业基础知识。要成为基础扎实、知识面宽、能力强、具有创新精神的高级人才，较为系统地学习化学基本原理、掌握必需的化学和基本技能，了解它们在现代科学各个领域的应用是十分必要的。同时，化学是一门充满活力和创造性的学科，通过化学课程的学习，不但可使学生掌握一定的化学专业知识，而且有利于培养学生的创新思维能力和辩证唯物主义观点。化学是一门以实验为基础的科学。化学实验是人们认识物质的化学性质，揭示化学变化规律和检验化学理论的基本手段。学生在实验室模拟各种实验条件，细致地对实验现象进行观察比较，并从中得出有用的结论。因此，可以培养学生的动手能力、认真细致的工作习惯、分析和解决实际问题的思想方法。

学生通过无机及分析化学课程的学习，应掌握化学科学的基本内容，扩大知识面，了解化学变化的基本规律，学会从化学反应产生的能量、反应的方向、反应的速率、反应进行的程度等方面来分析化学反应的条件，从而优化化学反应的条件；学会用原子、分子结构的观点解释元素及其化合物的性质；正确处理各类化学平衡（酸碱平衡、沉淀溶解平衡、氧化还原平衡、配位平衡）的移动及平衡之间的转换；学会用定量分析的方法来测定物质的量，从而解决生产、科研中的实际问题；了解常用分析仪器的原理并掌握其使用的方法，为进一步学习各门有关的专业课程打下基础。

第1章 物质的聚集状态

> **学习要求：**
> 1. 掌握理想气体状态方程及其应用。
> 2. 掌握道尔顿分压定律。
> 3. 理解稀溶液的依数性及其应用。
> 4. 熟悉溶胶的结构、性质、稳定性及聚沉作用。
> 5. 了解大分子溶液。

物质在一定的温度和压力条件下所处的相对稳定的状态，称为物质的聚集状态。在常温下，物质有三种可能的状态，即气态、液态和固态。这些聚集状态下的物质就是我们通常所说的实物，它们都是由大量的分子、原子或离子组成。

物质微观模型的基本论点是：物质由大量的分子所组成，分子都在不停地运动，分子间存在相互作用力，固体和液体分子不会散开而能保持一定的体积，固体还能保持一定的形状，表明它们的分子间存在相互吸引力。另一方面，当对固体和液体施加很大的压力时，它们的可压缩性很小，这是因分子间距离很近时，存在相互斥力。在通常情况下，分子间的作用力倾向于使分子聚集在一起，并在空间形成较规则的有序排列。随着温度的升高，分子的热运动加剧，力图破坏有序排列，变成无序状态。当升高到一定程度，热运动足以破坏原有的排列秩序时，物质的宏观状态就可能发生突变，从而由一种聚集状态变到另一种聚集状态。例如，从固态变成液态，从液态再变到气态。当温度再继续升高，外界所供给的能量足以破坏气体分子中原子核和电子的结合，气体就电离成自由电子和正离子组成的气体，即等离子体。

等离子体与固、液、气三态相比，在组成和性质上均有本质的不同。就拿它与其最接近的气体相比，两者也有明显的区别：前者是一种导电流体，后者通常不导电；前者粒子间存在库仑力，并导致带电粒子群特有的集体运动，而后者分子间不存在净的电磁力；且前者运动行为还明显受到电磁场的影响和约束。故等离子体被看作物质的又一种基本状态，常称之为"物质的第四态"。

1.1 分散系

一种或几种物质以细小的粒子分散在另一种物质里所形成的系统称为分散系。被分散的物质称为分散质，也称为分散相；将分散质分散开来的物质称为分散剂，也称为分散介质。例如，将蔗糖和泥土分别撒于水中，搅拌后形成的蔗糖水和泥水都是分散系。其中蔗糖和泥土是分散质,水是分散剂。按分散质粒子的大小以及形成的分散系稳定性、扩散性的不同,可将分散系分成三类,见表 1-1。

表 1-1 分散系的分类

分散系类型		分散质	分散质粒子直径	主要性质	实例		
					分散系	分散质	分散剂
低分子或离子分散系		小分子、离子或原子	<1 nm	均相,稳定,扩散快	NaCl水溶液	Na^+,Cl^-	H_2O
胶体分散系	高分子溶液	大分子	1~100 nm	均相,稳定,扩散慢	血液	蛋白质	H_2O
	溶胶	分子的小聚集体	1~100 nm	多相,较稳定,扩散慢	AgI溶胶	AgI	H_2O
粗分散系		分子的大聚集体	>100 nm	多相,不稳定,扩散很慢	泥浆	泥土	H_2O

相和物质的聚集态这两个概念是不同的。我们把系统中物理性质和化学性质完全相同的一部分称为一个相(phase)。相与相之间有明确的界面分隔。只有一个相的系统称为单相系统或均相系统,有两个或两个以上相的系统称多相系统。对气态物质来讲,因气体分子具有扩散性,通常总是均匀充满它所占据的容器,故无论是单组分气体还是混合气体,只有一个相,为单相系统。对液态物质,如水和乙醇的混合物,因两者能互溶,故为单相系统;而水和苯的混合物,因两者不能混溶,故虽只有一个液态,但却有两个相,为多相系统。而对固态物质,一般一种固态物质单独成为一个相。

1.2 气体

1.2.1 理想气体状态方程

如果完全忽略气体分子的体积及分子间的作用力,该气体即称为理想气体。显然理想气体是不存在的,它仅仅是一种科学的假想。但是理想气体模型却是非常重要的,这是因为在通常条件下,即压力不是太大、温度不是太低时,由于实际气体分子间距离很大,气体分子本身所占的体积远小于气体的体积,故可忽略前者;且分子间的作用力也因分子间距离拉大而迅速减小,也可忽略。而即使当压力较大或温度较低时,我们也可以对理想气体模型进行适当修正,因此研究理想气体是为了把研究对象简单化,这是科学上处理比较复杂问题时常用的一种方法。

理想气体状态方程为

$$pV = nRT \tag{1-1}$$

该方程表明了气体的压力(p)、体积(V)、温度(T)和物质的量(n)之间的关系。R 称为摩尔气体常数,其值和单位如下:

$R = 8.314 \text{ Pa·m}^3 \cdot \text{mol}^{-1} \cdot \text{K}^{-1} = 8.314 \text{ kPa·L·mol}^{-1} \cdot \text{K}^{-1} = 8.314 \text{ J·mol}^{-1} \cdot \text{K}^{-1}$

理想气体状态方程还可表示为另外一些形式：

$$pV = \frac{m}{M}RT \tag{1-2}$$

$$pM = \frac{m}{V}RT = \rho RT \tag{1-3}$$

式中：m 为气体的质量；M 为摩尔质量；ρ 为密度。利用上面三个公式可进行一些有关气体的计算，在计算时应注意保持 p、V 与 R 单位的统一。

【例 1-1】 某学生在 25℃、100 kPa 下收集到 250 mL CO_2 气体，则其质量为多少？

解：CO_2 的摩尔质量为 44 g·mol^{-1}，将有关数据代入公式得

$$m = \frac{pVM}{RT} = \frac{100 \text{ kPa} \times 250 \times 10^{-3} \text{ L} \times 44 \text{ g} \cdot \text{mol}^{-1}}{8.314 \text{ kPa} \cdot \text{L} \cdot \text{mol}^{-1} \cdot \text{K}^{-1} \times 298 \text{ K}} = 0.444 \text{ g}$$

1.2.2 道尔顿分压定律

由于在通常条件下，气体分子间的距离大，分子间的作用力很小，所以气体具有两大特征，即扩散性和可压缩性，任何气体可以均匀充满它所占据的容器。因此如果将几种彼此不发生化学反应的气体放在同一容器中，各种气体如同单独存在时一样充满整个容器。

在相同温度下，混合气体中某组分气体单独占有混合气体的容积时所产生的压力称为该组分气体的分压力。由分压力的定义得分压力计算公式：

$$p_i V = n_i RT \tag{1-4}$$

式中：i 代表混合气体中第 i 种组分气体。

1801 年道尔顿通过实验发现：混合气体的总压力等于各组分气体的分压力之和，这就是道尔顿分压定律。

$$p = p_1 + p_2 + \cdots = \sum_i p_i = \sum_i \frac{n_i RT}{V} = \frac{nRT}{V} \tag{1-5}$$

也就是：

$$pV = nRT \tag{1-6}$$

式中：p、n 分别代表混合气体的总压力及总物质的量。可见理想气体状态方程不仅适用于某一纯净气体，也适用于混合气体中某一组分气体，同时也适用于混合气体。

将式(1-4)除以式(1-6)得：

$$p_i/p = n_i/n = x_i$$

式中：x_i 为 i 组分气体的摩尔分数，则

$$p_i = x_i p \tag{1-7}$$

该式表示：混合气体中某组分气体的分压力等于该组分的摩尔分数与混合气体总压力的乘积。

应当指出，只有理想气体才严格遵守道尔顿分压定律，实际气体只有在压力较低、温度较高时才近似遵守此定律。

道尔顿分压定律对于研究气体混合物非常重要。我们在实验室中常用排水取气法收集气体。因此用这种方法收集的气体中总是含有饱和的水蒸气。在这种情况下测出的压力应

是混合气体的总压力,即:$p(总压)=p(气体)+p(水蒸气)$。

水的饱和蒸气压仅与水的温度有关,其值可从表 1-2 中查到。因此气体的分压等于总压减去该温度下的饱和蒸气压。

动画:饱和蒸气压

表 1-2 水在不同温度下的饱和蒸气压

温度/℃	压力/kPa	温度/℃	压力/kPa	温度/℃	压力/kPa
0	0.61	18	2.07	40	7.37
1	0.65	19	2.20	45	9.59
2	0.71	20	2.33	50	12.33
3	0.76	21	2.49	55	15.73
4	0.81	22	2.64	60	19.92
5	0.87	23	2.81	65	25.00
6	0.93	24	2.97	70	31.16
7	1.00	25	3.17	75	38.54
8	1.07	26	3.36	80	47.34
9	1.15	27	3.56	85	57.81
10	1.23	28	3.77	90	70.10
11	1.31	29	4.00	95	84.54
12	1.40	30	4.24	96	87.67
13	1.49	31	4.49	97	90.94
14	1.60	32	4.76	98	90.30
15	1.71	33	5.03	99	97.75
16	1.81	34	5.32	100	101.32
17	1.93	35	5.63	101	105.00

【例 1-2】 在 25℃下,将 0.100 mol 的 O_2 和 0.350 mol 的 H_2 装入 3.00 L 的容器中,通电后氧气和氢气反应生成水,剩下过量的氢气。求反应前后气体的总压和各组分的分压。

解:反应前:

$$p(O_2) = \frac{0.100 \times 8.314 \times 298}{3.00} = 82.6 \text{ (kPa)}$$

$$p(H_2) = \frac{0.350 \times 8.314 \times 298}{3.00} = 289 \text{ (kPa)}$$

通电时 0.100 mol O_2 只与 0.200 mol H_2 反应生成 H_2O,而剩下 0.150 mol H_2。液态水所占的体积与容器体积相比可忽略不计,但由此产生的饱和水蒸气却必须考虑。因此反应后:

$$p(H_2) = \frac{0.150 \times 8.314 \times 298}{3.00} = 124 \text{ (kPa)}$$

$$p(H_2O) = 3.17 \text{ kPa}$$

故总压力:$p=124+3.17=127$ (kPa)

1.3 溶液浓度的表示方法

由两种或两种以上不同物质所组成的均匀、稳定的液相系统称为溶液。

1.3.1 物质的量及其单位

物质的量是表示物质基本单元数目多少的物理量,符号为 n,单位为 mol。某物系中所含有的基本单元数目与 0.012 kg 碳-12 的原子数目相等(这个数目称为阿伏伽德罗常数,用符号 N_A 表示,其量值为 $6.022 \times 10^{23} \text{mol}^{-1}$),此物系的"物质的量"为 1 mol。

应当注意,使用物质的量及其单位时,必须同时指明基本单元。基本单元是系统中组成物质的基本组分,用符号 B 表示,B 既可以是分子、原子、离子、电子及其他粒子,也可以是这些粒子的特定组合。如 H、H_2、$NaOH$、$\frac{1}{2}H_2SO_4$、$\frac{1}{5}KMnO_4$、SO_4^{2-} 和 $(H_2+\frac{1}{2}O_2)$ 等。

1 mol 物质的质量称为摩尔质量,用符号"M_B"表示,摩尔质量也必须指明基本单元。物质的量 n_B、物质的质量 m_B、摩尔质量三者间的关系如下:

$$M_B = \frac{m_B}{n_B} \tag{1-8}$$

1.3.2 物质的量浓度

溶液中所含溶质 B 的物质的量除以溶液的体积表示的浓度,称为溶质 B 的物质的量浓度,简称浓度,用符号"c_B"表示。

$$c_B = \frac{n_B}{V} \tag{1-9}$$

其单位常用 $\text{mol} \cdot \text{dm}^{-3}$ 或 $\text{mol} \cdot \text{L}^{-1}$。

若溶质 B 的质量为 m_B、摩尔质量为 M_B,则

$$c_B = \frac{m_B/M_B}{V}$$

$$m_B = c_B \cdot V \cdot M_B \tag{1-10}$$

1.3.3 质量摩尔浓度

物质 B 的质量摩尔浓度用符号 b_B 表示,定义为溶质 B 的物质的量 n_B、除以溶剂的质量 m_A(单位为 kg),即

$$b_B = \frac{n_B}{m_A} \tag{1-11}$$

质量摩尔浓度的单位为 $\text{mol} \cdot \text{kg}^{-1}$,使用时应注意基本单元。当温度发生变化时,溶液的体积会发生一定程度的变化,从而物质的量浓度略有变化,但质量摩尔浓度不变。对于溶剂是水的稀溶液($b_B < 0.1 \text{ mol} \cdot \text{kg}^{-1}$),$c_B \approx b_B$。

1.4 稀溶液的通性

溶液的性质可以分为两类:一类性质是由溶质的本性决定的,如溶液的颜色、导电性、相

对密度等;而另一类的性质,只取决于溶液中溶质微粒数的多少,而与溶质的本性几乎无关,如溶液的蒸气压下降、沸点升高、凝固点降低及渗透压力等。我们把这一类性质统称为稀溶液的依数性(或稀溶液的通性)。本节主要讨论难挥发非电解质的稀溶液(通常质量摩尔浓度$<0.2\ mol\cdot kg^{-1}$)。

1.4.1 溶液的蒸气压下降

在一定温度下,将某纯溶剂(如水)放进密闭容器,这时,水面上动能较大的水分子会克服四周水分子对它的吸引,从水面逸出形成水蒸气,也就是从液相转变为气相,这一过程称为蒸发。蒸发出来的水蒸气分子也有一部分和水面撞击,又从气相转变成液相,形成液态水,这一过程称为凝集。

开始时因无 $H_2O(g)$,故水蒸气的凝集速率为零,而随着蒸发的进行,水蒸气浓度不断增大,凝集速率也随之增加。当蒸发速率与凝集速率相等时,系统所处的状态便到达平衡状态[图 1-1(a)]。平衡时水面上水的蒸气浓度不再改变,此时水面上的蒸气压便称为饱和水蒸气压,简称水蒸气压。水蒸气压与温度有关,温度越高,水分子的动能越大,逸出水面形成水分子的数目就越多,水的蒸气压也越大(见表 1-2)。在一定温度下,水(或其他纯溶剂)的蒸气压为定值。

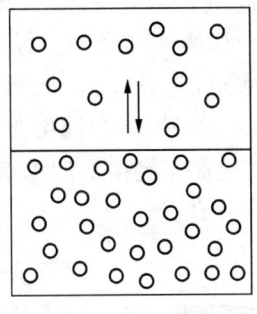
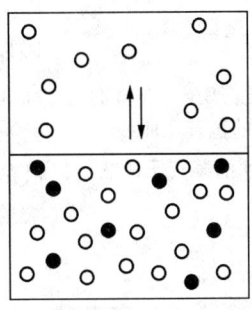

(a) 纯水的蒸气压　　　　(b) 溶液的蒸气压

图 1-1　溶液蒸气压下降示意图

如果在水中加入难挥发的非电解质溶质,如加入蔗糖,形成蔗糖水溶液。由于蔗糖的加入,部分蔗糖分子会占据溶剂的表面,所以单位时间内从表面逸出的水分子数目减少。当蒸发和凝集重新达到平衡的时候,水面上形成的水蒸气分子的数目少了,因此溶液在较低的蒸气压下建立平衡,故溶液的蒸气压低于同温度下纯水的蒸气压,即引起了蒸气压下降[图 1-1(b)]。(注:这里所指的溶液的蒸气压实际上是溶液中溶剂的蒸气压,这是由于溶质难挥发,蒸气压很小,可忽略不计)

1887 年法国化学家拉乌尔根据大量的实验结果,总结出在一定温度下,难挥发性非电解质稀溶液的蒸气压下降值 Δp 与溶质的摩尔分数成正比,此即为著名的拉乌尔定律,其数学表达式为

$$\Delta p = p^* - p = p^* \cdot x_B \tag{1-12}$$

式中:p^* 为纯溶剂的蒸气压;p 为溶液的蒸气压;x_B 为溶质的摩尔分数。

拉乌尔定律说明了溶液蒸气压下降只与一定量溶剂中所含溶质的微粒数有关,而与溶

质的种类无关。拉乌尔定律适用于难挥发稀溶液,溶液越稀,越符合拉乌尔定律。当溶质是电解质时,溶液的蒸气压也下降,但不服从式(1-12)。

1.4.2 溶液的沸点升高与凝固点降低

1. 溶液的沸点升高

当液体的蒸气压等于外界压力时,液体便沸腾,这时液体的温度称为该液体在该外压下的沸点,通常的沸点是指外压为 101.3 kPa 时的沸点,如在 100℃ 时,水的蒸气压为 101.3 kPa(表 1-2),则水的沸点为 100℃(373 K)。

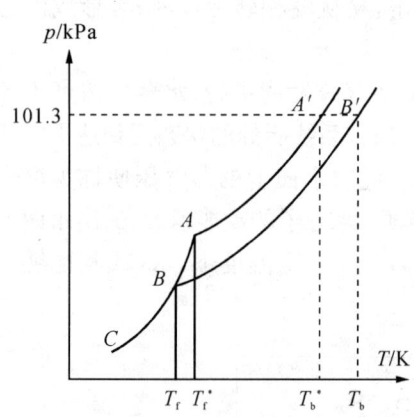

AA'—水的蒸气压曲线;BB'—溶液的蒸气压曲线;AC—冰的蒸气压曲线

图 1-2 水、溶液、冰的蒸气压曲线

图 1-2 曲线 AA' 表示的是纯水(即纯溶剂)的蒸气压曲线。假设此时外压为 101.3 kPa。当纯水的蒸气压等于 101.3 kPa 时,纯水沸腾,此时所对应的温度就是该外压下纯水的沸点,记作 T_b^*。前面讲过,难挥发性非电解质稀溶液的蒸气压低于纯溶剂的蒸气压,如图曲线 BB' 所示,则在 100℃ 时,溶液的蒸气压低于 101.3 kPa,因此在 100℃ 时,溶液不会沸腾。随着温度逐渐升高,溶液的蒸气压增大。当温度升高到使溶液的蒸气压等于外界压力即 101.3 kPa 时,溶液沸腾,此时的温度就是溶液在该外压下的沸点,记作 T_b。从图中可以看出,$T_b > T_b^*$,$\Delta T_b = T_b - T_b^* > 0$,即由难挥发溶质形成的溶液的沸点总是高于纯溶剂的沸点。这一现象便称为溶液的沸点升高。

2. 溶液的凝固点降低

固体与液体相似,在一定的温度下也有一定的蒸气压,在一般情况下,固体的蒸气压很小。如冰的蒸气压与温度的关系见表 1-3。

表 1-3 冰的蒸气压与温度的关系

$t/℃$	0	−1	−5	−10	−15
p/Pa	611	562	402	260	165

某物质的凝固点就是该物质的液相和固相达到平衡时的温度。从蒸气压角度来讲,也就是该物质的液相蒸气压与固相蒸气压相等时的温度。因为如果固相的蒸气压小于液相的蒸气压,则液相要向固相转化;反之,如果固相的蒸气压大于液相的蒸气压,则固相要向液相转化。

图 1-2 中 AA' 是水的蒸气压曲线,AC 是冰的蒸气压曲线,AA' 与 AC 的交点,即 A 点,此时水和冰的蒸气压相等,此时冰和水共存,对应的温度就是水的凝固点,记作 T_f^*。如果在冰和水的共存系统中加入一些难挥发非电解质,如前所述,溶液的蒸气压下降(图 1-2 中 BB' 所示)。应当注意,加入的溶质是溶在水中形成对应的溶液,只影响溶液的蒸气压,而对固态冰的蒸气压则没有影响,所以此时溶液的蒸气压必定低于冰的蒸气压,只有在更低的温

度下两蒸气压才能相等，图 1-2 中 BB' 曲线与 AC 曲线的交点 B，两者的蒸气压相等，水和冰重新处于平衡状态，此时对应的温度就是该溶液的凝固点，记作 T_f。可以看出，$T_f < T_f^*$，所以溶液的凝固点低于纯溶剂的凝固点，这一现象称为溶液的凝固点下降。

3. 定量关系

由前面分析可知，造成溶液的沸点升高或凝固点下降的原因在于溶液的蒸气压下降，而据拉乌尔定律知，溶液的蒸气压下降与溶质的摩尔分数成正比，在数值上也与溶质的质量摩尔浓度(b_B)成正比。因此可以认为稀溶液的沸点升高和凝固点下降值也与溶质的质量摩尔浓度成正比。即

$$\Delta T_b = T_b - T_b^* = K_b \cdot b_B \tag{1-13}$$

$$\Delta T_f = T_f^* - T_f = K_f \cdot b_B \tag{1-14}$$

式中：ΔT_b、ΔT_f 分别为溶液的沸点升高与凝固点下降值；K_b、K_f 分别称为溶剂的质量摩尔沸点升高常数和凝固点下降常数，单位均为 $K \cdot kg \cdot mol^{-1}$，其值只取决于溶剂的本性而与溶质的本性无关。表 1-4 列出常用溶剂的 K_b、K_f 值。

表 1-4 常用溶剂的 K_b、K_f 值

溶 剂	K_b/K·kg·mol^{-1}	K_f/K·kg·mol^{-1}	溶 剂	K_b/K·kg·mol^{-1}	K_f/K·kg·mol^{-1}
水	0.512	1.86	乙醇	1.22	—
苯	2.53	5.12	醋酸	3.07	3.9
氯仿	3.63	—	乙酸	2.02	

在生产和科学研究中，溶液的凝固点下降这一性质得到广泛应用。例如，在植物内细胞中具有多种可溶物，如氨基酸、糖等，这些可溶物的存在，使细胞液的蒸气压下降，凝固点降低，从而使植物表现一定的抗旱性和耐寒性。根据凝固点下降的原理，人们常用冰盐混合物作冷冻剂，这是由于冰表面总附有少量水，当撒上盐后，盐溶解在水中成溶液，由于溶液的蒸气压下降，使其低于冰的蒸气压，冰就要融化。随着冰的融化，要吸收大量的热，于是冰盐混合物的温度就降低。如采用 NaCl 和冰，温度最低可降到 $-22℃$。在汽车的水箱中加入甘油或乙二醇等物质，可防止水箱在冬天因水结冰而胀裂。

稀溶液的沸点升高值 ΔT_b，凝固点下降值 ΔT_f 可通过 b_B 联系起来。

$$b_B = \frac{\Delta T_b}{K_b} = \frac{\Delta T_f}{K_f} \tag{1-15}$$

由于 b_B 与摩尔质量之间存在对应关系，故可以通过测量 ΔT_b、ΔT_f 的值来测定溶质的摩尔质量。但一般来说测定温度更为方便；且对于同一溶剂 K_f 通常大于 K_b，所以用 ΔT_f 法测定时的灵敏度高；另采用 ΔT_b 法时，往往因为实验温度较高引起溶剂挥发，使溶液变浓而引起误差，而且某些生物样品在沸点时易破坏。因此在实际工作中一般用凝固点降低法测定溶质的摩尔质量。

【例 1-3】 2.60 g 尿素[$CO(NH_2)_2$]溶于 50.0 g 水中，试计算此溶液在常压下的凝固点和沸点，已知尿素的摩尔质量为 60.0 $g \cdot mol^{-1}$。

解： $$b_B = \frac{n_B}{m_A} = \frac{2.60/60.0}{50.0 \times 10^{-3}} = 0.867 \text{ (mol} \cdot kg^{-1})$$

$$\Delta T_b = K_b \cdot b_B = 0.512 \times 0.867 = 0.44 \text{ (K)}$$
$$T_b = T_b^* + \Delta T_b = 373.15 + 0.44 = 373.59 \text{ (K)}$$
$$\Delta T_f = K_f \cdot b_B = 1.86 \times 0.867 = 1.61 \text{ (K)}$$
$$T_f = T_f^* - \Delta T_f = 273.15 - 1.86 = 271.54 \text{ (K)}$$

【例 1-4】 将 10.0 g 某纯物质溶解在 100.7 g 水中,测得溶液的凝固点为 -0.69℃。计算该物质的摩尔质量。

解: $b_B = \dfrac{n_B}{m_A} = \dfrac{m_B/M_B}{m_A}$;$\Delta T_f = 0.69$ K;$K_f = 1.86$ K·kg·mol^{-1}

据公式 $\Delta T_f = K_f \cdot b_B$,得

$$M_B = \frac{K_f \times m_B}{m_A \times \Delta T_f} = \frac{1.86 \times 10.0}{100.7 \times 10^{-3} \times 0.69} = 267.7 (\text{g} \cdot \text{mol}^{-1})$$

1.4.3 溶液的渗透压力

1. 渗透现象

只允许溶剂分子通过而不允许溶质分子通过的薄膜叫半透膜(如生物体中天然存在的细胞膜、毛细血管壁、人造羊皮纸等)。

现在将蔗糖溶液和水用半透膜隔开,并且使膜内蔗糖溶液的液面和膜外水的液面相平,如图 1-3(a)。因为水分子可透过半透膜而蔗糖分子不能透过半透膜,膜外单位体积水中所含水分子数要比膜内单位体积蔗糖溶液中所含的水分子数多,为了使溶剂的相对量一致,所以水分子从膜外(溶剂)向膜内(溶液)扩散,过一段时间后,可见膜内液面升高,如图 1-3(b)。这种溶剂透过半透膜进入溶液的自发过程称为渗透。

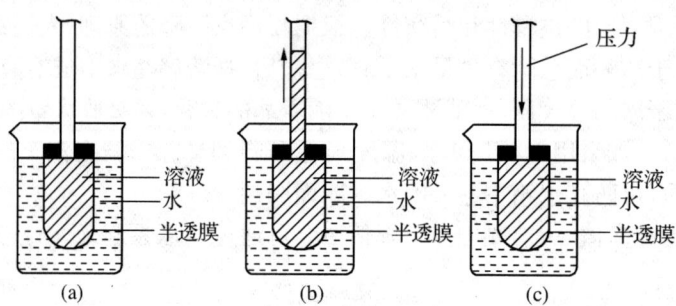

图 1-3 渗透现象与渗透压

2. 渗透压力

渗透结果是使膜内蔗糖溶液液面升高,静水压增大,膜内水柱产生的压力驱使溶液中的溶剂分子加速通过半透膜,当单位时间内从膜两侧透过的溶剂分子数相等时,整个系统处于渗透平衡状态。达到渗透平衡时,膜内外的水分子仍在不停通过半透膜渗透,故该平衡属于动态平衡。由此可见,为了阻止渗透的进行,必须在膜内溶液的液面上施加一额外压力,保持膜内外液面相平,习惯上用这个额外施加的压力表示溶液的渗透压力,符号 Π,单位 kPa。

如果外加在溶液上的压力超过渗透压,则反而会使溶液中的水向纯水方向流动,使水的体积增加,这个过程叫反渗透现象。反渗透技术广泛应用于海水淡化、污水处理等方面,其

难点是要寻找耐压的半透膜。

渗透现象可以发生在用半透膜隔开的稀溶液和纯溶剂之间,当半透膜的两侧是浓度不相等的同种溶液时,渗透现象也可以发生。渗透的方向是溶剂从浓度较小的溶液向浓度较大的溶液渗透。为维持膜内外液面相等,必须在浓度较大的稀溶液一侧加上一个额外压力(渗透压力之差)。由此可见,渗透现象的发生必须具备两个条件:① 有半透膜存在;②在半透膜两侧溶液浓度不相等。

3. 范托夫定律

1887 年,荷兰物理化学家范托夫(Van't Hoff J H)综合渗透实验结果,指出稀溶液的渗透压与溶液的浓度、温度间有如下关系：

$$\Pi V = nRT \tag{1-16}$$

$$\Pi = \frac{n}{V}RT = cRT \tag{1-17}$$

式中:Π 为溶液的渗透压;V 为溶液体积;n 为溶质的物质的量;c 为溶质的物质的量浓度;R 是摩尔气体常数,$8.314\ \text{J} \cdot \text{K}^{-1} \cdot \text{mol}^{-1}$,但因浓度 c 的体积常用 L 为单位,故 R 取 $8.314\ \text{kPa} \cdot \text{L} \cdot \text{K}^{-1} \cdot \text{mol}^{-1}$。

对很稀的溶液,c 的数值与质量摩尔浓度 b 的数值很接近,因此,也可用 b 代替 c 进行近似计算。

该定律说明在一定温度下,稀溶液的渗透压只取决于单位体积溶液中所含溶质粒子数,而与溶质的本性无关,所以渗透压也是稀溶液的一种依数性。实验证明,即使像蛋白质这样的大分子,其溶液的渗透压也是与小分子一样,由它们的质点数目所决定。

渗透压在医学上具有重要意义。动植物细胞膜大多具有半透膜的性质,因此水分、养料在动植物体内循环都是通过半透膜而实现的。植物细胞汁的渗透压可达 $2 \times 10^3\ \text{kPa}$,所以水由植物的根部可输送到高达数十米的顶端。人体血液的平均渗透压约为 780 kPa,在作静脉输液时,应该使用渗透压与其相同的溶液,在医学上把这种溶液称为等渗溶液。例如,在临床上所使用的质量分数为 0.9% 的生理盐水或质量分数 5% 的葡萄糖溶液就是等渗溶液。如果静脉输液时使用了非等渗溶液,就可能会产生严重后果。如果输入溶液的渗透压小于血浆的渗透压(医学上将这种溶液称为低渗溶液),水就会通过血红细胞膜向细胞内渗透,致使细胞肿胀甚至破裂,这种现象在医学上称为溶血。如果输入溶液的渗透压大于血浆的渗透压(医学上称之为高渗溶液),血红细胞肉质水会通过细胞膜渗透出来,引起血红细胞皱缩,并从悬浮状态中沉降下来,这种现象在医学上称为胞浆分离。

【例 1-5】 计算 25℃时,$0.10\ \text{mol} \cdot \text{L}^{-1}$ 葡萄糖溶液的渗透压。

解:$\Pi = cRT$,则

$$\Pi = 0.10 \times 8.314 \times 298 = 2.48 \times 10^2\ (\text{kPa})$$

从【例 1-5】可以看出,仅 $0.10\ \text{mol} \cdot \text{L}^{-1}$ 葡萄糖溶液在常温下便能产生 $2.48 \times 10^2\ \text{kPa}$ 的渗透压,相当于 24 m 多高水柱产生的压力,所以渗透压在生命体内是一种强大的推动力。溶液的渗透压也可用来测定溶质的摩尔质量,且它特别适用于测定大分子化合物的摩尔质量。

【例 1-6】 1.0 L 溶液中含有 5.0 g 马的血红素,在 298 K 时测得溶液的渗透压为 1.80×10^2 Pa,计算马的血红素摩尔质量。

解: $\Pi V = nRT = \dfrac{m}{M}RT$,则

$$M = \dfrac{mRT}{\Pi V} = \dfrac{5.0\times 8.314\times 298}{180\times 10^{-3}\times 1.0} = 6.9\times 10^4 \ (\text{g}\cdot\text{mol}^{-1})$$

应当指出,浓溶液和电解质溶液也同样有蒸气压降低、沸点升高、凝固点下降和渗透压等现象。但是以上介绍的依数性与浓度间的定量关系却不适用于它们。因为在浓溶液中,溶质的浓度大,溶质粒子间以及溶质与溶剂间的相互作用增大,造成依数性与浓度的定量关系发生偏离。在电解质溶液中,由于电解质解离成离子,一方面使溶液中溶质的粒子数增加,另一方面带电离子间的相互作用很强,所以稀溶液的依数性也不适用于强电解质溶液。挥发性溶质对溶液依数性的影响更为复杂。例如,在水中加入少许乙醇,由于乙醇的挥发性大于水,在一定温度下乙醇水溶液的蒸气压(是水蒸气压和乙醇蒸气压之和)就会大于纯水的蒸气压。由于易挥发溶质的加入使溶液的蒸气压升高,所以其沸点下降。但是乙醇水溶液的凝固点是冰的蒸气压与溶液中水蒸气分压达平衡时的温度,不管是难挥发还是易挥发溶质,都会降低溶液中水蒸气分压,所以凝固点都是下降的。

1.5 胶体溶液

胶体分散系按分散相和分散介质聚集状态不同可分成多种类型。固体质点分散于液体介质中的胶体分散系称为溶胶(如以水为分散介质则称为水溶胶),如 $Fe(OH)_3$、As_2S_3 水溶胶等;如分散介质为气体的溶胶称为气溶胶,如烟(固体质点)、雾(液体质点);乳状液是液体质点分散在液体介质中,泡沫是气体分散在液体介质中。

胶体粒子的大小在 1～100 nm 间,分散粒子常是大量的分子或离子的聚集体,一般用肉眼或普通显微镜观测时,好像是单相系统,实际上是多相系统,在分散质与分散介质间存在相界面。胶体分散系统在生物界或非生物界都广泛存在,在石油、冶金、塑料等工业中,以及在其他学科如生物学、医学、气象学、地质学中也广泛接触到与胶体分散系统有关的问题,本节仅简单介绍水溶胶方面的问题。

因胶体分散系统是高度分散的多相系统,具有很高的表面能,是一个热力学不稳定系统。胶体粒子有互相聚结而降低其表面能的趋势,即具有聚结不稳定性。正因这个原因,在制备溶胶时要有稳定剂存在,否则得不到稳定的溶胶。由此可见,溶胶的基本性质是:多相性、高分散性和热力学不稳定性,溶胶的各种性质都是由这些基本特征引起的。

1.5.1 溶胶的制备

要制得稳定的溶胶,需满足两个条件:一是分散相粒子大小在合适的范围内;二是胶粒在液体介质中保持分散而不聚结,为此必须有稳定剂存在。制备的方法可分为分散法和聚结法,前者是使大粒子变小,而后者是将更小的粒子凝集成溶胶粒子。

1. 分散法

分散法是用适当的手段使大块物质在有稳定剂存在下分散成胶体粒子般大小。常用的方法有：① 研磨法，如用胶体磨将粗颗粒磨细，研磨时为了防止颗粒聚结，需加入稳定剂如丹宁、明胶等。② 超声波法，频率大于 10^5 Hz 的超声波有很强的粉碎力，可以将某些松软的物质分散。③ 电弧法，此法多用于制备贵金属溶胶。以贵金属为电极，插在分散介质中，通电产生电弧，高温使金属表面的原子蒸发，并立即冷却于分散介质中，凝集成胶体粒子（这实际上是先分散后凝集）。④ 胶溶法，它并不是将粗粒子分散成溶胶，而只是使暂时凝聚起来的分散相又重新分散开来。一些新鲜沉淀经洗涤除去过多的电解质后，再加入少量的稳定剂，则可制成溶胶。如：新生成的 $Fe(OH)_3$ 沉淀用水洗涤后，加入少量 $FeCl_3$ 溶液，经过搅拌，沉淀便转化成红棕色的 $Fe(OH)_3$ 溶胶，$FeCl_3$ 溶液便称为胶溶剂。

$$Fe(OH)_3(新鲜沉淀) \xrightarrow{FeCl_3} Fe(OH)_3(溶胶)$$

2. 凝聚法

凝聚法又可分为物理凝聚法和化学凝聚法。物理凝聚法是利用适当的物理过程使某些物质凝成胶粒般大小的粒子。如将松香的酒精溶液滴入水中，由于松香在水中的溶解度低，溶质以胶粒状析出，形成松香溶胶。再例，将汞蒸气通入冷水中就可得到汞溶胶。化学凝聚法是使能生成难溶物质的反应在适当的条件下进行，凝聚过程达到一定的阶段即停止，所得到的产物恰好处于胶体状态，便能得到溶胶。如将 H_2S 通入稀亚砷酸溶液，经复分解反应可得硫化砷溶胶：

$$2H_3AsO_3 + 3H_2S \longrightarrow As_2S_3(溶胶) + 6H_2O$$

此外，还可通过水解反应或氧化还原反应来制得溶胶：

$$FeCl_3 + 3H_2O \xrightarrow{沸腾} Fe(OH)_3(溶胶) + 3HCl$$

$$2AuCl_3 + 3HCHO + 3H_2O \xrightarrow{\triangle} 2Au(溶胶) + 6HCl + 3HCOOH$$

1.5.2 溶胶的性质

1. 动力性质——布朗运动

英国植物学家布朗用显微镜观察到悬浮在液面上的花粉颗粒不断地作不规则运动，后来用超显微镜观察到溶胶中胶粒的运动也与此类似，故称为布朗运动。布朗运动是由于胶粒不断地受到不同方向、不同速度的液体分子的撞击的结果。胶粒受到的力是不平衡的，所以它们时刻以不同方向、不同速度作不规则运动。胶粒越小，布朗运动就越剧烈，布朗运动是胶体分散系的特征之一。

2. 光学性质——丁铎尔效应

1869 年，英国物理学家丁铎尔（Tyndall J）发现，当一束光线通过溶胶，从与光束垂直的方向上可以观察到一个发光的圆锥体（图 1-4），这就是丁铎尔效应。当光线射入分散系统时，可能发生两种情况：① 当分散相粒子远大于入射光波长时，主要发生反射或折射现象，粗分散系就属

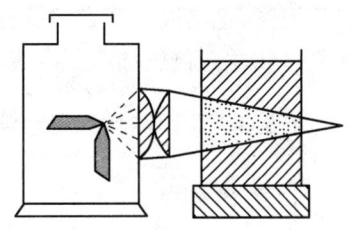

图 1-4 丁铎尔效应

这种情况。② 若分散相的粒子小于入射光的波长,则主要发生光的散射。此时每个粒子变成一个新的小光源,向四面八方发射与入射光波长相同的光波。可见光的波长在 400~700 nm 之间,而溶胶粒子的直径在 1~100 nm 间,因此会发生光的散射。

3. 溶胶的电学性质

(1) 电泳

在溶胶中插入两个电极,通入直流电,可以看到胶粒发生定向运动——向阴极或阳极移动。这种胶体粒子在外电场作用下发生定向移动的现象叫电泳。在图 1-5 中,U 型管下面接一带活塞的漏斗,实验时先放入 $Fe(OH)_3$ 溶胶,然后在溶胶上面小心地放入无色的稀 NaCl 溶液(其作用是避免电极与溶胶接触),使溶胶和溶液间有明显的界面。在 U 型管两端各插入铂电极,通电后可以看到 $Fe(OH)_3$ 溶胶的红棕色界面向负极上升,而正极液面下降,表明 $Fe(OH)_3$ 溶胶带正电。胶粒的带电性与其制备方法有关,但在大多数情况下硫、As_2S_3、金溶胶等带负电荷。

电泳实验表明胶粒是带电的,又因为整个胶体系统是电中性的,所以若胶粒带某种电荷,则分散介质中必有其他物质带相反电荷。由于粒子大小不同,所带电荷不同,因而电泳的速度和方向也不同。研究电泳现象不仅可了解胶体粒子的结构和电现象,还可以利用电泳速度的不同,将不同带电胶粒分离开来。例如,可以把不同蛋白质或核酸分子分离出来,因此电泳也是生物化学领域中一项重要的分离实验技术。

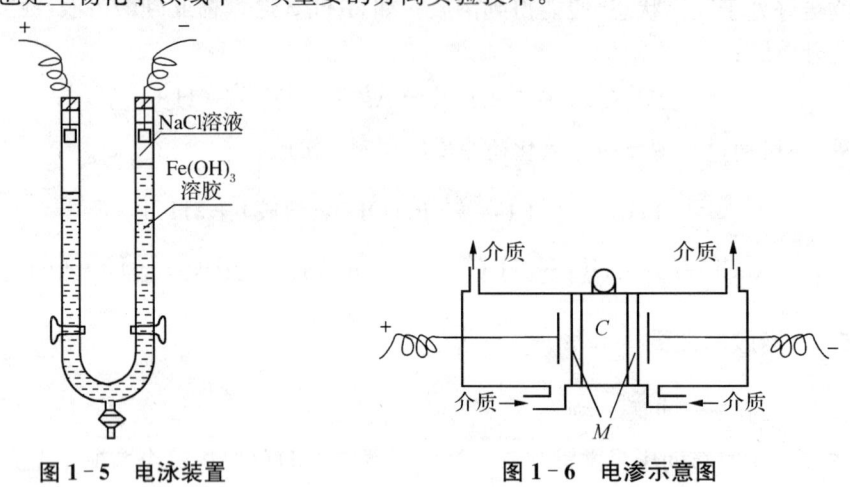

图 1-5 电泳装置　　　图 1-6 电渗示意图

(2) 电渗

电泳实验是介质不动,胶粒在电场作用下发生定向运动。电渗现象与此相反,是固体粒子不动,而使液体介质在电场作用下发生定向移动,电渗常用于水的净化中。图 1-6 为电渗示意图,把溶胶浸渍在多孔性物质(如海绵)上,使溶胶粒子被吸附而固定在位置 C 处,在多孔性物质两侧施加电压。通电后可观察到介质的移动,这种现象就称为电渗。

1.5.3 胶团结构和电动电势

1. 胶团结构

胶体的性质与其结构有关,以 $AgNO_3$ 和 KI 稀溶液混合制备 AgI 溶胶为例。如图

1-7，中心是 m 个 AgI 固体粒子聚集成的胶核。若制备时 KI 过量，则溶液中还有 K^+、NO_3^-、I^- 等。因为胶核有选择性地吸附与其组成相类似离子的倾向，所以 I^- 在其表面优先被吸附，使胶核带负电荷。溶液中的反离子 K^+ 一方面受胶核电荷的吸引有靠近胶核的趋势，另一方面因本身的热运动有远离胶核的趋势，在这种情况下，一部分反离子也被吸附在胶核表面形成吸附层(图中由中间的圆表示)。胶核和吸附层构成胶粒，可在溶液中独立运动。剩下的反离子松散地分布在胶粒外面，形成扩散层(图中由最外面的大圆表示)。扩散层和胶粒合称胶团，整个胶团是呈电中性的，以上胶团可表示为

$$[\underbrace{\underbrace{\underbrace{(AgI)_m}_{\text{胶核}} \cdot nI^- \cdot (n-x)K^+}_{\text{胶粒}}]^{x-} \cdot xK^+}_{\text{胶团}}$$

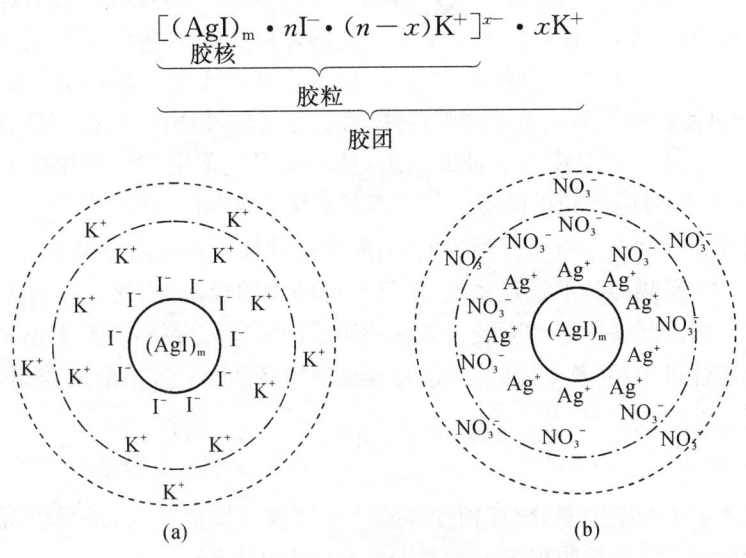

图 1-7 溶胶粒子的胶团示意图

如果在制备过程中 $AgNO_3$ 过量，则胶核优先吸附 Ag^+ 而带正电荷，反离子 NO_3^- 一部分在吸附层，另一部分在扩散层，从而整个胶粒带正电荷。凡胶粒带正电荷的胶体叫正溶胶，胶粒带负电荷的溶胶叫负溶胶。两性溶胶是由两性物质组成的，在不同的 pH 下，其电荷状态不同，如 $Al(OH)_3$ 溶胶在溶液的 pH 低时为正溶胶；而在溶液的 pH 高时为负溶胶。

2. 电动电势

由以上胶团结构可知，胶团与扩散层之间形成了扩散双电层。对胶团带正电、扩散层带负电的情况，双电层如图 1-8 所示。图中纵坐标表示电势的高低，横坐标表示离胶粒固相表面的距离。MN 为胶粒固相的界面，AB 为胶粒运动时的滑动面。所以 MA 为吸附层的厚度，AC 为扩散层的厚度。从胶粒固相表面到液体内部的电势差称为热力学电势 φ，它的数值与胶粒固相直接吸附离子的数量有关，而与其他离子的存在无关。滑动面 AB 到液体内部的电势差称 ξ 电势，ξ 电势只有在电场作用下，胶粒和介质做相对移动时才能表现出来，故又称电动电势。因吸附层中的反离子抵消了固相表面的部分负电荷，所以 $|\xi|<|\varphi|$。$|\xi|$ 的大小与反离子在双电层中的分布情况有关，在吸附层中反离子越多，中

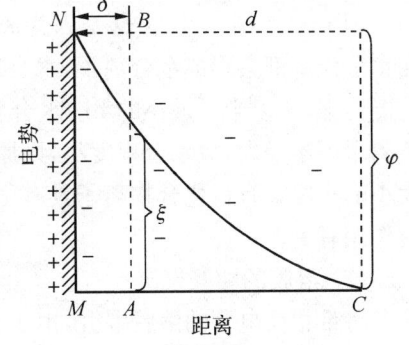

图 1-8 双电层示意图

和掉胶粒表面电荷就越多，|ξ|就越小。所以ξ是衡量胶粒所带净电荷多少的物理量。ξ电势的符号由胶粒所吸附离子的电荷决定。吸附正离子，ξ电势为正；吸附负离子时，ξ电势为负。

1.5.4 溶胶的稳定性与聚沉作用

1. 溶胶的稳定性

视频：豆腐制作中的胶体知识

溶胶是多相、高分散系统，具有很大的表面能，有自发聚集成较大颗粒以降低表面能的趋势，故在热力学上是不稳定的。但从动力学角度看，溶胶具有高分散性，粒径小，可产生强烈的布朗运动，以阻止其由于重力作用引起的下沉；布朗运动虽可使胶粒不断地相互碰撞，碰撞易引起聚集，但由于胶粒都带有相同的电荷，静电斥力的存在又阻碍其彼此靠近，从而也阻止了它们间的聚集。此外，根据双电层理论，吸附层和扩散层的离子都是水化的，在此水化层保护下，胶粒也难因碰撞而聚沉。因此在动力学上胶体是稳定的，溶胶的这种性质称为动力学稳定性。

胶体的本质上是热力学不稳定系统，但又具有动力学稳定性，这是一对矛盾，在一定条件下可以共存。所以制备出来的凝胶可以在相当长的时间内保持稳定，看不出明显的变化。

溶胶的稳定性可用|ξ|来衡量。|ξ|越大，胶粒带电荷量越多，扩散层越厚，水化层也厚，溶胶就越稳定。

2. 溶胶的聚沉

如果溶胶失去了稳定因素，胶粒相互碰撞将导致颗粒聚集变大，最后以沉淀形式析出，这种现象称为聚沉。影响溶胶聚沉的主要因素有以下几方面：

(1) 电解质的聚沉作用

电解质的聚沉作用主要是对ξ电势产生影响。电解质加入，使更多的反离子进入吸附层，|ξ|降低，扩散层和水化层变薄，溶胶的稳定性降低。电解质对溶胶的聚沉作用有如下规律：① 电解质使溶胶聚沉起主要作用的是与胶粒带相反电荷的离子，离子电荷越高，聚沉作用越强。② 价态相同的异号电荷离子，其聚沉能力也略有不同。如对负溶胶来说，一价碱金属离子的聚沉能力大小顺序为 $Cs^+>Rb^+>K^+>Na^+>Li^+$；对正溶胶来说，聚沉能力为 $Cl^->Br^->NO_3^->I^-$。这是因为离子的聚沉能力与离子在水溶液中实际大小有关，离子在水溶液中都会形成水合离子，水合离子半径越小，聚沉能力越强。正离子因为半径小，水合能力强，所以半径最小的 Li^+ 水合程度最大，造成水合 Li^+ 半径反而比水合 Cs^+ 半径大。负离子因半径大，故水合程度小，则原来离子半径大小的次序基本上决定了其水合离子半径大小的次序。有机化合物离子具有很强的聚沉能力，这与有机离子与胶粒之间有较强的吸附作用有关。

(2) 溶胶的相互聚沉

将带相反电荷的溶胶混合，由于异性相吸，相互中和电荷而发生聚沉。明矾净水作用就是因为天然水中胶态悬浮物大多带负电，而明矾在水中水解产生的 $Al(OH)_3$ 溶胶是带正电的，它们相互聚沉而使水净化。

(3) 加热

升高温度有利于被吸附离子的解吸，从而了降低了|ξ|电势；另外升温加速溶胶粒子的

热运动,增加它们相互碰撞机会,这也有利于溶胶聚沉。

1.6 高分子溶液和乳状液

1.6.1 高分子溶液

相对分子质量大于 10^4 的化合物称为高分子化合物,它包括天然和合成两大类。前者如蛋白质、淀粉、核酸等;后者如合成橡胶、合成塑料、合成纤维等。在这种溶液中,高分子化合物是以分子状态分散在溶剂(即分散介质)中,因而它是分子分散系统,是热力学稳定的均相系统。虽然高分子溶液中溶质分子的大小与胶粒相近,但它是真溶液而不是溶胶。高分子溶液与溶胶另一个不同之处在于其具有溶解可逆性,如高分子动物胶溶于水形成溶液,加热蒸发掉水可形成动物胶,再加水,又能形成溶液。溶胶却不同,一旦聚沉,就很难用简单的方法使其再成为溶胶。

高分子溶液很稳定,不像溶胶那样容易聚沉。要使高分子物质从水溶液中析出,必须加入大量的电解质,这个过程称为盐析,盐析主要作用是去溶剂化。溶质之所以能溶于溶剂,主要是由于溶质粒子与溶剂分子间存在着较大的相互作用力,溶剂分子在其周围作有序排列,这种作用便称为溶剂化作用(如果溶剂是水,则称水化作用或水合作用)。去溶剂化作用就是加入大量的电解质来争夺溶剂,使原来的溶质失去溶剂而析出。

在溶胶中加入高分子溶液,可能发生两种完全相反的作用。一种是显著提高溶胶的稳定性,这种作用叫作保护作用。如在金溶胶中加入少量的动物胶,可大大提高其稳定性;土壤中的胶体因受腐殖质等高分子物质的保护作用而更加稳定,因而有利于营养物质的迁移。另一种相反的作用是明显破坏溶胶的稳定性,或者虽然溶胶没有直接立即聚沉,却使电解质的聚沉能力提高,这种作用称为敏化作用;或者是直接导致溶胶聚集而逐步下沉,这种现象称为絮凝作用。

无论是保护作用或是絮凝作用,都有着广泛的用途。如工业部门的污水处理和净化,操作过程的分离和沉淀,以及矿泥中有用成分的回收,就常用高分子对溶胶的絮凝作用。又例如,工业上使用的一些贵金属催化剂,如铂溶胶、金溶胶等,加入高分子溶液后再烘干,高分子保留在溶胶粒子中,使溶胶不致聚沉,起保护作用。经烘干处理后的催化剂便于储藏与运输,使用时只需要再加入溶剂,就又可恢复为溶胶。

1.6.2 乳状液

一种液体以液珠形式分散在与它不相混溶的另一种液体中而形成的分散系统便称为乳状液。液珠称分散相(为不连续相);另一种液体是连成一片的,称分散介质(为连续相)。乳状液一般不透明,呈乳白色。液滴直径大多在 100 nm~10 μm,可用一般光学显微镜观察。乳状液可分水包油和油包水两种类型。水包油型可用油/水或 o/w 表示,油是分散相,水是连续相。油包水型可用水/油或 w/o 表示,水是分散相,油是连续相。乳状液中的"油"相指一切与水不相混溶的有机液体。

延伸阅读:乳状液的破乳

牛奶、冰激凌、雪花膏、橡胶乳汁、原油乳状液等均属此种分散体系。乳状液在工业、农业、医药和日常生活中都有极广泛的应用。

制备乳状液，除了要有两种不混溶的液体外，还必须加入第三种物质——乳化剂。乳化剂可以是表面活性剂、合成或天然的高分子物质或固体粉末，但最常用的是表面活性剂。乳化剂的主要作用就是能在油-水界面上吸附或富集，形成一种保护膜，阻止液滴互相接近时发生合并。

乳状液类型常用以下两种方法鉴别：一是稀释法，用水去冲稀乳状液，如能混溶则其连续相必定是水相，因而是 o/w 型，如不能，则是 w/o 型。另一种是染色法，乳化前在油相中加入少量染料，乳化后在显微镜下观察，液珠带色是 o/w 型，连续相带色则是 w/o 型。也可把染料溶于水相进行观察。

乳状液是一种多相分散系统，分散相与连续相之间有液-液界面，因而有界面自由能。乳化时，液-液界面增加，体系的界面自由能增加。因此，乳化过程是热力学不自发过程，需要外界对体系做功。乳状液液滴在互相碰撞时合并，则使界面缩小，系统界面自由能下降过程，属于热力学自发过程。因此，乳状液是热力学不稳定系统。如果乳状液液滴的合并速度很慢，则可认为乳状液具有一定的相对稳定性。液滴能否在热运动或重力作用下互相碰撞而合并的关键是液-液界面膜的性质。

乳化剂的加入，可降低油-水界面张力，因而也降低了乳化时能量的消耗，有利于体系的乳化和乳状液的稳定。但降低界面张力的更重要作用是表面活性剂在油-水界面上形成一种定向单分子层，根据吉布斯吸附公式，界面张力下降得越低，表面活性剂在界面上的吸附量越大，则定向单分子层在界面上排列越紧密，界面膜的强度越大，乳状液越稳定。为了增加界面膜的强度，用混合乳化剂比用单一乳化剂效果更好。例如十六烷基硫酸钠加入胆甾醇即可在油-水界面上形成紧密混合膜。对阴离子表面活性剂，一般高级脂肪醇、胺、酸均有此种作用。

乳状液液滴的颗粒较大，油-水两相的密度一般不等，因而在重力作用下，液滴会上浮（分散介质密度大于分散相的）或下沉（分散介质密度小于分散相的），乳状液分为两层，在一层中分散相比原来的多，在另一层中则相反。此即乳状液的分层，对已分层的乳状液，只需轻轻搅动，液滴即可重新均匀分布于整个体系中。

思考题

1. 为什么稀溶液定律不适用于浓溶液和电解质溶液？
2. 难挥发物质的溶液在不断沸腾时，它的沸点是否恒定？在冷却过程中它的凝固点是否恒定？为什么？
3. 把一块冰放在温度为 273.15 K 的水中，另一块冰放在 273.15 K 的盐水中，有什么现象？
4. 什么是渗透压？产生渗透压的条件是什么？
5. 什么是分散体系？液体分散系可以分为哪几类？
6. 如何解释胶粒的带电性？
7. 盐析作用和聚沉作用有什么区别？
8. 说明表面活性剂用作乳化剂的原理。
9. 解释下列现象：

(1) 明矾能净水；

(2) 用井水洗衣服时,肥皂的去污能力比较差；

(3) 江河入海口常常形成三角洲。

10. 利用溶液的依数性设计一个测定溶质相对分子质量的方法。

11. 什么是表面活性物质？它在结构上有什么特点？

12. 胶体溶液和真溶液有什么区别？

13. 解释下列现象：

(1) 海鱼在淡水中会死亡；

(2) 盐碱地上植物难以生长；

(3) 雪地里洒些盐,雪就融化了；

(4) 有一金溶胶,先加明胶(一种大分子溶液)再加 NaCl 溶液时不发生聚沉,但先加 NaCl 溶液时发生聚沉,再加明胶也不能复得溶胶。

习 题

1. 在 0℃ 和 100 kPa 下,某气体的密度是 1.96 g·L^{-1}。试求它在 85.0 kPa 和 25℃ 时的密度。

2. 在一个 250 mL 的容器中装入一未知气体至压力为 101.3 kPa,此气体试样的质量为 0.164 g,实验温度为 25℃,求该气体的相对分子质量。

3. 407℃ 时,2.96 g 的氯化汞在 1.00 L 的真空容器中蒸发,压力为 60 kPa,求氯化汞的摩尔质量和化学式。

4. 将 0℃ 和 98.0 kPa 下的 2.00 mL N$_2$ 和 60℃、53.0 kPa 下的 50.0 mL O$_2$,在 0℃ 混合于一个 50.0 mL 容器中。问此混合物的总压力是多少？

5. 现有一气体,在 35℃、101.3 kPa 的水面上收集,体积为 500 mL。如果在相同条件下将它压缩成 250 mL,干燥气体的最后分压是多少？

6. 在 30℃ 和 102 kPa 压力下,用 47.0 g 铝和过量的稀硫酸反应可以得到多少升干燥的氢气？如果上述氢气是相同条件下的水面收集的,它的体积是多少？

7. 在 25℃ 时,初始压力相同的 5.0 L 氮和 15 L 氧压缩到体积为 10.0 L 的真空容器中,混合气体的总压力为 150 kPa。试求：

(1) 两种气体的初始压力；

(2) 混合气体中氮和氧的分压；

(3) 如果把温度升到 210℃,容器的总压力。

8. CHCl$_3$ 在 40℃ 时蒸气压为 49.3 kPa。于此温度和 101.3 kPa 压力下,有 4.00 L 空气缓慢地通过 CHCl$_3$(即每个气泡都为 CHCl$_3$ 所饱和)。求：

(1) 空气和 CHCl$_3$ 混合气体的体积是多少？

(2) 被空气带走的 CHCl$_3$ 质量是多少？

9. 在 15℃ 和 100 kPa 压力下,将 3.45 g Zn 和过量酸作用,于水面上收集得 1.20 L 氢气。求 Zn 中杂质的质量分数(假定这些杂质和酸不起作用)。

10. 已知在标准状况下 1 体积的水可吸收 560 体积的氨气,此氨水的密度为 0.90 g·mL^{-1}。求此氨溶液的质量分数和物质的量浓度。

11. 经化学分析测得尼古丁中碳、氢、氮的质量分数依次为 0.740 3,0.087 0,0.172 7。今将 1.21 g 尼古丁溶于 24.5 g 水中,测得溶液的凝固点为 -0.568℃。求尼古丁的最简式、相对分子质量和分子式。

12. 为了防止水在仪器内冻结,在里面加入甘油,如需使其凝固点下降至 -2.00℃,则在每 100 g 水中应加入多少克甘油(甘油的分子式为 $C_3H_8O_3$)?

13. 将下列水溶液(浓度皆为 $0.01\ mol \cdot L^{-1}$)按照凝固点的高低顺序排列:$C_6H_{12}O_6$、CH_3COOH、$NaCl$、$CaCl_2$。

14. 在20℃时,把6.31 g 的某种不挥发物质溶解在500 g 水中,此时测得溶液的蒸气压为2.309 kPa,而同温度时纯水的蒸气压为2.313 8 kPa,试计算此溶质的摩尔质量。

15. 在100 g 水中应加入多少克尿素,使配成的溶液在25 ℃时的蒸气压比纯水蒸气压低0.100 kPa?

16. 在26.6 g 氯仿($CHCl_3$)中溶有0.402 g 萘($C_{10}H_8$)的溶液,其沸点比纯氯仿的沸点高0.455℃,求氯仿的沸点升高参数 K_b。

17. 把1.00 g 硫溶于20.0 g 萘中,溶液的凝固点比纯萘低1.28℃,求硫的摩尔质量和分子式。

18. 50℃时200 g 乙醇中含有23 g 溶质的溶液,其蒸气压等于27.62 kPa。已知50℃时乙醇的蒸气压为29.30 kPa,求该溶质的摩尔质量。

19. 医学临床上用的葡萄糖等渗液的凝固点为-0.543℃,求此葡萄糖溶液的质量分数和血浆的渗透压(血液的温度为37℃)。

20. 下面是海水中含量较高的一些离子浓度(单位为 $mol \cdot kg^{-1}$):

Cl^-	Na^+	Mg^{2+}	SO_4^{2-}	Ca^{2+}	K^+	HCO_3^-
0.566	0.486	0.055	0.029	0.011	0.011	0.002

今在25℃欲用反渗透压法使海水淡化,试求所需的最小压力。

21. 20℃时将0.515 g 血红素溶于适量水中,配成50.0 mL 溶液,测得此溶液的渗透压为375Pa。求:

(1) 溶液的浓度 c;

(2) 血红素的相对分子质量;

(3) 此溶液的沸点升高值和凝固点下降值;

(4) 用(3)的计算结果来说明能否用沸点升高和凝固点下降的方法来测定血红素的相对分子质量。

22. 若聚沉以下 A、B 两种胶体,试分别将 $MgSO_4$、$K_3[Fe(CN)_6]$ 和 $AlCl_3$ 三种电解质聚沉能力大小的排列顺序。

A:100 mL $0.005\ mol \cdot L^{-1}$ KI 溶液和 100 mL $0.01\ mol \cdot L^{-1}$ $AgNO_3$ 溶液混合制成的 AgI 溶胶。

B:100 mL $0.005\ mol \cdot L^{-1}$ $AgNO_3$ 溶液和 100 mL $0.01\ mol \cdot L^{-1}$ KI 溶液混合制成的 AgI 溶胶。

第 2 章 化学反应的一般原理

学习要求：
1. 理解反应进度、系统与环境、状态与状态函数的概念。
2. 掌握热与功的概念和计算，掌握热力学第一定律的概念。
3. 掌握 Q_p，ΔU，$\Delta_r H_m$，$\Delta_r H_m^{\ominus}$，$\Delta_f H_m^{\ominus}$，$\Delta_r S_m$，$\Delta_r S_m^{\ominus}$，$S_m^{\ominus}$，$\Delta_r G_m$，$\Delta_r G_m^{\ominus}$，$\Delta_f G_m^{\ominus}$ 的概念及有关计算和应用。
4. 掌握标准平衡常数 K 的概念及表达式的书写；掌握 $\Delta_r G_m^{\ominus}$ 与 $K^{\ominus}$ 的关系及有关计算。
5. 了解反应速率、基元反应、反应级数的概念；理解活化分子、活化能、催化剂的概念；了解影响反应速率的因素及其应用。

在化学反应的研究中，常遇到哪些物质之间能发生化学反应，哪些物质之间不能发生化学反应，即反应的方向问题；如果反应能够进行，则能进行到什么程度，反应物的转化程度如何，即反应的平衡问题；反应过程的能量如何变化，是吸热还是放热，即反应的热效应问题；反应是快还是慢，即反应的速率问题。化学反应进行的方向、程度以及反应过程中的能量变化关系属于化学热力学的范畴；而反应的速率，反应的历程（反应的中间步骤）等属于化学动力学的研究范畴。人们总是希望有利的反应进行得快一点、完全一点，而不利的反应进行得慢一点或尽可能抑制它的进行。这就必须研究化学热力学和化学动力学的问题。本章通过化学热力学、化学动力学一般原理的介绍，引出化学反应的焓变、熵变和吉布斯函数变的概念及其与平衡常数的关系，反应速率方程、反应级数、活化能等的概念及有关的计算。

2.1 基本概念

2.1.1 化学反应进度

1. 化学反应计量方程式

在化学中，满足质量守恒定律的化学反应方程式称为化学反应计量方程式。在化学反应计量方程式中，用规定的符号①和相应的化学式将反应物（reactant）与生成物（product）联系起来。

例如，对任一已配平的化学反应方程式，质量守恒定律可用下式表示：

---

① 只简单涉及反应方程式的配平问题，使用等号"＝"；要强调反应的平衡状态或反应的可逆性，使用两个半箭头号"⇌"；要强调反应的方向性，或认为是基元反应，则使用单个全箭头号"⟶"。

$$0 = \sum_B \nu_B B \quad (2-1)$$

式中 B 为化学反应方程式中任一反应物或生成物的化学式；ν_B 为物质 B 的化学计量数 (stoichio metric number)。ν_B 是出现在化学反应方程式(2-1)中的物质 B 的化学式前的系数(整数或简分数)，是化学反应方程式特有的物理量，其量纲为一。按规定，反应物的化学计量数为负值，而生成物的化学计量数为正值。例如反应：

$$\frac{1}{2}N_2 + \frac{3}{2}H_2 \Longrightarrow NH_3$$

其化学反应计量方程可写成 $\quad 0 = NH_3 - \frac{1}{2}N_2 - \frac{3}{2}H_2$

化学计量数 ν_B 分别为

$$\nu(NH_3) = 1 \quad \nu(N_2) = -\frac{1}{2} \quad \nu(H_2) = -\frac{3}{2}$$

2. 化学反应进度 ξ

为了表示化学反应进展的程度，国家标准 GB 3102.8—93 规定了一个物理量——化学反应进度(extent of reaction)，其符号为 ξ，单位为 mol。虽然 ξ 的单位与物质的量的单位相同，但其含义却不同。ξ 是不同于物质的量的一种新的物理量，化学反应进度 ξ 的定义式：

$$d\xi = \nu_B^{-1} dn_B \text{ 或 } dn_B = \nu_B d\xi \quad (2-2)$$

式(2-2)是化学反应进度的微分定义式。

若系统发生有限的化学反应，则

$$n_B(\xi) - n_B(\xi_0) = \nu_B(\xi - \xi_0) \text{ 或 } \Delta n_B = \nu_B \Delta \xi \quad (2-3)$$

式中：$n_B(\xi)$、$n_B(\xi_0)$ 分别代表反应进度为 ξ 和 ξ_0 时的物质 B 的物质的量；ξ_0 为反应起始的反应进度，一般为 0，则式(2-3)变为

$$\Delta n_B = \nu_B \xi \text{ 即 } \xi = \nu_B^{-1} \Delta n_B \quad (2-4)$$

随着反应的进行，反应进度逐渐增大，当反应进行到 Δn_B 的数值恰好等于 ν_B 数值时，反应进度 $\xi = \nu_B^{-1} \Delta n_B = 1$ mol，我们说发生了反应进度为 1 mol 的反应，即通常说的单位反应进度。在后面的各热力学函数变的计算中，都是以单位反应进度为计量基础的。

例如，对任一符合 $0 = \sum_B \nu_B B$ 的化学反应，若能按化学计量方程式定量完成，其反应为

$$aA + bB \longrightarrow gG + dD$$

若发生了反应进度为 1 mol 的反应，则

$$\xi = \nu_A^{-1} \Delta n_A = \nu_B^{-1} \Delta n_B = \nu_G^{-1} \Delta n_G = \nu_D^{-1} \Delta n_D = 1 \text{ mol} \quad (2-5)$$

根据 $\Delta n_B = \nu_B \xi$，即指 a mol 物质 A 与 b mol 物质 B 反应，生成 g mol 物质 G 和 d mol 物质 D。反应式中单箭头符号表示反应的方向。

反应进度的定义式表明，反应进度与化学反应计量方程式的写法有关。因此，在应用反应进度这一物理量时，必须指明具体的化学反应方程式。如合成氨的化学反应计量方程式为

$$N_2(g) + 3H_2(g) \longrightarrow 2NH_3(g)$$

当 $\Delta n(NH_3) = 1$ mol 时,其反应进度

$$\xi = \frac{\Delta n(NH_3)}{\nu(NH_3)} = \frac{1 \text{ mol}}{2} = 0.5 \text{ mol}$$

而若化学反应计量方程式为

$$\frac{1}{2}N_2(g) + \frac{3}{2}H_2(g) \longrightarrow NH_3(g)$$

则当 $\Delta n(NH_3) = 1$ mol 时,反应进度

$$\xi = \frac{\Delta n(NH_3)}{\nu(NH_3)} = 1 \text{ mol}$$

对于指定的化学反应计量方程式,反应进度与物质 B 的选择无关,反应物和生成物诸物质的 Δn_B 可能各不相同,但按 Δn_B 计算的反应进度却总是相同的。

【例 2-1】 用 $c(Cr_2O_7^{2-})$ 为 0.020 00 mol·L^{-1} 的 $K_2Cr_2O_7$ 溶液滴定 25.00 mL $c(Fe^{2+})$ 为 0.120 0 mol·L^{-1} 的酸性 $FeSO_4$ 溶液,其反应式为

$$6Fe^{2+} + Cr_2O_7^{2-} + 14H^+ =\!\!=\!\!= 6Fe^{3+} + 2Cr^{3+} + 7H_2O$$

滴定至终点共消耗 25.00 mL $K_2Cr_2O_7$ 溶液,求滴定至终点的反应进度。

解:该反应中

$$\Delta n(Fe^{2+}) = 0 - c(Fe^{2+}) \cdot V(Fe^{2+}) = 0 - 0.120\,0 \text{ mol} \cdot L^{-1} \times 25.00 \times 10^{-3} \text{ L}$$
$$= -3.000 \times 10^{-3} \text{ mol}$$

$$\xi = \nu(Fe^{2+})^{-1} \cdot \Delta n(Fe^{2+}) = -\frac{1}{6} \times (-3.000 \times 10^{-3}) \text{ mol}$$
$$= 5.000 \times 10^{-4} \text{ mol}$$

或

$$\Delta n(Cr_2O_7^{2-}) = 0 - c(Cr_2O_7^{2-}) \cdot V(Cr_2O_7^{2-}) = 0 - 0.020\,00 \text{ mol} \cdot L^{-1} \times 25.00 \times 10^{-3} \text{ L}$$
$$= -5.000 \times 10^{-4} \text{ mol}$$

$$\xi = \nu(Cr_2O_7^{2-})^{-1} \cdot \Delta n(Cr_2O_7^{2-}) = -1 \times (-5.000 \times 10^{-4}) \text{ mol}$$
$$= 5.000 \times 10^{-4} \text{ mol}$$

显然,反应进度与物质 B 的选择无关,而与化学反应计量方程式的写法有关。

2.1.2 系统和环境

为了研究问题的方便,人们常常把一部分物体和周围的其他物体划分开来作为研究的对象,这部分划分出来的物体我们称之为系统(或体系,system)。而系统以外与系统密切相关的部分则称为环境(surroundings)。例如,在 298.15 K,100 kPa 压力下测定烧杯中 HAc 水溶液的 pH,则烧杯中的 HAc 水溶液就是系统;而烧杯和烧杯以外的其余部分,如溶液上方空气的压力、温度、湿度等都属于环境。一般热力学中所说的环境,是指那些与系统密切相关的部分。

动画:系统和环境

由于人们研究的系统中的能量变化关系、系统中化学反应的方向以及系统中物质的组

成和变化等属于热力学性质范畴的问题，故常常把系统称为热力学系统(thermodynamic system)。

系统与环境之间可以根据能量与物质的交换情况，把系统分为下列三种类型：

(1) 敞开系统(open system)系统与环境之间有物质、有能量的交换；

(2) 封闭系统(closed system)系统与环境之间有能量的交换，但无物质交换；

(3) 隔离系统(isolated system)也称孤立系统，该系统完全不受环境的影响，与环境之间既无物质的交换，也无能量的交换，是一种理想系统。

为了研究的方便，在某些条件下可近似地把一个系统视为隔离系统。

2.1.3 状态和状态函数

动画：状态和状态函数

系统的状态(state)是系统所有宏观性质如压力(p)、温度(T)、密度(ρ)、体积(V)、物质的量(n)及本章将要介绍的热力学能(U)、焓(H)、熵(S)、吉布斯函数(G)等宏观物理量的综合表现。当所有这些宏观物理量都不随时间改变时，我们称系统处于一定状态。反之，当系统处于一定状态时，这些宏观物理量也都具有确定值。我们把这些确定系统存在状态的宏观物理量称为系统的状态函数(state function)。

系统的某个状态函数或若干状态函数发生变化时，系统的状态也随之发生变化。状态函数之间是相互联系、相互制约的，具有一定的内在联系。因此确定了系统的几个状态函数后，系统其他的状态函数也随之而定。例如，理想气体的状态就是 p, V, n, T 这些状态函数的综合表现，它们的内在联系就是理想气体状态方程 $pV=nRT$。

状态函数的最重要特点是它的数值仅仅取决于系统的状态，当系统状态发生变化时，状态函数的数值也随之改变。但状态函数的变化值只取决于系统的始态与终态，而与系统变化的途径无关。即系统由始态 1 变化到终态 2 所引起的状态函数的变化值如 $\Delta_1^2 n, \Delta_1^2 T$ 等均为终态与始态相应状态函数的差值：$\Delta_1^2 n=(n_2-n_1)$，$\Delta_1^2 T=(T_2-T_1)$等。

2.1.4 过程与途径

当系统发生一个任意的变化时，系统经历了一个过程(process)。例如，气体的液化、固体的溶解、化学反应等，经历这些过程，系统的状态都发生了变化。完成系统状态变化这个过程的具体步骤称为途径(path)。如系统在等温条件下发生的状态变化，称为等温过程①(isothermal process)；系统在恒压条件下发生的状态变化，称为等压过程(isobar process)；系统在恒容条件下发生的状态变化，称为等容过程(isovolume process)。

系统从始态到终态的变化，可以由各种不同的途径来实现。例如，某系统由始态(p_1, V_1)变到终态(p_2, V_2)，可由先等压后等容的途径 Ⅰ 实现；也可由先等容后等压的途径 Ⅱ 实现，如图 2-1 所示。无论采用何种途径，状态函数的变化值仅取决于系统的始、终态，而与状态变化的途径无关。

---

① 生成物温度与反应物温度相同。

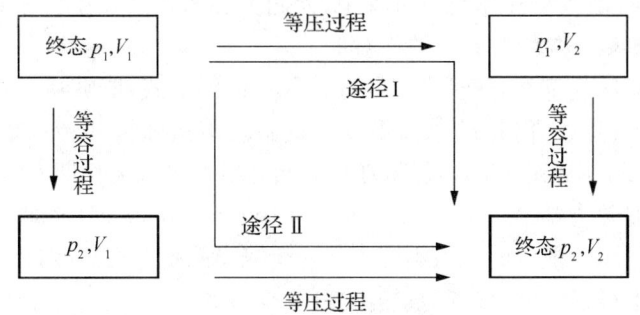

图 2-1 系统状态变化的不同途径

2.1.5 热和功

热(heat)和功(work)是系统状态发生变化时系统与环境之间的两种能量交换的形式,单位均为焦耳或千焦,符号为 J 或 kJ。

系统与环境之间因存在温度差异而发生的能量传递称为热(或热量),量符号为 Q。热力学中规定:

系统向环境吸热,Q 取正值(系统能量升高,$Q>0$);

系统向环境放热,Q 取负值(系统能量下降,$Q<0$)。

系统与环境之间除热以外的其他各种被传递的能量统称为功,量符号为 W。

国家标准 GB 3102—93 规定:

环境对系统做功,功取正值(系统能量升高,$W>0$);

系统对环境做功,功取负值(系统能量下降,$W<0$)。

功有多种形式,通常把功分为两大类,由于系统体积变化而与环境产生的功称为体积功(volume work)或膨胀功(expansion work),用 $-p\Delta V$ 表示;除体积功以外的所有其他功都称为非体积功 W_f(也叫有用功)。因此,系统抵抗外力所做的总功可以表示为

$$W = -p\Delta V + W_f \tag{2-6}$$

必须指出,热和功都不是系统的状态函数,除了与系统的始态、终态有关以外,还与系统状态变化的具体途径有关。

2.1.6 热力学能与热力学第一定律

热力学能(thermodynamic energy)也称为内能(internal energy),它是系统内部各种形式能量的总和,其量符号为 U,具有能量单位(J 或 kJ)。热力学能包括了系统中分子的平动能、转动能、振动能、电子运动能和原子核内的能量以及系统内部分子与分子间的相互作用的位能等。不包括系统整体运动的动能和系统整体处于外力场中具有的势能。

由于人们对物质运动的认识不断深化,新的粒子不断被发现,以及系统内部粒子的运动方式及相互作用极其复杂,到目前为止,还无法确定系统某状态下热力学能 U 的绝对值。但可以肯定,从宏观上讲处于一定状态下的系统,其热力学能应有定值。所以热力学能 U 是系统的状态函数,系统状态变化时热力学能变 ΔU 仅与始、终态有关而与过程的具体途径无关。$\Delta U>0$,表明系统在状态变化过程中热力学能增加;$\Delta U<0$,表明系统在状态变化过

程中热力学能减少。在实际化学反应过程中,人们关心的是系统在状态变化过程中的热力学能变 ΔU,而不是系统热力学能 U 的绝对值。

"自然界的一切物质都具有能量,能量有各种不同的形式,能够从一种形式转化为另一种形式。在转化的过程中,能量的总值不变。"这就是能量守恒和转化定律(law of energy conservation and transformation)。能量守恒和转化定律是人类长期实践的总结,把它应用于热力学系统,就是热力学第一定律(first law of thermodynamics)。即在隔离系统中,能量的形式可以相互转化,但能量的总值不变。如一个隔离系统中的热能、光能、电能、机械能和化学能之间可以相互转换,但其总能量是不变的。

根据热力学第一定律,系统热力学能的改变值 ΔU 等于系统与环境之间的能量传递,这就是热力学第一定律的数学表达式:

$$\Delta U = Q + W \tag{2-7}$$

【例 2-2】 某系统从环境吸收热量并膨胀做功,已知从环境吸收热量 200 kJ,对环境做功 120 kJ,求该过程中系统的热力学能变和环境的热力学能变。

解:由热力学第一定律得:

$$\Delta U(系统) = Q + W = 200 \text{ kJ} + (-120)\text{kJ} = 80 \text{ kJ}$$
$$\Delta U(环境) = Q + W = (-200)\text{kJ} + 120 \text{ kJ} = -80 \text{ kJ}$$

当完成这一过程后,系统净增了 80 kJ 的热力学能,而环境减少了 80 kJ 的热力学能,系统与环境的总和(隔离系统)保持能量守恒。即

$$\Delta U(系统) + \Delta U(环境) = 0$$

2.2 热化学

热化学就是把热力学理论与方法应用于化学反应,研究化学反应的热效应及其变化规律的科学。

2.2.1 化学反应热效应

化学反应热效应是指系统发生化学反应时,在只做体积功不做非体积功的等温过程中吸收或放出的热量。化学反应常在恒容或恒压等条件下进行,因此化学反应热效应常分为恒容热效应与恒压热效应,即恒容反应热与恒压反应热。

1. 恒容反应热 Q_V

在等温条件下,若系统发生化学反应是在容积恒定的容器中进行,且不做非体积功的过程,则该过程中与环境之间交换的热量就是恒容反应热,其量符号为 Q_V。

因为是恒容过程,所以 $\Delta V = 0$,则过程的体积功 $-p\Delta V = 0$;同时系统不做非体积功,所以,此过程的总功 $W = -p\Delta V + W_f = 0$。根据热力学第一定律式(2-7)可得

$$\Delta U = Q_V$$

所以 $$Q_V = \Delta U = U_2 - U_1 \tag{2-8}$$

式(2-8)说明,恒容反应热 Q_V 在量值上等于系统状态变化的热力学能变。因此,虽然热力学能 U 的绝对值无法知道,但可通过测定系统状态变化的恒容反应热 Q_V 得到热力学能变 ΔU。

2. 恒压反应热 Q_p 与焓变 ΔH

在等温条件下,若系统发生化学反应是在恒定压力下进行,且不做非体积功的过程,则该过程中与环境之间交换的热量就是恒压反应热,其量符号为 Q_p。恒压过程 $p(环)=p_2=p_1=p$,由热力学第一定律得

$$\Delta U = Q_p - p\Delta V \tag{2-9}$$

所以
$$Q_p = \Delta U + p\Delta V = U_2 - U_1 + p(V_2 - V_1)$$
$$= (U_2 + p_2 V_2) - (U_1 + p_1 V_1) \tag{2-10}$$

式(2-10)中 U、p、V 都是状态函数,其组合函数 $(U+pV)$ 也是状态函数。热力学中将 $(U+pV)$ 定义为焓(enthalpy),量符号为 H,单位为 J 或 kJ,即

$$H = U + pV \tag{2-11}$$

焓具有能量的量纲,但没有明确的物理意义。由于热力学能 U 的绝对值无法确定,所以新组合的状态函数焓 H 的绝对值也无法确定。但可通过式(2-10)求得 H 在系统状态变化过程中的变化值——焓变 ΔH,即

$$Q_p = H_2 - H_1 = \Delta H \tag{2-12}$$

式(2-12)有较明确的物理意义,即在恒温恒压只做体积功的封闭系统中,系统吸收的热量全部用于增加系统的焓。

恒温恒压只做体积功的过程中,$\Delta H>0$,表明系统是吸热的;$\Delta H<0$,表明系统是放热的。焓变 ΔH 在特定条件下等于 Q_p,并不意味着焓就是系统所含的热。热是系统在状态发生变化时与环境之间的能量交换形式之一,不能说系统在某状态下含多少热。若非恒温恒压过程,焓变 ΔH 仍有确定数值,但不能用 $\Delta H=Q_p$ 求算 ΔH。

将式(2-12)代入式(2-9),得

$$\Delta U = \Delta H - p\Delta V \tag{2-13}$$

当反应物和生成物都为固态或液态时,反应的 $p\Delta V$ 值很小,可忽略不计,故 $\Delta H \approx \Delta U$。对有气体参与的化学反应,$p\Delta V$ 值较大,假设为理想气体,则式(2-13)可化为

$$\Delta H = \Delta U + \Delta n(g)RT \tag{2-14}$$

其中
$$\Delta n(g) = \xi \cdot \sum_B \nu_{B(g)} \tag{2-15}$$

式中 $\sum_B \nu_{B(g)}$ 为化学反应计量方程式中反应前后气体化学计量数之和(注意反应物 ν_B 为负值)。

【例 2-3】 在 298.15 K 和 100 kPa 下,2 mol H_2 完全燃烧放出 483.64 kJ 的热量。假设均为理想气体,求该反应的 ΔH 和 ΔU。[反应为 $2H_2(g)+O_2(g) \Longrightarrow 2H_2O(g)$]

解:该反应在恒温恒压下进行,所以

$$\Delta H = Q_p = -483.64 \text{ kJ}$$

$$\Delta n(\mathrm{g}) = \xi \cdot \sum_B \nu_{B(\mathrm{g})} = \nu_B^{-1} \cdot \Delta n_B \cdot \sum_B \nu_{B(\mathrm{g})} = (-2\ \mathrm{mol}/-2) \times (2-2-1) = -1\ \mathrm{mol}$$

$$\Delta U = \Delta H - \Delta n(\mathrm{g})RT$$
$$= (-483.64)\ \mathrm{kJ} - (-1)\ \mathrm{mol} \times 8.314 \times 10^{-3}\ \mathrm{kJ} \cdot \mathrm{mol}^{-1} \cdot \mathrm{K}^{-1} \times 298.15\ \mathrm{K}$$
$$= -481.16\ \mathrm{kJ}$$

显然,即使有气体参与的反应,$p\Delta V$(即 $\Delta n(\mathrm{g})RT$)与 ΔH 相比也只是一个较小的值。因此,在一般情况下,可认为 ΔH 在数值上近似等于 ΔU,在缺少 ΔU 的数据的情况下可用 ΔH 的数值近似。

2.2.2 盖斯定律

俄国化学家盖斯(Hess GH)从大量热化学实验数据中得出结论:"任一化学反应,不论是一步完成的,还是分几步完成的,其热效应都是一样的。"盖斯定律的完整表述为:任何一个化学反应,在不做其他功和处于恒压或恒容的情况下,不论该反应是一步完成还是分几步完成的,其化学反应的热效应总值相等。即在不做其他功和恒压或恒容时,化学反应热效应仅与反应的始、终态有关而与具体途径无关。盖斯定律的热力学依据是 $Q_V = \Delta U$(系统不做非体积功的等容途径)和 $Q_p = \Delta H$(系统不做非体积功的等压途径)两个关系式。热虽然是一种途径函数,两关系式却表明 Q_V 与 Q_p 分别与状态函数增量相等,因此它们的数值就只与系统的始、终态有关而与途径无关,即具有状态函数增量的性质。

盖斯定律表明,热化学反应方程式也可以像普通代数方程式一样进行加减运算,利用一些已知的(或可测量的)反应热数据,间接地计算那些难以测量的化学反应的反应热。

例如 C 与 O_2 化合生成 CO 的反应热无法直接测定(难以控制 C 只生成 CO 而不生成 CO_2),但可通过相同反应条件下的反应(1)与(2)间接求得

$$\mathrm{C(s)} + O_2(\mathrm{g}) \longrightarrow CO_2(\mathrm{g}) \qquad \Delta H_1 \tag{1}$$

$$\mathrm{CO(g)} + \frac{1}{2}O_2(\mathrm{g}) \longrightarrow CO_2(\mathrm{g}) \qquad \Delta H_2 \tag{2}$$

反应(1)−(2)得

$$\mathrm{C(s)} + \frac{1}{2}O_2(\mathrm{g}) \longrightarrow \mathrm{CO(g)} \qquad \Delta H_3 = \Delta H_1 - \Delta H_2 \tag{3}$$

在相同反应条件下进行的三个化学反应之间,存在着如图 2-2 所示的关系。$\mathrm{C(s)} + O_2(\mathrm{g})$ 除可经途径Ⅰ反应生成 $CO_2(\mathrm{g})$ 外,也可以经途径Ⅱ先反应生成 $\mathrm{CO(g)} + \frac{1}{2}O_2(\mathrm{g})$,然后 $\mathrm{CO(g)} + \frac{1}{2}O_2(\mathrm{g})$ 再反应生成 $CO_2(\mathrm{g})$。按照状态函数的增量不随途径改变的性质,途径Ⅰ和Ⅱ的反应焓变应相等,即

$$\Delta H_1 = \Delta H_2 + \Delta H_3$$

所以
$$\Delta H_3 = \Delta H_1 - \Delta H_2$$

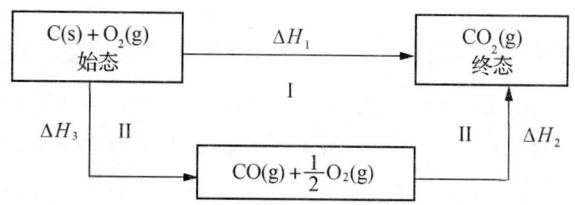

图 2-2　三个恒压反应热之间的关系

2.2.3　反应焓变的计算

1. 物质的标准态

前面提到的热力学函数 U、H 以及后面的 S、G 等均为状态函数,不同的系统或同一系统的不同状态均有不同的数值,同时它们的绝对值又无法确定。为了比较不同的系统或同一系统不同状态的这些热力学函数的变化,需要规定一个状态作为比较的标准,这就是热力学的标准状态(standard state)。热力学中规定:标准状态是在温度 T 及标准压力 $p^{\ominus}$($p^{\ominus}$ = 100 kPa)下的状态,简称标准态,用右上标"$\ominus$"表示。当系统处于标准态时,指系统中诸物质均处于各自的标准态。对具体的物质而言,相应的标准态如下:

(1) 纯理想气体物质的标准态是该气体处于标准压力 $p^{\ominus}$ 下的状态,混合理想气体中任一组分的标准态是该气体组分的分压为 $p^{\ominus}$ 时的状态(在无机及分析化学中把气体均近似作理想气体)。

(2) 纯液体(或纯固体)物质的标准态就是标准压力 $p^{\ominus}$ 下的纯液体(或纯固体)。

(3) 溶液中溶质的标准态是指标准压力 $p^{\ominus}$ 下溶质的浓度为 $c^{\ominus}$($c^{\ominus}$ = 1 mol·L^{-1})的溶液[①]。

必须注意,在标准态的规定中只规定了压力 $p^{\ominus}$,并没有规定温度。处于标准状态和不同温度下的系统的热力学函数有不同的值。一般的热力学函数值均为 298.15 K(即 25℃)时的数值,若非 298.15 K 须特别指明。

2. 摩尔反应焓变 $\Delta_r H_m$ 与标准摩尔反应焓变 $\Delta_r H_m^{\ominus}$

若某化学反应当反应进度为 ξ 时的反应焓变为 $\Delta_r H$,则摩尔反应焓变 $\Delta_r H_m$ 为

$$\Delta_r H_m = \frac{\Delta_r H}{\xi} \tag{2-16}$$

$\Delta_r H_m$ 的单位为 J·mol^{-1} 或 kJ·mol^{-1}。因此,摩尔反应焓变 $\Delta_r H_m$ 为按所给定的化学反应计量方程当反应进度 ξ 为 1 mol 时的反应焓变。

由于反应进度 ξ 与具体化学反应计量方程有关,因此计算一个化学反应的 $\Delta_r H_m$ 必须明确写出其化学反应计量方程。

当化学反应处于温度 T 的标准状态时,该反应的摩尔反应焓变称为标准摩尔反应焓变,以 $\Delta_r H_m^{\ominus}(T)$ 表示。T 为反应的热力学温度。

---

① 溶液中溶质的标准态比较复杂,详尽的讨论在后续课程物理化学中。

3. 热化学反应方程式

表示化学反应与反应热关系的化学反应方程式叫热化学反应方程式。例如：

$$C(石墨) + O_2(g) == CO_2(g) \qquad \Delta_r H_m^{\ominus} = -393.509 \text{ kJ} \cdot \text{mol}^{-1}$$

$$N_2(g) + 3H_2(g) == 2NH_3(g) \qquad \Delta_r H_m^{\ominus} = -92.4 \text{ kJ} \cdot \text{mol}^{-1}$$

$$H_2(g) + \frac{1}{2}O_2(g) == H_2O(l) \qquad \Delta_r H_m^{\ominus} = -285.830 \text{ kJ} \cdot \text{mol}^{-1}$$

$\Delta_r H_m^{\ominus}$ 为相应化学反应计量方程的恒压反应热。大多数反应都是在恒压下进行的，通常所讲的反应热，如果不加注明，都是指恒压反应热。

由于反应热效应不仅与反应条件 (T, p) 有关，而且还与物质 B 的量及物质 B 的存在状态有关。因此，书写热化学反应方程式必须注意以下几点[①]：

(1) 正确写出化学反应计量方程式。因为反应热效应常指单位反应进度为 ξ 时反应所放出或吸收的热量，而反应进度与化学反应计量方程式有关。同一反应，以不同的化学计量方程式表示，其反应热效应的数值不同。

(2) 注明参与反应的物质 B 的聚集状态，如气、液、固态分别以 g、l、s 表示。物质的聚集状态不同，其反应热亦不同。当固体有多种晶型时，还应注明不同的晶型。溶液中的溶质则需注明浓度，aq 表示水溶液。

(3) 注明反应温度。书写热化学反应方程式时必须标明反应温度，如 $\Delta_r H_m^{\ominus}(298.15 \text{ K})$。如果为 298.15 K，习惯上可不注明。

(4) 热化学反应方程式表示按给定的计量方程式从反应物完全反应变为生成物。例如：

$$H_2(g) + I_2(g) == 2HI(g) \qquad \Delta_r H_m^{\ominus} = -25.9 \text{ kJ} \cdot \text{mol}^{-1}$$

表示在标准状态、298.15 K 时 1 mol $H_2(g)$ 和 1 mol $I_2(g)$ 完全反应生成 2 mol HI(g)。这是一个假想的过程，因为实际上反应还没完全就达到了平衡，反应在宏观上已经"停止"了。

4. 标准摩尔生成焓 $\Delta_f H_m^{\ominus}$

在温度 T 及标准态下，由参考状态的单质生成物质 B 的反应，其单位反应进度时的标准摩尔反应焓变即为物质 B 在温度 T 时的标准摩尔生成焓（standard molar enthalpy of formation），用 $\Delta_f H_m^{\ominus}(B, \beta, T)$ 表示，单位为 kJ·mol^{-1}。符号中的下标 f 表示生成反应（formation），括号中的 β 表示物质 B 的相态（如 g, l, s 等）。这里所谓的参考状态是指在温度 T 及标准态下单质的最稳定状态。同时在书写反应方程式时，应使物质 B 为唯一生成物，且物质 B 的化学计量数 $\nu_B = 1$。

例如，$H_2O(l)$ 的标准摩尔生成焓 $\Delta_f H_m^{\ominus}(H_2O, l) = -285.830 \text{ kJ} \cdot \text{mol}^{-1}$ 是下面反应的标准摩尔反应焓变：

$$H_2(g, 298.15 \text{ K}, p^{\ominus}) + \frac{1}{2} O_2(g, 298.15 \text{ K}, p^{\ominus}) == H_2O(l, 298.15 \text{ K}, p^{\ominus})$$

$$\Delta_r H_m^{\ominus} = -285.830 \text{ kJ} \cdot \text{mol}^{-1}$$

---

① 书写化学反应的其他热力学函数，如 $\Delta_r U_m, \Delta_r S_m, \Delta_r G_m$ 也应注意这几点。

根据标准摩尔生成焓的定义,可知参考状态单质的标准摩尔生成焓等于零。因为从单质生成单质,系统根本没有发生反应,不存在反应热效应。当一种元素有两种或两种以上单质时,通常规定最稳定的单质为参考状态,其标准摩尔生成焓为零。例如石墨和金刚石是碳的两种同素异形体,石墨是碳的最稳定单质,是碳的参考状态,它的标准摩尔生成焓等于零。由最稳定单质转变为其他形式的单质时,要吸收热量。例如,石墨转变成金刚石:

$$C(石墨) = C(金刚石) \quad \Delta_r H_m^\ominus = 1.895 \text{ kJ} \cdot \text{mol}^{-1}$$

所以 $\Delta_f H_m^\ominus(C,金刚石) = 1.895 \text{ kJ} \cdot \text{mol}^{-1}$

对于水溶液中进行的离子反应,常涉及水合离子标准摩尔生成焓。水合离子标准摩尔生成焓是指:在温度 T 及标准状态下由参考状态纯态单质生成溶于大量水(形成无限稀薄溶液)的水合离子 B(aq) 的标准摩尔反应焓变。量符号为 $\Delta_f H_m^\ominus(B,\infty,aq,T)$,单位为 $\text{kJ} \cdot \text{mol}^{-1}$。符号"$\infty$"表示"在大量水中"或"无限稀薄水溶液中",常常省略。同样,在书写反应方程式时,应使离子 B 为唯一生成物,且离子 B 的化学计量数 $\nu_B = 1$。并规定水合氢离子的标准摩尔生成焓为零,即在 298.15 K,标准状态时由单质 $H_2(g)$ 生成水合氢离子的标准摩尔反应焓变为零:

$$\frac{1}{2}H_2(g) + aq = H^+(aq) + e^-$$

$$\Delta_r H_m^\ominus = \Delta_f H_m^\ominus(H^+,\infty,aq,298.15\text{ K}) = 0 \text{ kJ} \cdot \text{mol}^{-1}$$

本书附录Ⅲ列出了在 298.15 K、100 kPa 下常见物质与水合离子的标准摩尔生成焓 $\Delta_f H_m^\ominus$ 的数据。

5. 标准摩尔燃烧焓 $\Delta_c H_m^\ominus$

在温度 T 及标准态下物质 B 完全燃烧(或完全氧化)的化学反应,当反应进度为 1 mol 时的标准摩尔反应焓变为物质 B 的标准摩尔燃烧焓(standard molar enthalpy of combustion),简称燃烧焓,用符号 $\Delta_c H_m^\ominus$ 表示,单位为 $\text{kJ} \cdot \text{mol}^{-1}$。在书写燃烧反应方程式时,应使物质 B 的化学计量数 $\nu_B = 1$。所谓完全燃烧(或完全氧化)是指物质 B 中的 C 变为 $CO_2(g)$,H 变为 $H_2O(l)$,S 变为 $SO_2(g)$,N 变为 $N_2(g)$,Cl_2 变为 $HCl(aq)$。由于反应物已完全燃烧,所以反应后的产物显然不能燃烧。因此标准摩尔燃烧焓的定义中隐含"燃烧反应中所有产物的标准摩尔燃烧焓为零"。由于有机化合物大多易燃、易氧化,标准摩尔燃烧焓在有机化学中应用较广。在计算化学反应焓变时,如缺少标准摩尔生成焓的数据时,也可用标准摩尔燃烧焓进行计算。

有机化合物的标准摩尔燃烧焓具有重要意义,如石油、天然气及煤炭等的热值(燃烧热)是判断其质量好坏的一个重要指标;又如脂肪、蛋白质、糖、碳水化合物等的热值是评判其营养价值的重要指标。

6. 标准摩尔反应焓变的计算

在温度 T 及标准状态下同一个化学反应的反应物和生成物存在如图 2-3 所示的关系,它们均可由等物质的量、同种类的参考状态单质生成。

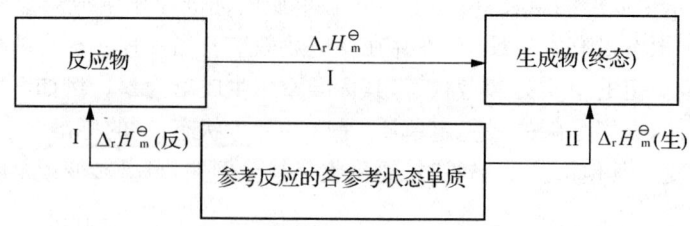

图2-3 标准摩尔生成焓与标准摩尔反应焓变的关系

根据盖斯定律,若把参加反应的各参考状态单质定为始态,把反应的生成物定为终态,则途径Ⅰ和途径Ⅱ的反应焓变应相等,所以

$$\Delta_r H_m^\ominus + \Delta_r H_m^\ominus(\text{反}) = \Delta_r H_m^\ominus(\text{生})$$

即

$$\Delta_r H_m^\ominus + \sum_B \nu_B \Delta_f H_m^\ominus(\text{反应物}) = \sum_B \nu_B \Delta_f H_m^\ominus(\text{生成物})$$

所以有

$$\Delta_r H_m^\ominus = \sum_B \nu_B \Delta_f H_m^\ominus(\text{生成物}) - \sum_B \nu_B \Delta_f H_m^\ominus(\text{反应物})$$

$$= \sum_B \nu_B \Delta_f H_m^\ominus(B)$$

因而,对任一化学反应

$$0 = \sum_B \nu_B B$$

其标准摩尔反应焓变为

$$\Delta_r H_m^\ominus = \sum_B \nu_B \Delta_f H_m^\ominus(B) \tag{2-17}$$

也可用标准摩尔燃烧焓计算:

$$\Delta_r H_m^\ominus = \sum_B (-\nu_B) \Delta_c H_m^\ominus(B) \tag{2-18}$$

注意式(2-17)与式(2-18)的差别,式(2-18)的计量系数 ν_B 前有一负号,即标准摩尔反应焓变 $\Delta_r H_m^\ominus$ 为反应物的标准摩尔燃烧焓之和减去生成物的标准摩尔燃烧焓之和。

【例2-4】 甲烷在298.15 K,100 kPa下与 $O_2(g)$ 的燃烧反应如下:

$$CH_4(g) + 2O_2(g) = CO_2(g) + 2H_2O(l)$$

求甲烷的标准摩尔燃烧焓 $\Delta_c H_m^\ominus(CH_4, g)$。

解: 由标准摩尔燃烧焓的定义得

$$\Delta_c H_m^\ominus(CH_4, g) = \Delta_r H_m^\ominus = \sum_B \nu_B \Delta_f H_m^\ominus(B)$$
$$= \Delta_f H_m^\ominus(CO_2, g) + 2\Delta_f H_m^\ominus(H_2O, l) - 2\Delta_f H_m^\ominus(O_2, g) - \Delta_f H_m^\ominus(CH_4, g)$$
$$= [(-393.51) + 2 \times (-285.85) - 2 \times 0 - (-74.81)] \text{ kJ} \cdot \text{mol}^{-1}$$
$$= -890.40 \text{ kJ} \cdot \text{mol}^{-1}$$

【例2-5】 已知乙烷的标准摩尔燃烧焓 $\Delta_c H_m^\ominus(C_2H_6, g) = -1560 \text{ kJ} \cdot \text{mol}^{-1}$,计算乙

烷的标准摩尔生成焓。

解：已知燃烧反应为

$$C_2H_6(g) + \frac{7}{2}O_2(g) = 2CO_2(g) + 3H_2O(l) \quad \Delta_cH_m^{\ominus} = -1\,560 \text{ kJ} \cdot \text{mol}^{-1}$$

$$\Delta_rH_m^{\ominus} = \Delta_cH_m^{\ominus}(C_2H_6, g) = \sum_B \nu_B \Delta_f H_m^{\ominus}(B)$$

$$= 2\Delta_f H_m^{\ominus}(CO_2, g) + 3\Delta_f H_m^{\ominus}(H_2O, l) - \Delta_f H_m^{\ominus}(C_2H_6, g) - \frac{7}{2}\Delta_f H_m^{\ominus}(O_2, g)$$

即 $\Delta_f H_m^{\ominus}(C_2H_6, g) = 2\Delta_f H_m^{\ominus}(CO_2, g) + 3\Delta_f H_m^{\ominus}(H_2O, l) - \Delta_c H_m^{\ominus}(C_2H_6, g)$

$$= [2 \times (-393.5) + 3 \times (-285.8) - (-1\,560) - \frac{7}{2} \times 0] \text{kJ} \cdot \text{mol}^{-1}$$

$$= -84.4 \text{ kJ} \cdot \text{mol}^{-1}$$

2.3 化学反应的方向与限度

2.3.1 化学反应的自发性

自然界发生的过程都有一定的方向性。如水总是从高处流向低处，直至两处水位相等；热可以从高温物体传导到低温物体，直至两者温度相等；电流总是从高电势流向低电势，直至电势差为零；又如铁在潮湿的空气中能被缓慢氧化变成铁锈等。这些不需要借助外力就能自动进行的过程称为自发过程，相应的化学反应叫自发反应。自发反应有如下特征：

(1) 自发反应不需要环境对系统做功就能自动进行，并借助于一定的装置能对环境做功；

(2) 自发反应的逆过程是非自发的；

(3) 自发反应与非自发反应均有可能进行，但只有自发反应能自动进行，非自发反应必须借助一定方式的外部作用才能进行；

(4) 在一定的条件下，自发反应能一直进行直至达到平衡，即自发反应的最大限度是系统的平衡状态。

那么化学反应的自发性是由什么因素决定的呢？化学反应自发性的判据又是什么呢？在19世纪70年代，法国化学家贝特洛(Berthelot P)和丹麦化学家汤姆森(Thomson J)提出：自发反应的方向是系统的焓减少的方向($\Delta_r H < 0$)，即自发反应是放热反应的方向。从能量的角度看，放热反应系统能量下降，放出的热量越多，系统能量降得越低，反应越完全。也就是说，系统有趋于最低能量状态的倾向，称为最低能量原理。例如：

$$2Fe(s) + \frac{3}{2}O_2(g) = Fe_2O_3(s) \quad \Delta_r H_m^{\ominus} = -824.2 \text{ kJ} \cdot \text{mol}^{-1}$$

$$H_2(g) + \frac{1}{2}O_2(g) = H_2O(l) \quad \Delta_r H_m^{\ominus} = -285.8 \text{ kJ} \cdot \text{mol}^{-1}$$

$$HCl(g) + NH_3(g) = NH_4Cl(s) \quad \Delta_r H_m^{\ominus} = -176.0 \text{ kJ} \cdot \text{mol}^{-1}$$

$$NO(g) + \frac{1}{2}O_2(g) =\!=\!= NO_2(g) \qquad \Delta_r H_m^{\ominus} = -57.0 \text{ kJ} \cdot \text{mol}^{-1}$$

上述放热反应均为自发反应。

然而，进一步的研究发现，许多吸热反应（$\Delta_r H > 0$）虽然使系统能量升高，也能自发进行。例如在 101.3 kPa，大于 0℃时，冰能从环境吸收热量自动融化为水；碳酸钙在高温下吸收热量自发分解为氧化钙和二氧化碳：

$$CaCO_3(s) =\!=\!= CaO(s) + CO_2(g) \qquad \Delta_r H_m^{\ominus} = 178.5 \text{ kJ} \cdot \text{mol}^{-1}$$

因此，仅把焓变作为自发反应的判据是不准确或不全面的，显然还有其他影响因素存在。

物质的宏观性质与其内部的微观结构有着内在联系。如在冰的晶体中，H_2O 分子有规则地排列在冰的晶格结点上，也即 H_2O 分子的排列是有序的。当冰吸热融化时，液态水中 H_2O 分子运动较为自由，处于较为无序的状态，或者说较为混乱的状态。系统这种从有序到无序的状态变化，其内部微观粒子排列的混乱程度增加了。人们把系统内部微观粒子排列的混乱程度称为混乱度。又如碳酸钙的吸热分解，由于产生气体 CO_2，也使系统的混乱度增大。人们发现，那些自发的吸热反应系统的混乱度都是增大的。如下列自发反应：

$$N_2O_5(s) =\!=\!= 2NO_2(g) + \frac{1}{2}O_2(g) \qquad \Delta_r H_m^{\ominus} = 109.5 \text{ kJ} \cdot \text{mol}^{-1}$$

$$Ag_2CO_3(s) \xrightarrow{T > 484.8 \text{ K}} Ag_2O(s) + CO_2(g) \qquad \Delta_r H_m^{\ominus} = 81.3 \text{ kJ} \cdot \text{mol}^{-1}$$

显然，在一定条件下，系统混乱度增加的反应也能自发进行。因此系统除了有趋于最低能量的趋势外，还有趋于最大混乱度的趋势，实际化学反应的自发性是由这两种因素共同作用的结果。

2.3.2 熵

1. 熵的概念

系统混乱度的大小可以用一个新的热力学函数熵（entropy）来量度，熵的符号为 S，单位为 $J \cdot mol^{-1} \cdot K^{-1}$。若以 Ω 代表系统内部的微观状态数，则熵 S 与微观状态数 Ω 有如下关系：

$$S = k \ln \Omega \qquad (2-19)$$

式中 k 为玻耳兹曼常数。由于在一定状态下，系统的微观状态数有确定值，所以熵也有定值，因而熵也是状态函数。系统的混乱度越大，熵值就越大。

在 0 K 时，系统内的一切热运动全部停止了，纯物质完美晶体的微观粒子排列是整齐有序的，其微观状态数 $\Omega = 1$，此时系统的熵值 $S^*(0 \text{ K}) = 0$，这就是热力学第三定律。其中"*"表示完美晶体。以此为基准，可以确定其他温度下物质的熵值。即以 $S^*(0 \text{ K}) = 0$ 为始态，以温度 T 时的指定状态 $S(B,T)$ 为终态，所算出的反应进度为 1 mol 的物质 B 的熵变 $\Delta_r S_m(B)$ 即为物质 B 在该指定状态下的摩尔规定熵 $S_m(B,T)$（物质 B 的化学计量数 $\nu_B = 1$）：

$$\Delta_r S_m(B) = S_m(B,T) - S_m^*(B,0 \text{ K}) = S_m(B,T)$$

在标准状态下的摩尔规定熵称为标准摩尔熵,用 $S_m^{\ominus}(B,T)$ 表示,在 298.15 K 时,可简写为 $S_m^{\ominus}(B)$。注意,在 298.15 K 及标准状态下,参考状态的单质其标准摩尔熵 $S_m^{\ominus}(B)$ 并不等于零,这与标准状态时参考状态的单质其标准摩尔生成焓 $\Delta_f H_m^{\ominus}(B)=0$ 不同。

水合离子的标准摩尔熵是以 $S_m^{\ominus}(H^+,aq)=0$ 为基准而求得的相对值。一些物质在 298.15 K 的标准摩尔熵和一些常见水合离子的标准摩尔熵见附录Ⅲ。

通过对熵的定义和物质标准摩尔熵值 $S_m^{\ominus}(B,T)$ 的分析可得如下规律:

(1) 物质的熵值与系统的温度、压力有关。一般温度升高,系统的混乱度增加,熵值增大;压力增大,微粒被限制在较小体积内运动,熵值减小(压力对液体和固体的熵值影响较小)。

(2) 熵与物质的聚集状态有关。对同一种物质的熵值有 $S^{\ominus}(B,g,T) > S^{\ominus}(B,l,T) > S^{\ominus}(B,s,T)$;如 $S^{\ominus}(H_2O,g,298\ K)=232.7\ J\cdot mol^{-1}\cdot K^{-1}$,$S^{\ominus}(H_2O,l,298\ K)=69.9\ J\cdot mol^{-1}\cdot K^{-1}$,$S^{\ominus}(H_2O,s,298\ K)=39.33\ J\cdot mol^{-1}\cdot K^{-1}$。

(3) 相同状态下,分子结构相似的物质,随相对分子质量的增大,熵值增大。如 $S^{\ominus}(HF,g,298\ K)=137.8\ J\cdot mol^{-1}\cdot K^{-1}$,$S^{\ominus}(HCl,g,298\ K)=186.9\ J\cdot mol^{-1}\cdot K^{-1}$,$S^{\ominus}(HBr,g,298\ K)=198.7\ J\cdot mol^{-1}\cdot K^{-1}$,$S^{\ominus}(HI,g,298\ K)=206.5\ J\cdot mol^{-1}\cdot K^{-1}$。当物质的相对分子质量相近时,分子结构复杂的分子其熵值大于简单分子。如 $S^{\ominus}(CH_3CH_2OH,g,298\ K)=282.5\ J\cdot mol^{-1}\cdot K^{-1}$,$S^{\ominus}(CH_3OCH_3,g,298\ K)=266.5\ J\cdot mol^{-1}\cdot K^{-1}$。当分子结构相似且相对分子质量相近时,熵值相近。如 $S^{\ominus}(O_3,g,298\ K)=238.9\ J\cdot mol^{-1}\cdot K^{-1}$,$S^{\ominus}(SO_2,g,298\ K)=248.2\ J\cdot mol^{-1}\cdot K^{-1}$。

2. 标准摩尔反应熵变 $\Delta_r S_m^{\ominus}(T)$

由于熵是状态函数,因而反应的熵变只与系统的始态和终态有关,而与途径无关。标准摩尔反应熵变 $\Delta_r S_m^{\ominus}$ 的计算与标准摩尔反应焓变 $\Delta_r H_m^{\ominus}$ 的计算类似。

对任一反应
$$0 = \sum_B \nu_B B$$

其标准摩尔反应熵变为
$$\Delta_r S_m^{\ominus} = \sum_B \nu_B S_m^{\ominus}(B) \tag{2-20}$$

【例 2-6】 计算 298.15 K 标准状态下化学反应的标准摩尔反应熵变 $\Delta_r S_m^{\ominus}$。

$$CaCO_3(s) = CaO(s) + CO_2(g)$$

解: $\Delta_r S_m^{\ominus} = \sum_B \nu_B S_m^{\ominus}(B)$
$= 1 \times S_m^{\ominus}(CaO,s) + 1 \times S_m^{\ominus}(CO_2,g) + (-1) S_m^{\ominus}(CaCO_3,s)$
$= (39.75 + 213.7 - 92.9)\ J\cdot mol^{-1}\cdot K^{-1}$
$= 160.5\ J\cdot mol^{-1}\cdot K^{-1}$

延伸阅读:熵和化学反应方向的判据

2.3.3 化学反应方向的判据

从以上讨论可知判断化学反应自发进行的方向,要考虑系统趋于最低能量和最大混乱度两个因素,即综合考虑反应的焓变 $\Delta_r H$ 和熵变 $\Delta_r S$ 两个因素。1878 年美国物理化学家吉布斯(Gibbs G W)由热力学定律证明,在恒温恒压非体积功等于零的自发过程中,其焓

变、熵变和温度三者的关系为

$$\Delta H - T\Delta S < 0$$

热力学定义一个新的状态函数：

$$G = H - TS \tag{2-21}$$

G 称为吉布斯函数(Gibbs function)，也称吉布斯自由能，单位为 kJ·mol^{-1}。由于焓 H 的绝对值无法确定，因而吉布斯函数 G 的绝对值也无法确定。

系统在状态变化中，状态函数 G 的改变 ΔG 称为吉布斯函数变。在恒温恒压非体积功等于零的状态变化中，吉布斯函数变为

$$\Delta G = G_2 - G_1 = \Delta H - T\Delta S \tag{2-22}$$

ΔG 可以作为判断反应能否自发进行的判据。即

$\Delta G < 0$，自发进行；

$\Delta G = 0$，平衡状态；

$\Delta G > 0$，不能自发进行（其逆过程是自发的）。

从式(2-22)可以看出，ΔG 的值取决于 ΔH、ΔS 和 T，按 ΔH、ΔS 的符号及温度 T 对化学反应 ΔG 的影响，可归纳为表 2-1 的四种情况。

表 2-1　温度对反应自发性的影响

ΔH	ΔS	T	ΔG	反应的自发性	反应实例
$-$	$+$	任意	$-$	自发进行	$2N_2O(g) \rightleftharpoons 2N_2(g) + O_2(g)$
$+$	$-$	任意	$+$	非自发进行	$3O_2(g) \rightleftharpoons 2O_3(g)$
$+$	$+$	低温	$+$	低温非自发	$CaCO_3(s) \rightleftharpoons CaO(s) + CO_2(g)$
		高温	$-$	高温自发	
$-$	$-$	低温	$-$	低温自发	$NH_3(g) + HCl(g) \rightleftharpoons NH_4Cl(s)$
		高温	$+$	高温非自发	

必须指出，表 2-1 中的低温、高温仅相对而言，对实际反应应具体计算温度。

2.3.4　标准摩尔生成吉布斯函数与标准摩尔反应吉布斯函数变

与标准摩尔生成焓 $\Delta_f H_m^{\ominus}$ 的定义类似，在温度 T 及标准态下，由参考状态的单质生成物质 B 的反应，其反应进度为 1 mol 时的标准摩尔反应吉布斯函数变 $\Delta_r G_m^{\ominus}$，即为物质 B 在温度 T 时的标准摩尔生成吉布斯函数，用 $\Delta_f G_m^{\ominus}(B,\beta,T)$ 表示，单位为 kJ·mol^{-1}。同样，在书写生成反应方程式时，物质 B 应为唯一生成物，且物质 B 的化学计量数 $\nu_B = 1$。

显然，根据物质 B 的标准摩尔生成吉布斯函数 $\Delta_f G_m^{\ominus}(B,\beta,T)$ 的定义，在标准状态下所有参考状态的单质其标准摩尔生成吉布斯函数 $\Delta_f G_m^{\ominus}(B,298.15\text{ K}) = 0$ kJ·mol^{-1}。

同样，水合离子的标准摩尔生成吉布斯函数 $\Delta_f G_m^{\ominus}(B,aq)$ 也是以水合氢离子的 $\Delta_f G_m^{\ominus}(H^+,aq,298.15\text{ K})$ 等于零为基准而求得的相对值。附录Ⅲ中列出了常见物质的标准摩尔生成吉布斯函数和一些常见水合离子的标准摩尔生成吉布斯函数。

同样，对任一化学反应：

$$0 = \sum_B \nu_B B$$

其 $\Delta_r G_m^\ominus$ 可由物质 B 的 $\Delta_f G_m^\ominus(B, 298.15\ K)$ 计算：

$$\Delta_r G_m^\ominus = \sum_B \nu_B \Delta_f G_m^\ominus(B) \qquad (2-23)$$

也可从吉布斯函数的定义计算：

$$\Delta_r G_m^\ominus = \Delta_r H_m^\ominus - T\Delta_r S_m^\ominus$$

必须指出，随着温度的升高，系统的状态函数 H、S、G 都将发生变化。但在大多数情况下，当反应确定后，因温度改变而引起生成物所增加的焓、熵值与反应物所增加的焓、熵值相差不多，所以化学反应的焓变与熵变受温度的影响并不明显。在无机及分析化学中，计算化学反应的焓变与熵变时可不考虑温度的影响，即当反应不在 298.15 K 时，可近似用 $\Delta_r H(298.15\ K)$ 和 $\Delta_r S(298.15\ K)$ 代替。但是，反应的 $\Delta_r G$ 随温度变化很大，不能用 $\Delta_r G(298.15\ K)$ 代替，即此时不能用式(2-23)计算 $\Delta_r G(T)$，而应用式(2-22)计算。即

$$\Delta_r G_m^\ominus(T) \approx \Delta_r H_m^\ominus(298.15\ K) - T\Delta_r S_m^\ominus(298.15\ K)$$

【例 2-7】 计算反应 $2NO(g) + O_2(g) = 2NO_2(g)$ 在 298.15 K 时的标准摩尔反应吉布斯函数变 $\Delta_r G_m^\ominus$，并判断此时反应的方向。

解： $\Delta_r G_m^\ominus = \sum_B \nu_B \Delta_f G_m^\ominus(B)$

$= (2 \times 51.31 - 2 \times 86.55)\ kJ \cdot mol^{-1}$

$= -70.48\ kJ \cdot mol^{-1} < 0$，此时反应正向进行

【例 2-8】 估算反应 $2NaHCO_3(s) = Na_2CO_3(s) + CO_2(g) + H_2O(g)$ 在标准状态下的最低分解温度。

解： 要使 $NaHCO_3(s)$ 分解反应进行，须 $\Delta_r G_m^\ominus < 0$，即

$$\Delta_r H_m^\ominus - T\Delta_r S_m^\ominus < 0$$

$\Delta_r H_m^\ominus = \sum_B \nu_B \Delta_f H_m^\ominus(B)$

$= [(-1\ 130.68) + (-393.509) + (-241.818) - 2 \times (-950.81)]\ kJ \cdot mol^{-1}$

$= 135.61\ kJ \cdot mol^{-1}$

$\Delta_r S_m^\ominus = \sum_B \nu_B S_m^\ominus(B)$

$= (134.98 + 213.74 + 188.825 - 2 \times 101.7)\ J \cdot mol^{-1} \cdot K^{-1}$

$= 334.15\ J \cdot mol^{-1} \cdot K^{-1}$

由 $135.61 \times 10^3\ J \cdot mol^{-1} - T \times 334.15\ J \cdot mol^{-1} \cdot K^{-1} < 0$，即

$$T_{分解} > \frac{135.61 \times 10^3\ J \cdot mol^{-1}}{334.15\ J \cdot mol^{-1} \cdot K^{-1}} = 405.84\ K$$

因此，$NaHCO_3(s)$ 的最低分解温度为 405.84 K。

必须指出，对恒温恒压下的化学反应，$\Delta_r G_m^\ominus$ 只能判断处于标准状态时的反应方向。若反应处于任意状态时，不能用 $\Delta_r G_m^\ominus$ 来判断，必须计算 $\Delta_r G_m$ 才能判断反应方向，这将在下一节中讨论。

2.4 化学平衡

化学平衡涉及绝大多数的化学反应以及相变化等,如无机化学反应的酸碱平衡、沉淀溶解平衡、氧化还原平衡和配位解离平衡以及均相平衡、多相平衡。本节通过对化学平衡共同特点和规律的探讨,并通过热力学基本原理的应用,讨论化学平衡建立的条件以及化学平衡移动的方向与化学反应的限度等重要问题。

2.4.1 可逆反应与化学平衡

1. 可逆反应

在一定的反应条件下,一个化学反应既能从反应物变为生成物,在相同条件下也能由生成物变为反应物,即在同一条件下能同时向正逆两个方向进行的化学反应称为可逆反应(reversible reaction)。习惯上,把从左向右进行的反应称为正反应,把从右向左进行的反应称为逆反应。

原则上所有的化学反应都具有可逆性,只是不同的反应其可逆程度不同而已。反应的可逆性和不彻底性是一般化学反应的普遍特征。由于正逆反应同处一个系统中,所以在密闭容器中可逆反应不能进行到底,即反应物不能全部转化为生成物。

在反应式中用双向半箭头号强调反应的可逆性。如 $H_2(g)$ 与 $I_2(g)$ 的可逆反应可写成:

$$H_2(g) + I_2(g) \rightleftharpoons 2HI(g)$$

2. 化学平衡

在恒温恒压且非体积功为零时,可用化学反应的吉布斯函数变 $\Delta_r G_m$ 来判断化学反应进行的方向。随着反应的进行,系统吉布斯函数在不断变化,直至最终系统的吉布斯函数 G 值不再改变,此时反应的 $\Delta_r G_m = 0$。这时化学反应达到最大限度,系统内物质B的组成不再改变。我们称该系统达到了热力学平衡态,简称化学平衡(chemical equilibrium)。只要系统的温度和压力保持不变,同时没有物质加入到系统中或从系统中移走,这种平衡就能持续下去。

例如反应 $H_2(g) + I_2(g) \rightleftharpoons 2HI(g)$ 不管起始反应从正向反应物开始,还是逆向从生成物开始,最后达到平衡时,$\Delta_r G_m = 0$,反应物和生成物的分压都不再变化,此时系统达到了平衡。

化学平衡具有以下特征:

(1) 化学平衡是一个动态平衡(dynamic equilibrium),表面上反应已经停止,实际上单位时间内,由正反应所消耗的 $H_2(g)$ 和 $I_2(g)$ 的分子数恰好等于由逆反应生成的 $H_2(g)$ 和 $I_2(g)$ 的分子数。

(2) 化学平衡是相对的,同时也是有条件的。一旦维持平衡的条件发生了变化(例如温度、压力的变化),系统的宏观性质和物质的组成都将发生变化。原有的平衡将被破坏,代之以新的平衡。

(3) 在一定温度下,化学平衡一旦建立,以化学反应方程式中化学计量数为幂指数的反应方程式中各物种的浓度(或分压)的乘积为一常数,叫作平衡常数。在同一温度下,同一反应的平衡常数相同。

2.4.2 平衡常数

1. 实验平衡常数

实验事实表明,在一定的反应条件下,任何一个可逆反应经过一定时间后,都会达到化学平衡。此时反应系统中以反应方程式中的化学计量数(ν_B)为幂指数的各物种的浓度(或分压)的乘积为一常数。由于这个常数由实验测得,故称为实验平衡常数(或经验平衡常数),简称平衡常数(equilibrium constant),用 K_c 或 K_p 表示。

对于任一可逆反应

$$0 = \sum_B \nu_B B$$

在一定温度下,达到平衡时,各组分浓度之间的关系为

$$K_c = \prod_B (c_B)^{\nu_B} \tag{2-24}$$

式中:K_c 称为浓度平衡常数;c_B 为物质 B 的平衡浓度。

对于气相反应,在恒容恒温下,气体的分压与浓度成正比($p=cRT$),因此,在平衡常数表达式中,可以用平衡时的气体分压来代替浓度,用 K_p 表示压力平衡常数,其表达式为

$$K_p = \prod_B (p_B)^{\nu_B} \tag{2-25}$$

式中:p_B 为物质 B 的平衡分压。

对同一反应,平衡常数可用 K_c 表示,也可用 K_p 表示,但通常情况下二者并不相等。由于平衡常数表达式中各组分的浓度(或分压)都有单位,所以实验平衡常数是有单位的,实验平衡常数的单位取决于化学计量方程式中生成物与反应物的单位及相应的化学计量数。

例如反应:

$$2NO_2(g) \rightleftharpoons N_2O_4(g) \quad K_p = \prod_B (p_B)^{\nu_B} = p(N_2O_4)p^{-2}(NO_2)$$

单位为 Pa^{-1} 或 kPa^{-1}。

2. 标准平衡常数[①]

国家标准 GB 3102—93 中给出了标准平衡常数的定义,在标准平衡常数表达式中,有关组分的浓度(或分压)都必须用相对浓度[②](或相对分压)来表示,即反应方程式中各物种的浓度(或分压)均须分别除以其标准态的量,即除以 $c^{\ominus}$($c^{\ominus}=1\ mol \cdot L^{-1}$)或 $p^{\ominus}$($p^{\ominus}=100\ kPa$)。由于相对浓度(或相对分压)是量纲为一的量,所以标准平衡常数是量纲为一的量。

例如对气相反应

$$0 = \sum_B \nu_B B(g)$$

[①] 以前称热力学平衡常数,现根据国家标准称标准平衡常数,以区别于实验平衡常数。

[②] 严格地讲应用活度(或逸度),在无机及分析化学中用相对浓度(或相对分压)是一种近似。

$$K^{\ominus} = \prod_{B}\left(\frac{p_B}{p^{\ominus}}\right)^{\nu_B} \tag{2-26}$$

若为溶液中溶质的反应
$$0 = \sum_{B}\nu_B B(aq)$$

$$K^{\ominus} = \prod_{B}\left(\frac{c_B}{c^{\ominus}}\right)^{\nu_B} \tag{2-27}$$

式中 $\prod_{B}\left(\frac{p_B}{p^{\ominus}}\right)^{\nu_B}$，$\prod_{B}\left(\frac{c_B}{c^{\ominus}}\right)^{\nu_B}$ 为平衡时化学反应计量方程式中各反应组分 $(p_B/p^{\ominus})^{\nu_B}$，$(c_B/c^{\ominus})^{\nu_B}$ 的连乘积（注意反应物的计量系数 ν_B 为负值）。由于 $c^{\ominus} = 1\,\mathrm{mol \cdot L^{-1}}$，为简单起见，式(2-27)中 $c^{\ominus}$ 在与 $K^{\ominus}$ 有关的数值计算中常予以省略。

对于多相反应的标准平衡常数表达式，反应组分中的气体用相对分压 $(p_B/p^{\ominus})$ 表示；溶液中的溶质用相对浓度 $(c_B/c^{\ominus})$ 表示；固体和纯液体为"1"，可省略。

例如，实验室中制取 $Cl_2(g)$ 的反应：

$$MnO_2(s) + 2Cl^-(aq) + 4H^+(aq) \rightleftharpoons Mn^{2+}(aq) + Cl_2(g) + 2H_2O(l)$$

其标准平衡常数为

$$K^{\ominus} = \frac{\dfrac{c(Mn^{2+})}{c^{\ominus}} \cdot \dfrac{p(Cl_2)}{p^{\ominus}}}{\left[\dfrac{c(Cl^-)}{c^{\ominus}}\right]^2 \cdot \left[\dfrac{c(H^+)}{c^{\ominus}}\right]^4}$$

通常如无特殊说明，平衡常数一般均指标准平衡常数。在书写和应用平衡常数表达式时应注意：

(1) 表达式中各组分的分压（或浓度）应为平衡状态时的分压（或浓度）；

(2) 由于表达式以反应计量方程式中各物种的化学计量数 ν_B 为幂指数，所以 $K^{\ominus}$ 与化学反应方程式有关，同一化学反应，反应方程式不同，其 $K^{\ominus}$ 值也不同。

例如，合成氨反应：

$$N_2 + 3H_2 \rightleftharpoons 2NH_3$$

$$K_1^{\ominus} = \frac{[p(NH_3)/p^{\ominus}]^2}{[p(H_2)/p^{\ominus}]^3 \cdot [p(N_2)/p^{\ominus}]}$$

$$\frac{1}{2}N_2 + \frac{3}{2}H_2 \rightleftharpoons NH_3$$

$$K_2^{\ominus} = \frac{[p(NH_3)/p^{\ominus}]}{\sqrt{[p(H_2)/p^{\ominus}]^3 \cdot [p(N_2)/p^{\ominus}]}}$$

显然 $K_1^{\ominus} \neq K_2^{\ominus}$，$K_1^{\ominus} = (K_2^{\ominus})^2$。因此使用和查阅平衡常数时，必须注意它们所对应的化学反应方程式。

3. 多重平衡规则

一个给定化学反应计量方程式的平衡常数，不取决于反应过程中经历的步骤，无论反应分几步完成，其平衡常数表达式完全相同，这就是多重平衡规则。也就是说当某总反应为若干个分步反应之和（或之差）时，则总反应的平衡常数为这若干个分步反应平衡常数的乘积（或商）。例如，将 $CO_2(g)$ 通入 $NH_3(aq)$ 中，发生如下反应：

$$CO_2(g) + 2NH_3(aq) + H_2O(l) \rightleftharpoons 2NH_4^+(aq) + CO_3^{2-}(aq) \tag{1}$$

$$K_1^\ominus = \frac{[c(NH_4^+)/c^\ominus]^2 \cdot [c(CO_3^{2-})/c^\ominus]}{[p(CO_2)/p^\ominus] \cdot [c(NH_3)/c^\ominus]^2}$$

反应(1)是 $CO_2(g)$ 与 $NH_3(aq)$ 的总反应,实际上溶液中存在(a)、(b)、(c)、(d)四种平衡关系。也就是说,总反应(1)可表示为(a)、(b)、(c)、(d)四步反应的总和[其中 OH^- 既参与平衡(a)又参与平衡(d)的反应,H_2CO_3 参与平衡(b)和(c)的反应。在同一平衡系统中,一个物种的平衡浓度只能有一个数值。所以 OH^- 和 H_2CO_3 的浓度项可消去]。因而有

$$2NH_3(g) + 2H_2O(l) \rightleftharpoons 2NH_4^+(aq) + 2OH^-(aq) \tag{a}$$

$$CO_2(g) + H_2O(l) \rightleftharpoons H_2CO_3(aq) \tag{b}$$

$$H_2CO_3(aq) \rightleftharpoons CO_3^{2-}(aq) + 2H^+(aq) \tag{c}$$

$$+ \quad 2H^+(aq) + 2OH^-(aq) \rightleftharpoons 2H_2O(l) \tag{d}$$

$$\overline{CO_2(g) + 2NH_3(aq) + H_2O(l) \rightleftharpoons 2NH_4^+(aq) + CO_3^{2-}(aq)}$$

$$K_1^\ominus = K_a^\ominus \cdot K_b^\ominus \cdot K_c^\ominus \cdot K_d^\ominus$$

多重平衡规则说明 $K^\ominus$ 值与系统达到平衡的途径无关,仅取决于系统的状态——反应物(始态)和生成物(终态)。

4. 化学反应进行的程度

化学反应达到平衡时,系统中物质 B 的浓度不再随时间而改变,此时反应物已最大限度地转变为生成物。平衡常数具体反映出平衡时各物种相对浓度、相对分压之间的关系,通过平衡常数可以计算化学反应进行的最大程度,即化学平衡组成。在化工生产中常用转化率(α)来衡量化学反应进行的程度。某反应物的转化率是指该反应物已转化为生成物的百分数。即

$$\alpha = \frac{某反应已转化的量}{某反应物的总量} \times 100\% \tag{2-28}$$

化学反应达平衡时的转化率称平衡转化率。显然,平衡转化率是理论上该反应的最大转化率。而在实际生产中,反应达到平衡需要一定的时间,流动的生产过程往往系统还没有达到平衡反应物就离开了反应容器,所以实际的转化率要低于平衡转化率。实际转化率与反应进行的时间有关。工业生产中所说的转化率一般指实际转化率,而一般教材中所说的转化率是指平衡转化率。

【例 2-9】 已知下列反应(1)、(2)在 700 K 时的标准平衡常数,计算反应(3)在相同温度下的 $K^\ominus$。

(1) $PCl_5(g) \rightleftharpoons PCl_3(g) + Cl_2(g)$ $K_1^\ominus = 11.5$

(2) $P(s) + \frac{3}{2}Cl_2(g) \rightleftharpoons PCl_3(g)$ $K_2^\ominus = 1.00 \times 10^{20}$

(3) $P(s) + \frac{5}{2}Cl_2(g) \rightleftharpoons PCl_5(g)$

解: 反应(2)-(1)=(3),根据多重平衡规则得

$$K_3^\ominus = K_2^\ominus / K_1^\ominus$$

$= 1.00 \times 10^{20}/11.5 = 8.70 \times 10^{18}$

【例 2-10】 $N_2O_4(g)$ 的分解反应为 $N_2O_4(g) \rightleftharpoons 2NO_2(g)$，该反应在 298 K 的 $K^\ominus = 0.116$，试求该温度下当系统的平衡总压为 200 kPa 时 $N_2O_4(g)$ 的平衡转化率。

解： 设起始时 $N_2O_4(g)$ 的物质的量为 1 mol，平衡转化率为 α。

$$N_2O_4(g) \rightleftharpoons 2NO_2(g)$$

起始时物质的量/mol	1	0
平衡时物质的量/mol	$1-\alpha$	2α
平衡时总物质的量/mol	$n_\text{总} = 1-\alpha+2\alpha = 1+\alpha$	
平衡分压/kPa	$\dfrac{1-\alpha}{1+\alpha} \cdot p_\text{总}$	$\dfrac{2\alpha}{1+\alpha} \cdot p_\text{总}$

$$K = [p(NO_2)/p^\ominus]^2 [p(N_2O_4)/p^\ominus]^{-1}$$
$$= \left[\dfrac{2\alpha}{1+\alpha} \cdot (p_\text{总}/p^\ominus)\right]^2 \left[\dfrac{1-\alpha}{1+\alpha} \cdot (p_\text{总}/p^\ominus)^{-1}\right]$$
$$= 0.116$$

解得
$$\alpha = 0.12 = 12\%$$

【例 2-11】 在容积为 10.00 L 的容器中装有等物质的量的 $PCl_3(g)$ 和 $Cl_2(g)$。已知在 523 K 发生以下反应：

$$PCl_3(g) + Cl_2(g) \rightleftharpoons PCl_5(g)$$

达平衡时，$p(PCl_5) = 100$ kPa，$K^\ominus = 0.57$。求：

(1) 开始装入的 $PCl_3(g)$ 和 $Cl_2(g)$ 的物质的量；
(2) $Cl_2(g)$ 的平衡转化率。

解： (1) 设 $PCl_3(g)$ 和 $Cl_2(g)$ 的起始分压为 x kPa

$$PCl_3(g) + Cl_2(g) \rightleftharpoons PCl_5(g)$$

起始分压/kPa	x	x	0
平衡分压/kPa	$x-100$	$x-100$	100

$$K^\ominus = [p(PCl_5)/p^\ominus][p(Cl_2)/p^\ominus]^{-1}[p(PCl_3)/p^\ominus]^{-1}$$

$$0.57 = \dfrac{100/100}{\left(\dfrac{x-100}{100}\right)^2}; \quad x = 232$$

起始
$$n(PCl_3) = n(Cl_2) = \dfrac{p(PCl_3) \cdot V(PCl_3)}{RT}$$
$$= \dfrac{232 \times 10^3 \text{ Pa} \times 10.00 \times 10^{-3} \text{ m}^3}{8.314 \text{ Pa} \cdot \text{m}^3 \cdot \text{mol}^{-1} \cdot \text{K}^{-1} \times 525 \text{ K}} = 0.534 \text{ mol}$$

(2)
$$\alpha(Cl_2) = \dfrac{n_\text{转化}(Cl_2)}{n_\text{起始}(Cl_2)} \times 100\% = \dfrac{p_\text{转化}(Cl_2)}{p_\text{起始}(Cl_2)} \times 100\%$$
$$= \dfrac{100}{232} \times 100\% = 43.1\%$$

2.4.3 平衡常数与标准摩尔吉布斯函数变

1. 标准平衡常数与标准摩尔吉布斯函数变

从 2.3.3 可知，在恒温恒压不做非体积功条件下的化学反应方向判据为

$\Delta_r G_m < 0$，正向反应；

$\Delta_r G_m = 0$，平衡态；

$\Delta_r G_m > 0$，逆向反应。

热力学研究证明，在恒温恒压、任意状态下化学反应的 $\Delta_r G_m$ 与其标准态 $\Delta_r G_m^{\ominus}$ 有如下关系：

$$\Delta_r G_m = \Delta_r G_m^{\ominus} + RT \ln Q \tag{2-29}$$

式(2-29)中 Q 称为化学反应的反应商，简称反应商。反应商 Q 的表达式与标准平衡常数 $K^{\ominus}$ 的表达式完全一致，不同之处在于 Q 表达式中的浓度或分压为任意态的(包括平衡态)，而 $K^{\ominus}$ 表达式中的浓度或分压是平衡态的。

根据化学反应方向判据，当反应达到化学平衡时，反应的 $\Delta_r G_m = 0$，此时反应方程式中物质 B 的浓度或分压均为平衡态的浓度或分压，此时反应商 Q 即为 $K^{\ominus}$，$Q = K^{\ominus}$，所以有

$$0 = \Delta_r G_m^{\ominus} + RT \ln K^{\ominus}$$

或

$$\Delta_r G_m^{\ominus} = -RT \ln K^{\ominus} \tag{2-30}$$

式(2-30)即为化学反应的标准平衡常数与化学反应的标准摩尔吉布斯函数变之间的关系。因此，只要知道温度 T 时的 $\Delta_r G_m^{\ominus}$，就可求得该反应在温度 T 时的标准平衡常数。$\Delta_r G_m^{\ominus}$ 可查热力学函数表或根据 $\Delta_r G_m^{\ominus}(T) \approx \Delta_r H_m^{\ominus}(298.15K) - T\Delta_r S_m^{\ominus}(298.15 K)$ 计算。所以，任一恒温恒压下的化学反应的标准平衡常数均可通过式(2-30)计算。

从式(2-30)可以看出，在一定温度下，化学反应的 $\Delta_r G_m^{\ominus}$ 值愈小，则 $K^{\ominus}$ 值愈大，反应就进行得愈完全；反之，若 $\Delta_r G_m^{\ominus}$ 值愈大，则 $K^{\ominus}$ 值愈小，反应进行的程度亦愈小。因此，$\Delta_r G_m^{\ominus}$ 反映了标准状态时化学反应进行的完全程度。

2. 化学反应等温方程式

将式(2-30)代入式(2-29)可得

$$\Delta_r G_m = -RT \ln K^{\ominus} + RT \ln Q \tag{2-31}$$

式(2-31)称为化学反应等温式，简称反应等温式(reaction isotherm)。它表明恒温恒压下，化学反应的摩尔吉布斯函数变 $\Delta_r G_m$ 与反应的标准平衡常数 $K^{\ominus}$ 及化学反应的反应商 Q 之间的关系。根据式(2-31)可得

$$\Delta_r G_m = -RT \ln \frac{K}{Q}$$

将 $K^{\ominus}$ 与 Q 进行比较，可以得出判断化学反应进行方向的判据：

$Q < K^{\ominus}$，$\Delta_r G_m < 0$，反应正向进行；

$Q = K^{\ominus}$，$\Delta_r G_m = 0$，平衡状态；

$Q > K^{\ominus}$，$\Delta_r G_m > 0$，反应逆向进行。

上述判据称为化学反应进行方向的反应商判据。

【例 2-12】 计算反应 $HI(g) \rightleftharpoons \frac{1}{2}I_2(g) + \frac{1}{2}H_2(g)$ 在 320 K 时的 $K^\ominus$。若此时系统中 $p(HI,g) = 40.5$ kPa,$p(I_2,g) = p(H_2,g) = 1.01$ kPa,判断此时的反应方向。

解: $\Delta_r G_m^\ominus(T) = \Delta_r H_m^\ominus(298.15\ K) - T\Delta_r S_m^\ominus(298.15\ K)$

$= [(62.438/2) - 26.48]\ kJ \cdot mol^{-1} - 320 \times [(260.69/2) + (130.684/2)$
$- 206.549] \times 10^{-3}\ kJ \cdot mol^{-1}$

$= 8.22\ kJ \cdot mol^{-1}$

由 $\Delta_r G_m^\ominus = -RT \ln K^\ominus$

得 $\ln K^\ominus = -\Delta_r G_m^\ominus / RT$

$= -8.22\ kJ \cdot mol^{-1} / (8.314 \times 10^{-3}\ kJ \cdot mol^{-1} \cdot K^{-1} \times 320\ K) = -3.09$

$K^\ominus = 4.6 \times 10^{-2}$

$Q = [p(I_2,g)/p^\ominus]^{1/2} [p(H_2,g)/p^\ominus]^{1/2} [p(HI,g)/p^\ominus]^{-1}$

$= (1.01/100) \times (40.5/100)^{-1} = 2.49 \times 10^{-2}$

$Q < K^\ominus$,反应正向进行

或由 $\Delta_r G_m = -RT \ln K^\ominus + RT \ln Q$

$= \{-8.314 \times 10^{-3} \times 320 \times (-3.09) + 8.314 \times 10^{-3} \times 320 \times \ln[(1.01/100)$
$\times (40.5/100)^{-1}]\}\ kJ \cdot mol^{-1}$

$= -1.63\ kJ \cdot mol^{-1} < 0$,反应正向进行

【例 2-13】 乙苯$(C_6H_5C_2H_5)$脱氢制苯乙烯有两个反应:

(1) 氧化脱氢 $C_6H_5C_2H_5(g) + \frac{1}{2}O_2(g) \rightleftharpoons C_6H_5CH=CH_2(g) + H_2O(g)$

(2) 直接脱氢 $C_6H_5C_2H_5(g) \rightleftharpoons C_6H_5CH=CH_2(g) + H_2(g)$

若反应在 298.15 K 进行,计算两反应的标准平衡常数,试问哪一种方法可行?

已知 $C_6H_5C_2H_5(g)$ $C_6H_5CHCH_2(g)$ $H_2O(g)$

$\Delta_f G_m^\ominus(298.15)/kJ \cdot mol^{-1}$ 130.6   213.8 -228.57

解: 对反应(1) $\Delta_r G_m^\ominus = \sum_B \nu_B \Delta_f G_m^\ominus(B)$

$= (213.8 - 228.57 - 130.6)\ kJ \cdot mol^{-1} = -145.4\ kJ \cdot mol^{-1} < 0$

由 $\Delta_r G_m^\ominus = -RT \ln K^\ominus$

得 $\ln K^\ominus = -\Delta_r G_m^\ominus / RT$

$= 145.4 \times 10^3 / (8.314 \times 298.15) = 58.65$

$K^\ominus = 2.98 \times 10^{25}$

对反应(2): $\Delta_r G_m^\ominus = \sum_B \nu_B \Delta_f G_m^\ominus(B)$

$= (213.8 - 130.6)\ kJ \cdot mol^{-1} = 83.2\ kJ \cdot mol^{-1} > 0$

$\ln K^\ominus = -\Delta_r G_m^\ominus / RT$

$= -83.2 \times 10^3 / (8.314 \times 298.15) = -33.56$

$K^\ominus = 2.65 \times 10^{-15}$

因此,反应(1)可行。

2.4.4 影响化学平衡的因素——平衡移动原理

化学平衡是相对的,有条件的,一旦维持平衡的条件发生了变化(例如浓度、压力、温度的变化),系统的宏观性质和物质的组成都将发生变化。原有的平衡将被破坏,代之以新的平衡。这种因外界条件的改变而使化学反应从一种平衡状态向另一种平衡状态转变的过程称为化学平衡的移动。

1. 浓度(或气体分压)对化学平衡的影响

由判断化学反应进行方向的反应商判据可知,对于一个在一定温度下已达化学平衡的反应系统(此时 $Q=K^{\ominus}$),增加反应物的浓度(或其分压)或降低生成物的浓度(或其分压)(使 Q 值变小),则 $Q<K^{\ominus}$。此时系统不再处于平衡状态,反应要向正方向进行,直到 Q 重新等于 $K^{\ominus}$,系统又建立起新的平衡。不过在新的平衡系统中各组分的平衡浓度已发生了变化。

反之,若在已达平衡的系统中降低反应物浓度(或其分压)或增加生成物浓度(或其分压),则 $Q>K^{\ominus}$,此时平衡将向逆反应方向移动,使反应物浓度增加,生成物浓度降低,直到建立新的平衡。

在考虑平衡问题时,应该注意:

(1) 在实际反应时,人们为了尽可能地充分利用某一种原料,往往使用过量的另一种原料(廉价、易得)与其反应,以使平衡尽可能向正反应方向移动,提高前者的转化率;

(2) 如果从平衡系统中不断降低生成物的浓度(或分压),则平衡将不断地向生成物方向移动,直至某反应物基本上被消耗完全,使可逆反应进行得比较完全;

(3) 如果系统中存在多个平衡,则须应用多重平衡规则。

2. 压力对化学平衡的影响

压力变化对化学平衡的影响应视化学反应的具体情况而定。对只有液体或固体参与的反应而言,改变压力对平衡影响很小,可以不予考虑。但对于有气态物质参与的平衡系统,系统压力的改变则可能会对平衡产生影响。如合成氨反应 $N_2(g)+3H_2(g) \rightleftharpoons 2NH_3(g)$ 在一定温度、压力($p_{1总}$)下达平衡,平衡常数为 $K^{\ominus}$。

$$K^{\ominus} = [p_1(NH_3)/p^{\ominus}]^2 [p_1(N_2)/p^{\ominus}]^{-1} [p_1(H_2)/p^{\ominus}]^{-3}$$

如果改变总压(例如压缩容器),使新的总压 $p_{2总}=2p_{1总}$,此时 $p_2(N_2)=2p_1(N_2)$,$p_2(H_2)=2p_1(H_2)$,$p_2(NH_3)=2p_1(NH_3)$,则

$$\begin{aligned} Q &= [p_2(NH_3)/p^{\ominus}]^2 [p_2(N_2)/p^{\ominus}]^{-1} [p_2(H_2)/p^{\ominus}]^{-3} \\ &= [2p_1(NH_3)/p^{\ominus}]^2 [2p_1(N_2)/p^{\ominus}]^{-1} [2p_1(H_2)/p^{\ominus}]^{-3} \\ &= 1/4\, K^{\ominus} \end{aligned}$$

即 $Q<K^{\ominus}$

因此增加总压后,反应向正方向进行,平衡向右移动。

如果改变总压使新的总压 $p_{2总}=\dfrac{1}{2}p_{1总}$,则 $Q=4K^{\ominus}>K^{\ominus}$,因此降低总压后,反应向逆方向进行,平衡向左移动。

分析合成氨的反应,可以看出压力对化学平衡影响的原因在于反应前后气态物质的化

学计量数之和 $\sum \nu_B(g) \neq 0$。增加压力，平衡向气体分子数较少的一方移动；降低压力，平衡向气体分子数较多的一方移动。显然，如果反应前后气体分子数没有变化，$\sum \nu_B(g) = 0$，则改变总压对化学平衡没有影响。

对有固体或液体参与的多相反应，压力的改变一般也不会影响溶液中各组分的浓度。通常只要考虑反应前后气态物质分子数的变化即可。例如反应：

$$C(s) + H_2O(g) \rightleftharpoons CO(g) + H_2(g)$$

如果增加压力，平衡向左移动；降低压力，则平衡向右移动。

【例 2-14】 已知反应 $N_2O_4(g) \rightleftharpoons 2NO_2(g)$ 在总压为 101.3 kPa 和温度为 325 K 时达平衡，$N_2O_4(g)$ 的转化率为 50.2%。试求：

(1) 该反应的 $K^\ominus$；
(2) 相同温度、压力为 5×101.3 kPa 时 $N_2O_4(g)$ 的平衡转化率 α。

解：(1) 设反应起始时，$n(N_2O_4) = 1$ mol，$N_2O_4(g)$ 的平衡转化率为 α。

	$N_2O_4(g)$	$\rightleftharpoons$	$2NO_2(g)$
起始时物质的量 n_B/mol	1		0
平衡时物质的量 n_B/mol	$1-\alpha$		2α
平衡总物质的量 $n_总$/mol	$1-\alpha+2\alpha = 1+\alpha$		
平衡分压 p_B/kPa	$\dfrac{1-\alpha}{1+\alpha} \times 101.3$ kPa		$\dfrac{2\alpha}{1+\alpha} \times 101.3$ kPa

标准平衡常数为

$$\begin{aligned} K &= [p(NO_2)/p]^2 [p(N_2O_4)/p]^{-1} \\ &= \left[\frac{2\alpha}{1+\alpha} \times \frac{101.3 \text{ kPa}}{100 \text{ kPa}}\right]^2 \times \left[\frac{1-\alpha}{1+\alpha} \times \frac{101.3 \text{ kPa}}{100 \text{ kPa}}\right]^{-1} \\ &= \frac{4 \times 0.502^2}{1-0.502^2} \times \frac{101.3}{100} = 1.37 \end{aligned}$$

(2) 温度不变，$K^\ominus$ 不变，则

$$K = \frac{4\alpha^2}{1-\alpha^2} \times \frac{5 \times 101.3}{100} = 1.37$$

解得

$$\alpha = 0.251 = 25.1\%$$

计算结果表明增加总压，平衡向气体化学计量数减少的方向移动。

3. 温度对化学平衡的影响

温度对化学平衡的影响与浓度、压力的影响有本质上的区别。浓度、压力改变时，平衡常数不变，只是由于系统中组分发生变化而导致反应商 Q 发生变化，使得 $Q \neq K^\ominus(T_1)$，引起平衡的移动。而温度改变使标准平衡常数的数值发生变化，使得 $K^\ominus(T_2) \neq Q$，从而引起平衡的移动。

由 $\Delta_r G_m^\ominus = \Delta_r H_m^\ominus - T\Delta_r S_m^\ominus$，及 $\Delta_r G_m^\ominus = -RT \ln K^\ominus$，得

$$\ln K^\ominus = -\frac{\Delta_r H_m^\ominus}{RT} + \frac{\Delta_r S_m^\ominus}{R} \tag{2-32}$$

在温度变化不大时，$\Delta_r H_m^\ominus$ 和 $\Delta_r S_m^\ominus$ 可看作常数。若反应在 T_1 和 T_2 时的平衡常数分别为 $K_1^\ominus$ 和 $K_2^\ominus$，则近似地有

$$\ln K_1^\ominus = \frac{\Delta_r H_m^\ominus}{RT_1} + \frac{\Delta_r S_m^\ominus}{R}$$

$$\ln K_2^\ominus = \frac{\Delta_r H_m^\ominus}{RT_2} + \frac{\Delta_r S_m^\ominus}{R}$$

两式相减有

$$\ln \frac{K_1^\ominus(T_1)}{K_2^\ominus(T_2)} = -\frac{\Delta_r H_m^\ominus}{R}\left(\frac{1}{T_1} - \frac{1}{T_2}\right) \tag{2-33}$$

如果是放热反应，$\Delta_r H_m^\ominus < 0$，当温度 T 升高时，$K_1^\ominus > K_2^\ominus$，即平衡常数减小（使得 $Q > K^\ominus$），平衡向逆反应方向移动（即吸热反应方向）。如果是吸热反应，$\Delta_r H_m^\ominus > 0$，当温度升高时，$K_1^\ominus < K_2^\ominus$，所以平衡常数增大（使得 $Q < K^\ominus$），平衡向正反应方向移动（即吸热反应方向）。因此在不改变浓度、压力的条件下，升高平衡系统的温度时，平衡向着吸热反应的方向移动；反之，降低温度时，平衡向着放热反应的方向移动。

【例 2-15】反应 $BeSO_4(s) \rightleftharpoons BeO(s) + SO_3(g)$ 在 600 K 时，$K^\ominus = 1.61 \times 10^{-8}$，反应的标准摩尔焓变 $\Delta_r H_m^\ominus = 175 \text{ kJ} \cdot \text{mol}^{-1}$，求反应在 400 K 时的 $K^\ominus$。

解：按式(2-33)，得

$$\ln \frac{K_1^\ominus(T_1)}{K_2^\ominus(T_2)} = -\frac{\Delta_r H_m^\ominus}{R}\left(\frac{1}{T_1} - \frac{1}{T_2}\right)$$

$$\ln \frac{1.61 \times 10^{-8}}{K_2^\ominus} = -\frac{175 \times 10^3}{8.314}\left(\frac{1}{600} - \frac{1}{400}\right)$$

$$K_2^\ominus = 3.88 \times 10^{-16}$$

4. 勒夏特列原理

早在 1907 年，在总结大量实验事实的基础上，勒夏特列(Le Chatelier HL)定性得出平衡移动的普遍原理，即任何一个处于化学平衡的系统，当某一确定系统状态的因素（如浓度、压力、温度等）发生改变时，系统的平衡将发生移动。平衡移动的方向总是向着减弱外界因素的改变对系统影响的方向。例如增加反应物的浓度或反应气体的分压，平衡向生成物方向移动，以减弱反应物浓度或反应气体分压增加的影响；如果增加平衡系统的总压（不包括充入不参与反应的气体），平衡向气体分子数减少的方向移动，以减小总压的影响；如果升高温度，平衡向吸热反应方向移动，减弱温度升高对系统的影响。因此，平衡移动的规律可以归纳为：如果改变平衡系统的条件之一（如浓度、压力或温度），平衡就向着能减弱这个改变的方向移动。这就是勒夏特列原理(Le Chatelier's principle)。用更简洁的语言来描述即：如果对平衡系统施加外力，则平衡将沿着减小外力影响的方向移动。

必须注意，勒夏特列原理只适用于已经处于平衡状态的系统，而对于未达平衡状态的系统则不适用。

2.5 化学反应速率

在化学反应的研究中，除了要考虑化学反应进行的方向、程度等热力学问题以外，还得

考虑化学反应进行的快慢以及反应从始态到终态所经历的途径等动力学问题。本节首先介绍化学反应速率的概念,再讨论影响反应速率的因素,并给予简要的理论解释。

2.5.1 化学反应速率的概念

化学反应速率(rate of reaction)是指化学反应过程进行的快慢,即化学反应方程式中物质 B 的数量(通常用物质的量的变化表示)随时间的变化率。

对于任一化学反应

$$0 = \sum_B \nu_B B$$

根据国家标准(GB 3102.8—93)反应速率定义为

$$\dot{\xi} = \frac{d\xi}{dt} = \frac{1}{\nu_B} \times \frac{dn_B}{dt} \tag{2-34}$$

即反应速率为反应进度随时间的变化率。由反应进度定义的化学反应速率也叫转化速率。用反应进度定义的反应速率不必指明具体物质 B,但必须注明相应的化学反应计量方程式。

对恒容反应,例如密闭反应器中的气相反应或液相反应,体积不变,所以反应速率(基于浓度的速率)的定义为

$$\nu = \frac{\dot{\xi}}{V} = \frac{1}{\nu_B} \times \frac{dn_B}{Vdt} \tag{2-35}$$

式(2-35)中 V 为反应系统体积,因此反应速率是单位体积内反应进度随时间的变化率,反应速率 v 的 SI 单位为 $mol \cdot L^{-1} \cdot s^{-1}$[①]。

若反应过程体积不变,则有

$$\nu = \frac{1}{\nu_B} \times \frac{dc_B}{dt} \tag{2-36}$$

式中 $\frac{dc_B}{dt}$ 对某一指定的反应物来说,它是该反应物的消耗速率;对某一指定的生成物来说是该生成物的生成速率。在后面提到的速率一般均指式(2-36)中速率。

另外还有一种反应速率的表示方法就是半衰期($t_{1/2}$),即反应物消耗一半所需的时间[②]。

2.5.2 反应历程与基元反应

1. 反应历程与基元反应

通常的化学反应方程式,只是化学反应的计量式,表明了热力学中的始态与终态及其计量关系,即宏观结果,并没有说明反应物是经过怎样的途径、步骤转变为生成物的,即并未表示出其微观过程。人们把反应物转变为生成物的具体途径、步骤称为反应历程。不同的反应有不同的反应历程,有的很简单,有的却相当复杂。如化学反应方程式:

---

① 如果反应速率比较慢,时间单位也可采用 min(分),h(小时)或 y(年)等。
② 一级反应的半衰期 $t_{1/2} = 0.693/k$,与反应物浓度无关。放射性同位素的衰变均为一级反应,半衰期原本用于表示放射性同位素的衰变特征,环境化学中常用来表示有机物、农药等在自然界中的降解速率,医学中常用于表示药物在体内的分解速率。

$$H_2(g) + Cl_2(g) \longrightarrow 2HCl(g)$$

并不说明由一个 $H_2(g)$ 分子和一个 $Cl_2(g)$ 分子直接碰撞生成了两个 $HCl(g)$ 分子。已知该反应在光照条件下是由下列四步反应完成的:

$$Cl_2(g) + B \longrightarrow 2Cl(g) + B \tag{1}$$

$$Cl(g) + H_2(g) \longrightarrow HCl(g) + H(g) \tag{2}$$

$$H(g) + Cl_2(g) \longrightarrow HCl(g) + Cl(g) \tag{3}$$

$$Cl(g) + Cl(g) + B \longrightarrow Cl_2(g) + B \tag{4}$$

其中 B 是惰性物质(反应器壁或其他不参与反应的物质),只起传递能量的作用。上述四步反应的每一步都是由反应物分子直接相互作用,一步转化为生成物分子的。这种由反应物分子(或离子、原子及自由基等)直接碰撞发生作用而生成产物的反应称为基元反应(elementary reaction),即基元反应为一步完成的简单反应。基元反应是组成一切化学反应的基本单元。大多数化学反应往往要经过若干个基元反应步骤使反应物最终转化为生成物。这些基元反应代表了反应所经过的历程。所谓反应历程(或反应机理)一般是指该反应是由哪些基元反应组成的。例如上述四个基元反应就构成了 $H_2(g)$ 分子与 $Cl_2(g)$ 分子反应生成 $HCl(g)$ 分子的反应历程。

研究表明,只有少数化学反应是由反应物一步直接转化为生成物的基元反应。例如:

$$SO_2Cl_2 \longrightarrow SO_2 + Cl_2 \tag{1}$$

$$2NO_2 \longrightarrow 2NO + O_2 \tag{2}$$

$$NO_2 + CO \longrightarrow NO + CO_2 \tag{3}$$

反应(1)参加反应的分子数为1,这类基元反应称为单分子反应;而反应(2)和(3)中,参加反应的分子数为2,称为双分子反应。

2. 基元反应的速率方程

人们经过长期实践,总结出基元反应的反应速率与反应物浓度之间的定量关系:在一定温度下,化学反应速率与各反应物浓度幂($c^{-\nu_B}$)的乘积成正比,浓度的幂次为基元反应方程式中相应组分的化学计量数的负值($-\nu_B$)。基元反应的这一规律称为质量作用定律。

设下面反应

$$aA + bB + \cdots \longrightarrow gG + dD + \cdots$$

为基元反应,则该基元反应的速率方程式为

$$v = kc_A^a c_B^b \cdots \tag{2-37}$$

式(2-37)就是质量作用定律的数学表达式,也称基元反应的速率方程式(rate equation)。

据此,前述三个基元反应的速率方程式可分别表示为

$$v_1 = k \cdot c(SO_2Cl_2)$$

$$v_2 = k \cdot c^2(NO_2)$$

$$v_3 = k \cdot c(NO_2) \cdot c(CO)$$

3. 反应级数

速率方程式(2-37)中各浓度项的幂次 $a, b, \cdots$ 分别称为反应组分 $A, B, \cdots$ 的级数。该

反应总的反应级数(reaction order) n 则是各反应组分 A, B, … 的级数之和,即

$$n = a + b + \cdots$$

当 $n=0$ 时称为零级反应,$n=1$ 时称为一级反应,$n=2$ 时称为二级反应,余类推。

对于基元反应,反应级数与它们的化学计量数是一致的。而对于非基元反应,速率方程式中的级数一般不等于 $(a+b+\cdots)$。例如,一氧化氮和氢气的反应为

$$2NO + 2H_2 \rightleftharpoons N_2 + 2H_2O$$

实验结果 $v = kc^2(NO)c(H_2)$,而不是 $v = kc^2(NO)c^2(H_2)$。

因此除非是基元反应,一般不能根据化学反应方程式就确定反应速率与浓度的关系,即确定反应速率方程式,必须通过实验来确定。通常可写成与式(2-37)相类似的幂乘积形式:

$$v = kc_A^x c_B^y \cdots \qquad (2-38)$$

如果是基元反应,则 $x=a$,$y=b$;如果是非基元反应,则 x,y 的数值必须通过实验来测定。x,y 的值可以是整数、分数,也可以为零。

4. 反应速率常数

反应速率方程式中的比例系数 k 称为反应速率常数(rate constant)。不同的反应有不同的 k 值。k 值与反应物的浓度无关,而与温度的关系较大。温度一定,速率常数为定值。由式(2-38)可以看出,速率常数表示反应速率方程中各有关浓度项均为单位浓度时的反应速率。速率常数的单位随 $(x+y)$ 的变化而变化,即随反应级数而变。因为反应速率的单位是 $mol \cdot L^{-1} \cdot s^{-1}$,一级反应的速率常数的单位为 s^{-1},二级反应为 $mol^{-1} \cdot L \cdot s^{-1}$,$n$ 级反应为 $mol^{-(n-1)} \cdot L^{n-1} \cdot s^{-1}$。因此,也可从速率常数的单位判断反应的级数。同一温度、同一浓度下,不同化学反应的 k 值可反映出反应进行的相对快慢。

书写速率方程时还须注意:稀溶液中溶剂、固体或纯液体参加的化学反应,其速率方程式的数学表达式中不必列出它们的浓度项。

如蔗糖的水解反应

$$C_{12}H_{22}O_{11}(蔗糖) + H_2O \longrightarrow C_6H_{12}O_6(葡萄糖) + C_6H_{12}O_6(果糖)$$

是一个双分子反应,其速率方程式为

$$v = kc(H_2O)c(C_{12}H_{22}O_{11})$$

由于 H_2O 作为溶剂是大量的,蔗糖的量相对 H_2O 来说非常小,在反应过程中 H_2O 的浓度基本上可认为没有变化,其浓度可作常量并入 k 中,得到:

$$v = k'c(C_{12}H_{22}O_{11})$$

其中,$k' = kc(H_2O)$。所以蔗糖的水解反应是双分子反应,却是一级反应(也称假一级反应)。

【例 2-16】 在 298.15 K 时,测得反应 $2NO + O_2 \longrightarrow 2NO_2$ 的反应速率及有关实验数据如下。

实验序号	初始浓度/mol·L^{-1}		初始速率/mol·L^{-1}·s^{-1}
	$c(NO)$	$c(O_2)$	
1	0.010	0.010	1.6×10^{-2}
2	0.010	0.020	3.2×10^{-2}
3	0.010	0.030	4.8×10^{-2}
4	0.020	0.010	6.4×10^{-2}
5	0.030	0.010	1.44×10^{-1}

求:(1) 该反应的速率方程式和反应级数;

(2) 反应的速率常数。

解:(1) 根据式(2-38),该反应的速率方程式为

$$v = kc(NO)^x c(O_2)^y$$

从 1,2,3 号实验可知,当 $c(NO)$ 不变时,v 与 $c(O_2)$ 成正比,即 $v \propto c(O_2)$,$y=1$;

从 1,4,5 号实验可知,当 $c(O_2)$ 不变时,v 与 $c^2(NO)$ 成正比,即 $v \propto c^2(NO)$,$x=2$。

因此,该反应的速率方程式为

$$v = kc^2(NO)c(O_2)$$

该反应的级数为

$$n = x + y = 2 + 1 = 3$$

(2) 将表中任一号实验数据代入速率方程式,即可求得速率常数:

$$k = v/[c(NO)^2 c(O_2)]$$
$$= 1.6\times10^{-2}\ mol\cdot L^{-1}\cdot s^{-1}/[(0.010\ mol\cdot L^{-1})^2 \times (0.010\ mol\cdot L^{-1})]$$
$$= 1.6\times10^4\ mol^{-2}\cdot L^2\cdot s^{-1}$$

2.5.3 反应速率理论

1. 碰撞理论

对不同的化学反应,反应速率的差别很大。爆炸反应在瞬间即可完成,而慢的反应数年后也不见得有什么变化。碰撞理论最早对此做出解释。

碰撞理论认为,发生化学反应的首要条件是反应物分子必须相互碰撞。如果将反应物分子间相互隔开,就不会有任何反应发生。反应速率与单位体积、单位时间内分子间的碰撞次数成正比。如 HI(g)的分解反应,在 450℃时,若 HI(g)的起始浓度为 $1\times10^{-3}\ mol\cdot L^{-1}$,分子间的碰撞次数约为 3.5×10^{28} 次·L^{-1}·s^{-1},如果每次碰撞都能发生反应,反应将在瞬间完成。而实际上只有极少数分子在碰撞时发生了反应,大多数的碰撞都没有发生反应。原因在哪里呢? 碰撞理论认为可归结于下列两个原因。

第一是能量因素。碰撞理论把那些能够发生反应的碰撞称为有效碰撞。碰撞理论认为能发生有效碰撞的分子与普通分子的差异在于它们具有较高的能量,只有具有较高能量的分子在相互碰撞时才能克服电子云间的排斥作用而相互接近,从而打破原有的化学键,形成新的分子,即发生化学反应。碰撞理论把那些具有足够高的能量、能够发生有效碰撞的分子称为活化分子(activating molecule)。

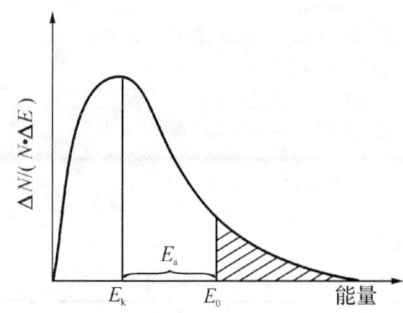

图 2-4 气体分子的能量分布曲线

图 2-4 是气体分子的能量分布示意图,横坐标为能量,纵坐标 $\Delta N/(N \cdot \Delta E)$ 表示具有能量在 E 到 $E+\Delta E$ 范围内单位能量区间的分子所占的分子百分数。E_k 为气体分子的平均能量,E_0 为活化分子的最低能量。曲线下的面积表示分子百分数总和为 100%,阴影部分的面积表示能量不小于 E_0 的分子百分数,即活化分子百分数。

要使普通分子(即具有平均能量的分子)成为活化分子(即能量超出 E_0 的分子)所需的最小能量称为活化能[①](activation energy),用 E_a 表示,单位为 $kJ \cdot mol^{-1}$。在一定温度下,反应的活化能越大,其活化分子百分数越小,反应速率就越小;反之反应的活化能越小,其活化分子百分数就越大,反应则越快。

第二是方位因素(或概率因素)。碰撞理论认为分子通过碰撞发生化学反应,不仅要求分子有足够的能量,而且要求这些分子要有适当的取向(或方位)。例如 CO 与 NO_2 的反应(图 2-5),只有 CO 中的 C 与 NO_2 中的 O 迎头相碰才有可能发生反应,为有效碰撞;如果 CO 中的 C 与 NO_2 中的 N 相碰,则不会发生反应,属无效碰撞。对复杂的分子,方位因素的影响更大。

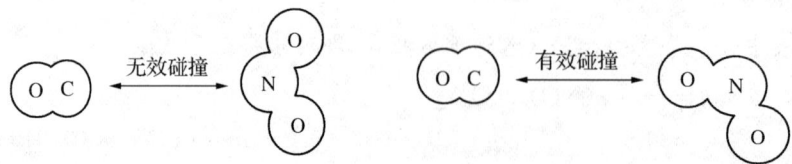

图 2-5 化学反应的方位因素

因此,反应物分子必须具有足够的能量和适当的碰撞方向,才能发生反应。

碰撞理论较成功地解释了某些实验事实,但它把反应分子看成没有内部结构的刚性球体的模型过于简单,因而对一些分子结构比较复杂的反应如配位反应等不能予以很好解释。

2. 过渡状态理论

视频:科学家观察到过渡态的形成

过渡状态理论又称活化配合物理论,是 20 世纪 30 年代中期,在量子力学和统计力学的发展基础上由埃林(Eyring H)等人提出来的。该理论认为,化学反应并不是通过反应物分子之间的简单碰撞就完成的,其间必须经过一个中间过渡状态,即反应物分子间首先形成活化配合物(activating complex)。活化配合物的特点是能量高、不稳定、寿命短,它一经形成,就很快分解。该活化配合物只在反应过程中形成,很难分离出来,它既可分解成为生成物,也可以分解成为原来的反应物。例如在

$$NO_2(g) + CO(g) \xrightarrow{>500K} NO(g) + CO_2(g)$$

---

① 关于活化能的定义,通常有两种提法:a. 活化分子所具有的最低能量与反应物分子平均能量之差,即 $E_a = E_0 - E_k$;b. 活化分子的平均能量与反应物分子平均能量之差,即 $E_a = E_0' - E_k$。

的反应中,当 CO(g) 和 NO_2(g) 的活化分子按适当的取向碰撞后,首先形成活化配合物:

$$NO_2(g) + CO(g) \rightleftharpoons [N{\cdots}O{\cdots}C{-}O\overset{O}{}] \longrightarrow NO(g) + CO_2(g)$$

过渡态

而后 N—O 键进一步减弱,O—C 键进一步加强,直至成为 NO(g)+CO_2(g)。

放热反应的反应历程与系统的能量关系见图 2-6。图中 a 点为反应物(A+BC)的平均能量,b 点为生成物(AB+C)的平均能量,c 点为活化配合物的最低能量。E_{a_1},E_{a_2} 分别表示活化配合物与反应物分子间和活化配合物与生成物分子间的能量差,E_{a_1} 为正反应的活化能,E_{a_2} 为逆向反应的活化能。而正逆反应的活化能差为反应的热效应 $\Delta_r H_m = E_{a_1} - E_{a_2}$。很明显,如果反应的活化能越大,$c$ 点就越高,能达到该能量的

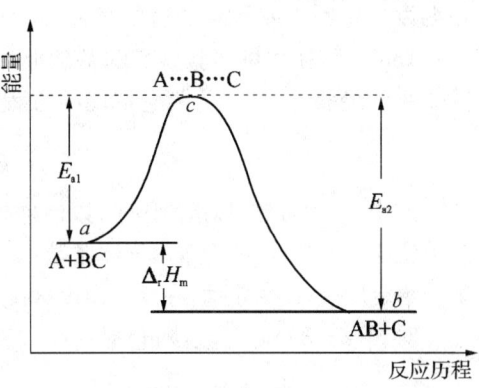

图 2-6 放热反应历程与能量变化示意图

反应物分子比例就越小,反应速率也就越慢;如果反应的活化能越小,则 c 点就越低,反应速率越快。

2.5.4 影响化学反应速率的因素

1. 浓度对反应速率的影响

化学反应速率随着反应物浓度的变化而改变。从化学反应的速率方程式看,反应物浓度对反应速率有明显影响,一般反应速率随反应物的浓度增大而增大。根据碰撞理论,对于一确定的化学反应,在一定温度下,系统中活化分子所占的百分数是一定的。因此单位体积内活化分子的数目与单位体积内反应分子的总数成正比,也即与反应物的浓度成正比。当反应物浓度增大时,单位体积内分子总数增加,活化分子的数目相应也增多,单位体积和单位时间内分子有效碰撞的次数也就增多,结果使反应速率加快。

反应速率与反应物浓度之间的定量关系,不能简单地从反应的计量方程式获得,它与反应进行的具体过程即反应历程有关。反应速率与反应物浓度的关系是通过反应速率方程式定量反映出来的。但必须注意,除非是基元反应,否则化学反应的速率方程的具体形式必须通过实验确定。

2. 温度对反应速率的影响

温度对反应速率的影响,随具体的反应而异。一般来说,温度升高反应速率加快。当温度升高时,一方面分子的运动速度加快,单位时间内的碰撞频率增加,使反应速率加快;另一方面更主要的是温度升高,系统的平均能量增加,图 2-4 中分子的能量分布曲线明显右移,从而有较多的分子获得能量成为活化分子,增加了活化分子百分数,结果使单位时间内有效碰撞次数显著增加,因而反应速率大大加快。

在速率方程式的一般形式 $v = k c_A^x c_B^y \cdots$ 中,速率常数 k 在一定温度下为一常数,温度改

变，k 就要随之而变。因此速率常数 k 与温度 T 有一定的关系。1884 年荷兰人范特霍夫(van't Hoff J H)根据实验事实总结出一条近似规则：对反应物浓度(或分压)不变的一般反应，温度每升高 10 K，反应速率约增加 2~4 倍。即

$$\frac{v(T+10\text{ K})}{v(T)} = \frac{k(T+10\text{ K})}{k(T)} = 2 \sim 4$$

在温度变化不大或不需精确数值时，可用范特霍夫规则粗略估算。

1889 年，在大量实验事实的基础上，阿仑尼乌斯(Arrhenius S A)建立了速率常数与温度关系的经验式，称之为阿仑尼乌斯方程：

$$k = A e^{-\frac{E_a}{RT}} \qquad (2-39)$$

式中：A 为常数，称指前因子(以前称频率因子)，A 与温度、浓度无关，不同反应 A 值不同，其单位与 k 值相同；R 为摩尔气体常数；T 为热力学温度；E_a 为活化能(单位为 $J \cdot mol^{-1}$)。对某一给定反应，E_a 为定值，在反应温度区间变化不大时，E_a 和 A 不随温度而改变。

对式(2-39)取对数，阿仑尼乌斯方程也可表示为

$$\ln k = -\frac{E_a}{RT} + \ln A^{①} \qquad (2-40)$$

若已知反应的活化能为 E_a，则

在温度 T_1 时 $\quad \ln k_1 = -\dfrac{E_a}{RT_1} + \ln A$

在温度 T_2 时 $\quad \ln k_2 = -\dfrac{E_a}{RT_2} + \ln A$

两式相减，得

$$\ln \frac{k_1}{k_2} = -\frac{E_a}{R}\left(\frac{1}{T_1} - \frac{1}{T_2}\right) \qquad (2-41)$$

【例 2-17】 反应 $NO_2(g) + CO(g) \rightleftharpoons NO(g) + CO_2(g)$ 在 600 K 时的速率常数为 $0.0280\ mol^{-1} \cdot L \cdot s^{-1}$，在 650 K 时的速率常数为 $0.220\ K\ mol^{-1} \cdot L \cdot s^{-1}$，求此反应的活化能。

解：由 $\ln \dfrac{k_1}{k_2} = -\dfrac{E_a}{R}\left(\dfrac{1}{T_1} - \dfrac{1}{T_2}\right)$，得

$$\ln \frac{0.0280}{0.220} = -\frac{E_a}{8.314\ J \cdot mol^{-1} \cdot K^{-1}}\left(\frac{1}{600K} - \frac{1}{650K}\right)$$

$$E_a = 1.34 \times 10^5\ J \cdot mol^{-1} = 134\ kJ \cdot mol^{-1}$$

【例 2-18】 已知反应 $2N_2O_5(g) \longrightarrow 4NO_2(g) + O_2(g)$ 在 318 K 和 338 K 时的反应速率常数分别为 $k_1 = 4.98 \times 10^{-4}\ s^{-1}$ 和 $k_2 = 4.87 \times 10^{-3}\ s^{-1}$，求该反应的活化能 E_a 和 298 K 时的速率常数 k_3。

解：由 $\quad \ln \dfrac{k_1}{k_2} = -\dfrac{E_a}{R}\left(\dfrac{1}{T_1} - \dfrac{1}{T_2}\right)$

---

① 式(2-40)写成 $\ln \dfrac{k}{[k]} = -\dfrac{E_a}{RT} + \ln \dfrac{A}{[A]}$ 更确切，[ ]内为相应物理量的单位。

得 $\ln\dfrac{4.98\times10^{-4}}{4.87\times10^{-3}}=-\dfrac{E_a}{8.314\ \text{J}\cdot\text{mol}^{-1}\cdot\text{K}^{-1}}\left(\dfrac{1}{318\ \text{K}}-\dfrac{1}{338\ \text{K}}\right)$

$$E_a=1.02\times10^5\ \text{J}\cdot\text{mol}^{-1}=102\ \text{kJ}\cdot\text{mol}^{-1}$$

设 298 K 时的速率常数为 k_3,则

$$\ln\dfrac{4.98\times10^{-4}\ \text{s}^{-1}}{k_3}=-\dfrac{1.02\times10^5\ \text{J}\cdot\text{mol}^{-1}}{8.314\ \text{J}\cdot\text{mol}^{-1}\cdot\text{K}^{-1}}\left(\dfrac{1}{318\ \text{K}}-\dfrac{1}{298\ \text{K}}\right)$$

$$k_3=3.74\times10^{-5}\ \text{s}^{-1}$$

3. 催化剂对反应速率的影响

(1) 催化剂与催化作用

催化剂(catalyst)是一种只要少量存在就能显著改变反应速率,但不改变化学反应的平衡位置,而且在反应结束时,其自身的质量、组成和化学性质基本不变的物质。通常,能加快反应速率的催化剂称正催化剂(positive catalyst),简称为催化剂,而把减慢反应速率的催化剂称为负催化剂(negative catalyst),或阻化剂、抑制剂。催化剂对化学反应的作用称为催化作用(catalysis)。例如,合成氨生产中使用的铁,硫酸生产中使用的 V_2O_5,以及促进生物体化学反应的各种酶(如淀粉酶、蛋白酶、脂肪酶等)均为正催化剂;减慢金属腐蚀速率的缓蚀剂,防止橡胶、塑料老化的防老剂等均为负催化剂。人们通常所说的催化剂一般指正催化剂。

对可逆反应,催化剂既能加快正反应速率也能加快逆反应速率,因此催化剂能缩短平衡到达的时间。但在一定温度下,催化剂并不能改变平衡混合物的浓度,即不能改变平衡状态,反应的平衡常数不受影响。因为催化剂不能改变反应的标准摩尔吉布斯函数变 $\Delta_r G_m^\ominus$。催化剂不能启动热力学证明不能进行的反应(即 $\Delta_r G_m>0$ 的反应)。

催化剂能显著地加快化学反应速率,是由于在反应过程中催化剂与反应物之间形成一种能量较低的活化配合物,改变了反应的途径,与无催化反应的途径相比较,所需的活化能显著地降低(如图 2-7 所示),从而使活化分子百分数和有效碰撞次数增多,导致反应速率加快。例如在 503 K 时,反应

$$2HI(g)\rightleftharpoons H_2(g)+I_2(g)$$

在无催化剂时,反应的活化能为 184.1 kJ·mol^{-1};当用 Au 作催化剂时,反应的活化能为 104.6 kJ·mol^{-1},活化能降低了 80 kJ·mol^{-1},可使反应速率增大 1 亿多倍。

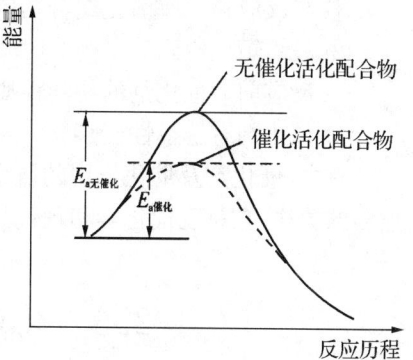

图 2-7 催化剂改变反应途径示意图

(2) 均相催化与多相催化

催化剂与反应物同处于一个相中为均相催化。例如 I^- 催化 H_2O_2 分解的催化反应,I^- 叫均相催化剂,相应的催化作用叫均相催化(homogeneous catalysis)。此外还有一类催化反应叫多相催化反应(heterogeneous catalysis),催化剂与反应物处于不同相中,相应的催化剂叫多相催化剂。例如合成氨反应中的铁催化剂。固体催化剂在化工生产中用得较多(气相反应和液-固相反应等)。多相催化反应发生在催化剂表面(或相界面),催化剂表面积愈大,催化效率愈高,反应速率愈快。在化工生产中,为了增大反应物与催化剂之间的接触表

面,往往将催化剂的活性组分附着在一些多孔性的物质(载体)上,如硅藻土、高岭土、活性炭、硅胶等,这类催化剂叫负载型催化剂,它们比普通催化剂往往有更高的催化活性和选择性。

(3) 酶及其催化作用

催化剂加快反应速率是一种相当普遍的现象,它不仅出现在化工生产中,而且在有生命的动植物体内(包括人体)也广泛存在。生物体内几乎所有的化学反应都是由酶(enzyme)催化的。酶是一类结构和功能特殊的蛋白质,它在生物体内所起的催化作用称为酶催化(enzyme catalysis)。生物体内各种各样的生物化学变化几乎都要在各种不同的酶催化下才能进行。例如,食物中的蛋白质的水解(即消化),在体外需在强酸(或强碱)条件下煮沸相当长的时间,而在人体内正常体温下,在胃蛋白酶的作用下短时间内即可完成。

酶催化作用有下列特点:

① 酶催化的特点之一是高效。酶的催化效率比普通无机或有机催化剂高 $10^6 \sim 10^{10}$ 倍。如 H^+ 可催化蔗糖水解,若用蔗糖转化酶催化,在 37℃ 时其速率常数 k 约为同温度下 H^+ 催化反应的 10^{10} 倍。

② 酶催化的另一特点是高度的专一性。催化剂一般都具有专一性,但作为生物催化剂的酶其专一性更强,一种酶往往只对一种特定的反应有效。如淀粉酶只能水解淀粉,磷酸酶只能水解磷酸脂,而尿酶只能将尿素转化为 NH_3 和 CO_2。

③ 酶催化反应所需的条件要求较高。人体内的酶催化反应一般在体温 37℃ 和血液 pH 约 $7.35 \sim 7.45$ 的条件下进行的。若遇到高温、强酸、强碱、重金属离子或紫外线照射等因素,都会使酶失去活性。

综上所述,催化剂有如下特点:

① 与反应物生成活化配合物中间体,改变反应历程,降低活化能,加快反应速率;
② 只缩短反应到达平衡的时间,不改变平衡位置,同时加快正逆向反应速率;
③ 反应前后催化剂的化学性质不变;
④ 催化剂有选择性。

总之,催化剂及催化作用的研究,已引起化学家、工程技术专家、生物学家和医学家愈来愈多的关注,它是现代化学和现代生物学、医学的重要研究课题之一。

2.6 化学反应一般原理的应用

学习化学反应原理,目的在于将化学反应的一般原理应用于实际生产过程和科学研究。化学热力学和化学动力学属两个不同的概念却又互有联系。化学热力学告诉我们一个化学反应在给定条件下能否自发进行,进行的程度有多大,反应物的转化率是多少;而化学动力学则告诉我们在给定条件下该反应进行的快慢。在实际生产或科学研究中必须同时兼顾这两个问题,综合考虑平衡与速率两方面的各种因素,选择最佳、最经济的生产条件。

例如,在 H_2SO_4 的生产中,$SO_2(g)$ 氧化为 $SO_3(g)$ 的反应:

$$SO_2(g) + \frac{1}{2}O_2(g) \rightleftharpoons SO_3(g) \quad \Delta_r H_m^\ominus = -98.89 \text{ kJ} \cdot \text{mol}^{-1}$$

这是一个气体分子数减少($\Delta_r S_m^\ominus < 0$)的放热反应($\Delta_r H_m^\ominus < 0$),根据平衡移动原理,压力愈高、温度愈低愈有利于平衡转化率的提高。实验结果也证明了这一点,见表2-3。

表 2-3 SO_2 平衡转化率与温度、压力的关系

T/K	673	723	773	823	873
$\alpha(SO_2)/\%$ *	99.2	97.5	93.5	85.6	73.7
p/kPa	101.3	506.5	1013	2533	5065
$\alpha(SO_2)/\%$ **	97.5	98.9	99.2	99.5	99.6

原料气组成:7% SO_2,11% O_2;82% N_2。* 压力:101.3 kPa;** 温度:723 K。

从 SO_2 的平衡转化率看,温度愈低愈好,压力愈高愈好。降低温度虽然有利于平衡转化率的提高,但温度太低反应速率明显下降,从而导致生产率的下降,在实际生产中失去意义。解决这一矛盾的最好办法是在低温下使用催化剂,以缩短平衡到达的时间,提高劳动生产率。

在19世纪人们发现并使用 Pt 催化剂来催化上例反应。由于 Pt 价格昂贵且易中毒,在20世纪初,发现了钒催化剂。钒催化剂以 V_2O_5 为主,K_2O 为助催化剂,以 SiO_2 为载体以增大多相催化的表面积。在 673 K 与 773 K 之间使用 V_2O_5 催化剂,SO_2 的平衡转化率和反应速率均令人满意。

此外,增加压力既能提高平衡转化率,又增加了气体浓度,对加快反应速率也有利。但由于常压平衡转化率已很高,而增加压力要消耗能源并相应增加对设备材料的要求,所以实际生产采用常压过程。同时,由于 SO_2 成本较高,O_2 可从空气中获取,为尽量利用 SO_2 使用过量的 O_2。

所以,综合化学平衡和反应速率两方面的因素,SO_2 的转化反应条件为压力:常压(101.3 kPa);催化剂:V_2O_5(主),K_2O(助),SiO_2 载体;温度:673~773 K;原料气组成:SO_2 7%~9%;O_2 约 11%;N_2 约 82%。

思考题

1. 试说明下列术语的含义。
(1) 状态函数 (2) 自发反应 (3) 系统与环境 (4) 过程与途径 (5) 标准状态 (6) 热力学能 (7) 热与功 (8) 焓、熵、吉布斯函数 (9) 活化能 (10) 反应进度 (11) 基元反应 (12) 反应级数 (13) 反应速率 (14) 催化反应

2. 指出下列等式成立的条件:
(1) $\Delta_r H = Q$ (2) $\Delta_r U = Q$ (3) $\Delta_r H = \Delta_r U$。

3. 恒压条件下,温度对反应的自发性有何影响?举例说明。

4. $\Delta H, \Delta_r H, \Delta_r H_m, \Delta_r H_m^\ominus, \Delta_f H_m^\ominus, S_B^\ominus, \Delta S, \Delta_r S, \Delta_r S_m, \Delta_r S_m^\ominus$ 和 $\Delta G, \Delta_r G, \Delta_r G_m, \Delta_r G_m^\ominus, \Delta_f G_m^\ominus$ 代表什么含义?相互间有何联系?

5. 比较反应 $N_2(g) + O_2(g) \rightleftharpoons 2NO(g)$ 和 $N_2(g) + 3H_2(g) \rightleftharpoons 2NH_3(g)$ 在 427℃时反应自发进行可能性的大小。联系反应速率理论,提出最佳的固氮反应的思路与方法。

6. 标准平衡常数与实验平衡常数有何区别?

7. 比较增加反应物压力、浓度、反应物温度和催化剂的使用对化学反应平衡常数和反应速率常数的影响。

8. 反应速率理论主要有哪两种？其主要内容是什么？

9. 某可逆反应 A(g)+B(g) ⇌ 2C(g) 的 $\Delta_r H_m^{\ominus} < 0$，平衡时，若改变下述各项条件，试将其他各项发生的变化填入下表：

改变条件	正反应速率	速率常数 $k_正$	平衡常数	平衡移动方向
增加 A 的分压				
增加 C 的浓度				
降低温度				
使用催化剂				

习 题

1. 某理想气体在恒定外压(101.3 kPa)下吸热膨胀，其体积从 80 L 变到 160 L，同时吸收 25 kJ 的热量，试计算系统内能的变化。

2. 苯和氧按下式反应：

$$C_6H_6(l) + \frac{15}{2}O_2(g) \rightleftharpoons 6CO_2(g) + 3H_2O(l)$$

在 25 ℃，100 kPa 下，0.25 mol 苯在氧气中完全燃烧放出 817 kJ 的热量，求 C_6H_6 的标准摩尔燃烧焓 $\Delta_c H_m^{\ominus}$ 和燃烧反应的 $\Delta_r U_m$。

3. 蔗糖($C_{12}H_{22}O_{11}$)在人体内的代谢反应为

$$C_{12}H_{22}O_{11}(s) + 12O_2(g) \rightleftharpoons 12CO_2(g) + 11H_2O(l)$$

假设其反应热有 30% 可转化为有用功，试计算体重为 70 kg 的人登上 3 000 m 高的山(按有效功计算)，若其能量完全由蔗糖转换，需消耗多少蔗糖？已知 $\Delta_f H_m^{\ominus}(C_{12}H_{22}O_{11}) = -2\ 222$ kJ·mol^{-1}。

4. 利用附录Ⅲ的数据，计算下列反应的 $\Delta_r H_m^{\ominus}$。

(1) $Fe_3O_4(s) + 4H_2(g) \rightleftharpoons 3Fe(s) + 4H_2O(g)$

(2) $2NaOH(s) + CO_2(g) \rightleftharpoons Na_2CO_3(s) + H_2O(l)$

(3) $4NH_3(g) + 5O_2(g) \rightleftharpoons 4NO(g) + 6H_2O(g)$

(4) $CH_3COOH(l) + 2O_2(g) \rightleftharpoons 2CO_2(g) + 2H_2O(l)$

5. 已知下列化学反应的反应热，求乙炔(C_2H_2,g)的生成热 $\Delta_f H_m^{\ominus}$。

(1) $C_2H_2(g) + \frac{5}{2}O_2(g) \rightleftharpoons 2CO_2(g) + H_2O(g)$ $\Delta_r H_m^{\ominus} = -1\ 246.2$ kJ·mol^{-1}

(2) $C(s) + 2H_2O(g) \rightleftharpoons CO_2(g) + 2H_2(g)$ $\Delta_r H_m^{\ominus} = 90.9$ kJ·mol^{-1}

(3) $2H_2O(g) \rightleftharpoons 2H_2(g) + O_2(g)$ $\Delta_r H_m^{\ominus} = 483.6$ kJ·mol^{-1}

6. 求下列反应的标准摩尔反应焓变 $\Delta_r H_m^{\ominus}$(298.15 K)。

(1) $Fe(s) + Cu^{2+}(aq) \rightleftharpoons Fe^{2+}(aq) + Cu(s)$

(2) $AgCl(s) + Br^-(aq) \rightleftharpoons AgBr(s) + Cl^-(aq)$

(3) $Fe_2O_3(s) + 6H^+(aq) \rightleftharpoons 2Fe^{3+}(aq) + 3H_2O(l)$

(4) $Cu^{2+}(aq) + Zn(s) \rightleftharpoons Cu(s) + Zn^{2+}(aq)$

7. 人体靠下列一系列反应去除体内酒精影响：

$$CH_3CH_2OH \xrightarrow{O_2} CH_3CHO \xrightarrow{O_2} CH_3COOH \xrightarrow{O_2} CO_2$$

计算人体去除 1 mol C_2H_5OH 时各步反应的 $\Delta_r H_m^\ominus$ 及总反应的 $\Delta_r H_m^\ominus$（假设 $T=298.15$ K）。

8. 计算下列反应在 298.15 K 的 $\Delta_r H_m^\ominus$，$\Delta_r S_m^\ominus$ 和 $\Delta_r G_m^\ominus$，并判断哪些反应能自发向右进行？

(1) $2CO(g) + O_2(g) = 2CO_2(g)$

(2) $4NH_3(g) + 5O_2(g) = 4NO(g) + 6H_2O(g)$

(3) $Fe_2O_3(s) + 3CO(g) = 2Fe(s) + 3CO_2(g)$

(4) $2SO_2(g) + O_2(g) = 2SO_3(g)$

9. 由软锰矿二氧化锰制备金属锰可采取下列两种方法：

(1) $MnO_2(s) + 2H_2(g) = Mn(s) + 2H_2O(g)$

(2) $MnO_2(s) + 2C(s) = Mn(s) + 2CO(g)$

上述两个反应在 25℃，100 kPa 下是否能自发进行？如果考虑工作温度愈低愈好的话，则制备锰采用哪一种方法比较好？

10. 定性判断下列反应的 $\Delta_r S_m^\ominus$ 是大于零还是小于零。

(1) $Zn(s) + 2HCl(aq) = ZnCl_2(aq) + H_2(g)$

(2) $CaCO_3(s) = CaO(s) + CO_2(g)$

(3) $NH_3(g) + HCl(g) = NH_4Cl(s)$

(4) $CuO(s) + H_2(g) = Cu(s) + H_2O(l)$

11. 计算 25℃，100 kPa 下反应 $CaCO_3(s) = CaO(s) + CO_2(g)$ 的 $\Delta_r H_m^\ominus$ 和 $\Delta_r S_m^\ominus$，并判断：

(1) 上述反应能否自发进行？

(2) 对上述反应，是升高温度有利？还是降低温度有利？

(3) 计算使上述反应自发进行的温度条件。

12. 糖在人体中的新陈代谢过程如下：

$$C_{12}H_{22}O_{11}(s) + 12O_2(g) = 12CO_2(g) + 11H_2O(l)$$

若反应的吉布斯函数变 $\Delta_r G_m^\ominus$ 只有 30% 能转化为有用功，则一匙糖（约 3.8 g）在体温为 37℃时进行新陈代谢，可得多少有用功？（已知 $C_{12}H_{22}O_{11}$ 的 $\Delta_f H_m^\ominus = -2222$ kJ·mol^{-1}，$S_m^\ominus = 360.2$ J·mol^{-1}·K^{-1}）

13. 写出下列各化学反应的标准平衡常数 $K^\ominus$ 表达式。

(1) $CaCO_3(s) \rightleftharpoons CaO(s) + CO_2(g)$

(2) $2SO_2(g) + O_2(g) \rightleftharpoons 2SO_3(g)$

(3) $C(s) + H_2O(g) \rightleftharpoons CO(g) + H_2(g)$

(4) $AgCl(s) \rightleftharpoons Ag^+(aq) + Cl^-(aq)$

(5) $HAc(aq) \rightleftharpoons H^+(aq) + Ac^-(aq)$

(6) $SiO_2(s) + 6HF(aq) \rightleftharpoons H_2[SiF_6](aq) + 2H_2O(l)$

(7) $Hb(aq)$（血红蛋白）$+ O_2(g) \rightleftharpoons HbO_2(aq)$（氧合血红蛋白）

(8) $2MnO_4^-(aq) + 5SO_3^{2-}(aq) + 6H^+(aq) \rightleftharpoons 2Mn^{2+}(aq) + 5SO_4^{2-}(aq) + 3H_2O(l)$

14. 已知下列化学反应在 298.15 K 时的标准平衡常数：

(1) $CuO(s) + H_2(g) \rightleftharpoons Cu(s) + H_2O(g)$ $K^\ominus = 2 \times 10^{15}$

(2) $\frac{1}{2}O_2(g) + H_2(g) \rightleftharpoons H_2O(g)$ $K^\ominus = 5 \times 10^{22}$

计算反应 $CuO(s) \rightleftharpoons Cu(s) + \frac{1}{2}O_2(g)$ 的标准平衡常数 $K^\ominus$。

15. 已知下列反应在 298.15 K 的标准平衡常数：
    (1) $SnO_2(s) + 2H_2(g) \rightleftharpoons 2H_2O(g) + Sn(s)$ $K^{\ominus} = 21$
    (2) $H_2O(g) + CO(g) \rightleftharpoons H_2(g) + CO_2(g)$ $K^{\ominus} = 0.034$
计算反应 $2CO(g) + SnO_2(s) \rightleftharpoons Sn(s) + 2CO_2(g)$ 在 298.15 K 时的标准平衡常数 $K^{\ominus}$。

16. 密闭容器中反应 $2NO(g) + O_2(g) \rightleftharpoons 2NO_2(g)$ 在 1 500 K 条件下达到平衡。若始态 $p(NO) = 150$ kPa, $p(O_2) = 450$ kPa, $p(NO_2) = 0$；平衡时 $p(NO_2) = 25$ kPa。试计算平衡时 $p(NO)$, $p(O_2)$ 的分压及标准平衡常数 $K^{\ominus}$。

17. 密闭容器中的反应 $CO(g) + H_2O(g) \rightleftharpoons CO_2(g) + H_2(g)$ 在 750 K 时其 $K^{\ominus} = 2.6$，求：
    (1) 当原料气中 $H_2O(g)$ 和 $CO(g)$ 的物质的量之比为 1∶1 时，$CO(g)$ 的转化率为多少？
    (2) 当原料气中 $H_2O(g)$∶$CO(g)$ 为 4∶1 时，$CO(g)$ 的转化率为多少？说明什么问题？

18. 317 K，反应 $N_2O_4(g) \rightleftharpoons 2NO_2(g)$ 的 $K^{\ominus} = 1.00$。分别计算当系统总压为 400 kPa 和 800 kPa 时 $N_2O_4(g)$ 的平衡转化率，并解释计算结果。

19. 在 2 033 K 和 3 000 K 的温度条件下混合等物质的量的 N_2 和 O_2，发生如下反应：
$$N_2(g) + O_2(g) \rightleftharpoons 2NO(g)$$
平衡混合物中 NO 的体积百分数分别是 0.80% 和 4.5%。计算两种温度下反应的 $K^{\ominus}$，并判断该反应是吸热反应还是放热反应。

20. 已知尿素 $CO(NH_2)_2$ 的 $\Delta_f G_m^{\ominus} = -197.15$ kJ·mol^{-1}，求下列尿素的合成反应在 298.15 K 时的 $\Delta_r G_m^{\ominus}$ 和 $K^{\ominus}$。
$$2NH_3(g) + CO_2(g) \rightleftharpoons H_2O(g) + CO(NH_2)_2(s)$$

21. 25℃时，反应 $2H_2O_2(g) \rightleftharpoons 2H_2O(g) + O_2(g)$ 的 $\Delta_r H_m^{\ominus}$ 为 -210.9 kJ·mol^{-1}，$\Delta_r S_m^{\ominus}$ 为 131.8 J·mol^{-1}·K^{-1}。试计算该反应在 25℃ 和 100℃ 时的 $K^{\ominus}$，计算结果说明什么问题？

22. 在一定温度下 Ag_2O 的分解反应为 $Ag_2O(s) \rightleftharpoons 2Ag(s) + \frac{1}{2}O_2(g)$。假定反应的 $\Delta_r H_m^{\ominus}$, $\Delta_r S_m^{\ominus}$ 不随温度的变化而改变，估算 Ag_2O 的最低分解温度和在该温度下的 $p(O_2)$ 分压是多少？

23. 已知反应 $2SO_2(g) + O_2(g) \rightleftharpoons 2SO_3(g)$ 在 427℃ 和 527℃ 时的 $K^{\ominus}$ 分别为 1.0×10^5 和 1.1×10^2，求该温度范围内反应的 $\Delta_r H_m^{\ominus}$。

24. 反应 $2H_2(g) + 2NO(g) \rightleftharpoons 2H_2O(g) + N_2(g)$ 的速率方程 $v = kc(H_2)c^2(NO)$。在一定温度下，若使容器体积缩小到原来的 1/2 时，问反应速率如何变化？

25. 某基元反应 $A + B \rightleftharpoons C$，在 1.20 L 溶液中，当 A 为 4.0 mol，B 为 3.0 mol 时，v 为 0.004 2 mol·L^{-1}·s^{-1}。计算该反应的速率常数，并写出该反应的速率方程式。

26. 在 301 K 时鲜牛奶大约 4 h 变酸，但在 278 K 的冰箱中可保持 48 h。假定反应速率与变酸时间成反比，求牛奶变酸反应的活化能。

27. 已知青霉素 G 的分解反应为一级反应，37℃ 时其活化能为 84.8 kJ·mol^{-1}，指前因子 A 为 4.2×10^{12} h^{-1}。求 37℃ 时青霉素 G 分解反应的速率常数。

28. 某病人发烧至 40℃ 时，体内某一酶催化反应的速率常数增大为正常体温（37℃）的 1.25 倍，求该酶催化反应的活化能。

29. 某二级反应，其在不同温度下的反应速率常数如下：

T/K	645	675	715	750
$k \times 10^3$/mol^{-1}·L·min^{-1}	6.15	22.0	77.5	250

(1) 作 $\ln k$-$1/T$ 图计算反应活化能 E_a；
(2) 计算 700 K 时的反应速率常数 k。

第3章 定量分析基础

> **学习要求：**
> 1. 了解分析化学的任务和作用。
> 2. 了解定量分析方法的分类和定量分析的过程。
> 3. 了解定量分析中误差产生的原因、表示方法以及提高准确度的方法。
> 4. 掌握分析结果的数据处理方法。
> 5. 理解有效数字的意义，并掌握其运算规则。
> 6. 了解滴定分析法的基本知识。

3.1 分析化学的任务和作用

分析化学是人们获得物质化学组成、结构和信息的科学，即表征与测量的科学。

分析化学主要由定性分析（qualitative analysis）和定量分析（quantitative analysis）两部分组成。定性分析的任务是鉴定物质的化学组成；定量分析的任务是测定物质各组分的含量。在对物质进行分析时，通常先进行定性分析确定其组成，然后再进行定量分析。本教材主要讨论定量分析。

分析化学在国民经济建设中有重要意义。如工业生产方面从原料的选择，中间产品、成品的检验，新产品的开发，以至生产过程中的三废（废水、废气、废渣）的处理和综合利用都需要分析化学。在农业生产方面，从土壤成分、肥料、农药的分析至农作物生长过程的研究也都离不开分析化学。在国防和公安方面，从武器装备的生产和研制，至刑事案件的侦破等也都需要分析化学的密切配合。

在科学技术方面，分析化学的作用已经远远超出化学的领域。它不仅对化学各学科的发展起着重要的推动作用，而且与其他许多学科，如生物学、医学、环境科学、材料科学、能源科学、地质学等的发展，都有密切的关系。

因此，分析化学是人们认识自然、改造自然的工具，是现代科技发展的眼睛。

3.2 定量分析方法的分类

定量分析可以用不同的方法来进行。一般按照分析原理的不同，可将这些方法分为两大类,即化学分析方法(chemical analysis)和仪器分析方法(instrumental analysis)。

3.2.1 化学分析方法

以物质的化学反应为基础的分析方法称为化学分析法。化学分析法是最早采用的分析方法,是分析化学的基础,故又称经典分析法。化学分析法主要有重量分析法(gravimetric analysis)和滴定分析法(titration analysis)等分析方法。

1. 重量分析法

通过适当的方法如沉淀、挥发、电解等使待测组分转化为另一种纯的、化学组成固定的化合物而与试样中其他组分得以分离,然后称其质量,根据称得的质量计算出待测组分的含量,这样的分析方法称为重量分析法。重量分析法适用于待测组分含量大于1%的常量分析,其特点是准确度高,因此常被用于仲裁分析,但操作麻烦、费时。

2. 滴定分析法

用一种已知准确浓度的溶液,通过滴定器(管)滴加到待测溶液中,使其与待测组分恰好完全反应,根据所加入的已知准确浓度的溶液的体积计算出待测组分的含量,这样的分析方法称为滴定分析法。该方法适用于常量分析,具有准确度高、操作简便、快速的特点,因此应用广泛。

3.2.2 仪器分析方法

以物质的物理和物理化学性质为基础的分析方法称物理和物理化学分析法。这类方法都需要较特殊的仪器,通常称为仪器分析方法。最主要的仪器分析方法有以下几种。

1. 光学分析法(optical analysis)

根据物质的光学性质所建立的分析方法。主要包括:分子光谱法,如紫外-可见光度法、红外光谱法、发光分析法、分子荧光及磷光分析法;原子光谱法,如原子发射、原子吸收光谱法等。

2. 电化学分析法(electrochemical analysis)

根据物质的电化学性质所建立的分析方法。主要包括电位分析法、极谱和伏安分析法、电重量和库仑分析法、电导分析法等。

3. 色谱分析法(chromatographic analysis)

根据物质在两相(固定相和流动相)中吸附能力、分配系数或其他亲和作用的差异而建立的一种分离、测定方法。这种分析法最大的特点是集分离和测定于一体,是多组分物质高效、快速、灵敏的分析方法。主要包括气相色谱法、液相色谱法等。

随着科学技术的发展,许多新的仪器分析方法也得到不断地发展。如质谱法、核磁共振、X射线、电子显微镜分析、毛细管电泳等大型仪器分析方法;作为高效试样引入及处理手段的流动注射分析法以及为适应分析仪器微型化、自动化、便携化而最新涌现出的微流控芯片毛细管分析等现代分析方法,受到人们的极大关注。

仪器分析法具有操作简便、快速、灵敏度高、准确度高等优点,适用于微量或痕量分析。但由于仪器价格较贵,因此有时难以普及。化学分析法和仪器分析法都有各自的优缺点和局限性,通常实验时要根据被测物质的性质和对分析结果的要求选择适当的分析方法进行测定。

另外,按照分析对象不同,分析化学可分为无机分析和有机分析;按照分析时所取的试样量不同,又可分为常量分析、半微量分析、微量分析等[①]。

3.3 定量分析的一般过程

3.3.1 定量分析的一般过程

定量分析的任务是确定试样中有关组分的含量。完成一项定量分析任务,通常包括以下步骤。

1. 取样

所谓试样是指在分析工作中被用来进行分析的物质体系,它可以是固体、液体或气体。分析化学对试样的基本要求是其在组成和含量上具有代表性,能代表被分析的总体。否则即使测定结果再准确也是毫无意义,甚至可能导致错误的结论。因此,合理的取样是分析结果是否准确可靠的前提。

2. 试样的预处理

包括试样的分解和预分离富集。

定量分析一般采用湿法分析,即将试样分解后制成溶液,然后进行测定。正确的分解方法应使试样分解完全,分解过程中待测组分不损失,尽量避免引入干扰组分。分解试样的方法很多,主要有酸溶法、碱溶法和熔融法,操作时可根据试样的性质和分析的要求选用适当的分解方法。

实际试样中往往有多种组分共存,当测定其中某一组分时,共存的其他组分可能对其测定产生干扰,因此,必须采用适当的方法消除干扰。加掩蔽剂是最简单的消除干扰的方法,但并不一定能消除所有干扰。在许多情况下,需要选用适当的分离方法使待测组分与其他干扰组分分离。有时试样中待测组分含量太低,需用适当的方法将待测组分富集后再进行测定。

3. 测定

根据试样的性质和分析要求选择合适的方法进行测定。一般对于标准物和成品的分析,准确度要求较高,应选用标准分析方法如国家标准;对生产过程的中间控制分析则要求快速简便,宜选用在线分析;对常量组分的测定,常采用化学分析法,如滴定分析、重量分析;对微量组分的测定应采用高灵敏度的仪器分析法。

4. 分析结果的计算

根据测定的有关数据计算出待测组分的含量,并对分析结果的可靠性进行分析,最后得出结论。

---

① 进行常量分析时,固体试样质量一般大于 100 mg,液体试样体积一般大于 10 mL;进行半微量分析时,固体试样质量一般为 10~100 mg,液体试样体积一般为 1~10 mL;进行微量分析时,固体试样质量一般为 0.1~10 mg,液体试样体积一般为 0.01~1 mL。

3.3.2 分析结果的表示方法

1. 固体试样

固体试样通常以质量分数表示,记作 w_B:

$$w_B = \frac{m_B}{m_s} \tag{3-1}$$

式中：m_B 为组分 B 的质量；m_s 为试样的质量。w 量纲为一。w 可用分数和百分数表示。

2. 液体试样

液体试样通常以物质的量的浓度(简称浓度)c_B 表示：

$$c_B = \frac{n_B}{V} \tag{3-2}$$

式中：n_B 为组分 B 的物质的量，单位为 mol；V 为液体试样的体积，单位为 L，故浓度的常用单位为 $mol \cdot L^{-1}$。

3.4 定量分析中的误差

定量分析的目的是准确测定试样中组分的含量，因此分析结果必须具有一定的准确度。在定量分析中，由于受分析方法、测量仪器、所用试剂和分析工作者主观条件等多种因素的限制，使得分析结果与真实值不完全一致。即使采用最可靠的分析方法，使用最精密的仪器，由技术很熟练的分析人员进行测定，也不可能得到绝对准确的结果。同一个人在相同条件下对同一种试样进行多次测定，所得结果也不会完全相同。这表明，在分析过程中，这种测定结果与真实值之间的不一致是客观存在，不可避免的。因此，我们应该了解分析过程中这种差别产生的原因及其出现的规律，以便采取相应的措施减小这种差别，以提高分析结果的准确度。

3.4.1 准确度和精密度

动画：准确度与精密度

分析结果的准确度(accuracy)是指分析结果与真实值的接近程度。分析结果与真实值之间差别越小，则分析结果的准确度越高。准确度的高低用误差(error)来衡量，误差是指测定结果与真实值之间的差值。误差又可分为绝对误差(absolute error)和相对误差(relative error)。绝对误差(E_s)表示测定值(x)与真实值(x_T)之差，即

$$E_s = x - x_T \tag{3-3}$$

相对误差(E_r)表示误差在真实值中所占的百分率，即

$$E_r = \frac{E}{x_T} \times 100\% \tag{3-4}$$

例如，分析天平称量两物体的质量分别为 2.175 0 g 和 0.217 5 g，假设两物体的真实值

各为 2.175 1 g 和 0.217 6 g，则两者的绝对误差分别为

$$E_1 = (2.175\,0 - 2.175\,1)\text{g} = -0.000\,1 \text{ g}$$
$$E_2 = (0.217\,5 - 0.217\,6)\text{g} = -0.000\,1 \text{ g}$$

两者的相对误差分别为

$$E_{r1} = \frac{-0.000\,1}{2.175\,1} \times 100\% = -0.005\%$$
$$E_{r2} = \frac{-0.000\,1}{0.217\,6} \times 100\% = -0.05\%$$

由此可见，绝对误差相等，相对误差并不一定相等。上例中，同样的绝对误差，称量物体越重，其相对误差越小。因此，用相对误差来表示测定结果的准确度更为确切些。

绝对误差和相对误差都有正负之分。正值表示分析结果偏高，负值表示分析结果偏低。

在实际工作中，人们总是在相同条件下对同一试样进行多次平行测定，得到多个测定数据，取其算术平均值，以此作为最后的分析结果。所谓精密度（precision）就是多次平行测定结果相互接近的程度，精密度高表示结果的重复性（repeatability）或再现性（reproducibility）好。精密度的高低用偏差来衡量。偏差（deviation）是指各单次测定结果与多次测定结果的算术平均值之间的差别。几个平行测定结果的偏差如果都很小，则说明分析结果的精密度比较高。

在分析工作中评价一项分析结果的优劣，应该从分析结果的准确度和精密度两个方面入手。精密度是保证准确度的先决条件。精密度差，所得结果不可靠，也就谈不上准确度高。但是，精密度高并不一定保证准确度高。图 3-1 显示了 A、B、C、D 四人测定同一试样中某组分含量时所得的结果。由图可见，C 所得的结果的准确度和精密度均好，结果可靠；B 的分析结果的精密度虽然很高，但准确度较低；A 的精密度和准确度都很差；D 的精密度很差，平均值虽然接近真实值，但这是由于正负误差凑巧相互抵消的结果，因此 D 的结果也不可靠。

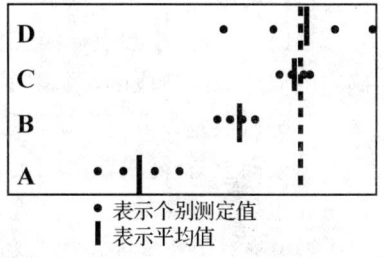

图 3-1 不同工作者分析同一试样的结果

3.4.2 定量分析误差产生的原因

误差按其性质可以分为系统误差（systematic error）和随机误差（random error）两大类。

1. 系统误差

系统误差是指分析过程中由于某些固定的原因所造成的误差。系统误差的特点是具有单向性和重复性，即它对分析结果的影响比较固定，使测定结果系统地偏高或系统地偏低；当重复测定时，它会重复出现。系统误差产生的原因是固定的，它的大小、正负是可测的，理论上讲，只要找到原因，就可以消除系统误差对测定结果的影响。因此，系统误差又称可测误差。

根据系统误差产生的原因，可将其分类如下：

(1) 方法误差

方法误差是由于方法本身所造成的误差。例如,滴定分析中指示剂的变色点与化学计量点不一致;重量分析中沉淀的溶解损失。

(2) 仪器误差

仪器误差是由于仪器本身不够精确而造成的误差。例如,天平砝码、容量器皿刻度不准确。

(3) 试剂误差

由于实验时所使用的试剂或蒸馏水不纯而造成的误差称为试剂误差。例如,试剂和蒸馏水中含有被测物质或干扰物质。

(4) 操作误差

指在正常规范操作情况下,操作人员的主观原因所造成的误差。由个人的习惯和偏向所引起的,如滴定速度太快;读数偏高偏低;终点颜色辨别偏深或偏浅;平行实验时,主观希望前后测定结果吻合等所引起的操作误差。如果是由于分析人员工作粗心、马虎所引入的误差,只能称为工作的过失,不能算是操作误差。如已发现为错误的结果,不得作为分析结果报出或参加计算。

2. 随机误差

随机误差又称偶然误差,它是由某些随机的偶然的原因所造成的。例如,测量时环境温度、气压、湿度、空气中尘埃等的微小波动;个人一时辨别的差异而使读数不一致,如在滴定管读数时,估计的小数点后第二位的数值,几次读数不一致。随机误差的产生是由于一些不确定的偶然原因造成的,因此,其数值的大小、正负都是不确定的,所以随机误差又称不可测误差。随机误差在分析测定过程中是客观存在,不可避免的。

从表面上看,随机误差的出现似乎很不规律,但如果进行多次测定,则可发现随机误差的分布也是有规律的,它的出现符合正态分布规律:

(1) 绝对值相等的正误差和负误差出现的概率相同,因而大量等精度测量中各个误差的代数和有趋于零的趋势;

(2) 绝对值小的误差出现的概率大,绝对值大的误差出现的概率小,绝对值很大的误差出现的概率非常小。

正态分布规律可以用图 3-2 所示的正态分布曲线表示。图中横坐标轴 $x-\mu$ 代表随机误差的大小,纵坐标轴 y 代表随机误差发生的概率密度。除了系统误差和随机误差外,在分析中还可能会出现由于过失或差错而造成的过失误差。例如,看错砝码、读错读数、记错数据、加错试剂等,这些都属于不应有的过失,实验时必须注意避免。

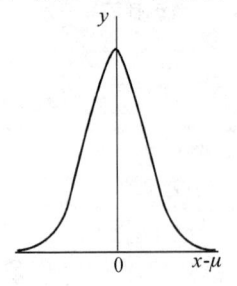

图 3-2 随机误差的正态分布曲线

3.4.3 提高分析结果准确度的方法

定量分析结果的准确度直接受各种误差的制约。只要了解误差产生的原因,采取相关措施,消除系统误差,减小随机误差,就可提高测定结果的准确度。

1. 选择合适的分析方法

被测组分的含量不同时,对分析结果准确度的要求不尽相同。常量组分分析一般要求相对误差小于 0.2%,微量组分则要求相对误差为 1%～5%。另外不同的分析方法所能达到的准确度也不一样。滴定分析法和重量分析法的相对误差在千分之几以下,仪器分析一般在 5% 以下。因此,常量组分的测定可选择滴定分析法和重量分析法,而微量组分的测定则要选择仪器分析法。因此,要根据试样的具体情况和对准确度的要求以及客观实际条件等综合考虑,选择合适的分析方法。

2. 减小测量的相对误差

为保证分析结果的准确度,应尽量减小测量误差。例如,一般分析天平的称量误差为 ± 0.0001 g,用减量法称量两次,可能引起的最大误差是 ± 0.0002 g,为了使称量的相对误差小于 0.1%,对试样质量就有要求:

$$试样质量 = \frac{绝对误差}{相对误差} = \frac{0.0002}{0.1\%} = 0.2 \text{ g}$$

即试样质量应大于 0.2 g。

在滴定分析中,滴定管读数有 ± 0.01 mL 的误差,在一次滴定中,需要读数两次,可能造成的最大误差为 ± 0.02 mL。为了使测定体积的相对误差小于 0.1%,消耗滴定剂的体积应大于 20 mL。一般滴定剂体积可控制为 20～30 mL。

3. 检验和消除系统误差

从上面的讨论可知,精密度高是准确度高的先决条件,而精密度高并不表示准确度高。在实际工作中,有时遇到这样的情况,几个平行测定的结果非常接近,似乎分析工作没有什么问题了,可是一旦用其他可靠的方法检验,就发现分析结果有严重的系统误差,甚至可能因此而造成严重差错。因此,在分析工作中,必须十分重视系统误差的检验和消除,以提高分析结果的准确度。造成系统误差的原因有多方面,根据具体情况可采用不同的方法加以校正。一般系统误差可用下面的方法进行检验和消除。

(1) 对照试验

在相同条件下,用标准试样(已知含量的准确值)与被测试样同时进行测定,通过对标准试样的分析结果与其标准值的比较,可以判断测定是否存在系统误差。也可以对同一试样用其他可靠的分析方法与所采用的分析方法进行对照,以检验是否存在系统误差。

(2) 空白试验

由试剂或蒸馏水和器皿带进杂质所造成的系统误差通常可用空白试验来校正。空白试验就是不加试样,按照与试样分析相同的操作步骤和条件进行试验,测定结果称为空白值。然后,从试样测定结果中扣去空白值,即可得到较可靠的测定结果。

(3) 校准仪器

仪器不准确引起的系统误差,可通过校准仪器来减小。例如,在滴定分析过程中,要对滴定管、移液管、容量瓶、砝码等进行校准。

(4) 校正方法

某些由于分析方法引起的系统误差可用其他方法直接校正。重量分析法测定水泥熟料中SiO_2的含量时,滤液中的硅可用分光光度法测定,然后加到重量法的结果中,这样就可消除由于沉淀的溶解损失而造成的系统误差。

4. 增加平行测定次数,减少随机误差

随机误差是由偶然性的不固定的原因造成的,在分析过程中始终存在,是不可消除的,但可以通过增加平行测定次数,减少随机误差。在消除系统误差的前提下,平行测定次数越多,平均值越接近真实值。在分析化学中,对同一试样,通常要求平行测定3~4次,以获得较准确的分析结果。

3.5 分析结果的数据处理

在分析工作中,最后处理分析数据时要用统计方法进行处理:首先对于一些偏差比较大的可疑数据按书中介绍的Q检验法进行检验,决定其取舍;然后计算出数据的平均值、各数据对平均值的偏差、平均偏差与标准偏差等;最后按照要求的置信度求出平均值的置信区间。

3.5.1 平均偏差和标准偏差

对某试样进行n次平行测定,测定数据为$x_1, x_2, \cdots, x_n$,则其算术平均值$\bar{x}$为

$$\bar{x} = \frac{1}{n}(x_1 + x_2 + \cdots + x_n) = \frac{1}{n}\sum_{i=1}^{n} x_i \qquad (3-5)$$

计算平均偏差$\bar{d}$时,先计算各次测定对于平均值的绝对偏差d_i:

$$d_i = x_i - \bar{x} \quad (i = 1, 2, \cdots) \qquad (3-6)$$

然后计算各次测量偏差的绝对值的平均值,即得平均偏差$\bar{d}$(average deviation):

$$\bar{d} = \frac{1}{n}\sum_{i=1}^{n}|d_i| = \frac{1}{n}\sum_{i=1}^{n}|x_i - \bar{x}| \qquad (3-7)$$

将平均偏差除以算术平均值得相对平均偏差d_r(relative average deviation):

$$d_r = \frac{\bar{d}}{\bar{x}} \times 100\% \qquad (3-8)$$

用平均偏差和相对偏差表示精密度比较简单,但由于在一系列的测定结果中,小偏差占多数,大偏差占少数,如果按式(3-8)计算平均偏差,则少量的大偏差得不到突现,例如下面A,B二组分析数据,通过计算得各次测定的绝对偏差分别为

d_A: $+0.15, +0.39, 0.00, -0.28, +0.19, -0.29, +0.20, -0.22, -0.38, +0.30$
$\qquad n = 10 \quad \bar{d}_A = 0.24$

d_B: $-0.10, -0.19, +0.91, 0.00, +0.12, +0.11, 0.00, +0.10, -0.69, -0.18$
$\qquad n = 10 \quad \bar{d}_B = 0.24$

两组测定结果的平均偏差相同,而实际上B数据中出现二个较大偏差($+0.91, -0.69$),测定结果精密度较差。为了突现这些大差别,我们引入标准偏差。

标准偏差(standard deavition)又称均方根偏差,当测定次数趋于无穷大时,标准偏差用

σ 表示：

$$\sigma = \sqrt{\frac{\sum_{i=1}^{n}(x_i - \mu)^2}{n}} \tag{3-9}$$

式中 μ 是无限多次测定结果的平均值，称为总体平均值，即

$$\mu = \lim_{n \to \infty} \frac{1}{n} \sum_{i=1}^{n} x_i \tag{3-10}$$

显然，在没有系统误差的情况下，μ 即为真实值。

在一般的分析工作中，只作有限次数的平行测定，这时标准偏差用 s 表示：

$$s = \sqrt{\frac{\sum_{i=1}^{n}(x_i - \overline{x})^2}{n-1}} = \sqrt{\frac{\sum_{i=1}^{n} d_i^2}{n-1}} \tag{3-11}$$

上述两组数据的标准偏差分别为 $s_A = 0.28$，$s_B = 0.40$。可见采用标准偏差表示精密度比用平均偏差更合理。这是因为将单次测定的偏差平方后，较大的偏差就能显著地反映出来，因此能更好地反映数据的分散程度。

相对标准偏差（relative standard deviation）也称变异系数（$C \cdot V$），其计算式为

$$C \cdot V = \frac{s}{\overline{x}} \times 100\% \tag{3-12}$$

式中：s 为标准偏差；$\overline{x}$ 为算数平均值。

【例 3-1】 分析某试样中蛋白质的含量（质量分数），其结果为 35.18%、34.92%、35.36%、35.11%、35.19%。计算结果的平均值、平均偏差、标准偏差及变异系数。

解：$\overline{x} = \dfrac{(35.18 + 34.92 + 35.36 + 35.11 + 35.19)\%}{5} = 35.15\%$

单次测量的偏差分别为 $d_1 = 0.03\%$；$d_2 = -0.23\%$；$d_3 = 0.21\%$；$d_4 = -0.04\%$；$d_5 = 0.04\%$，则

$$\overline{d} = \frac{1}{n} \sum_{i=1}^{n} |d_i| = \frac{(0.03 + 0.23 + 0.21 + 0.04 + 0.04)\%}{5} = 0.11\%$$

$$s = \sqrt{\frac{\sum_{i=1}^{n} d_i^2}{n-1}} = \sqrt{\frac{(0.03\%)^2 + (0.23\%)^2 + (0.21\%)^2 + (0.04\%)^2 + (0.04\%)^2}{5-1}} = 0.16\%$$

$$C \cdot V = \frac{s}{\overline{x}} \times 100\% = \frac{0.16}{35.15} \times 100\% = 0.46\%$$

3.5.2 平均值的置信区间

在实际工作中，通常总是把测定数据的平均值作为分析结果报出，但测得的少量数据得到的平均值总是带有一定的不确定性，它不能明确地说明测定的可靠性。在要求准确度较高的分析工作中，做出分析报告时，应同时指出结果真实值所在的范围，这一范围就称为置信区间（confidence interval）；以及真实值落在这一范围的概率，称为置信度或置信水准

(confidence level),常用 P 表示。

图 3-2 中曲线各点的横坐标是 $x-\mu$,其中 x 为单次测定值,μ 为总体平均值,在消除系统误差的前提下 μ 就是真实值,因此 $x-\mu$ 即为误差。曲线上各点的纵坐标表示误差出现的频率,曲线与横坐标从 $-\infty$ 到 $+\infty$ 之间所包围的面积表示误差不同的测定值出现的概率的总和,设为 100%。由数学统计计算可知,真实值落在 $\mu\pm\sigma$,$\mu\pm2\sigma$ 和 $\mu\pm3\sigma$ 的概率分别为 68.3%,95.5% 和 99.7%。也就是说,在 1 000 次的测定中,只有三次测量值的误差大于 $\pm3\sigma$。以上是对无限次的测定而言。

对于有限次数的测定,真实值 μ 与 $\bar{x}$ 平均值之间有如下关系:

$$\mu = \bar{x} \pm \frac{t \cdot s}{\sqrt{n}} \tag{3-13}$$

式中:s 为标准偏差;n 为测定次数;t 为在选定的某一置信度下的概率系数,可根据测定次数从表 3-1 中查得。

表 3-1 不同测定次数及不同置信度下的 t 值

测定次数 n	置信度				
	50%	90%	95%	99%	99.5%
2	1.000	6.314	12.706	63.657	127.32
3	0.816	2.920	4.303	9.925	14.089
4	0.765	2.353	3.182	5.841	7.453
5	0.741	2.132	2.776	4.604	5.598
6	0.727	2.015	2.571	4.032	4.773
7	0.718	1.943	2.447	3.707	4.317
8	0.711	1.895	2.365	3.500	4.029
9	0.706	1.860	2.306	3.355	3.832
10	0.703	1.833	2.262	3.250	3.690
11	0.700	1.812	2.228	3.169	3.581
21	0.687	1.725	2.086	2.845	3.153
∞	0.674	1.645	1.960	2.576	2.807

式(3-13)表示,在一定置信度下,以测定结果的平均值 $\bar{x}$ 为中心,包括总体平均值 μ 的范围,这就叫平均值的置信区间。

【例 3-2】 分析铁矿石中铁的含量,结果的平均值 $\bar{x}=35.21\%$,$s=0.06\%$。计算:

(1) 若测定次数 $n=4$,置信度分别为 95% 和 99% 时,平均值的置信区间;

(2) 若测定次数 $n=6$,置信度为 95% 时,平均值的置信区间。

解:(1) $n=4$,置信度为 95% 时,$t_{95\%}=3.18$,则

$$\mu = \bar{x} \pm \frac{t \cdot s}{\sqrt{n}} = (35.21 \pm 0.10)\%$$

置信度为 99% 时,$t_{99\%}=5.84$,则

$$\mu = \bar{x} \pm \frac{t \cdot s}{\sqrt{n}} = (35.21 \pm 0.18)\%$$

(2) $n=6$,置信度为 95% 时,$t_{95\%}=2.57$,则

$$\mu = \bar{x} \pm \frac{t \cdot s}{\sqrt{n}} = (35.21 \pm 0.06)\%$$

由上面计算可知,在相同测定次数下,随着置信度由 95% 提高到 99%,平均值的置信区间将从 $(35.21\pm0.10)\%$ 扩大至 $(35.21\pm0.18)\%$;另外,在一定置信度下,增加平行测定次数可使置信区间缩小,说明测量的平均值越接近总体平均值。

从 t 值表中还可以看出,当测量次数 n 增大时,t 值减小;当测定次数为 20 次以上到测定次数为 ∞ 时,t 值相近,这表明当 $n>20$ 时,再增加测定次数对提高测定结果的准确度已经没有什么意义。因此只有在一定的测定次数范围内,分析数据的可靠性才随平行测定次数的增多而增加。

3.5.3 可疑数据的取舍

在一组平行测定的数据中,往往会出现个别偏差比较大的数据,这一数据称为可疑值(doubtful value)或离群值(divergent value)。如这一数据是由实验过失造成的,则应该将该数据舍弃,否则就不能随便将它舍弃,而必须用统计方法来判断是否取舍。取舍的方法很多,常用的有四倍法、格鲁布斯法和 Q 检验法等,其中 Q 检验法比较严格而且又比较方便,故在此只介绍 Q 检验法。

在一定置信度下,Q 检验法可按下列步骤,判断可疑数据是否应舍去。

(1) 先将数据从小到大排列为:$x_1, x_2, \cdots, x_{n-1}, x_n$。

(2) 计算出统计量 Q:

$$Q = \frac{|可疑值 - 邻近值|}{最大值 - 最小值} \tag{3-14}$$

也就是说,若 x_1 为可疑值,则统计量 Q 为

$$Q = \frac{x_2 - x_1}{x_n - x_1} \tag{3-15}$$

若 x_n 为可疑值,则统计量 Q 为

$$Q = \frac{x_n - x_{n-1}}{x_n - x_1} \tag{3-16}$$

式中分子为可疑值与相邻值的差值,分母为整组数据的最大值与最小值的差值,也称之为极值。Q 越大,说明 x_1 或 x_n 离群越远。

(3) 根据测定次数和要求的置信度由表 3-2 查得 Q(表值)。

表 3-2 不同置信度下舍弃可疑数据的 Q 值

置信度	测 定 次 数							
	3	4	5	6	7	8	9	10
90%	0.94	0.76	0.64	0.56	0.51	0.47	0.44	0.41
95%	0.98	0.85	0.73	0.64	0.59	0.54	0.51	0.48
99%	0.99	0.93	0.82	0.74	0.68	0.63	0.60	0.57

(4) 将 Q 与 Q(表值)进行比较,判断可疑数据的取舍。若 $Q>Q$(表值),则可疑值应该舍去,否则应该保留。

【例 3-3】 测定某试样中氯的含量时,一共 4 次分析测定结果为 30.34%,30.16%,30.40%和 30.38%。Q 检验法判断 30.16%是否舍弃?(置信度为 90%)

解:将测定值由小到大排列:30.16%,30.34%,30.38%,30.40%

$$Q = \frac{(30.34-30.16)\%}{(30.40-30.16)\%} = 0.75$$

查表 3-2,在确定置信度为 90%时,当 $n=4$,Q(表值)=0.76>Q=0.75。因此,该数值不能舍弃。

3.5.4 分析结果的数据处理与报告

在实际工作中,分析结果的数据处理非常重要。在实验和科学研究工作中,必须对试样进行多次平行测定($n \geqslant 3$),然后进行统计处理并写出分析报告。

例如测定某矿石中铁的含量时,获得如下数据:79.58%,79.45%,79.47%,79.50%,79.62%,79.38%,79.90%。

根据数据统计处理过程做如下处理。

(1) 用 Q 检验法检验并且判断有无可疑值舍弃。从上列数据看 79.90%有可能是可疑值,做 Q 检验:

$$Q = \frac{(79.90-79.62)\%}{(79.90-79.38)\%} = 0.54$$

由表 3-2 查得,当测定次数 $n=7$ 时,若置信度 $P=90\%$,则 Q(表值)=0.51,所以 $Q>Q$(表值),79.90 应该舍去。

(2) 根据所有保留值,求出平均值 $\bar{x}$:

$$\bar{x} = \frac{(79.58+79.45+79.47+79.50+79.62+79.38)\%}{6} = 79.50\%$$

(3) 求出平均偏差 $\bar{d}$:

$$\bar{d} = \frac{(0.08+0.05+0.03+0.12+0.12)\%}{6} = 0.07\%$$

(4) 求出标准偏差 s:

$$s = \sqrt{\frac{(0.08\%)^2+(0.05\%)^2+(0.03\%)^3+(0.12\%)^2+(0.12\%)^2}{5}} = 0.09\%$$

(5) 求出置信度为 90%,$n=6$ 时,平均值的置信区间

查表 3-1 得 $t=2.015$,则

$$\mu = \bar{x} \pm \frac{t \cdot s}{\sqrt{n}} = \left(79.50 \pm \frac{2.015 \times 0.09}{\sqrt{6}}\right)\% = (79.50 \pm 0.07)\%$$

3.6 有效数字及运算规则

为了得到准确的分析结果,不仅要准确地进行测量,还要正确地记录和计算。因为分析化学中记录的数据不仅表示了数值的大小,同时也反映了测量的精确程度。例如,实验时量取一定体积的溶液,记录为 25.00 mL 和 25.0 mL,虽然数值大小相同,但精确程度却相差 10 倍,前者说明是用移液管准确移取或从滴定管中放出的,而后者是由量筒量取的。因此,应该按照实际的测量精度记录实验数据,并且按照有效数字的运算规则进行测量结果的计算,报出合理的测量结果。

3.6.1 有效数字

有效数字(significant figures)是指实际能测得的数字。在有效数据中,只有最后一位数字是不确定的。例如,读取滴定管上的刻度时,甲读得是 24.55 mL,乙读得是 24.54 mL,丙读得是 24.53 mL。这三个数据中,前 3 位数字都是很准确的,而第 4 位数字是估计数,是不确定的,因此不同的人读取时稍有差别。又如用分析天平称取试样的质量时应记录为 0.210 0 g,它表示 0.210 是确定的,最后一位 0 是不确定数,可能有正负一单位的误差,即其实际质量是(0.210 0±0.000 1)g 范围内的某一值。其绝对误差为±0.000 1,相对误差为(±0.000 1/0.210 0)×100%=±0.05%。

数据中的"0"是否为有效数字,要看它在数据中的作用,如果作为普通数字使用,它就是有效数字;作为定位用则不是有效数字。例如滴定管读数 22.00 mL,其中两个"0"都是测量数字,为四位有效数字。如果改用升表示,写成 0.022 00 L,这时前面的两个"0"仅作为定位用,不是有效数字,而后面两个"0"仍是有效数字,此数仍为四位有效数字。如需用尾数"0"小数定位时可用指数形式表示,以防止有效数字的混淆。例如 25.0 mg 改写成 μg 时,应写成 $2.50×10^4 \mu g$,不能写成 250 00 μg。单位可以改变,但有效数字的位数不能任意改变,也就是说不能任意增减有效数字。

3.6.2 有效数字的运算规则

对实验数据进行计算时,涉及的各测量值的有效位数可能不同,因此,需要按照一定的规则进行运算。

运算过程中应按有效数字修约的规则进行修约后再计算结果。对数字的修约规则,目前大多采取"四舍六入五留双"办法,即当尾数≤4 时舍弃;尾数≥6 时则进入;尾数=5 时,若 5 后面的数字为"0",则按 5 前面为偶数者舍弃;为奇数者进入;若 5 后面的数字是不为零的任何数,则不论 5 前面的一个数为偶数或奇数均进入。例如,按照这一规则,将下列测量值修约为四位有效数字,其结果为

0.526 64   0.526 6   10.235 0   10.24
0.362 66   0.362 7   250.650   250.6
18.085 2   18.09

其运算规则如下。

1. 加减法

几个数据相加减时，有效数字的保留，应以各数据中小数点后位数最少的一个数字为根据。例如：

$$50.1 + 1.45 + 0.581\ 2 = ?$$

由于每个数据的最后一位都有±1的绝对误差，在上述数据中，50.1的绝对误差最大（±0.1），即小数点后第一位为不定值，为使计算结果只保留一位不定值，所以各数值及计算结果都取到小数点后第一位。因此，在加或减时，其和或差，保留小数点后的位数，决定于数据中绝对误差最大的那个数，即小数点后位数最少的那个数字。

$$50.1 + 1.45 + 0.581\ 2 = 50.1 + 1.4 + 0.6 = 52.1$$

2. 乘除法

在乘除法运算中，有效数字的位数应以各数据中相对误差最大的一个数为根据，通常是根据有效位数最少的数来进行修约，其结果所保留位数与该有效数字的位数相同。例如：

$$2.187\ 9 \times 0.154 \times 60.06 = 2.19 \times 0.154 \times 60.1 = 20.3$$

各数的相对误差分别为

$$\pm \frac{1}{21\ 879} \times 100\% = \pm 0.005\%$$

$$\pm \frac{1}{154} \times 100\% = \pm 0.6\%$$

$$\pm \frac{1}{6\ 006} \times 100\% = \pm 0.02\%$$

可见，在上述数据中，有效数字位数最少的是0.154，三位有效数字，其相对误差最大，因此，计算结果也应该取三位有效数字。

在取舍有效数字位数时，还应注意以下几点。

(1) 分析化学的计算中，经常会遇到常数、分数或倍数等，这些数不是测量所得到的，因此可看成无限多位有效数字。例如，1 000、1/2、π等。

(2) 对于pH，pM，lg K 等对数数值，其有效数字的位数仅取决于小数部分（尾数）数字的位数，因整数部分仅代表该数的方次。如pH＝11.30，其有效数字为二位，换算为H^+浓度即$c(H^+) = 5.0 \times 10^{-12}\ mol \cdot L^{-1}$。

(3) 若某数字有效的首位数字等于或大于8，则该有效数字的位数可多计算一位。如8.58可看作四位有效数字。

(4) 在运算过程中，有效数字的位数可暂时多保留一位，得到最后结果时，再根据"四舍六入五留双"的规则弃去多余的数字。

使用计算器作连续运算时，运算过程中不必对每一步的计算结果进行修约，但最后结果的有效数字位数必须按照以上规则正确地取舍。

3.7 滴定分析法概述

滴定分析法(titration analysis)是最常用的定量化学分析法。在进行滴定分析时,一般先将试样配成溶液并置于一定的容器中(通常为锥形瓶),用一种已知准确浓度的溶液即标准溶液(也称滴定剂)通过滴定管逐滴地滴加到被测物质的溶液中,直至所加溶液物质的量与被测物质的量按化学计量关系恰好反应完全,然后根据所加标准溶液的浓度和所消耗的体积,计算出被测物质含量。通过滴定管滴加滴定剂的操作过程称为滴定(titration)。所加标准溶液与被测物质恰好完全反应的这一点称为化学计量点(stoichiometric point, sp)。在滴定过程中,化学计量点到达时往往没有什么明显的外部特征,一般都需要加入指示剂(indicator),利用指示剂的颜色变化来判断。指示剂颜色突变时停止滴定,这一点称为滴定终点(end point, ep)。滴定终点与化学计量点不一定恰好一致,往往存在一定的差别,这一差别称为滴定误差(titration error)或称终点误差。

3.7.1 滴定分析法的分类

滴定分析是以化学反应为基础的,根据化学反应的类型不同,滴定分析法一般可分为下列四种。

1. 酸碱滴定法

以酸碱中和反应为基础的滴定分析法称为酸碱滴定法,也称中和滴定法。

2. 配位滴定法

以配位反应为基础的滴定分析法称为配位滴定法。如用 EDTA 作为滴定剂,与金属离子的配合反应可表示为

$$M^{n+} + Y^{4-} \longrightarrow MY^{n-4}$$

3. 沉淀滴定法

以沉淀反应为基础的滴定分析法称为沉淀滴定法。如银量法,其反应可表示为

$$Ag^+ + X^- \longrightarrow AgX \downarrow \quad (X: Cl^-, Br^-, I^-, CN^-, SCN^- 等)$$

4. 氧化还原滴定法

以氧化还原反应为基础的滴定分析法称为氧化还原滴定法。根据标准溶液的不同,氧化还原滴定法可分为多种方法,如高锰酸钾法、重铬酸钾法、碘量法等。

3.7.2 滴定分析法对化学反应的要求和滴定方式

1. 滴定分析法对化学反应的要求

并不是所有的化学反应都可以用来进行滴定分析。用于滴定分析的化学反应必须具备下列条件:

(1) 反应必须定量地完成,即按一定的化学反应方程式进行,无副反应发生,而且反应

完全程度达到99.9%以上。

(2) 反应速率要快。对于速率慢的反应,应采取适当措施来提高反应速率,如加热、加催化剂等。

(3) 要有适当的指示剂或通过仪器分析方法来确定滴定的终点。

2. 滴定方式

常用滴定方式如下。

(1) 直接滴定

凡能满足上述条件的反应,都可采用直接滴定法,即用标准溶液直接滴定被测物质的溶液。例如用氢氧化钠标准溶液直接滴定盐酸。直接滴定法是滴定分析中最常用和最基本的滴定方法。

(2) 返滴定法

当反应速率较慢或反应物是固体时,被测物质中加入符合化学计量关系的滴定剂后,反应往往不能立即完成。在此情况下,可于被测物质中先加入一定量过量的滴定剂,待反应完成后,再用另一种标准溶液滴定剩余的滴定剂,这种方法称为返滴定法,也叫剩余量滴定法。例如,用EDTA标准溶液测定Al^{3+}时,Al^{3+}与EDTA配位反应的速率很慢,故不能用EDTA标准溶液直接滴定,可于Al^{3+}溶液中先加入一定量过量的EDTA标准溶液并将溶液加热煮沸,待Al^{3+}与EDTA完全反应后,再用Zn^{2+}标准溶液返滴定剩余的EDTA。对于固体$CaCO_3$的滴定,可先加入一定量过量的HCl标准溶液,待反应完全后,剩余的HCl可用NaOH标准溶液返滴定。

(3) 置换滴定法

若被测物质与滴定剂的反应不按一定的反应式进行或伴有副反应时,不能采用直接滴定法。可以先用适当的试剂与被测物质反应,使被测物质定量地置换成另外一种物质,再用标准溶液滴定这一物质,从而求出被测物质的含量,这种方法称为置换滴定法。例如,$Na_2S_2O_3$标准溶液不能直接标定含$K_2Cr_2O_7$的试液,因为在酸性介质中,$K_2Cr_2O_7$不仅将$Na_2S_2O_3$氧化为$Na_2S_4O_6$,还有一部分$Na_2S_2O_3$被氧化为Na_2SO_4,$Na_2S_2O_3$与$K_2Cr_2O_7$的反应没有确定的计量关系。但是,如果在$K_2Cr_2O_7$的酸性介质中加入过量的KI,$K_2Cr_2O_7$与KI定量反应生成I_2,再用$Na_2S_2O_3$溶液来滴定被$K_2Cr_2O_7$置换出来的I_2即可完成标定。

(4) 间接滴定法

有些被测物质不能直接与滴定剂起反应,可以利用间接反应使其转化为可被滴定的物质,再用滴定剂滴定所生成的物质,此过程称为间接滴定法。例如$KMnO_4$标准溶液不能直接滴定Ca^{2+},先将Ca^{2+}沉淀为CaC_2O_4,用H_2SO_4溶解,再用$KMnO_4$标准溶液滴定与Ca^{2+}结合的$C_2O_4^{2-}$,从而间接测定Ca^{2+}。

3.7.3 基准物质和标准溶液

标准溶液(standard solution)是指已知准确浓度的溶液。在滴定分析中,不论采用哪种滴定方式,都离不开标准溶液,都是利用标准溶液的浓度和体积来计算待测组分的含量。因此,在滴定分析中,必须正确地配制标准溶液和准确地标定标准溶液的浓度。

1. 基准物质

能用于直接配制或标定标准溶液的物质称为基准物质(standard substance)。作为基准物质必须具备下列条件：

(1) 物质的组成与化学式完全相符,若含结晶水,其含量也应与化学式相符;
(2) 物质的纯度足够高,一般要求其纯度在 99.9% 以上;
(3) 性质稳定,在保存或称量过程中其组成不变,如不易吸水、不吸收 CO_2 等;
(4) 试剂最好具有较大的摩尔质量,这样,称样量相应较多,从而可减小称量误差。例如 $Na_2B_4O_7 \cdot 10H_2O$ 和 Na_2CO_3 作为标定盐酸标准溶液浓度的基准物质,都符合上述前三条要求,但前者摩尔质量大于后者,因此 $Na_2B_4O_7 \cdot 10H_2O$ 更适合作为标定盐酸标准溶液浓度的基准物质。

常用的基准物质有 $Na_2B_4O_7 \cdot 10H_2O$, Na_2CO_3, 邻苯二甲酸氢钾, $H_2C_2O_4 \cdot 2H_2O$, $K_2Cr_2O_7$, $CaCO_3$, $Na_2C_2O_4$, KIO_3, ZnO, $NaCl$, 纯金属如 Ag, Cu 等。

2. 标准溶液的配制

标准溶液的配制可分为直接配制法和间接配制法。

(1) 直接配制法

准确称取一定量的基准物质,溶于水后定量转入容量瓶中定容,然后根据所称物质的质量和定容的体积即可计算出该标准溶液的准确浓度。例如,准确地称取 1.226 g 基准物 $K_2Cr_2O_7$,用水溶解后,置于 250 mL 的容量瓶中,加水稀释至刻度,即得 0.016 67 $mol \cdot L^{-1}$ 的 $K_2Cr_2O_7$ 标准溶液。

(2) 间接配制法

许多化学试剂由于纯度或稳定性不够等原因,不能直接配制成标准溶液。可先将它们配制成近似浓度的溶液,然后再用基准物质或已知准确浓度的标准溶液来标定该标准溶液的准确浓度,这种配制标准溶液的方法称为间接配制法,也称标定法。如欲配制准确浓度的 0.1 $mol \cdot L^{-1}$ 的 NaOH 标准溶液,可先在普通天平上称取 4 g 的 NaOH,用水将其溶解后,稀释至 1 L 左右,然后用基准物质如邻苯二甲酸氢钾或已知浓度的 HCl 标准溶液标定其准确浓度。

3. 标准溶液浓度的表示方法

(1) 物质的量的浓度

这是溶液最常用的浓度表示方法,该公式与本章 3-2 公式完全相同。

(2) 滴定度

在生产单位的例行分析中,为了简化计算常用滴定度表示标准溶液的浓度。滴定度(T)是指每毫升标准溶液相当于被测物质的质量,常用 $T_{待测物/滴定剂}$ 表示,单位为 $g \cdot mL^{-1}$。如 $T_{Fe/K_2Cr_2O_7} = 0.005\,260\ g \cdot mL^{-1}$,表示 1 mL $K_2Cr_2O_7$ 标准溶液相当于 0.005 260 g Fe,也就是 1 mL $K_2Cr_2O_7$ 标准溶液恰好能与 0.005 260 g Fe^{2+} 反应,如果在滴定中消耗该 $K_2Cr_2O_7$ 标准溶液 20.65 mL,则被滴定溶液中含铁的质量为

$$m(Fe) = 0.005\,260\ g \cdot mL^{-1} \times 20.65\ mL = 0.108\,6\ g$$

滴定度的优点是根据所消耗的标准溶液的体积可以直接得到被测物质的质量,这在生产单位的批量分析中很方便。

3.7.4 滴定分析中的计算

当两反应物作用完时,它们的物质的量之间的关系恰好符合其化学反应式所表示的

化学计量关系,这就是滴定分析计算的依据。例如,在直接滴定法中,被测物质 A 和滴定剂 B 之间存在如下反应:

$$aA + bB \longrightarrow cC + dD$$

则反应完全时

$$n_A : n_B = a : b \tag{3-17}$$

$$\frac{c_A V_A}{c_B V_B} = \frac{a}{b} \tag{3-18}$$

$$c_A = \frac{a c_B V_B}{b V_A} \tag{3-19}$$

若称取试样的质量为 m,则被测组分 A 的质量分数为

$$\omega_A = \frac{m_A}{m} = \frac{\frac{a}{b} c_B V_B M_A}{m} \tag{3-20}$$

式(3-19)和式(3-20)是滴定分析中常用的两个计算通式。对于多步反应的滴定,仍可从各步反应中找出实际参加反应的物质的计量关系。

【例 3-4】 称取草酸($H_2C_2O_4 \cdot 2H_2O$)0.381 2 g,溶于水后用 NaOH 溶液滴定至终点时消耗 25.60 mL,计算 NaOH 溶液的浓度。

解:此滴定的反应式为

$$H_2C_2O_4 + 2NaOH \longrightarrow Na_2C_2O_4 + 2H_2O$$

$$n(NaOH) : n(H_2C_2O_4) = 2 : 1$$

而

$$n(H_2C_2O_4) = \frac{m(H_2C_2O_4 \cdot 2H_2O)}{M(H_2C_2O_4 \cdot 2H_2O)}$$

即

$$c(NaOH) = \frac{2m(H_2C_2O_4 \cdot 2H_2O)}{M(H_2C_2O_4 \cdot 2H_2O) V(NaOH)}$$

$$= \frac{2 \times 0.3812 \text{ g}}{126.1 \text{ g} \cdot \text{mol}^{-1} \times 25.60 \times 10^{-3} \text{ L}}$$

$$= 0.2362 \text{ mol} \cdot \text{L}^{-1}$$

【例 3-5】 0.321 3 g 不纯 $CaCO_3$ 试样,用返滴定法测定其含量。将 $CaCO_3$ 试样溶于 80.00 mL 0.100 0 mol·L^{-1} 的 HCl 标准溶液中,过量的 HCl 用 0.100 0 mol·L^{-1} 的 NaOH 标准溶液滴定,终点时消耗 NaOH 标准溶液 22.74 mL,求试样中 $CaCO_3$ 的质量分数。

解:这是返滴定法,其滴定反应分两步进行:

$$CaCO_3 + 2HCl \longrightarrow CaCl_2 + CO_2 + H_2O$$

$$HCl + NaOH \longrightarrow NaCl + H_2O$$

故 $w(CaCO_3) = \dfrac{\frac{1}{2}[c(HCl)V(HCl) - c(NaOH)V(NaOH)]M(CaCO_3)}{m} \times 100\%$

$$= \frac{\frac{1}{2}(0.1000 \times 80.00 - 0.100 \times 22.74) \times 100.1}{0.3213 \times 1000} \times 100\%$$

$$= 89.20\%$$

【例 3-6】 已知每升 $K_2Cr_2O_7$ 标准溶液含 $K_2Cr_2O_7$ 5.442 g，求该标准 $K_2Cr_2O_7$ 溶液对 Fe_3O_4 的滴定度。

解：滴定反应为

$$Cr_2O_7^{2-} + 6Fe_3O_4 + 62H^+ \longrightarrow 2Cr^{3+} + 18Fe^{3+} + 31H_2O$$

因此 $n(K_2Cr_2O_7) = 6n(Fe_3O_4)$

$$T_{Fe_3O_4/K_2Cr_2O_7} = \frac{6m(K_2Cr_2O_2) \cdot M(Fe_3O_4)}{M(K_2Cr_2O_7) \times 1000}$$

$$= \frac{6 \times 5.442 \text{ g} \times 231.5 \text{ g} \cdot \text{mol}^{-1}}{294.2 \text{ g} \cdot \text{mol}^{-1} \times 1000 \text{ mL}}$$

$$= 0.02569 \text{ g} \cdot \text{mL}^{-1}$$

思考题

1. 下列情况分别引起什么误差？如果是系统误差，应如何消除？
(1) 砝码被腐蚀；
(2) 天平两臂不等长；
(3) 天平零点稍有变动；
(4) 重量法测定可溶性钡盐中钡含量时，滤液中含有少量的 $BaSO_4$；
(5) 读取滴定管读数时，最后一位数字估计不准；
(6) 以含量为 99% 的硼砂作基准物标定盐酸标准溶液；
(7) 蒸馏水或试剂中，含有微量被测物质；
(8) 试样未分解完全；
(9) 直接法配制标准溶液时，不小心从烧杯中溅失少量试剂（基准物质）。
2. 试区别准确度与精密度，误差与偏差。
3. 如何提高分析结果的准确度？
4. 甲、乙二人同时分析一矿物中的含硫量，每次取样 3.5 g，分析结果分别报告为：
甲：0.042%，0.041%　乙：0.04199%，0.4201%
试问哪一份报告合理？为什么？
5. 下列数值各有几位有效数字？
0.0372, 25.08, 6.023×10^{-5}, 100, 9.18, 1000.00, 1.0×10^8, pH=5.03
6. 什么叫滴定分析？主要有哪些类型？
7. 什么是化学计量点？什么是滴定终点？
8. 能用于滴定分析的化学反应必须符合哪些条件？
9. 下列物质中哪些可以用直接法配制标准溶液？哪些只能用间接法配制？
H_2SO_4, HCl, NaOH, $KMnO_4$, $K_2Cr_2O_7$, $H_2C_2O_4 \cdot 2H_2O$, $Na_2S_2O_3 \cdot 5H_2O$
10. 若将 $H_2C_2O_4 \cdot 2H_2O$ 基准物质，长期置于放有干燥剂的干燥器中，用它标定 NaOH 溶液的浓度时,结果是偏高、偏低、还是没有影响?

习 题

1. 已知分析天平能称准至±0.1 mg,滴定管能读准至±0.01 mL,若要求分析结果达到0.1%的准确度,问至少应用分析天平称取多少克试样?滴定时所用标准溶液体积至少要多少毫升?

2. 在标定NaOH时,要求消耗 $0.1\ mol \cdot L^{-1}$ NaOH溶液体积为20~30 mL,问:
(1) 应称取邻苯二甲酸氢钾基准物质($KHC_8H_4O_4$)多少克?
(2) 如果改用草酸($H_2C_2O_4 \cdot 2H_2O$)作基准物质,又该称取多少克?
(3) 若分析天平的称量误差为±0.000 2 g,试计算以上两种试剂称量的相对误差。
(4) 计算结果说明了什么问题?

3. 有一铜矿试样,经两次测定,得知铜含量为24.87%、24.93%,而铜的实际含量为25.05%。求分析结果的绝对误差和相对误差。

4. 某试样经分析测得含锰质量分数为41.24%、41.27%、41.23%和41.26%。求分析结果的平均偏差、相对平均偏差、标准偏差和相对标准偏差。

5. 分析血清中钾的含量,5次测定结果分别为:$0.160\ mg \cdot mL^{-1}$、$0.152\ mg \cdot mL^{-1}$、$0.154\ mg \cdot mL^{-1}$、$0.156\ mg \cdot mL^{-1}$、$0.153\ mg \cdot mL^{-1}$。计算置信度为95%时,平均值的置信区间。

6. 某铜合金中铜的质量分数的测定结果为20.37%、20.40%、20.36%。计算标准偏差及置信度为90%时的置信区间。

7. 用某一方法测定矿样中锰含量的标准偏差为0.12%,锰含量的平均值为9.56%。设分析结果是根据4次、6次测得的,计算两种情况下的平均值的置信区间(95%置信度)。

8. 标定NaOH溶液时,得下列数据:$0.101\ 4\ mol \cdot L^{-1}$、$0.101\ 2\ mol \cdot L^{-1}$、$0.101\ 1\ mol \cdot L^{-1}$、$0.101\ 9\ mol \cdot L^{-1}$。用$Q$检验法进行检验,0.101 9是否应该舍弃(置信度为90%)?

9. 测定某一热交换器中水垢的P_2O_5和SiO_2的含量如下(已校正系统误差):
$w(P_2O_5)/\%$:8.44,8.32,8.45,8.52,8.69,8.38;
$w(SiO_2)/\%$:1.50,1.51,1.68,1.20,1.63,1.72。
根据Q检验法对可疑数据决定取舍,然后求出平均值、平均偏差、标准偏差、相对标准偏差和置信度分别为90%及99%时的平均值的置信区间。

10. 按有效数字运算规则,计算下列各式:
(1) $2.187 \times 0.854 + 9.6 \times 10^{-2} - 0.032\ 6 \times 0.008\ 14$;
(2) $\dfrac{0.010\ 12 \times (25.44 - 10.21) \times 26.962}{1.004\ 5 \times 1000}$;
(3) $\dfrac{9.82 \times 50.62}{0.005\ 164 \times 136.6}$;
(4) pH=4.03,计算H^+浓度。

11. 已知浓硫酸的相对密度为1.84,其中H_2SO_4含量(质量分数)为98%,现欲配制1 L $0.1\ mol \cdot L^{-1}$的H_2SO_4溶液,应取这种浓硫酸多少毫升?

12. 现有一NaOH溶液,其浓度为$0.545\ 0\ mol \cdot L^{-1}$,取该溶液50.00 mL,需加水多少毫升才能配制成$0.200\ 0\ mol \cdot L^{-1}$的溶液?

13. 计算$0.101\ 5\ mol \cdot L^{-1}$ HCl标准溶液对$CaCO_3$的滴定度。

14. 分析不纯$CaCO_3$(其中不含干扰物质)。称取试样0.300 0 g,加入$0.250\ 0\ mol \cdot L^{-1}$ HCl溶液25.00 mL,煮沸除去CO_2,用$0.201\ 2\ mol \cdot L^{-1}$的NaOH溶液返滴定过量的酸,消耗5.84 mL。试计算试样中$CaCO_3$的质量分数。

15. 用开氏法测定蛋白质的含氮量，称取粗蛋白试样 1.658 g，将试样中的氮转变为 NH_3 并以 25.00 mL 0.2018 mol·L^{-1} 的 HCl 标准溶液吸收，剩余的 HCl 溶液以 0.1600 mol·L^{-1} NaOH 标准溶液返滴定，用去 9.15 mL。计算此粗蛋白试样中氮的质量分数。

16. 用 KIO_3 作基准物质标定 $Na_2S_2O_3$ 溶液。称取 0.2001 g KIO_3 与过量 KI 作用，析出的碘用 $Na_2S_2O_3$ 溶液滴定，以淀粉作指示剂，终点时用去 27.80 mL。问此 $Na_2S_2O_3$ 溶液浓度为多少？每毫升 $Na_2S_2O_3$ 溶液相当于多少克碘？

17. 称取制造油漆的填料(Pb_3O_4)0.1000 g，用盐酸溶解，在热时加入 25 mL 0.02 mol·L^{-1} $K_2Cr_2O_7$ 溶液，析出 $PbCrO_4$：

$$2Pb^{2+} + Cr_2O_7^{2-} + H_2O \longrightarrow 2PbCrO_4 \downarrow + 2H^+$$

冷后过滤，将 $PbCrO_4$ 沉淀用盐酸溶解。加入 KI 溶液，以淀粉为指示剂，用 0.1000 mol·L^{-1} $Na_2S_2O_3$ 溶液滴定，用去 12.00 mL。试求试样中 Pb_3O_4 的质量分数。(Pb_3O_4 相对分子质量为 685.6)

18. 水中化学耗氧量(COD)是环保中检测水质污染程度的一个重要指标，是指在特定条件下用一种强氧化剂(如 $KMnO_4$，$K_2Cr_2O_7$)定量地氧化水中的还原性物质时所消耗的氧化剂用量(折算为每升多少毫克氧，用 $\rho(O_2)$ 表示，单位为 mg·L^{-1})。今取废水样 100.0 mL，用 H_2SO_4 酸化后，加入 25.00 mL 0.01667 mol·L^{-1} $K_2Cr_2O_7$ 标准溶液，用 Ag_2SO_4 作催化剂煮沸一定时间，使水样中的还原性物质氧化完后，以邻二氮菲亚铁为指示剂，用 0.1000 mol·L^{-1} 的 $FeSO_4$ 标准溶液返滴，滴至终点时用去 15.00 mL。试计算废水样中的化学耗氧量。(提示：$O_2 + 4H^+ + 4e^- \Longleftrightarrow H_2O$，在用 O_2 和 $K_2Cr_2O_7$ 氧化同一还原性物质时，3 mol O_2 相当于 2 mol $K_2Cr_2O_7$)

19. 称取软锰矿 0.1000 g，用 Na_2O_2 熔融后，得到 MnO_4^{2-}，煮沸除去过氧化物。酸化后，MnO_4^{2-} 歧化为 MnO_4^- 和 MnO_2。滤去 MnO_2，滤液用 21.50 mL 0.1000 mol·L^{-1} 的 $FeSO_4$ 标准溶液滴定。计算试样中 MnO_2 的质量分数。

第4章 酸碱平衡与酸碱滴定法

学习要求：
1. 了解酸碱理论的发展；掌握酸碱质子理论的基本要点，理解共轭酸碱对的概念。
2. 理解弱电解质的解离度、解离平衡常数、稀释定律等概念。
3. 掌握质子平衡式的写法，会运用质子平衡式推导酸度的精确计算式。理解对精确式进行近似的判据。熟练掌握弱酸、弱碱溶液酸度的计算方法。
4. 了解酸碱缓冲溶液的组成；理解同离子效应和缓冲溶液的作用原理；掌握缓冲溶液 pH 的计算方法和缓冲溶液的选择原则。
5. 理解分步分数的概念，会用分步分数计算给定 pH 下不同型体的浓度。了解 HAc、$H_2C_2O_4$、H_3PO_4 等溶液型体分布曲线的特点以及分布曲线信息所给出的启示。
6. 理解酸碱指示剂的变色原理、变色范围和选择原则。
7. 掌握酸碱滴定过程中 pH 的变化规律，了解不同酸碱滴定曲线的特点；掌握滴定突跃概念及滴定突跃范围的计算，并能正确选择指示剂；掌握酸碱准确滴定和分步滴定的判据。
8. 熟悉酸碱滴定法及其应用；掌握酸碱滴定结果的计算方法。

酸碱是日常生活和生产科研中的常见物质。食醋的主要成分是醋酸，水果和蔬菜因含有有机酸而有酸味，盐酸、硫酸、纯碱、氨水均属大宗化工原料，广泛应用于化工、冶金、建材等行业。盐酸、氢氧化钠这些酸碱物质本身就是实验室里的常用试剂，在试样前处理以及定性、定量分析中具有难以替代的重要作用。因此酸碱物质及其分析应用是化学知识结构中非常重要的内容。

4.1 酸碱理论

人们对事物的认识都经历由浅入深、由感性到理性的过程。对酸碱的认知也不例外，最初认为具有酸味，能使蓝色石蕊变为红色的物质是酸；具有涩味，有滑腻感，能使红色石蕊变为蓝色的物质是碱。随着认识的不断深化，科学家们提出了一系列的酸碱理论，具有代表性的有阿仑尼乌斯(S. A. Arrhenius)的电离理论(1887年)、布朗斯特(J. N. Brönsted)和劳瑞(T. M. Lowry)的质子理论(1923年)和路易斯(G. N. Lewis)的电子理论(1923年)等。

阿仑尼乌斯电离理论是最早的酸碱理论，认为在水中电离出的阳离子全部是 H^+ 的化合物叫作酸，电离出的阴离子全部是 OH^- 的化合物叫作碱。在20世纪80年代之前，电离理论得到广泛应用，对化学的发展起了很大的作用，但也有其明显的局限性。一是电离理论将酸、碱及酸碱反应仅限于以水为溶剂的体系;二是酸碱定义只适用于含有氢原子或氢氧根的物质。其实在非水溶剂中的某些反应,如 HCl 和 NH_3 在苯中反应生成 NH_4Cl,表现出了酸碱中和反应的性质,但它们并不能解离出 H^+ 和 OH^-,因而无法用电离理论对此反应提出合理的解释。再如对水溶液呈明显碱性的 NH_3、Na_2CO_3 和水溶液呈明显酸性的 NH_4Cl 等物质,按照电离理论也不能将它们定义为碱和酸。电离理论的这些不足,促使人们更进一步研究和思考酸、碱及酸碱反应的本质,在电离理论之后又相继产生了酸碱质子理论和路易斯酸碱理论。本节重点讨论酸碱质子理论,简要介绍酸碱路易斯理论。

4.1.1 酸碱质子理论

1923 年丹麦化学家布朗斯特和英国化学家劳瑞各自独立地提出了一种酸碱新理论——酸碱质子理论。

酸碱质子理论认为:凡是能给出质子的物质都是酸(布朗斯特—劳瑞酸,简称布朗斯特酸);凡是能接受质子的物质都是碱(布朗斯特—劳瑞碱,简称布朗斯特碱)。简言之,酸是质子的给予体,给予质子能力越强酸性越强;碱是质子的接受体,接受质子的能力越强碱性越强。酸碱的区分以质子授受为判据,故该理论称为酸碱质子理论。酸碱反应的本质是布朗斯特酸向布朗斯特碱传递质子的过程。表 4-1 列举了一些常见的酸碱反应。

表 4-1 常见的酸碱反应举例

序号	第 1 列		第 2 列		第 3 列		第 4 列
1	HCl	+	H_2O	$\Longrightarrow$	Cl^-	+	H_3O^+
2	H_2S	+	H_2O	$\rightleftharpoons$	HS^-	+	H_3O^+
3	HS^-	+	H_2O	$\rightleftharpoons$	S^{2-}	+	H_3O^+
4	NH_4^+	+	H_2O	$\rightleftharpoons$	NH_3	+	H_3O^+
5	H_2O	+	CO_3^{2-}	$\rightleftharpoons$	OH^-	+	HCO_3^-
6	H_2O	+	NH_3	$\rightleftharpoons$	OH^-	+	NH_4^+
7	H_3O^+	+	OH^-	$\Longrightarrow$	H_2O	+	H_2O
	酸 1		碱 2		碱 1		酸 2

表 4-1 中酸碱反应的第 1 列物质是质子的给予体都是酸,第 2 列物质是质子的接受体都是碱,反应的本质是第 1 列物质将质子传递给第 2 列物质。第 3 列物质是第 1 列物质(酸 1)给出 1 个质子后剩下的部分,它们都能接受质子,所以都是碱(碱 1)。第 4 列物质是第 2 列物质(碱 2)接受 1 个质子后形成的物质,它们都能给出质子,所以都是酸(酸 2)。我们把酸 1 和碱 1,碱 2 和酸 2 这种可以通过接受或给予 1 个质子相互转化的两种物质称为共轭酸碱对。可以说碱 1 是酸 1 的共轭碱,酸 2 是碱 2 的共轭酸。注意共轭酸碱对在组成上只相差一个质子,如 H_2CO_3 和 HCO_3^- 是共轭酸碱对,而 H_2CO_3 和 CO_3^{2-} 就不能说是共轭酸碱对。

酸碱质子理论扩大了酸碱的范围,酸碱不仅可以是分子也可以是离子,如 H_2S、H_2SO_4、NH_4^+、$[Al(H_2O)_6]^{3+}$ 都是酸,NH_3、S^{2-}、CO_3^{2-}、OH^- 都是碱。HS^-、HCO_3^-、H_2O 等既可以给出质子作为酸,又可以接受质子作为碱,这类物质我们称之为两性物质,究竟作为酸还是作为碱要结合它们在参与的具体反应中是给予质子还是接受质子来判断。HS^- 在表 4-1 中的 2 号反应中是碱,而在 3 号反应中是酸。H_2O 在第 1~4 号反应中是碱,而在 5~7 号反应中是酸。

酸碱反应的通式可表示为：

$$\text{酸}1 + \text{碱}2 \rightleftharpoons \text{碱}1 + \text{酸}2$$

不难理解，一个酸的酸性(给出质子的能力)越强，其共轭碱的碱性(接受质子的能力)越弱；一个碱的碱性越强，其共轭酸的酸性越弱。酸碱反应总是由相对较强的酸和碱向生成相对较弱的酸和碱的方向进行，即通式中酸 1 的酸性大于酸 2 的酸性，碱 2 的碱性大于碱 1 的碱性。

根据酸碱质子理论，不再有盐的概念。NH_4Cl 水溶液呈酸性是因为其中 NH_4^+ 是布朗斯特酸，发生如下反应：

$$NH_4^+ + H_2O \rightleftharpoons NH_3 + H_3O^+$$

Na_2CO_3 水溶液呈碱性是因为其中的 CO_3^{2-} 是布朗斯特碱，发生下列反应：

$$CO_3^{2-} + H_2O \rightleftharpoons HCO_3^- + OH^-$$

4.1.2 酸碱电子理论

布朗斯特—劳瑞酸碱质子理论以 H^+ 一个物种来定义酸碱，与阿仑尼乌斯的酸碱电离理论(以 H^+ 和 OH^- 两个物种来定义酸碱)相比扩大了酸碱的范围，但对于不涉及质子转移而具有类似酸碱反应特征的一些反应尚不能做出满意的解释。美国化学家路易斯在 1923 年根据大量酸碱反应的化学键变化，从原子的电子结构观点出发概括了酸碱反应的共同特征，提出了酸碱电子理论。

酸碱电子理论以电子对的授受来判断酸碱属性。认为凡能接受电子对的物质称为路易斯酸，凡能给出电子对的物质称为路易斯碱。路易斯酸碱反应的本质是配位键的形成过程，及酸的价电子层空轨道接受碱的孤电子对(关于配位键的形成在后续章节中将详细讨论)。酸碱反应的通式可表达为

$$\underset{\text{路易斯酸}}{A} + \underset{\text{路易斯碱}}{:B} \rightleftharpoons \underset{\text{酸碱配合物}}{A:B}$$

例如：

$$BF_3 + :NH_3 \rightleftharpoons F_3B-NH_3 \qquad (4-1)$$

$$[Cu(H_2O)_4]^{2+}(aq) + 4NH_3(g) \rightleftharpoons [Cu(NH_3)_4]^{2+}(aq) + 4H_2O(l) \qquad (4-2)$$

$$(C_2H_5)_3SiI + AgBr = (C_2H_5)_3SiBr + AgI \qquad (4-3)$$

以上三个反应是三种不同类型的路易斯酸碱反应。反应(4-1)为路易斯酸 BF_3 与路易斯碱 NH_3 加合的配合物形成反应，反应(4-2)为路易斯碱 NH_3 替代路易斯碱 H_2O 的置换反应，反应(4-3)是两个配合物中的路易斯酸和路易斯碱相互交换的复分解反应或配体交换反应。

酸碱电子理论从原子结构的角度考虑酸碱反应的实质，将酸碱的概念扩大了许多，在配位化学及有机反应的研究中有很好的应用。但该理论缺乏衡量酸碱强弱的有效依据，在水溶液体系中的应用有一定的困难。

三种酸碱理论是科学家从不同角度，在不同深度层面提出对酸碱及酸碱反应的认识，它

们在不同的领域和体系中应用各有优势和不足。在无机与分析化学中,普遍以质子理论作为理论依据,尤其是关于酸碱平衡和酸碱滴定分析,用质子理论能很好地解释和处理所涉及的问题。

4.2 弱酸弱碱的解离平衡

酸碱在水溶液中都会发生解离反应,解离的相对强弱常用解离度 α 表示。

$$\alpha = \frac{\text{已解离的电解质分子数}}{\text{溶液中原有的电解质分子总数}} \times 100\%$$

像盐酸、硝酸等强酸,氢氧化钠、氢氧化钾等强碱在水中几乎完全解离,而弱酸(碱)因给出(接受)质子的能力较弱,在水溶液中存在较明显的解离平衡。如:

$$HCl(aq) + H_2O(l) \Longrightarrow H_3O^+(aq) + Cl^-(aq) \tag{4-4}$$

$$NaOH(aq) \Longrightarrow Na^+(aq) + OH^-(aq) \tag{4-5}$$

$$HAc(aq) + H_2O(l) \Longrightarrow H_3O^+(aq) + Ac^-(aq) \tag{4-6}$$

$$NH_3(aq) + H_2O(l) \Longrightarrow NH_4^+(aq) + OH^-(aq) \tag{4-7}$$

式(4-4)、式(4-5)是强酸强碱的完全解离,式(4-6)、式(4-7)是弱酸 HAc 和弱碱 NH_3 的解离平衡。式(4-6)是下列两个反应式的叠加。

$$HAc(aq) \Longrightarrow H^+(aq) + Ac^-(aq)$$
$$+ \quad H_2O(l) + H^+(aq) \Longrightarrow H_3O^+(aq)$$
$$\overline{HAc(aq) + H_2O(l) \Longrightarrow H_3O^+(aq) + Ac^-(aq)}$$

也可以理解为是一个酸碱反应,HAc 给出质子为酸,H_2O 接受质子为碱。H_3O^+ 可简写为 H^+。

4.2.1 解离常数

弱酸(或弱碱)解离平衡的平衡常数称为弱酸(或弱碱)解离常数,分别用 $K_a^{\ominus}$ 和 $K_b^{\ominus}$ 表示。

1. 水的质子自递常数

根据酸碱质子理论,H_2O 是两性物质,既可为酸又可为碱。H_2O 自身之间存在如下的质子传递反应,称为水的质子自递平衡。

$$H_2O(l) + H_2O(l) \Longrightarrow H_3O^+(aq) + OH^-(aq)$$

可简写为

$$H_2O(l) \Longrightarrow H^+(aq) + OH^-(aq)$$

平衡常数

$$K_w = \frac{c^{eq}(H^+)}{c^{\ominus}} \cdot \frac{c^{eq}(OH^-)}{c^{\ominus}}$$

K_w 称为 H_2O 的质子自递常数,为书写的简便,我们用[B]表示平衡时物质 B 的相对浓度,用 $[H^+]$ 代替 $\frac{c^{eq}(H^+)}{c^{\ominus}}$,$[OH^-]$ 代替 $\frac{c^{eq}(OH^-)}{c^{\ominus}}$,则 $K_w = [H^+] \cdot [OH^-]$。常温下 $K_w = 1.0 \times 10^{-14}$。

常温下,水或水溶液中 $[H^+] \cdot [OH^-] = 10^{-14}$,则
$$-\lg[H^+] - \lg[OH^-] = 14$$
即
$$pH + pOH = 14$$

对于 $[H^+] < 1 \text{ mol} \cdot L^{-1}$ 的溶液,一般用 pH 表示溶液的酸碱性。

中性溶液中:$[H^+] = [OH^-] = 10^{-7}$,pH = 7;

酸性溶液中:$[H^+] > [OH^-]$,pH < 7;

碱性溶液中:$[H^+] < [OH^-]$,pH > 7。

2. 一元弱酸(碱)的解离常数

一元弱酸 HA 在水溶液中的解离平衡为
$$HA(aq) + H_2O(l) \rightleftharpoons H_3O^+(aq) + A^-(aq)$$
或简写为
$$HA(aq) \rightleftharpoons H^+(aq) + A^-(aq)$$
根据标准平衡常数的定义可得
$$K_a^\ominus(HA) = \frac{\{c^{eq}(H^+)/c^\ominus\} \cdot \{c^{eq}(A^-)/c^\ominus\}}{c^{eq}(HA)/c^\ominus} \tag{4-8}$$

一元弱碱 A^- 为 HA 的共轭碱,在水溶液中的解离平衡为
$$A^-(aq) + H_2O(l) \rightleftharpoons HA(aq) + OH^-(aq)$$
根据标准平衡常数的定义可得
$$K_a^\ominus(A^-) = \frac{\{c^{eq}(HA)/c^\ominus\} \cdot \{c^{eq}(OH^-)/c^\ominus\}}{c^{eq}(A^-)/c^\ominus} \tag{4-9}$$

对 $K_a^\ominus$ 和 $K_b^\ominus$ 的写法亦进行简化,则式(4-8)和式(4-9)可分别简写为
$$K_a(HA) = \frac{[H^+][A^-]}{[HA]} \tag{4-10}$$
和
$$K_b(A^-) = \frac{[HA][OH^-]}{[A^-]} \tag{4-11}$$

将式(4-10)和式(4-11)相乘得
$$K_a(HA) \times K_b(A^-) = \frac{[H^+][A^-]}{[HA]} \cdot \frac{[HA][OH^-]}{[A^-]} = [H^+][OH^-] = K_w$$
即
$$K_a(HA) = \frac{K_w}{K_b(A^-)} \tag{4-12}$$

弱酸(碱)解离常数的大小反映了酸(碱)的强度,K_a 越大弱酸的酸性越强,K_b 越大弱碱的碱性越强。由共轭酸碱对解离常数的关系式(4-12)可知共轭酸碱的解离常数成反比,印证了酸越强其共轭碱越弱,碱越强其共轭酸越弱的结论。

附录收录了部分常见弱酸弱碱的解离常数。

3. 多元弱酸(碱)的解离常数

多元弱酸(碱)的解离是分级进行的,每一级都有一个解离常数。以 H_2CO_3 为例,其解离过程按以下两步进行:

一级解离为 $\quad H_2CO_3(aq) \rightleftharpoons H^+(aq) + HCO_3^-(aq)$

$$K_{a1} = \frac{[H^+][HCO_3^-]}{[H_2CO_3]} = 4.2 \times 10^{-7} \quad (4-13)$$

二级解离为

$$HCO_3^-(aq) \rightleftharpoons H^+(aq) + CO_3^{2-}(aq)$$

$$K_{a2} = \frac{[H^+][CO_3^{2-}]}{[HCO_3^-]} = 5.6 \times 10^{-11} \quad (4-14)$$

K_{a_1} 和 K_{a_2} 分别为 H_2CO_3 的一级解离常数和二级解离常数。一般而言二元弱酸的 K_{a_2} 都远远小于 K_{a_1}，主要有两个原因，一是二级解离是从带负电荷的 HCO_3^- 上解离出 H^+，要克服负电荷对 H^+ 的吸引力，二是依据化学平衡移动的原理，一级解离出的 H^+ 对二级解离有抑制作用。

CO_3^{2-} 可以接受两个质子，是二元碱。其解离按以下两步进行：

一级解离为 $\quad CO_3^{2-}(aq) + H_2O \rightleftharpoons HCO_3^-(aq) + OH^-(aq)$

$$K_{b1} = \frac{[OH^-][HCO_3^-]}{[CO_3^{2-}]} \quad (4-15)$$

二级解离为 $\quad HCO_3^-(aq) + H_2O \rightleftharpoons H_2CO_3(aq) + OH^-(aq)$

$$K_{b2} = \frac{[OH^-](H_2CO_3)}{[HCO_3^-]} \quad (4-16)$$

式(4-13)乘以式(4-16)，得

$$K_{a1} \times K_{b2} = \frac{[H^+][HCO_3^-]}{[H_2CO_3]} \times \frac{[OH^-][H_2CO_3]}{[HCO_3^-]} = [H^+] \times [OH^-] = K_w$$

即

$$K_{a1} = \frac{K_w}{K_{b2}} \quad (4-17)$$

式(4-14)乘以式(4-15)，得

$$K_{a2} \times K_{b1} = \frac{[H^+][CO_3^{2-}]}{[HCO_3^-]} \times \frac{[OH^-][HCO_3^-]}{[CO_3^{2-}]} = [H^+] \times [OH^-] = K_w$$

即

$$K_{a2} = \frac{K_w}{K_{b1}} \quad (4-18)$$

式(4-17)为共轭酸碱对 H_2CO_3 - HCO_3^- 解离常数的关系式，式(4-18)为共轭酸碱对 HCO_3^- - CO_3^{2-} 解离常数的关系式。

4.2.2 酸碱水溶液氢离子浓度的计算

1. 质子条件式

根据酸碱质子理论，酸碱反应的本质是质子的转移。当酸碱反应达平衡时，酸失去的质子数目应该与碱得到的质子数目相等，这种数量关系叫作质子条件。根据质子条件得出的物质浓度之间的关系式叫质子条件式或质子平衡方程(Proton Balance Equation，PBE)。质子条件式是准确计算酸碱溶液 pH 的依据和起点。

书写质子条件式时,酸失去的质子数目以失去质子后的产物浓度进行计量,碱得到质子的数目以碱得到质子后的产物浓度进行计量。

例如 NaAc 水溶液,溶液中存在两个酸碱反应平衡:

$$Ac^- + H_2O \rightleftharpoons HAc + OH^-$$

$$H_2O + H_2O \rightleftharpoons H_3O^+ + OH^-$$

该体系的原始组成为 NaAc+H_2O。其中 Na^+ 与得失质子无关;Ac^- 得质子产物为 HAc,用[HAc]表示得质子的多少;H_2O 得质子产物为 H_3O^+,用[H_3O^+]表示得质子的多少;H_2O 失质子产物为 OH^-,用[OH^-]表示失质子的多少。由此得质子条件式为

$$[H_3O^+] + [HAc] = [OH^-]$$

一般可将 H_3O^+ 简记为 H^+,则

$$[H^+] + [HAc] = [OH^-]$$

再如一元弱酸 HA 水溶液,溶液中存在以下两个酸碱平衡:

$$HA + H_2O \rightleftharpoons A^- + H_3O^+ \tag{4-19}$$

$$H_2O + H_2O \rightleftharpoons OH^- + H_3O^+ \tag{4-20}$$

式(4-19)中的 HA 和式(4-20)中的第一个 H_2O 是酸,失去的质子数以$[A^-]+[OH^-]$计,式(4-19)中的 H_2O 和式(4-20)中的第二个 H_2O 是碱,得到质子数以$[H_3O^+]$计。质子条件式为

$$[H_3O^+] = [A^-] + [OH^-]$$

简写为

$$[H^+] = [A^-] + [OH^-]$$

正确写出酸碱物质水溶液的质子条件式应注意以下五点:

(1) 必须选一些物质作为参考,以它们作为水准来考虑质子的得失,这个水准称为零水准或参考水准。一般选用水溶液中大量存在并参与质子得失的原始物质为零水准物质;

(2) 质子条件式中不得出现溶液的原始物质(零水准物质);

(3) 某产物从其原始组成起得失的质子数要体现在该产物的系数上;

(4) 得质子的产物相加于等式左边,失质子的产物相加在等式右边;

(5) 共轭酸碱体系由于得失质子后的组分会出现重叠,可将其等效为简单体系后再写质子条件式。

【例 4-1】 分别写出 NH_3、NH_4Cl、Na_2HPO_4、$NH_4H_2PO_4$ 溶液的质子条件。

解:(1) NH_3 溶液。溶液的原始组成为 NH_3 和 H_2O,选择 NH_3 和 H_2O 为质子得失的零水准物质。

得质子后的产物有 H^+(H_2O 得质子后的 H_3O^+)、NH_4^+(NH_3 得到一个质子)

失质子后的产物有 OH^-(H_2O 失质子)

故质子条件为$[H^+]+[NH_4^+]=[OH^-]$

(2) NH_4Cl 溶液。溶液的原始组成为 NH_4^+、Cl^- 和 H_2O,溶液中 Cl^- 与得失质子没有关系,选择 NH_4^+ 和 H_2O 为质子得失的零水准物质。

得质子后的产物有 H^+(H_2O 得质子后的 H_3O^+)

失质子后的产物有 OH^-（H_2O 失质子）、NH_3（NH_4^+ 失去一个质子）

故质子条件式为：$[H^+]=[OH^-]+[NH_3]$

(3) Na_2HPO_4 溶液。该溶液的原始组成为 Na_2HPO_4 和 H_2O，溶液中 Na^+ 与得失质子没有关系，选择 HPO_4^{2-} 和 H_2O 为质子得失的零水准物质。

得质子后的产物有：H^+（H_2O 得质子后的 H_3O^+）、$H_2PO_4^-$（HPO_4^{2-} 得一个质子）、H_3PO_4（HPO_4^{2-} 得两个质子，写质子条件式时要在其浓度前乘2）

失质子后的产物有：OH^-（H_2O 失质子）、PO_4^{3-}（HPO_4^{2-} 失一个质子）

故 Na_2HPO_4 溶液的质子条件为

$$[H^+]+[H_2PO_4^-]+2[H_3PO_4]=[OH^-]+[PO_4^{3-}]$$

(4) $NH_4H_2PO_4$ 溶液。选择 NH_4^+、$H_2PO_4^-$ 和 H_2O 为零水准物质，根据得失质子的情况，可得质子条件为

$$[H^+]+[H_3PO_4]=[NH_3]+[HPO_4^{2-}]+2[PO_4^{3-}]+[OH^-]$$

表 4-2 系统地列出了几类典型酸碱水溶液质子条件式的写法。请仔细研读表中的内容，体会质子条件式的写法。

表 4-2 几种典型酸碱水溶液质子条件式的写法

体系	考察对象(体系原始组成)	得失质子后的产物	质子条件式(H_3O^+ 记为 H^+)
一元强酸 c mol·L^{-1} HCl 水溶液	HCl	失：Cl^-	$[H^+]=[Cl^-]+[OH^-]$ 或：$[H^+]=c+[OH^-]$
	H_2O	得：H_3O^+ 失：OH^-	
一元强碱 c mol·L^{-1} NaOH 水溶液	NaOH	得：H_2O	$[H^+]=[OH^-]-c$ 或：$[H^+]+c=[OH^-]$
	H_2O	得：H_3O^+ 失：OH^-	
一元弱酸 c mol·L^{-1} HAc 水溶液	HAc	失：Ac^-	$[H^+]=[Ac^-]+[OH^-]$
	H_2O	得：H_3O^+ 失：OH^-	
一元弱碱 c mol·L^{-1} NaAc 水溶液	NaAc	得：HAc	$[H^+]+[HAc]=[OH^-]$
	H_2O	得：H_3O^+ 失：OH^-	
两性物质 c mol·L^{-1} $(NH_4)_2HPO_4$ 水溶液	$(NH_4)_2HPO_4$	得：$H_2PO_4^-$，H_3PO_4 失：NH_3，PO_4^{3-}	$[H^+]+[H_2PO_4^-]+2[H_3PO_4]=[OH^-]+[NH_3]+[PO_4^{3-}]$
	H_2O	得：H_3O^+；失：OH^-	
混合酸 HCl+HAc 水溶液	HCl	失：Cl^-	$[H^+]=[Cl^-]+[Ac^-]+[OH^-]$
	HAc	失：Ac^-	
	H_2O	得：H_3O^+；失：OH^-	

(续表)

体系	考察对象(体系原始组成)	得失质子后的产物	质子条件式(H_3O^+记为H^+)
混合碱 c_1 mol·L^{-1} NaOH+c_2 mol·L^{-1} NaAc 水溶液	NaOH	得:H_2O(在量上等于c_1)	c_1+[HAc]+[H^+]=[OH^-]
	NaAc	得:HAc	
	H_2O	得:H_3O^+; 失:OH^-	
共轭酸碱 c_1 mol·L^{-1} HAc +c_2 mol·L^{-1} NaAc 水溶液	等效于 (c_1+c_2)mol·L^{-1} NaAc +c_1 mol·L^{-1} HCl 或:(c_1+c_2)mol·L^{-1} HAc +c_2 mol·L^{-1} NaOH		[H^+]+[HAc]=[OH^-]+c_1 或:[H^+]+c_2=[Ac^-]+[OH^-]
共轭酸碱 c_1 mol·L^{-1} NH_4Cl+c_2 mol·L^{-1} NH_3 水溶液	等效于 (c_1+c_2)mol·L^{-1} NH_3 +c_1 mol·L^{-1} HCl 或:(c_1+c_2)mol·L^{-1} NH_4Cl +c_2 mol·L^{-1} NaOH		[H^+]+[NH_4^+]=[OH^-]+c_1 或:[H^+]+c_2=[NH_3]+[OH^-]

其中 NaOH 水溶液中的 OH^- 包括两部分,一部分是由 H_2O 失去质子而形成的,与得失质子相关;另一部分是由 NaOH 离解而产生的,与得失质子无关。

2. 一元弱酸弱碱溶液 pH 的计算

一元弱酸 HA 水溶液的质子条件式为

$$[H^+] = [A^-]+[OH^-]$$

根据 $K_a(HA)=\dfrac{[H^+][A^-]}{[HA]}$ 和 $[H^+]\cdot[OH^-]=K_w$ 分别求得[A^-]和[OH^-]代入上式得

$$[H^+] = \frac{K_a(HA)\cdot[HA]}{[H^+]} + \frac{K_w}{[H^+]}$$

整理得

$$[H^+] = \sqrt{K_a(HA)\cdot[HA]+K_w} \tag{4-21}$$

式(4-21)即为计算[H^+]的精确式。该式表明准确计算[H^+]不仅要考虑酸自身的解离产生的 H^+,还需考虑水质子自递平衡所产生的 H^+。

如果允许计算误差不大于 5%,由精确式(4-21)可推导得到近似式和最简式。

当 $K_a(HA)\cdot[HA]\geqslant 20K_w$ 时,可忽略 K_w,得到近似式:

$$[H^+] = \sqrt{K_a(HA)\cdot[HA]} \tag{4-22}$$

此式的本质是忽略了水的自递平衡对氢离子浓度的贡献。为方便起见,用 $K_a(HA)\cdot c(HA)\geqslant 20K_w$ 来代替判据 $K_a(HA)\cdot[HA]\geqslant 20K_w$。显然弱酸的酸性不太弱,浓度不太小时有利于判据的成立。

当 $c(HA)/K_a(HA)\geqslant 500$ 时,[HA]=$c(HA)-[H^+]\approx c(HA)$。式(4-22)可进一步简化为最简式:

$$[H^+] = \sqrt{K_a(HA)\cdot c(HA)} \tag{4-23}$$

上述的两个判据，$K_a(HA) \cdot c(HA) \geq 20K_w$ 用来判断能否忽略 K_w，$c(HA)/K_a(HA) \geq 500$ 用来判断能否用 $c(HA)$ 近似代替 $[HA]$。

当 $K_a(HA) \cdot c(HA) < 20K_w$，$c(HA)/K_a(HA) \geq 500$ 时 (4-21) 可变换为

$$[H^+] = \sqrt{K_a(HA) \cdot c(HA) + K_w}$$

对于一元弱碱 A 作类似处理可得：

精确式：$\qquad [OH^-] = \sqrt{K_b(A) \cdot [A] + K_w} \qquad (4-24)$

近似式：$\qquad [OH^-] = \sqrt{K_b(A) \cdot [A]} \qquad (4-25)$

最简式：$\qquad [OH^-] = \sqrt{K_b(A) \cdot c(A)} \qquad (4-26)$

利用式(4-21)和式(4-24)进行精确计算仍需进一步变换，将在 4.4.1 中介绍利用分布分数进行精确计算。

将 $[HA] = c(HA) - [H^+]$，$[A] = c(A) - [OH^-]$ 分别代入式(4-22)和式(4-25)两个近似式，求解一元二次方程可得另外两个更加实用的近似式（借助计算器即可完成）：

$$[H^+] = \frac{-K_a(HA) + \sqrt{K_a^2(HA) + 4K_a(HA) \cdot c(HA)}}{2} \qquad (4-27)$$

$$[OH^-] = \frac{-K_b(A) + \sqrt{K_b^2(A) + 4K_b(A) \cdot c(A)}}{2} \qquad (4-28)$$

对于浓度为 c 的一元酸 HA 来说，若 $K_a(HA) \cdot c(HA) \geq 20K_w$，水的质子自递平衡可略，HA 解离平衡计算可只考虑下列平衡。设达到解离平衡时 HA 的解离度为 α。

$$HA(aq) \rightleftharpoons H^+(aq) + A^-(aq)$$

平衡浓度 $\qquad c - c\alpha \qquad c\alpha \qquad c\alpha$

则 $\qquad K_a(HA) = \dfrac{[H^+][A^-]}{[HA]} = \dfrac{c\alpha \cdot c\alpha}{c - c\alpha} = \dfrac{c\alpha^2}{1-\alpha}$

当 $c(HA)/K_a(HA) \geq 100$ 时，$1 - \alpha \approx 1$，则

$$K_a(HA) \approx \alpha^2 \qquad (4-29)$$

$$\alpha \approx \sqrt{K_a(HA)/c} \qquad (4-30)$$

$$[H^+] = c\alpha \approx \sqrt{K_a(HA)c} \qquad (4-31)$$

由式(4-30)可知，解离度 α 近似与弱酸浓度的平方根成反比，即浓度越稀解离度越大。由式(4-31)可知，弱酸溶液中氢离子浓度近似与弱酸浓度的平方根成正比，即弱酸浓度越稀，溶液中氢离子浓度越小。式(4-30)和式(4-31)称为稀释定律。

α 和 K_a 都能反映酸的强弱，但 α 随 c 不同而变化，而 K_a 不随 c 改变而变化，在定温下是一个常数。

对于一元弱碱则可推导（用 K_b 代替 K_a，$[OH^-]$ 代替 $[H^+]$），得

$$K_b \approx c\alpha^2, \quad \alpha \approx \sqrt{K_b/c}, \quad [OH^-] = c\alpha \approx \sqrt{K_b c}$$

【例 4-2】 试计算 $0.10 \text{ mol} \cdot \text{L}^{-1}$ 一氯乙酸 $(CH_2ClCOOH)$ 溶液的 pH。已知 $CH_3ClCOOH$ 的 $K_a = 1.40 \times 10^{-3}$。

解：因 $cK_a = 0.10 \times 1.4 \times 10^{-3} = 1.4 \times 10^{-4} > 20K_w$，则

$$c/K_a = 0.10/1.4 \times 10^{-3} = 71 < 500$$

故应采用近似式(4-27)进行计算，即

$$[H^+] = \frac{-K_a + \sqrt{K_a^2 + 4K_a \cdot c}}{2}$$

$$= \frac{-1.4 \times 10^{-3} + \sqrt{(1.4 \times 10^{-3})^2 + 4 \times 1.4 \times 10^{-3} \times 0.10}}{2}$$

$$= 1.1 \times 10^{-2} (\text{mol} \cdot \text{L}^{-1})$$

$$pH = 1.96$$

如果用最简式计算，可得

$$[H^+] = \sqrt{K_a c} = \sqrt{1.4 \times 10^{-3} \times 0.10} = 1.2 \times 10^{-2} (\text{mol} \cdot \text{L}^{-1})$$

两者计算的误差为

$$\frac{1.2 \times 10^{-2} - 1.1 \times 10^{-2}}{1.1 \times 10^{-2}} \times 100\% = 9\%$$

即采用最简式计算与用近似式计算所得结果将引入9%的正误差。

【例4-3】 计算 1.0×10^{-4} mol·L^{-1} 的 H_3BO_3 溶液的 pH，已知 H_3BO_3 的 $K_a = 5.8 \times 10^{-10}$。（提示：$H_3BO_3$ 为一元酸）

解：因 $cK_a = 1.0 \times 10^{-4} \times 5.8 \times 10^{-10} = 5.8 \times 10^{-14} < 20K_w$（$K_w$ 不可忽略）

又 $c/K_a = 1.0 \times 10^{-4}/5.8 \times 10^{-10} = 1.7 \times 10^5 > 500$（[$H_3BO_3$] 可用 c 近似）

故由水解离的产生的[H^+]不能忽略，但可用 H_3BO_3 的起始浓度代替[H_3BO_3]。则

$$[H^+] = \sqrt{K_a c + K_w}$$

$$= \sqrt{5.8 \times 10^{-10} \times 10^{-4} + 1.00 \times 10^{-14}}$$

$$= 2.6 \times 10^{-7} (\text{mol} \cdot \text{L}^{-1})$$

$$pH = 6.59$$

如用最简式计算，则 $[H^+] = \sqrt{K_a c} = \sqrt{5.8 \times 10^{-10} \times 10^{-4}} = 2.4 \times 10^{-7} (\text{mol} \cdot \text{L}^{-1})$

$$pH = 6.62$$

用最简式计算所得的[H^+]与上一种方法所得的[H^+]相对误差约为 -8%。

【例4-4】 计算 0.10 mol·L^{-1} HAc 溶液的 pH，将该溶液稀释1倍后，溶液的 pH 及 HAc 的解离度将如何变化？已知 HAc 的 $K_a = 1.8 \times 10^{-5}$。

解：(1) 因 $cK_a = 0.10 \times 1.8 \times 10^{-5} = 1.8 \times 10^{-6} > 20K_w$，则

$$c/K_a = 0.10/1.8 \times 10^{-5} = 5.6 \times 10^3 > 500$$

故可采用最简式进行计算，即

$$[H^+] = \sqrt{K_a c} = \sqrt{1.8 \times 10^{-5} \times 0.10} = 1.3(4) \times 10^{-3} (\text{mol} \cdot \text{L}^{-1})$$

$$pH = 2.9$$

如用近似式计算可得：

$$[H^+] = \frac{-K_a + \sqrt{K_a^2 + 4K_a \cdot c}}{2}$$

$$= \frac{-1.8 \times 10^{-5} + \sqrt{(1.8 \times 10^{-5})^2 + 4 \times 1.8 \times 10^{-5} \times 0.10}}{2}$$

$$= 1.3(3) \times 10^{-3} \text{ (mol} \cdot \text{L}^{-1})$$

由最简式计算的结果与近似式计算的结果非常接近,相对误差不足 1%。

(2) 溶液稀释 1 倍后,$c=0.050$ mol·L^{-1},K_a 不变,仍可用最简式进行计算。

根据稀释定律 $\alpha \approx \sqrt{K_a(\text{HA})/c}$ 和 $[H^+]=c\alpha \approx \sqrt{K_a(\text{HA})c}$ 知,HAc 的解离度将增加到原来的 $\sqrt{2}$ 倍,$[H^+]$ 将降低到原来的 $\frac{1}{\sqrt{2}}$ 倍,pH 较稀释前增大。

3. 多元弱酸弱碱溶液 pH 的计算

多元弱酸弱碱实行分级解离,二级解离远弱于一级解离,计算时二级解离可略。二元酸 H_2A 溶液的质子条件为

$$[H^+] = [OH^-] + [HA^-] + 2[A^{2-}]$$

二级解离可略则简化为

$$[H^+] = [OH^-] + [HA^-]$$

和一元弱酸的质子条件式形式相同,因此溶液中 $[H^+]$ 的计算可按一元弱酸相同的方法处理,用 K_{a_1} 代替 K_a 即可。

多元弱碱溶液中 $[OH^-]$ 的计算,只需把 $[H^+]$ 换成 $[OH^-]$,把 K_{a_1} 换成 K_{b_1} 即可。

4. 两性物质溶液 pH 的计算

以二元弱酸 H_2A 的酸式盐 NaHA 水溶液为例来推导并讨论两性物质溶液 pH 的计算公式。

NaHA 水溶液的原始组成为 HA^- 和 H_2O,Na^+ 与质子得失没有关系,选择 HA^- 和 H_2O 为零水准物质。写出的质子条件式为

$$[H^+] + [H_2A] = [OH^-] + [A^{2-}]$$

将 $[H_2A] = \frac{[H^+][HA^-]}{K_{a_1}}$、$[A^{2-}] = \frac{K_{a_2}[HA^-]}{[H^+]}$、$[OH^-] = \frac{K_w}{[H^+]}$ 代入上式,得

$$[H^+] + \frac{[H^+][HA^-]}{K_{a_1}} = \frac{K_w}{[H^+]} + \frac{K_{a_2}[HA^-]}{[H^+]}$$

上式变换可得

$$[H^+] = \sqrt{\frac{K_{a_1}(K_{a_2}[HA^-] + K_w)}{K_{a_1} + [HA^-]}}$$

此为精确式。

讨论:一般来说,HA^- 得质子和失质子的能力都比较弱,故 $[HA^-] \approx c$。

若 $cK_{a_2} \geqslant 20K_w$,则 K_w 可略,得近似式:

$$[H^+] = \sqrt{\frac{K_{a_1} K_{a_2} c}{K_{a_1} + c}}$$

视频＋PDF：
用 MATLAB
简化计算[H⁺]

若 $c \geqslant 20 K_{a_1}$，则分母中的 K_{a_1} 可略，得最简式：

$$[H^+] = \sqrt{K_{a_1} K_{a_2}}$$

从质子条件式出发可推导不同酸碱溶液[H⁺]的计算公式，表 4-3 为各种典型简单体系[H⁺]的近似计算公式。

表 4-3 各种酸碱体系[H⁺]的计算公式

酸碱溶液		计算公式	适用条件	备注
一元强酸		$[H^+] = c$		
		根据质子条件式解方程计算	$c < 10^{-6}$	极稀溶液
一元弱酸		$[H^+] = \dfrac{-K_a + \sqrt{K_a^2 + 4cK_a}}{2}$	$cK_a \geqslant 20K_w$	近似式
		$[H^+] = \sqrt{cK_a}$	$cK_a \geqslant 20K_w$，且 $\dfrac{c}{K_a} \geqslant 500$	最简式 浓度不低，较弱的酸
		$[H^+] = \sqrt{cK_a + K_w}$	$cK_a < 20K_w$，且 $\dfrac{c}{K_a} \geqslant 500$	极稀或极弱酸
多元弱酸		$[H^+] = \dfrac{-K_{a_1} + \sqrt{K_{a_1}^2 + 4cK_{a_1}}}{2}$	$cK_{a_1} \geqslant 20K_w$，且 $\dfrac{K_{a_2}}{\sqrt{cK_{a_1}}} < 0.05$	按一元弱酸处理
		$[H^+] = \sqrt{cK_{a_1}}$	同上，且 $\dfrac{c}{K_{a_1}} > 500$	最简式 浓度不低，一级离解较小
		根据质子条件式解方程计算		各级离解常数相差不大
混合弱酸		$[H^+] = \sqrt{c(HA)K_a(HA) + c(HB)K_a(HB)}$		
弱酸＋弱碱		$[H^+] = \sqrt{\dfrac{c(HA)}{c(B)} K_a(HA) K_a(HB)}$		
两性物质	酸式盐	$[H^+] = \sqrt{\dfrac{K_{a_1}(cK_{a_2} + K_w)}{c + K_{a_1}}}$		对 NaH_2PO_3、$NaHCO_3$ 等适用。对 Na_2HPO_4 要用 K_{a_2}、K_{a_3} 计算
		$[H^+] = \sqrt{\dfrac{cK_{a_1} K_{a_2}}{c + K_{a_1}}}$	$cK_{a_2} > 20K_w$	
		$[H^+] = \sqrt{K_{a_1} K_{a_2}}$	同上，且 $c > 20K_{a_1}$	适度稀释时 pH 不变
	弱酸弱碱盐	$[H^+] = \sqrt{\dfrac{K_a(cK_a' + K_w)}{c + K_a}}$	同酸式盐，其中： K_a 为弱酸的离解常数； K_a' 为弱碱共轭酸的离解常数	NH_4Ac 这类弱酸弱碱组成比 1:1 的体系

注：表中仅列出了酸的情况，碱的情况可以类比。对于较简单的体系，可以直接利用相应的公式，借助计算器进行计算。对于较复杂的体系，或表中未列出的情况，仍需从质子条件式出发，通过解方程进行计算。

4.3 缓冲溶液

微课:缓冲溶液

能抵御少量外加酸、碱以及适度稀释而维持溶液 pH 不发生显著的变化的溶液叫作缓冲溶液。由于缓冲溶液的这种特性,它常被用作 pH 标准溶液以及用于控制反应介质的酸度条件等场合。

缓冲溶液的组成一般可分为以下三类:
(1) 弱酸及其共轭碱、弱碱及其共轭酸(如 HAc - NaAc、NH_3 - NH_4Cl 等);
(2) 两性物质(如邻苯二甲酸氢钾、氨基乙酸等);
(3) 高浓度酸、高浓度碱(如浓 H_2SO_4、浓 H_3PO_4、浓 NaOH 溶液等)。

最常用的是第一类缓冲溶液,本书将做重点讨论。

4.3.1 缓冲原理

弱酸及其共轭碱、弱碱及其共轭酸组成的酸碱系统是最常见的缓冲溶液,组成缓冲溶液的共轭酸碱对也称为缓冲对。下面以 HAc - NaAc 体系为例说明缓冲溶液的原理。HAc - NaAc 溶液中存在以下平衡:

$$HAc(aq) \rightleftharpoons H^+(aq) + Ac^-(aq)$$

此体系中由于强电解质 NaAc 的加入,使平衡逆向移动,降低了 HAc 的解离度,这种由于加入含有与弱电解质具有相同离子的强电解质而使弱电解质解离度降低的现象,叫作同离子效应。

上述平衡体系中,大量存在的组分是 HAc(因 HAc 是弱电解质,解离的部分很少)和 Ac^-(由 NaAc 完全电离产生)。当加入少量强酸时,外来的 H^+ 绝大部分与 Ac^- 结合生成了 HAc,使溶液中 H^+ 浓度增加很少,溶液 pH 保持相对稳定,可见溶液中的 Ac^- 为抗酸成分。当加入少量强碱时,外来的 OH^- 虽消耗了 H^+,但却能通过 HAc 的解离而得到补偿,使溶液中 H^+ 浓度也没有明显减低,溶液 pH 也保持相对稳定,可见溶液中的 HAc 是抗碱成分。

4.3.2 缓冲溶液 pH 的计算

以 HAc - NaAc 缓冲溶液为例,在水溶液中,HAc 的离解常数为:

$$K_a = \frac{[H^+][Ac^-]}{[HAc]}$$

$$[H^+] = K_a \frac{[HAc]}{[Ac^-]}$$

由于 HAc 离解度较小,浓度又较大(缓冲溶液为了保持一定的缓冲能力,一般组分浓度都比较大),加上 Ac^- 的同离子效应,使得 HAc 的离解度更小,解离掉的部分可忽略,因此 $[HAc] \approx c(HAc)$;溶液中的 Ac^- 主要来源于 NaAc 的完全解离,由 HAc 解离得来的 Ac^- 可忽略,因此 $[Ac^-] \approx c(NaAc)$。带入上式得

$$[\text{H}^+] = K_a \frac{c(\text{HAc})}{c(\text{NaAc})}$$

$$\text{pH} = pK_a + \lg \frac{c(\text{NaAc})}{c(\text{HAc})}$$

对于弱酸—共轭碱、弱碱—共轭酸组成的缓冲溶液,pH 可分别用下面两个通式进行计算:

$$\text{pH} = pK_a - \lg \frac{c(\text{酸})}{c(\text{共轭碱})} \tag{4-32}$$

$$\text{pOH} = pK_b - \lg \frac{c(\text{碱})}{c(\text{共轭酸})} \tag{4-33}$$

亦可统一用通式
$$\text{pH} = pK_a - \lg \frac{c(\text{酸组分})}{c(\text{碱组分})} \tag{4-34}$$

对于 HAc - NaAc 缓冲溶液,$\text{pH} = pK_{a(\text{HAc})} - \lg \frac{c(\text{HAc})}{c(\text{Ac}^-)}$;

对于 NH_3 - NH_4^+ 缓冲溶液,$\text{pH} = pK_{a(\text{NH}_4^+)} - \lg \frac{c(\text{NH}_4^+)}{c(\text{NH}_3)}$,或 $\text{pOH} = pK_{b(\text{NH}_3)} - \lg \frac{c(\text{NH}_3)}{c(\text{NH}_4^+)}$。

式(4-34)为计算缓冲溶液 pH 最常用的公式。当弱酸及其共轭碱以浓度 1∶1 配制缓冲溶液时,缓冲溶液的 pH 与弱酸的 pK_a 相等。改变弱酸及其共轭碱的浓度比,可以在 pK_a 附近的一定范围内改变缓冲溶液的 pH。这是配制某一指定 pH 缓冲溶液的依据。由式(4-34)知,当缓冲溶液被稀释时,酸组分和碱组分的浓度同程度地降低,而 $\frac{c(\text{酸组分})}{c(\text{碱组分})}$ 并不改变,故溶液的 pH 不变。

【例 4-5】 将 10.0 mL 0.200 mol·L^{-1} 的 HAc 溶液与 5.5 mL 0.200 mol·L^{-1} 的 NaOH 溶液混合,估算该混合溶液的 pH。

解: 酸和碱加入同一个体系后,先发生中和反应。根据题意反应生成的 NaAc 和剩余的 HAc 构成共轭酸碱缓冲体系。

溶液中 HAc 物质的量:$0.200 \times 10.0 \times 10^{-3} = 2.0 \times 10^{-3}$(mol)

加入 NaOH 物质的量:$0.200 \times 5.5 \times 10^{-3} = 1.1 \times 10^{-3}$(mol)(与 HAc 生成等量的 NaAc,$n(\text{Ac}^-)$)

反应后剩余 HAc 物质的量:$n(\text{HAc}) = 2.0 \times 10^{-3} - 1.1 \times 10^{-3} = 0.9 \times 10^{-3}$(mol)

$$\text{pH} = pK_{a(\text{HAc})} + \lg \frac{c(\text{NaAc})}{c(\text{HAc})} = pK_{a(\text{HAc})} + \lg \frac{n_{\text{Ac}^-}}{n_{\text{HAc}}} = 4.74 + \lg \frac{1.1 \times 10^{-3}}{0.9 \times 10^{-3}} = 4.83$$

【例 4-6】 欲配制 pH=3.00 的 HCOOH—HCOONa 缓冲溶液,应该向 200 mL 0.20 mol·L^{-1} HCOOH 溶液中加入多少毫升 1.0 mol·L^{-1} NaOH 溶液?

解: $\text{pH} = pK_{a(\text{HCOOH})} + \lg \frac{c(\text{HCOONa})}{c(\text{HCOOH})} = pK_{a(\text{HCOOH})} + \lg \frac{n(\text{HCOONa})}{n(\text{HCOOH})}$

$$3.00 = 3.74 + \lg \frac{1.0 \times V(\text{NaOH})}{0.20 \times 200 - 1.0 \times V(\text{NaOH})}$$

$$V(\text{NaOH}) = 6.1 \text{ mL}$$

4.3.3 缓冲容量和缓冲区间

任何缓冲溶液的缓冲能力都是有限的,当外加酸碱超过一定量时,则失去缓冲作用。缓冲能力可用缓冲容量来表示,缓冲容量是指维持溶液 pH 基本不变的条件下,缓冲溶液能够中和外来酸碱的量。

缓冲容量的大小与缓冲溶液的总浓度及组成比有关。

(1) 总浓度愈大,缓冲容量越大。缓冲溶液的总浓度多数在 $0.01 \sim 1\ mol \cdot L^{-1}$。

(2) 总浓度一定时,缓冲对的浓度比越接近 1∶1,缓冲容量越大。因此应选择 pK_a 接近目标 pH 的酸碱缓冲对来配制缓冲溶液,以保持缓冲对的浓度比尽可能接近 1∶1。

对由共轭酸碱对组成的缓冲溶液而言,一般要求 $c(酸)/c(碱)$ 应处于 1/10 与 10 之间。根据缓冲溶液 pH 计算公式(4-34)可得缓冲区间为 $pH=pK_a \pm 1$。

4.4 酸碱平衡体系中型体分布

4.4.1 分布分数及计算公式

一种弱酸或弱碱在水溶液中可能以多种型体存在。酸碱解离或酸碱反应达到平衡时,各种型体的浓度称为平衡浓度,用 [ ] 表示;而各种型体的平衡浓度之和称为总浓度或分析浓度,用 c 表示。某种型体的平衡浓度在其总浓度中所占的比例称为分布分数,用 δ 表示。

一元弱酸 HAc 溶液中,HAc 有 HAc 和 Ac^- 两种型体存在,则

$$c = [HAc] + [Ac^-]$$

$$\delta_{(HAc)} = \frac{[HAc]}{c} = \frac{[HAc]}{[HAc]+[Ac^-]} = \frac{1}{1+\frac{[Ac^-]}{[HAc]}} = \frac{1}{1+\frac{K_a}{[H^+]}} = \frac{[H^+]}{[H^+]+K_a}$$

$$\delta_{(Ac^-)} = \frac{[Ac^-]}{c} = 1 - \delta_{(HAc)} = \frac{K_a}{[H^+]+K_a}$$

$$\delta_{(HAc)} + \delta_{(Ac^-)} = 1$$

当 $[H^+]=K_a$,即 $pH=pK_a$ 时,$\delta_{(HAc)}=\delta_{(Ac^-)}=\frac{1}{2}$。

只要将一元弱酸水溶液中各种型体分布分数计算公式中的 $[H^+]$ 替换为 $[OH^-]$,K_a 替换为 K_b,就可以得到一元弱碱水溶液中各种型体分布分数的计算公式。例如,NH_3 水溶液中,有

$$\delta_{(NH_3)} = \frac{[OH^-]}{[OH^-]+K_b}$$

$$\delta_{(NH_4^+)} = \frac{K_b}{[OH^-]+K_b}$$

二元弱酸 $H_2C_2O_4$ 水溶液中,有

$$c = [H_2C_2O_4] + [HC_2O_4^-] + [C_2O_4^{2-}]$$

$$\delta_{(H_2C_2O_4)} = \frac{[H_2C_2O_4]}{c} = \frac{[H_2C_2O_4]}{[H_2C_2O_4] + [HC_2O_4^-] + [C_2O_4^{2-}]}$$

$$= \frac{1}{1 + \frac{[HC_2O_4^-]}{[H_2C_2O_4]} + \frac{[C_2O_4^{2-}]}{[H_2C_2O_4]}} = \frac{1}{1 + \frac{K_{a1}}{[H^+]} + \frac{K_{a1}K_{a2}}{[H^+]^2}}$$

$$= \frac{[H^+]^2}{[H^+]^2 + [H^+]K_{a1} + K_{a1}K_{a2}}$$

同理

$$\delta_{(HC_2O_4^-)} = \frac{[H^+]K_{a1}}{[H^+]^2 + [H^+]K_{a1} + K_{a1}K_{a2}}$$

$$\delta_{(C_2O_4^{2-})} = \frac{K_{a1}K_{a2}}{[H^+]^2 + [H^+]K_{a1} + K_{a1}K_{a2}}$$

三元弱酸 H_3PO_4 水溶液中,有

$$\delta_{(H_3PO_4)} = \frac{[H^+]^3}{[H^+]^3 + [H^+]^2 K_{a1} + [H^+]K_{a1}K_{a2} + K_{a1}K_{a2}K_{a3}}$$

$$\delta_{(H_2PO_4^-)} = \frac{[H^+]^2 K_{a1}}{[H^+]^3 + [H^+]^2 K_{a1} + [H^+]K_{a1}K_{a2} + K_{a1}K_{a2}K_{a3}}$$

$$\delta_{(HPO_4^{2-})} = \frac{[H^+]K_{a1}K_{a2}}{[H^+]^3 + [H^+]^2 K_{a1} + [H^+]K_{a1}K_{a2} + K_{a1}K_{a2}K_{a3}}$$

$$\delta_{(PO_4^{3-})} = \frac{K_{a1}K_{a2}K_{a3}}{[H^+]^3 + [H^+]^2 K_{a1} + [H^+]K_{a1}K_{a2} + K_{a1}K_{a2}K_{a3}}$$

n 元酸的水溶液共有 $n+1$ 种不同的存在型体,分布分数有通式:

$$\delta_{(H_{n-i}A^{-i})} = \frac{[H^+]^{n-i} \prod_{i=0}^{i} K_{a1}}{\sum_{i=0}^{n}([H^+]^{n-i} \prod_{i=0}^{i} K_{a_i})} (i = 0, 1, L, n)$$

其中约定 $K_{a_0} = 1$,$H_0 A^{-n}$ 即为 A^{-n}。

弱酸及其离解产物的分布分数计算公式的规律为:

(1) 各种型体的分布分数其分母均相同,分母中相加的各项分别对应于各种型体的比例,以各项依次做分子,即得各种型体的分布分数。

(2) n 元酸及其离解产物,分布分数的分母中第一项即为 $[H^+]^n$,其后各项中 $[H^+]$ 的次方依次递减,每递减一次方,即由 $K_{a_1}, K_{a_2}, \cdots, K_{a_n}$ 依次连乘替换。

(3) 各种型体的分布分数之和为 1。

(4) 分布分数的大小由弱酸弱碱所处的介质条件(pH)所决定,与总浓度 c 无关。pH 相同时,不论其初始总浓度如何,各种型体所占的比例不变。

应用分布分数能方便计算在给定 pH 条件下的各种型体的浓度,也为精确计算溶液的 pH 提供了有效的路径。

【例 4-7】 计算 pH 8.00 和 pH 12.00 时,0.10 mol·L^{-1} KCN 溶液中 CN$^-$ 的平衡浓度。

解:本题中 pH 既可以为 8.00,又可以为 12.00,因此除 KCN 外,溶液中一定还有其他

共存的未知组分对 pH 产生了影响,而本题并未提供相关组分的信息,所以用一般化学平衡的计算方法难以进行。用总浓度乘以分布分数直接得到某种型体的平衡浓度是解决这类问题的常用方法。

$$[CN^-] = c\delta(CN^-) = 0.10 \times \frac{K_a(HCN)}{[H^+] + K_a(HCN)}$$

pH 8.00 时,$[CN^-] = c\delta(CN^-) = 0.10 \times \frac{10^{-9.21}}{10^{-8} + 10^{-9.21}} = 5.8 \times 10^{-3}\ (mol \cdot L^{-1})$

pH 12.00 时,$[CN^-] = c\delta(CN^-) = 0.10 \times \frac{10^{-9.21}}{10^{-12} + 10^{-9.21}} = 0.10\ (mol \cdot L^{-1})$

【例 4-8】 血气液分析中测得某人全血样品 pH=7.40,$[HCO_3^-]$=25 mmol·L^{-1},推算该血样中碳酸 H_2CO_3 的平衡浓度。

解:该题中并未提供碳酸 H_2CO_3 的总浓度,所以不能直接用总浓度乘以 HCO_3^- 分布分数的方法来求$[H_2CO_3]$。根据分布分数计算公式的特点:分母相同,而分子分别对应于各种型体。因此,在同一体系中,各种型体的浓度之比等于其分布分数计算公式的分子之比。

$$\frac{[H_2CO_3]}{[HCO_3^-]} = \frac{\delta(H_2CO_3)}{\delta(HCO_3^-)} = \frac{[H^+]^2}{[H^+]K_{a_1}(H_2CO_3)} = \frac{[H^+]}{K_{a_1}(H_2CO_3)}$$

$$[H_2CO_3] = \frac{[H^+][HCO_3^-]}{K_{a_1}(H_2CO_3)} = \frac{10^{-7.40} \times 25}{10^{-6.38}} = 2.4\ (mmol \cdot L^{-1})$$

【例 4-9】 计算 0.10 mol·L^{-1} NaAc 水溶液的 pH。

解:NaAc 水溶液的质子条件式:

$$[H^+] + [HAc] = [OH^-]$$

用浓度和分布分数表达平衡浓度并将$[OH^-]$转化为用$[H^+]$表达:

$$[H^+] + c(HAc) \times \delta(HAc) = \frac{K_w}{[H^+]}$$

$$[H^+] + c(HAc) \times \frac{[H^+]}{[H^+] + K_a(HAc)} = \frac{K_w}{[H^+]}$$

$$[H^+] = 0.10 \times \frac{[H^+]}{[H^+] + 1.8 \times 10^{-5}} = \frac{10^{-14}}{[H^+]}$$

此式是$[H^+]$的一元三次方程,借助计算程序不难完成求解。

MATLAB 是一种非常方便有力的数学工具软件,理工科大学生应该学会其最常用的一些基本功能,享受其强大的功能所带来的方便,从而节省大量时间,将主要精力集中在分析方法本身的学习上。

用 MATLAB 解一元方程只需打开软件,在其命令窗口(Command Window)中输入:

$$\text{solve('一元方程的表达式')}$$

回车即可得到方程的解。

在 MATLAB 的 Command Window 中输入

solve('H+0.10*H/(H+1.8*10^(-5))=10^(-14)/H')

回车,得

$$.13415700380628762759578882762380e-8$$
$$pH = 8.87$$

另解：Ac^- 为一元弱碱，其 $K_b = \dfrac{10^{-14}}{K_a} = \dfrac{10^{-14}}{1.8 \times 10^{-5}} = 5.6 \times 10^{-10}$

因 $cK_b = 0.10 \times 5.6 \times 10^{-10} = 5.6 \times 10^{-11} > 10K_w$，且 $c/K_a = 0.10/(5.6 \times 10^{-10}) > 100$，故 $[OH^-] \approx \sqrt{K_b c} = \sqrt{5.6 \times 10^{-10} \times 0.10} = 7.5 \times 10^{-5}$，$pOH = 5.12$，$pH = 14 - 5.12 = 8.88$，与精确计算的结果非常接近。一般来说，如无特别要求，根据判据结果选择适当的公式进行计算即可满足要求。

4.4.2 分布曲线

分布分数 δ 与溶液 pH 间的关系曲线称为分布曲线。学习和详细解读分布曲线，可以帮助我们深入地理解酸碱平衡和酸碱滴定中体系的变化，并对反应条件的选择和控制具有指导意义。

计算 4.4.1 中三种弱酸及其解离产物在不同 $[H^+]$ 时的分布分数 δ 并作 δ-pH 图。

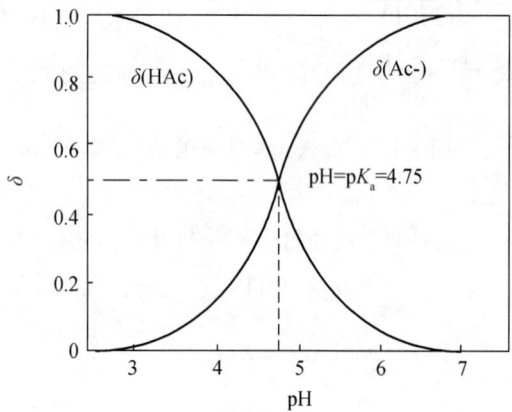

图 4-1 乙酸溶液中各种型体的 δ-pH 曲线

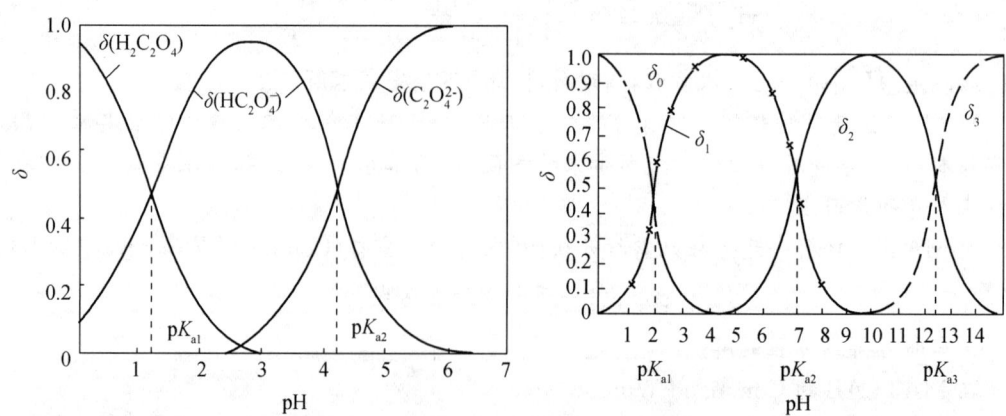

图 4-2 草酸溶液中各种型体的 δ-pH 曲线　　图 4-3 磷酸溶液中各种型体的 δ-pH 曲线

分布曲线直观地反映了存在型体的百分数与溶液 pH 的关系，在选择反应条件时，有时并不需要计算出分布分数的大小也能提供许多有效的信息,以下具体说明。

由图 4-3 可见,对于各级离解常数相差较大($\Delta pK_a>5$)的多元弱酸(如磷酸的 pK_{a_1}、pK_{a_2}、pK_{a_3} 分别为 2.12,7.20 和 12.36):

当体系的 $pH=pK_{a_i}$ 时,一对共轭酸碱的分布分数曲线相交于一点,此时两者的分布分数相等,均为约 0.5,即两者各占一半。

当体系的 pH 位于相邻的两个 pK_{a_i} 之间,即 $pH=\frac{1}{2}(pK_{a_i}+pK_{a_{i+1}})$ 时,一种型体的比例占绝对优势,接近 100%。

用 NaOH 标准溶液滴定磷酸 H_3PO_4 溶液,若以甲基橙为指示剂,变色点在 $pH=4$ 附近,由图 4-3 可知,此时磷酸几乎全部转化为 $H_2PO_4^-$,NaOH 与 H_3PO_4 反应的化学计量比为 1∶1;若以酚酞为指示剂,变色点在 $pH=9$ 附近,此时磷酸几乎全部转化为 HPO_4^{2-},NaOH 与 H_3PO_4 反应的化学计量比为 2∶1。

由图 4-2 可见,对于各级离解常数相差不大的多元弱酸(如草酸的 $pK_{a_{1-2}}$ 分别为 1.22 和 4.19),当 pH 位于相邻的两个 pK_{a_i} 之间时,一种型体的比例虽然占优,但达不到接近 100%,存在三种型体交叉同时存在的状况。因此做定量测定时,不能将 pH 控制在这个区间内终止滴定,否则没有简单明确的化学计量关系。

若欲用 NaOH 标准溶液滴定草酸 $H_2C_2O_4$ 溶液的浓度,可选择甲基红为指示剂滴定至 $pH=6.0$ 左右,此时草酸恰好全部转化为 $C_2O_4^{2-}$,NaOH 与 $H_2C_2O_4$ 反应的化学计量比为 2∶1。若以 $C_2O_4^{2-}$ 为沉淀剂欲将溶液中的 Ca^{2+} 沉淀完全,则应控制溶液 $pH \geqslant 5.0$,此时 $C_2O_4^{2-}$ 为主要存在型体,有利于 CaC_2O_4 沉淀的形成和稳定。

4.5 酸碱滴定法及应用

酸碱滴定法是以酸碱反应为基础的滴定方法。在酸碱滴定中一般以强酸或强碱为滴定剂,被滴定的是各种具有碱性或酸性的物质。滴定终点依靠所选取的酸碱指示剂来确定。

建立酸碱滴定分析方案一般包括以下四个基本步骤:

(1) 选择恰当的滴定反应确定滴定产物;
(2) 估算化学计量点时滴定体系的 pH;
(3) 选择一种在化学计量点 pH 附近变色的指示剂;
(4) 考察滴定误差是否符合分析任务的要求。

以测定 HAc 溶液的浓度为例予以说明。

选择用 NaOH 标准溶液进行滴定,两者反应完全、迅速,化学计量比为 1∶1,符合滴定分析对化学反应的基本要求,反应产物为 NaAc,即化学计量点时,滴定体系为一定浓度的 NaAc 水溶液。

估算该浓度 NaAc 水溶液的 pH。

若经估算得到 NaAc 溶液 pH 为 8.9,查相关手册可知,酚酞的理论变色点为 $pH=9.1$ (实际变色范围是 $pH=8.0\sim9.6$),可用作该滴定反应的指示剂。

由于指示剂的理论变色点与滴定反应的化学计量点不完全一致所造成的误差称为滴定

误差(是系统误差,与不同的人进行的具体滴定操作无关)。计算滴定误差,若其小于等于分析任务的允许误差,则该方法可行,否则需做出改进。

解决上了上述四个问题,就解决了滴定分析方法设计的主要问题。

4.5.1 酸碱指示剂

酸碱滴定过程一般本身并不发生显著的外观变化,需借用其他物质来指示滴定终点,在酸碱滴定中用来指示滴定终点的物质叫酸碱指示剂。酸碱指示剂之所以能指示滴定终点主要依据其在滴定过程中的颜色突变。

1. 酸碱指示剂的作用原理

酸碱指示剂本身就是有机弱酸或弱碱,其酸式与共轭碱式具有不同的结构,且颜色不同。当溶液 pH 改变时,指示剂因得失质子而发生结构和颜色的变化,要求这种变化是可逆的,而且能迅速完成,形成易观察的突变。

下面以有机弱酸指示剂 HIn 为例,讨论指示剂颜色的变化与溶液 pH 的关系。

HIn 在水溶液中存在下列离平衡:

$$HIn \rightleftharpoons H^+ + In^-$$

$$K_a(HIn) = \frac{[H^+][In^-]}{[HIn]}$$

$$[H^+] = \frac{K_a[HIn]}{[In^-]}$$

$$pH = pK_a(HIn) + \lg\frac{[In^-]}{[HIn]}$$

指示剂所呈现的颜色由其两种形式的浓度比 $\frac{[In^-]}{[HIn]}$ 决定,因为 $K_a(HIn)$ 为常数,所以颜色取决于 $[H^+]$。pH 变化时,$\frac{[In^-]}{[HIn]}$ 发生变化,溶液的颜色相应改变。人眼对颜色过渡变化的分辨能力是有限的,当某种颜色占有较大优势后,就不易观察出总体色调的变化。一般地,若指示剂的酸型与碱型浓度相差 10 倍后,就只能看到浓度大的型式的颜色,即:$\frac{[In^-]}{[HIn]}=\frac{1}{10}$ 时,In^- 的颜色基本消失,观察到的仅是 HIn 的颜色;$\frac{[In^-]}{[HIn]}=\frac{10}{1}$ 时,HIn 的颜色基本消失,观察到的仅是 In^- 的颜色。$\frac{[In^-]}{[HIn]}=1$ 时,即 $pH=pK_a(HIn)$ 称为指示剂的理论变色点。$pH=pK_a(HIn)\pm1$ 称为指示剂的理论变色范围。

指示剂的理论变色范围为 2 个 pH 单位。但由于人眼对各种颜色的敏感程度不同以及指示剂两色之间的相互掩盖,一般人眼实际观察到的大多数指示剂的颜色变化范围小于 2 个 pH 单位,所以各种指示剂实际变色范围与理论变色范围会有些差别。

2. 常见酸碱指示剂及选择原则

常用酸碱指示剂的特性及配制方法见表 4-4。

表 4-4 常用酸碱指示剂

指示剂	变色范围	颜色 酸色	颜色 碱色	pK_a(HIn)	浓度
百里酚蓝(第一次变色)	1.2～2.8	红	黄	1.6	0.1%的20%乙醇溶液
甲基黄	2.9～4.0	红	黄	3.3	0.1%的90%乙醇溶液
甲基橙	3.1～4.4	红	黄	3.4	0.05%的水溶液
溴酚蓝	3.1～4.6	黄	紫	4.1	0.1%的20%乙醇溶液或其钠盐的水溶液
溴甲酚绿	3.8～5.4	黄	蓝	4.9	0.1%水溶液,每100 mL指示剂加 0.05 mol·L^{-1} NaOH 9 mL
甲基红	4.4～6.2	红	黄	5.2	0.1%的60%乙醇溶液或其钠盐的水溶液
溴百里酚蓝	6.0～7.6	黄	蓝	7.3	0.1%的20%乙醇溶液或其钠盐的水溶液
中性红	6.8～8.0	红	黄橙	7.4	0.1%的60%乙醇溶液
苯酚红	6.7～8.4	黄	红	8.0	0.1%的60%乙醇溶液或其钠盐的水溶液
酚酞	8.0～10.0	无	红	9.1	0.1%的90%乙醇溶液
百里酚蓝(第二次变色)	8.0～9.6	黄	蓝	8.9	0.1%的20%乙醇溶液
百里酚酞	9.4～10.6	无	蓝	10.0	0.1%的90%乙醇溶液

在很多要求较高的滴定分析中,尤其是在很多标准方法中,为了尽可能减小系统误差,需要将滴定终点控制在很窄的pH范围内,以提高分析的准确度。此时可采用混合指示剂。

常见的混合指示剂有两类组合:一类是由两种或两种以上指示剂按一定比例混合而成,利用颜色的互补作用,使指示剂的变色范围变窄。例如甲基红(pK_a=5.2)和溴甲酚绿(pK_a=4.9)按2:3(质量比)配制的混合指示剂,pH=5.0以下为酒红色,pH=5.1为灰绿色,pH=5.2以上为绿色(pH增大0.2,即从酒红色变为绿色,变色非常敏锐)。另一类混合指示剂是在指示剂中加入某种惰性染料,以惰性染料作为衬色而使变色范围变窄。例如:中性红与亚甲基蓝按1:1(质量比)配制的混合指示剂,在pH=7.0呈紫蓝色,其酸色为紫蓝色,碱色为绿色,只有0.2个pH单位的变色范围,比单独使用中性红(pH=6.8～8.0由红变黄)范围要窄得多。

表 4-5 所列为一些常用的酸碱混合指示剂。

表 4-5 常用的酸碱混合指示剂

混合指示剂溶液的组成	变色点 pH	颜色 酸色	颜色 碱色	备注
一份0.1%甲基黄乙醇溶液 一份0.1%次甲基蓝乙醇溶液	3.25	蓝紫	绿	pH=3.4绿色,pH=3.2蓝紫色

(续表)

混合指示剂溶液的组成	变色点 pH	颜色 酸色	颜色 碱色	备注
一份 0.1%甲基橙水溶液 一份 0.25%靛蓝二磺酸水溶液	4.1	紫	黄绿	
一份 0.1%溴甲酚绿钠盐水溶液 一份 0.02%甲基橙水溶液	4.3	橙	蓝绿	pH=3.5 黄色,pH=4.05 绿色, pH=4.8 浅绿
一份 0.1%溴甲酚绿乙醇溶液 一份 0.2%甲基红乙醇溶液	5.1	酒红	绿	
一份 0.1%溴甲酚绿钠盐水溶液 一份 0.1%氯酚红钠盐水溶液	6.1	黄绿	蓝紫	pH=5.4 蓝绿色,pH=5.8 蓝色, pH=6.0 蓝带紫,pH=6.2 蓝紫
一份 0.1%中性红乙醇溶液 一份 0.1%亚甲基蓝乙醇溶液	7.0	蓝紫	绿	pH=7.0 蓝紫
一份 0.1%甲酚红钠盐水溶液 三份 0.1%百里酚蓝钠盐水溶液	8.3	黄	紫	pH=8.2 玫瑰红,pH=8.4 清晰的 紫色
一份 0.1%百里酚蓝 50%乙醇溶液 三份 0.1%酚酞 50%乙醇溶液	9.0	黄	紫	从黄到绿再到紫
一份 0.1%酚酞乙醇溶液 一份 0.1%百里酚酞乙醇溶液	9.9	无	紫	pH=9.6 玫瑰红,pH=10.0 紫色
二份 0.1%百里酚酞乙醇溶液 一份 0.1%茜素黄 R 乙醇溶液	10.2	黄	紫	

酸碱滴定过程中,溶液的 pH 在化学计量点前后很小的范围内会发生突变。我们把化学计量点(100%被滴定)之前(99.9%被滴定)和之后(100.1%被滴定)的区间内发生的 pH 变化叫滴定突跃。一般要求酸碱指示剂的变色范围全部或部分与滴定突跃重叠。

在实际工作中,对于同一酸碱反应体系,用酸滴定碱和用碱滴定酸时,同一指示剂的实际使用效果有时会有明显差别。例如酚酞由酸式变为碱式,即由无色到红色,变化明显,易于辨别;反之观测红色褪去,由于视觉暂留,则变化不明显,非常容易滴定过量。同样,甲基橙由黄变红,比由红变黄更易于辨别。因此用强酸滴定强碱,一般用甲基橙作指示剂;用强碱滴定强酸,更宜用酚酞作指示剂。

此外指示剂的变色点还与指示剂用量、温度、溶剂、溶液中的盐类等有关。

3. pH 试纸

将各种酸碱指示剂按照特定的配方和工艺预先浸渍和干燥于滤纸上即得 pH 试纸。广泛 pH 试纸可以在 pH=1~14 范围内随 pH 不同而呈现出由暗红到深蓝的 14 个不同色阶,生产该试纸时浸渍液的配方为每升水溶液中含 1 g 溴甲酚绿、1 g 百里酚蓝和 2 g 甲基红。精密 pH 试纸可以在较小的 pH 范围内呈现出比广泛 pH 试纸更多的色阶。如某种精密 pH 试纸其浸渍液的配方为每升水溶液中含 0.03 g 甲基红、0.6 g 溴百里香酚蓝,在 pH=6~9 范围内随 pH 不同而呈现出浅黄绿、黄绿、绿、深绿、蓝绿、深蓝共 6 个不同色阶。pH 试纸的正确使用方法是:取一小块试纸在表面皿或玻片上,用洁净干燥的玻棒蘸取待测试液点滴于试纸中部,观察变化稳定后的颜色,与标准比色卡对照读取相应的数值。不可将试纸直接浸渍于溶液中读数,非水溶液中慎用。

4.5.2 酸碱滴定曲线

微课:酸碱滴定

滴定过程中随着滴定剂的加入,溶液 pH 不断发生变化,pH 可依据有关公式进行计算。以溶液 pH 为纵坐标,滴定剂加入量(通常用滴定百分数表示,滴定反应化学计量点时滴定百分数为 100%)为横坐标作图得到滴定曲线。

根据指示剂的颜色突变而终止滴定时的滴定百分数,称为滴定终点(end point, ep)。

滴定百分数在化学计量点前后 0.1% 之间,溶液 pH 的变化范围称为滴定突跃。滴定突跃与酸碱强度及浓度有关。滴定稀酸稀碱或弱酸弱碱时,滴定突跃较小。只要在滴定突跃内终止实验,滴定终点与化学计量点的误差就在 ±0.1% 以内。

由于滴定分析中移取溶液时最常使用的是 25 mL 移液管,考虑到滴定体积的读数误差(±0.02 mL),滴定剂的消耗量不宜低于 20 mL,最好在 25 mL 左右,因此在滴定分析中,滴定剂与被滴定物质的实际浓度一般总是接近 1:1 的,否则易出现滴定剂消耗体积过少,或用完 1 整支滴定管里的滴定剂而终点还未达到的情况,这两种情况均会增加实验误差。

下面以 0.10 mol·L^{-1} NaOH 溶液滴定 0.10 mol·L^{-1} 20.00 mL HCl 溶液为例说明滴定过程中 pH 的变化。

滴定前,HCl 溶液的初始浓度决定溶液的 pH:

$$[H^+] = c(HCl) = 0.10 \text{ mol·L}^{-1} \quad pH = 1.00$$

滴定开始到化学计量点之前,随着滴定剂 NaOH 的加入,剩余的 HCl 越来越少,HCl 的剩余量和溶液的体积决定了溶液的 pH。例如加入 18.00 mL NaOH 时(滴定百分数为 90%),则

$$[H^+] = \frac{0.10 \text{ mol·L}^{-1} \times (20.00 - 18.00) \times 10^{-3} \text{ L}}{(20.00 + 18.00) \times 10^{-3} \text{ L}}$$
$$= 5.3 \times 10^{-3} \text{ mol·L}^{-1}$$
$$pH = 2.28$$

当加入 19.98 mL NaOH 时(滴定百分数为 99.9%),用同样的方法算得的 pH 为 4.30。

在化学计量点时,即加入 20.00 mL NaOH 时,HCl 全部被中和生成 NaCl 溶液(滴定百分数为 100%),此时 pH=7.00。

化学计量点之后,由过剩的 NaOH 和溶液的体积决定溶液的 pH。例如加入 20.02 mL NaOH 时(滴定百分数为 100.1%)

$$[OH^-] = \frac{0.10 \text{ mol·L}^{-1} \times (20.02 - 20.00) \times 10^{-3} \text{ L}}{(20.02 + 20.00) \times 10^{-3} \text{ L}}$$
$$= 5.0 \times 10^{-5} \text{ mol·L}^{-1}$$
$$pOH = 4.30$$
$$pH = 9.70$$

任意一点都可以参照上述方法逐一计算，计算结果列于表 4-6。以 pH 为纵坐标，滴定百分数为横坐标作图即得酸碱滴定曲线，见图 4-4。

表 4-6　用 0.10 mol·L^{-1} NaOH 溶液滴定 20.00 mL 0.10 mol·L^{-1} HCl 溶液 pH 变化

加入 NaOH 体积/mL	滴定百分数	过量 NaOH 体积/mL	[H$^+$]/mol·L^{-1}	pH
0.00	0.00		1.00×10^{-1}	1.00
18.00	90.00		5.26×10^{-3}	2.28
19.80	99.00		5.02×10^{-4}	3.30
19.96	99.80		1.00×10^{-4}	4.00
19.98	99.90		5.00×10^{-5}	4.30
20.00	100.0		1.00×10^{-7}	7.00
20.02	100.1	0.02	2.00×10^{-10}	9.70
20.04	100.2	0.04	1.00×10^{-10}	10.00
20.20	101.0	0.20	2.00×10^{-11}	10.70
22.00	110.0	2.00	2.10×10^{-12}	11.70
40.00	200.0	20.00	3.33×10^{-13}	12.52

从表 4-6 和图 4-4 可以看出，从滴定开始到加入 19.80 mL NaOH 溶液，溶液的 pH 只改变了 2.3 个单位(pH 变化比较缓慢)。再加入 0.18 mL(共滴入 19.98 mL)NaOH 溶液，pH 就改变了一个单位，变化速度加快了。再滴入 0.02 mL(约半滴，共滴入 20.00 mL)NaOH 溶液，正好达到化学计量点，此时 pH 迅速增加到 7.0。再滴入 0.02 mL NaOH 溶液，pH 为 9.7。此后过量 NaOH 溶液所引起 pH 的变化又变得比较缓慢。

由此可见，在化学计量点前后，从剩余 0.02 mL HCl 到过量 0.02 mL NaOH，即滴定不足 0.1% 到过量 0.1%，溶液的 pH 从 4.3 增加到 9.7，变化了 5.4 个单位，从而形成了滴定曲线中的突跃部分。

酸碱指示剂的选择主要依据滴定曲线的突跃范围，变色范围全部或部分与滴定突跃范围重叠的指示剂都可选用。

不同类型的酸碱滴定曲线具有不同的特点，下面分别讨论。

1. 强碱滴定强酸

用 1 mol·L^{-1}、0.1 mol·L^{-1} 和 0.01 mol·L^{-1} 的 NaOH 标准溶液分别滴定相同浓度的 HCl 溶液时，滴定曲线如图 4-4 所示。pH 在滴定开始阶段上升平缓，而化学计量点附近曲线非常陡直，之后又趋于平缓，滴定突跃前后的曲线平缓说明强酸强碱也具有缓冲作用。三种不同浓度酸碱的滴定突跃范围分别为 pH=3.3～10.7(ΔpH=7.4)、pH=4.3～9.7(ΔpH=5.4)、pH=5.3～8.7(ΔpH=3.4)，浓度每降低 10 倍，滴定突跃减小约 2 个 pH 单位。

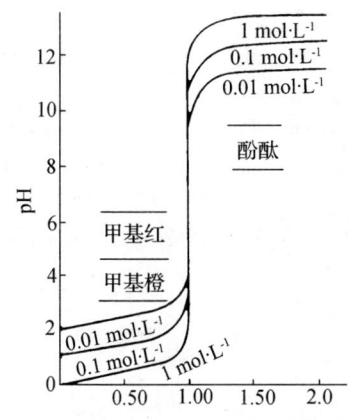

图 4-4 强碱滴定不同浓度强酸的滴定曲线

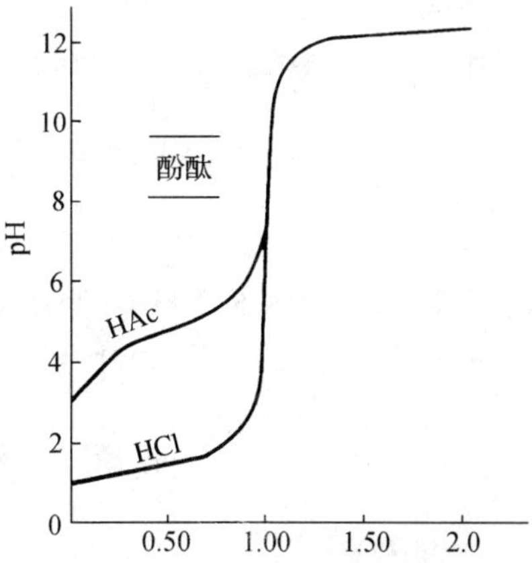

图 4-5 强碱滴定强酸和弱酸时的滴定曲线

对于 1 mol·L^{-1}、0.1 mol·L^{-1} 浓度的酸碱滴定,酚酞、甲基红、甲基橙三个常见酸碱指示剂变色范围均在突跃范围内,可用做滴定的指示剂。对于 0.01 mol·L^{-1} 浓度的酸碱滴定,仍可用酚酞和甲基红做指示剂,但如选择甲基橙为指示剂将造成较大的滴定误差。

2. 强碱滴定弱酸

用 0.1 mol·L^{-1} NaOH 标准溶液滴定相同浓度的 HAc 溶液和 HCl 溶液时,滴定曲线如图 4-5 所示。与 HCl 的滴定曲线相比,HAc 的滴定曲线起点 pH 较高,突跃较小,化学计量点前后滴定曲线不对称。化学计量点前也有一个相对平缓的阶段,这是因为生成的 NaAc 与剩余的 HAc 构成了缓冲溶液。化学计量点后两者基本相同。由于突跃范围较小,强碱滴定强酸中使用的某些指示剂(如甲基橙和甲基红)不再适用。

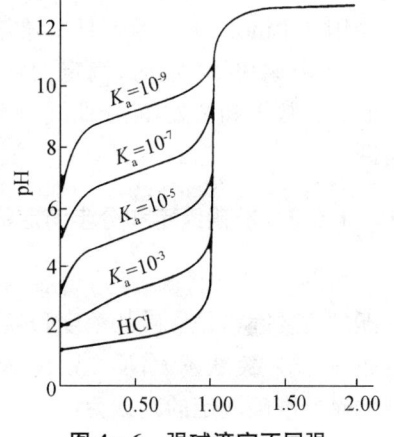

图 4-6 强碱滴定不同强度弱酸时的滴定曲线

用 0.1 mol·L^{-1} NaOH 标准溶液滴定相同浓度的 HCl 溶液和几种不同强度的一元弱酸溶液时,滴定曲线如图 4-6 所示。酸越弱,滴定曲线起点的 pH 越高,突跃越小。当 K_a 降至 10^{-9} 数量级时,滴定曲线上不再出现明显的突跃了,很难找到一种变色范围落在突跃范围里的酸碱指示剂。

【例 4-10】 用 0.10 mol·L^{-1} HCl 溶液滴定 20.00 mL 0.10 mol·L^{-1} NH$_3$ 溶液计算此滴定体系的化学计量点即突跃范围,并选择合适的指示剂。

解:化学计量点前,溶液中含有剩余的 NH$_3$ 以及反应生成的 NH$_4$Cl,它们组成了 NH$_3$-NH$_4^+$ 缓冲溶液。故其 pH 应按缓冲溶液 pH 计算公式计算,查知 NH$_3$ 的 K_b(NH$_3$)=1.8×10^{-5}。当加入 19.98 mL HCl 时,则

$$pH = pK_a(NH_4^+) - \lg \frac{c(NH_4^+)}{c(NH_3)}$$

$$= -\lg \frac{10^{-14}}{1.8 \times 10^{-5}} - \lg \frac{19.98 \times 0.10}{20.00 \times 0.10 - 19.98 \times 0.10}$$

$$= 6.26$$

化学计量点时,体系为 $0.050\ \text{mol}\cdot\text{L}^{-1}$ 的 NH_4Cl 溶液,故

$$[H^+] = \sqrt{K_a(NH_4^+)c(NH_4^+)} = \sqrt{\frac{10^{-14}}{1.8\times 10^{-5}}\times 0.050} = 5.3\times 10^{-6}(\text{mol}\cdot\text{L}^{-1})$$
$$pH = 5.28$$

化学计量点后,溶液为 NH_4Cl 和过量的 HCl 的混合溶液,溶液酸度主要由 HCl 决定。当加入 HCl 溶液 20.02 mL 时,则

$$[H^+] = \frac{20.02\times 0.10 - 20.00\times 0.10}{20.02 + 20.00} = 5.0\times 10^{-5}(\text{mol}\cdot\text{L}^{-1})$$
$$pH = 4.30$$

即此滴定化学计量点 pH=5.28,突跃范围为 pH=6.26~4.30,故选择甲基红(变色范围:pH=4.2~6.4)较为合适。

3. 强碱滴定多元酸

用 $0.1\ \text{mol}\cdot\text{L}^{-1}$ NaOH 标准溶液滴定相同浓度的三元酸(磷酸)溶液时,滴定曲线如图 4-7 所示。在滴定分数 1 和 2 处,滴定曲线上有两个可以分辨的突跃。

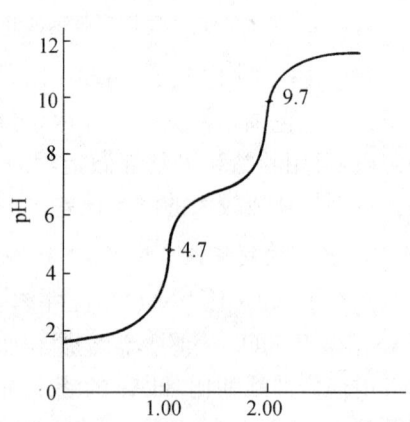

图 4-7 强碱滴定多元弱酸时的滴定曲线

4.5.3 准确滴定和分步滴定的判据

由图 4-4 至图 4-7 可见,影响滴定曲线及滴定突跃的主要因素是酸碱的浓度和强度。强度越大,浓度越高,滴定突跃越大;反之则越小。一般来说,如果允许的终点误差在 $\pm 0.1\%$ 以内,弱酸或弱碱能准确滴定的判据为:

$$cK_a \geqslant 10^{-8} \text{ 或 } cK_b \geqslant 10^{-8}$$

多元弱酸弱碱是分步解离的,因此除了要判断每步解离能否被准确滴定,还要判断相邻两级解离出的 H^+ 或 OH^- 能否被分步滴定。多元弱酸、弱碱能够进行分步滴定的判据分别为:

论文:多元弱酸的准确滴定

$$K_{a,n}/K_{a,n+1}\geqslant 10^4 \text{ 和 } K_{b,n}/K_{b,n+1}\geqslant 10^4$$

H_3PO_4 在水溶液中存在三步解离:

$$H_3PO_4(aq) \rightleftharpoons H^+(aq) + H_2PO_4^-(aq) \quad K_{a_1} = 7.5\times 10^{-3}$$
$$H_2PO_4^-(aq) \rightleftharpoons H^+(aq) + HPO_4^{2-}(aq) \quad K_{a_2} = 6.2\times 10^{-8}$$
$$HPO_4^{2-}(aq) \rightleftharpoons H^+(aq) + PO_4^{3-}(aq) \quad K_{a_3} = 2.2\times 10^{-13}$$

当用 $0.1\ \text{mol}\cdot\text{L}^{-1}$ NaOH 溶液滴定同浓度的 H_3PO_4 溶液时,由上述判据式可得:$cK_{a_1}=7.5\times 10^{-4}>10^{-8}$;$cK_{a_2}=6.2\times 10^{-9}\approx 10^{-8}$;$cK_{a_3}=2.2\times 10^{-14}<10^{-8}$。

$K_{a_1}/K_{a_2}=1.2\times 10^5>10^4$;$K_{a_2}/K_{a_3}=1.5\times 10^5>10^4$。

根据计算结果可判断,H_3PO_4 在水溶液中一级和二级解离出的 H^+ 可以被准确滴定,三

级解离太弱,所解离出的 H^+ 不能被准确滴定。一级解离和二级解离可以分步滴定,图 4-7 中可见两个明显的突跃,两个突跃范围分别与甲基橙和酚酞的变色区间相重叠。

4.5.4 酸碱滴定的应用

酸碱滴定法在生产实际中应用广泛。根据测定对象的不同可以采用不同的滴定方式,下面列举一些酸碱滴定的实例。

1. 食品中苯甲酸钠的测定

苯甲酸钠是碳酸饮料、腌制食品、方便食品等当中最常见的食品防腐剂之一。测定时一般在食品试样中加入盐酸,使苯甲酸钠转化成苯甲酸,再向溶液中加入乙醚萃取苯甲酸,加热萃取液除去乙醚,用中性乙醇溶解,最后用 NaOH 标准溶液滴定,以酚酞作指示剂,滴定至呈现粉红色即为终点。苯甲酸钠的质量百分含量可用下式计算:

$$w(C_7H_5O_2Na) = \frac{c(NaOH)V(NaOH)M(C_7H_5O_2Na)}{m_s \times 10^3} \times 100\%$$

式中 m_s 为试样的质量(g),体积单位为 mL。

2. 醋精中总酸的测定

醋精是一种重要的农产加工品,也是合成多种有机农药的重要原料。醋精中的主要成分是 HAc,也有少量其他弱酸,如乳酸等。测定时,将醋精用不含 CO_2 的蒸馏水适当稀释后,用 NaOH 标准溶液滴定。以酚酞作指示剂,滴定至呈现粉红色即为终点。

由消耗的标准溶液的体积及浓度计算总酸度。

3. 硼酸的测定

对于许多极弱的酸碱,不满足直接滴定的条件,可以通过一些特定反应产生可以滴定的酸碱,或增强其酸碱性后予以滴定。

硼酸(H_3BO_3)的 $pK_a = 9.24$,它是极弱的酸,不能用 NaOH 直接滴定。但在 H_3BO_3 中加入乙二醇、丙三醇、甘露醇等与之反应形成配合酸,配合酸的 $pK_a = 4.26$,强于醋酸,使弱酸得到了强化。可选用酚酞或百里酚酞作为指示剂,用 NaOH 标准溶液直接滴定。

$$2\begin{matrix}R-\overset{H}{\underset{}{C}}-OH \\ R-CH-OH\end{matrix} + H_3BO_3 = H\begin{bmatrix}R-\overset{H}{\underset{H}{C}}-O\\ R-\underset{H}{\overset{H}{C}}-O\end{bmatrix}\begin{matrix}O-\overset{H}{\underset{}{C}}-R\\ O-\underset{H}{\overset{H}{C}}-R\end{matrix} + 3H_2O$$

4. 混合碱的分析

工业品烧碱(NaOH)中常含有少量纯碱 Na_2CO_3,纯碱 Na_2CO_3 中也常含有少量 $NaHCO_3$,这两种工业品都称为混合碱。

(1) 烧碱中 NaOH 和 Na_2CO_3 的测定

采用双指示剂法测定。称取试样质量为 m_s(mg)溶解于水,用 HCl 标准溶液滴定,先用酚酞作指示剂,滴定至溶液由红色变为无色(第一化学计量点),此时 NaOH 全部被中和,而 Na_2CO_3 被中和一半(转化为 $NaHCO_3$),所消耗 HCl 标准溶液体积记为 V_1。然后加入甲基橙,继续用 HCl 标准溶液滴定,使溶液由黄色恰变为橙色(第二化学计量点),此时溶液中 $NaHCO_3$ 被完全中和,所消耗的 HCl 标准溶液体积记为 V_2。因 Na_2CO_3 被中至 $NaHCO_3$ 以及继续转化为 H_2CO_3 两步所需 HCl 的量相等,故 V_1-V_2 为中和 NaOH 所消耗 HCl 的体积,$2V_2$ 为滴定 Na_2CO_3 所需 HCl 的体积。分析结果计算公式为:

$$w(NaOH) = \frac{c(HCl)[V_1(HCl)-V_2(HCl)]M(NaOH)}{m_S \times 10^3} \times 100\%$$

$$w(Na_2CO_3) = \frac{c(HCl)V_2(HCl)M(Na_2CO_3)}{m_S \times 10^3} \times 100\%$$

(2) 纯碱中 Na_2CO_3 和 $NaHCO_3$ 的测定

工业纯碱中常含有 $NaHCO_3$,可参照上述方法测定。但需注意,此时滴定 Na_2CO_3 所消耗的体积为 $2V_1$,而滴定 $NaHCO_3$ 所消耗的体积为 V_2-V_1。分析结果计算公式为:

$$w(Na_2CO_3) = \frac{c(HCl)V_1(HCl)M(Na_2CO_3)}{m_S \times 10^3} \times 100\%$$

$$w(NaHCO_3) = \frac{c(HCl)[V_2(HCl)-V_1(HCl)]M(NaHCO_3)}{m_S \times 10^3} \times 100\%$$

NaOH 和 $NaHCO_3$ 不能共存,若某试样中可能含有 NaOH、Na_2CO_3、$NaHCO_3$ 或由它们组成的混合物,假若以酚酞和甲基橙双指示剂法滴定,终点时用去 HCl 的体积分别为 V_1、V_2,则未知试样的组成与 V_1、V_2 的关系见表 4-7。

表 4-7 V_1、V_2 的大小与试样组成的关系

V_1 和 V_2 的大小关系	$V_1 \neq 0, V_2=0$	$V_1=0, V_2 \neq 0$	$V_1=V_2 \neq 0$	$V_1>V_2>0$	$V_2>V_1>0$
试样的组成	OH^-	HCO_3^-	CO_3^{2-}	$OH^- + CO_3^{2-}$	$HCO_3^- + CO_3^{2-}$

5. 氮的测定

肥料或土壤试样中常需要测定氮的含量,如硫酸铵化肥中含氮量的测定。由于铵盐作为酸太弱,$pK_a=9.26$,不能直接用碱标准溶液滴定,需采用间接的测定方法,常用的方法有两种:

(1) 蒸馏法

将一定质量的铵盐溶液中加入过量的 NaOH 溶液,加热煮沸。

若将蒸出 NH_3 的用一定量过量的硫酸或盐酸标准溶液吸收,过量的酸以甲基红或甲基橙作指示剂,用 NaOH 标准溶液回滴。

若将蒸出 NH_3 用过量的硼酸吸收,生成的 $H_2BO_3^-$ 是较强的碱,$pK_b=4.76$,可用甲基红和溴甲酚绿混合指示剂,以 HCl 标准溶液滴定。测定过程反应和计算公式如下:

$$NH_3 + H_3BO_3 \Longrightarrow NH_4H_2BO_3$$
$$HCl + H_2BO_3^- \Longrightarrow H_3BO_3 + Cl^-$$
$$w(N) = \frac{c(HCl)A_r(N)}{m_S} \times 100\%$$

(2) 甲醛法

铵盐在水中全部解离,甲醛与 NH_4^+ 的反应如下:

$$4NH_4^+ + 6HCHO \Longrightarrow (CH_2)_6N_4H^+ + 3H^+ + 6H_2O$$

滴定前溶液为酸性,生成物$(CH_2)_6N_4H^+$是六亚甲基四胺$(CH_2)_6N_4$的共轭酸,其$pK_a=5.15$,可用NaOH直接滴定。在用NaOH滴定至终点时,仍被中和成$(CH_2)_6N_4$。以酚酞作指示剂,终点为粉红色。

$$w(N) = \frac{c(NaOH)V(NaOH)A_r(N)}{m_S} \times 100\%$$

若试样中含有游离酸,须事先用甲基红作指示剂,用NaOH中和。

蒸馏法操作较烦琐,分析流程长,但准确度高。甲醛法简便、快速,准确度比蒸馏法稍差,但基本可以满足实用需求,应用较广。

1. 试述酸碱电离理论、质子理论及电子理论的基本要点,并比较它们的优点和局限性。
2. 什么是共轭酸碱对?$H_3PO_4\ H_2PO_4^-$和$H_2PO_4^-\ HPO_4^{2-}$都是共轭酸碱对吗?共轭酸碱解离常数之间有何关系?
3. 弱酸弱碱的解离常数(K)和解离度(α)都能表示弱酸弱碱达解离平衡时的解离程度,两者有何区别?
4. 氢氧化钠溶液和氨水稀释1倍,两者溶液中$c(OH^-)$都减为原来的1/2吗?
5. 什么是质子条件或质子平衡方程?书写质子条件需注意哪些方面?
6. 何谓缓冲溶液?举例说明缓冲溶液的作用原理。如何计算缓冲溶液的pH?说明为什么缓冲溶液能够在溶液稀释时保持pH基本不变。缓冲溶液缓冲容量的影响因素有哪些?
7. 从质子条件可以得出计算溶液pH的精确式,由精确式推导近似式或最简式有哪些前提条件?
8. 什么叫分析浓度、平衡浓度和分布分数?它们之间有什么关系?
9. 酸碱滴定中,指示剂选择的原则是什么?
10. 酸碱滴定曲线中滴定突跃范围的影响因素有哪些?弱酸(碱)能够准确滴定的条件是什么?多元弱酸(碱)能分步滴定的条件是什么?

习 题

1. 写出下列物质在水溶液中的质子条件式。
   (1) $NH_3 \cdot H_2O$ (2) NH_4Ac (3) $NH_4H_2PO_4$
   (4) CH_3COOH (5) $Na_2C_2O_4$ (6) $NaHCO_3$

2. 分别计算$0.10\ mol \cdot L^{-1}$ HAc溶液和$0.10\ mol \cdot L^{-1}$氨水溶液的解离度和pH。将上述溶液稀释1倍后,解离度和pH将如何变化?

3. 计算下列水溶液的pH。
   (1) $0.100\ mol \cdot L^{-1}$ NaAc溶液   (2) $0.150\ mol \cdot L^{-1}$二氯乙酸溶液
   (3) $0.100\ mol \cdot L^{-1}$ NH_4Cl溶液   (4) $0.400\ mol \cdot L^{-1}$ $H_2C_2O_4$溶液
   (5) $0.100\ mol \cdot L^{-1}$ KCN溶液   (6) $0.050\ mol \cdot L^{-1}$ Na_3PO_4溶液
   (7) $0.025\ mol \cdot L^{-1}$邻苯二甲酸氢钾溶液   (8) $0.050\ mol \cdot L^{-1}$ NH_4Ac溶液

4. 欲配制pH=7.00的缓冲溶液500 mL,应选用HCOOH-HCOONa,HAc-NaAc,NaH_2PO_4-Na_2HPO_4,NH_3-NH_4Cl中的哪一缓冲对?如果上述各物质溶液中的酸及其共轭碱的总浓度为$1.00\ mol \cdot L^{-1}$,则需要多少克物质?

5. 配制1.0 L pH=9.80,$c(NH_3)=0.10\ mol \cdot L^{-1}$的缓冲溶液。需要$6.0\ mol \cdot L^{-1}$ $NH_3 \cdot H_2O$多少

毫升和固体$(NH_4)_2SO_4$多少克？已知$(NH_4)_2SO_4$的摩尔质量为$132\ g\cdot mol^{-1}$。

6. 利用分步系数计算$pH=3.00,0.100\ mol\cdot L^{-1}\ NH_4Cl$溶液中$NH_3$和$NH_4^+$的平衡浓度。

7. 以$0.10\ mol\cdot L^{-1}$的NaOH溶液滴定20 mL $0.1\ mol\cdot L^{-1}$的HAc溶液，计算化学计量点的pH和滴定突跃范围。可选用哪些酸碱指示剂？

8. 下列弱酸、弱碱能否用酸碱滴定法直接滴定？如果可以，化学计量点的pH为多少？应选择什么作指示剂？假设酸碱标准溶液及各弱酸、弱碱初始浓度为$0.100\ mol\cdot L^{-1}$。

(1) $CH_2ClCOOH$ (2) HCN   (3) NH_4Cl
(4) NaCN   (5) NaAc   (6) $Na_2B_4O_7\cdot 10H_2O$

9. 下列多元弱酸弱碱的初始浓度均为$0.10\ mol\cdot L^{-1}$，能否用酸碱滴定法直接滴定，如果能滴定，有几个突跃？应选择什么作指示剂？

(1) 邻苯二甲酸   (2) H_2NNH_2 (3) $Na_2C_2O_4$
(4) Na_3PO_4 (5) Na_2S (4) $H_2C_2O_4$

10. 称取纯的四草酸氢钾$(KHC_2O_4\cdot H_2C_2O_4\cdot 2H_2O)$ 2.587 g，标定NaOH溶液，滴定至终点，用去NaOH溶液28.49 mL，求NaOH溶液浓度。

11. H_3PO_4试样2.108 g，用蒸馏水稀释至250.0 mL，吸取该溶液25.00 mL，以甲基红为指示剂，用$0.093\ 95\ mol\cdot L^{-1}$ NaOH溶液21.03 mL滴定至终点。计算试样中H_3PO_4的质量分数和P_2O_5的质量分数。

12. 某一含惰性杂质的混合碱试样0.602 8 g，加水溶解，用$0.202\ 2\ mol\cdot L^{-1}$ HCl溶液滴定至酚酞终点，用去HCl溶液20.30 mL；加入甲基橙，继续滴定至甲基橙变色，又用去HCl溶液22.45 mL。问试样由何种碱组成？各组分的质量分数为多少？

13. 称取混合碱试样0.482 6 g，用$0.176\ 2\ mol\cdot L^{-1}$的HCl溶液滴定至酚酞变为无色，用去HCl溶液30.18 mL，再加入甲基橙指示剂滴定至终点，又用去HCl溶液18.27 mL，求试样的组成及各组分的质量分数。

14. 硫酸铵试样0.164 0 g，溶于水后加入甲醛，反应5 min，用$0.097\ 60\ mol\cdot L^{-1}$ NaOH溶液滴定至酚酞变色，用去23.09 mL。计算试样中N的质量分数。

15. 称取某含有Na_2HPO_4和Na_3PO_4的试样1.200 g，溶解后以酚酞为指示剂，用$0.300\ 8\ mol\cdot L^{-1}$ HCl溶液17.92 mL滴定至终点，再加入甲基红指示剂继续滴定至终点，又用去了HCl溶液19.95 mL。求试样中Na_2HPO_4和Na_3PO_4的质量分数。

16. 某溶液中可能含有H_3PO_4、NaH_2PO_4或Na_2HPO_4，或是它们不同比例的混合溶液。酚酞为指示剂时，以$1.000\ mol\cdot L^{-1}$ NaOH标准溶液滴定至终点用去46.85 mL，接着加入甲基橙，再以$1.000\ mol\cdot L^{-1}$ HCl溶液回滴至甲基橙终点用去31.96 mL，该混合溶液组成如何？试计算各组分物质的量。

17. 称取纯$CaCO_3$ 0.501 3 g溶于50.00 mL HCl溶液中，多余的HCl用NaOH滴定，用去NaOH溶液5.87 mL；另取25.00 mL该HCl溶液，用上述NaOH溶液滴定，用去NaOH溶液26.35 mL，求HCl溶液和NaOH溶液的浓度。

18. 用酸碱滴定法测定某试样中的含磷量。称取试样0.965 7 g，经处理后使P转化为H_3PO_4，再在HNO_3介质中加入钼酸铵，即生成磷钼酸铵沉淀，其反应式如下：

$$H_3PO_4 + 12MoO_4^{2-} + 2NH_4^+ + 22H^+ \Longrightarrow (NH_4)_2HPO_4\cdot 12MoO_3\cdot H_2O\downarrow + 11H_2O$$

将黄色的磷钼酸铵沉淀过滤，洗至不含游离酸，溶于30.48 mL $0.201\ 6\ mol\cdot L^{-1}$的NaOH溶液中，其反应式如下：

$$(NH_4)_2HPO_4\cdot 12MoO_3\cdot H_2O + 24OH^- \Longrightarrow 12MoO_4^{2-} + HPO_4^{2-} + 2NH_4^+ + 13H_2O$$

用$0.198\ 7\ mol\cdot L^{-1}$ HNO_3标准溶液回滴过量的碱至酚酞变色，耗去15.74 mL。求试样中的P含量。

第 5 章 沉淀溶解平衡与沉淀滴定法

> **学习要求：**
> 1. 掌握溶度积的概念和计算、溶度积与溶解度之间的换算关系。
> 2. 了解影响难溶电解质溶解度的因素，学会利用溶度积原理判断沉淀的生成与溶解。
> 3. 掌握沉淀溶解平衡中的相关运算。
> 4. 掌握沉淀滴定法和重量分析法的基本原理和实际应用。

沉淀的生成与溶解是一类常见并且实用的化学平衡，其特征在于反应过程中伴随着物相的生成或消失，与酸碱平衡不同，沉淀溶解平衡是一种多相平衡体系。如，$AgNO_3$ 溶液与 NaCl 溶液混合产生白色沉淀，称为沉淀反应；而石灰石（主要成分为 $CaCO_3$）放入过量的盐酸溶液中，固相消失，称为溶解反应。在科学研究和工农业生产中，经常需要利用沉淀的生成或溶解来进行物质制备、分离和提纯等。怎样判断沉淀能否生成或溶解？如何使沉淀或溶解反应进行完全？如何在含有几种离子的溶液中只使某一种或几种离子沉淀完全，而其余离子保留在溶液中？这是都是沉淀溶液平衡中经常遇到的问题。本章在沉淀溶解平衡理论基础上，介绍沉淀滴定法和重量分析法的原理与实际应用。

5.1 难溶电解质的溶解平衡

电解质在水中有不同的溶解度，通常将在 100 g 水中溶解量大于 0.1 g 的电解质称为易溶电解质（溶解度＞0.1 g/100 g(H_2O)），把 100 g 水中溶解量小于 0.01 g 的物质称为难溶电解质：（溶解度＜0.01 g/100 g(H_2O)），介于两者之间的则称为微溶电解质（溶解度在 0.1~0.01 g/100 g(H_2O)）。通常难溶电解质也有强弱之分，一部分是难溶的强电解质，如 $BaSO_4$、AgCl 等，虽然它们在水中的溶解度极小，但由于皆为离子晶体，溶解的物质在极性水分子的作用下完全电离；而另一部分难溶电解质则是弱电解质，如多数重金属的氢氧化物和硫化物等，由于它们是难溶的物质，所以在水溶液中的浓度极低，而弱电解质的浓度越小则电离度越大。因此，不管是难溶的强电解质还是弱电解质，都可以认为溶解的部分完全电离，完全以水合离子的状态存在于水溶液中，这是我们讨论沉淀溶解平衡的前提。

5.1.1 溶度积常数

在一定温度下，将难溶电解质放入水中，将发生溶解和沉淀两个相反的过程。例如将

AgCl 固体放入水中时，在极性水分子的作用下，表面上的部分 Ag^+、Cl^- 脱离固体表面进入溶液成为水合离子，这个过程即为溶解；同时，进入溶液的水合 Ag^+、水合 Cl^- 在不断的无规则运动中互相碰撞，并返回到固体表面，以 AgCl 晶体的形式析出，这一过程即为沉淀。当溶液达到饱和时，未溶解的电解质固体与溶液中的水合 Ag^+、Cl^- 离子建立起一种动态平衡，这时沉淀与溶解的速率相等，这两个方向相反的可逆过程达到了平衡状态。因为平衡建立在固体和溶液中离子之间，所以是一类多相离子平衡，称为难溶电解质的沉淀溶解平衡。AgCl 的沉淀溶解平衡可表示为

$$AgCl(s) \xrightleftharpoons[\text{沉淀}]{\text{溶解}} Ag^+(aq) + Cl^-(aq)$$

平衡时溶液为饱和溶液，根据化学平衡原理，溶液中各离子浓度与未溶解的固体浓度间存在下列关系：

$$K^\ominus = \frac{c(Ag^+)/c^\ominus \cdot c(Cl^-)/c^\ominus}{c(AgCl)/c^\ominus}$$

上式中 $c(Ag^+)$、$c(Cl^-)$ 分别为饱和溶液中水合 Ag^+、Cl^- 离子的浓度，$c(AgCl)$ 为未溶解的 AgCl 固体浓度，其浓度可视为常数，$c^\ominus$ 为标准溶液浓度 $1\ mol \cdot L^{-1}$，化简后上式可改写为

$$K_{sp}^\ominus = [Ag^+][Cl^-]$$

对于一般的难溶电解质，如果在一定温度下建立沉淀溶解平衡，都应遵循溶度积常数的表达式。即

$$A_nB_m \xrightleftharpoons[\text{沉淀}]{\text{溶解}} nA^{m+} + mB^{n-}$$

$$K_{sp}^\ominus = [A^{m+}]^n[B^{n-}]^m \tag{5-1}$$

式中 n 和 m 分别代表水合离子 A^{m+} 和 B^{n-} 在沉淀溶解平衡式中的化学计量系数，公式 (5-1) 表明，在一定温度下，难溶电解质的饱和溶液中，不论各种离子的浓度如何变化，其浓度以计量系数为幂的乘积为常数，该常数称为溶度积常数，简称溶度积（solubility product），用符号 $K_{sp}^\ominus$ 表示。在书写某一具体物质的溶度积时，常在 $K_{sp}^\ominus$ 后面括号里标出其化学式（或分子式）。例如：

$$PbCl_2(s) \rightleftharpoons Pb^{2+}(aq) + 2Cl^-(aq)$$
$$K_{sp}^\ominus(PbCl_2) = [Pb^{2+}][Cl^-]^2$$
$$Ca_3(PO_4)_2(s) \rightleftharpoons 3Ca^{2+}(aq) + 2PO_4^{3-}(aq)$$
$$K_{sp}^\ominus(Ca_3(PO_4)_2) = [Ca^{2+}]^3[PO_4^{3-}]^2$$

$K_{sp}^\ominus$ 在一定温度下的大小既可以反映难溶电解质在溶液中的溶解程度（$K_{sp}^\ominus$ 值大，难溶电解质溶解趋势大；$K_{sp}^\ominus$ 值小，难溶电解质溶解趋势小）；也可表示难溶电解质在溶液中生成沉淀的难易（$K_{sp}^\ominus$ 小易沉淀，$K_{sp}^\ominus$ 大难沉淀）。

$K_{sp}^\ominus$ 的大小由难溶电解质的本性决定，与温度有关，而与沉淀量的多少和溶液中离子浓度的变化无关。溶液中离子浓度的变化只能使平衡移动，并不改变溶度积。通常温度对 $K_{sp}^\ominus$ 值影响不大，在实际工作中常以 298 K（25℃）时的溶度积数值（由实验测得）。一些常见难溶电解质的 $K_{sp}^\ominus$ 值参见附录 1。

5.1.2 溶度积与溶解度的相互换算

难溶电解质的溶解度定义为：在一定温度下，1 L 难溶电解质的饱和溶液中难溶电解质溶解的量，用 s(solubility)表示。通常讲某物质的溶解度是指在纯水中的溶解度，由于溶度积表达式中，离子的浓度用物质的量浓度表示，而溶解度则有不同的量度单位，所以在计算两者之间的换算关系时，先要把溶解度换算成为物质的量浓度，单位为 $mol \cdot L^{-1}$。溶度积 $K_{sp}^{\ominus}$ 和溶解度 s 虽然都能反映难溶电解质溶解的难易，但 $K_{sp}^{\ominus}$ 反映的是难溶电解质溶解的热力学本质——溶解作用进行的倾向，$K_{sp}^{\ominus}$ 与难溶电解质的离子浓度无关，若温度一定，便是一个定值。而溶解度 s 除与难溶电解质的本性和温度有关外，还与溶液中难溶电解质离子浓度有关，如在 NaCl 溶液中，AgCl 的溶解度就会降低。根据溶度积 $K_{sp}^{\ominus}$ 的表达式，难溶电解质的溶度积 $K_{sp}^{\ominus}$ 和溶解度 s 可以互相换算。

【例 5-1】 已知 298 K 时，AgCl 的 $K_{sp}^{\ominus}$ 为 1.8×10^{-10}，求 AgCl 的溶解度 s。

解： AgCl 的电离平衡为

$$AgCl(s) \rightleftharpoons Ag^+(aq) + Cl^-(aq)$$
$$c/mol \cdot L^{-1} \quad\quad s \quad\quad s$$
$$K_{sp}^{\ominus}(AgCl) = [Ag^+][Cl^-] = s^2$$
$$s = \sqrt{K_{sp}^{\ominus}(AgCl)} = \sqrt{1.8 \times 10^{-10}} = 1.3 \times 10^{-5} (mol \cdot L^{-1})$$

【例 5-2】 在 25 ℃ 时，Ag_2CrO_4 的溶解度为 $0.0217\ g \cdot L^{-1}$，求 Ag_2CrO_4 的溶度积是多少？（Ag_2CrO_4 的摩尔质量为 $331.8\ g \cdot mol^{-1}$）

解： 首先将溶解度单位 $g \cdot L^{-1}$ 换算为 $mol \cdot L^{-1}$，即

$$s(Ag_2CrO_4) = \frac{0.0217\ g \cdot L^{-1}}{331.8\ g \cdot mol^{-1}} = 6.54 \times 10^{-5}\ mol \cdot L^{-1}$$

Ag_2CrO_4 的电离平衡为

$$Ag_2CrO_4(s) \rightleftharpoons 2Ag^+(aq) + CrO_4^{2-}(aq)$$

1 mol Ag_2CrO_4 溶解电离出 2 mol Ag^+ 和 1 mol CrO_4^{2-}，故

$$c(CrO_4^{2-}) = 6.54 \times 10^{-5}\ mol \cdot L^{-1}$$
$$c(Ag^+) = 2 \times 6.54 \times 10^{-5}\ mol \cdot L^{-1} = 1.31 \times 10^{-4}\ mol \cdot L^{-1}$$
$$K_{sp}^{\ominus}(Ag_2CrO_4) = [Ag^+]^2 \cdot [CrO_4^{2-}]$$
$$= (1.31 \times 10^{-4})^2 \times 6.65 \times 10^{-5}$$
$$= 1.12 \times 10^{-12}$$

归纳以上两种类型的难溶电解质，可得出 $K_{sp}^{\ominus}$ 与 s 的关系如下：

(1) AB 型：$K_{sp}^{\ominus} = [A^+][B^-] = s^2$；

(2) $A_2B(AB_2)$ 型：$K_{sp}^{\ominus} = [A^+]^2[B^{2-}] = 4s^3$。

对于同一类型的电解质：$K_{sp}^{\ominus}$ 越大，溶解度越大。值得注意的是，上面所列溶解度与溶度积常数的换算关系只是一种近似关系，计算的值与实验结果很可能有一定的差距。它们之间的相互换算是有条件的：第一，难溶电解质的离子在溶液中应不发生水解、聚合、配位等

反应;第二,难溶电解质要一步完全解离,只有符合这两个条件的难溶电解质的 s 和 $K_{sp}^{\ominus}$ 之间才存在以上的简单数学关系。

关于溶解度和溶度积的关系,一般来讲,溶解度愈大的难溶电解质其溶度积也愈大。但绝对不能笼统地讲溶解度愈大,溶度积就一定愈大。通过以下分析,就可弄清这个问题。

表 5-1 比较 $AgCl$、$AgBr$、Ag_2CrO_4 的溶度积和溶解度

难溶电解质	溶度积	溶解度/mol·L^{-1}
$AgCl$	1.8×10^{-10}	1.3×10^{-5}
$AgBr$	5.4×10^{-13}	7.3×10^{-7}
Ag_2CrO_4	1.1×10^{-12}	6.5×10^{-5}

从表 5-1 所列数据可以看出,$AgCl$ 和 $AgBr$ 相比,$AgCl$ 的溶度积比 $AgBr$ 大,$AgCl$ 的溶解度也大;$AgCl$ 和 Ag_2CrO_4 相比,$AgCl$ 的溶度积比 Ag_2CrO_4 大,但 $AgCl$ 的溶解度反而比 Ag_2CrO_4 的小。这是由于 $AgCl$ 的溶度积表示式与 Ag_2CrO_4 不同,后者与 Ag^+ 浓度的平方成正比。因此,不能笼统地认为溶度积大的难溶电解质的溶解度一定也大。只有对同一类型的难溶电解质才可以通过溶度积来比较它们溶解度的大小。对不同类型的难溶电解质,只有通过实际计算才能知道它们溶解度的大小。

5.1.3 溶度积的化学热力学计算

$K_{sp}^{\ominus}$ 可由实验测定,但由于有些难溶电解质的溶解度太小,很难直接测出,因此可利用热力学函数来进行计算。在化学反应平衡中已经学过标准自由能变与化学平衡常数的关系式:

$$\lg K^{\ominus} = \frac{-\Delta_r G_m^{\ominus}}{(2.303RT)}$$

溶度积也是一种化学平衡常数,故上式同样适用 $K_{sp}^{\ominus}$,即

$$\lg K_{sp}^{\ominus} = \frac{-\Delta_r G_m^{\ominus}}{(2.303RT)}$$

【例 5-3】 试通过热力学数据计算 298 K 时 $AgCl$ 的溶度积。

解: $\qquad\qquad\qquad AgCl(s) \rightleftharpoons Ag^+(aq) + Cl^-(aq)$

查得:$\Delta_f G_m^{\ominus}/kJ \cdot mol^{-1}$: $\qquad -109.8 \qquad 77.11 \qquad -131.25$

$\Delta_r G_m^{\ominus} = \Delta_f G_m^{\ominus}(Cl^-) + \Delta_f G_m^{\ominus}(Ag^+) - \Delta_f G_m^{\ominus}(AgCl)$

$\qquad = -131.25 \text{ kJ} \cdot \text{mol}^{-1} + 77.11 \text{ kJ} \cdot \text{mol}^{-1} + 109.8 \text{ kJ} \cdot \text{mol}^{-1}$

$\qquad = 55.66 \text{ kJ} \cdot \text{mol}^{-1}$

$$\lg K_{sp}^{\ominus}(AgCl) = \frac{-\Delta_r G_m^{\ominus}}{(2.303RT)} = \frac{-55.66 \times 10^3 \text{ J} \cdot \text{mol}^{-1}}{2.303 \times 8.314 \text{ J} \cdot \text{mol} \cdot \text{K}^{-1} \times 298 \text{ K}} = -9.7549$$

$$K_{sp}^{\ominus}(AgCl) = 1.76 \times 10^{-10}$$

由附录Ⅵ中查得 $K_{sp}^{\ominus}(AgCl) = 1.8 \times 10^{-10}$,与计算结果十分接近。

5.1.4 溶度积规则

在一定条件下,难溶电解质的沉淀能否生成或溶解,可以根据溶度积规则来进行判断。

在某难溶电解质溶液中,其离子浓度系数方的乘积称为离子积,用符号 Q_c 表示,对于 A_nB_m 型难溶电解质,存在如下关系式:

$$Q_c = [A^{m+}]^n \cdot [B^{n-}]^m \tag{5-2}$$

例如 $Mg(OH)_2$ 溶液的离子积 $Q_c = [Mg^{2+}][OH^-]^2$。Q_c 和 $K_{sp}^{\ominus}$ 的表达式相同,但两者的概念是有区别的。$K_{sp}^{\ominus}$ 表示难溶电解质沉淀溶解平衡时,饱和溶液中离子浓度的乘积,对某一难溶电解质,在一定温度下,$K_{sp}^{\ominus}$ 为一常数;而 Q_c 则表示任何情况下离子浓度的乘积,其数值不定,$K_{sp}^{\ominus}$ 仅是 Q_c 的一个特殊情况。

在任何给定的溶液中,离子积 Q_c 与溶度积的关系存在以下三种情况:

(1) 当 $Q_c > K_{sp}^{\ominus}$ 时,溶液为过饱和溶液,平衡向生成沉淀的方向移动,有沉淀析出,直至饱和,达到新的平衡为止。所以 $Q_c > K_{sp}^{\ominus}$ 是沉淀形成的条件。

(2) 当 $Q_c = K_{sp}^{\ominus}$ 时,溶液为饱和溶液,处于平衡状态。即不生成沉淀,沉淀也不溶解。严格来讲,应该是沉淀的生成速率与溶解速率相等。

(3) 当 $Q_c < K_{sp}^{\ominus}$ 时,为不饱和溶液,无沉淀析出,若体系中尚有沉淀存在,沉淀将被溶解,直至饱和。所以 $Q_c < K_{sp}^{\ominus}$ 是沉淀溶解的条件。

以上称为溶度积规则(solubility product principle),它是难溶电解质多相离子平衡移动规律的总结。据此可以控制离子的浓度,使之产生沉淀或使沉淀溶解。

【例 5-4】 将等体积的 4.0×10^{-3} mol·L^{-1} 的 $AgNO_3$ 和 4.0×10^{-3} mol·L^{-1} K_2CrO_4 混合,是否会有 Ag_2CrO_4 沉淀产生?(已知 $K_{sp}^{\ominus}(Ag_2CrO_4) = 1.1 \times 10^{-12}$)

解:等体积混合后,浓度为原来的一半,则

$$[Ag^+] = [CrO_4^{2-}] = 2.0 \times 10^{-3} \text{ mol·L}^{-1}$$

$$Q_c = [Ag^+]^2 \cdot [CrO_4^{2-}] = (2.0 \times 10^{-3})^2 \times 2.0 \times 10^{-3}$$
$$= 8.0 \times 10^{-9}$$

因为 $Q_c > K_{sp}^{\ominus}(Ag_2CrO_4)$,所以有沉淀析出。

要在溶液中除去某种离子,往往采取使其产生沉淀的方法,因此,必须加入一种有足够浓度的沉淀剂溶液,使难溶电解质的离子积大于溶度积,产生沉淀,然后过滤分离。沉淀作用达到平衡时,余留在溶液中的离子浓度幂的乘积等于溶度积。许多难溶电解质的溶度积很小,因此当沉淀作用达到平衡后,余留在溶液中的离子浓度很低,已不能用定性反应检测出来,同样也不妨碍其他离子的鉴定,因此可以认为沉淀已经完全。

5.2 沉淀溶解平衡的移动

和弱电解质溶液的解离平衡一样,在难溶电解质的沉淀溶解平衡系统中,加入相同离子、不同离子都会引起多相离子平衡的移动,改变难溶电解质的溶解度。

5.2.1 影响难溶电解质溶解度的因素

1. 同离子效应

在难溶电解质的溶液中加入含有相同离子的强电解质,难溶电解质的多相平衡将发生移动。例如在 AgCl 的饱和溶液中加入 KCl 溶液时,在原来澄清的 AgCl 饱和溶液中仍会有 AgCl 沉淀析出。这是因为 AgCl 饱和溶液中存在着下列平衡:

$$AgCl(s) \rightleftharpoons Ag^+ + Cl^-$$

此时 $c(Ag^+)c(Cl^-) = K_{sp}^{\ominus}$,当向溶液中加入与 AgCl 含有相同阴离子的 KCl 时,溶液中 Cl^- 离子浓度逐渐增大,因此出现 $c(Ag^+)c(Cl^-) > K_{sp}^{\ominus}$ 的情况,平衡向生成 AgCl 沉淀的方向移动,即有白色沉淀析出。直到溶液中 $c(Ag^+)c(Cl^-)$ 回到等于 $K_{sp}^{\ominus}$,建立新的平衡时,沉淀才停止析出。这时 Cl^- 浓度大于 AgCl 溶解在纯水中的 Cl^- 浓度,这是由于加入了 KCl 溶液所造成,而 Ag^+ 浓度则小于 AgCl 溶解在纯水时 Ag^+ 的浓度。AgCl 的溶解度可用达到平衡时的 Ag^+ 的浓度来表示,因此,AgCl 在 KCl 溶液中的溶解度小于在纯水中的溶解度。这种因加入含有相同离子的易溶强电解质,从而导致难溶电解质溶解度降低的效应,称为同离子效应,与酸碱平衡中的同离子效应相同。

【例 5-5】 已知室温下 $BaSO_4$ 在纯水中的溶解度为 1.05×10^{-5} mol·L^{-1},$BaSO_4$ 在 0.010 mol·L^{-1} Na_2SO_4 溶液中的溶解度比在纯水中小多少? 已知 $K_{sp}^{\ominus}(BaSO_4) = 1.1 \times 10^{-10}$。

解: 设 $BaSO_4$ 在 0.010 mol·L^{-1} Na_2SO_4 溶液中的溶解度为 x mol·L^{-1},则溶解平衡时

$$BaSO_4(s) \rightleftharpoons Ba^{2+}(aq) + SO_4^{2-}(aq)$$

平衡时浓度/mol·L^{-1} x $0.010 + x$

$$K_{sp}^{\ominus}(BaSO_4) = [Ba^{2+}][SO_4^{2-}] = x(0.010 + x) = 1.1 \times 10^{-10}$$

因为溶解度 x 很小,所以 $0.010 + x \approx 0.010$

$$0.010x = 1.1 \times 10^{-10}$$

$$x = 1.1 \times 10^{-8} (\text{mol·L}^{-1})$$

计算结果与 $BaSO_4$ 在纯水中的溶解度相比较,溶解度由原来的 1.05×10^{-5} 降为 1.1×10^{-8},即约为原来的 0.1%。

【例 5-6】 在 25℃ 时,比较 $PbSO_4$ 在纯水和在 0.01 mol·L^{-1} Na_2SO_4 溶液中的溶解度 (25℃ 时 $K_{sp}^{\ominus}(PbSO_4) = 2.53 \times 10^{-8}$)。

解: 设 $PbSO_4$ 在纯水中的溶解度为 s mol·L^{-1},$PbSO_4$ 的电离平衡为

$$PbSO_4(s) \rightleftharpoons Pb^{2+}(aq) + SO_4^{2-}(aq)$$

c/mol·L^{-1} s s

$$K_{sp}^{\ominus}(PbSO_4) = [Pb^{2+}][SO_4^{2-}] = s^2$$

$$s = \sqrt{K_{sp}^{\ominus}(PbSO_4)} = \sqrt{2.53 \times 10^{-8}} = 1.59 \times 10^{-4}$$

$$s = 1.59 \times 10^{-4} \text{ mol·L}^{-1}$$

设在 0.01 mol·L^{-1} Na_2SO_4 溶液中,$PbSO_4$ 的溶解度为 s' mol·L^{-1},则

$$PbSO_4(s) \rightleftharpoons Pb^{2+}(aq) + SO_4^{2-}(aq)$$
$$c/\text{mol} \cdot L^{-1} \quad\quad s' \quad\quad s'+0.01$$
$$K_{sp}^{\ominus}(PbSO_4) = [Pb^{2+}][SO_4^{2-}] = s'(s'+0.01)$$

因为在纯水中 $s = 1.59 \times 10^{-4}$ mol·L^{-1}，说明 PbSO$_4$ 溶解度很小，则

$$0.01 \text{ mol} \cdot L^{-1} + s' \text{mol} \cdot L^{-1} \approx 0.01 \text{ mol} \cdot L^{-1}$$
$$K_{sp}^{\ominus}(PbSO_4) = s' \times 0.01 = 2.53 \times 10^{-8}$$
$$s' = 2.53 \times 10^{-6} \text{ mol} \cdot L^{-1}$$

由以上计算可以看出，PbSO$_4$ 在 Na$_2$SO$_4$ 溶液中的溶解度比在纯水中溶解小，这就是同离子效应的结果。

2. 盐效应

实验表明，在一定温度下，AgCl 等难溶电解质在 KNO$_3$ 溶液中的溶解度比在纯水中大，并且 KNO$_3$ 浓度越大，难溶电解质的溶解度也越大。例如 AgBr 在 0.01 mol·L^{-1} KNO$_3$ 溶液中的溶解度要比在纯水中大 15%，这种因加入强电解质而使难溶电解质溶解度增大的效应，称为盐效应。

延伸阅读：
盐效应

不但加入不同离子的电解质能使沉淀的溶解度增大，就是加入具有相同离子的电解质，在产生同离子效应的同时，也能产生盐效应。但盐效应都要比同离子效应的影响小很多，所以一般可以只考虑同离子效应而不考虑盐效应。

5.2.2 沉淀的溶解

降低难溶强电解质饱和溶液中阴离子或阳离子的浓度，使难溶电解质的离子积小于溶度积，导致难溶电解质的沉淀溶解，直到建立新的平衡状态，溶解反应停止。通常使沉淀溶解的方法有以下几种：

1. 生成弱电解质使沉淀溶解

难溶的弱酸盐、氢氧化物等都能溶于酸而生成弱电解质。例如，在含有固体 CaCO$_3$ 的饱和溶液中加入盐酸，系统存在下列平衡的移动：

$$CaCO_3(s) \rightleftharpoons Ca^{2+} + CO_3^{2-}$$
$$+$$
$$HCl \longrightarrow Cl^- + H^+$$
$$\Updownarrow$$
$$HCO_3^- + H^+ \rightleftharpoons H_2CO_3 \longrightarrow CO_2\uparrow + H_2O$$

由于 H$^+$ 与 CO$_3^{2-}$ 结合生成弱酸 H$_2$CO$_3$，后者稳定性差，可分解为 CO$_2$ 和 H$_2$O，使 CaCO$_3$ 饱和溶液中的 CO$_3^{2-}$ 离子浓度大大减小，从而使 $c(Ca^{2+})c(CO_3^{2-}) < K_{sp}^{\ominus}$，因而 CaCO$_3$ 固体溶解。这种加酸生成弱电解质从而使沉淀溶解的方法，称为沉淀的酸溶解。

金属硫化物也是弱酸盐，在酸溶解时，H$^+$ 和 S^{2-} 先生成 HS$^-$，HS$^-$ 又进一步和 H$^+$ 结合成 H$_2$S 分子，使得 S^{2-} 减少，使 $Q_c < K_{sp}^{\ominus}$，金属硫化物开始溶解。例如 FeS 的酸溶解可用下列的平衡表示：

$$FeS(s) \rightleftharpoons Fe^{2+} + S^{2-}$$

$$\text{HCl} \longrightarrow \text{Cl}^- + \overset{+}{\underset{\Updownarrow}{\text{H}^+}}$$

$$\text{HS}^- + \text{H}^+ \rightleftharpoons \text{H}_2\text{S}$$

【例 5-7】 要使 0.1 mol FeS 完全溶于 1.0 L 盐酸中，求所需盐酸的最低浓度。

解：当 0.10 mol FeS 完全溶于 1.0 L 盐酸时，即溶液中 $c(\text{Fe}^{2+}) = 0.10$ mol·L^{-1}，$c(\text{H}_2\text{S}) = 0.10$ mol·L^{-1}，反应如下：

$$\text{FeS(s)} + 2\text{H}^+(\text{aq}) \rightleftharpoons \text{Fe}^{2+}(\text{aq}) + \text{H}_2\text{S(aq)}$$

根据 $K_{sp}^{\ominus}(\text{FeS}) = [\text{Fe}^{2+}][\text{S}^{2-}]$，则溶液中 S^{2-} 的浓度应为

$$[\text{S}^{2-}] = \frac{K_{sp}^{\ominus}(\text{FeS})}{[\text{Fe}^{2+}]} = \frac{6.3 \times 10^{-18}}{0.10} = 6.3 \times 10^{-17}(\text{mol·L}^{-1})$$

多余的 S^{2-} 则与 HCl 反应生成 H_2S，生成 H_2S 需要 H^+ 0.20 mol。

根据：$K_{a1}^{\ominus} K_{a2}^{\ominus} = \dfrac{[\text{H}^+]^2[\text{S}^{2-}]}{[\text{H}_2\text{S}]}$，则

$$[\text{H}^+] = \sqrt{\frac{K_{a1}^{\ominus} K_{a2}^{\ominus}[\text{H}_2\text{S}]}{[\text{S}^{2-}]}} = \sqrt{\frac{1.3 \times 10^{-21}}{6.3 \times 10^{-17}}} = 4.5 \times 10^{-3}(\text{mol·L}^{-1})$$

生成 H_2S 时消耗掉 0.20 mol 盐酸，故所需的盐酸的最初浓度为

$$0.004\ 5 + 0.20 = 0.204\ 5(\text{mol·L}^{-1})$$

难溶的金属氢氧化物，如 Mg(OH)_2、Mn(OH)_2、Fe(OH)_3、Al(OH)_3 等都能溶于酸，这是由于 H^+ 与 OH^- 生成 H_2O，使得 OH^- 浓度不断减小，导致金属氧化物不断溶解。金属氢氧化物溶于强酸的总反应式为

$$\text{M(OH)}_n + n\text{H}^+ \rightleftharpoons \text{M}^{n+} + n\text{H}_2\text{O}$$

反应平衡常数为

$$K = \frac{[\text{M}^{n+}]}{[\text{H}^+]^n} = \frac{[\text{M}^{n+}] \cdot [\text{OH}^-]^n}{[\text{H}^+]^n \cdot [\text{OH}^-]^n} = \frac{K_{sp}}{(K_w)^n} \quad (5-3)$$

室温时，水的离子积常数 $K_w^{\ominus} = 10^{-14}$，而一般 MOH 的 $K_{sp}^{\ominus}$ 大都大于 10^{-14}（即 $K_w^{\ominus}$），M(OH)_2 的 $K_{sp}^{\ominus}$ 大于 10^{-28}（即 $K_w^{\ominus 2}$），M(OH)_3 的 $K_{sp}^{\ominus}$ 大于 10^{-42}（即 $K_w^{\ominus 3}$），所以式(5-3)的平衡常数 K 大都大于 1，表明金属氢氧化物一般都能溶于强酸。

2. 通过氧化还原反应使沉淀溶解

有些金属硫化物的 $K_{sp}^{\ominus}$ 数值特别小，因而不能用盐酸溶解。如 CuS 的 $K_{sp}^{\ominus}$ 为 1.27×10^{-36}，如需使其溶解，则 $c(\text{H}^+)$ 需达到 10^6 mol·L^{-1}，现在强酸的最大浓度也不超过 20 mol·L^{-1}，可以说 CuS 在酸中是不溶的。但 CuS 在硝酸中却是可以溶解的，则发生下列氧化还原反应：

$$\text{CuS(s)} \rightleftharpoons \text{Cu}^{2+} + \overset{+}{\text{S}^{2-}}$$

$$\text{HNO}_3 \longrightarrow \text{S}\downarrow + \text{NO}\uparrow + \text{H}_2\text{O}$$

这是因为其中不仅包含了溶解反应,还含有氧化还原反应。更难溶的 HgS 溶度积更小,为 $K_{sp}^{\ominus}=6.44\times10^{-53}$,在硝酸中也不溶,只能用王水来溶解,即利用浓硝酸的氧化作用使 S^{2-} 的浓度降低,同时利用浓盐酸 Cl^- 的配位作用使 Hg^{2+} 的浓度也降低,反应如下:

$$3HgS + 2HNO_3 + 12HCl \Longleftrightarrow 3H_2[HgCl_4] + 3S\downarrow + 2NO\uparrow + 4H_2O$$

3. 生成配合物使沉淀溶解

许多难溶电解质因其解离出的金属离子能生成更为稳定的配合物而在含有配位体的溶液中发生溶解。溶液中存在与构晶离子形成可溶性配合物的配位剂,会使沉淀的溶解度增大,甚至完全溶解,这一现象称为配位效应。配位效应对沉淀溶解度的影响与配位剂的浓度及配合物的稳定性有关。配位剂的浓度越高,生成的配合物越稳定,则难溶电解质的溶解度越大。

例如 AgCl 不溶于酸,但可溶于 NH_3 溶液,其反应如下:

$$AgCl(s) \Longleftrightarrow Ag^+ + Cl^-$$
$$+$$
$$2NH_3 \Longleftrightarrow [Ag(NH_3)_2]^+$$

由于 NH_3 和 Ag^+ 结合而生成稳定的配离子 $[Ag(NH_3)_2]^+$ 降低了 Ag^+ 的浓度,使 $Q_c < K_{sp}^{\ominus}$,则 AgCl 固体开始溶解。AgCl 在 $0.01\ mol\cdot L^{-1}$ 氨水中的溶解度比在纯水中溶解度大 40 倍。如果氨水的浓度足够大,则不能生成 AgCl 沉淀。

难溶卤化物还可以与过量的卤素离子形成配离子而溶解,例如:

$$AgI + I^- \Longleftrightarrow AgI_2^-$$
$$PbI_2 + 2I^- \Longleftrightarrow PbI_4^{2-}$$
$$HgI_2 + 2I^- \Longleftrightarrow HgI_4^{2-}$$
$$CuI + I^- \Longleftrightarrow CuI_2^-$$

而两性氢氧化物在强碱性溶液中能生成羟合配离子而溶解,如 $Al(OH)_3$ 与 OH^- 反应,生成配离子 $Al(OH)_4^-$。

由此可以看出,如果外界条件发生变化,如酸度的变化、配位剂的存在等,都会使金属离子浓度或沉淀剂浓度发生变化,从而影响沉淀的溶解度。

5.3 溶度积规则的应用

5.3.1 沉淀的生成

在沉淀反应中,根据溶度积规则可以推测沉淀能否生成。一定温度下,当溶液中电解质的离子浓度乘积(简称离子积)大于该物质的溶度积常数时,则该固体将沉淀析出。

由于没有绝对不溶于水的物质,所以任何一种沉淀的析出实际上都不是绝对完全的,因为溶液中沉淀溶解平衡总是存在的,即溶液中总会含有极少量的待沉淀的离子。定量分析中,当残留在溶液中的某种离子浓度小于 $10^{-6}\ mol\cdot L^{-1}$ 时,就可认为这种离子沉淀完全。

用沉淀反应分离溶液中的某种离子时,要使离子沉淀完全,一般应采取以下几种措施:
(1) 选择适当的沉淀剂,使沉淀的溶解度尽可能小。例如,Ca^{2+} 可以沉淀为 $CaSO_4$ 和

CaC_2O_4，它们的 K_{sp} 分别为 $9.1×10^{-6}$ 和 $2.5×10^{-9}$，都属于同类型的难溶电解质。因此，常选用 $C_2O_4^{2-}$ 作为 Ca^{2+} 的沉淀剂，从而可使 Ca^{2+} 沉淀得更加完全。

(2) 可加入适当过量的沉淀剂。这实际上是根据同离子效应，加入过量的沉淀剂使沉淀更加完全。但沉淀剂的用量不是越多越好，否则就会引起其他效应(盐效应、配位效应等)。一般情况下，沉淀剂过量 50%～100% 是合适的，如果沉淀剂不是易挥发的，则以过量 20%～25% 为宜。

(3) 对于某些离子沉淀时，还必须控制溶液的 pH，才能确保沉淀完全。如在化学试剂生产中，控制 Fe^{3+} 的含量是衡量产品质量的重要标志之一，要除去 Fe^{3+}，一般都要通过控制溶液的 pH，使 Fe^{3+} 转化为 $Fe(OH)_3$ 沉淀析出。

5.3.2 分步沉淀

当溶液中含有两种或两种以上可被同一种试剂沉淀的离子时，由于不同沉淀溶度积的差别而按一定顺序先后沉淀的现象，称为分步沉淀。从溶度积原理可以得知，首先满足 $Q>K_{sp}^{\ominus}$ 的离子先被沉淀出来。如果几种离子同时满足 $Q>K_{sp}^{\ominus}$，则可同时沉淀出来。

例如，在含有 $0.010\ mol·L^{-1}\ I^-$ 和 $0.010\ mol·L^{-1}\ Cl^-$ 溶液中逐渐滴加 $AgNO_3$，开始只生成黄色的 AgI 沉淀，加入到一定量的 $AgNO_3$ 时，才出现白色的 AgCl 沉淀。开始生成两种沉淀时所分别需要的 Ag^+ 浓度可以通过如下计算：

已知：
$$K_{sp}^{\ominus}(AgCl)[Ag^+][Cl^-]=1.8×10^{-10}$$
$$K_{sp}^{\ominus}(AgI)=[Ag^+][I^-]=8.7×10^{-17}$$

当 Ag^+ 浓度达到：$[Ag^+]=\dfrac{K_{sp}^{\ominus}(AgI)}{[I^-]}=8.7×10^{-15}\ mol/L$

溶液中开始生成 AgI 沉淀，随着 Ag^+ 不断加入，溶液中 I^- 越来越少，Ag^+ 越来越多

当 Ag^+ 浓度达到：$[Ag^+]=\dfrac{K_{sp}^{\ominus}(AgCl)}{[Cl^-]}=1.8×10^{-7}\ mol/L$

溶液中开始生成 AgCl 沉淀，此时溶液中 I^- 的浓度为：

$$[I^-]=\dfrac{K_{sp}^{\ominus}(AgI)}{[Ag^+]}=4.6×10^{-9}\ mol/L\ll 1×10^{-6}\ mol/L$$

当 AgCl 开始沉淀时溶液中的 I^- 已经沉淀完全，Cl^-、I^- 被分离。

【例 5-8】 在 $1.0\ mol/L$ 的 Co^{2+} 溶液中，含有少量 Fe^{3+} 杂质。问应如何控制 pH，才能达到除去 Fe^{3+} 杂质的目的？已知：$K_{sp}^{\ominus}(Co(OH)_2)=1.09×10^{-15}$，$K_{sp}^{\ominus}(Fe(OH)_3)=4.0×10^{-38}$。

解： ① 使 Fe^{3+} 定量沉淀完全时的 pH：

$$Fe(OH)_3(s) \rightleftharpoons Fe^{3+}+3OH^-$$

$$K_{sp}^{\ominus}(Fe(OH)_3)=[Fe^{3+}][OH^-]^3=4.0×10^{-38}$$

$$c(OH^-)=\sqrt[3]{\dfrac{K_{sp}^{\ominus}(Fe(OH)_3)}{[Fe^{3+}]}}=\sqrt[3]{\dfrac{4.0×10^{-38}}{1×10^{-6}}}=3.4×10^{-11}$$

即：当 pOH 小于 10.47，pH 大于 3.53 的时候，Fe^{3+} 可被完全去除。

② 使 Co^{2+} 不生成 $Co(OH)_2$ 沉淀的 pH：

$$Co(OH)_2(s) \rightleftharpoons Co^{2+} + 2OH^-$$

$$K_{sp}^{\ominus}(Co(OH)_2) = [Co^{2+}][OH^-]^2 = 1.09 \times 10^{-15}$$

$$[OH^-] = \sqrt[2]{\frac{K_{sp}^{\ominus}(Co(OH)_2)}{[Co^{2+}]}} = \sqrt[2]{\frac{1.09 \times 10^{-15}}{1}} = 3.3 \times 10^{-8}$$

即当 pOH 为 7.49，pH 为 6.51 时，Co^{2+} 开始沉淀。

因此，如要在 $1.0\ mol \cdot L^{-1}$ 的 Co^{2+} 溶液中去除 Fe^{3+}，溶液的 pH 应控制在 3.53～6.51 之间。

【例 5-9】 溶液中 Ba^{2+} 浓度为 $0.10\ mol \cdot L^{-1}$，Pb^{2+} 浓度为 $0.0010\ mol \cdot L^{-1}$，向溶液中慢慢加入 Na_2SO_4。哪一种沉淀先生成？当第二种沉淀开始生成时，先生成沉淀的那种离子的剩余浓度是多少？（不考虑 Na_2SO_4 溶液加入所引起的体积变化）

解： 开始生成 $BaSO_4$ 沉淀所需 SO_4^{2-} 的最低浓度：

$$[SO_4^{2-}] = \frac{K_{sp}^{\ominus}(BaSO_4)}{[Ba^{2+}]} = \frac{1.1 \times 10^{-10}}{0.10} = 1.1 \times 10^{-9}\ (mol \cdot L^{-1})$$

开始生成 $PbSO_4$ 沉淀所需 SO_4^{2-} 的最低浓度：

$$[SO_4^{2-}] = \frac{K_{sp}^{\ominus}(PbSO_4)}{[Pb^{2+}]} = \frac{1.6 \times 10^{-8}}{0.0010} = 1.6 \times 10^{-5}\ (mol \cdot L^{-1})$$

由于生成 $BaSO_4$ 沉淀所需 SO_4^{2-} 的最低浓度较小，所以先生成 $BaSO_4$ 沉淀。在继续加入 Na_2SO_4 溶液的过程中，随着 $BaSO_4$ 不断沉淀出来，溶液中 Ba^{2+} 浓度不断下降，SO_4^{2-} 的浓度必须不断上升，当 SO_4^{2-} 的浓度达到 $1.6 \times 10^{-5}\ mol \cdot L^{-1}$ 时，同时满足 $PbSO_4$ 和 $BaSO_4$ 两种沉淀生成的条件，两种沉淀同时生成。但在 $PbSO_4$ 沉淀开始生成时，溶液中剩余 Ba^{2+} 浓度为

$$[Ba^{2+}] = \frac{K_{sp}^{\ominus}(BaSO_4)}{[SO_4^{2-}]} = \frac{1.1 \times 10^{-10}}{1.6 \times 10^{-5}} = 6.9 \times 10^{-6}\ (mol \cdot L^{-1})$$

实际上在 $PbSO_4$ 开始沉淀时，Ba^{2+} 已经沉淀得相当完全了，后生成的 $PbSO_4$ 沉淀中基本不含有 $BaSO_4$ 沉淀。

5.3.3 沉淀的转化

在某一沉淀的溶液中，加入适当的试剂，使之转化为另一种沉淀的反应，称为沉淀的转化。如将少量的 AgCl 粉末中加入到 KI 溶液中，溶液中白色 AgCl 粉末消失，溶液从无色变为浅黄色，发生如下反应：

$$AgCl + I^- \rightleftharpoons AgI \downarrow + Cl^-$$

一般沉淀转化反应由溶解度较大的难溶电解质转化为溶解度较小的物质，两沉淀的溶度积相差越大，沉淀越易转化。

有些沉淀既不溶于水也不溶于酸，也不能用配位溶解和氧化还原的方法将它溶解。这时，可以先将难溶强酸盐转化为难溶弱酸盐，然后再用酸来溶解。如锅炉中的锅垢主要成分为 $CaSO_4$，$CaSO_4$ 不溶于酸，难以除去。若用 Na_2CO_3 溶液处理，可将 $CaSO_4$ 转化为疏松的、溶于酸的 $CaCO_3$，则便于清除锅垢。

5.4 沉淀滴定法和重量分析法

沉淀滴定法是以沉淀反应为基础的一种滴定分析方法。虽然能形成沉淀的反应很多，

但并不是所有的沉淀反应都能用于沉淀滴定分析。用于沉淀滴定法的沉淀反应必须符合下列几个条件：

（1）反应必须具有确定的化学计量关系，即沉淀剂与被测组分之间有确定的化合比。

（2）沉淀反应可以迅速、定量地完成；

（3）生成的沉淀溶解度必须足够小；

（4）有确定终点的简单方法。

5.4.1 滴定曲线

沉淀滴定法的滴定过程中，溶液中离子浓度的变化情况与酸碱滴定法相似，可以用滴定曲线表示。

$$Ag^+(aq) + Cl^-(aq) \Longrightarrow AgCl(s) \downarrow$$

以 $AgNO_3$ 溶液（$0.100\ mol \cdot L^{-1}$）滴定 $20.00\ mL\ NaCl$ 溶液（$0.100\ mol \cdot L^{-1}$）为例：随着 $AgNO_3$ 溶液的滴入，Cl^- 浓度不断变化。

从滴定开始到化学计量点前，Cl^- 浓度由溶液中剩余的 Cl^- 计算。例如，加入 $AgNO_3$ 溶液 $18.00\ mL$ 时，溶液中氯离子浓度为 $c(Cl^-) = \dfrac{0.100 \times 2.00}{20.00 + 18.00} = 5.26 \times 10^{-3}(mol \cdot L^{-1})$。

化学计量点时，溶液中银离子浓度与氯离子浓度相同，$[Ag^+] = [Cl^-] = \sqrt{K_{sp}^{\ominus}}$。

化学计量点后，溶液中 Ag^+ 过量时，溶液中 Ag^+ 浓度由过量的 $AgNO_3$ 浓度决定，氯离子浓度则由过量的 Ag^+ 和 $K_{sp}^{\ominus}$ 计算；例如当加入 $AgNO_3$ 溶液 $20.02\ mL$ 时，则

$$c(Ag^+) = \dfrac{0.100 \times 0.02}{20.00 + 20.02} = 5.0 \times 10^{-5}(mol \cdot L^{-1})$$

$$c(Cl^-) = \dfrac{K_{sp}^{\ominus}}{c(Ag^+)} = 3.11 \times 10^{-6}(mol \cdot L^{-1})$$

滴定过程中离子浓度的变化曲线如图 5-1。

与酸碱滴定相似，滴定开始时溶液中 Cl^- 离子浓度较大，滴入 Ag^+ 所引起的 Cl^- 浓度改变不大，曲线比较平坦，接近化学计量点时，溶液中 Cl^- 浓度已经很小，再滴入少量的 Ag^+ 即引起 Cl^- 浓度发生很大的变化而形成突跃。

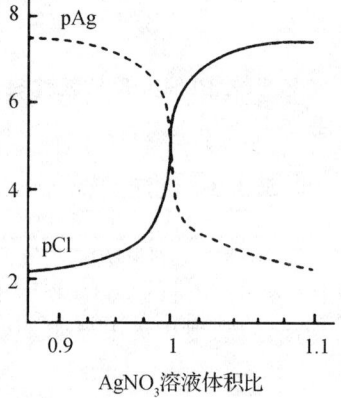

图 5-1 $AgNO_3$ 溶液滴定 NaCl 溶液的滴定曲线

突跃范围的大小，取决于溶液的浓度和沉淀的溶度积常数。溶液浓度越大，则突跃范围越大。如：$AgNO_3$ 滴定同浓度 NaCl，其突跃范围与浓度的关系见表 5-2。

表 5-2　$AgNO_3$ 浓度与突跃范围关系

Ag^+ 初始浓度	1.000 mol/L	0.100 0 mol/L
突跃范围 ΔpAg	3.1	1.1

沉淀的 $K_{sp}^{\ominus}$ 越小，突跃范围越大。例如，相同浓度的 Cl^-、Br^-、I^- 与 Ag^+ 的沉淀滴定，由于 $K_{sp}^{\ominus}(AgI) < K_{sp}^{\ominus}(AgBr) < K_{sp}^{\ominus}(AgCl)$，所以其滴定曲线和突跃范围见图 5-2 与表 5-3。

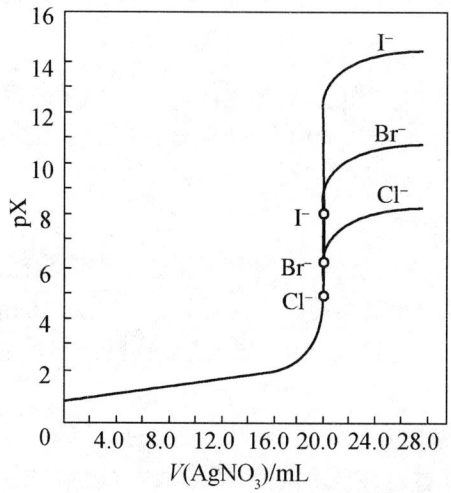

图 5-2 $AgNO_3$ 溶液(0.100 mol·L^{-1})滴定 20.00 mL NaCl(0.100 mol·L^{-1})、
NaBr(0.100 mol·L^{-1})和 KI(0.100 mol·L^{-1})溶液的滴定曲线

表 5-3 $K_{sp}^\ominus$ 与突跃范围关系

AgX	K_{sp}	pAg	ΔpAg
AgCl	1.8×10^{-10}	5.4~4.3	1.1
AgBr	5.0×10^{-13}	7.4~4.3	3.1
AgI	9.3×10^{-17}	11.7~4.3	7.4

5.4.2 银量法

由于很多沉淀的组成不恒定，或溶解度较大，或易形成过饱和溶液，或达到平衡的速度慢，或共沉淀现象严重等，使得能用于沉淀滴定反应并不多。目前，比较有实际意义的是生成难溶性银盐的沉淀反应，称为银量法。

$$Ag^+ + X^- \rightleftharpoons AgX \downarrow$$
$$Ag^+ + SCN^- \rightleftharpoons AgSCN \downarrow$$

银量法可以测定 Cl^-、Br^-、I^-、SCN^- 和 Ag^+，如在农业上可以测定土壤中水溶性氯化物，农药中的氯化物等。其他方法也可以用于沉淀滴定但不及银量法普遍。如：$K_4[Fe(CN)_6]$ 与 Zn^{2+}，Ba^{2+} 与 SO_4^{2-} 等等。

根据指示终点的不同，可分为直接法和间接法两大类。根据所用指示剂的不同，按照创立者的名字命名，可将银量法分为三种方法：莫尔法、佛尔哈德法和法扬斯法。

1. 莫尔法(以铬酸钾为指示剂)

(1) 原理

莫尔(Mohr)法是以铬酸钾为指示剂，在中性溶液或弱碱性溶液中，加入适量的 K_2CrO_4 作指示剂，以 $AgNO_3$ 标准溶液滴定 Cl^-，溶液中的 Cl^- 与 CrO_4^{2-} 能和 Ag^+ 形成白色的 AgCl 及砖红色的 $AgCrO_4$ 沉淀，由于两者的溶度积不同，根据分步沉淀的原理，首先生成的卤化银沉淀，随着 Ag^+ 的不断加入，溶液中的卤素离子浓度越来越小，Ag^+ 浓度相应增大，当卤

化银定量沉淀后,过量的滴定剂与指示剂反应,生成砖红色的铬酸银沉淀,指示终点。具体反应如下:

$$Ag^+ + Cl^- \rightleftharpoons AgCl\downarrow (白色) \qquad K_{sp}^{\ominus} = 1.8 \times 10^{-10}$$

$$2Ag^+ + CrO_4^{2-} \rightleftharpoons Ag_2CrO_4\downarrow (砖红色) \qquad K_{sp}^{\ominus} = 2.0 \times 10^{-12}$$

(2) 滴定条件

① 指示剂用量

指示剂 CrO_4^{2-} 的浓度必须合适,若浓度太大将会引起终点提前,且 CrO_4^{2-} 本身的黄色会影响对终点的观察;若浓度太小又会使终点滞后,会影响滴定的准确度。实际滴定时,通常在反应液总体积为 50~100 mL 的溶液中,加入 5‰铬酸钾指示剂约 1~2 mL。

② 溶液的酸度

滴定应该在中性或微碱性介质中进行。若酸度过高,CrO_4^{2-} 将因酸效应致使其浓度降低,导致 Ag_2CrO_4 沉淀出现过迟甚至不沉淀;但溶液的碱性太强,又将生成 Ag_2O 沉淀,故适宜的酸度范围为 pH=6.5~10.5。

如果溶液中有铵盐存在,溶液呈碱性时溶液中会有产生 NH_3,生成的 NH_3 与 Ag^+ 形成配离子,致使 AgCl 和 Ag_2CrO_4 沉淀出现过迟甚至不沉淀。当铵盐浓度比较低时(小于 $0.05 \text{ mol} \cdot L^{-1}$),采用控制溶液 pH=6.5~7.2 范围内可消除铵根离子的影响,若铵根离子浓度大于 $0.15 \text{ mol} \cdot L^{-1}$ 时,仅仅通过控制溶液酸度已经不能消除其影响,此时需要在滴定前将大量铵盐除去。

③ 滴定时应剧烈振摇,使被 AgCl 或 AgBr 沉淀吸附的 Cl^- 或 Br^- 及时释放出来,防止终点提前。

(3) 应用范围

铬酸钾指示剂法主要用于 Cl^-、Br^- 和 CN^- 的测定,不适用于滴定 I^- 和 SCN^-。这是因为 AgI、AgSCN 沉淀对 I^- 和 SCN^- 有强烈的吸附作用,致使终点过早出现。

铬酸钾指示剂法也不适用于以 NaCl 直接滴定 Ag^+。因为 Ag^+ 溶液中加入指示剂,立刻形成 Ag_2CrO_4 沉淀,用 NaCl 溶液滴定时,Ag_2CrO_4 转化成 AgCl 的速度非常慢,致使终点推迟。如用铬酸钾指示剂法测定 Ag^+,必须采用返滴定法。

莫尔法的选择性比较差,凡能与银离子生成沉淀的阴离子(如 S^{2-}、CO_3^{2-}、PO_4^{3-}、SO_3^{2-}、$C_2O_4^{2-}$ 等),能与铬酸根离子生成沉淀的阳离子(如 Ba^{2+}、Pb^{2+} 等),能与银或氯配位的离子(如 $S_2O_3^{2-}$、NH_3、EDTA、CN^- 等),能发生水解的高价金属离子(如 Fe^{3+}、Al^{3+}、Bi^{3+}、Sn^{4+} 等),均对测定有干扰。此外,大量的 Cu^{2+}、Co^{2+}、Ni^{2+} 等有色离子的存在,对终点的颜色的观察也有影响。以上干扰应预先除去。如 S^{2-} 可在酸性溶液中使生成 H_2S 加热除去,SO_3^{2-} 氧化为 SO_4^{2-} 后不再产生干扰,Ba^{2+} 可通过加入过量的 Na_2SO_4 使生成 $BaSO_4$ 沉淀。

莫尔法的优点是操作简便,方法的准确度也较好,不足之处是干扰较多,且只能直接测定氯、溴、氰酸根离子,想直接测定银离子,除了刚才讲的用返滴定法外,可采用另一种方法。

2. 佛尔哈德法(以铁铵矾为指示剂)

(1) 原理

在酸性(HNO_3)介质中,以 $NH_4Fe(SO_4)_2 \cdot 12H_2O$ 作指示剂,用 NH_4SCN 或(KSCN)滴定 Ag^+ 的银量法称佛尔哈德(Volhard)法:

$$Ag^+ + SCN^- \Longrightarrow AgSCN(白色) \quad K_{sp}^{\ominus} = 1.0 \times 10^{-12}$$
$$Fe^{3+} + SCN^- \Longrightarrow [FeSCN]^{2+}(红色) \quad K = 138$$

当 AgSCN 定量沉淀后，稍过量的 SCN^- 便与 Fe^{3+} 生成红色的配离子 $[FeSCN]^{2+}$ 指示终点。

按照滴定方式的不同，可分为两类：直接滴定法和返滴定法。

(2) 滴定条件

① 溶液的酸度

由于指示剂是 Fe^{3+}，滴定必须在酸性溶液中进行，通常在 0.1~1 mol·L^{-1} HNO_3 介质中进行滴定，Fe^{3+} 以 $[Fe(H_2O)_6]^{3+}$ 存在，颜色较浅，如果酸度较低，Fe^{3+} 发生水解，以羟基化合物或多羟基化合物的形式存在 $[Fe(H_2O)_5(OH)]^{2+}$、$[Fe(H_2O)_4(OH)_2]^+$，呈棕色，影响终点观察，如果酸度更低，甚至产生 $Fe(OH)_3$ 沉淀。

在酸性溶液中进行滴定是佛尔哈德法的最大优点，一些在中性或弱碱性介质中能与 Ag^+ 产生沉淀的阴离子都不能干扰滴定，选择性比较好。

② 指示剂用量

当滴定至计量点时，$c(SCN^-) = c(Ag^+) = 1.0 \times 10^{-6}$ mol·L^{-1}，要求此时正好生成 $[FeSCN]^{2+}$ 以确定终点，故此时 $c(Fe^{3+}) = \dfrac{c(FeSCN^{2+})}{138 \times c(SCN^-)}$。一般说来，要能观察到 $[FeSCN]^{2+}$ 的颜色，$c(FeSCN^{2+})$ 要达到 6×10^{-6} mol·L^{-1}，则 $c(Fe^{3+}) = 0.04$ mol·L^{-1}，而这样高浓度的 Fe^{3+} 会使溶液呈较深的橙黄色，影响终点的观察，故通常保持在 0.015 mol·L^{-1}，引起的误差很小，小于±0.1%。

③ 充分摇动，减少吸附。

(3) 应用范围

采用直接滴定法可以测定 Ag^+ 等；在硝酸介质中，以铁铵矾作指示剂，用 NH_4SCN 或 (KSCN)标准溶液滴定，当 AgSCN 定量沉淀后，稍过量的 SCN^- 与 Fe^{3+} 生成的红色配合物可指示终点的到达，为了防止 AgSCN 的吸附 Ag^+，使终点提早到达，所以需要剧烈地摇晃溶液，使沉淀解析。为了防止 Fe^{3+} 水解，滴定反应需在硝酸溶液中进行，而且是强酸性溶液 ($[H^+] = 0.2 \sim 0.5$ mol·L^{-1})。

采用返滴定法则可以测定 Cl^-、Br^-、I^- 和 SCN^- 等离子。在含有卤素的硝酸溶液中，加入一定量过量的 $AgNO_3$，然后以铁铵矾为指示剂，用 NH_4SCN 标准溶液返滴定过量的 $AgNO_3$(由于在硝酸介质中，许多弱酸盐如 PO_4^{3-}、AsO_4^{3-}、S^{2-} 等都不干扰卤素离子的测定，故此法选择性较高)。

$$Cl^- + Ag^+(过量) \Longrightarrow AgCl\downarrow + Ag^+(剩余) + SCN^-$$
$$AgCl\downarrow + Ag^+(剩余) + SCN^- \Longrightarrow AgSCN\downarrow + AgCl\downarrow$$

从中我们可以看到，在用此法测定 Cl^- 时，终点的判断会遇到困难。这是因为 AgSCN 的溶度积(1.0×10^{-12})小于 AgCl 的溶度积(1.8×10^{-10})。接近终点时，加入的 NH_4SCN 将于 AgCl 发生沉淀转化。

$$AgCl + SCN^- \Longrightarrow AgSCN\downarrow + Cl^-$$

沉淀转化的速度较慢，滴加 NH_4SCN 形成的红色随溶液的摇动而消失。即

$$AgCl + [Fe(SCN)]^{2+} \rightleftharpoons AgSCN + Fe^{3+} + Cl^-$$

显然到达终点时，无疑多消耗了 NH_4SCN 标准溶液，引入较大的滴定误差。为了避免上述现象的发生，通常采用下列措施：

(1) 试液中加入过量的 $AgNO_3$ 溶液后，将溶液加热煮沸，使 AgCl 沉淀凝聚，以减少 AgCl 沉淀对 Ag^+ 的吸附，滤去沉淀，并用稀硝酸洗涤沉淀，洗涤液并入滤液中，然后用 NH_4SCN 标准溶液返滴定滤液中过量的 $AgNO_3$。

(2) 在滴加标准溶液 NH_4SCN 前，加入有机溶剂如硝基苯 1～2 mL，用力摇动之后，硝基苯将 AgCl 沉淀包住，使它与溶液隔开，不再与滴定溶液接触。这就阻止了上述现象的发生，此法很方便，但硝基苯毒性较大。

(3) 提高 Fe^{3+} 的浓度以减少终点时 SCN^- 的浓度，从而减少上述误差。席夫特(Shift)等人经实验证实，若溶液中的 $[Fe^{3+}] = 0.2\ mol \cdot L^{-1}$，终点误差将小于 0.1%。

用返滴定法测定溴化物或碘化物时，由于 AgBr 和 AgI 的溶解度比 AgSCN 小，所以不会发生沉淀转化反应，不必采取上述措施。

3. 法扬斯法（吸附指示剂）

(1) 滴定原理

用吸附指示剂指示终点的银量法称为法扬斯(Fajans)法。

吸附指示剂一般是有机染料，它的阴离子在溶液中容易被带正电荷的胶状沉淀所吸附，当它被吸附后，会因为结构的改变而引起颜色的变化，从而指示滴定的终点。吸附指示剂可以分为两类：一类是酸性染料，如荧光黄及其衍生物，它们是有机弱酸，解离出指示剂阴离子；另一类是碱性染料，如甲基紫、罗丹明 6G 等，解离出指示剂阳离子。吸附指示剂种类很多，现将常用的列于表 5-4 中。

表 5-4 常用吸附指示剂

指示剂名称	待测离子	滴定剂	适用的 pH 范围
荧光黄	Cl^-, Br^-, I^-, SCN^-	Ag^+	7～10
二氯荧光黄	Cl^-, Br^-, I^-, SCN^-	Ag^+	4～6
曙红	Br^-, I^-, SCN^-	Ag^+	2～10
甲基紫	SO_4^{2-}, Ag^+	Ba^{2+}, Cl^-	酸性溶液
溴酚蓝	Cl^-, Ag^+	Ag^+	2～3
罗丹明 6G	Ag^+	Br^-	稀 HNO_3

如用 $AgNO_3$ 滴定 Cl^- 时，用荧光黄作指示剂。荧光黄是一种有机弱酸（用 HFIn 表示），在溶液中解离为黄绿色的阴离子。计量点前，溶液中剩余 Cl^-，生成的 AgCl 先吸附 Cl^- 而带负电荷，荧光黄阴离子受排斥而不被吸附，溶液呈黄绿色；计量点后，Ag^+ 过量，AgCl 沉淀胶粒因吸附过量构晶离子 Ag^+ 而带正电荷，它将强烈吸附荧光黄阴离子。荧光黄阴离子被吸附后，因结构变化而呈粉红色，从而指示滴定终点。

$$AgCl \cdot Ag^+ + FIn^- \rightleftharpoons AgCl \cdot Ag^+FIn^-（粉红色）$$

如果用 NaCl 滴定 Ag^+，则颜色变化正好相反。

(2) 滴定条件

① 由于颜色的变化时发生在沉淀表面,欲使终点变色明显,应尽量使沉淀的比表面大一些。为此,常加入一些保护胶体(如糊精、淀粉),阻止卤化银聚沉,使其保持胶体状态,使沉淀微粒处于高度分散状态,使更多的沉淀表面暴露在外面,以利于对指示剂的吸附,变色敏锐。

此法不适宜于测定浓度过低的溶液,由于浓度过低而生成的沉淀量太少,使终点不明显。测氯离子时,其浓度要求在 $0.005\ mol \cdot L^{-1}$ 以上,测溴、碘、硫氢根离子时灵敏度稍高,$0.001\ mol \cdot L^{-1}$ 仍可准确滴定。

② 溶液的酸度要恰当。常用的吸附指示剂大都是有机弱酸,而起指示作用的主要是它们的阴离子,因此必须控制适宜的酸度,使指示剂在溶液中保持阴离子状态。

③ 胶体颗粒对指示剂的吸附能力应略小于对被测离子的吸附能力,否则指示剂将在化学计量点前变色。但也不能太小,否则终点出现过迟。卤化银对卤化物和几种常见吸附指示剂的吸附能力次序为 $I^->SCN^->Br^->$曙红$>Cl^->$荧光黄。因此,滴定 Cl^- 时应选用荧光黄,滴定 Br^- 选曙红为指示剂。

④ 滴定应避免在强光照射下进行,因为吸附着指示剂的卤化银胶体对光极为敏感,遇光易分解析出金属银,溶液很快变成灰色或黑色。

(3) 应用范围

法扬司法可测定 Cl^-、Br^-、I^-、SCN^-、Ag^+,一般在弱酸性到弱碱性下进行,方法简便,终点亦明显,较为准确,但反应条件较为严格,要注意溶液的酸度,浓度及胶体的保护等。

实际工作需要根据测定对象选合适的测定方法,如银合金中银测定,由于用硝酸溶解试样,用佛尔哈德法;测氯化钡中氯离子的含量,用佛尔哈德法或用法扬司法,不能用莫尔法,因会生成铬酸钡沉淀,天然水中氯含量的测定,用莫尔法。

5.4.3 重量分析法

重量分析法也叫称量分析法,是通过称量物质的质量进行含量测定的方法。这种分离方法绝大多数是指沉淀物从液相中分离出来。

1. 重量分析法的基本过程和特点

首先将待测样品溶解在一定的溶剂中,溶剂一般为水,也可以是酸、碱、有机物或混合溶剂等。加入沉淀剂,使被测组分与沉淀剂形成难溶的化合物而完全沉淀。然后将沉淀过滤、洗涤、烘干或灼烧、称量,最后通过被称量物质的质量计算出待测组分的含量。

重量分析法是一种经典的重要分析方法,当没有基准物质时,它可以作为其他分析方法的标准,所以重量分析法属于无标(准物质)分析法。

重量分析法与滴定法及其他仪器分析法相比,具有以下特点:

(1) 它是一种直接测量的方法,无须使用基准物质或标准试剂。

(2) 相对误差小,可达到 $0.1\%\sim0.2\%$,甚至更高;准确度也很高。

(3) 分析操作的步骤多、速度慢、耗时长。但对高含量的 Si、S、P、W、Ni 和稀土元素等的分析,仍需采用重量分析法。

(4) 重量分析法的操作包括了溶样、移液、沉淀、定量转移、洗涤、过滤、干燥或灼烧、称重等操作过程,重量分析法对操作技术的要求很高,对于训练实验室的基本操作来说不失为一种综合性的方法。

(5) 当对用其他分析方法测量的结果产生分歧时,重量法往往是仲裁法。许多国家标准都规定重量为仲裁法。

(6) 它所涉及的原理和操作对生产中分离技术的应用具有重要意义。

2. 沉淀形式

被测组分与沉淀剂反应后,生成沉淀,该沉淀的化学式称为沉淀形式。

重量分析法对沉淀形式有如下要求:

(1) 沉淀的溶解度要小,即溶度积要小。未被沉淀的待测组分的质量不得超过待测组分总质量的 0.2%。

(2) 沉淀应予过滤和洗涤。在重量分析法中希望获得粗大的晶型沉淀。这是因为沉淀的颗粒越大,比表面积越小,吸附的杂质越少,越容易洗涤,洗涤次数少,洗涤损失也少;颗粒大,不会阻塞滤纸的微孔,过滤速度也比较快。

(3) 若沉淀的组成不恒定,则在被烘干或灼烧后,它的组成必须单一、恒定,并与表达式完全一致,如 $SiO_2 \cdot xH_2O$ 经 950℃ 灼烧后成为 SiO_2。

3. 称量形式

沉淀经过滤、洗涤、烘干或灼烧后进行称量的物质的化学式成为称量形式。称量形式应满足下列要求:

(1) 组成单一,组成和表达分子式完全一致,包括结晶水的数量。

(2) 有足够的化学稳定性,不与空气中的 CO_2 和 O_2 反应,在一定的时间范围内不分解、不变质。

(3) 不易潮解,对水吸收要小。

称量形式的摩尔质量要足够大,越大越好。这是因为称量形式的摩尔质量越大,相同物质的量的称量形式的质量也越大,而天平的绝对误差为 ±0.000 2 g,是固定的,所以称量引起的相对误差就越小。

4. 沉淀剂的选择

沉淀剂必须与待测组分形成沉淀,并且其沉淀的溶解度要符合分析误差;沉淀剂的选择性要好,除与被测组分形成沉淀外,和溶液中其他组分不发生沉淀反应;在实验允许的前提下,沉淀剂最好在灼烧或烘干过程中能被除去,如此,对洗涤的要求便可降低一些;其他要求与对沉淀的要求完全一致。

5. 重量分析法中的计算

在重量分析中,多数情况下称量形式与被测组分的形式不同,这就需要将称得的称量形式的质量换算成被测组分的质量。被测组分的摩尔质量与称量形式的摩尔质量之比是常数,称为换算因数或重量分析因数,常以 F 表示。

$$a \text{ 被测组分} \sim b \text{ 称量形式}$$

$$\text{换算因数}(F) = \frac{a \times \text{被测组分的摩尔质量}}{b \times \text{称量形式的摩尔质量}} \tag{5-4}$$

由称得的称量形式的质量 $m_{称量形式}$,试样的质量 $m_{样品}$ 及换算因数 F,即可求得被测组分的质量分数。

$$w = \frac{m_{称量形式} \cdot F}{m_{样品}} \times 100\% \tag{5-5}$$

【例 5-10】 测定四草酸氢钾的含量，用 Ca^{2+} 为沉淀剂，最后灼烧成 CaO 称量。称取样品质量为 0.517 2 g，最后得 CaO 为 0.226 5 g，计算样品中 $KHC_2O_4 \cdot H_2C_2O_4 \cdot 2H_2O$ 的质量分数。

解：因为 $KHC_2O_4 \cdot H_2C_2O_4 \cdot 2H_2O \sim 2CaC_2O_4 \sim 2CaO$，所以

$$F = \frac{254.2}{2 \times 56.08} = 2.266$$

$$w = \frac{0.226\ 5 \times 2.266}{0.517\ 2} \times 100\% = 99.24\%$$

思考题

1. 比较电离平衡和沉淀溶解平衡的异同。
2. 何谓溶解度？何谓溶度积？两者有何关系？
3. 如何应用溶度积规则来判断沉淀的生成和溶解？
4. 什么是分步沉淀？根据什么来判断沉淀生成的次序？
5. 如何使沉淀溶解或转化？
6. 下面的说法对不对？为什么？
(1) 两难溶电解质作比较时，溶度积小的，溶解度一定小；
(2) 欲使溶液中某离子沉淀完全，加入的沉淀剂应该是越多越好；
(3) 所谓沉淀完全就是用沉淀剂将溶液中某一离子除净。
7. 影响沉淀溶解度的因素有哪些？它们是怎样发生影响的？对重量分析有什么不良影响？
8. 试述银量法指示剂的作用原理，并与酸碱滴定法比较之。
9. 为了使终点颜色变化明显，使用吸附指示剂应注意哪些问题？

习题

1. 写出下列难溶电解质的溶度积常数表达式。
$AgBr$、Ag_2S、Hg_2SO_4、$CaCrO_4$、$MgNH_4PO_4$、$Cu_2[Fe(CN)_6]$
2. 设 AgCl 在纯水中、在 0.01 mol·L^{-1} $CaCl_2$ 中、在 0.01 mol·L^{-1} NaCl 中以及在 0.05 mol·L^{-1} $AgNO_3$ 中的溶解度分别为 s_1、s_2、s_3 和 s_4，请比较它们溶解度的大小。
3. 已知 CaF_2 的溶解度为 2.0×10^{-4} mol·L^{-1}，求其溶度积常数 $K_{sp}^{\ominus}$。
4. 已知 $Ca(OH)_2$ 的 $K_{sp} = 5.5 \times 10^{-6}$，计算其饱和溶液的 pH。
5. 10 mL 0.10 mol·L^{-1} 的 $MgCl_2$ 和 10 mL 0.010 mol·L^{-1} 的氨水溶液混合时，是否有 $Mg(OH)_2$ 沉淀产生？
6. 将 50 mL 0.2 mol·L^{-1} $MnCl_2$ 溶液与等体积的 0.02 mol·L^{-1} 氨溶液混合，欲防止 $Mn(OH)_2$ 沉淀，问至少需向此溶液中加入多少克 NH_4Cl 固体？
7. 已知 $K_{sp}^{\ominus}(LiF) = 3.8 \times 10^{-3}$，$K_{sp}^{\ominus}(MgF_2) = 6.5 \times 10^{-9}$。在含有 0.10 mol·$L^{-1}$ Li^+ 和 0.10 mol·L^{-1} Mg^{2+} 的溶液中，滴加 NaF 溶液。
(1) 通过计算判断首先产生沉淀的物质；

(2) 计算当第二种沉淀析出时，第一种被沉淀的离子浓度。

8. 在 $c(Zn^{2+})=0.68\ mol\cdot L^{-1}$，$c(Fe^{2+})=0.0010\ mol\cdot L^{-1}$ 的溶液中，要将铁除净，加 H_2O_2 将 Fe^{2+} 氧化为 Fe^{3+}，再调节 pH。试计算要将铁除净，而锌不损失，pH 应控制的范围。（已知 $K_{sp}^{\ominus}[Zn(OH)_2]=1.2\times 10^{-17}$，$K_{sp}^{\ominus}[Fe(OH)_3]=4.0\times 10^{-38}$）

9. 在下列情况下，分析结果是偏高、偏低，还是无影响？为什么？
(1) 在 pH=4 时用莫尔法测定 Cl^-；
(2) 用佛尔哈德法测定 Cl^- 时，既没有滤去 AgCl 沉淀，又没有加有机溶剂；
(3) 在(2)的条件下测定 Br^-。

10. 称取 NaCl 基准试剂 0.1173 g，溶解后加入 30.00 mL $AgNO_3$ 标准溶液，过量的 Ag^+ 需要 3.20 mL NH_4SCN 标准溶液滴定至终点。已知 20.00 mL $AgNO_3$ 标准溶液与 21.00 mL NH_4SCN 标准溶液能完全作用，计算 $AgNO_3$ 和 NH_4SCN 溶液的浓度各为多少？

11. 称取银合金试样 0.3000 g，溶解后加入铁铵矾指示剂，用 $0.1000\ mol\cdot L^{-1}\ NH_4SCN$ 标准溶液滴定，用去 23.80 mL，计算银的质量分数。

12. 称取可溶性氯化物试样 0.2266 g 用水溶解后，加入 $0.1121\ mol\cdot L^{-1}\ AgNO_3$ 标准溶液 30.00 mL。过量的 Ag^+ 用 $0.1185\ mol\cdot L^{-1}\ NH_4SCN$ 标准溶液滴定，用去 6.50 mL，计算试样中氯的质量分数。

13. 根据 K_{sp} 值计算下列各难溶电解质的溶解度：
(1) $Mg(OH)_2$ 在纯水中；
(2) $Mg(OH)_2$ 在 $0.01\ mol\cdot L^{-1}\ MgCl_2$ 溶液中；
(3) CaF_2 在 pH=2 的溶液中。

14. 下列溶液中能否产生沉淀？
(1) $0.02\ mol\cdot L^{-1}\ Ba(OH)_2$ 溶液与 $0.01\ mol\cdot L^{-1}\ Na_2CO_3$ 溶液等体积混合；
(2) $0.05\ mol\cdot L^{-1}\ MgCl_2$ 溶液与 $0.1\ mol\cdot L^{-1}$ 氨水等体积混合；
(3) 在 $0.1\ mol\cdot L^{-1}\ HAc$ 和 $0.1\ mol\cdot L^{-1}\ FeCl_2$ 混合溶液中通入 H_2S 达饱和（约 $0.1\ mol\cdot L^{-1}$）。

15. 将 H_2S 气体通入 $0.1\ mol\cdot L^{-1}\ FeCl_2$ 溶液中达到饱和，问必须控制多大的 pH 才能阻止 FeS 沉淀？

16. 用移液管从食盐槽中吸取试液 25.00 mL，采用莫尔法进行测定，滴定用去 $0.1013\ mol\cdot L^{-1}\ AgNO_3$ 标准溶液 25.36 mL。往液槽中加入食盐（含 NaCl 96.61%）4.5000 kg，溶解后混合均匀，再吸取 25.00 mL 试液，滴定用去 $AgNO_3$ 标准溶液 28.42 mL。如吸取试液对液槽中溶液体积的影响可以忽略不计，计算液槽中食盐溶液的体积为多少升？

17. 称取纯 KIO_x 试样 0.5000 g，将碘还原成碘化物后，用 $0.1000\ mol\cdot L^{-1}\ AgNO_3$ 标准溶液滴定，用去 23.36 mL。计算分子式中的 x。

18. 取 $0.1000\ mol\cdot L^{-1}\ NaCl$ 溶液 50.00 mL，加入 K_2CrO_4 指示剂，用 $0.1000\ mol\cdot L^{-1}\ AgNO_3$ 标准溶液滴定，在终点时溶液体积为 100.0 mL，K_2CrO_4 的浓度为 $5\times 10^{-3}\ mol\cdot L^{-1}$。若生成可察觉的 Ag_2CrO_4 红色沉淀，需消耗 Ag^+ 的物质的量为 $2.6\times 10^{-6}\ mol$，计算滴定误差。

第 6 章 氧化还原反应

> **学习要求：**
> 1. 掌握氧化还原反应的基本概念，掌握氧化还原反应方程式的配平方法。
> 2. 理解电极电势的概念。能用能斯特(Nernst)方程进行有关计算。
> 3. 掌握电极电势在有关方面的应用。
> 4. 了解原电池的电动势与吉布斯自由能变的关系。
> 5. 掌握元素电势图及其应用。
> 6. 了解影响氧化还原反应速率的因素。
> 7. 掌握氧化还原滴定的基本概念，了解氧化还原滴定的分类及应用。

6.1 氧化还原反应的基本概念

6.1.1 氧化和还原

还原(reduction)是物质获得电子的作用；氧化(oxidation)是物质失去电子的作用。例如：

$$\text{还原作用} \quad Cu^{2+} + 2e^- \longrightarrow Cu$$
$$\text{氧化作用} \quad Zn \longrightarrow Zn^{2+} + 2e^-$$

以上两种皆为半反应(half-reaction)，因为电子有得必有失。因此，还原作用和氧化作用这两种半反应必须联系在一起才能进行。如果将以上两个半反应合并，就成为全反应：

$$Zn + Cu^{2+} = Zn^{2+} + Cu$$

这类全反应称为氧化还原反应(redox reaction)。

在氧化还原反应中，得电子者称为氧化剂(如 Cu^{2+})，氧化剂自身被还原；失电子者为还原剂(如：Zn)，还原剂自身被氧化。氧化剂得到的电子数必等于还原剂失去的电子数。

在上述的例子中，氧化剂得电子和还原剂失电子都很明显。然而，客观事物是复杂的。例如反应：

$$H_2(g) + Cl_2(g) = 2HCl(g)$$

在氯化氢分子里，氢并不失电子，氯也不得电子，仅由于氯的电负性大于氢，他们之间的一对共用电子偏向氯的一方而已。此类反应也属于氧化还原反应。由此可见，氧化还原反应的本质在于电子的得失与偏移。

6.1.2 氧化数

氧化数(oxidation number)是指某元素一个原子的表观电荷数。这种表观电荷数是假设把共用电子指定给电负性较大的原子而求得。例如,在 HCl 中,由于氯的电负性较大,成键电子划归给氯,所以氯的氧化数为 -1,氢为 +1。但是用这种方法确定原子的氧化数有时会遇到困难。因为有一些化合物,特别是一些结构复杂的化合物,他们的电子结构式本身就不易给出,更谈不上电子的划分了。为了避开这些困难,人们从经验中总结出一套规则,可方便地用来确定氧化数。它包括以下四条:

(1) 在单质(如 Cu、O_2 等)中,原子的氧化数为零。

(2) 在中性分子中,所有原子的氧化数代数和应等于零。

(3) 在复杂离子中,所有原子的氧化数代数和应等于离子的电荷数。单原子离子的氧化数等于它所带的电荷数。

(4) 若干关键元素的原子在化合物中的氧化数有定值。氢原子的氧化数为 +1;氧原子的氧化数为 -2。卤素原子在卤化物中的氧化数为 -1;硫在硫化物中的氧化数为 -2。这里有少数例外,如活泼金属氢化物(NaH、CaH_2 等)中氢原子的氧化数为 -1;在过氧化物中氧原子的氧化数为 -1。

根据这些规则,就可确定化合物中其他元素原子的氧化数。例如,在 H_2SO_4 中,S 的氧化数 x 可由下式求得

$$(+1) \times 2 + x + (-2) \times 4 = 0$$
$$x = 6$$

又如在 MnO_4^- 中,Mn 的氧化数 y 为

$$y + (-2) \times 4 = -1$$
$$y = +7$$

在许多离子化合物中,原子的氧化数与化合价(电价)往往相同,但在共价化合物中,两者并不一致。共价数是指形成共价键时共用电子对的对数(不分正负)。例如,在 CH_4,CH_3Cl,CH_2Cl_2,$CHCl_3$ 和 CCl_4 中,C 的氧化数依次为 -4,-2,0,+2 和 +4,而 C 的化合价(共价)皆为 4。此外,化合价总数是整数,但氧化数可以是分数。如连四硫酸钠 $Na_2S_4O_6$ 中 S 的氧化数为 $+\frac{5}{2}$,Fe_3O_4 中 Fe 的氧化数为 $+\frac{8}{3}$。所以,氧化数与化合价虽有一定联系,但又是互不相同的两个概念。

根据氧化数的概念,氧化数降低的过程称为还原;氧化数升高的过程称为氧化。氧化数升高的物质是还原剂;氧化数降低的物质是氧化剂。

6.2 氧化还原方程式的配平

氧化还原反应往往比较复杂,参加反应的物质也比较多,配平这类方程式不如其他反应方程式那样容易,所以,有必要介绍一下氧化还原方程式的配平方法。

配平氧化还原方程式的常用方法有两种：氧化数法和离子电子法。氧化数法比较简便，人们乐于选用，但离子电子法却能更清楚地反映水溶液中氧化还原反应的本质。

6.2.1 氧化数法*

下面以 HClO 把 Br_2 氧化成 $HBrO_3$ 而本身被还原成 HCl 为例，说明氧化数法配平的步骤。

(1) 在箭号左边写反应物的化学式，右边写生成物的化学式。

$$HClO + Br_2 \longrightarrow HBrO_3 + HCl$$

(2) 计算氧化剂中原子氧化数的降低值及还原剂中原子氧化数的升高值，并根据氧化数降低总值和升高总值必须相等的原则，找出氧化剂和还原剂的化学计量数。

$$Cl: +1 \longrightarrow -1 \quad 氧化数降低 2(\downarrow 2) \quad |\times 5$$
$$2Br: 2(0 \longrightarrow +5) \text{ 氧化数升高 } 10(\uparrow 10) \quad |\times 1$$

(3) 配平除氢和氧元素外各种原子的原子数（先配平氧化数有变化元素的原子数，后配平氧化数没有变化元素的原子数）。

$$5HClO + Br_2 \longrightarrow 2HBrO_3 + 5HCl$$

(4) 配平氢，并找出参加反应（或生成）水的分子数。

$$5HClO + Br_2 + H_2O = 2HBrO_3 + 5HCl$$

(5) 最后核对氧，确定该方程式是否配平。

等号两边都有 6 个氧原子，证明上面的方程式确已配平。

【例 6-1】 配平下列反应式：

$$Cu_2S + HNO_3 \longrightarrow Cu(NO_3)_2 + H_2SO_4 + NO$$

解：
$$\begin{array}{ll} 2Cu: & 2(+1 \longrightarrow +2) \quad \uparrow 2 \\ S: & -2 \longrightarrow +6 \quad \uparrow 8 \\ N: & +5 \longrightarrow +2 \quad \downarrow 3 \times 10 \end{array} \bigg\} \uparrow 10 \times 3$$

$$3Cu_2S + 10HNO_3 \longrightarrow 6Cu(NO_3)_2 + 3H_2SO_4 + 10NO$$

上面方程式中元素 Cu 和 S 的原子数都已配平，对于 N 原子，发现生成 6 个 $Cu(NO_3)_2$ 分子，还需消耗 12 个 HNO_3 分子，于是 HNO_3 的系数变为 22。

$$3Cu_2S + 22HNO_3 \longrightarrow 6Cu(NO_3)_2 + 3H_2SO_4 + 10NO$$

配平 H，找出 H_2O 的分子数。

$$3Cu_2S + 22HNO_3 = 6Cu(NO_3)_2 + 3H_2SO_4 + 10NO + 8H_2O$$

最后核对方程式两边氧原子数，可知方程式确已配平。

【例 6-2】 配平下列反应式：

$$Cl_2 + KOH \longrightarrow KClO_3 + KCl$$

解： 从反应式可看出，Cl_2 中一部分氯原子氧化数升高，一部分氯原子氧化值降低，即 Cl_2 在同一反应中即作氧化剂又作还原剂。这类反应称歧化反应(disproportion reaction)，对于这类反应，确定氧化数的变化后，从逆反应着手配平较为方便。

$$\text{Cl(KClO}_3\text{)}: +5 \longrightarrow 0 \quad \Big| \quad \downarrow 5 \times 1$$
$$\text{Cl(KCl)}: -1 \longrightarrow 0 \quad \Big| \quad \uparrow 1 \times 5$$

配平 Cl、K： $$3Cl_2 + 6KOH \longrightarrow KClO_3 + 5KCl$$
配平 H：
$$3Cl_2 + 6KOH = KClO_3 + 5KCl + 3H_2O$$

6.2.2 离子电子法

现在以稀 H_2SO_4 溶液中，$KMnO_4$ 氧化 $H_2C_2O_4$ 为例，说明离子电子法配平步骤。

(1) 把氧化剂中起氧化作用的离子及其还原产物，还原剂中起还原作用的离子及其氧化产物，分别写成两个未配平的离子方程式。

$$MnO_4^- \longrightarrow Mn^{2+}$$
$$C_2O_4^{2-} \longrightarrow CO_2$$

将原子数配平，关键在于氧原子数的配平。根据反应式左右两边氧原子数目和溶液酸碱度的不同，应采取不同的配平方法，具体见表 6-1。

表 6-1 不同介质下氧原子配平方法

介质	反应式左边比右边多一个氧原子	反应式左边比右边少一个氧原子
酸性	$2H^+ + "O^{2-}" \longrightarrow H_2O$	$H_2O \longrightarrow "O^{2-}" + 2H^+$
碱性	$H_2O + "O^{2-}" \longrightarrow 2OH^-$	$2OH^- \longrightarrow "O^{2-}" + H_2O$
中性	$H_2O + "O^{2-}" \longrightarrow 2OH^-$	$H_2O \longrightarrow "O^{2-}" + 2H^+$

即在酸性介质中，在反应式两边，哪边 O 多，就在哪边加双倍 H^+，在另一边相应数目的 H_2O；在碱性介质中，哪边 O 少，就在哪边加双倍 OH^-，在另一边相应数目的 H_2O。因此可得

$$MnO_4^- + 8H^+ \longrightarrow Mn^{2+} + 4H_2O$$
$$C_2O_4^{2-} \longrightarrow 2CO_2$$

(2) 将电荷数配平。反应式两边的电荷数如不相等，可在反应式左边或右边加若干个电子。

$$MnO_4^- + 8H^+ + 5e^- \longrightarrow Mn^{2+} + 4H_2O$$
$$C_2O_4^{2-} \longrightarrow 2CO_2 + 2e^-$$

这种配平了的半反应式常称为离子电子式。

(3) 两离子电子式各乘以适当系数，使得失电子数相等，将两式相加，消去电子，必要时消去重复项，即得到配平的离子反应式。

$$2 \times (MnO_4^- + 8H^+ + 5e^- \longrightarrow Mn^{2+} + 4H_2O)$$
$$+) \quad 5 \times (C_2O_4^{2-} \longrightarrow 2CO_2 + 2e^-)$$
$$\overline{2MnO_4^- + 16H^+ + 5C_2O_4^{2-} = 2Mn^{2+} + 8H_2O + 10CO_2}$$

(4) 检查所得反应式两边的各种原子数或电荷数是否相等。两边各种原子数都相等，且电荷数均为 +4，故上式已配平。如果需要，再写成分子反应方程式：

$$2KMnO_4 + 5H_2C_2O_4 + 3H_2SO_4 = 2MnSO_4 + K_2SO_4 + 10CO_2 + 8H_2O$$

【例 6-3】 用离子电子法配平下列反应式(在碱性介质中)：

$$ClO^- + CrO_2^- \longrightarrow Cl^- + CrO_4^{2-}$$

解：(1) 写出两个半反应的离子电子式

$$ClO^- \longrightarrow Cl^-$$
$$CrO_2^- \longrightarrow CrO_4^{2-}$$

(2) 哪边 O 少就在哪边加双倍 OH^-

$$ClO^- + H_2O \longrightarrow Cl^- + 2OH^-$$
$$CrO_2^- + 4OH^- \longrightarrow CrO_4^{2-} + 2H_2O$$

(3) 配平式两边电荷数

$$ClO^- + H_2O + 2e^- \longrightarrow Cl^- + 2OH^-$$
$$CrO_2^- + 4OH^- \longrightarrow CrO_4^{2-} + 2H_2O + 3e^-$$

(4) 使得失电荷数相等

$$3\times(ClO^- + H_2O + 2e^- \longrightarrow Cl^- + 2OH^-)$$

两式相加 $\underline{+)\quad 2\times(CrO_2^- + 4OH^- \longrightarrow CrO_4^{2-} + 2H_2O + 3e^-)}$

$$3ClO^- + 3H_2O + 2CrO_2^- + 8OH^- \longrightarrow 3Cl^- + 6OH^- + 2CrO_4^{2-} + 4H_2O$$

消去重复项：

$$3ClO^- + 2CrO_2^- + 2OH^- = 3Cl^- + 2CrO_4^{2-} + H_2O$$

以上两种配平方法中可任选一种来配平氧化还原方程式。但是其中的离子电子式必须掌握，因为在以后的学习中会经常用到它。

【例 6-4】 写出下列半反应分别在酸性介质和碱性介质中的离子电子式。
(1) $ClO^- \longrightarrow Cl^-$ (2) $SO_3^{2-} \longrightarrow SO_4^{2-}$

解：(1) 酸性介质 $ClO^- + 2H^+ + 2e^- \longrightarrow Cl^- + H_2O$

碱性介质 $ClO^- + H_2O + 2e^- \longrightarrow Cl^- + 2OH^-$

(2) 酸性介质 $SO_3^{2-} + H_2O \longrightarrow SO_4^{2-} + 2H^+ + 2e^-$

碱性介质 $SO_3^{2-} + 2OH^- \longrightarrow SO_4^{2-} + H_2O + 2e^-$

在酸性介质中配平时，在箭头的两边用 H^+ 和 H_2O 来配平(不允许出现 OH^-)；在碱性介质中，在箭头的两边用 OH^- 和 H_2O 来配平(不允许出现 H^+)。

6.3 电极电势

6.3.1 原电池

微课：原电池

Zn 和 $CuSO_4$ 的置换反应为

$$Zn + Cu^{2+} \Longrightarrow Zn^{2+} + Cu$$

反应的实质是 Zn 失去电子变成 Zn^{2+}，Cu^{2+} 得到电子变成 Cu。电子从 Zn 流向 Cu^{2+}。既然反应中有电子流动，通过图 6-1 的装置，可以利用产生的电能来做功。

动画：原电池

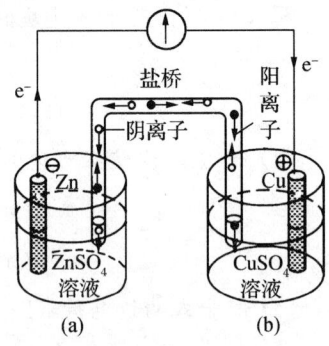
图 6-1 原电池

如图 6-1 所示，在容器(a)中注入 $ZnSO_4$ 溶液，其中插入 Zn 棒作电极；在容器(b)中注入 $CuSO_4$ 溶液，插入 Cu 棒作电极，两种溶液用叫作盐桥①的 U 形管连接起来。这时 Zn 和 $CuSO_4$ 分隔在两个容器中，互不接触，当然不发生反应。但如用导线将 Zn 和 Cu 棒相连接，反应立即发生，Zn 逐渐溶解，Cu 棒上有 Cu 析出。如果在导线上接一个检流计，指针就会偏转，证明导线中有电流通过。从指针偏转的方向，可以断定电流是从 Cu 极流向 Zn 极（电子从 Zn 极流向 Cu 极）。因此，Zn 是负极，发生氧化反应：

$$Zn \longrightarrow Zn^{2+} + 2e^-$$

Cu 是正极，发生还原反应：

$$Cu^{2+} + 2e^- \longrightarrow Cu$$

而铜锌原电池的总反应为

$$Zn + Cu^{2+} \Longrightarrow Cu + Zn^{2+}$$

这类使化学能直接变为电能的装置叫原电池(galvanic cell)。

为了简明起见，通常采用下列符号表示铜锌原电池：

$$(-)Zn \mid Zn^{2+}(c_1) \parallel Cu^{2+}(c_2) \mid Cu(+)$$

习惯上把负极写在左边，正极写在右边。用"$\parallel$"表示盐桥，"$\mid$"表示有一界面，并注明电解质溶液的相应浓度。

原电池是由两个半电池组成。每一半电池由还原态物质和氧化态物质组成，如 Zn-Zn^{2+}，Cu-Cu^{2+}，常称之为电对，以 Zn^{2+}/Zn 或 Cu^{2+}/Cu（氧化态在上，还原态在下）表示。电对不一定由金属和金属离子组成，同一金属不同氧化态的离子（如 Fe^{3+}/Fe^{2+}，MnO_4^-/Mn^{2+} 等）或非金属与相应的离子（如 H^+/H_2，Cl_2/Cl^-，O_2/OH^- 等）都可组成电对。

6.3.2 电极电势

连接原电池两极的导线有电流通过，说明两电极之间有电势差存在。这电势差是怎样产生的呢？

金属晶体是由金属原子、金属离子和一定数量的自由电子组成。当把金属棒插入它的盐溶液中，金属表面上的金属离子受到极性水分子的吸引，有溶解到溶液中形成水合离子的倾向。金属越活泼，盐溶液浓度越稀，这种倾向越大。同时，溶液中的水合离子有从金属表

---

① 随着氧化还原反应的进行，溶解下来的 Zn^{2+} 使 Zn 极附近的溶液带上正电；而 Cu 极附近的溶液由于 Cu 的析出，Cu^{2+} 减少了，带上负电。这都将阻碍电子从 Zn 传到 Cu。通常盐桥内盛饱和的 KCl 溶液，Cl^- 移向 $ZnSO_4$ 溶液，K^+ 移向 $CuSO_4$ 溶液，使两溶液一直接近电中性，反应就可以进行了。

面获得电子,沉积在金属表面上的倾向。金属越不活泼,溶液越浓,这种倾向越大。因此,在金属(M)及其盐溶液之间存在如下平衡:

$$M(s) \xrightleftharpoons[\text{沉积}]{\text{溶解}} M^{2+}(aq) + ze^-$$

如果溶解的倾向大于沉积的倾向,金属带负电,溶液带正电[如图6-2(a)所示];反之,金属带正电,溶液带负电[如图6-2(b)所示]。不论何种情况,金属与其盐溶液间都会形成双电层。由于双电层存在,使金属与其盐溶液之间产生了电势差,这个电势差叫作该金属的电极电势(electrode potential)。

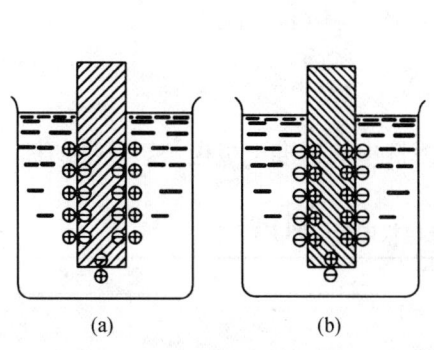

图6-2 金属的电极电势

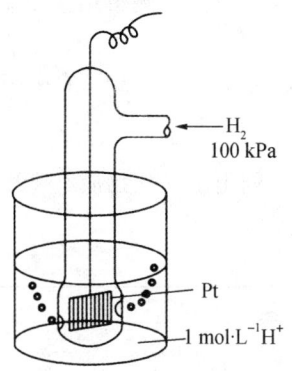

图6-3 标准氢电极

金属电极电势的高低主要取决于金属的本性、金属离子的浓度和溶液的温度。在指定温度(通常为298 K)下,金属同该金属离子浓度为 $1\ \text{mol}\cdot\text{L}^{-1}$(严格说是单位活度)的溶液所产生的电势称为该金属的标准电极电势(standard electrode potential),常用符号 $\varphi^\ominus$ 表示。目前电极电势的绝对值还没有办法测定。但可人为地规定一个相对标准来测定它的相对值。这就像把海平面的高度定为零,以测定各山峰相对高度一样。用来测定电极电势的相对标准是标准氢电极。

标准氢电极如图6-3所示。将铂片镀上一层疏松的铂(称铂黑,它具有很强的吸附 H_2 的能力),并插在 H^+ 浓度为 $1\ \text{mol}\cdot\text{L}^{-1}$ 的 H_2SO_4 溶液中,在指定温度下不断地通入压力100 kPa的纯氢气流冲击铂片,使它吸附氢气并达到饱和。吸附在铂黑上的氢气和溶液中 H^+ 间存在着下式所表示的平衡:

$$2H^+(aq) + 2e^- \rightleftharpoons H_2(g)$$

这就是氢电极的电极反应。国际上规定,标准氢电极的电极电势为零,即

$$\varphi^\ominus(H^+/H_2) = 0$$

有了标准氢电极作基准,就可测量其他电极的电极电势。例如,欲测量 Zn 电极的标准电极电势,只要把 Zn 棒插在 $1\ \text{mol}\cdot\text{L}^{-1}$ $ZnSO_4$ 溶液中组成标准锌电极,把它与标准氢电极用盐桥连接起来组成原电池,如图6-4所示。在298 K时用电位计测量该电池的电动势($E^\ominus$)时发现,氢电极为正极,锌电

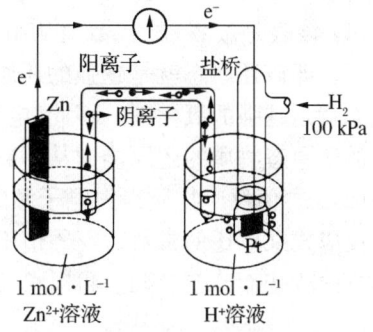

图6-4 测定锌电极的标准电极电势的装置

极为负极,电池电动势为 0.763 V,锌电极在 298 K 时的标准电极电势[$\varphi^{\ominus}(Zn^{2+}/Zn)$]可由下式求得:

$$E^{\ominus} = \varphi^{\ominus}_{正} - \varphi^{\ominus}_{负}$$
$$= \varphi^{\ominus}(H^+/H_2) - \varphi^{\ominus}(Zn^{2+}/Zn)$$

即
$$0.763 \text{ V} = 0 \text{ V} - \varphi^{\ominus}(Zn^{2+}/Zn)$$

所以 $\varphi^{\ominus}(Zn^{2+}/Zn) = -0.763$ V。

如果要测定铜电极的标准电极电势,同样可用盐桥把标准铜电极和标准氢电极连接起来,组成铜氢原电池。测量结果发现铜为正极、氢为负极,电动势为 0.337 V,则

$$E^{\ominus} = \varphi^{\ominus}(Cu^{2+}/Cu) - \varphi^{\ominus}(H^+/H_2)$$
$$0.337 \text{ V} = \varphi^{\ominus}(Cu^{2+}/Cu) - 0 \text{ V}$$

所以 $\varphi^{\ominus}(Cu^{2+}/Cu) = 0.337$ V。

表 6-2 列出了一些物质在 298 K 酸性溶液中的标准电极电势。详细的标准电极电势见附录Ⅶ。

表 6-2　标准电极电势(298 K)

电极反应	$\varphi^{\ominus}$/V
$Li^+ + e^- \rightleftharpoons Li$	-3.045
$Zn^{2+} + 2e^- \rightleftharpoons Zn$	-0.763
$Fe^{2+} + 2e^- \rightleftharpoons Fe$	-0.440
$Sn^{2+} + 2e^- \rightleftharpoons Sn$	-0.163
$Pb^{2+} + 2e^- \rightleftharpoons Pb$	-0.126
$2H^+ + 2e^- \rightleftharpoons H_2$	0.000
$Sn^{4+} + 2e^- \rightleftharpoons Sn^{2+}$	0.154
$Cu^{2+} + 2e^- \rightleftharpoons Cu$	0.337
$I_2 + 2e^- \rightleftharpoons 2I^-$	0.534 5
$Fe^{3+} + e^- \rightleftharpoons Fe^{2+}$	0.771
$Br_2(l) + 2e^- \rightleftharpoons 2Br^-$	1.065
$Cr_2O_7^{2-} + 14H^+ + 6e^- \rightleftharpoons 2Cr^{3+} + 7H_2O$	1.33
$Cl_2 + 2e^- \rightleftharpoons 2Cl^-$	1.36
$MnO_4^- + 8H^+ + 5e^- \rightleftharpoons Mn^{2+} + 4H_2O$	1.51
$F_2 + 2e^- \rightleftharpoons 2F^-$	2.87

(左侧:弱氧化剂 氧化能力依次增强 强氧化剂；右侧:强还原剂 还原能力依次增强 弱还原剂)

对表 6-2 作几点说明:

(1) 该表是按照 $\varphi^{\ominus}$ 代数值从小到大顺序编排的。$\varphi^{\ominus}$ 越小,表明电对的还原态越易给出电子。即该还原态就是越强的还原剂；$\varphi^{\ominus}$ 值越大,表明电对的氧化态越易得到电子,即该氧化态就是越强的氧化剂。因此,电势表左边的氧化态物质的氧化能力从上到下逐渐增强；右边的还原态物质的还原能力从下到上逐渐增强。

(2) $\varphi^{\ominus}$ 值反应物质得失电子倾向的大小,它具有强度性质,与物质的数量无关。因此,电极反应式乘以任何常数时,$\varphi^{\ominus}$ 值不变。另外,电对的氧化态和还原态不会因电极反应进行的方向改变而改变,因此,将电极反应颠倒过来写,$\varphi^{\ominus}$ 值也不变。例如:

$$Zn^{2+} + 2e^- \rightleftharpoons Zn \quad \varphi^{\ominus} = -0.736 \text{ V}$$
$$2Zn^{2+} + 4e^- \rightleftharpoons 2Zn \quad \varphi^{\ominus} = -0.736 \text{ V}$$

$$\text{Zn} \rightleftharpoons \text{Zn}^{2+} + 2\text{e}^- \qquad \varphi^{\ominus} = -0.736 \text{ V}$$

(3) 为了便于查阅,在附录中把电极电势分排成两个表——酸表和碱表。如若电极反应在酸性溶液中进行,则在酸表中查阅;如若电极反应在碱性溶液中进行,则在碱表中查阅。有些电极反应与溶液的酸度无关,如 $\text{Cl}_2 + 2\text{e}^- \rightleftharpoons 2\text{Cl}^-$ 也列在酸表中。

6.3.3 能斯特方程

标准电极电势是在标准态及温度通常为 298 K 时测得的。如果浓度和温度改变了,电极电势也就跟着改变。电极电势 φ 与浓度、温度间的定量关系可由能斯特方程给出。对电极反应:

$$\text{氧化态} + z\text{e}^- \rightleftharpoons \text{还原态}$$

能斯特方程为

$$\varphi = \varphi^{\ominus} - \frac{RT}{zF} \ln \frac{\alpha(\text{还原态}^{①})}{\alpha(\text{氧化态})} = \varphi^{\ominus} + \frac{RT}{zF} \ln \frac{\alpha(\text{氧化态})}{\alpha(\text{还原态}^{①})} \quad (6-2)$$

或

$$\varphi = \varphi^{\ominus} - \frac{2.303RT}{zF} \lg \frac{(\text{还原态})}{(\text{氧化态})} = \varphi^{\ominus} + \frac{2.303RT}{zF} \lg \frac{(\text{氧化态})}{(\text{还原态})} \quad (6-3)$$

式中:R 为摩尔气体常数;F 为法拉第常数(96 485 C·mol^{-1});T 为热力学温度;z 为电极反应得失的电子数;$\alpha(\text{还原态})$ 和 $\alpha(\text{氧化态})$ 分别表示电极反应式中还原态物质和氧化态物质的活度。如果是稀溶液,$\alpha = c/c^{\ominus}$(因 $c^{\ominus} = 1$ mol·L^{-1},它不会影响计算值,为了便于计算,在能斯特方程中可不必列入);如果是压力较低的气体 $\alpha = p/p^{\ominus}$;如果是固体或纯液体,$\alpha = 1$。另外,活度的方次应等于该物质在电极反应式中的化学计量数。

当温度为 298 K 时,将各常数值代入式(6-3),可得

$$\varphi = \varphi^{\ominus} - \frac{0.059\ 2 \text{ V}}{z} \lg \frac{\alpha(\text{还原态}^{②})}{\alpha(\text{氧化态})} = \varphi^{\ominus} + \frac{0.059\ 2 \text{ V}}{z} \lg \frac{\alpha(\text{氧化态})}{\alpha(\text{还原态}^{②})} \quad (6-4)$$

【例 6-5】 列出下列电极反应在 298 K 时的电极电势计算式。

(1) $\text{I}_2(\text{s}) + 2\text{e}^- \rightleftharpoons 2\text{I}^- \quad \varphi^{\ominus} = 0.534\ 5$ V
(2) $\text{Cr}_2\text{O}_7^{2-} + 14\text{H}^+ + 6\text{e}^- \rightleftharpoons 2\text{Cr}^{3+} + 7\text{H}_2\text{O} \quad \varphi^{\ominus} = 1.33$ V
(3) $\text{PbCl}_2(\text{s}) + 2\text{e}^- \rightleftharpoons \text{Pb} + 2\text{Cl}^- \quad \varphi^{\ominus} = -0.268$ V
(4) $\text{O}_2(\text{g}) + 4\text{H}^+ + 4\text{e}^- \rightleftharpoons 2\text{H}_2\text{O} \quad \varphi^{\ominus} = 1.229$ V

解: 代入式(6-4),可得

$$\varphi_1 = 0.534\ 5 \text{ V} - \frac{0.059\ 2 \text{ V}}{2} \lg c^2(\text{I}^-)$$

---

① 电对在不同的温度下有不同的 $\varphi^{\ominus}$,因此若用能斯特方程计算 T 温度下的 φ 值,要用 $\varphi^{\ominus}(T)$ 值(而不能用 $\varphi^{\ominus}$(298 K)值)代入方程进行计算。

② 由于电极电势讨论的系统限于水溶液,在水溶液中不允许温度过高或过低,一般都在室温(25℃)下进行,所以该式是最常用的公式。遇到没有指明温度的系统,一般也可以直接用此式进行计算。

$$\varphi_2 = 1.33 \text{ V} - \frac{0.0592 \text{ V}}{6} \lg \frac{c^2(\text{Cr}^{3+})}{c(\text{Cr}_2\text{O}_7^{2-}) \cdot c^{14}(\text{H}^+)}$$

$$\varphi_3 = -0.268 \text{ V} - \frac{0.0592 \text{ V}}{2} \lg c^2(\text{Cl}^-)$$

$$\varphi_4 = 1.229 \text{ V} - \frac{0.0592 \text{ V}}{4} \lg \frac{1}{[p(\text{O}_2)/p^{\ominus}] \cdot c^4(\text{H}^+)}$$

【例 6-6】 已知电极反应

$$\text{NO}_3^- + 4\text{H}^+ + 3e^- \rightleftharpoons \text{NO} + 2\text{H}_2\text{O}$$

$\varphi^{\ominus}(\text{NO}_3^-/\text{NO}) = 0.96$ V。求 $c(\text{NO}_3^-) = 1.0$ mol·L^{-1}, $p(\text{NO}) = 100$ kPa, $c(\text{H}^+) = 1.0 \times 10^{-7}$ mol·L^{-1} 时的 $\varphi(\text{NO}_3^-/\text{NO})$。

解：$\varphi(\text{NO}_3^-/\text{NO}) = \varphi^{\ominus}(\text{NO}_3^-/\text{NO}) - \dfrac{0.0592 \text{ V}}{3} \lg \dfrac{p(\text{NO})/p^{\ominus}}{c(\text{NO}_3^-) \cdot c^4(\text{H}^+)}$

$$= 0.96 \text{ V} - \frac{0.0592 \text{ V}}{3} \lg \frac{100/100}{1.0 \times (1.0 \times 10^{-7})^4}$$

$$= 0.96 \text{ V} - 0.55 \text{ V} = 0.41 \text{ V}$$

可见，NO_3^- 的氧化能力随酸度的降低而降低。所以浓 HNO_3 氧化能力很强，而中性的硝酸盐（如 KNO_3）溶液氧化能力很弱。但是，对于没有 H^+（或 OH^-）参加的电极反应（如 $\text{I}_2 + 2e^- \rightleftharpoons 2\text{I}^-$），溶液的酸度就不会影响其电极电势。

6.3.4 原电池的电动势与 $\Delta_r G$ 的关系

在等温等压过程中，系统吉布斯自由能的减少等于系统对外所做的最大有用功。对电池反应来说，就是指最大电功（W_E），则 $\Delta_r G = W_E$，W_E 等于电池的电动势 E 乘上所通过的电荷量 Q，即

$$W_E = Q \cdot E$$

如果 z mol 电子通过外电路，其电荷量为

$$Q = zF$$

F 为法拉第常数。所以

$$-\Delta_r G = W_E = Q \cdot E = zFE$$

$$\Delta_r G = -zFE \tag{6-5}$$

若反应处于标准状态，则得

$$\Delta_r G^{\ominus} = -zFE^{\ominus} \tag{6-6}$$

式(6-5)和式(6-6)将反应的吉布斯自由能变和电池的电动势联系起来，因此可进行它们之间的相互换算。

【例 6-7】 若把下列反应排成电池，求电池的 $E^{\ominus}$ 及反应的 $\Delta_r G^{\ominus}$。

$$\text{Cr}_2\text{O}_7^{2-} + 6\text{Cl}^- + 14\text{H}^+ \rightleftharpoons 2\text{Cr}^{3+} + 3\text{Cl}_2 + 7\text{H}_2\text{O}$$

解：正极电极反应：

$$\text{Cr}_2\text{O}_7^{2-} + 14\text{H}^+ + 6e^- \longrightarrow 2\text{Cr}^{3+} + 7\text{H}_2\text{O} \qquad \varphi^{\ominus} = 1.33 \text{ V}$$

负极电极反应：
$$2Cl^- \longrightarrow Cl_2 + 2e^- \quad \varphi^{\ominus} = 1.36 \text{ V}$$
$$E^{\ominus} = \varphi_{\text{正}}^{\ominus} - \varphi_{\text{负}}^{\ominus} = 1.33 \text{ V} - 1.36 \text{ V} = -0.03 \text{ V}$$
$$\Delta_r G^{\ominus} = -zFE^{\ominus} = -6 \times 96\,500 \text{ C} \cdot \text{mol}^{-1} \times (-0.03 \text{ V})$$
$$= 2 \times 10^4 \text{ J} \cdot \text{mol}^{-1}$$

【例 6-8】 利用热力学函数数据计算 $\varphi^{\ominus}(Zn^{2+}/Zn)$ 的值。

解：可以利用式(6-6)求算 $\varphi^{\ominus}(Zn^{2+}/Zn)$。为此，必须把电对 Zn^{2+}/Zn 与另一电对（最好选择 H^+/H_2）组成原电池。电池反应式为
$$Zn + 2H^+ \longrightarrow Zn^{2+} + H_2$$

查附录Ⅲ，得各物质的 $\Delta_r G^{\ominus}$ 值

	Zn	H^+	Zn^{2+}	H_2
$\Delta_r G^{\ominus}/(\text{kJ} \cdot \text{mol}^{-1})$	0	0	-147	0

$$\Delta_r G^{\ominus} = -147 \text{ kJ} \cdot \text{mol}^{-1}$$
$$E^{\ominus} = \frac{-\Delta_r G^{\ominus}}{zF} = -\frac{-147 \text{ kJ} \cdot \text{mol}^{-1}}{2 \times 96\,500 \text{ C} \cdot \text{mol}^{-1}} = 0.762 \text{ V}$$

又
$$E^{\ominus} = \varphi_{\text{正}}^{\ominus} - \varphi_{\text{负}}^{\ominus} = \varphi^{\ominus}(H^+/H_2) - \varphi^{\ominus}(Zn^{2+}/Zn) = 0.762 \text{ V}$$

所以
$$\varphi^{\ominus}(Zn^{2+}/Zn) = -0.762 \text{ V}$$

可见电极电势可利用热力学函数求得，并非一定要用测量原电池电动势的方法得到。

6.4 电极电势的应用

电极电势应用很广，除上一节介绍的用来测定氧化还原反应的 ΔG 外，它还用于以下几个方面。

6.4.1 计算原电池的电动势

应用标准电极电势表和能斯特方程，可算出原电池的电动势，并由此推出电池反应式。

【例 6-9】 计算下列原电池在 298 K 时的电动势，并标明正负极，写出电池反应式。

$Cd \mid Cd^{2+}(0.10 \text{ mol} \cdot L^{-1}) \parallel Sn^{4+}(0.10 \text{ mol} \cdot L^{-1}), Sn^{2+}(0.001\,0 \text{ mol} \cdot L^{-1}) \mid Pt$

解：与该原电池有关的电极反应及其标准电极电势为
$$Cd^{2+} + 2e^- \rightleftharpoons Cd \quad \varphi^{\ominus}(Cd^{2+}/Cd) = -0.403 \text{ V}$$
$$Sn^{4+} + 2e^- \rightleftharpoons Sn^{2+} \quad \varphi^{\ominus}(Sn^{4+}/Sn^{2+}) = 0.154 \text{ V}$$

将各物质相应的浓度代入能斯特方程：
$$\varphi(Cd^{2+}/Cd) = \varphi^{\ominus}(Cd^{2+}/Cd) - \frac{0.059\,2 \text{ V}}{2} \lg \frac{1}{c(Cd^{2+})}$$
$$= -0.403 \text{ V} - \frac{0.059\,2 \text{ V}}{2} \lg \frac{1}{0.1}$$

$$=-0.433\text{ V}$$

$$\varphi(\text{Sn}^{4+}/\text{Sn}^{2+}) = \varphi^{\ominus}(\text{Sn}^{4+}/\text{Sn}^{2+}) - \frac{0.0592\text{ V}}{2}\lg\frac{c(\text{Sn}^{2+})}{c(\text{Sn}^{4+})}$$

$$= 0.154\text{ V} - \frac{0.0592\text{ V}}{2}\lg\frac{0.0010}{0.1}$$

$$= 0.213\text{ V}$$

由于,$\varphi(\text{Sn}^{4+}/\text{Sn}^{2+}) > \varphi(\text{Cd}^{2+}/\text{Cd})$,所以电对 $\text{Sn}^{4+}/\text{Sn}^{2+}$ 为正极,电对 Cd^{2+}/Cd 为负极。电池电动势 E 为

$$E = \varphi_{正} - \varphi_{负} = 0.213\text{ V} - (-0.433\text{ V}) = 0.646\text{ V}$$

正极发生还原反应: $\text{Sn}^{4+} + 2\text{e}^- \longrightarrow \text{Sn}^{2+}$

负极发生氧化反应: $\text{Cd} \longrightarrow \text{Cd}^{2+} + 2\text{e}^-$

两电极反应相加,消去电子,即得电池反应:

$$\text{Sn}^{4+} + \text{Cd} \longrightarrow \text{Sn}^{2+} + \text{Cd}^{2+}$$

电池电动势也可直接利用下式求得

$$E = E^{\ominus} - \frac{0.0592\text{ V}}{z}\lg Q \tag{6-7}$$

该式推导如下:

因为

$$\Delta_r G = \Delta_r G^{\ominus} + RT\ln Q$$

将式(6-5)和式(6-6)代入上式,得

$$-zFE = -zFE^{\ominus} + RT\ln Q$$

$$E = E^{\ominus} - \frac{RT}{zF}\ln Q$$

将有关常数及 T 为 298 K 代入上式,即得式(6-7)。若用该式来计算【例6-9】电池的电动势,则为

$$E = [0.154 - (-0.403)]\text{V} - \frac{0.0592\text{ V}}{2}\lg\frac{c(\text{Sn}^{2+}) \cdot c(\text{Cd}^{2+})}{c(\text{Sn}^{4+})}$$

$$= 0.557\text{ V} - \frac{0.0592\text{ V}}{2}\lg\frac{0.001 \times 0.10}{0.10} = 0.557\text{ V} - \frac{0.0592\text{ V}}{2} \times (-3)$$

$$= 0.557\text{ V} + 0.089\text{ V} = 0.646\text{ V}$$

【例6-10】 把下列反应排成原电池,并计算该原电池的电动势。

$2\text{Fe}^{3+}(0.1\text{ mol}\cdot\text{L}^{-1}) + \text{Sn}^{2+}(0.01\text{ mol}\cdot\text{L}^{-1}) \longrightarrow 2\text{Fe}^{2+}(0.10\text{ mol}\cdot\text{L}^{-1}) + \text{Sn}^{4+}(0.20\text{ mol}\cdot\text{L}^{-1})$

解: 电池符号为:

$(-)\text{Pt} \mid \text{Sn}^{2+}(0.010\text{ mol}\cdot\text{L}^{-1}), \text{Sn}^{4+}(0.20\text{ mol}\cdot\text{L}^{-1}) \parallel \text{Fe}^{3+}(0.1\text{ mol}\cdot\text{L}^{-1}), \text{Fe}^{2+}(0.10\text{ mol}\cdot\text{L}^{-1}) \mid \text{Pt}(+)$

由能斯特方程得: $E = E^{\ominus} - \dfrac{0.0592\text{ V}}{2}\lg\dfrac{c^2(\text{Fe}^{2+}) \cdot c(\text{Sn}^{4+})}{c^2(\text{Fe}^{3+}) \cdot c(\text{Sn}^{2+})}$

$$= (0.771 - 0.154)\text{V} - \frac{0.059\ 2\ \text{V}}{2}\lg\frac{0.10^2 \times 0.20}{0.10^2 \times 0.010}$$
$$= 0.617\ \text{V} - 0.039\ \text{V} = 0.578\ \text{V}$$

6.4.2 判断氧化还原反应进行的方向

上述例子已经为判断氧化还原反应进行的方向提供了方法。这就是把氧化还原反应排成原电池,并计算原电池的电动势。如果 $E>0$,说明该氧化还原反应可以按原指定的方向进行;如果 $E<0$,说明该氧化还原反应是按逆方向进行。

实际上用氧化剂和还原剂相对强弱来判断氧化还原反应的方向更为方便。例如,欲判断【例 6-10】的反应能否自左向右进行,只要比较它们有关的电极电势,因为 $\varphi(\text{Fe}^{3+}/\text{Fe}^{2+}) > \varphi(\text{Sn}^{4+}/\text{Sn}^{2+})$,这说明在该反应系统中作为氧化剂的 Fe^{3+} 和 Sn^{4+} 中,Fe^{3+} 是较强的氧化剂;作为还原剂的 Fe^{2+} 和 Sn^{2+} 中,Sn^{2+} 是较强的还原剂。在氧化还原反应中,总是较强的氧化剂和较强的还原剂相互作用,生成较弱的氧化剂和较弱的还原剂。所以,在该反应中是 Sn^{2+} 给出电子,而 Fe^{3+} 接受电子,故上述反应能自发地自左向右进行。

由于电势表是按 $\varphi^{\ominus}$ 值由低到高依次排列的,如果在电势表上找出任意两电对,并令它们 $\varphi^{\ominus}$ 值高低排列的次序与电势表一致:

氧化态 1 + ze⁻ ⇌ 还原态 1 $\varphi^{\ominus}$ 代数值小

氧化态 2 + ze⁻ ⇌ 还原态 2 $\varphi^{\ominus}$ 代数值大 $\varphi^{\ominus}$ 由低到高排列

则可发现,凡是符合所标示的对角线关系的物质之间反应都能自发进行。因此,可以得出这样的结论:如果反应系统各物质都处于标准态时,从热力学上讲电势表左下方的物质(相对地讲,是较强的氧化剂)能和右上方的物质(相对地讲,是较强的还原剂)发生反应,亦即在表中凡符合上述对角线关系的物质都能互相发生反应。不符合此对角线关系的物质就不能自发地反应。

【例 6-11】 判断下列反应能否在标准态下进行。

$$\text{I}_2 + 2\text{Fe}^{2+} \rightleftharpoons 2\text{Fe}^{3+} + 2\text{I}^-$$

解: 从电势表上查出电对 $\text{Fe}^{3+}/\text{Fe}^{2+}$ 和 I_2/I^- 的 $\varphi^{\ominus}$ 值。并由小到大排列如下:

$\text{I}_2 + 2\text{e}^- \rightleftharpoons 2\text{I}^-$ 0.54 V

$\text{Fe}^{3+} + \text{e}^- \rightleftharpoons \text{Fe}^{2+}$ 0.77 V

可见 I_2 和 Fe^{2+} 不符合对角线关系,上述反应不能自发进行。但是 Fe^{3+} 和 I^- 符合对角线关系,则说明其逆反应可自发进行。

上例反应的方向是用 $\varphi^{\ominus}$ 去判断的,但 $\varphi^{\ominus}$ 只适用于标准态。实际上大部分的反应条件是非标准态,因此严格地说,应该用 φ 而不是用 $\varphi^{\ominus}$ 去判断反应的方向。不过,浓度对 φ 的影响是很小的,因浓度取对数后,再乘上一个很小的系数(0.059 2/z)才影响 φ 值。所以,当两标准电极电势差大于 0.2 V 时,就可以直接用 $\varphi^{\ominus}$ 去判断,只有当差值小于 0.2 V 时,才需要考虑浓度的影响。但应注意,如果电极反应中还包含 H^+ 或 OH^- 时,介质的酸碱性对 φ 影响很显著,这时,应当用 φ 而不应当用 $\varphi^{\ominus}$ 去判断反应进行的方向。

【例 6-12】 判断反应

$$Pb^{2+} + Sn \rightleftharpoons Pb + Sn^{2+}$$

能否在下列条件下进行?

(1) $c(Pb^{2+}) = c(Sn^{2+}) = 1.0 \text{ mol} \cdot L^{-1}$
(2) $c(Pb^{2+}) = 0.1 \text{ mol} \cdot L^{-1}, c(Sn^{2+}) = 2.0 \text{ mol} \cdot L^{-1}$

解:(1) $Sn^{2+} + 2e^- \rightleftharpoons Sn \quad \varphi^{\ominus} = -0.14 \text{ V}$

$$Pb^{2+} + 2e^- \rightleftharpoons Pb \quad \varphi^{\ominus} = -0.13 \text{ V}$$

因 Sn 和 Pb^{2+} 符合对角线关系,所以上述反应可自发进行。

(2) $\varphi(Pb^{2+}/Pb) = -0.13 \text{ V} - \dfrac{0.0592 \text{ V}}{2} \lg \dfrac{1}{0.10} = -0.16 \text{ V}$

$\varphi(Sn^{2+}/Sn) = -0.14 \text{ V} - \dfrac{0.0592 \text{ V}}{2} \lg \dfrac{1}{2.0} = -0.13 \text{ V}$

即 $Pb^{2+} + 2e^- \rightleftharpoons Pb \quad \varphi^{\ominus} = -0.16 \text{ V}$

$$Sn^{2+} + 2e^- \rightleftharpoons Sn \quad \varphi^{\ominus} = -0.13 \text{ V}$$

Pb^{2+} 和 Sn 不符合对角线关系,故不能反应。

6.4.3 选择合适的氧化剂和还原剂

在实验室中常会遇到这种情况,在一混合系统中,需对其中某一组分进行氧化(或还原),而要求不氧化(或还原)其他组分,这时只有选择适当的氧化剂(或还原剂)才能达到目的。

例如,在标准态下,什么氧化剂可以氧化 I^-,而不氧化 Br^- 和 Cl^-?

从电极电势表中查得有关电对的电极电势:

$\varphi^{\ominus}(I_2/I^-) = 0.54 \text{ V}$;
$\varphi^{\ominus}(Br_2/Br^-) = 1.07 \text{ V}$;
$\varphi^{\ominus}(Cl_2/Cl^-) = 1.36 \text{ V}$。

如果要使某一氧化剂,只能氧化 I^-,而不能氧化 Cl^- 和 Br^-,则该氧化剂的电极在 0.54~1.07 V 之间,如果小于 0.54 V,则不仅不能氧化 Br^- 和 Cl^-,而且也不能氧化 I^-;如果大于 1.07 V,则 Br^- 也会被氧化;如果大于 1.36 V,则 Br^- 和 Cl^- 都会被氧化。电极在 0.54~1.07 V 之间的氧化剂有 $Fe^{3+}[\varphi^{\ominus}(Fe^{3+}/Fe^{2+}) = 0.77 \text{ V}]$,$HNO_2[\varphi^{\ominus}(HNO_2/NO) = 1.00 \text{ V}]$ 等。实际上在实验室里,I^-、Br^- 和 Cl^- 同时存在时,氧化 I^- 常选用 $Fe_2(SO_4)_3$ 或 $NaNO_2$ 加酸作为氧化剂。

【例 6-13】 已知 $(MnO_4^-/Mn^{2+}) = 1.51 \text{ V}, \varphi^{\ominus}(Br_2/Br^-) = 1.07 \text{ V}, \varphi^{\ominus}(Cl_2/Cl^-) =$

1.36 V,欲使 Br^- 和 Cl^- 混合液中 Br^- 被 MnO_4^- 氧化,而 Cl^- 不被氧化,溶液的 pH 值应控制在什么范围(假定系统中除 H^+ 外,其他物质均处于标准态)?

解:MnO_4^- 的电极反应为

$$MnO_4^- + 8H^+ + 5e^- \rightleftharpoons Mn^{2+} + 4H_2O$$

所以它的 φ 与 $c(H^+)$ 的关系为

$$\varphi = \varphi^{\ominus} - \frac{0.0592\ V}{z} \lg \frac{c(Mn^{2+})}{c(MnO_4^-) \cdot c^8(H^+)}$$

$$= 1.51\ V + \frac{0.0592\ V \times 8}{5} \lg c(H^+)$$

如果 MnO_4^- 氧化 Br^-,则要求 $\varphi(MnO_4^-/Mn^{2+}) > 1.07\ V$,即

$$1.51\ V + \frac{0.0592\ V \times 8}{5} \lg c(H^+) > 1.07\ V$$

$$\lg c(H^+) > -4.54 \qquad pH < 4.54$$

如果 MnO_4^- 不氧化 Cl^-,则要求 $\varphi(MnO_4^-/Mn^{2+}) < 1.36\ V$。

同理可得
$$pH > 1.58$$

所以,应控制 pH=1.58—4.54。

6.4.4 判断氧化还原反应进行的次序

从实验中知道 I^- 和 Br^- 都能被 Cl_2 氧化。假如逐滴加氯水于含有 I^- 和 Br^- 的混合液中,哪一种先被氧化? 实验事实告诉我们:Cl_2 先氧化 I^-,后氧化 Br^-。查电极电势表可得:$\varphi^{\ominus}(I_2/I^-) = 0.54\ V$,$\varphi^{\ominus}(Br_2/Br^-) = 1.07\ V$,$\varphi^{\ominus}(Cl_2/Cl^-) = 1.36\ V$。

对照它们的电极电势差可知,差值越大,越先被氧化。所以,一种氧化剂可以氧化几种还原剂时,首先氧化最强的还原剂。同理,还原剂首先还原最强的氧化剂。必须指出,上述判断只有在有关的氧化还原反应速率足够快的情况下才正确。这也就是说,当氧化还原反应的产物是由化学平衡而不是由反应速率控制的情况下,才能做出这样的判断。

6.4.5 判断氧化还原反应进行的程度

水溶液中的氧化还原反应都是可逆反应,反应进行到一定程度就可达到平衡。例如反应:

$$Cu^{2+} + Zn \rightleftharpoons Zn^{2+} + Cu$$

在达到平衡时,生成物的浓度和反应物的浓度存在如下关系:

$$\frac{[Zn^{2+}]}{[Cu^{2+}]} = K^{\ominus}$$

$K^{\ominus}$ 为氧化还原反应的标准平衡常数。它可由相应原电池的标准电动势算得,由

$$\Delta_r G^{\ominus} = -RT \ln K^{\ominus} = -2.303 RT \lg K^{\ominus}$$

$$\Delta_r G^{\ominus} = -zFE^{\ominus}$$

两式合并,得
$$-zFE^{\ominus} = -2.303 RT \lg K^{\ominus}$$

$$\lg K^{\ominus} = \frac{zFE^{\ominus}}{2.303RT}$$

若反应在 298 K 时进行,并把有关常数代入,可得

$$\lg K^{\ominus} = \frac{zE^{\ominus}}{0.0592 \text{ V}} \tag{6-8}$$

求得氧化还原反应的平衡常数,就可以判断氧化还原反应进行的程度。

【例 6-14】 在 $0.10 \text{ mol} \cdot \text{L}^{-1}$ $CuSO_4$ 溶液中投入 Zn 粒,求反应达到平衡后溶液中 Cu^{2+} 的浓度。

解:反应 $\qquad Cu^{2+} + Zn \rightleftharpoons Zn^{2+} + Cu$

由于 $\varphi^{\ominus}(Cu^{2+}/Cu) = 0.337$ V,为正极;$\varphi^{\ominus}(Zn^{2+}/Zn) = -0.763$ V,为负极。所以

$$E^{\ominus} = \varphi^{\ominus}_{正} - \varphi^{\ominus}_{负} = 0.337 \text{ V} - (-0.763 \text{ V}) = 1.100 \text{ V}$$

$$\lg K^{\ominus} = \frac{zE^{\ominus}}{0.0592 \text{ V}} = \frac{2 \times 1.100 \text{ V}}{0.0592 \text{ V}} = 37.2$$

$$K^{\ominus} = 2 \times 10^{37}$$

$K^{\ominus}$ 值如此之大,说明该反应进行得很完全,在平衡时 $c(Zn^{2+}) = 0.10 \text{ mol} \cdot \text{L}^{-1}$。

因为 $\qquad K^{\ominus} = \dfrac{[Zn^{2+}]}{[Cu^{2+}]} = 2 \times 10^{37}$

所以 $\qquad [Cu^{2+}] = \dfrac{0.10 \text{ mol} \cdot \text{L}^{-1}}{2 \times 10^{37}} = 5 \times 10^{-39} \text{ mol} \cdot \text{L}^{-1}$

6.4.6 求溶度积常数

前面已经介绍过,利用标准电极电势可以求反应的平衡常数。如果我们能够将沉淀反应设计成原电池,就可以求出难溶物的溶度积常数。沉淀、弱电解质、配合物等的形成,会造成溶液中某些离子浓度降低。若将此离子与它对应的还原态或氧化态组成电对,测定其电极电势,即可计算出溶液中该离子的浓度,从而可进一步算出难溶电解质的溶度积常数、弱酸或弱碱的解离常数、配合物的稳定常数等。

【例 6-15】 求 AgCl 的溶度积常数 $K_{sp}^{\ominus}$。

解:$AgCl(s) \rightleftharpoons Ag^+ + Cl^-$

将此反应设计成一个原电池,并查出两个有关电极的标准电极电势:

正极反应 $\qquad AgCl + e^- \rightleftharpoons Ag + Cl^- \qquad \varphi^{\ominus}(AgCl/Ag) = 0.222 \text{ V}$

负极反应 $\qquad Ag \rightleftharpoons Ag^+ + e^- \qquad \varphi^{\ominus}(Ag^+/Ag) = 0.799 \text{ V}$

电池反应 $\qquad AgCl \rightleftharpoons Ag^+ + Cl^- \qquad E^{\ominus} = -0.577 \text{ V}$

则 $\qquad \lg K^{\ominus} = \dfrac{zE^{\ominus}}{0.0592 \text{ V}} = \dfrac{1 \times (-0.577 \text{ V})}{0.0592 \text{ V}}$

解得 $K^{\ominus} = 1.7 \times 10^{-10}$,此处的 $K^{\ominus}$ 就是 $K_{sp}^{\ominus}(AgCl)$。

可根据离子浓度对电极电势和电池电动势的影响,设计原电池,并测其电动势,根据电池电动势求出有关离子浓度,再根据离子浓度求出难溶盐的 $K_{sp}^{\ominus}$。

【例 6-16】 求 $PbSO_4$ 的 $K_{sp}^{\ominus}$。设计如下原电池：

$$(-)Pb(s) \mid Pb^{2+}(x \text{ mol} \cdot L^{-1}) \parallel Sn^{2+}(1.0 \text{ mol} \cdot L^{-1}) \mid Sn(s)(+)$$

将 SO_4^{2-} 浓度调整为 $1.0 \text{ mol} \cdot L^{-1}$，测得该原电池的电动势 $E=0.22$ V。

解：由能斯特方程得

$$\varphi_{\text{正}} = \varphi^{\ominus}(Sn^{2+}/Sn) + \frac{0.0592 \text{ V}}{2}\lg c(Sn^{2+})$$

$$\varphi_{\text{负}} = \varphi^{\ominus}(Pb^{2+}/Pb) + \frac{0.0592 \text{ V}}{2}\lg c(Pb^{2+})$$

则 $E = \varphi_{\text{正}} - \varphi_{\text{负}} = \varphi^{\ominus}(Sn^{2+}/Sn) - \varphi^{\ominus}(Pb^{2+}/Pb) + \frac{0.0592 \text{ V}}{2}\lg\frac{c(Sn^{2+})}{c(Pb^{2+})}$

将 $E=0.22$ V，$\varphi^{\ominus}(Sn^{2+}/Sn)=-0.14$ V，$\varphi^{\ominus}(Pb^{2+}/Pb)=-0.13$ V，代入上式得，则

$$0.22 = (-0.14) - (-0.13) + \frac{0.0592 \text{ V}}{2}\lg\frac{1}{c(Pb^{2+})}$$

$$\lg c(Pb^{2+}) = -\frac{(0.22+0.01)\times 2}{0.0592} = -7.78$$

得 $c(Pb^{2+}) = 1.7\times 10^{-8}$ (mol·L^{-1})，则

$$K_{sp}^{\ominus}(PbSO_4) = c(Pb^{2+}) \cdot c(SO_4^{2-}) = 1.7\times 10^{-8} \times 1 = 1.7\times 10^{-8}$$

对于 $c(Pb^{2+})=1.7\times 10^{-8}$ mol·L^{-1}，一般分析方法无法直接测定，但对于上述电池的电动势 $E=0.22$ V 则是很容易测定的。因此，许多难溶盐的 K_{sp} 就是利用这种电化学方法测定的。

6.5 元素电势图及其应用

如果一种元素具有多种氧化态，就可形成多对氧化还原电对。例如，铁有 0、+2 和 +3 等氧化态，因此，有下列一些电对及相应的电极电势：

$$Fe^{2+} + 2e^- \rightleftharpoons Fe \quad \varphi^{\ominus} = -0.440 \text{ V}$$
$$Fe^{3+} + e^- \rightleftharpoons Fe^{2+} \quad \varphi^{\ominus} = 0.771 \text{ V}$$
$$Fe^{3+} + 3e^- \rightleftharpoons Fe \quad \varphi^{\ominus} = -0.0363 \text{ V}$$

为了便于比较各种氧化态的氧化还原性质，可以把它们的 $\varphi^{\ominus}$ 从高氧化态到低氧化态以图解的方式表示出来：

$$Fe^{3+} \xrightarrow{0.771 \text{ V}} Fe^{2+} \xrightarrow{-0.440 \text{ V}} Fe$$
$$\underline{\qquad\qquad -0.0363 \text{ V} \qquad\qquad}$$

横线上的数字是电对 $\varphi^{\ominus}$ 值，横线左端是电对的氧化态，右端是电对的还原态。这种表明元素各种氧化态之间标准电极电势的图叫作元素电势图。

根据溶液酸碱性不同，元素电势图可分为：酸性介质($c(H^+)=1$ mol·L^{-1})电势图 $\varphi_A^{\ominus}$

(下标 A 代表酸性介质)和碱性介质($c(OH^-)=1\ mol\cdot L^{-1}$)电势图 $\varphi_B^\ominus$(下标 B 代表碱性介质)两类。例如,锰元素在酸、碱性介质中的电势图为:

酸性介质($\varphi_A^\ominus/V$)

$$MnO_4^- \xrightarrow{0.56} MnO_4^{2-} \xrightarrow{2.26} MnO_2 \xrightarrow{0.95} Mn^{3+} \xrightarrow{1.51} Mn^{2+} \xrightarrow{-1.18} Mn$$

其中上方跨接 1.51,下方分别为 1.695 和 1.23。

碱性介质($\varphi_B^\ominus/V$)

$$MnO_4^- \xrightarrow{0.56} MnO_4^{2-} \xrightarrow{0.60} MnO_2 \xrightarrow{-0.2} Mn(OH)_3 \xrightarrow{0.1} Mn(OH)_2 \xrightarrow{-1.55} Mn$$

下方跨接分别为 0.59 和 −0.05。

元素电势图在无机化学中主要应用有如下几方面:

(1) 比较元素各氧化态的氧化还原能力。例如,从锰电势图可见,在酸性介质中,MnO_4^-、MnO_4^{2-}、MnO_2、Mn^{3+} 都是较强的氧化剂。因为它们作为电对的氧化态时 $\varphi^\ominus$ 值都较大。但在碱性介质中,它们的 $\varphi^\ominus$ 值都较小,表明它们在碱性溶液中氧化能力都较弱。在酸性介质中,电对氧化态以 MnO_4^{2-} 的 $\varphi^\ominus$ 值最大(2.26 V)是最强的氧化剂;电对还原态以 Mn 的 $\varphi^\ominus$ 值最小(−1.18 V),是最强的还原剂。

(2) 判断元素某氧化态能否发生歧化反应。设电势图上某氧化态 B 右边的电极电势为 $\varphi_右^\ominus$,左边的电极电势为 $\varphi_左^\ominus$,即

$$A \xrightarrow{\varphi_左^\ominus} B \xrightarrow{\varphi_右^\ominus} C$$

如果 $\varphi_右^\ominus > \varphi_左^\ominus$,则氧化态 B 在水溶液中会发生歧化反应:

$$B \longrightarrow A + C$$

如果 $\varphi_右^\ominus < \varphi_左^\ominus$,则会发生反歧化反应(亦称同化反应):

$$A + C \longrightarrow B$$

例如,在酸性介质中,MnO_4^{2-} 的 $\varphi_右^\ominus$ 和 $\varphi_左^\ominus$ 分别为 2.26 V 和 0.56 V,$\varphi_右^\ominus > \varphi_左^\ominus$,所以,它会发生如下的歧化反应:

$$3MnO_4^{2-} + 4H^+ = 2MnO_4^- + MnO_2 + 2H_2O$$

为什么 $\varphi_右^\ominus > \varphi_左^\ominus$ 就会发生歧化反应? 这可从下面有关电极反应的对角线关系中看出:

$$MnO_4^- + e^- \rightleftharpoons MnO_4^{2-} \qquad \varphi^\ominus = 0.56\ V$$

$$MnO_4^{2-} + 4H^+ + 2e^- \rightleftharpoons MnO_2 + 2H_2O \qquad \varphi^\ominus = 2.26\ V$$

根据 $\varphi_右^\ominus > \varphi_左^\ominus$ 这条规则,还可断定在酸性介质中的 Mn^{3+},在碱性介质中的 MnO_4^{2-} 和 $Mn(OH)_3$ 都可发生歧化反应。

(3) 用来从几个相邻电对已知的 $\varphi^\ominus$,求算电对未知的 $\varphi^\ominus$ 例如,从电势图

$$\text{MnO}_4^- \xrightarrow{0.56\text{ V}} \text{MnO}_4^{2-} \xrightarrow{2.26\text{ V}} \text{MnO}_2$$

求电对 $\text{MnO}_4^-/\text{MnO}_2$ 的 $\varphi^\ominus$。

这三电对的电极反应及其标准电极电势分别为

$$\text{MnO}_4^- + \text{e}^- \Longleftrightarrow \text{MnO}_4^{2-} \qquad \varphi^\ominus = 0.56 \text{ V}$$

$$\text{MnO}_4^{2-} + 4\text{H}^+ + 2\text{e}^- \Longleftrightarrow \text{MnO}_2 + 2\text{H}_2\text{O} \qquad \varphi^\ominus = 2.26 \text{ V}$$

$$\text{MnO}_4^- + 4\text{H}^+ + 3\text{e}^- \Longleftrightarrow \text{MnO}_2 + 2\text{H}_2\text{O} \qquad \varphi^\ominus = ?$$

将该三电对分别与标准氢电极组成原电池，这三个电池反应及相应的电动势分别为

① $\text{MnO}_4^- + \dfrac{1}{2}\text{H}_2 \longrightarrow \text{MnO}_4^{2-} + \text{H}^+$

$E_1^\ominus = \varphi^\ominus(\text{MnO}_4^-/\text{MnO}_4^{2-}) - \varphi^\ominus(\text{H}^+/\text{H}_2) = \varphi^\ominus(\text{MnO}_4^-/\text{MnO}_4^{2-}) = 0.56 \text{ V}$

② $\text{MnO}_4^{2-} + 2\text{H}^+ + \text{H}_2 \longrightarrow \text{MnO}_2 + 2\text{H}_2\text{O}$

$E_2^\ominus = \varphi^\ominus(\text{MnO}_4^{2-}/\text{MnO}_2) - \varphi^\ominus(\text{H}^+/\text{H}_2) = \varphi^\ominus(\text{MnO}_4^{2-}/\text{MnO}_2) = 2.26 \text{ V}$

③ $\text{MnO}_4^- + \text{H}^+ + \dfrac{3}{2}\text{H}_2 \longrightarrow \text{MnO}_2 + 2\text{H}_2\text{O}$

$E_3^\ominus = \varphi^\ominus(\text{MnO}_4^-/\text{MnO}_2) - \varphi^\ominus(\text{H}^+/\text{H}_2) = \varphi^\ominus(\text{MnO}_4^-/\text{MnO}_2)$

这三个电池反应的标准吉布斯自由能变分别为 $\Delta_r G_1^\ominus$、$\Delta_r G_2^\ominus$、$\Delta_r G_3^\ominus$，因为反应③＝反应①＋反应②，则

$$\Delta_r G_3^\ominus = \Delta_r G_1^\ominus + \Delta_r G_2^\ominus$$

$$-z_3 F E_3^\ominus = -z_1 F E_1^\ominus - z_2 F E_2^\ominus$$

$$E_3^\ominus = \dfrac{z_1 E_1^\ominus + z_2 E_2^\ominus}{z_3}$$

所以 $E_1^\ominus = 0.56 \text{ V}$，$E_2^\ominus = 2.26 \text{ V}$，$E_3^\ominus = \varphi^\ominus(\text{MnO}_4^-/\text{MnO}_2)$，$z_3 = z_1 + z_2 = 1 + 2$，代入上式，得

$$\varphi^\ominus(\text{MnO}_4^-/\text{MnO}_2) = \dfrac{1 \times 0.56 \text{ V} + 2 \times 2.26 \text{ V}}{1 + 2} = 1.69 \text{ V}$$

由此可得如下的电势图：

$$\text{MnO}_4^- \xrightarrow{0.56} \text{MnO}_4^{2-} \xrightarrow{2.26} \text{MnO}_2$$
$$\underset{1.69}{\underline{\qquad\qquad\qquad\qquad\qquad}}$$

通过以上的算式推广至一般，可得如下通式：

$$\varphi^\ominus = \dfrac{z_1 \varphi_1^\ominus + z_2 \varphi_2^\ominus + z_3 \varphi_3^\ominus + \cdots}{z_1 + z_2 + z_3 + \cdots} \qquad (6-9)$$

式中：$\varphi_1^\ominus, \varphi_2^\ominus, \varphi_3^\ominus, \cdots$ 依次代表相邻电对的标准电极电势；$z_1, z_2, z_3, \cdots$ 依次代表相邻电对转移的电子数；$\varphi^\ominus$ 代表两端电对的标准电极电势。

【例 6-17】 已知氯在酸性介质中电势图为（$\varphi_A^\ominus/\text{V}$）为

$$ClO_4^- \xrightarrow{1.23} ClO_3^- \xrightarrow{1.21} HClO_2 \xrightarrow{1.64} HClO \xrightarrow{1.63} Cl_2 \xrightarrow{1.36} Cl^-$$

（1）$\varphi_1^{\ominus}$ 和 $\varphi_2^{\ominus}$；

（2）哪些氧化态能发生歧化？

解：(1)
$$\varphi_1^{\ominus} = \frac{2 \times 1.21\ \text{V} + 2 \times 1.64\ \text{V}}{2+2} = 1.43\ \text{V}$$

$$\varphi_2^{\ominus} = \frac{4 \times 1.43\ \text{V} + 1 \times 1.63\ \text{V}}{4+1} = 1.47\ \text{V}$$

（2）能发生歧化反应的有 $HClO_2$、ClO_3^- 和 $HClO$。

6.6 氧化还原反应速率及其影响因素

6.6.1 氧化还原反应速率

在氧化还原反应中，根据氧化还原电对的标准电极电势或条件电势，可以判断反应进行的方向和程度。但这只能表明反应进行的可能性，并不能指出反应进行的速率。

例如，水溶液中的溶解氧

$$O_2 + 4H^+ + 4e^- = 2H_2O \qquad \varphi^{\ominus} = 1.23\ \text{V}$$

标准电势很高，应该很容易氧化一些强还原剂，如：

$$Sn^{4+} + 2e^- = Sn^{2+} \qquad \varphi^{\ominus} = 0.154\ \text{V}$$

又如强氧化剂：

$$Ce^{4+} + e^- = Ce^{3+} \qquad \varphi^{\ominus} = 1.61\ \text{V}$$

从标准电极电势来看，它应该氧化水产生 O_2，但实际上 Ce^{4+} 与 Sn^{2+} 均能存在于水溶液中，说明它们与分子之间的反应速率太慢，因而可以认为它们与水分子之间没有发生氧化还原反应。反应速率慢的原因是由于电子在氧化剂和还原剂之间转移时，受到了来自溶剂分子、各种配体及静电排斥等各方面的阻力。此外，由于价态改变而引起的电子层结构、化学键及组成的变化也会阻碍电子的转移。如 $Cr_2O_7^{2-}$ 被还原为 Cr^{3+} 及 MnO_4^- 被还原为 Mn^{2+}，由带负电荷的含氧酸根转变为带正电荷的水合离子，结构发生了很大的改变，导致反应速率变慢。

6.6.2 影响氧化还原反应速率的因素

影响氧化还原反应速率的因素，除了参加反应的氧化还原电对本身的性质外，还与反应时外界的条件如反应物的浓度、温度、催化剂等有关。

1. 反应物的浓度

在氧化还原反应中，由于反应机理比较复杂，所以不能从总的氧化还原反应方程式来判断反应物浓度对反应速率的影响程度。但一般来说，反应物的浓度越大，反应的速率越快。

例如，在酸性溶液中，$K_2Cr_2O_7$ 和 KI 反应：
$$Cr_2O_7^{2-} + 6I^- + 14H^+ =\!=\!= 2Cr^{3+} + 3I_2 + 7H_2O$$
增大 I^- 的浓度或提高溶液的酸度，都可以使反应速率加快。

2. 温度

对大多数的反应来说，升高温度，可提高反应速率。这是由于升高溶液的温度不仅增加了反应物之间的碰撞概率，更重要的是增加了活化分子或活化离子的数目，所以提高了反应速率。通常溶液的温度每升高 10℃，反应速率约增加 2~3 倍。例如，在酸性溶液中，MnO_4^- 和 $C_2O_4^{2-}$ 的反应：
$$2MnO_4^- + 5C_2O_4^{2-} + 16H^+ =\!=\!= 2Mn^{2+} + 10CO_2 + 8H_2O$$
在室温下，反应速率缓慢。如果将溶液加热到 80℃ 左右，反应速率大大加快。所以用 $KMnO_4$ 滴定 $H_2C_2O_4$ 时，通常将溶液加热到 75~85℃。

应该注意，不是所有的情况下都允许用升高温度的办法来加快反应速率。有些物质（如 I_2）具有挥发性，如将溶液加热，则会引起挥发损失；有些物质（如 Sn^{2+}、Fe^{2+} 等）很容易被空气中的氧所氧化，如将溶液加热，就会促进它们的氧化，从而引起误差。在这些情况下，如果要提高反应的速率，就只能采用别的办法了。

3. 催化剂

在氧化还原反应中，经常用催化剂来改变反应速率。催化剂有正催化剂和负催化剂之分。正催化剂加快反应速率，负催化剂减慢反应速率。负催化剂又称"阻化剂"。催化反应的历程非常复杂。在催化反应中，由于催化剂的存在，可能新产生了一些不稳定的中间价态的离子、游离基或活泼的中间络合物，从而改变了原来的氧化还原反应历程，或降低了原来进行反应时所需要的活化能，使反应速率发生变化。

例如，MnO_4^- 和 $C_2O_4^{2-}$ 的反应在分析化学中应用较多，反应式为
$$2MnO_4^- + 5C_2O_4^{2-} + 16H^+ =\!=\!= 2Mn^{2+} + 10CO_2 + 8H_2O$$
这一反应的速率较慢，若加入 Mn^{2+}，便能催化反应迅速进行。若不加入 Mn^{2+} 而利用 MnO_4^- 与 $C_2O_4^{2-}$ 反应所产生的微量 Mn^{2+} 作催化剂，反应也可以进行。这种生成物本身就起催化作用的反应叫自动催化反应。自动催化作用有一个特点，就是开始时反应速率比较慢（称为诱导期），随着生成物逐渐增多，反应速率逐渐加快，经过一个最高点后，随反应物浓度的减小，反应速率逐渐降低。

在氧化还原反应中，还经常用到负催化剂。例如，加入多元醇可以减慢 $SnCl_2$ 与溶液中氧的作用；加入 AsO_3^{3-} 可以防止 SO_3^{2-} 与溶液中的氧起作用等。

6.7 氧化还原滴定法

6.7.1 氧化还原滴定法概述

氧化还原滴定法是以氧化还原反应为基础的滴定分析方法，能直接或间接测定很多无机物和有机物，应用范围广。氧化还原反应是基于电子转移的反应，反应

视频：氧化还原滴定法

机理比较复杂,有些反应虽可进行得完全但反应速率却很慢;有时由于副反应的发生使反应物间没有确定的计量关系等。因此,在氧化还原滴定中要注意控制反应条件,加快反应速率,防止副反应的发生以满足滴定反应的要求。

关于氧化还原反应的基本原理,如标准电极电势、能斯特方程、氧化还原反应的方向和程度,以及影响氧化还原反应速率的因素等前面已做粗略介绍。现在对条件电极电势作简要介绍。

对于可逆氧化还原电对的电极电势与氧化态和还原态的活度之间的关系可用能斯特方程表示。即

$$Ox + ze^- \rightleftharpoons Red$$
$$\text{氧化态} \qquad \text{还原态}$$

$$\varphi = \varphi^{\ominus} + \frac{0.0592 \text{ V}}{z} \lg \frac{a(Ox)}{a(Red)} \tag{6-10}$$

式中:$a(Ox)$ 和 $a(Red)$ 分别为氧化态的活度;$\varphi^{\ominus}$ 是电对的标准电极电势,它仅随温度变化。

实际上通常知道的是溶液中氧化剂或还原剂的浓度,而不是活度。当溶液中离子强度较大时,用浓度代替活度进行计算,会引起较大的误差。此外,当氧化态或还原态与溶液中其他组分发生副反应,如酸度的影响、沉淀与配合物的形成等都会使电极电势发生变化。

若以浓度代替活度,应该引入相应的活度系数 γ_{Ox}、γ_{Red}。考虑到副反应的发生,还必须引入相应的副反应系数 α_{Ox}、α_{Red}。此时

$$a_{(Ox)} = [Ox] \cdot \gamma_{Ox} = \frac{c(Ox) \cdot \gamma_{Ox}}{\alpha_{(Ox)}}$$

$$a_{(Red)} = [Red] \cdot \gamma_{Red} = \frac{c(Red) \cdot \gamma_{Red}}{\alpha_{Red}}$$

式中:$c(Ox)$ 和 $c(Red)$ 分别表示氧化态和还原态的分析浓度。将以上关系代入式(6-10),得

$$\varphi = \varphi^{\ominus} + \frac{0.0592 \text{ V}}{z} \lg \frac{\gamma_{Ox}\alpha_{Red}}{\gamma_{Red}\alpha_{Ox}} + \frac{0.0592 \text{ V}}{z} \lg \frac{c(Ox)}{c(Red)} \tag{6-11}$$

当 $c(Ox) = c(Red) = 1 \text{ mol} \cdot \text{L}^{-1}$ 时,得

$$\varphi^{\ominus \prime} = \varphi^{\ominus} + \frac{0.0592 \text{ V}}{z} \lg \frac{\gamma_{Ox}\alpha_{Red}}{\gamma_{Red}\alpha_{Ox}} \tag{6-12}$$

$\varphi^{\ominus \prime}$ 称条件电极电势或条件电位(conditional potential)。它表示在一定介质条件下,氧化态和还原态的分析浓度都为 $1 \text{ mol} \cdot \text{L}^{-1}$ 时的实际电极电势。它在一定条件下为常数,因此称条件电极电势。它反映了离子强度与各种副反应影响的总结果。用它来处理问题,才比较符合实际情况。各种条件下的 $\varphi^{\ominus \prime}$ 值都是由实验测定的。若没有相同条件的 $\varphi^{\ominus \prime}$ 值,可采用条件相近的 $\varphi^{\ominus \prime}$ 值,对于没有条件电极电势的氧化还原电对,则只能侧用标准电极电势。

引入条件标准电极电势后,能斯特方程表示成

$$\varphi = \varphi^{\ominus \prime} + \frac{0.0592 \text{ V}}{z} \lg \frac{c(Ox)}{c(Red)} \tag{6-13}$$

6.7.2 氧化还原滴定法基本原理

1. 滴定曲线

在氧化还原滴定过程中被测试液的特征变化是电极电势的变化,因此,滴定曲线的绘制是以电极电势为纵坐标,以滴定剂体积或滴定分数为横坐标。电极电势可以用实验的方法测得,也可用能斯特方程计算得到,但后一种方法只有当两个半反应都是可逆时,所得曲线才与实际测得结果一致。

图 6-5 为 0.100 0 mol·L^{-1} Ce(SO$_4$)$_2$ 溶液滴定在不同介质条件下 0.100 0 mol·L^{-1} FeSO$_4$ 溶液的滴定曲线(Ⅰ. 1 mol·L^{-1} H$_2$SO$_4$ 溶液中($\varphi^{\ominus\prime}$=0.68 V),Ⅱ. 1 mol·L^{-1} HCl 溶液中($\varphi^{\ominus\prime}$=0.70 V),Ⅲ. 1 mol·L^{-1} HClO$_4$ 溶液中($\varphi^{\ominus\prime}$=0.73 V))。滴定反应为

$$Ce^{4+} + Fe^{2+} \rightleftharpoons Ce^{3+} + Fe^{3+}$$

某氧化还原反应的通式为

$$z_2 Ox_1 + z_1 Red_2 \rightleftharpoons z_2 Red_1 + z_1 Ox_2$$

对应的两个半反应和条件电极电势分别是

$$Ox_1 + z_1 e^- \rightleftharpoons Red_1 \quad \varphi_1^{\ominus\prime}$$
$$Ox_2 + z_2 e^- \rightleftharpoons Red_2 \quad \varphi_2^{\ominus\prime}$$

化学计量点时电极电势计算通式分别是

$$\varphi_{计} = \frac{z_1 \varphi_1^{\ominus\prime} + z_2 \varphi_2^{\ominus\prime}}{z_1 + z_2}$$

滴定突跃范围:$\varphi_2^{\ominus\prime} + \dfrac{3 \times 0.059\ 2\ \text{V}}{z_2} \longrightarrow \varphi_1^{\ominus\prime} - \dfrac{3 \times 0.059\ 2\ \text{V}}{z_1}$

图 6-5 用 0.100 0 mol·L^{-1} Ce(SO$_4$)$_2$ 溶液在不同介质中滴定 20.00 mL 0.100 0 mol·L^{-1} 溶液的滴定曲线

延伸阅读:滴定曲线方程

在 1 mol·L^{-1} FeSO$_4$ 介质中,用 Ce^{4+} 滴定 Fe^{2+},计量点时溶液的电极电势为 1.06 V,滴定突跃为 0.86~1.26 V。

氧化还原滴定突跃的大小取决于反应中两电对的电极电势值的差。相差越大、突跃越大。根据滴定突跃的大小可选择指示剂。若要使滴定突跃明显,可设法降低还原剂电对的电极电势。如加入配位剂,可使生成稳定的配离子,以使电对的浓度比值降低,从而增大突跃,反应进行得更完全。

2. 氧化还原滴定中的指示剂

氧化还原滴定法中的指示剂有以下几类:

(1) 自身指示剂

利用滴定剂或被测物质本身的颜色变化来指示滴定终点,无须另加指示剂。例如,用 KMnO$_4$ 溶液滴定 H$_2$C$_2$O$_4$ 溶液,滴定至化学计量点后只要有很少过量的 KMnO$_4$(约 2×10^{-6} mol·L^{-1})就能使溶液呈现浅红色,指示终点的到达。

(2) 特殊指示剂

有些物质本身并不具有氧化还原性,但它能与滴定剂或被测物产生特殊的颜色以指示终点。例如,碘量法中,利用可溶性淀粉与 I_3^- 生成深蓝色的吸附化合物,反应特效且灵敏,以蓝色的出现或消失指示终点。

(3) 氧化还原指示剂

这类指示剂具有氧化还原性质,其氧化态和还原态具有不同的颜色。在滴定过程中,因被氧化或还原而发生颜色变化以指示终点。

氧化还原指示剂的半反应和相应的能斯特方程为

$$In(Ox) + ze^- \rightleftharpoons In(Red)$$

$$\varphi_{In} = \varphi_{In}^{\ominus} + \frac{0.0592 \text{ V}}{z} \lg \frac{c\{In(Ox)\}}{c\{In(Red)\}}$$

在滴定过程中,随着溶液电极电势的改变,$c\{In(Ox)\}/c\{In(Red)\}$ 随之变化,溶液的颜色也发生变化。当 $c\{In(Ox)\}/c\{In(Red)\}$ 从 10—1/10,指示剂由氧化态颜色转变为还原态颜色。相应的指示剂变色范围为 $\varphi_{In}^{\ominus} \pm \frac{0.0592 \text{ V}}{z}$。

表 6-3 列出的是常用的氧化还原指示剂。在氧化还原滴定中选择这类指示剂的原则是,指示剂变色点的电极电势应处于滴定体系的电极电势突跃范围内。

表 6-3 常用的氧化还原剂指示剂

指示剂	颜色变化		$\varphi_{In}^{\ominus}/V$ $[c(H^+)=1 \text{ mol} \cdot L^{-1}]$	配制方法
	还原态	氧化态		
甲亚基蓝	无色	蓝色	+0.53	质量分数为 0.05% 的水溶液
二苯胺	无色	紫色	+0.76	0.25 g 指示剂与 3 mL 水混合溶于 100 mL 浓 H_2SO_4 或浓 H_3PO_4
二苯胺磺酸钠	无色	紫红色	+0.85	0.8 g 指示剂加 2 g Na_2CO_3,用水溶解并稀释至 100 mL
邻苯氨基苯甲酸	无色	紫红色	+0.89	0.1 g 指示剂溶于 30 mL 质量分数为 0.6% 的 Na_2CO_3 溶液中,用水稀释至 100 mL,过滤,保存在暗处
邻二氮菲-亚铁	红色	淡蓝色	+1.06	1.49 g 邻二氮菲加 0.7 g $FeSO_4 \cdot 7H_2O$ 溶于水,稀释至 100 mL

在 H_2SO_4 介质中,用 Ce^{4+} 溶液滴定 Fe^{2+} 溶液宜选用邻二氮菲-亚铁作指示剂。二苯胺磺酸钠常用于在 $HCl-H_3PO_4$ 介质中,用 $K_2Cr_2O_7$ 溶液滴定 Fe^{2+} 溶液的情况下。

6.7.3 氧化还原预处理

氧化还原滴定时,被测物的价态往往不适于滴定,需进行氧化还原滴定前的预处理。例如,用 $K_2Cr_2O_7$ 法测定铁矿中的含铁量,Fe^{2+} 在空气中不稳定,易被氧化成 Fe^{3+},而 $K_2Cr_2O_7$ 溶液不能与 Fe^{3+} 反应,必须预先将溶液中的 Fe^{3+} 还原至 Fe^{2+},才能用 $K_2Cr_2O_7$ 溶液进行直接滴定。预处理时所用的氧化剂或还原剂应满足下列条件:① 必须将欲测组分定量地氧化或还原;② 预氧化或预还原反应要迅速;③ 剩余的预氧化剂或预还原剂应易于除去;④ 预氧化或预还原反应具有好的选择性,避免其他组分的干扰。

预处理中常用的氧化剂、还原剂列于表 6-4。

表 6-4 常用的预氧化还原剂

氧化剂	反应条件	主要应用	过量试剂除去方法
$(NH_4)_2S_2O_3$	酸性	$Mn^{2+} \longrightarrow MnO_4^-$ $Cr^{3+} \longrightarrow Cr_2O_7^{2-}$ $VO^{2+} \longrightarrow VO_3^-$	煮沸分解
$NaBiO_3$	HNO_3 介质	同上	过滤
H_2O_2	碱性	$Cr^{3+} \longrightarrow CrO_4^{2-}$	煮沸分解
Cl_2、Br_2 液	酸性或中性	$I^- \longrightarrow IO_3^-$	煮沸或通空气
$SnCl_2$	酸性加热	$Fe^{3+} \longrightarrow Fe^{2+}$	加 $HgCl_2$ 氧化
$TiCl_3$	酸性	$As(V) \longrightarrow As(III)$ $Fe^{3+} \longrightarrow Fe^{2+}$	稀释,Cu^{2+} 催化空气氧化
联胺		$As(V) \longrightarrow As(III)$ $Fe^{3+} \longrightarrow Fe^{2+}$	加浓 H_2SO_4 煮沸
锌汞齐还原器	酸性	$Sn(IV) \longrightarrow Sn(II)$ $Ti(IV) \longrightarrow Ti(III)$	

6.7.4 氧化还原滴定法的分类及应用示例

根据所用滴定剂的种类不同,氧化还原滴定法可分为高锰酸钾法、重铬酸钾法、碘量法、铈量法等。各种方法都有其特点和应用范围,应根据实际测定情况选用。

1. 高锰酸钾法

(1) 概述

$KMnO_4$ 是一种强氧化剂,在不同酸度条件下,其氧化能力不同。

强酸:$MnO_4^- + 8H^+ + 5e^- \Longleftrightarrow Mn^{2+} + 4H_2O \quad \varphi^\ominus = 1.51$ V

中性、弱酸(碱):$MnO_4^- + 2H_2O + 3e^- \Longleftrightarrow MnO_2 + 4OH^- \quad \varphi^\ominus = 0.59$ V

强碱:$MnO_4^- + e^- \Longleftrightarrow MnO_4^{2-} \quad \varphi^\ominus = 0.56$ V

$KMnO_4$ 法的优点是氧化能力强,可直接、间接测定多种无机物和有机物;本身可作指示剂。缺点是 $KMnO_4$ 标准溶液不够稳定;滴定的选择性较差。

(2) $KMnO_4$ 标准溶液的配制和标定

市售的 $KMnO_4$ 试剂常含有少量 MnO_2 和其他杂质及蒸馏水中常有微量的还原性物质等。因此 $KMnO_4$ 标准溶液不能直接配制。其配制方法为:称取略多于理论计算量的固体 $KMnO_4$,溶解于一定体积的蒸馏水中,加热煮沸约 1 h,或在暗处放置 7~10 天。使还原性物质完全氧化。冷却后用微孔玻璃漏斗过滤除去 $MnO(OH)_2$ 沉淀。过滤后的 $KMnO_4$ 溶液贮存于棕色瓶中,置于暗处,避光保存。

标定 $KMnO_4$ 溶液的基准物质有 $H_2C_2O_4 \cdot H_2O$、$Na_2C_2O_4$、As_2O_3 和 $(NH_4)_2Fe(SO_4)_2 \cdot 6H_2O$ 等。常用的是 $Na_2C_2O_4$,它易提纯、稳定、不含结晶水。在酸性溶液中,$KMnO_4$ 与 $Na_2C_2O_4$ 的反应为

$$2MnO_4^- + 5C_2O_4^{2-} + 16H^+ \rightleftharpoons 2Mn^{2+} + 10CO_2 + 8H_2O$$

为使反应定量进行,需注意以下滴定条件:

① 温度 此反应在室温下速率缓慢,需加热至 70~80℃,但高于 90℃,$H_2C_2O_4$ 会分解:

$$H_2C_2O_4 \xrightarrow{\triangle} CO_2 + CO + H_2O$$

② 酸度 酸度过低,MnO_4^- 会部分被还原成 MnO_2,酸度过高,会促使 $H_2C_2O_4$ 分解,一般滴定开始的最宜酸度为 $1\ mol \cdot L^{-1}$。为防止诱导氧化 Cl^- 的反应发生,应在稀 H_2SO_4 介质中进行。

③ 滴定速度 若开始滴定速度太快,使滴入的 $KMnO_4$ 来不及和 $C_2O_4^{2-}$ 反应,而发生分解反应:

$$4MnO_4^- + 12H^+ \rightleftharpoons 4Mn^{2+} + 5O_2 + 6H_2O$$

有时也可加入少量 Mn^{2+} 作催化剂以加速反应。

(3) $KMnO_4$ 法应用示例

① 直接滴定法测定 H_2O_2 在酸性溶液中 H_2O_2 被 $KMnO_4$ 定量氧化,其反应为

$$2MnO_4^- + 5H_2O_2 + 6H^+ \rightleftharpoons 2Mn^{2+} + 5O_2 + 8H_2O$$

可加入少量 Mn^{2+} 加速反应。

② 间接滴定法测定 Ca^{2+} 先用 $C_2O_4^{2-}$ 将 Ca^{2+} 全部沉淀为 CaC_2O_4:

$$Ca^{2+} + C_2O_4^{2-} \rightleftharpoons CaC_2O_4(s)$$

沉淀经过滤、洗涤后溶于稀 H_2SO_4,然后用 $KMnO_4$ 标准溶液滴定,间接测得 Ca^{2+} 的含量。

③ 返滴定法测定 MnO_2 和有机物 在含 MnO_2 试液中加入过量、计量的 $C_2O_4^{2-}$,在酸性介质中发生反应:

$$MnO_2 + C_2O_4^{2-} + 4H^+ \rightleftharpoons Mn^{2+} + 2CO_2(g) + 2H_2O$$

待反应完全后,用 $KMnO_4$ 标准溶液返滴定剩余的 $C_2O_4^{2-}$,可求得 MnO_2 含量。此法也可用于测定 PbO_2 的含量。

2. 重铬酸钾法

(1) 概述

$K_2Cr_2O_7$ 是一种常用的氧化剂,在酸性介质中的半反应为

$$Cr_2O_7^{2-} + 14H^+ + 6e^- \rightleftharpoons 2Cr^{3+} + 7H_2O \quad \varphi^{\ominus} = 1.33\ V$$

$K_2Cr_2O_7$ 法与 $KMnO_4$ 法相比有如下特点:① $K_2Cr_2O_7$ 易提纯、较稳定,在 140~150℃ 干燥后,可作为基准物质直接配制标准溶液;② $K_2Cr_2O_7$ 标准溶液非常稳定,可以长期保存在密闭容器内,溶液浓度不变;③ 在室温下,$K_2Cr_2O_7$ 不与 Cl^- 反应,故可以在 HCl 介质中作滴定剂;④ $K_2Cr_2O_7$ 法需用指示剂。

(2) $K_2Cr_2O_7$ 法应用示例

铁的测定:将含铁试样用 HCl 溶解后,先用 $SnCl_2$ 将大部分 Fe^{3+} 还原至 Fe^{2+},然后在 Na_2WO_4 存在下,以 $TiCl_3$ 还原剩余的 Fe^{3+} 至 Fe^{2+},而稍过量的 $TiCl_3$ 使 Na_2WO_4 被还原为钨蓝,使溶液呈现蓝色,以指示 Fe^{3+} 被还原完毕。然后以 Cu^{2+} 作催化剂,利用空气氧化或滴加稀 $K_2Cr_2O_7$ 溶液使钨蓝恰好褪色。再于 H_3PO_4 介质中(也可用 H_2SO_4-H_3PO_4 介质),

以二苯胺磺酸钠为指示剂,用 $K_2Cr_2O_7$ 标准溶液滴定 Fe^{2+}。加 H_3PO_4 的作用是:① 提供必要的酸度;② H_3PO_4 与 Fe^{3+} 形成稳定的且无色的 $Fe(HPO_4)_2^-$,即使 Fe^{3+}/Fe^{2+} 电对的电极电势降低,使二苯胺磺酸钠变色点的电极电势落在滴定的电极电势突跃范围内,又掩蔽了 Fe^{3+} 的黄色,有利于终点的观察。

土壤中腐殖质含量的测定:腐殖质是土壤中复杂的有机物质,其含量大小反映土壤的肥力。测定方法是将土壤试样在浓硫酸存在下与已知过量的 $K_2Cr_2O_7$ 溶液共热,使其中的碳被氧化,然后以邻二氮菲-亚铁作指示剂,用 Fe^{2+} 标准溶液滴定剩余的 $K_2Cr_2O_7$。最后通过计算有机碳的含量再换算成腐殖质的含量。反应为

$$2Cr_2O_7^{2-} + 3C + 16H^+ \Longleftrightarrow 4Cr^{3+} + 3CO_2 + 8H_2O$$

$$Cr_2O_7^{2-}(余量) + 6Fe^{2+} + 14H^+ \Longleftrightarrow 2Cr^{3+} + 6Fe^{3+} + 7H_2O$$

空白测定可用纯砂或灼烧过的土壤代替土样。

$$w(腐殖质) = \frac{\frac{1}{4}(V_0 - V)c(Fe^{2+})}{m} \times 0.021 \times 1.1$$

式中:V_0 为空白试验所消耗的 Fe^{2+} 标准溶液的体积;V 为土壤试样所消耗的 Fe^{2+} 标准溶液的体积;m 为土样质量。由于土壤中腐殖质氧化率平均仅为 90%,故需乘以校正系数 $1.1\left(\frac{100}{90}\right)$;且因反应 1 mmol C 质量为 0.012 g,土壤中腐殖质中碳平均含量为 58%,则 1 mmol 碳相当于 $0.012 \times \frac{100}{58}$,即约 0.021 g 的腐殖质。

3. 碘量法

(1) 概述

碘量法是基于 I_2 的氧化性及 I^- 的还原性进行测定的方法。固体碘在水中溶解度很小且易于挥发,通常将 I_2 溶解于 KI 以配成碘液。此时 I_2 以 I_3^- 形式存在,其半反应为

$$I_3^- + 2e^- \Longleftrightarrow 3I^- \quad \varphi^\ominus = 0.54 \text{ V}$$

为简化并强调化学计量关系,一般仍简写成 I_2。

由 I_3^-/I^- 电对的标准电极电势值可见,I_3^- 是较弱的氧化剂,I^- 则是中等强度的还原剂。用碘标准溶液直接滴定 SO_3^{2-}、As(Ⅲ)、$S_2O_3^{2-}$ 和维生素 C 等强还原剂,这种方法称为直接碘量法或碘滴定法(iodimetry)。而利用 I^- 的还原性,使它与许多氧化性物质如 $Cr_2O_7^{2-}$、MnO_4^-、BrO_3^- 和 H_2O_2 等反应,定量地析出 I_2,然后用 NaS_2O_3 标准溶液滴定 I_2,以间接地测定这些氧化性物质,这种方法称间接碘量法或滴定碘法(iodometry)。

碘量法采用淀粉作指示剂,灵敏度高。当溶液呈现蓝色(直接碘量法)或蓝色消失(间接碘量法)即为终点。

碘量法中两个主要误差来源是 I_2 的挥发及在酸性溶液中 I^- 易被空气氧化。为防止 I_2 挥发,应加入过量的 KI 使形成 I_3^-;析出 I_2 的反应应在碘量瓶中进行,且置于暗处;滴定时勿剧烈摇动等。为防止 I^- 被氧化,一般反应后应立即滴定,且滴定是在中性或弱酸性溶液中进行。

I_3^-/I^- 电对的可逆性好,其电极电势在很宽的 pH 范围内(pH<9)不受溶液酸度及其他

配位剂的影响,且副反应少,因此碘量法应用非常广泛。

(2) 标准溶液的配制与标定

碘量法中使用的标准溶液是硫代硫酸钠溶液和碘液。

由于 $Na_2S_2O_3 \cdot 5H_2O$ 纯度不够高,易风化和潮解,因此 $Na_2S_2O_3$ 不能用直接法配制,配好的 $Na_2S_2O_3$ 溶液也不稳定,易分解,其原因是:① 遇酸分解,水中的 CO_2 使水呈弱酸性:$S_2O_3^{2-} + CO_2 + H_2O \Longrightarrow HCO_3^- + HSO^- + S(s)$;② 受水中微生物的作用使 $S_2O_3^{2-} \longrightarrow SO_4^{2-} + S(s)$;③ 空气中氧的作用使 $S_2O_3^{2-} \longrightarrow SO_4^{2-} + S(s)$;④ 见光分解。另外,蒸馏水中可能含有的 Fe^{3+}、Cu^{2+} 等会催化 $Na_2S_2O_3$ 溶液的氧化分解。

配制 $Na_2S_2O_3$ 溶液的方法是:称取比计算用量稍多的 $Na_2S_2O_3 \cdot 5H_2O$ 试剂,溶于新煮沸(除去水中的 CO_2 并灭菌)并已冷却的蒸馏水中,加入少量的 Na_2CO_3 使溶液呈弱碱性,以抑制微生物的生长。溶液储于棕色瓶中放置数天后进行标定。若发现溶液变浑,需要滤后再标定,严重时应弃去重新配制。

标定 $Na_2S_2O_3$ 溶液的基准物有 $K_2Cr_2O_7$、$KBrO_3$、KIO_3 和纯铜等。$K_2Cr_2O_7$ 最常用,标定实验的主要步骤是在酸性溶液中 $K_2Cr_2O_7$ 与过量 KI 反应,生成与 $K_2Cr_2O_7$ 计量相当的 I_2,在暗处放置 3~5 min 使反应完全,然后加蒸馏水稀释以降低酸度,在弱酸性条件下用待标定的 $Na_2S_2O_3$ 溶液滴定析出的 I_2,近终点时溶液呈现稻草黄色(I_3^- 黄色与 Cr^{3+} 绿色)时,加入淀粉指示剂(若滴定前加入,由于碘-淀粉吸附化合物,不易与 $Na_2S_2O_3$ 反应,给滴定带来误差),继续滴定至蓝色消失即为终点。最后准确计算 $Na_2S_2O_3$ 溶液的浓度。

碘标准溶液虽然可以用纯碘直接配制,但由于 I_2 的挥发性强,很难准确称量。一般先称取一定量的碘溶于少量 KI 溶液中,待溶解后稀释到一定体积。溶液保存于棕色磨口瓶中。碘液可以用基准物 As_2O_3 标定,也可用已标定的 $Na_2S_2O_3$ 溶液标定。

(3) 应用示例

① 维生素 C 含量的测定 用 I_2 标准溶液直接滴定维生素 C。维生素 C 分子中的二烯醇基可被 I_2 氧化成二酮基。维生素 C 在碱性溶液中易被空气氧化,因此滴定在 HAc 介质中进行。

$$\underset{\substack{\text{O OH OH H OH}}}{\text{C}=\text{C}-\text{C}-\text{C}-\text{C}-\text{CH}_2\text{OH}} + I_2 \Longrightarrow \underset{\substack{\text{O O O H OH}}}{\text{C}-\text{C}-\text{C}-\text{C}-\text{C}-\text{CH}_2\text{OH}} + 2HI$$

② Cu^{2+} 的测定 在弱酸性溶液中 Cu^{2+} 与 KI 反应:

$$2Cu^{2+} + 4I^- \Longrightarrow 2CuI(s) + I_2$$

然后用 $Na_2S_2O_3$ 标准溶液滴定析出的 I_2,间接法求出 Cu^{2+} 含量。为减少 CuI 对 I_2 的吸附,可在近终点时加入 KSCN 溶液,使 CuI 转化为溶解度更小且对 I_2 吸附力弱的 CuSCN。

③ 葡萄糖含量的测定 葡萄糖分子中的醛基在碱性条件下用过量 I_2 氧化成羧基:

$$I_2 + 2OH^- \Longrightarrow IO^- + I^- + H_2O$$

$$CH_2OH(CHOH)_4CHO + IO^- + OH^- \Longrightarrow CH_2OH(CHOH)_4COO^- + I^- + H_2O$$

剩余的 IO^- 在碱性溶液中歧化:

$$3IO^- \Longrightarrow IO_3^- + 2I^-$$

溶液经酸化后又析出的 I_2：

$$IO_3^- + 5I^- + 6H^+ \Longrightarrow 3I_2 + 3H_2O$$

最后用 $Na_2S_2O_3$ 标准溶液滴定析出的 I_2。

④ 卡尔-费休(kerl-fischer)法测定水 I_2 氧化 SO_2 时需要一定量的 H_2O：

$$I_2 + SO_2 + 2H_2O \Longrightarrow H_2SO_4 + 2HI$$

加入吡啶(C_5H_5N)以中和生成的 H_2SO_4，使反应能定量的向左进行。其总反应为

$$C_5H_5N \cdot I_2 + C_5H_5N \cdot SO_2 + C_5H_5N + H_2O \longrightarrow C_5H_5N \cdot SO_3 + 2C_5H_5N \cdot HI$$

而生成的 $C_5H_5N \cdot SO_3$ 也能与水反应，为此需加入甲醇以防止副反应的发生，即

$$C_5H_5N \cdot SO_3 + CH_3OH \Longrightarrow C_5H_5NHOSO_2OCH_3$$

因此该方法测定水时，所用的标准溶液是含有 I_2、SO_2、C_5H_5N 和 CH_3OH 的混合液，称为费休试剂。试剂呈深棕色，与水作用后呈黄色。滴定时溶液由浅黄色变为红棕色即为终点。测定时所用器皿必须干燥。费休试剂常用标准的纯水-甲醇溶液进行标定。卡尔-费休法不仅可测定水分含量，还可根据反应中生成或消耗水的量，间接测定某些有机官能团。

思考题

1. 氧化还原反应的本质是什么？电极电势的大小揭示什么？
2. 氧化还原平衡的平衡常数与电动势有关还是与标准电动势有关？
3. 影响氧化还原反应的速率的主要因素有哪些？在滴定分析中是否都能利用加热的方法来加速反应的进行？为什么？
4. 什么是条件电极电势？它与标准电极电势的关系如何？
5. 是否条件平衡常数大的氧化还原反应就一定能用于氧化还原滴定？为什么？
6. 氧化还原滴定中，为什么可以用氧化剂和还原剂这两个电对中任一个电对的电势计算滴定过程中溶液的电势？

习　题

1. 指出下列物质中画线原子的氧化数：
   (1) $\underline{Cr}_2O_7^{2-}$　(2) $\underline{N}_2O$　(3) $\underline{N}H_3$　(4) $H\underline{N}_3$　(5) $\underline{S}_8$　(6) $\underline{S}_2O_3^{2-}$
2. 用氧化数法或离子电子法配平下列方程式：
   (1) $As_2O_3 + HNO_3 + H_2O \longrightarrow H_3AsO_4 + NO$
   (2) $K_2Cr_2O_7 + H_2S + H_2SO_4 \longrightarrow K_2SO_4 + Cr_2(SO_4)_3 + S + H_2O$
   (3) $KOH + Br_2 \longrightarrow KBrO_3 + KBr + H_2O$
   (4) $K_2MnO_4 + H_2O \longrightarrow KMnO_4 + MnO_2 + KOH$
   (5) $Zn + HNO_3 \longrightarrow Zn(NO_3)_2 + NH_4NO_3 + H_2O$
   (6) $I_2 + Cl_2 + H_2O \longrightarrow HCl + HIO_3$
   (7) $MnO_4^- + H_2O_2 + H^+ \longrightarrow Mn^{2+} + O_2 + H_2O$
   (8) $MnO_4^- + SO_3^{2-} + OH^- \longrightarrow MnO_4^{2-} + SO_4^{2-} + H_2O$

3. 写出下列电极反应的离子电子式：

(1) $Cr_2O_7^{2-} \longrightarrow Cr^{3+}$（酸性介质）

(2) $I_3^- \longrightarrow IO_3^-$（酸性介质）

(3) $MnO_2 \longrightarrow Mn(OH)_2$（碱性介质）

(4) $Cl_2 \longrightarrow ClO_3^-$（碱性介质）

4. 下列物质 $KMnO_4$、$K_2Cr_2O_7$、$CuCl_2$、$FeCl_3$、I_2 和 Cl_2，在酸性介质中它们都能作为氧化剂。试把这些物质按氧化能力的大小排列，并注明它们的还原产物。

5. 下列物质：$FeCl_2$、$SnCl_2$、H_2、KI、Li、Al，在酸性介质中它们都能作为还原剂。试把这些物质按还原能力的大小排列，并注明它们的氧化产物。

6. 当溶液中 $c(H^+)$ 增加时，下列氧化剂的氧化能力是增强、减弱还是不变？

(1) Cl_2　(2) $Cr_2O_7^{2-}$　(3) Fe^{3+}　(4) MnO_4^-

7. 计算下列电极在 298 K 时的电极电势：

(1) $Pt \mid H^+(1.0 \times 10^{-2} mol \cdot L^{-1}), Mn^{2+}(1.0 \times 10^{-4} mol \cdot L^{-1}), MnO_4^-(0.10 mol \cdot L^{-1})$

(2) $Ag, AgCl(s) \mid Cl^-(1.0 \times 10^{-2} mol \cdot L^{-1})$ [提示：电极反应为 $AgCl(s) + e^- \rightleftharpoons Ag(s) + Cl^-$]

(3) $Pt, O_2(10.0 kPa) \mid OH^-(1.0 \times 10^{-2} mol \cdot L^{-1})$

8. 写出下列原电池的电极反应式和电池反应式，并计算原电池的电动势（298 K）：

(1) $Fe \mid Fe^{2+}(1.0 mol \cdot L^{-1}) \parallel Cl^-(1.0 mol \cdot L^{-1}) \mid Cl_2(100 kPa), Pt$

(2) $Pt \mid Fe^{2+}(1.0 mol \cdot L^{-1}), Fe^{3+}(1.0 mol \cdot L^{-1}) \parallel Ce^{4+}(1.0 mol \cdot L^{-1}), Ce^{3+}(1.0 mol \cdot L^{-1}) \mid Pt$

(3) $Pt, H_2(100 kPa) \mid H^+(1.0 mol \cdot L^{-1}) \parallel Cr_2O_7^{2-}(1.0 mol \cdot L^{-1}), Cr^{3+}(1.0 mol \cdot L^{-1}), H^+(1.0 \times 10^{-2} mol \cdot L^{-1}) \mid Pt$

(4) $Pt \mid Fe^{2+}(1.0 mol \cdot L^{-1}), Fe^{3+}(0.10 mol \cdot L^{-1}) \parallel NO_3^-(1.0 mol \cdot L^{-1}), HNO_2(0.010 mol \cdot L^{-1}), H^+(1.0 mol \cdot L^{-1}) \mid Pt$

9. 根据标准电极电势，判断下列反应能否进行？

(1) $Zn + Pb^{2+} \longrightarrow Pb + Zn^{2+}$

(2) $2Fe^{3+} + Cu \longrightarrow Cu^{2+} + 2Fe^{2+}$

(3) $I_2 + 2Fe^{2+} \longrightarrow 2Fe^{3+} + 2I^-$

(4) $Zn + 2OH^- \longrightarrow ZnO_2^{2-} + H_2$

10. 应用电极电势表，完成并配平下列方程式：

(1) $H_2O_2 + Fe^{2+} + H^+ \longrightarrow$

(2) $I^- + IO_3^- + H^+ \longrightarrow$

(3) $MnO_4^- + Br^- + H^+ \longrightarrow$

11. 应用电极电势表，判断下列反应哪些能进行？若能进行，写出反应式。

(1) $Cd + HCl$

(2) $Ag + Cu(NO_3)_2$

(3) $Zn + MgSO_4$

(4) $Cu + Hg(NO_3)_2$

(5) $H_2SO_4 + O_2$

12. 试分别判断 MnO_4^- 在 pH=0 和 pH=4 时能否将 Cl^- 氧化成 Cl_2（设除 H^+ 外，其他物质均处于标准态）？

13. 先查出下列电极反应的 $\varphi^\ominus$ 值：

$$MnO_4^- + 8H^+ + 5e^- \rightleftharpoons Mn^{2+} + 4H_2O$$

$$Ce^{4+} + e^- \rightleftharpoons Ce^{3+}$$

$$Fe^{2+} + 2e^- \rightleftharpoons Fe$$
$$Ag^+ + e \rightleftharpoons Ag$$

假设上述有关物质都处于标准态,试回答:

(1) 上述物质中,哪一个是最强的还原剂?哪一个是最强的氧化剂?

(2) 上述物质中,哪些可以将 Fe^{2+} 还原成 Fe?

(3) 上述物质中,哪些可以将 Ag 氧化成 Ag^+?

14. 对照电极电势表:

(1) 选择一种合适的氧化剂,它能使 Sn^{2+} 变成 Sn^{4+},Fe^{2+} 变成 Fe^{3+},而不能使 Cl^- 变成 Cl_2。

(2) 选择一种合适的还原剂,它能使 Cu^{2+} 变成 Cu,Ag^+ 变成 Ag,而不能使 Fe^{2+} 变成 Fe。

15. 某原电池由标准银电极和标准氯电极组成。如果分别进行如下操作,试判断电池电动势如何变化? 并说明原因。

(1) 在氯电极一方增大 Cl_2 的分压;

(2) 在氯电极溶液中加入一些 KCl;

(3) 在银电极溶液中加入一些 KCl。

16. 利用电极电势表,计算下列反应在 298 K 时的 $\Delta_r G$:

(1) $Cl_2 + 2Br^- \rightleftharpoons 2Cl^- + Br_2$

(2) $I_2 + Sn^{2+} \rightleftharpoons 2I^- + Sn^{4+}$

(3) $MnO_2 + 4H^+ + 2Cl^- \rightleftharpoons Mn^{2+} + Cl_2 + 2H_2O$

17. 如果下列反应:

(1) $H_2 + \frac{1}{2}O_2 \rightleftharpoons H_2O$ $\Delta_r G^\ominus = -237 \text{ kJ} \cdot \text{mol}^{-1}$

(2) $C + O_2 \rightleftharpoons CO_2$ $\Delta_r G^\ominus = -394 \text{ kJ} \cdot \text{mol}^{-1}$

可以设计成原电池,试计算它们的电动势 $E^\ominus$。

18. 利用电极电势表,计算下列反应在 298 K 时的标准平衡常数。

(1) $Zn + Fe^{2+} \rightleftharpoons Zn^{2+} + Fe$

(2) $2Fe^{3+} + 2Br^- \rightleftharpoons 2Fe^{2+} + Br_2$

19. 过量的铁屑置于 $0.050 \text{ mol} \cdot \text{L}^{-1}$ Cd^{2+} 溶液中,平衡后 Cd^{2+} 的浓度是多少?

20. 求下列原电池的以下各项:

$(-)Pt \mid Fe^{2+}(0.1 \text{ mol} \cdot \text{L}^{-1}), Fe^{3+}(1 \times 10^{-5} \text{ mol} \cdot \text{L}^{-1}) \parallel Cr_2O_7^{2-}(0.10 \text{ mol} \cdot \text{L}^{-1}), Cr^{3+}(1 \times 10^{-5}$ $\text{mol} \cdot \text{L}^{-1}), H^+(1 \text{ mol} \cdot \text{L}^{-1}) \mid Pt(+)$

(1) 电极反应式;

(2) 电池反应式;

(3) 电池电动势;

(4) 电池反应的 $K^\ominus$;

(5) 电池反应的 $\Delta_r G$。

21. 如果下列原电池的电动势为 0.500 V(298 K):

$$Pt, H_2(100 \text{ kPa}) \mid H^+(?\text{mol} \cdot \text{L}^{-1}) \parallel Cu^{2+}(1.0 \text{ mol} \cdot \text{L}^{-1}) \mid Cu$$

则溶液的 H^+ 浓度应为多少?

22. 已知
$$PbSO_4 + 2e^- \rightleftharpoons Pb^{2+} + SO_4^{2-} \quad \varphi^\ominus = -0.3553 \text{ V}$$
$$Pb^{2+} + 2e^- \rightleftharpoons Pb \quad \varphi^\ominus = -0.126 \text{ V}$$

求 $PbSO_4$ 的溶度积。

23. 已知 $\varphi^\ominus(Ag^+/Ag) = 0.799 \text{ V}$,$K_{sp}^\ominus(AgBr) = 7.7 \times 10^{-13}$。求下列电极反应的 $\varphi^\ominus$:

$$AgBr + e^- \rightleftharpoons Ag^+ + Br^-$$

24. 根据电极电势解释下列现象：
(1) 金属铁能置换 Cu^{2+}，而 $FeCl_3$ 溶液又能溶解铜。
(2) H_2S 溶液久置会变混浊。
(3) H_2O_2 溶液不稳定，易分解。
(4) 分别用 $NaNO_3$ 溶液和稀 H_2SO_4 溶液均不能把 Fe^{2+} 氧化，但两者混合后就可将 Fe^{2+} 氧化。
(5) Ag 不能置换 $1\ mol \cdot L^{-1}$ HCl 中的氢，但可置换 $1\ mol \cdot L^{-1}$ HI 中的氢。

25. In 和 Ti 在酸性介质中的电势图分别为

$$In^{3+} \xrightarrow{-0.43} In^+ \xrightarrow{-0.15} In \qquad Ti^{3+} \xrightarrow{+1.25} Ti^+ \xrightarrow{-0.34} Ti$$

试回答：
(1) In^+、Ti^+ 能否发生歧化反应？
(2) In、Ti 与 $1\ mol \cdot L^{-1}$ HCl 反应各得到什么产物？
(3) In、Ti 与 $1\ mol \cdot L^{-1}$ Ce^{4+} 反应各得到什么产物？[已知 $\varphi^{\ominus}(Ce^{4+}/Ce^{3+}) = 1.61\ V$]

26. 已知氯在碱性介质中的电势图($\varphi_B^{\ominus}/V$)为：

$$ClO_4^- \xrightarrow{0.36} ClO_3^- \xrightarrow{0.33} ClO_2^- \xrightarrow{\varphi_1^{\ominus}} ClO^- \xrightarrow{-0.42} Cl_2 \xrightarrow{1.36} Cl^-$$

中间连接：$ClO_3^- \xrightarrow{0.50} ClO^-$，$ClO^- \xrightarrow{\varphi_2^{\ominus}} Cl^-$

试求：(1) $\varphi_1^{\ominus}$ 和 $\varphi_2^{\ominus}$；
(2) 哪些氧化态能歧化？

27. 用一定体积(mL)的 $KMnO_4$ 溶液恰能氧化一定质量的 $KHC_2O_4 \cdot H_2C_2O_4 \cdot 2H_2O$，同样质量的 $KHC_2O_4 \cdot H_2C_2O_4 \cdot 2H_2O$ 恰恰能被所需 $KMnO_4$ 体积(mL)一半的 $0.200\ 0\ mol \cdot L^{-1}$ NaOH 中和，计算 $KMnO_4$ 的浓度。

28. 称取含 Pb_2O_3 试样 1.234 0 g，用 20.00 mL $0.250\ 0\ mol \cdot L^{-1}$ $H_2C_2O_4$ 溶液处理，Pb(Ⅳ)还原至 Pb(Ⅱ)。调节溶液 pH，使 Pb(Ⅱ)定理沉淀为 PbC_2O_4。过滤，滤液酸化后，用 $0.040\ 00\ mol \cdot L^{-1}$ $KMnO_4$ 溶液滴定，用去 10.00 mL；沉淀用酸溶解后，用同浓度的 $KMnO_4$ 溶液滴定，用去 30.00 mL，计算试样中 PbO 和 PbO_2 的含量。

29. 称取 1.000 g 卤化物的混合物，溶解后配制在 500 mL 的容量瓶中。吸取50.00 mL，加入过量的溴水将 I^- 氧化至 IO_3^-，煮沸除去过量溴。冷却后加入过量 KI，然后用了 19.26 mL $0.050\ 00\ mol \cdot L^{-1}$ $Na_2S_2O_3$ 溶液滴定，计算 KI 的含量。

第 7 章　物质结构基础

> **学习要求：**
> 1. 了解核外电子运动的特殊性——波粒二象性。
> 2. 理解波函数角度分布图、电子云角度分布图。
> 3. 掌握四个量子数的量子化条件及其物理意义；掌握电子层、电子亚层、能级和轨道等含义。
> 4. 能运用核外电子排布的三条原则写出一般元素的原子核外电子排布式和价电子构型。
> 5. 理解原子结构和元素周期表的关系，元素若干基本性质与原子结构的关系。
> 6. 掌握离子键理论的基本要点，理解决定离子化合物性质的因素及离子化合物的特征。
> 7. 掌握价键理论的要点及共价键的特征。
> 8. 能用杂化轨道理论解释一般分子的构型。
> 9. 能用价层电子对互斥理论预测一般主族元素分子(或离子)的构型。
> 10. 了解离子极化和分子间力的概念。了解金属键和氢键的形成。

7.1　核外电子运动状态

前面几章介绍了化学平衡方面的知识，本章将学习物质结构方面的知识，分别为：原子结构、分子结构和晶体结构。

为何要学习物质结构方面的知识？这是因为元素及其化合物呈现出的性质主要是由它们的内部结构决定的，所以要掌握物质的性质就必须研究其结构。另外，原子是化学变化中的最小微粒，在化学变化中原子核并没有发生变化，只是核外电子的运动状态发生了改变。因此研究原子结构，主要是研究核外电子的运动状态。

微课：原子结构

7.1.1　氢原子光谱和玻尔理论

1. 氢原子光谱

近代原子结构理论的建立是从研究氢原子光谱开始的。在一个抽成真空的放电管中加入少量的氢气，通以高压使之放电，管内便有光线放出。然后经过棱镜，因棱镜对不同波长光的折射率不同，从而使不同波长的光彼此分开，再投射到屏幕上便得到氢原子光谱图。在可见光区有四条比较明显的谱线：

	H_α	H_β	H_γ	H_δ
λ/nm	656.2	486.1	434.0	410.2

氢原子光谱具有如下特征：

(1) 为不连续的线状光谱；

(2) 可见光区波长符合如下公式：

$$\frac{1}{\lambda} = R_\infty \left(\frac{1}{2^2} - \frac{1}{n^2} \right) \tag{7-1}$$

式中，R_∞ 为里德伯常数，其值为 $1.097\,373 \times 10^7\ \text{m}^{-1}$。

当 $n=3,4,5,6$ 时，分别计算即得上述四条谱线的波长。

后来人们在紫外光区及红外光区又发现了另外一些谱线，1913 年瑞典光谱学家里德伯提出了谱线的一般通式：

$$\frac{1}{\lambda} = R_\infty \left(\frac{1}{n_1^2} - \frac{1}{n_2^2} \right) \tag{7-2}$$

n_1 和 n_2 均为正整数，$n_2 > n_1$，公式(7-1)即为式(7-2)中 $n_1=2$ 的特例。式(7-1)、式(7-2)完全是从实验中总结出来的经验公式。

由于氢原子光谱具有上述特征，这就引起人们的思考。当时核原子模型已经建立，即已经明确原子是由原子核和核外电子组成。根据经典电磁理论，绕核高速运动的电子，应以电磁波的形式不断地辐射出能量。这样电子的能量会逐渐减小，电子运动的轨道半径也将逐渐变小，电子将沿向心力的方向呈螺旋形轨道靠近原子核，最后落到原子核上，电子湮灭，将不复存在。据此，在运动过程中原子光谱应是连续光谱，原子也不是一个稳定系统。事实是原子是稳定存在的，且原子光谱是线状光谱，所以用经典理论无法解释氢原子光谱。

2. 玻尔理论

玻尔理论的基础是普朗克的量子论和爱因斯坦的光子学说。1900 年，普朗克在研究黑体问题时提出了著名的量子化理论。该理论指出，物质吸收和发射能量是不连续的。也就是说，物质吸收或发射能量，就像物质微粒一样，只能以单个的、一定分量的能量，一份一份地或按照这一基本分量的倍数吸收或发射能量，即能量是量子化的。这种能量的最小单位叫能量子，或简称量子。1905 年，爱因斯坦引用普朗克的量子理论并加以推广，用来解释光电效应，提出了光子学说，当能量以光的形式传播时，其最小单位是光量子(简称光子)，实验证明光子的能量与光的频率间的关系为

$$E = h\nu \tag{7-3}$$

式中：E 是光子的能量；ν 为光的频率；h 为普朗克常量，其值为 $6.626 \times 10^{-34}\ \text{J·s}$。能量及其他物理量的不连续性是微观世界的重要特征。

1913 年丹麦物理学家玻尔在氢原子光谱以及普朗克量子论的基础上，提出了原子结构理论的几点假设：

(1) 原子中的电子仅能在某些特定的轨道上运动，这些轨道上电子的角动量 M 必须是 $h/2\pi$ 的整数倍，即：$M = n(h/2\pi)$；式中 n 称为量子数，其值为 1、2、3…（这意味能量是不连续的）；

(2) 在一定轨道中运动的电子具有一定的能量，称定态。其中能量最低的称基态，其余的称为激发态。电子从一个定态跳到另一个定态时，要吸收或放出辐射能，辐射能的频率与两定态间能量差间的关系为

$$\nu = \Delta E / h \tag{7-4}$$

由上述假设可推得：$E = -A(1/n^2)$，$A = -2.179 \times 10^{-18}$ J。

当电子从高能量轨道跃迁至低能量轨道时，其辐射能的频率为

$$\nu = \frac{\left(-A\frac{1}{n_2^2}\right) - \left(-A\frac{1}{n_1^2}\right)}{h} = \frac{A}{h}\left(\frac{1}{n_1^2} - \frac{1}{n_2^2}\right) \tag{7-5}$$

用 $\nu = c/\lambda$ 代入，得

$$\frac{1}{\lambda} = \frac{A}{hc}\left(\frac{1}{n_1^2} - \frac{1}{n_2^2}\right) = 1.097 \times 10^7 \text{ m}^{-1}\left(\frac{1}{n_1^2} - \frac{1}{n_2^2}\right) \tag{7-6}$$

可见，由玻尔理论推导得到的公式与实验得到的公式非常一致。且因原子轨道的能量是不连续的，所以能级差一定不连续，由式(7-4)可知，谱线的频率也一定不连续。

通过上述讨论可见玻尔理论成功地解释了氢原子光谱，但是用玻尔理论来解释多原子光谱时却遇到了无法克服的困难，这是因为他假设电子这样的微观粒子的运动也服从牛顿的经典力学定律，这是不正确的。这是由于电子的运动并不遵守经典力学定律，而是具有微观粒子所特有的规律——波粒二象性，而这种特有的规律性是在当时还没有被人们认识到的。

7.1.2 微观粒子的波粒二象性

1. 光的波粒二象性

关于光的本质，是波还是粒的问题，在17—18世纪一直争论不休。19世纪，人们又发现了许多新的现象，包括干涉、衍射与偏振等，光的波动学说一度取得了胜利。但是有些事实如光电效应等又确实无法用波动学说加以解释。爱因斯坦提出的光子学说，可圆满地解释光电效应。光作为一束光子流，其能量表示式为式(7-3)即 $E = h\nu$，至此人们认识到，光不仅具有波动性，而且具有粒子性，即光具有波粒二象性。

结合爱因斯坦质能关系式为

$$E = mc^2 \tag{7-7}$$

得

$$p = mc = \frac{E}{c} = \frac{h\nu}{c} = \frac{h}{\lambda} \tag{7-8}$$

式中：p 为光子的动量；λ 为光子的波长。在式(7-3)和式(7-8)中，等式左边是表征粒子的能量 E 和动量 p，等式右边是表征波动性的频率 ν 和波长 λ。光的粒子性和波动性通过普朗克常量相联系，揭示了光的波粒二象性的本质。光在空间传播时突出表现了其波动性，而当光与实物微粒相作用时，其粒子性表示的更明显。

2. 微观粒子的波粒二象性

当光的波粒二象性被确定以后，就引起人们的思考：对光人们通常只注意到其波动性而忽略了其粒子性，那么对微观粒子，如电子，是否犯了相反的错误，即只注意了其粒子性而忽略了其波动性呢？

1924年，法国物理学家德布罗依首先作了一个大胆的假设：即微观粒子也具有波粒二象性，并预言高速运动的微观粒子，其波长 λ 为

$$\lambda = \frac{h}{p} = \frac{h}{m\nu} \tag{7-9}$$

式中：m 为粒子的质量；ν 为粒子运动速度；p 为动量。式(7-9)即为德布罗依关系式，虽然它在形式上与爱因斯坦关系式（式 7-8）相同，但这却是一个全新的假设，将二象性的概念从光子运用于微观粒子。这种实物微粒所具有的波称为德布罗依波或物质波。

在德布罗依提出这一假设后的第三年，即 1927 年，戴维逊和盖革通过电子衍射实验证实电子具有波动性，且从实验所得的衍射图像计算出电子波的波长与动量之间的关系与式(7-9)相符。后来还通过进一步的实验发现：质子、中子、α 粒子等都有衍射现象，所以波粒二象性是微观粒子的普遍规律。因此微观粒子的运动状态不能用经典力学而要用量子力学来描述。

3. 不确定原理

由于微观粒子具有波粒二象性，则微观粒子的运动规律就与宏观物体有所不同，对宏观物体可同时准确测得其位置和速度；但对微观粒子则不可能同时准确测得其位置和速度。1927 年海森堡提出了一个重要的关系式：

$$\Delta x \cdot \Delta p_x \approx h \tag{7-10}$$

式中：h 为普朗克常量；Δx 为微观粒子在空间某一方向的位置测不准量；Δp_x 为动量在 x 方向上的测不准量（$p = m\nu$，$\Delta p = m \cdot \Delta \nu$）。

由上式可见：具有波动性的微观粒子有着与宏观物体完全不同的运动特点，即要准确测定电子在原子中的位置，电子的运动速度就测不准；反之，若要准确测定电子的运动速度（或能量），就不能准确测得其位置。例如，对质量 $m = 10^{-15}$ kg 微小尘埃的宏观物体，若其所在位置的测不准量 $\Delta x = 10^{-8}$ m，由不确定关系式，得

$$\Delta \nu = \frac{\Delta p}{m} \approx \frac{h/\Delta x}{m} = \frac{6.626 \times 10^{-34}/10^{-8}}{10^{-15}} \approx 10^{-10} \; (\text{m} \cdot \text{s}^{-1})$$

这一测不准量与微尘的运动速度相比完全可以忽略不计。

而对电子来说，其运动速度约 10^6 m·s^{-1}，由于原子大小约为 10^{-10} m，故电子位置的测不准量应小于 10^{-10} m 才有意义，由测不准关系式计算得，$\Delta \nu \approx 10^7$ m·s^{-1}，即电子运动速度的测不准量已经超过了电子本身的速度。

这是因为对宏观物体来说，普朗克常量是一个可以忽略不计的量；而对微观粒子，因为质量很小，普朗克常量就再也不是一个能忽略不计的量，所以对微观粒子不可能同时准确测定其位置和运动速度。不确定原理揭示了玻尔模型中，定态轨道的概念是不正确的，说明经典力学中同时用位置和速度描述微观粒子的运动是行不通的。

由于原子能级的概念非常重要，即需要准确知道电子在原子中的能量，那么根据不确定原理，不可能准确知道电子在原子中的位置或运动轨迹。

根据不确定原理，电子在核外空间的运动没有固定的轨道，则不能确定在某一瞬间电子所处的位置。但这并不是说，人们无法研究电子的运动规律。因为人们虽然不能测出电子的运动轨迹，但却可以推算出电子在核外空间各处出现机会的多少，即几率的大小，在量子力学中对电子运动规律的描述具有统计性。

7.1.3 氢原子核外电子的运动状态

1. 薛定谔方程和波函数

因为微观粒子具有波粒二象性,因此它的运动就不能用经典力学来描述,而必须用量子力学来描述,其基本方程就是薛定谔方程:

$$\frac{\partial^2 \psi}{\partial x^2} + \frac{\partial^2 \psi}{\partial y^2} + \frac{\partial^2 \psi}{\partial z^2} + \frac{8\pi m}{h^2}(E-V)\psi = 0 \tag{7-11}$$

这是一个二阶偏微分方程。式中,E 为体系的总能量;V 为体系的势能;h 为普朗克常量;m 为微粒的质量;ψ 为波函数,是空间坐标 x,y,z 的函数。

在一定条件下可以对薛定谔方程求解,方程的解有两个:一个为体系的总能量 E,这是一个确定的值;另一个为波函数 $\psi(x,y,z)$。

方程的每一组合理的解都代表体系的一种可能的运动状态,因此在量子力学中是用波函数 $\psi(x,y,z)$ 及相应的能量 E 来描述微观粒子的运动状态的。

为了求解和讨论方便起见,通常将直角坐标变换成用球极坐标表示,如图 7-1。

在极坐标下,薛定谔方程的解可写成:

$$\psi(x,y,z) = \psi(r,\theta,\varphi) = R(r)Y(\theta,\varphi) \tag{7-12}$$

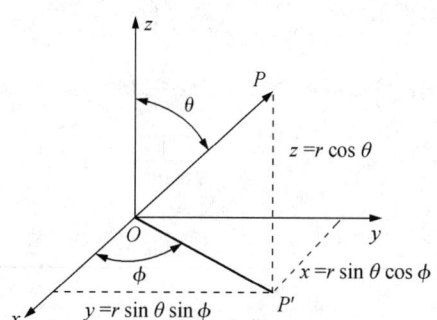

图 7-1 直角坐标转换成球极坐标

其中,$R(r)$ 只与距离有关,称为波函数的径向部分;$Y(\theta,\varphi)$ 只与角度有关,称为波函数的角度部分。

2. 波函数与原子轨道

前面讲过,在一定的条件下可以对薛定谔方程求解,这样的解才是合理的,才可表示电子的一种运动状态。这里所说的条件就是要用三个量子数的整数表示,这三个量子数可取的数值如下:

主量子数:$n=1, 2, 3, 4, \cdots$
(电子层　　K, L, M, N, O, P, Q)
角量子数:$l=0, 1, 2, 3, \cdots, n-1$　共 n 个
(电子亚层　　s, p, d, f, $\cdots$)
磁量子数:$m=0, \pm 1, \pm 2, \pm 3, \cdots, \pm l$　共 $2l+1$ 个
(电子云的伸展方向)

说明：主量子数表示了电子离核的远近，n 越大，电子离核的平均距离越远，从而能量越高，所以 n 也是决定电子能量高低的主要因素。角量子数决定了原子轨道或电子云角度部分的形状。磁量子数反映了原子轨道或电子云的空间取向。

用一套合理的量子数 (n,l,m) 解薛定谔方程时，可得到波函数的径向部分 $R(r)$ 和角度部分 $Y(\theta,\varphi)$，两者相乘便得波函数的数学式。如 $(1,0,0)$ 是合理的；而 $(1,1,0)$、$(1,0,1)$ 不合理。波函数可以用三个量子数 n,l,m 来描述。

在量子力学中把三个量子数 (n,l,m) 都有确定值的波函数称为一个原子轨道，显然 $\psi(1,0,0)$ 为 1s 轨道；$\psi(2,1,1)$、$\psi(2,1,0)$、$\psi(2,1,-1)$ 为 2p 轨道。因此波函数和原子轨道是同义词。

注意：这里所讲的轨道还是借用经典力学的旧有名词，它是指电子的一种空间运动状态，而不是宏观物体或玻尔理论中所说的"轨道"。表 7-1 列出了基于氢原子的波函数及其径向部分和角度部分的函数。

表 7-1　氢原子的若干波函数

轨道	$\psi(r,\theta,\varphi)$	$R(r)$	$Y(\theta,\varphi)$
1s	$\sqrt{\dfrac{1}{\pi a_0^3}}\,e^{-r/a_0}$	$2\sqrt{\dfrac{1}{a_0^3}}\,e^{-r/a_0}$	$\sqrt{\dfrac{1}{4\pi}}$
2s	$\dfrac{1}{4}\sqrt{\dfrac{1}{2\pi a_0^3}}\left(2-\dfrac{r}{a_0}\right)e^{-r/2a_0}$	$\sqrt{\dfrac{1}{8a_0^3}}\left(2-\dfrac{r}{a_0}\right)e^{-r/2a_0}$	$\sqrt{\dfrac{1}{4\pi}}$
$2p_z$	$\dfrac{1}{4}\sqrt{\dfrac{1}{2\pi a_0^3}}\left(\dfrac{r}{a_0}\right)e^{-r/2a_0}\cos\theta$	$\sqrt{\dfrac{1}{24a_0^3}}\left(\dfrac{r}{a_0}\right)e^{-r/2a_0}$	$\sqrt{\dfrac{3}{4\pi}}\cos\theta$
$2p_x$	$\dfrac{1}{4}\sqrt{\dfrac{1}{2\pi a_0^3}}\left(\dfrac{r}{a_0}\right)e^{-r/2a_0}\sin\theta\cos\varphi$	$\sqrt{\dfrac{1}{24a_0^3}}\left(\dfrac{r}{a_0}\right)e^{-r/2a_0}$	$\sqrt{\dfrac{3}{4\pi}}\sin\theta\cos\varphi$
$2p_y$	$\dfrac{1}{4}\sqrt{\dfrac{1}{2\pi a_0^3}}\left(\dfrac{r}{a_0}\right)e^{-r/2a_0}\sin\theta\sin\varphi$	$\sqrt{\dfrac{1}{24a_0^3}}\left(\dfrac{r}{a_0}\right)e^{-r/2a_0}$	$\sqrt{\dfrac{3}{4\pi}}\sin\theta\sin\varphi$

3. 四个量子数

前面已经指出，在解薛定谔方程时，为了得到一组合理的解，需要引进三个量子数 (n,l,m)，它们的取值范围如下：

n 与 l：

$n=1$(K层)，$l=0$，即只可取 0 一个数，则 K 层只有一个 s 亚层。

$n=2$(L层)，$l=0、1$，则 L 层有 s、p 两个亚层。

$n=3$(M层)，$l=0、1、2$，则 M 层有 s、p、d 三个亚层。

$n=4$(N层)，$l=0、1、2、3$，则 N 层有 s、p、d、f 四个亚层。

……

l 与 m：

$l=0$(s亚层)：$m=0$，所以 s 电子云只有一种伸展方向。即同一 s 亚层只有一个 s 轨道。

$l=1$(p亚层)：$m=-1、0、+1$，所以 p 电子云有三种伸展方向。

$l=2$(d亚层)：$m=0、\pm1、\pm2$，所以 d 电子云有五种伸展方向。

$l=3$(f亚层)：$m=0、\pm1、\pm2、\pm3$，所以 f 电子云有七种伸展方向。

……

因为在量子力学中把(n,l,m)有确定值的波函数称为一个原子轨道，则各亚层及各电子层的轨道数如表7-2所示。

表7-2　氢原子轨道与三个量子数的关系

n	l	m	轨道名称	轨道数	轨道总数
1	0	0	1s	1	1
2	0	0	2s	1	4
	1	$-1,0,+1$	2p	3	
3	0	0	3s	1	9
	1	$-1,0,+1$	3p	3	
	2	$-2,-1,0,+1,+2$	3d	5	
4	0	0	4s	1	16
	1	$-1,0,+1$	4p	3	
	2	$-2,-1,0,+1,+2$	4d	5	
	3	$-3,-2,-1,0,+1,+2,+3$	4f	7	

另外后来通过进一步研究，又增加了一个表征电子自旋的第四个量子数 m_s，它的取值为 $\pm 1/2$，分别表示电子的两种自旋方式。

自旋量子数：$m_s = \pm 1/2$

因此要完全说明某一个电子的运动状态：即处于哪一个轨道及自旋方向如何，必须同时指明四个量子数。则：四个量子数确定了，那么电子在原子中的运动状态就完全确定了。

动画：电子自旋实验

4. 原子轨道的角度分布图

因为波函数可以写成径向部分和角度部分的乘积，由于在讨论原子轨道重叠成键时，只用原子轨道的角度分布图，而径向分布图用得很少。故在此只讨论原子轨道的角度分布图，即 $Y(\theta,\varphi)$ 的图形。

为了做出原子轨道的角度分布图，首先应解薛定谔方程，得到角度分布函数表达式，然后作图。s，p，d 原子轨道角度分布示意图见图7-2。

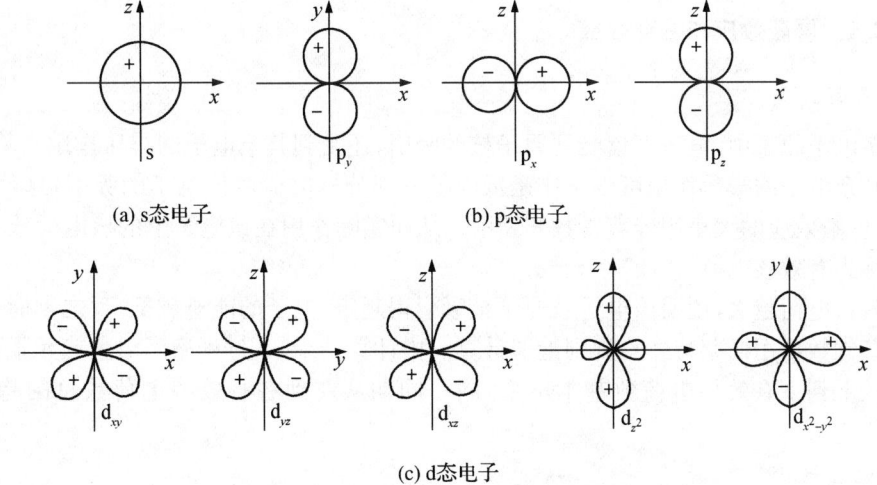

图7-2　原子轨道角度分布示意图

注意：原子轨道的角度分布图有正负之分，这并不是说带正电或负电，而是其波函数的角度部分的值在该处为正或负。

5. 概率密度和电子云

波函数本身没有直接意义，但$|\psi|^2$却有明确的物理意义，它代表粒子在空间某处单位体积内出现的概率即概率密度。

电子云：电子在核外空间出现概率密度的形象化表示，也就是$|\psi|^2$的图形。

电子云的角度分布图：$|Y(\theta,\varphi)|^2$的图形，见图7-3。

动画：电子云3D模型

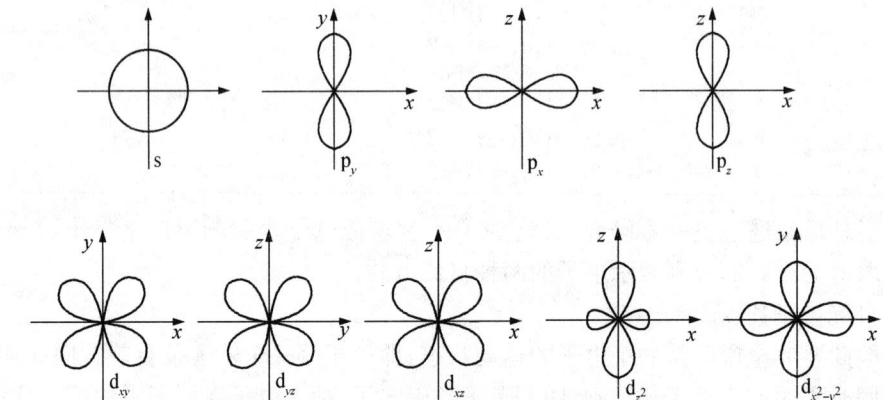

图7-3 电子云角度分布示意图

由图可见，电子云的角度分布图和原子轨道的角度分布图形状基本相似，不过有两点区别：① 原子轨道角度分布有正负之分，而电子云角度分布均为正值（习惯上不标出）；② 电子云的角度分布比原子轨道的角度分布要"瘦"一些，这是由于$|Y(\theta,\varphi)|<1$（见表7-1）。

7.2　多电子原子结构

7.2.1　屏蔽效应和钻穿效应

1. 屏蔽效应

在多电子原子中，电子不仅受到原子核的吸引，还受到其余电子的排斥作用。某一个电子受到其余电子的排斥作用可以看作是抵消了一部分核电荷对该电子的吸引，这就称为屏蔽效应，屏蔽效应的大小用屏蔽常数σ表示。从而实际作用在该电子上的核电荷减小，这种核电荷称为有效核电荷z^*，$z^*=z-\sigma$。

有效核电荷越大，说明该电子被原子核吸引得越牢，电子的能量越低；反之则能量越高。

屏蔽常数可用斯莱特经验规则近似计算。由计算结果知（过程略），对主族元素而言：同一主族从上到下有效核电荷数基本不变，同一同期从左到右有效核电荷数总的趋势逐渐增大。

2. 钻穿效应

钻穿效应即外层电子向内层穿透的效应。钻穿效应主要表现在穿入内层的小峰上，峰的数目越多[峰的数目为$(n-l)$个],钻穿效应越大。若钻穿效应大,则电子云深入内层,内层对它的屏蔽效应变小,z^*增大,能量降低。所以对多电子原子而言,n值相同,l值不同的电子亚层,其能量高低顺序为:$E_{ns} < E_{np} < E_{nd} < E_{nf}$。

7.2.2 原子核外电子排布

原子核外电子排布见表7-3,它是根据光谱数据确定的。人们从中总结出电子排布基本上遵循以下三个原则。

表7-3 元素基态电子构型

原子序数	元素	电子构型	原子序数	元素	电子构型
1	H	$1s^1$	2	He	$1s^2$
3	Li	$[He]2s^1$	4	Be	$[He]2s^2$
5	B	$[He]2s^2 2p^1$	6	C	$[He]2s^2 2p^2$
7	N	$[He]2s^2 2p^3$	8	O	$[He]2s^2 2p^4$
9	F	$[He]2s^2 2p^5$	10	Ne	$[He]2s^2 2p^6$
11	Na	$[Ne]3s^1$	12	Mg	$[Ne]3s^2$
13	Al	$[Ne]3s^2 3p^1$	14	Si	$[Ne]3s^2 3p^2$
15	P	$[Ne]3s^2 3p^3$	16	S	$[Ne]3s^2 3p^4$
17	Cl	$[Ne]3s^2 3p^5$	18	Ar	$[Ne]3s^2 3p^6$
19	K	$[Ar]4s^1$	20	Ca	$[Ar]4s^2$
21	Sc	$[Ar]3d^1 4s^2$	22	Ti	$[Ar]3d^2 4s^2$
23	V	$[Ar]3d^3 4s^2$	24	Cr	$[Ar]3d^5 4s^1$
25	Mn	$[Ar]3d^5 4s^2$	26	Fe	$[Ar]3d^6 4s^2$
27	Co	$[Ar]3d^7 4s^2$	28	Ni	$[Ar]3d^8 4s^2$
29	Cu	$[Ar]3d^{10} 4s^1$	30	Zn	$[Ar]3d^{10} 4s^2$
31	Ga	$[Ar]3d^{10} 4s^2 4p^1$	32	Ge	$[Ar]3d^{10} 4s^2 4p^2$
33	As	$[Ar]3d^{10} 4s^2 4p^3$	34	Se	$[Ar]3d^{10} 4s^2 4p^4$
35	Br	$[Ar]3d^{10} 4s^2 4p^5$	36	Kr	$[Ar]3d^{10} 4s^2 4p^6$
37	Rb	$[Kr]5s^1$	38	Sr	$[Kr]5s^2$
39	Y	$[Kr]4d^1 5s^2$	40	Zr	$[Kr]4d^2 5s^2$
41	Nb	$[Kr]4d^4 5s^1$	42	Mo	$[Kr]4d^5 5s^1$
43	Tc	$[Kr]4d^5 5s^2$	44	Ru	$[Kr]4d^7 5s^1$
45	Rh	$[Kr]4d^8 5s^1$	46	Pd	$[Kr]4d^{10}$
47	Ag	$[Kr]4d^{10} 5s^1$	48	Cd	$[Kr]4d^{10} 5s^2$
49	In	$[Kr]4d^{10} 5s^2 5p^1$	50	Sn	$[Kr]4d^{10} 5s^2 5p^2$
51	Sb	$[Kr]4d^{10} 5s^2 5p^3$	52	Te	$[Kr]4d^{10} 5s^2 5p^4$

(续表)

原子序数	元素	电子构型	原子序数	元素	电子构型
53	I	$[Kr]4d^{10}5s^25p^5$	54	Xe	$[Kr]4d^{10}5s^25p^6$
55	Cs	$[Xe]6s^1$	56	Ba	$[Xe]6s^2$
57	La	$[Xe]5d^16s^2$	58	Ce	$[Xe]4f^15d^16s^2$
59	Pr	$[Xe]4f^36s^2$	60	Nd	$[Xe]4f^46s^2$
61	Pm	$[Xe]4f^56s^2$	62	Sm	$[Xe]4f^66s^2$
63	Eu	$[Xe]4f^76s^2$	64	Gd	$[Xe]4f^75d^16s^2$
65	Tb	$[Xe]4f^96s^2$	66	Dy	$[Xe]4f^{10}6s^2$
67	Ho	$[Xe]4f^{11}6s^2$	68	Er	$[Xe]4f^{12}6s^2$
69	Tm	$[Xe]4f^{13}6s^2$	70	Yb	$[Xe]4f^{14}6s^2$
71	Lu	$[Xe]4f^{14}5d^16s^2$	72	Hf	$[Xe]4f^{14}5d^26s^2$
73	Ta	$[Xe]4f^{14}5d^36s^2$	74	W	$[Xe]4f^{14}5d^46s^2$
75	Re	$[Xe]4f^{14}5d^56s^2$	76	Os	$[Xe]4f^{14}5d^66s^2$
77	Ir	$[Xe]4f^{14}5d^76s^2$	78	Pt	$[Xe]4f^{14}5d^96s^1$
79	Au	$[Xe]4f^{14}5d^{10}6s^1$	80	Hg	$[Xe]4f^{14}5d^{10}6s^2$
81	Tl	$[Xe]4f^{14}5d^{10}6s^26p^1$	82	Pb	$[Xe]4f^{14}5d^{10}6s^26p^2$
83	Bi	$[Xe]4f^{14}5d^{10}6s^26p^3$	84	Po	$[Xe]4f^{14}5d^{10}6s^26p^4$
85	At	$[Xe]4f^{14}5d^{10}6s^26p^5$	86	Rn	$[Xe]4f^{14}5d^{10}6s^26p^6$
87	Fr	$[Rn]7s^1$	88	Ra	$[Rn]7s^2$
89	Ac	$[Rn]6d^17s^2$	90	Th	$[Rn]6d^27s^2$
91	Pa	$[Rn]5f^26d^17s^2$	92	U	$[Rn]5f^36d^17s^2$
93	Np	$[Rn]5f^46d^17s^2$	94	Pu	$[Rn]5f^67s^2$
95	Am	$[Rn]5f^77s^2$	96	Cm	$[Rn]5f^76d^17s^2$
97	Bk	$[Rn]5f^97s^2$	98	Cf	$[Rn]5f^{10}7s^2$
99	Es	$[Rn]5f^{11}7s^2$	100	Fm	$[Rn]5f^{12}7s^2$
101	Md	$[Rn]5f^{13}7s^2$	102	No	$[Rn]5f^{14}7s^2$
103	Lr	$[Rn]5f^{14}6d^17s^2$	104	Rf	$[Rn]5f^{14}6d^27s^2$
105	Db	$[Rn]5f^{14}6d^37s^2$	106	Sg	$[Rn]5f^{14}6d^47s^2$
107	Bh	$[Rn]5f^{14}6d^57s^2$	108	Hs	$[Rn]5f^{14}6d^67s^2$
109	Mt	$[Rn]5f^{14}6d^77s^2$			

1. 基本规则

(1) 保里不相容原理

保里不相容原理有以下几种表述方式：在同一原子中不可能有四个量子数完全相同的电子存在，或每个轨道中最多只能容纳两个电子且自旋必须相反。这些说法是等效的，从一种说法可以推证出其他说法。

(2) 能量最低原理

在不违背保里不相容原理的前提下，电子总是首先占据能量最低的轨道，使原子处于能量最低的状态。由于原子能量的高低除了取决于轨道能量外，还与电子间的相互作用有关。我国化学家徐光宪提出用$(n+0.7l)$的规则来判断轨道能量的高低。如 K 原子的 4s 与 3d 轨道哪个能量更低。4s：$n+0.7l=4+0.7\times0=4$；3d：$n+0.7l=3+0.7\times2=4.4$。则 4s 轨道的能量低于 3d 轨道，这也称为能级交错现象，所以 K 原子的最后一个电子应填充在 4s 轨道上。

鲍林根据大量的光谱实验结果总结出多电子原子能级相对高低情况，其顺序见表 7-4。

表 7-4　多电子原子能级相对高低顺序

轨道	1s	2s2p	3s3p	4s3d4p	5s4d5p	6s4f5d6p	7s5f6d7p
能级组	Ⅰ	Ⅱ	Ⅲ	Ⅳ	Ⅴ	Ⅵ	Ⅶ

根据各轨道能量大小相互接近情况，把原子轨道划分为若干个能级组（见上），在同一能级组内轨道能量接近，而不同能级组间轨道能量相差较大。以后我们将会看到这种能级组的划分对了解元素周期表是很有帮助的。

说明：

① 鲍林近似能级图只能比较同一原子内各原子轨道间能级高低顺序，对不同的原子不好比较。如同一原子的 $E_{1s}<E_{2p}$；但对不同原子，如 H 的 $E_{1s}=-21.79\times10^{-19}$ J，F 的 $E_{2p}=-29.8\times10^{-19}$ J，故无法比较不同原子的轨道能级高低顺序。

② 鲍林近似能级图只能反映同一原子外层轨道能级的相对高低，但不一定能反映内层轨道能级的相对高低。但由于对多电子原子来讲，内层轨道一般已充满电子，所以其核外电子的排布主要是看外层电子是如何排布的，所以鲍林近似能级图很有用。根据鲍林近似能级图和能量最低原理可以得到核外电子填入轨道的顺序。

(3) 洪特规则

在同一亚层的各个轨道上（能量相同也称等价轨道或简并轨道），电子的排布将首先分占不同的轨道，且自旋方向相同。如 2p 轨道上有两个电子，其排布方式应为 ↑ ↑ 而不是：↑↓ 。

洪特规则的特例：在等价轨道处于半满（p^3，d^5，f^7），全满（p^6，d^{10}，f^{14}）和全空时比较稳定。

2. 核外电子排布式（也称原子的电子层结构或电子组态）

根据核外电子排布的一般原则，可以写出绝大部分元素原子的核外电子排布式。但需指明的是，原子的核外电子排布式是客观存在的，并没有人为地将一个一个电子填入指定轨道。

如:$_7$N:$1s^2 2s^2 2p^3$,或[He]$2s^2 2p^3$ 可用前一周期稀有气体元素符号作为原子实。

$_{12}$Mg:$1s^2 2s^2 2p^6 3s^2$ [Ne]$3s^2$

$_{32}$Ge:$1s^2 2s^2 2p^6 3s^2 3p^6 3d^{10} 4s^2 4p^2$ [Ar]$3d^{10} 4s^2 4p^2$

填充顺序是先 4s 后 3d,但在排布式中还是将同层轨道写在一起。

$_{24}$Cr:$1s^2 2s^2 2p^6 3s^2 3p^6 3d^5 4s^1$ 不是 $3d^4 4s^2$

$_{29}$Cu:$1s^2 2s^2 2p^6 3s^2 3p^6 3d^{10} 4s^1$ 不是 $3d^9 4s^2$

这是由于半满、全满时能量较低。

3. 价电子构型

价电子就是参加化学反应的那些电子。对主族元素来讲,只有最外层电子参加反应,故最外层电子为价电子;而对过渡元素来讲,除了最外层 s 电子能参加反应外,次外层 d 电子可部分或全部参加反应,故价电子包括最外层的 s 电子和次外层的 d 电子。

4. 简单基态阳离子的电子分布

从原子到阳离子,失去电子的顺序并不是电子填充顺序的逆过程,实验和理论都证明,原子轨道失电子的次序是:$np, ns, (n-1)d, (n-2)f$。即最外层 np 电子全部失去后再才失 ns 电子,余亦类推。

如:$_{26}$Fe:$1s^2 2s^2 2p^6 3s^2 3p^6 3d^6 4s^2$;$Fe^{2+}$:$1s^2 2s^2 2p^6 3s^2 3p^6 3d^6$

7.2.3 原子结构和元素周期律

1. 核外电子排布和周期表的关系

元素周期律:元素的性质随着核电荷的递增而呈现周期性变化的规律

由核外电子填充的顺序可见:随着核电荷的递增,原子最外层电子排布呈现周期性变化,即最外层电子构型重复着从 ns^1 开始到 $ns^2 np^6$ 结束这一周期性的变化,元素性质呈现周期性变化规律的根本原因在于核外电子排布的周期性。周期表是周期律的表现形式。

(1) 各周期元素的数目

周期表中每一横行(镧系、锕系除外)代表一个周期。各周期内所含元素的数目,与相应能级组内轨道所能容纳的电子数相等,每一个能级组对应于一个周期。

表 7-5 各周期元素数目

周期	能级组序号	能级组内所包含的轨道	元素种数	备注
1	Ⅰ	1s	2	特短周期
2	Ⅱ	2s2p	8	短周期
3	Ⅲ	3s3p	8	短周期
4	Ⅳ	4s3d4p	18	长周期
5	Ⅴ	5s4d5p	18	长周期
6	Ⅵ	6s4f5d6p	32	特长周期
7	Ⅶ	7s5f6d7p	预计 32	未完成

(2) 元素分区

根据元素原子的价电子构型,可将周期表中的元素分成 s、p、d、ds、f 五个区。由上述讨论可见:只要知道原子序数,就可知道其核外电子排布式,从而也就知道在周期表中的位置,根据元素周期律也就知道其主要的性质。

表 7-6 元素分区

区	价电子构型	位置	备注
s	ns^{1-2}	ⅠA、ⅡA	主族元素
p	ns^2np^{1-6}	ⅢA→ⅦA,0	主族元素
d	$(n-1)d^{1-9}ns^{1-2}$	ⅢB→ⅦB,Ⅷ	过渡元素
ds	$(n-1)d^{10}ns^{1-2}$	ⅠB、ⅡB	过渡元素
f	$(n-2)f^{1-14}ns^2$	镧系、锕系	内过渡元素

2. 原子结构与元素基本性质

元素的基本性质与原子结构密切相关,因而也呈现明显的周期性变化规律

(1) 原子半径(r)

由于电子云没有明确的界面,所以从原子核到最外电子层的距离实际上是难以确定的,我们通常所讲的原子半径是根据原子存在的不同形式来定义的。如:共价半径、金属半径等。

共价半径:同种元素的原子以共价单键结合时,它们核间距离的一半。如 Cl_2 分子中两个 Cl 原子以共价单键相连,其核间距离的一半即为 Cl 原子半径。

金属半径:金属晶体中,相邻两原子核间距离的一半。共价半径与金属半径间有一些差距,在比较时应该用同一套数据(原子半径参见教材附录)。

原子半径大小的影响因素主要是有效核电荷和核外电子层数。原子半径大小的变化规律如下:

① 同一周期从左到右

主族元素:有效核电荷明显增大,而电子层数不变,故原子核对电子的吸引力增大,原子半径明显减小。

过渡元素:因有效核电荷增加不多,从而原子半径减小较慢,且有例外。

② 同一族从上到下

主族:有效核电荷增加不多,但电子层数逐渐增加,故原子半径逐渐增大。

过渡元素(ⅢB除外):因镧系收缩使第六周期过渡元素的原子半径与第五周期接近。

由于在同一族中,价电子层结构相同,这就造成了第六周期过渡元素在性质上与第五周期过渡元素极为接近——镧系收缩的结果。

(2) 电离能(I)

元素的基态气态原子失去一个电子形成氧化值为+1 的气态离子所需的能量称为该元素的第一电离能(I_1);相应的有第二电离能(I_2)、第三电离能(I_3)等等。通常所讲的电离能是指第一电离能,电离能的大小反映了元素的原子失去电子能力的大小。

影响因素:有效核电荷、原子半径、原子的电子层结构。

变化规律:

① 同一周期从左到右

主族元素:有效核电荷逐渐增大,原子半径逐渐减小,故原子核对外层电子的吸引力增大,电离能逐渐增大。其中稀有气体原子具有稳定的电子层结构(全满),故电离能最大。同理,ⅡA、ⅤA部分元素有例外(见图7-4)。

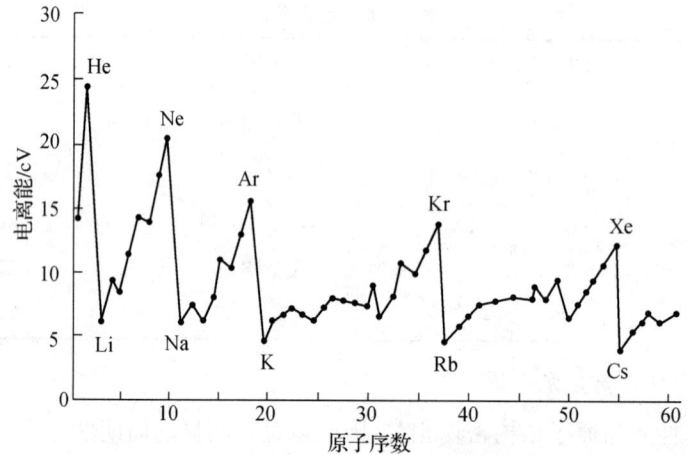

图7-4 元素第一电离能的周期性变化

过渡元素:因有效核电荷增加不多,原子半径减小缓慢,故电离能增大不明显。

② 同一族从上到下

主族元素:原子的外层电子构型相同,有效核电荷增加不多,从而原子半径的增大起主导作用。原子对外层电子的吸引力逐渐减小,电子易失去,电离能逐渐减小。

过渡元素:规律性不明显。

(3) 电子亲和能(E)

基态的气态原子得到一个电子,生成氧化值为 -1 的气态负离子时所放出的能量称为第一电子亲和能 E_1,相应地有第二电子亲和能(E_2)、第三电子亲和能(E_3)等。如:

$$O(g) + e^- \longrightarrow O^-(g) \quad E_1 = 141 \text{ kJ·mol}^{-1}, \Delta H_1^\ominus = -141 \text{ kJ·mol}^{-1}$$

注:电子亲和能习惯上和 ΔH 符号相反,即放出能量用正值表示。

电子亲和能的大小反映了原子得电子的难易,电子亲和能越大,表示原子得到电子时放出的能量越多,即越易得到电子。

影响因素:有效核电荷、原子半径、原子的电子层结构。

变化规律:

① 同一周期,从左到右有效核电荷增大,原子半径减小,故电子亲和能逐渐增大。但氮族元素 p 亚层为半满结构,较为稳定,电子亲和能较小;稀有气体原子的电子层结构很稳定,故电子亲和能为负值。

② 同一主族:从上到下,有效核电荷变化不大,从而原子半径的增大起主导作用,则电子亲和能逐渐减小。但第二周期的 F、O、N 它们的电子亲和能反而比相应的第三周期的元素小,这是因为其原子半径小,接受电子时所受的斥力较大,从而放出的能量减小。

(4) 电负性(χ)

如前所述,电离能只能说明元素的原子失去电子能力的大小;而电子亲和能只能说明元素的原子得到电子的难易程度。某元素的原子难失去电子并不意味着易得到电子,反之亦然,如稀有气体原子既难失去电子又难得到电子。为了全面衡量元素的原子在分子中争夺电子的能力,鲍林首先提出了电负性的概念。

电负性是元素的原子在分子中吸引电子的能力。元素的电负性越大,表示该原子在分子中吸引电子的能力越强。

变化规律:
① 对主族元素:同一周期从左到右,元素的电负性逐渐增大;同一族从上到下,元素的电负性逐渐减小。
② 对过渡元素:变化不明显。

7.3 化学键理论

前一节学习了原子结构方面的知识,而通常遇到的物质除稀有气体以单原子的形式存在外,其余的都是以分子或晶体的形式存在,而要掌握物质的这些性质,就必须了解物质的分子结构和晶体结构方面的知识。

化学键:分子或晶体中将原子或离子结合在一起的强烈相互作用。

分类:离子键、共价键、金属键。

7.3.1 离子键

离子键:正负离子间通过静电引力作用而形成的化学键。

以钠与氯的反应为例说明离子键的形成。其电子排布式分别如下:

$$Na:1s^22s^22p^63s^1 \qquad Na^+:1s^22s^22p^6$$
$$Cl:1s^22s^22p^63s^23p^5 \qquad Cl^-:1s^22s^22p^63s^23p^6$$

因 Na 的电负性很小,则在反应中易失去最外层的 s 电子形成 Na^+;而 Cl 的电负性很大,在反应中易得到电子形成 Cl^-。由于生成的 Na^+、Cl^- 带相反的电荷,故在静电引力的作用下相互接近。但因电子云之间以及原子核之间还存在排斥作用,所以它们不能一直靠近,当引力等于斥力时,便生成了 Na^+Cl^- 离子型分子,它们之间的化学键就为离子键。

注意:在晶体中不存在单个的离子型分子,而在气态条件下可存在。

形成条件:通过上述讨论可见,离子键的形成是电负性小的元素原子失去电子生成正离子,电负性大的元素原子得到电子生成负离子,然后正负离子通过静电引力作用而形成。所以只有电负性相差较大的元素间才能形成离子键。

特征:无方向性与饱和性。这是由于离子的电子云分布可近似地看成球形,其电荷分布也是球形对称的,则只要空间条件许可,它可以在任何方向吸引异号离子,吸引离子的数目也没有限制。

离子键的强弱:与离子电荷、离子间距离有关。离子电荷越大,离子间距离越小,形成的离子键越牢固。

7.3.2 共价键

上面讨论了离子键理论,用离子键理论可以很好地说明电负性相差较大的元素原子间的成键问题。但对于电负性相同或电负性相差不大的元素原子间的成键问题离子键理论就无能为力了。如在形成 H_2、HCl 分子时,因为在反应中没有得失电子,所以分子内不存在纯粹的离子,当然也就不可能构成离子键。

为了阐明这一类的化学键问题,人们提出了共价键理论。目前广泛采用的共价键理论有两种:价键理论和分子轨道理论,在此仅介绍价键理论。

1916 年路易斯提出了共价学说,建立了经典的共价键理论,他认为分子中的原子可以通过共用电子对使每一个原子达到稀有气体的电子结构。原子通过共用电子对而形成的化学键称为共价键。由共价键形成的化合物叫共价化合物,如 H_2、N_2、H_2O 等。

经典的共价键理论初步揭示共价键不同于离子键的本质,然而不能说明原子间共用电子对为什么会导致生成稳定的分子及共价键的本质是什么等问题。直到 1927 年,海特勒和伦敦把量子力学的成就应用于 H_2 结构上,才揭示了共价键的本质,并在此基础上发展成为价键理论,开创了现代的共价键理论。

1. 共价键的形成

海特勒和伦敦用量子力学处理氢原子形成氢分子时,得到了 H_2 的位能曲线(见图 7-5),更能反映氢分子的能量与核间距之间的关系以及电子状态对成键的影响。

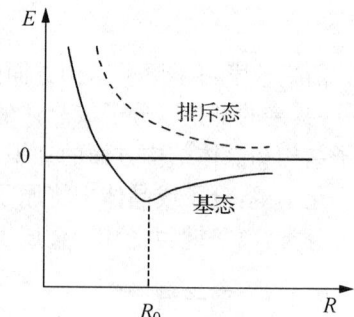

图 7-5 分子形成过程中能量与核间距关系示意图

假定 A、B 两个氢原子中的电子自旋是相反的,当两个原子相互靠近时,A 原子的电子不仅受到 A 核的吸引,同时也受 B 核的吸引。同理,B 原子的电子不仅受到 B 核的吸引,而且也受 A 核的吸引。整个系统的能量低于两个氢原子单独存在时的能量。当核间距 $R_0 = 74.2$ pm 时,系统的能量达到最低点,这种状态称为氢分子的基态,R_0 称为平均核间距。

当两个 H 原子的自旋方向相同时,量子力学计算表明,当它们相互接近时,体系的能量上升,大于两个孤立的 H 原子的能量,说明不能形成稳定的 H_2 分子,这种不稳定的状态称为 H_2 的排斥态。

利用量子力学的原理,可以计算基态和排斥态电子云分布。计算结果表明,基态分子中两个核间电子概率密度 $|\psi|^2$ 远大于排斥态分子中核间电子概率密度 $|\psi|^2$。图 7-6 为 H_2 分子的两种状态的 $|\psi|^2$ 和原子轨道重叠示意图。由图可见,由于自旋相反的两个电子的电子密集在两个原子核之间,使系统的能量降低,从而能形成稳定的共价键。而排斥态的两个电子的电子云在核间稀疏,概率密度几乎为零,系统的能量增大,所以不能成键。

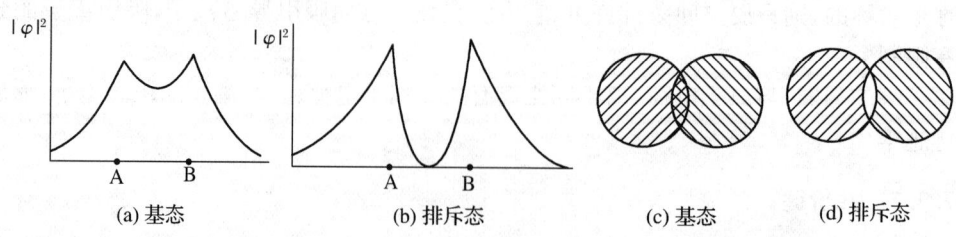

图 7-6 为 H_2 分子的两种状态的 $|\psi|^2$ 和原子轨道重叠示意图

从两个原子的原子轨道来看,由于两个氢原子的 1s 轨道 ψ_{1s} 均为正,对基态来说,叠加后 $\psi=\psi_{1s}+\psi_{1s}$,ψ 增大,$|\psi|^2$ 增大,所以核间电子出现的概率密度增大,降低了两核之间的正电排斥,系统的势能降低,因而是能够成键。对双原子分子来说,原子轨道重叠程度越大,形成的共价键越牢,分子也越稳定。而对排斥态来说,重叠部分相互抵消,两核之间出现空白区,两核之间斥力增大,因而是不能成键。

将量子力学对 H_2 分子体系的处理结果进行推广,发展成价键理论,其基本要点如下:
① 当两原子接近时,自旋相反的未成对电子可以配对,形成共价键。
② 成键的原子轨道重叠越多形成的共价键越稳定。即为原子轨道的最大重叠原理。

2. 共价键的特性

(1) 共价键的饱和性

可用要点①解释,一个原子有几个未成对电子,则最多只能形成几个共价单键。

(2) 共价键的方向性

可用要点②解释,因为对原子轨道来讲,除了 s 轨道是球形对称无方向性以外,其余的原子轨道都有一定的方向性,故原子轨道重叠成键时也有一定的方向性(见图 7-7)。

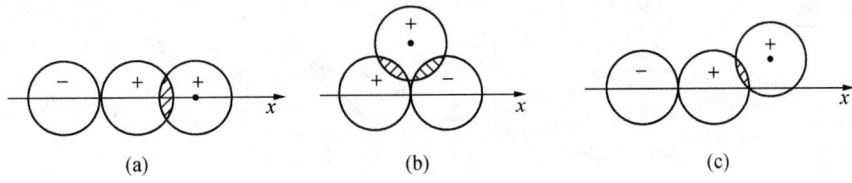

图 7-7　s 和 p_x 轨道的重叠方式

3. 共价键的类型

根据原子轨道重叠方式的不同,可将共价键分为 σ 键和 π 键。

(1) σ 键

原子轨道沿键轴(核间连线)方向以"头碰头"方式重叠,如图 7-8 所示,重叠部分对键轴呈圆柱形对称。

动画:σ 键与 π 键

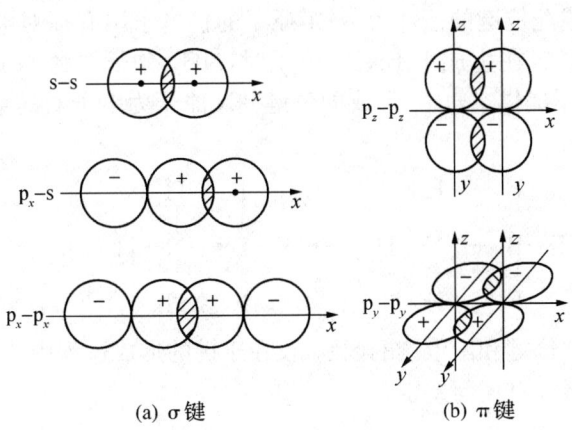

图 7-8　σ 键和 π 键

(2) π 键

原子轨道沿键轴方向以"肩并肩"方式重叠,重叠部分位于包含键轴的上下方,对键轴呈镜面对称,即形状相同而符号相反。在该面上电子出现的几率密度为零,称"节面",因此在 π 键中有一个包含键轴的节面。

从原子轨道的重叠程度来看,π 键的重叠程度比 σ 键小,所以 π 键的稳定性低于 σ 键,π 键是化学反应的积极参与者。

问题:s 轨道与其他原子轨道重叠能否形成 π 键?

因 s 轨道是球形对称的,不能与其他轨道以"肩并肩"的方式重叠,故由 s 轨道重叠的形成的共价键,全部为 σ 键。

应用:N_2 分子中的共价键。

N 原子价电子层有 5 个电子,其价电子排布式为:$2s^2 2p_x^1 p_y^1 p_z^1$。

所以每个 N 原子有三个未成对电子,在形成 N_2 分子时共用三对电子形成"N≡N",那么有几根 σ 键几根 π 键?

分析:N 原子的三个 p 轨道是互相垂直的,分别以一对短线表示一个 p 轨道,如图 7-9。

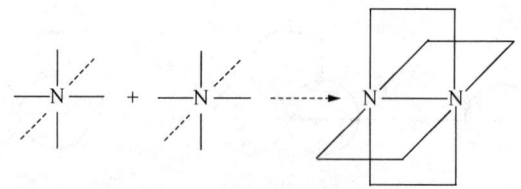

图 7-9 N_2 结构示意图

当两个 N 原子相互靠近时,其中一个 N 原子的 p 轨道可以与另一个 N 原子的 p 轨道以"头碰头"的方式重叠,另两个 p 轨道只能以"肩并肩"的形式重叠。所以在"N≡N"中只有一个 σ 键,另两个为 π 键。

对双键来讲,也只有一个为 σ 键,另一个为 π 键。

对单键,因 σ 键的重叠程度比 π 键大,故单键为 σ 键。

在形成共价键时,公用电子对也可以由一个原子提供,此时形成的共价键称为配位共价键,简称配位键。显然形成配位键的条件为:一个原子的价电子层有孤对电子,另一个原子的价电子层有空轨道。例如,在生成 F_3BNH_3 分子时,NH_3 分子中的 N 原子提供孤对电子,而 BF_3 分子中的 B 原子提供空轨道,形成配位键。N 原子为电子对的给予体,B 原子为接受体,其结构式可表示为

$$\begin{array}{c} F\quad H \\ | \quad\; | \\ F-B \;+\; :N-H \longrightarrow \\ | \quad\; | \\ F\quad H \end{array} \qquad \begin{array}{c} F\quad H \\ | \quad\; | \\ F-B \leftarrow N-H \\ | \quad\; | \\ F\quad H \end{array}$$

当然应该注意,正常共价键和配位键的区别,仅在于键的形成过程中共用电子对的来源不同,但在键形成以后两者没有任何差别。

7.3.3 金属键

在 100 多种元素中,金属约占 80%。常温下,除汞为液体外,其他金属都是晶状固体。

金属都具有金属光泽,有良好的导电性和导热性,以及良好的机械性加工性能。金属的这些通性表明它们有类似的内部结构。

由于金属易失去电子,从金属原子上脱落下来的电子,在整个晶体内运动,为所有的金属原子、离子所共有,称为自由电子。金属晶体内自由电子的运动使金属原子、离子与自由电子间产生一种结合力,这种结合力为金属键。自由电子的存在,使金属具有良好的导电、导热性和延展性。

7.4 多原子分子的空间构型

前面介绍了价键理论,用价键理论可以很好地说明双原子分子的形成,但用价键理论说明多原子分子的形成和空间构型时却遇到了困难。如甲烷分子,根据实验发现,空间构型为正四面体,C 位于正四面体的中心,四个 C—H 键完全等同,键角 109.5°。

我们知道 C 原子的外层电子结构为

C 原子只有两个未成对电子,如按价键理论只能形成两个共价单键,显然与事实不符。如果考虑到在形成分子时,C 的一个 2s 电子激发到 2p 轨道上去,则有四个未成对电子,可以形成四个共价单键。但是由于 s 轨道的能量与 p 轨道的能量不同,则形成的四个 C—H 键不应完全等同;另外三个 p 轨道间的夹角为 90°,根据共价键的方向性,故键角应为 90°而非 109.5°。由此可以看出,价键理论有其局限性,难以解释多原子分子的形成及空间构型问题,为此人们又提出了杂化轨道理论和价层电子对互斥理论。

7.4.1 杂化轨道理论

1. 杂化轨道理论的基本要点

杂化轨道理论认为:在形成分子时,由于原子间的相互作用,同一原子的若干不同类型能量相近的原子轨道可以混合,重新组成一组新的轨道。这种重新组合的过程称杂化,所组成的轨道称杂化轨道。

轨道杂化具有如下特性:

(1) 原子轨道的杂化只有在形成分子的过程中才会发生,孤立的原子是不发生杂化的。

(2) 同一原子的能量相近的轨道才可能发生杂化。如同一原子的 2s 和 2p 能量相差较小,故可能杂化;而 1s 和 2p 轨道能量相差较大,不可能发生杂化。

(3) 杂化轨道的数目等于参加杂化的原子轨道的数目。

(4) 杂化轨道的成键能力比未杂化的原子轨道强。

(5) 不同类型的杂化轨道具有不同的空间构型(见表 7-7)。

表 7-7 杂化类型及轨道形状

类型	轨道数目	轨道形状	实例
sp	2	直线	$BeCl_2$、$HgCl_2$
sp^2	3	平面三角	BF_3
sp^3	4	四面体	CH_4、H_2O
sp^3d	5	三角双锥	PCl_5
sp^3d^2	6	八面体	SF_6

如同一原子的一个 ns 轨道和一个 np 轨道发生杂化,称 sp 杂化。其杂化轨道示意图见图 7-10,由图可见:

① 杂化轨道的形状是一头大,一头小,在形成共价键时用大的一头与其他原子的原子轨道重叠,显然可以得到更大程度的重叠,因而形成的化学键更稳定,即杂化轨道的成键能力比未杂化的原子轨道强。

② sp 杂化的杂化轨道数为 2,等于参加杂化的原子轨道数。

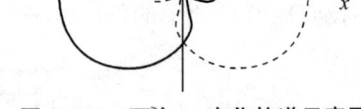

图 7-10 两个 sp 杂化轨道示意图

③ 两个 sp 杂化轨道完全等同,夹角为 180°。

2. 杂化轨道的类型

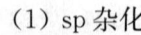

动画:几种杂化轨道模型

根据参加杂化的原子轨道类型及数目的不同,可将杂化轨道分成以下几类:

(1) sp 杂化

同一原子的一个 ns 轨道和一个 np 轨道发生的杂化。

如前所述,杂化后形成两个 sp 杂化轨道,每个轨道含 1/2s 轨道成分和 1/2p 轨道成分,两个轨道间的夹角为 180°。如 $BeCl_2$ 分子:

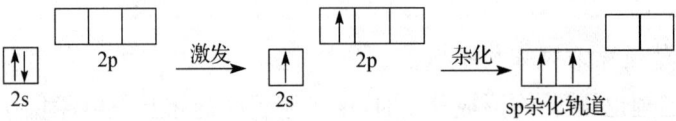

在成键过程中,2s 轨道上的一个电子激发到 2p 轨道上,同时 2s 轨道与一个 2p 轨道发生 sp 杂化,形成两个等同的 sp 杂化轨道,这两个 sp 杂化轨道分别与 Cl 的 3p 轨道重叠形成两个共价单键,由于两个杂化轨道成直线型,故 $BeCl_2$ 为直线型分子。

再如:BeH_2、$HgCl_2$ 等,在形成分子时中心原子也是发生 sp 杂化。

(2) sp^2 杂化

同一原子的一个 ns 和两个 np 轨道发生的杂化。

如 BF_3 分子,根据实验测试可知:分子构型为平面正三角形,键角 120°。

杂化轨道理论是这样对其进行解释的:

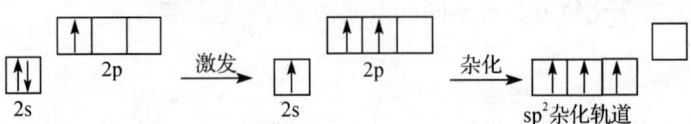

B 原子在形成 BF_3 分子时发生 sp^2 杂化,形成三个等同的 sp^2 杂化轨道,每个轨道中含 1/3s 轨道和 2/3p 轨道成分。这三个 sp^2 杂化轨道的形状也是一头大一头小,在形成 BF_3 分子时用大的一头与 F 的 2p 轨道重叠成键。且根据理论上的推算,这三个 sp^2 杂化轨道为平面正三角形,夹角 120°,故形成的 BF_3 分子为平面正三角形,键角 120°。

再如 BCl_3、BBr_3 等,在形成分子时中心原子也是发生 sp^2 杂化。

(3) sp^3 杂化

同一原子的一个 ns 轨道和三个 np 轨道发生的杂化。

如 CH_4 分子的形成,杂化轨道理论是这样对其进行解释的:

在生成 CH_4 分子时,C 原子的一个 2s 电子被激发到 2p 轨道上,同时发生 sp^3 杂化,形成四个完全等同的 sp^3 杂化轨道,每个 sp^3 杂化轨道含 1/4s 和 3/4p 轨道成分。这四个 sp^3 杂化轨道分别指向正四面体的四个顶点,各轨道间的夹角为 109.5°。sp^3 杂化轨道的形状也是一头大一头小,在形成 CH_4 分子时用大的一头与 H 的 1s 轨道重叠成键。显然形成的四个 C—H 键完全等同,键角 109.5°。

当然 C 或与 C 在同一主族的 Si 在形成类似的化合物时,中心原子也是发生 sp^3 杂化。如 CCl_4、CF_4、$SiCl_4$、SiF_4 等。

在上面我们讨论了 sp、sp^2、sp^3 杂化,在上述讨论中,每一种杂化方式的各杂化轨道所含 s、p 轨道的成分相同,能量相同,这种杂化称等性杂化。在每个轨道中均有一个未成对电子,故杂化轨道数与形成的共价单键的数目相同,所以分子的空间构型与轨化轨道的空间构型也相同。

(4) 不等性 sp^3 杂化

当杂化轨道中有孤对电子,则几个杂化轨道所含的 s 和 p 轨道的成分不等,这样的杂化称为不等性杂化。

如 NH_3 从表面看,其构型似乎与 BF_3 类似,为平面正三角形,键角 120°。但是实验测得 NH_3 中四个原子不在同一平面内,为三角锥形,键角 107.3°,与 120°相差较大而接近于 109.5°。

再如 H_2O 分子,表面看来似乎应与 $BeCl_2$ 类似,为直线型分子,键角 180°。但实验测得其键角为 104.5°,空间构型为"V"字型,与 180°相差较大而接近于 109.5°。

杂化轨道理论是这样对其进行解释的:

在形成 NH_3 的过程中,中心原子 N 原子:

形成四个 sp^3 杂化轨道,其中有一个轨道中有一对孤对电子,因为孤对电子不与其他原子共用,电子云靠近 N 原子,因而其杂化轨道中含有较多的 s 轨道成分(超过 1/4s),可见 N

原子在形成 NH_3 分子时也是发生 sp^3 杂化,但形成的杂化轨道不完全等同,故称为不等性 sp^3 杂化。且由于孤对电子靠近 N 原子,对成键电子有排斥作用,将键角压缩到 107.3°。

当然 N 或与 N 同一族的 P 在形成类似化合物时,如:NF_3、NCl_3、PCl_3、PH_3 等,中心原子也是发生不等性 sp^3 杂化。

对 H_2O 来讲,在形成 H_2O 时,O 原子也是发生不等性 sp^3 杂化:

$$\begin{array}{c} \boxed{\uparrow\downarrow}\ \boxed{\uparrow\downarrow\ \uparrow\ \uparrow} \xrightarrow{\text{杂化}} \boxed{\uparrow\downarrow\ \uparrow\downarrow\ \uparrow\ \uparrow} \\ 2s\qquad 2p \qquad\qquad\quad sp^3\text{杂化轨道} \end{array}$$

其中有两个杂化轨道各有一对孤对电子,这两个轨道含有较多的 s 成分;另两个轨道各有一未成对电子,可分别与 H 的 1s 轨道重叠成键。同样孤对电子对成键电子对也有压缩作用,且这里有两对孤对电子,压缩作用更强,将键角压缩到 104.5°。

同样与 O 在同一主族的元素如 S,在形成类似化合物,如 H_2S 分子时,S 也是发生不等性 sp^3 杂化。

(5) sp^3d 杂化和 sp^3d^2 杂化

在形成 PCl_5 分子中,一个 3s 电子激发到 3d 轨道上,同时发生 sp^3d 杂化,形成五个 sp^3d 杂化轨道,杂化轨道及分子的空间构型均为三角双锥。

在形成 SF_6 分子中,一个 3s 和一个 3p 电子激发到 3d 轨道上,同时发生 sp^3d^2 杂化,形成六个 sp^3d^2 杂化轨道,杂化轨道及分子的空间构型均为正八面体。

说明:

① 内层 d 轨道参加的杂化以后介绍。

② 在形成分子过程中,激发与杂化是同时发生的,没有先后之分。在形成分子的过程中,有时发生电子的激发,而有时则没有,即激发并不是杂化的必要条件。

③ 在等性杂化中每个杂化轨道中均有一未成对电子,故形成共价单键的数目等于杂化轨道数,分子的空间构型和杂化轨道的形状一致;而在不等性杂化中,杂化轨道中有孤对电子,故形成共价单键的数目少于杂化轨道数,分子的空间构型与杂化轨道的形状不一致。

④ 杂化轨道有利于形成 σ 键,但不能形成 π 键,因不可发生"肩并肩"重叠。

7.4.2 价层电子对互斥理论(VSEPR valence shell electron pair repulsion)

前面学习了杂化轨道理论,用该理论可以很好地解释分子的空间构型,但用它来预测分子的空间构型时却有困难。分子呈什么形状是个重要的问题,因为物质的许多物理性质和化学性质与它们组成原子的三维排列方式密切相关。分子形状的最好理论解释需要在量子力学和原子轨道图像的基础上进行深层次地研究,但这些都需要有较深的理论基础。而下面介绍的价层电子对互斥理论在预测分子或离子的空间构型时是有效且方便的。

要点:在共价分子中,中心原子价电子层中电子对的排布方式,应该使它们彼此远离以达斥力最小。不同数目的价层电子对,其空间构型如表 7-8 所示。

表 7-8　静电斥力最小的电子对排布

电子对数	2	3	4	5	6
电子对的排布	直线	平面三角	四面体	三角双锥	八面体

用价层电子对互斥理论预测分子或离子空间构型的步骤如下：

(1) 确定中心原子的价层电子对数。它由下式计算得到：

价层电子对数=(中心原子价电子数+配位原子提供的价电子-离子电荷代数值)/2

式中，配位原子提供电子数的计算方法是：氢和卤素原子均提供一个价电子；氧族元素作为中心原子时认为提供 6 个价层电子，而作为配位原子时认为不提供共用电子。

(2) 根据中心原子价层电子对数，从表 7-8 中找出相应的电子对排布。

(3) 把配位原子按相应的几何构型排布在中心原子周围，每一对电子连接一个配位原子，剩下未结合配位原子的电子对便是孤对电子。孤对电子所处的位置不同，往往会影响分子的空间构型，而孤对电子总是处于斥力最小的位置。

以 IF_2^- 为例进行详细分析。

① 中心原子 I 为 ⅦA 族元素，则其提供 7 个价层电子；每个配位原子 F 各一个价电子；IF_2^- 带一个单位负电荷，则其提供一个价电子，故

$$价层电子对数 = \frac{7+2-(-1)}{2} = 5$$

② 由表 7-8 可知，其价层电子对构型为三角双锥。

③ 价层电子对数为 5，配位原子数为 2，故有 3 对孤对电子，其可能的结构如图 7-11 所示。

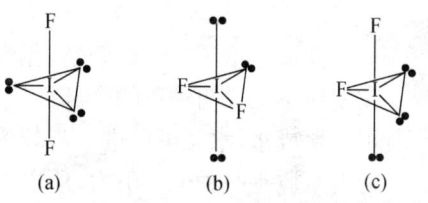

图 7-11　IF_2^- 的三种可能结构

这三种可能的结构中哪一种电子对间的斥力最小，则就是 IF_2^- 的稳定构型。在三角双锥中，电子对间的夹角有 90°和 120°两种。夹角越小，斥力越大，则只需考虑 90°夹角间的斥力。另外电子对类型不同，斥力不同。因孤对电子比成键电子对"肥大"，所以电子对之间斥力大小顺序为

孤对-孤对＞孤对-键对＞键对-键对

在上述三种可能的构型中，90°角各种电子对间的排斥作用数见表 7-9。

表 7-9　电子对间的排斥作用数

可能构型	a	b	c
孤对-孤对	0	2	2
孤对-键对	6	4	3
键对-键对	0	0	1

可见，结构(a)中，无 90°角孤对-孤对电子间的排斥作用，而后两种结构中均有，故结构(a)是最稳定的构型，所以 IF_2^- 为直线形。

常见分子构型归纳于表 7-10。

表 7-10 常见分子构型

价层电子对数	价层电子排布	分子类型	孤电子对数	分子(离子)实际构型	实例
2	直线形	AX_2	0	直线形	$BeCl_2$
3	平面三角形	AX_3	0	平面三角形	BF_3
		:AX_2	1	V形(角形)	SO_2
4	四面体	AX_4	0	四面体	CH_4
		:AX_3	1	三角锥	NH_3
		::AX_2	2	V形(角形)	H_2O
5	三角双锥	AX_5	0	三角双锥	PCl_5
		:AX_4	1	变形四面体	$TeCl_4$
		::AX_3	2	T形	ClF_3
		::AX_2	3	直线形	I_3^-
6	八面体	AX_6	0	八面体	SF_6
		:AX_5	1	四方锥	IF_5
		::AX_4	2	平面正方形	ICl_4^-

7.4.3 分子间力和氢键

1. 分子的极性和分子间力

动画:极性分子模型

前面介绍了化学键问题,化学键是决定物质化学性质的主要因素,但单从化学键角度还不能说明物质的全部性质和变化,特别是物理性质。如当温度降低时,水蒸气可凝聚成水,水又可以进一步凝固成冰,这说明分子间存在作用力。另外,由于分子间力的本质是一种电性引力,所以首先介绍分子的两种电学性质:分子的极性和变形性。

(1) 分子的极性

① 键的极性

非极性键:成键的两原子电负性相同,共用电子对位于成键的两原子中间,不发生偏离。

极性键:成键的两原子电负性不同,共用电子对偏向电负性大的原子。

② 分子的极性

按分子中正负电荷中心是否重合,将分子分为极性分子和非极性分子。

极性分子:正负电荷中心不重合,以"⊕⊖"表示,可见对极性分子存在正负两个极或称偶极。

非极性分子:正负电荷中心重合,以"○"表示,即非极性分子不存在偶极。

分子的极性与键的极性关系:

双原子分子:分子的极性与键的极性一致。同核双原子分子,如 O_2、H_2 等,非极性键,非极性分子;异核双原子分子,如 HCl、HF 等,极性键,极性分子。

多原子分子:分子的极性与键的极性不完全一致。

如 CO_2、BF_3 等,其中的键是极性键,但由于其结构对称,则正负电荷中心重合,为非极性分子。

再如 H_2O、NH_3 等，其中的键也为极性键，但由于结构不对称，从而其正负电荷中心不重合，故为极性分子。

可见对多原子分子，分子的极性与分子的对称性有关。

完全对称：非极性分子。直线形：CO_2、CS_2、$BeCl_2$、$HgCl_2$；平面三角形：BCl_3、BF_3、BBr_3；正四面体：CH_4、CCl_4、SiF_4、SiH_4。

若不完全对称：极性分子。"V"形：H_2O、H_2S；三角锥形：NH_3、NCl_3、PH_3、PCl_3；四面体：（四个原子不同）$CHCl_3$、CH_3Cl。

分子极性的大小常用偶极矩（μ）来衡量，其定义为：偶极矩等于电荷中心所带的电量与正负电荷中心间距离的乘积：$\mu = q \cdot d$

应注意偶极矩为矢量，其方向从正电荷中心指向负电荷中心。偶极矩的大小可由实验测出，如实验测得某分子的 $\mu=0$，则说明该分子为非极性分子（因 q 不为 0）；如测得 $\mu \neq 0$，则说明该分子为极性分子，且 μ 越大则说明分子的极性越强，因此可以根据偶极矩的大小来比较分子极性的相对强弱。表 7-11 列出一些物质的偶极矩。

表 7-11　一些物质的偶极矩（10^{-30} C·m）

物　质	偶极矩	物　质	偶极矩	物　质	偶极矩	物　质	偶极矩
H_2	0	H_2O	6.16	N_2	0	NCl	3.43
CO_2	0	HBr	2.63	CS_2	0	HI	1.27
H_2S	3.66	CO	0.40	SO_2	5.33	HCN	6.99

（2）分子的变形性

上面讨论了分子的极性，那仅是对孤立的分子中电荷分布情况进行讨论的。如果将分子置于外电场中，其电荷分布还会发生变化。

① 如将一个非极性分子放入外电场中，则分子中带正电的原子核被吸引向负极板，电子云被吸引向正极板，其结果使电子云和原子核发生相对位移，造成分子的外形发生变化，使原来重合的正负电荷中心彼此分离，产生了偶极。这一过程称为（变形）极化，由此产生的偶极称为诱导偶极。当然如外电场撤去，诱导偶极消失，分子重新变为非极性分子。

② 对极性分子，其正负电荷中心本来就不重合，始终存在偶极，这一偶极称为固有偶极或永久偶极。

如将极性分子放入外电场中，则在外电场的作用下，首先取向，然后正负电荷中心被进一步拉开，分子发生变形也产生诱导偶极。所以此时的偶极矩为固有偶极与诱导偶极矩之和。

显然外电场越强、分子越容易变形，则产生的诱导偶极越大，即

$$\mu_{诱导} = \alpha \cdot E$$

式中：E 为外电场强度；α 为极化率，表示分子的变形性的大小。

α 的影响因素：与分子的大小有关。

如分子越大，则包含的电子就越多，其中有一些电子被原子核吸引得不太牢，在外电场中正负两极就越容易被拉开，即分子的变形性就越大，极化率越大。

上面介绍了两种偶极，即固有偶极和诱导偶极，另外还有一种偶极称为瞬时偶极。这是因分子的变形性，在某一瞬间产生的偶极称为瞬时偶极。瞬时偶极的大小与分子的变形性或极化率有关，分子的变形性越大，瞬时偶极越大。

因为无论是极性分子还是非极性分子都具有变形性,所以所有分子都存在瞬时偶极。

(3) 分子间作用力

分子间力也称为范德华力,实际上由色散力、诱导力、取向力这三种力组成。

① 三种力的定义

色散力:由瞬时偶极间产生的作用力。

诱导力:由固有偶极和诱导偶极间产生的作用力。

取向力:由固有偶极间产生的作用力。

由上述定义可知,在不同分子间存在的分子间力的种类,小结如下:

非极性分子间:色散力

非极性分子和极性分子间:色散力、诱导力

极性分子间:色散力、诱导力、取向力

② 三种力大小的影响因素

色散力:与分子的变形性或极化率有关。

诱导力:与极性分子的极性大小(即固有偶极矩的大小)及另一个分子的变形性或极化率有关。

取向力:与极性分子的极性大小即固有偶极矩的大小有关。

表 7-12 列出了一些物质的分子间作用力。由表中数据可见,对非极性分子只存在色散力;在这三种作用力中,除了极性很大的分子如水以取向力为主,其余的都是以色散力为主;诱导力所占的比例最小。

表 7-12 分子间作用力的分配

作用力的类型	分子						
	Ar	CO	HI	HBr	HCl	NH_3	H_2O
取向力/(kJ·mol^{-1})	0	0.002 9	0.025	0.687	3.31	13.31	36.39
诱导力/(kJ·mol^{-1})	0	0.008 4	0.113	0.502	1.01	1.55	1.93
色散力/(kJ·mol^{-1})	8.50	8.75	25.87	21.94	16.83	14.95	9.00
合计/(kJ·mol^{-1})	8.50	8.76	26.02	23.13	21.25	29.81	47.32

【例 7-1】 分析卤素单质熔沸点变化规律。

解:因它们都是非极性分子,故分子间只存在色散力。

F_2 Cl_2 Br_2 I_2

分子大小: 小————→大

极化率: 小————→大

色散力: 小————→大

熔沸点: 低————→高

2. 氢键

(1) 氢键的形成

当 H 与电负性大而半径小的原子 X 以共价键结合时,由于共用电子对强烈地偏向 X,

从而使 H 带部分正电荷。因此 H 就会与另一个电负性很大的其他原子 Y(或另一个 X)相互吸引,它们之间的这种相互作用就称为氢键,即 X—H…Y。其中 X、Y 为电负性大而半径小的元素原子:F、O、N。

如 HF 可形成分子间氢键:

除了分子间可形成氢键外,某些化合物可形成分子内氢键,如:

(2) 氢键的特点

① 方向性:氢键一般与原来的共价键成直线。这时电负性大的元素相距最远,斥力最小(分子内氢键例外)。

② 饱和性:已形成氢键的原子不能形成第二个氢键。

③ 氢键的强弱:与 X、Y 的电负性及原子大小有关。电负性越大、半径越小形成的氢键越强。Cl 的电负性虽然与 N 相同均为 3.0,但 HCl 分子间的氢键很弱。

总的来说,氢键比化学键弱,但比范德华力稍强。

(3) 氢键对物质性质的影响

当分子间形成氢键时,增加了分子间作用力,从而化合物的熔沸点显著升高。

如卤化氢熔沸点的变化:

$$\begin{array}{cccc} \text{HF} & \text{HCl} & \text{HBr} & \text{HI} \end{array}$$

熔沸点: 最高　　低 ——————→ 高

从 HCl 到 HI,用分子间作用力解释:虽然均为极性分子,但以色散力为主。因分子增大,变形性或极化率增大,色散力增大。而对 HF 因存在分子间氢键,故熔沸点最高。

在第六、第五主族的氢化物熔沸点的变化规律与上述一致,H_2O、NH_3 的熔沸点分别是同族氢化物中最高的。而对第四主族的氢化物:$CH_4 \longrightarrow SnH_4$ 熔沸点递增,这可用分子间作用力解释。

7.5 共价型物质的晶体

对固态物质如果按照其结构微粒排列的有序程度可分为晶体和无定形物质。晶体的内部质点(分子、原子或离子)在空间有规律地重复排列,如氯化钠、石英等均为晶体。而无定形物质,其微粒在空间排列没有规律,如玻璃、石蜡等。

对晶体来讲具有以下特征:① 有一定的几何外形,如氯化钠晶体为立方体形;② 有固定的熔点;③ 在不同方向上性质不同,即各向异性。对无定形物质来讲,则不具有晶体的上述特征:没有固定的几何外形;没有固定的熔点,只存在软化的温度范围;在不同方向上性质相同,即各向同性。

在结晶学中,为了研究方便起见,将晶体中的内部微粒抽象地看成几何学中的一个点(也称为结点或晶格结点),把这些点联结起来,形成不同形状的空间格子(也称为晶格)。设想将晶体结构截裁成一个个彼此互相并置而且等同的平行六面体的最基本单元,这些基本单元就是晶胞,也即晶胞是反映晶体结构特征的最小单位。另若按晶格结点上排列微粒及质点间作用力的不同,可以将晶体分为原子晶体、分子晶体、离子晶体和金属晶体四大类。

在共价型化合物和单质中,按晶体类型可分为原子晶体和分子晶体两大类。

7.5.1 原子晶体

在原子晶体中,晶格结点上排列的微粒是原子,质点间的作用力是共价键。由于共价键力极强,所以这类晶体的特征是熔点高、硬度大。如金刚石就是原子晶体,它的熔点高达3 750 ℃,硬度也最大。在金刚石晶体中,质点都是碳原子,每一个碳原子通过共价键(4 个 sp^3 杂化轨道)和其他四个碳原子相连,其结构如图 7 - 12 所示。

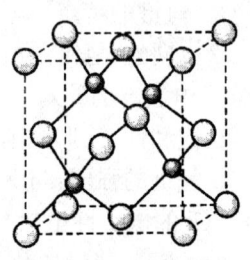

图 7 - 12 金刚石晶胞

由于原子晶体中质点之间经共价键相连,所以原子晶体的性质与共价键的性质密切相关。通常硬度大、熔点高,一般不导电,在大多数常见的溶剂中不溶解,延展性差。再如碳化硅(SiC)、石英(SiO_2)等也为原子晶体。

7.5.2 分子晶体

在分子晶体中,晶格结点排列的微粒是分子(包括极性分子和非极性分子),质点间的作用力是分子间力(包括氢键),例如固体的 Cl_2、Br_2、I_2、CO_2、HCl 等都是分子晶体,图 7 - 13 为 CO_2 分子的晶胞图。

在分子晶体的化合物中,存在着单个的分子。由于分子间的作用力较弱,所以分子型晶体物质通常熔沸点低、在固态或熔化状态时不导电。若干极性很强的分子型晶体(如 HCl)溶解在极性溶剂如水中,由于发生电离而导电。但应注意的是,虽然在分子晶体中,分子与分子间的吸引力小,但分子内部原子与原子间却是靠强大的共价键力结合起来的。

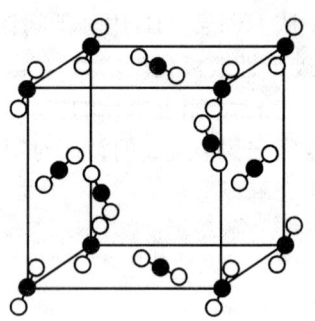

图 7 - 13 CO_2 分子的晶胞

7.6 离子晶体

由正负离子组成的化合物称为离子化合物,离子化合物通常以晶态存在,所形成的晶体即为离子晶体。在离子晶体中,晶格结点上排列的微粒为正负离子,质点间的作用力是强大的静电引力(即离子键力)。离子型晶体最显著的特点是具有较高的熔沸点。它们在熔融状态或水溶液中能导电,但在固体状态,因离子被局限在晶格的某些位置上振动,因而绝大多数离子晶体几乎不导电。

7.6.1 决定离子化合物性质的因素——离子的特征

1. 离子半径

因为核外电子的运动是按几率分布的,所以离子半径与原子半径类似实际上是难以确定的,现在确定离子半径的方法是认为在离子晶体中,正负离子的核间距等于正负离子的半径之和,即 $d=r_+ + r_-$,d 可通过 X 射线衍射(XRD)的方法求得,再根据有关晶体结构的数据推算出某个离子的离子半径,便可求出其他离子的离子半径。

由数据可见:

(1) 同族元素电荷数相同的离子,离子半径随电子层的增加而增加。

如:F^-、Cl^-、Br^-、I^-;Na^+、K^+、Rb^+、Cs^+

动画:离子半径模型

(2) 同一周期电子层结构相同的正离子,离子半径随电荷数增多而减小;而负离子半径随电荷的增大而增大。

$r(Na^+)>r(Mg^{2+})>r(Al^{3+})$;$r(F^-)<r(O^{2-})$

(3) 同一元素负离子半径大于原子半径;正离子半径小于原子半径,且正电荷越高,半径越小。

	Fe	Fe^{2+}	Fe^{3+}	Cl	Cl^-
半径/pm	124	76	64	99	181

解释:用原子核对外层电子吸引强弱来解释。

当原子失去电子形成正离子时,则原子核对外层电子的吸引力增强,故正离子半径小于该元素的原子半径,且离子电荷越大,原子核对外层电子的吸引越强,半径越小。原子得到电子形成负离子时则相反,原子核对外层电子的引力大为减弱,从而离子半径增加很多。

(4) 在大多数情况下阴子半径大于阳离子半径。

2. 离子电荷

离子电荷是影响离子化合物性质的重要因素。离子电荷高,对相反离子静电引力强,因而化合物的熔点也高。如 BaO 与 KF,其正负离子半径之和相近,但前者离子电荷大,BaO 的熔点(2 196 K)比 KF(1 129 K)高。

3. 离子的电子构型

简单阴离子如 F^-、S^{2-}、Cl^- 等都具有 8 电子构型。阳离子有多种情况,见表 7-13。

表 7-13 阳离子电子构型及实例

离子的电子构型	特征电子构型	示例
2	$1s^2$	Li^+,Be^{2+}
8	$ns^2 np^6$	Na^+,Al^{3+},Sc^{3+}
18	$ns^2 np^6 nd^{10}$	Cu^+,Zn^{2+},Hg^{2+}

(续表)

离子的电子构型	特征电子构型	示例
18+2	$(n-1)s^2(n-1)p^6(n-1)d^{10}ns^2$	Sn^{2+},Pb^{2+},Bi^{3+}
9~17	$ns^2np^6nd^{1-9}$	Cr^{3+},Fe^{2+},Cu^{2+}

注:18+2 电子构型与 2 电子构型是不同的,次外层有 18 个电子。

7.6.2 离子晶体的晶格能

晶格能(U):气态正负离子结合成 1 mol 离子晶体时所放出的能量。如 NaF 晶体的 U 就是下列反应的焓变:

$$Na^+(g) + F^-(g) \longrightarrow NaF(s)$$

由于该反应的焓变无法直接测量,可通过玻恩-哈伯循环求算晶格能。

```
Na(s)    +    ½F₂(g)   →ΔH→   NaF(s)
  ↓S           ↓1/2 D              ↑
Na(g)         F(g)                 │
  ↓I           ↓E                  │U
Na⁺(g)   +    F⁻(g) ───────────────┘
```

式中:S 为 Na 的升华能(108.8 kJ·mol^{-1});I 为 Na 的电离能(502.3 kJ·mol^{-1});D 为 F_2 的解离能(153.2 kJ·mol^{-1});E 为 F 的电子亲和能(-349.5 kJ·mol^{-1});ΔH 为 NaF 的生成焓(-569.3 kJ·mol^{-1});U 是 NaF 的晶格能。

由盖斯定律可得:$\Delta H = S + I + D/2 + E + U$,则

$$U = \Delta H - S - I - D/2 - E$$
$$= [-569.3 - 108.8 - 502.3 - \frac{1}{2} \times 153.2 - (-349.5)]$$
$$= -907.5 (kJ \cdot mol^{-1})$$

晶格能也可以从理论上计算得到,理论处理模型是将离子看作点电荷,计算这些点电荷之间的库仑作用力,其总和就是晶格能,计算得到 NaF 的晶格能为 -902.1 kJ·mol^{-1},可见与玻恩-哈伯循环法所得结果很接近,说明用离子键理论处理离子晶体是正确的。

当晶体类型相同时,晶格能与正负离子电荷数乘积成正比,与它们之间的半径和成反比,即

$$U \propto \frac{z_+ z_-}{r_+ + r_-} \tag{7-13}$$

由公式可见:正负离子的电荷越大,半径越小,离子晶体的晶格能绝对值越大,所以破坏离子晶体时所需消耗的能量越大,则晶体的熔点高、硬度大。表 7-14 给出相同晶格类型的

几种离子化合物的晶格能与物理性质间的关系。

表 7-14 晶格能与离子型化合物的物理性质

物 质	晶格能/kJ·mol^{-1}	熔点/K	硬 度	物 质	晶格能/kJ·mol^{-1}	熔点/K	硬 度
NaF	-902	1 261	—	NaCl	-771	1 074	—
NaBr	-733	1 013	—	NaI	-684	933	—
MgO	-3 889	3 916	6.5	CaO	-3 513	3 477	4.5
SrO	-3 310	3 205	3.5	BaO	-3 152	2 196	3.3

7.6.3 离子极化

1. 离子极化的概念

前面介绍了分子极化的概念,即分子在外电场中变形而产生诱导偶极的现象。对离子而言与分子一样也具有变形性,所以在外电场中也会变形而产生诱导偶极,这一过程便称为离子的极化。

离子极化:离子在外电场中变形而产生诱导偶极的现象。

由于在离子晶体中,正负离子交替出现,正离子产生的电场使负离子极化;同样负离子产生的电场也使正离子极化。所以离子极化现象普遍存在于离子晶体中。

离子极化的强弱取决于离子的极化力和离子的变形性。

(1) 离子的极化力

某种离子的电场使异号离子极化的能力。极化力大小的影响因素:

① 离子的电荷越大,半径越小,则产生的电场越强,从而离子的极化力越强。

② 当电荷相同,半径相近时,离子的电子构型对极化力起决定性的作用:

$$18、18+2\text{ 电子构型的离子} > 9—17\text{ 电子构型} > 8\text{ 电子构型}$$

(2) 离子的变形性

离子的变形性是指离子在外电场中变形的性质,离子变形性的大小可用极化率来衡量。影响因素:

① 离子变形性的大小主要决定于离子半径的大小。离子半径越大,核对外层电子的吸引力越小,因此离子的变形性越大。

由此也可说明离子电荷对变形性的影响:一般说来正离子的半径小而负离子的半径大,故通常正离子的变形性小而负离子的变形性大。且我们知道正离子电荷越大,其半径就越小,从而变形性越小;而对负离子其半径比其原子半径大得多,则变形性大。

② 离子电荷:负离子电荷越高,变形性越大;正离子电荷越高,变形性越小。

③ 对正离子:当电荷相同、半径相近时,则离子的电子构型对离子的变形性起决定作用,据分析其相对大小如下:18,18+2>9~17>8 电子构型的离子。

由以上的讨论可知:变形性大的是半径大的负离子以及 18、18+2 电子构型电荷小的正离子;变形性小的是半径小,电荷大的 8 电子构型的正离子。

综上所述:一般说来,正离子的半径较小,故产生的电场强度大,即其极化力较强,且正离子的变形性较小;而负离子的半径大,故负离子的极化力较弱,但其变形性却较大。所以我们在考虑离子的相互极化时,通常可忽略负离子对正离子的极化作用,只考虑正离子产生的电场使负离子极化,即使负离子变形而产生诱导偶极。

但是如果正离子的电子构型为 18、18+2,则其变形性也较大,在这种情况下就必须考虑负离子对正离子的极化作用,这也称为附加极化。

2. 离子极化对物质结构和性质的影响

(1) 离子极化对键型的影响

正负离子结合成离子晶体时,如果相互间完全没有极化作用,则形成的化学键为纯的离子键,但如前所述离子极化总是不同程度地存在于离子晶体中,当然在通常情况下,只考虑正离子对负离子的极化作用,即正离子产生的电场使负离子变形。如正离子是 18 或 18+2 电子构型的离子,则正离子的极化力和变形性都较大,当它与变形性大的负离子接触时,正负离子都会发生变形,所以外层轨道的重叠程度更大,从而键的极性减弱,离子键向共价键过渡,如 AgI、$HgCl_2$ 等为共价型分子。

(2) 离子极化对化合物性质的影响

① 熔沸点

由于离子极化使离子键向共价键过渡,则晶体从离子晶体向分子晶体过渡,从而熔沸点降低。例:

表 7-15 熔点与键型关系

	NaCl	$MgCl_2$	$AlCl_3$
熔点/℃	801	714	192
键型	离子键	偏离子键	偏共价键

如果都为离子晶体,则从晶格能角度看,熔沸点应增大,但实测恰好相反。

原因:$Na^+ \rightarrow Al^{3+}$ 正离子电荷增大,半径减小,即正离子的极化力增强,使离子键向共价键过渡(晶体由离子晶体向分子晶体过渡),从而熔沸点下降。

② 溶解度

因为水是极性很大的分子,所以根据相似相溶原理,一般说来离子型化合物易溶于水而共价型化合物难溶于水。如前所述离子极化使离子键向共价键过渡,所以离子极化作用显著的晶体难溶于水。例如,Ag 的卤化物:

$$\text{AgF} \quad \text{AgCl} \quad \text{AgBr} \quad \text{AgI}$$

离子键　　过渡键型　　共价键

在水中的溶解度: 易溶 ———→ 溶解度减小

③ 颜色

一般说来,两个无色离子形成的化合物也为无色,如 $PbCl_2$。但离子间的极化作用越强就越有利于颜色的产生,如 PbI_2 为黄色。

7.7 多键型晶体

除了上述 4 种典型的晶体外,还有一种多键型晶体,又称混合键型晶体。如石墨晶体

(图 7-14)。在石墨晶体中,同层的碳原子以 sp^2 杂化形成共价键,每个碳原子以 3 个共价键(σ 键)与另外 3 个碳原子相连,形成无限的正六角形的片状结构。在同一平面的碳原子还剩下一个 p 轨道和一个 p 电子,这些 p 轨道互相平行,且与碳原子 sp^2 杂化轨道构成的平面相垂直,形成了大 π 键。这些 π 电子比较自由,可以在整个碳原子平面方向活动,相当于金属中的自由电子,所以石墨能导热和导电。石墨中层与层之间相隔较远,以分子间力相互结合,所以石墨片层之间容易滑动。而在同一平面层中的碳原子结合力就很强,所以石墨的熔点高,化学性质稳定。可见,石墨晶体兼有原子晶体、金属晶体和分子晶体的特征,是一种多键型晶体。

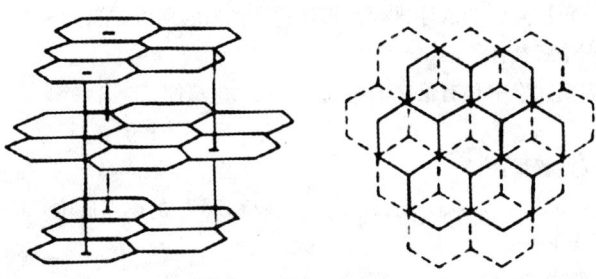

图 7-14 石墨的层状结构

属于多键型晶体的还有一些无机物,例如线状和片状硅酸盐。自然界存在的天然硅酸盐云母就是一种片状晶体,黑磷也具有层状结构。

最后对四种晶体类型、结构质点及质点间作用力类型作一小结,见表 7-16。

表 7-16 各类晶体与作用力类型

晶体类型	结构质点	质点间作用力
原子晶体	原子	共价键力
离子晶体	正、负离子	离子键力
分子晶体	分子	分子间力、氢键
金属晶体	金属原子和正离子	金属键力

思考题

1. 原子中电子运动有什么特点?概率和概率密度有何区别?
2. 定性地画出:$3d_{xy}$ 轨道的原子轨道角度分布图,$4d_{x^2-y^2}$ 轨道的电子云角度分布图。
3. 简单说明四个量子数的物理意义及量子化条件。
4. 对于多电子原子来说,当主量子数 $n=4$ 时,有几个能级?各能级有几个轨道?最多能容纳几个电子?
5. 判断下列说法是否正确?为什么?
   (1) s 电子轨道是绕核旋转的一个圆圈,而 p 电子是走 8 字形。
   (2) 在 N 电子层中,有 4s,4p,4d,4f 共 4 个原子轨道。主量子数为 1 时,有自旋相反的两条轨道。
   (3) 氢原子中原子轨道能量由主量子数 n 来决定。
   (4) 氢原子的核电荷数和有效核电荷不相等。

6. 为什么原子的最外层上最多只能有 8 个电子？次外层上最多只能有 18 个电子？（提示：从能级交错上去考虑）

7. 在下面的电子构型中，通常第一电离能最小的原子具有哪一种构型？
(1) ns^2np^3 (2) ns^2np^4 (3) ns^2np^5 (4) ns^2np^6

8. 为什么第二周期元素的电离能在铍和硼，氮和氧处出现转折？这种转折在其他周期是否亦有存在？如有，指出它们的位置。

9. 指出第四周期中具有下列性质的元素：
(1) 最大原子半径 (2) 最高电离能 (3) 金属性最强 (4) 最高电子亲和能 (5) 非金属性最强 (6) 化学性质最不活泼

10. 将下列原子按电负性降低的次序排列并解释这样排列的理由：As,F,S,Y,Zn。

11. 试用原子结构理论解释：
(1) 稀有气体在每周期元素中具有最高的电离能 (2) 电离能：P>S
(3) 电子亲和能：S>O (4) 电子亲和能：C>N

12. 试用离子极化观点解释：
(1) KCl 的熔点高于 $GeCl_4$ (2) $ZnCl_2$ 的熔点低于 $CaCl_2$
(3) $FeCl_3$ 的熔点低于 $FeCl_2$

13. 下列说法是否正确？为什么？
(1) 分子中的化学键为极性键，则分子也为极性分子。
(2) Mn_2O_7 中 Mn(Ⅶ) 正电荷高、半径小，所以该化合物的熔点比 MnO 高。
(3) 色散力仅存在于非极性分子之间。

14. 第Ⅶ主族元素的单质，常温时 F_2、Cl_2 为气体，Br_2 为液体，而 I_2 为固体，为什么？

1. 利用德布罗依关系式计算：
(1) 质量为 $9.2×10^{-31}$ kg，速度为 $6.0×10^6$ m·s^{-1} 的电子，其波长为多少？
(2) 质量为 $1.0×10^{-2}$ kg，速度为 $1.0×10^3$ m·s^{-1} 的子弹，其波长为多少？
此两小题的计算结果说明什么问题？

2. 下列各组量子数哪些是不合理的，为什么？
(1) $n=2,l=1,m=0$ (2) $n=2,l=2,m=-1$
(3) $n=3,l=0,m=0$ (4) $n=3,l=1,m=+1$
(5) $n=2,l=0,m=-1$ (6) $n=2,l=3,m=+2$

3. 氮原子中有 7 个电子，写出各电子的四个量子数。

4. 用原子轨道符号表示下列各组量子数：
(1) $n=2,l=1,m=-1$ (2) $n=4,l=0,m=0$
(3) $n=5,l=2,m=-2$ (4) $n=6,l=3,m=0$

5. 在氢原子，4s 和 3d 哪一种状态能量高？在 19 号元素钾中，4s 和 3d 哪一种状态能量高？为什么？

6. 写出原子序数分别为 25,49,79,86 的四种元素原子的电子排布式，并判断它们在周期表中的位置。

7. 根据下列各元素的价电子构型，指出它们在周期表中所处的周期和族，是主族还是副族？
$3s^1$ $4s^24p^3$ $3d^24s^2$ $3d^54s^1$ $3d^{10}4s^1$ $4s^24p^6$

8. 完成下列表格：

原子序数	电子排布式	价电子构型	周期	族	元素分区
24					
	$1s^2 2s^2 2p^6 3s^2 3p^6 3d^{10} 4s^2 4p^5$				
		$4d^{10} 5s^2$			
			六	ⅡA	

9. 写出下列离子的电子排布式：
Cu^{2+}, Ti^{3+}, Fe^{3+}, Pb^{2+}, S^{2-}

10. 价电子构型分别满足下列条件的是哪一类或哪一种元素？
(1) 具有 2 个 p 电子；
(2) 有 2 个 $n=4, l=0$ 的电子和 6 个 $n=3, l=2$ 的电子；
(3) 3d 全满，4s 只有一个电子。

11. 某一元素的原子序数为 24，问：
(1) 该元素原子的电子总数是多少？
(2) 它的电子排布式是怎样的？
(3) 价电子构型是怎样的？
(4) 它属第几周期？第几族？主族还是副族？最高氧化物的化学式是什么？

12. 试比较下列各对原子或离子半径的大小（不查表）：
Sc 和 Ca, Sr 和 Ba, K 和 Ag, Fe^{2+} 和 Fe^{3+}, Pb 和 Pb^{2+}, S 和 S^{2-}

13. 试比较下列各对原子电离能的高低（不查表）：
O 和 N, Al 和 Mg, Sr 和 Rb, Cu 和 Zn, Cs 和 Au, Br 和 Kr

14. 将下列原子按电负性降低的次序排列（不查表）：
Ga, S, F, As, Sr, Cs

15. A、B 两元素，A 原子的 M 层和 N 层电子数分别比 B 原子的 M 层和 N 层的电子数多 8 个和 3 个。写出 A、B 原子的电子排布式和元素符号，并指出推理过程。

16. 指出下列离子分别属于何种电子构型：
Ti^{4+}, Be^{2+}, Cr^{3+}, Fe^{2+}, Ag^+, Cu^{2+}, Zn^{2+}, Sn^{4+}, Pb^{2+}, Tl^+ S^{2-}, Br^-

17. 已知 KI 的晶格能 (U) 为 $-631.9 \text{ kJ} \cdot \text{mol}^{-1}$，钾的升华热 $[S(K)]$ 为 $90.0 \text{ kJ} \cdot \text{mol}^{-1}$，钾的电离能 (I) 为 $418.9 \text{ kJ} \cdot \text{mol}^{-1}$，碘的升华热 $[S(I_2)]$ 为 $62.4 \text{ kJ} \cdot \text{mol}^{-1}$，碘的解离能 (D) 为 $151 \text{ kJ} \cdot \text{mol}^{-1}$，碘的电子亲和能 (E) 为 $-310.5 \text{ kJ} \cdot \text{mol}^{-1}$，求碘化钾的生成热 $(\Delta_f H)$。

18. 试用杂化轨道理论说明 BF_3 是平面三角形，而 NF_3 却是三角锥形。

19. 指出下列化合物的中心原子可能采取的杂化类型，并预测其分子的几何构型。
BBr_3, SiH_4, PH_3, SeF_6

20. 将下列分子按键角从大到小排列：
BF_3, $BeCl_2$, SiH_4, H_2S, PH_3, SF_6

21. 用价层电子互斥理论预言下列分子和离子的几何构型。
CS_2, NO_2^-, ClO_2^-, I_3^-, NO_3^-, BrF_3, PCl_4^+, BrF_4^-, PF_5, BrF_5, $[AlF_6]^{3-}$

22. 试问下列分子中哪些是极性的？哪些是非极性的？为什么？
CH_4, $CHCl_3$, BCl_3, NCl_3, H_2S, CS_2

23. 根据电负性数据指出下列两组化合物中，哪个化合物中键的极性最小？哪个化合物中键的极性最大？

(1) $LiCl, BeCl_2, BCl_3, CCl_4$ (2) $SiF_4, SiCl_4, SiBr_4, SiI_4$

24. 比较下列各对分子偶极距的大小：
(1) CO_2 和 SO_2 (2) CCl_4 和 CH_4 (3) PH_3 和 NH_3 (4) BF_3 和 NF_3 (5) H_2O 和 H_2S

25. 将下列化合物按熔点从高到低的顺序排列：

$$NaF, NaCl, NaBr, NaI, SiF_4, SiCl_4, SiBr_4, SiI_4$$

26. 指出下列各对分子之间存在的分子间作用力的类型(定向力、诱导力、色散力和氢键)：
(1) 苯和 CCl_4 (2) 甲醇和水   (3) CO_2 和水   (4) HBr 和 HI

27. 下列化合物中哪些化合物自身能形成氢键？

$$C_2H_6, H_2O_2, C_2H_5OH, CH_3CHO, H_3BO_3, H_2SO_4, (CH_3)_2O$$

28. 下列化合物的分子之间是否有氢键存在？为什么？

$$C_2H_6, NH_3, C_2H_5OH, H_3BO_3, CH_4$$

29. 对于下列物质，指出使其为稳定凝固相的吸引力的种类，在每种情况下指出其最大贡献者：
(1) CCl_4 (2) HBr (3) Xe (4) HF

30. 比较下列各组中两种物质的熔点高低，并简单说明原因。
(1) NH_3 和 PH_3 (2) PH_3 和 SbH_3 (3) Br_2 和 ICl
(4) MgO 和 Na_2O (5) SiO_2 和 SO_2 (6) $SnCl_2$ 和 $SnCl_4$

31. 填充下表：

物质	晶格上质点	质点间作用力	晶体类型	熔点或高或低
MgO				
SiO_2				
Br_2				
NH_3				
Cu				

第8章 配位化合物与配位滴定

> **学习要求：**
> 1. 掌握配位化合物的组成、定义、类型和结构特点。
> 2. 理解配位化合物价键理论的主要论点，了解晶体场理论的基本要点。
> 3. 掌握配位平衡和配位平衡常数的意义及有关计算。
> 4. 掌握配位滴定的基本原理与实际应用。

配位化合物(coordination compound)，简称配合物，是一类组成复杂、应用广泛的化合物。就数量来说，大约有 75% 的无机化合物属于配合物。在配位学说创立后 100 多年的今天，由研究配位化合物而形成的无机化学分支配位化学，其内容实际上已打破了传统的无机化学、有机化学、物理化学和生物化学的界限，进而成为各分支化学的交叉点。当前，这门新兴的化学学科不仅是国际上十分活跃的前沿学科，且在国民经济和人民生活各个方面，在新材料、尖端科技等重要领域已有了广泛的应用。随着科学技术的发展，它将更广泛地渗透到生物化学、有机化学、分析化学、量子化学等领域中去。

8.1 配位化合物的组成和定义

8.1.1 配位化合物的组成

历史上有记载的、最早发现的第一个配合物是 $Fe_4[Fe(CN)_6]_3$（普鲁士蓝），不论在其晶体中，还是在溶液中，均不存在游离的 CN^-，仅有 $[Fe(CN)_6]^{4-}$ 存在。在配合物 $CoCl_3 \cdot 6NH_3$ 的结构中，每一个 NH_3 中的 N 提供一对孤对电子，填入 Co^{3+} 的空轨道，形成 4 个配位键，3 个 Cl^- 作为抗衡阴离子，整个化合物为 $[Co(NH_3)_6]Cl_3$。又如将氨水加到硫酸铜溶液中，开始生成蓝色沉淀 $Cu_2(OH)_2SO_4$，当氨水过量时，蓝色沉淀消失，溶液变成深蓝色，用乙醇处理，可以析出蓝色晶体 $[Cu(NH_3)_4]SO_4$。实验证明，在纯的 $[Cu(NH_3)_4]SO_4$ 溶液中，除了水合的 SO_4^{2-} 和深蓝色的 $[Cu(NH_3)_4]^{2+}$ 外，Cu^{2+} 和 NH_3 分子的浓度极小，几乎检测不出来。所以 $[Cu(NH_3)_4]SO_4$ 也是一种配合物。

视频：简单离子与络合离子性质比较＋络合离子形成

上述三种化合物都含有稳定的难离解的复杂的离子存在，这些复杂离子被称为配离子。配离子分为配阳离子（如 $[Co(NH_3)_6]^{3+}$）和配阴离子（如 $[Fe(CN)_6]^{4-}$）。多数配合物都存在配离子，但有些配合物本身就是中性配位分子，比如抗癌药物顺铂（$[Pt(NH_3)_2Cl_2]$），氨分子的氮原子和氯离子中各提供一个电子对与 Pt^{2+} 形成 4 个配位键。因此，配合物和配离子在概念上应有所不同。配合物包括含有配离子的化合物和电中性配合物，但使用上对此常不严加区分，有时把配离子也称为配合物。配合物都必含有由阳离子(也包括中性原子)和一定数目的阴离子或中性分子(称为配位体)通过配位键形成的复杂部分，这是配合物的特征部分，称为配合物的内界(inner)，也叫内配位层，写化学式时要用方括号([ ])标示。距离中心离子(或原子)较远没有键合作用的其他离子称为外界离子，构成配合物的外界(outer)，通常写在方括号的外面。有些配合物不存在外界，如[Pt(NH₃)₂Cl₂]，[Co(NH₃)₃Cl₃]等。还有些配合物是由中心原子与配体构成，如[Ni(CO)₄]和[Fe(CO)₅]。

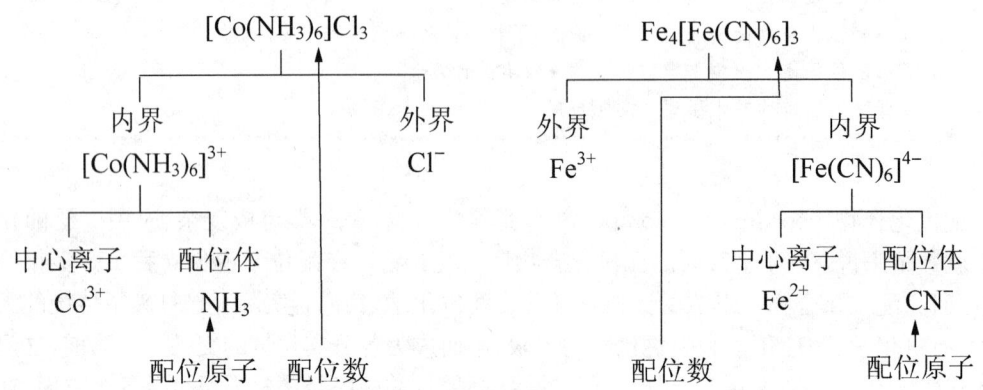

1. 配位体(简称配体)

配位体(ligand)是含有孤对电子的分子或阴离子，如 NH_3、H_2O、CN^-、X^-(卤素阴离子)等。配位体中直接与中心离子作用形成配位键的原子称为配位原子。当配位原子和中心离子作用时，配位原子提供孤对电子，中心离子提供空轨道，两者之间的键合作用力称为配位键。除极少数例外，配位原子至少含有一对未键合的孤对电子，它们大多是位于元素周期表中 V、VI、VII主族的元素，如 N、O、S、C、P 和卤素等原子。此外，负氢离子(H^-)和能够提供 π 键电子的有机分子或离子(如乙烯和环戊二烯)也可作为配位体。

在配合物中，一个配位体和中心离子(或原子)只以一个配位键相结合的称为单齿配体。若一个配位体和中心离子(或原子)以两个或两个以上的配位键相结合，则称为多齿配体。

2. 中心离子和中心原子

中心离子和中心原子也有称为配合物的形成体。中心离子一般是金属离子，特别是过渡金属离子，例如 Fe、Co 和 Cu 等。一些非金属元素的原子也可以作为中心离子，如 B、Si 和 P 形成 $[BF_4]^-$、$[SiF_6]^{2-}$ 和 $[PF_6]^-$ 等配离子。也有中性原子作配合物形成体的，如 $[Ni(CO)_4]$、$[Fe(CO)_5]$ 中的 Ni 和 Fe 都是电中性的原子。

3. 配位数

直接同中心离子(或原子)配位的配位原子的数目，称为该中心离子(或原子)的配位数。中心离子(或原子)的配位数一般为 2、4、8(较少见)。配位数的多少决定于中心离子(或原子)和配位体的电荷、体积、彼此间的极化作用，以及配合物生成时的条件，包括反应温度、溶剂、酸碱性等。一般来说，中心离子的电荷越高，半径越大，越有利于形成高配位数的配合物。在计算中心离子(或原子)的配位数时，首先确定配合物中的中心离子和配位体，再找出配位原子的数目。如果是单齿配体,那么配位数就是配体的数目。比如,配合物 $[Pt(NH_3)_4]Cl_2$ 和 $[Co(NH_3)_5(H_2O)]Cl_3$ 的中心离子分别为 Pt^{2+} 和 Co^{3+},而配位体前者是 NH_3,后者是 NH_3 和 H_2O。这些配体都是单齿的,所以配位数分别为 4 和 6。如果配位体是多齿的,那么配位体的数目显然不等于中心离子的配位数,此时配位数应该是配体的数目与配位原子的乘积,比如在 $[Co(en)_3]Cl_3$ 的配位数不是 3,而是 6,因为乙二胺(en)是双齿配体。

4. 配离子的电荷

配离子(包括配阳离子和配阴离子)的电荷等于中心离子的电荷与配体总电荷的代数和,比如配离子 $[Cu(OH)_4]^{2-}$ 的电荷数=$(+2)+(-1)\times 4=-2$。由于独立存在的配合物必须是电中性的,因此,还必须有抗衡离子作为外界。同时,根据外界离子的电荷也可以决定配离子的电荷,比如 $K[PtCl_5(NH_3)]$ 的外界是一个 K^+,所以配离子一定带 1 个单位负电荷。不过有时中心离子和配体的电荷代数和为零,则其本身就是不带电荷的配合物。

8.1.2 配位化合物的定义

很多配合物在晶体和溶液中有稳定存在的难离解的复杂离子,因此,过去曾经有人以此为依据给配合物下定义。但是,是否能电离出稳定复杂的离子并不是配合物的本质特点。某些电中性配合物在水溶液并不能电离出复杂的离子,比如配合物 $[Co(NH_3)_3Cl_3]$ 在水溶液中就以 $[Co(NH_3)_3Cl_3]$ 这样一个整体分子存在,并不能电离出复杂离子。配合物与其他化合物的本质区别是存在配位键。因此,我们可以将配合物定义为:以可以给出孤对电子或多个不定域电子的一定数目的离子或分子为配位体,以具有接受孤对电子或多个不定域电子的空轨道的原子或离子为中心(统称中心原子),两者按照一定的组成和空间构型形成以配位个体为特征的化合物,叫作配位化合物。

8.2 配位化合物的类型和命名

8.2.1 配位化合物的类型

各种类型的配位体和中心离子(或原子)形成了种类繁多的配位化合物。按照不同的分类标准,有不同分类方法。按照中心离子(或原子)的数目,可以分为单核配合物、多核配合物(二核以上)和配位聚合物(无限多核)。按照配体种类,可以分为水合配合物、卤合配合物、氨合配合物、氰合配合物和羰基配合物等;按成键类型,可以分为经典配合物(σ 配键)、簇状配合物(金属—金属键),此外还有夹心配合物和穴状配合物(不定域键)等。在本教材中将配合物分为简单配合物、螯合物、多核配合物和特殊配合物四种。

1. 简单配合物

简单配合物是一类由单齿配体与中心离子(或原子)直接配位形成的配合物,是一类常见的配合物。比如由 NH_3、H_2O、CN^-、卤素离子等单齿配体和中心原子形成的简单配合物:$[Ag(NH_3)_2]Cl$、$[Cu(NH_3)_4]SO_4$、$[Cu(H_2O)_4]SO_4 \cdot H_2O$(即 $CuSO_4 \cdot 5H_2O$),

K$_3$[Fe(CN)$_6$]、和 K$_2$[PtCl$_4$]等。

2. 螯合物

螯合物也称内配合物,是同一配体以自身两个或两个以上的配位原子和同一中心原子配位而形成的一种具有环状结构的配合物。这个名称是因为同一配体的双齿好像一对蟹螯钳住中心原子的缘故。比如将常用的螯合配位体乙二胺(NH$_2$—CH$_2$—CH$_2$—NH$_2$)或氨基乙酸(NH$_2$—CH$_2$—COOH)分别与 Cu(Ⅱ)盐在一定条件下发生配位反应时,可以生成具有环状结构的螯合物,在结构式中常以"→"表示金属原子与配位原子之间的配位键。

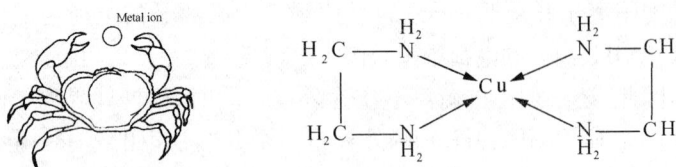

能形成螯合物的配位体称为螯合剂。螯合物中,中心离子与螯合剂分子(或离子)数目之比称为螯合比。螯合物的环上有几个原子就称为几元环。螯合物的稳定性和它的环状结构(环的大小和环的多少)有关。一般是以五元环和六元环最为稳定(即螯合剂中两个配位原子之间间隔为两个或三个原子)。少于五元环或多于六元环的配合物一般是不稳定的,而且很少见。一个配合物中含有的五元环或六元环越多,则越稳定。比如乙二胺四乙酸二钠(EDTA)可以和很多金属离子形成非常稳定的含有五个五元环的螯合物,因而常用作测定金属离子含量的配位滴定剂(图 8-1)。

图 8-1 EDTA-Ca 螯合物的结构示意图

金属螯合物与具有相同配位原子的非螯合物相比,具有特殊的稳定性。这种稳定性是由于环状结构的形成而产生的。我们把这种由于螯合环的形成而使螯合物具有的特殊稳定性称为螯合效应。螯合效应可从螯合物生成过程中系统的熵值增大来解释。这是由于螯合剂中含有多个配位原子,相比于具有相同配位原子的非螯合物,形成螯合物以后自由运动的粒子总数增加,因而系统的熵值增加了,所以螯合效应实际上是熵效应。

3. 多核配合物

两个或两个以上的金属离子可以通过配体桥联形成多核配合物。联结两个中心原子的配体称为桥联配体或桥联基团,简称桥基。多齿配体的配位原子离得太远或太近就不容易形成环状螯合物,多个配位原子可以与不同金属离子配位,形成多核配合物。比如联氨(NH$_2$—NH$_2$)的两个配位原子离得太近,如果形成螯合物将是三元环,张力太大不稳定,所以容易形成每个配位氮原子各连接一个金属离子的双核配合物(M^{n+}—NH$_2$—NH$_2$—M^{n+})。如果这种桥连无限进行下去,可以形成配位聚合物(—NH$_2$—NH$_2$—M^{n+}—NH$_2$—NH$_2$—M^{n+}—NH$_2$—NH$_2$—M^{n+}—)$_m$。

有些配体虽然只有一个配位原子,但是具有多对孤对电子,也可能键合两个或多个金属原子。比如 Cl$^-$(4 对),O^{2-}(4 对),OH$^-$(3 对),H$_2$O(2 对),它们都含有一对以上的孤对电子,皆有可能形成多核配合物,在一定条件下甚至可能形成配位聚合物。

与单核配合物相比,多核配合物具有更多性能和应用。比如含有未成对电子的金属配合物往往表现出顺磁性,但是在多核含有未成对电子的金属配合物中,相邻的金属离子之间会存在着磁相互作用,使得整个金属配合物表现出不同于单核配合物的磁性。而且配合物的结构不同,其磁性亦会发生改变,这对寻找新型磁性材料是非常重要的。

4. 特殊配合物

(1) 金属羰基配合物

这是一类以 CO 为配体的金属配合物。这类配合物中的形成体都是低氧化态的过渡金属,有些氧化态为零,如 $Ni(CO)_4$ 和 $Fe(CO)_5$;有些氧化态甚至为负值,如 $Na[Co(CO)_4]$。除了单核羰基化合物,还有含两个或两个以上中心原子的金属羰基配合物,如 $Fe_2(CO)_3$ 和 $Fe_3(CO)_{12}$ 等。金属羰基配合物可以用来制备纯金属,此外还可以作为催化剂用于许多有机合成反应。

(2) 原子簇状配合物

含有两个或两个以上的金属中心,金属原子除了与配体结合外,还存在金属原子之间直接结合的金属—金属键的配合物叫原子簇状配合物(简称簇合物)。如 $CH_3N_2[Mn(CO)_4]_3$ 和 $K_2[Re_2Cl_8]$(图 8-2)。生成簇合物的金属原子主要是过渡金属,它们生成的趋势与该金属在周期表中位置、氧化态以及配体的性质等有关。相比于第一过渡系金属,第二第三过渡系金属生成簇合物的能力更强。同一种金属原子,低氧化态比高氧化态更易形成簇合物。簇合物按配体可以分为羰基簇、卤素簇等;按照金属原子数可分为二核簇、三核簇、四核簇等。图 8-2 中两个簇合物分别是三核羰基簇和两核卤簇。

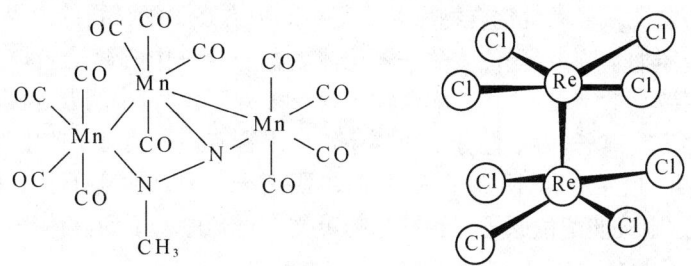

图 8-2 $CH_3N_2[Mn(CO)_4]_3$ 和 $K_2[Re_2Cl_8]$ 结构示意图

某些金属簇合物具有催化性能,其主要优点是金属簇中的原子与反应物分子的作用表现出与单核配合物不同的键合方式,引起分子结构改变而表现出催化性能。同时它又可作为多相催化中研究表面结构和催化过程的一种模型。此外,某些簇合物具有生物活性,例如固氮酶的活性中心—铁钼蛋白即是簇合物。因此,簇合物在催化、生物医学和材料等领域具有广阔的应用前景。

(3) 金属有机配合物

也称有机金属配合物。配位体为有机物或有机基团,并且与金属原子之间形成碳—金属键的化合物为金属有机配合物。这样的配合物按照成键类型可以分为两种:① 金属与碳直接以 σ 键合的配合物,包括烷基金属(如丁基锂 C_4H_9Li)、芳基金属(如 C_6H_5MgBr)、乙炔基金属($AgC\equiv CAg$)等;② 金属与碳形成离域配键的配合物,如烯烃、炔烃、芳香烃、环戊二

烯等含有离域 π 电子的配体和过渡金属形成的配合物；比如 Zeise 盐 $K[PtCl_3(C_2H_4)]$ 中，在 Pt^{2+} 离子和 $CH_2=CH_2$ 双键 π 电子之间存在这种离域 π 配键。

此外，环戊二烯和苯等具有平面结构的配体可以形成两个平行的平面分子将金属离子夹在中间的配合物，其形状像"夹心三明治"，所以也称为夹心配合物。二茂铁 $[Fe(C_5H_5)_2]$ 和二茂铬 $[Cr(C_5H_5)_2]$ 都属于夹心配合物。Ti、V、Zr、Mn 等过渡金属也能形成这类夹心配合物。

(4) 大环配合物

这类大环配合物是通过分子骨架上含有多个 N、O、S、P 等配位原子的多齿配体和金属离子反应而得到的化合物。用于合成大环配合物的配体结构比较复杂，包括环状的冠醚、三维空间的穴醚和具有不同孔径的球醚等，分别对应冠醚配合物、穴醚配合物和球醚配合物。大环配合物有很多的重要应用。冠醚配合物可以用于很多有机反应中，例如它们能使 KOH 或 $KMnO_4$ 溶于苯或其他的有机溶剂中。大环配合物还存在于许多生物体中，例如人体血液中具有载氧功能的血红素是卟啉的铁的配合物，在植物光合作用中起光能捕集作用的叶绿素是含有卟啉环的镁配合物。

8.2.2 配位化合物的命名

配合物的名称有少数用习惯名称，如 $K_4[Fe(CN)_6]$ 叫黄血盐或亚铁氰化钾，$K_3[Fe(CN)_6]$ 叫红血盐或铁氰化钾。多数配合物的命名法服从一般无机化合物的命名原则，如果配合物的酸根是一个简单的阴离子，则称某化某，如 $[Zn(NH_3)_4]Cl_2$，称氯化四氨合锌(Ⅱ)。如酸根是一个复杂的阴离子，则称为某酸某，如 $[Cu(NH_3)_4]SO_4$ 则称为硫酸四氨合铜(Ⅱ)，$Cu[SiF_6]$ 称为六氟合硅(Ⅳ)酸铜。

配合物的命名比一般无机化合物命名更复杂的地方在于配合物的内界。配合物的内界的命名一般地依照如下顺序：配位体数→配位体名称→合→中心离子名称→中心离子的氧化值(加括号，用罗马数字表示)。若配合物中含有多种配体时，中间要加圆点"·"分开。在命名时配体按照先阴离子，后中性分子的顺序。如果含有多种阴离子或中性分子，一般都按照先简单后复杂的顺序命名，阴离子按照：简单阴离子→复杂阴离子→有机酸根离子的顺序，中性分子配体则按照配位原子元素符号的英文字母顺序。下面具体举例加以说明：

(1) 配阴离子配合物

$K[PtCl_5(NH_3)]$ 五氯·一氨合铂(Ⅳ)酸钾

$Na[Co(CO)_4]$ 四羰基合钴(-Ⅰ)酸钠

$K_2[Co(SO_4)_2]$ 二硫酸根合钴(Ⅱ)酸钾

$K_2[Fe(CN)_5(NO)]$ 五氰·亚硝酰合铁(Ⅲ)酸钾

如果配阴离子配合物的外界是氢离子，则在配阴离子名称之后用酸字结尾。如 $H_2[SiF_6]$ 称为六氟合硅(Ⅳ)酸。

(2) 配阳离子配合物

$[Pt(NH_3)_6]Cl_4$ 四氯化六氨合铂(Ⅳ)

$[Ag(NH_3)_2]OH$ 氢氧化二氨合银(Ⅰ)

$[Co(NH_3)_5(H_2O)]Cl_3$ 三氯化五氨·一水合钴(Ⅲ)

$[Co(ONO)(NH_3)_5]SO_4$ 硫酸亚硝酸根·五氨合钴(Ⅲ)

(3) 中性配合物

[Pt(NH$_3$)$_2$Cl$_2$]　二氯·二氨合铂(Ⅱ)

[Ni(CO)$_4$]　四羰基合镍(0)

[Co(NH$_3$)$_3$(NO$_2$)$_3$]　三硝基·三氨合钴(Ⅲ)

8.3　配位化合物的化学键理论

在配合物中，中心离子和配体之间是如何通过配位键的作用结合在一起的？配合物的空间结构是如何排布的？有何规律性？配合物的稳定性和哪些因素有关？这些问题可以用配合物的化学键理论来解释，主要包括价键理论、晶体场理论和分子轨道理论。配合物的化学键理论还可以用来解释配合物的一般性质，如磁性、光谱等。

8.3.1　价键理论

1. 配位键的本质

配位化合物的价键理论是美国化学家鲍林(Pauling)在电子对配键理论和杂化轨道理论基础上，把轨道杂化理论应用到配合物结构而形成的，它可以解释大多数情况下配合物的空间构型和磁性。但是对配合物的吸收光谱，配合物的稳定性和结构畸变等问题解释不好。价键理论的主要内容如下：

(1) 配合物的中心原子(或离子)M 同配体 L 之间以配位键结合，其本质是中心原子(或离子)提供与配位数相同数目的空轨道，来接受配位体上的孤对电子而形成的 M←L 键合作用。比如在配离子[Ag(NH$_3$)$_2$]$^+$中，两个 NH$_3$ 各提供一对孤对电子与 Ag$^+$ 形成两个配位键。

配位键分为 σ 配键和 π 配键。形成 σ 配键时孤对电子由配体一方提供，配合物中常含有这种 σ 配键。σ 配键的数目就是中心原子(或离子)的配位数。σ 配键的特征是电子云围绕着中心离子和配位原子的两个原子核的连接线(称键轴)呈圆柱形对称。有些配离子中含未成键的 π 电子的配体与具有 π 空轨道的中心原子(或离子)键合而形成的配体→金属 π 配键，这样的 π 配键称为给予 π 配键。如在 K[(CH$_2$=CH$_2$)PtCl$_3$]中，配位体乙烯分子中确实没有孤电子对，只具有能形成 π 配键的电子，乙烯分子就是通过 π 电子和 Pt^{2+} 离子配位的。这种给予 π 配键减少了金属离子的正电荷，对形成配合物有利，并可稳定金属离子的较高氧化态。另一种 π 配键在配合物中极为重要。如若中心原子(或离子)和配体已形成稳定的 σ 配键，而中心原子(或离子)有自由的 d 电子，配体也有空的 p 或 d 轨道，则此时可以形成反馈 π 配键，它能使负电荷从中心原子上减少，从而使配合物更加稳定。

(2) 为了增强成键能力，中心离子可以用能量相近的轨道(如第一过渡系金属元素的 3d、4s、4p、4d 轨道)杂化，以杂化的空轨道来接受配体提供的孤对电子形成配位键。中心离子的杂化轨道除了 sp、sp^2、sp^3 型之外，许多配离子中都有 d 轨道参与成键。配合物不同的几何构型、配位数、稳定性均是由于中心离子采用不同的杂化轨道与配体配位造成的。

2. 外轨型和内轨型配合物

价键理论根据中心原子(或离子)参与轨道杂化的能级不同，将配合物分为外轨型配合物和内轨型配合物。如果配体中配位原子的电负性很大(如F^-离子和水分子中的氧等),不易给出孤对电子,中心离子或原子的内层电子结构不发生变化,仅用其外层的空轨道 ns、np、nd 与配位体结合。这样形成的配合物称为外轨型配合物。以配离子$[Fe(H_2O)_6]^{2+}$为例,未配位的Fe^{2+}的外层电子结构为$3s^2 3p^6 3d^6$,6 个 d 电子占据 5 个 d 轨道,d 轨道并未填满电子,d 电子的分布服从洪特规则,而 Fe^{2+} 的 4s、4p、4d 轨道是空的。在形成$[Fe(H_2O)_6]^{2+}$时,六个 H_2O 中配位氧原子的孤对电子进入 4s、4p、4d 轨道,形成 6 个等价的 sp^3d^2 杂化轨道,而 Fe^{2+} 的 $3s^2 3p^6 3d^6$ 结构则不受影响。

外轨型配合物的结构特征是在形成配合物时中心金属离子仍保持其自由离子状态的电子结构,配体的孤对电子仅进入 ns、np、nd 等外层空轨道而形成 sp、sp^2、sp^3 或 sp^3d^2 等外层杂化轨道。配合物 $[Zn(NH_3)_4]^{2+}$、$[Ni(H_2O)_4]^{2+}$、$[FeF_6]^{3-}$、$[Co(NH_3)_6]^{2+}$、$[Mn(H_2O)_6]^{2+}$ 等等都属于外轨型配合物。

如果配位原子的电负性很小(如CN^-中的 C 和—NO_2中的 N),就比较容易给出孤对电子,对中心离子的影响较大使其结构发生变化,$(n-1)d$ 轨道上的未成对电子被强行配对,空出内层能量较低的空轨道来接受配体的孤电子对,以 $(n-1)d$、ns、np 轨道组成杂化轨道。由于 $(n-1)d$ 是内层轨道,故称此类结构配合物为内轨型配合物。以配离子$[Fe(CN)_6]^{4-}$为例,相比于 H_2O,CN^- 是一种强配位剂,对 Fe^{2+} 的 d 电子的排斥力特别强,能将 6 个 d 电子强行"挤入"3 个 3d 轨道并均成对,六个 CN^- 中配位碳原子的孤对电子进入两个空的 3d 轨道和外层的 4s 和 4p 轨道,形成 6 个等价的 d^2sp^3 杂化轨道。

内轨型配合物的结构特征是在形成配合物时中心金属离子的电子结构受到配体的影响,结构发生改变。配体的孤对电子仅进入内层的 $(n-1)d$ 和外层的 ns、np 等空轨道而形成 dsp^2、dsp^3、d^2sp^3 杂化轨道。配合物 $[Ni(CN)_4]^{2-}$、$[Fe(CN)_6]^{3-}$、$[Co(NH_3)_6]^{3+}$、$[Mn(CN)_6]^{4-}$ 等都属于内轨型配合物。

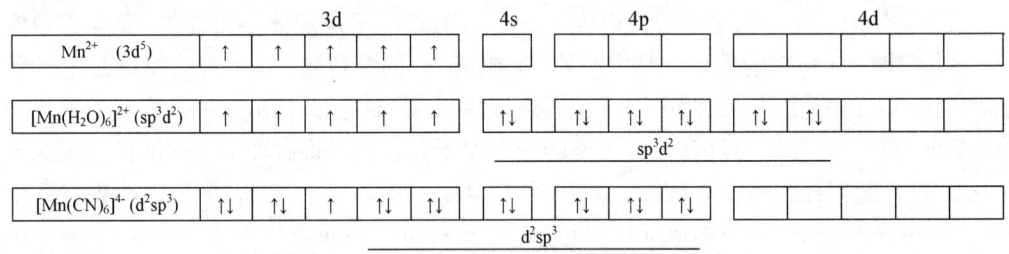

判断一种配合物是内轨型还是外轨型,往往采用测定磁矩的方法。因为物质的磁性与组成物质的原子(或分子)中的电子运动有关。未成对电子较多,则磁矩 μ 较大;未成对电子较少,则磁矩 μ 较小;没有未成对电子,则磁矩 μ 为零。磁矩 μ 的理论值与未成对电子数目 n 之间具有下列近似关系式:

$$\mu \approx \sqrt{n(n+2)}$$

μ 单位为波尔磁子(μ_B)。将测得磁矩的实验值和理论值比较,即可求出未成对电子数目,从而判断出配合物是内轨型还是外轨型。但上述公式仅适用于第一过渡系列金属离子形成的配合物,而对于第二、第三过渡系列金属配合物和稀土金属配合物偏差较大,一般不适用。

金属和配体反应时到底形成内轨型还是外轨型配合物不仅取决于配位原子的电负性,

还和中心金属离子的价电子层结构和所带电荷有关。对于内层轨道已经填满的离子,其 $(n-1)d$ 轨道不可能参与杂化成键,如 Zn^{2+} 和 Cu^+,故只能与配体形成外轨型配合物。对于不饱和电子构型的离子,如 Mn^{2+}、Fe^{2+}、Fe^{3+}、Co^{2+}、Co^{3+}、Ni^{2+} 等,既可以形成内轨型也可以形成外轨型配合物。对于同种元素不同价态离子,如 Co^{2+}、Co^{3+} 和 NH_3 形成配合物时,前者是外轨型的 $[Co(NH_3)_6]^{2+}$,后者是内轨型的 $[Co(NH_3)_6]^{3+}$。说明增加中心离子电荷,有利于形成内轨型。

价键理论把外轨型配合物看成是高自旋态型,把内轨型配合物看成是低自旋态型。价键理论成功地解释了配合物的配位数和空间构型,而且解释了高、低自旋配合物的磁性和稳定性差别。

但是,价键理论还只是一个定性理论,不能定量地说明配合物的性质,如第四周期过渡金属在与相同配体形成八面体型配合物时的稳定性常与金属所含的 d 电子数目有关,稳定性顺序大约是:$d^0<d^1<d^2<d^3<d^4>d^5<d^6<d^7<d^8<d^9>d^{10}$,而这样的稳定性变化规律价键理论不能解释;价键理论不能解释配合物的紫外光谱和可见吸收光谱。不能说明配合物为何都有自己的特征光谱,也无法解释过渡金属配合物为何有不同的颜色。

此外,价键理论无法解释夹心配合物,如二茂铁、二茂铬等的结构。对于含二价铜离子配合物(如 $[Cu(NH_3)_4]^{2+}$ 和 $[Cu(H_2O)_4]^{2+}$)的结构也不能做出很合理的解释。

由于价键理论存在上述的局限,自 20 世纪 50 年代开始晶体场理论和分子轨道理论逐渐成为主流,比较圆满地解决了价键理论中未能很好解决的问题。

8.3.2 晶体场理论

晶体场理论(crystal field theory,CFT)最早产生于 1929 年,与价键理论处于同一时期。但是直到 20 世纪 50 年代才被广泛用于解释配合物中化学键等问题。晶体场理论把配体看作点电荷(或偶极子),配体与中心原子之间如同阳离子与阴离子间的作用一样,重点考虑配体静电场对金属 d 轨道能量的影响,也即主要讨论中心原子的 d 电子在配体作用下的效应。晶体场理论不仅可以解释配合物的磁性,还可以解释配合物的光谱及颜色、晶格能和解离能、水合能等热力学性质。

1. 简并态 d 轨道能级的分裂

未受外电场作用的自由过渡金属离子中有 5 个能量相同,但取向不同的简并 d 轨道:$d_{x^2-y^2}$、d_{z^2}、d_{xy}、d_{yz} 和 d_{xz}。如果金属离子处于一个球形负电场中,d 轨道能量都增高了,但是球形负电场对 5 个 d 轨道的影响程度一样,d 轨道并不会分裂,仍为简并态。当金属离子与配体作用生成配合物时,由于受到来自配体的非球形负电场的影响,原来简并的 d 轨道会发生分裂,有的能量升高,有的能量降低,形成能级不同的 d 轨道。具体的分裂大小及分裂方式与配体的负电场的强弱有关,此外还与金属离子的配位构型(配位数)有关。

(1) 八面体场(Oh 场,Octahedral field)对 d 轨道的分裂作用

在配位数为 6 的八面体配合物 $[ML_6]$ 中,六个配体 L 所造成的晶体场叫八面体场。在八面体场的作用下,金属原子 M 的 5 个简并态 d 轨道分裂成两组:一组为能量较高的二重简并的 $d_{x^2-y^2}$、d_{z^2},用 e_g 表示;另一组为能量较低的三重简并的 d_{xy}、d_{yz} 和 d_{xz},用 t_{2g} 表示。具体的分裂情况是由于 $d_{x^2-y^2}$ 和 d_{z^2} 轨道正好沿着 $\pm x$、$\pm y$、$\pm z$ 6 个方向,受到配体 L 的静电

排斥最大,因此能量升高,而 d_{xy}、d_{yz} 和 d_{xz} 轨道则处于配体 L 之间,受到其静电排斥作用相对较小,因此能量较低。

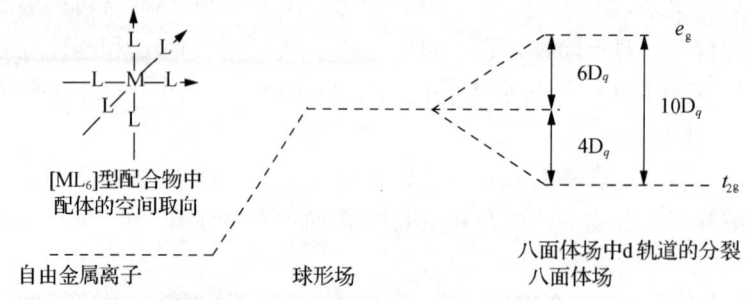

图 8-3 d 轨道在正八面体场内的能级分裂

(2) 四面体场(Td 场,Tetrahedral field)对 d 轨道的分裂作用

在配位数为 4 的四面体配合物[ML_4]中,四个配体 L 所造成的晶体场叫四面体场。在配合物[ML_4]中,金属原子 M 处于四面体的中心位置,四个配体 L 分别位于一个立方体的四个相互错开的顶点位置。d_{xy}、d_{yz} 和 d_{xz} 轨道与这些位置与靠的较近而能量较高,用 t_2 表示,而 $d_{x^2-y^2}$ 和 d_{z^2} 轨道则与这些位置与靠的较远而能量较低,用 e 表示。因此,5 个简并 d 轨道在四面体场下发生与八面体场时相反的分裂情况。

2. 晶体场分裂能

金属中心原子的 d 轨道在配体的负电场作用下发生分裂,产生能量高低不同的轨道,分裂的程度可用分裂能 Δ 表示,分裂能大小等于高能级和低能级之间的能量差。八面体场分裂能用 Δ_0 表示,并且认为规定 $\Delta_0 = E(e_g) - E(t_{2g}) = 10D_q$,四面体场分裂能用 Δ_t 表示,Δ_t 比 Δ_0 要小,$\Delta_t = E(t_2) - E(e) = (4/9)\Delta_0 = 4.45D_q$。

根据量子力学原理,在外电场作用下,d 轨道在分裂过程中应保持总能量不变。因此可得出 $2E(e_g) + 3E(t_{2g}) = 0$ 和 $3E(t_2) + 2E(e) = 0$ 两个方程式,和上述的两个方程联立可以得出两个二元一次方程,可以计算出八面体场中 e_g 和 t_{2g} 轨道的相对能量,$E(e_g) = 6D_q$、$E(t_{2g}) = -4D_q$,四面体场中 e 和 t_2 轨道的相对能量 $E(e) = -2.67D_q$、$E(t_2) = 1.78D_q$。

分裂能越大,说明配体对中心离子的影响越大。对于相同的金属离子的八面体场而言,配体对 Δ_0 的影响大致按以下顺序:$I^- < Br^- < Cl^- < SCN^-$(S 配位)$< F^- < OH^- < ONO^-$(O 配位)$< C_2O_4^{2-} < H_2O < SCN^-$(N 配位)$< EDTA < NH_3 < en$(乙二胺)$< NO_2^-$(N 配位)$< CN^- \sim CO$(均为 C 配位)。这个顺序称为"光谱化学序(spectrochemical series)",即晶体场强度的顺序,这实际上是配体场强度增加的顺序。通常将 CO 和 CN^- 称为强场配体,将 I^-、Br^-、Cl^- 等称为弱场配体。

此外,中心离子的电荷越高、d 轨道主量子数 n 越大则其分裂能 Δ 越大,比如 $[Fe(H_2O)_6]^{3+}$ 的分裂能比 $[Fe(H_2O)_6]^{2+}$ 要大。配位几何构型也与分裂能 Δ 有关:$\Delta_t < \Delta_0 < \Delta_d$($d$ 代表平面正方形 D_{4h})。

3. 晶体场稳定化能

由于配体场的作用中心金属离子的 d 轨道产生了分裂。d 电子进入分裂轨道后比在未分裂轨道前总能量降低的值称为晶体场稳定化能(crystal field stabilization energy,

CFSE)。这个能量越大,该配合物越稳定。以八面体场为例讨论配合物的 CFSE,根据 e_g 和 t_{2g} 轨道的相对能量和进入其中的电子数,就可以计算出八面体配合物的 CFSE。对于 d^1、d^2、d^3 的配合物,电子填充只有一种情况,即 d 电子进入到能量较低的 t_{2g} 轨道,其 CFSE 分别为 $-4D_q$、$-8D_q$、$-12D_q$;同样 d^8、d^9 和 d^{10} 的配合物,电子也只有一种填充方式,其 CFSE 分别为 $-12D_q$、$-6D_q$ 和 $0D_q$。对于 d 电子数在 3～7 之间的配合物,则存在低自旋和高自旋两种排列方式。比如在高自旋配合物 $[FeF_6]^{3-}$ 中,Fe^{3+} 的 5 个 d 电子有 3 个排在能量较低的 t_{2g} 轨道,2 个排在能量较高的 e_g 轨道,此时 CFSE$=(-4D_q)\times 3+(6D_q)\times 2=0$。如果在低自旋配合物 $[Fe(CN)_6]^{3-}$ 中,5 个 d 电子均排在能量较低的 t_{2g} 轨道,此时 CFSE$=(-4D_q)\times 5=20D_q$。

可以看出,d^5 低自旋配合物的 5 个 d 电子排在 3 个轨道中明显违背 Hund 规则,两个电子进入同一轨道要克服两个电子间的静电排斥作用,需要消耗一定的能量,这种能量被称为电子成对能,用 P 表示。对于 d^4、d^5、d^6 和 d^7 的配合物的电子究竟是按高自旋排列还是按低自旋排列,取决于分裂能 Δ_o 与成对能的相对大小。若配体场较弱,如 F^-,Δ_o 相对较小,即 $\Delta_o<P$,这种情况下 d 电子进入到能量较高的 t_{2g} 轨道,即配合物为高自旋,反之若配体场较强,如 CN^-,Δ_o 相对较大,即 $\Delta_o>P$,电子克服静电排斥作用形成电子对,进入能量较高的 e_g 轨道形成低自旋配合物。

4. 晶体场理论的应用

晶体场理论对于过渡金属配合物的磁性和颜色(电子光谱)具有较好的解释。

对于简单的金属配合物而言,若不考虑金属离子间的相互作用,其磁性质是由中心金属离子 d 轨道上的未成对电子数决定的,而未成对电子数又取决于 d 电子的排列方式,即和高自旋还是低自旋有关。价键理论尽管也可以解释配合物的磁性,但是其并不能判断配合物在何种情况下生成高自旋型的,何种情况下生成低自旋型的,只能根据中心原子的电子结构和配合物的磁矩定性推测。在晶体场理论中,d 电子是高自旋还是低自旋排布取决于分裂能 Δ 和成对能 P 的相对大小。因此晶体场理论不仅可以解释配合物的磁性,还可以通过测定分裂能 Δ 和成对能 P 的方式定量预测配合物的磁性。

含 d^1 到 d^9 电子的过渡金属配合物一般是有颜色的,如 $[Cu(H_2O)_6]^{2+}$ 和 $[Co(H_2O)_6]^{2+}$ 分别是蓝色和粉红色的。晶体场理论认为由于这些配合物的 d 轨道没有全充满,d 电子吸收与分裂能 Δ 能量相当的光后会从 t_{2g} 轨道跃迁到 e_g 轨道。这种跃迁称为 d-d 跃迁。d-d 跃迁所需要的能量恰好等于 t_{2g} 和 e_g 轨道之间的分裂能 Δ。配合物中 d 轨道的分裂能 Δ 的大小刚好落在可见光范围内,当可见光的一部分被吸收之后,观察到的光即配合物透射出或反射出的光就是有颜色的。被吸收的颜色和观察到的颜色之间是互补色光关系。

d-d 跃迁不仅解释了配合物的电子吸收光谱和颜色,同时也可以解释为什么具有 d^{10} 电子构型的金属配合物常常是无色的,如 Ag(Ⅰ)、Zn(Ⅱ)、Cd(Ⅱ)、Hg(Ⅱ)等配合物。因为在 d 轨道完全充满时,不能发生 d-d 跃迁。

8.4 配合物的解离平衡

视频：配离子稳定性比较

含有配离子的可溶性配合物在水中解离分为两种：一是像普通强电解质一样，完全解离生成外界离子和内界的离子；另一种类似于弱电解质，发生在配离子的中心离子和配体之间的部分解离现象。比如将配合物$[Cu(NH_3)_4]SO_4·H_2O$的固体溶于水中，会完全解离生成$[Cu(NH_3)_4]^{2+}$和SO_4^{2-}离子，$[Cu(NH_3)_4]^{2+}$还会部分解离生成浓度很小的Cu^{2+}和NH_3。在溶液中滴加少量$NaOH$并不会生成$Cu(OH)_2$沉淀，但是如果滴加Na_2S溶液会生成溶度积很小的CuS沉淀。

8.4.1 配位平衡常数

$[Cu(NH_3)_4]^{2+}$、Cu^{2+}、NH_3三者之间存在着类似于弱电解质的解离平衡。

$$[Cu(NH_3)_4]^{2+} \rightleftharpoons Cu^{2+} + 4NH_3 \qquad K_{不稳定} = \frac{c(Cu^{2+}) \times c^4(NH_3)}{c([Cu(NH_3)_4]^{2+})}$$

$$Cu^{2+} + 4NH_3 \rightleftharpoons [Cu(NH_3)_4]^{2+} \qquad K_{稳定} = \frac{c([Cu(NH_3)_4]^{2+})}{c(Cu^{2+}) \times c^4(NH_3)}$$

上述两个平衡反应，前者称为配离子的解离反应，后者称为配离子的生成反应。与之相应的标准平衡常数称为配合物的不稳定常数$K_{不稳}$和稳定常数$K_{稳定}$。$K_{不稳}$是配离子的不稳定性的量度，不同配离子具有不同的不稳定常数$K_{不稳}$，对配位数相同的配离子来说，$K_{不稳}$越大，表示配离子越易解离。稳定常数$K_{稳定}$是配离子的稳定性的量度，$K_{稳定}$越大，表示该配离子在水中越稳定。很明显，任意一个配合物的$K_{不稳}$和$K_{稳定}$之间为倒数关系。

8.4.2 逐级稳定常数

在溶液中配离子的生成一般是分步进行的，每一步都存在配位平衡，对应这些平衡也有一系列稳定常数，这类稳定常数称为逐级稳定常数（或分步稳定常数）。很明显，将配离子的各个逐级稳定常数依次相乘，即得配离子的稳定常数，$K_{稳定}=K_1 \times K_2 \times K_3 \times \cdots \cdots \times K_n$。本教材中对逐级稳定常数的意义和应用不做更多的描述。

$$M + L \rightleftharpoons ML \qquad K_1 = \frac{c([ML])}{c(M) \times c(L)}$$

$$ML + L \rightleftharpoons ML_2 \qquad K_2 = \frac{c([ML_2])}{c([ML]) \times c(L)}$$

$$ML_2 + L \rightleftharpoons ML_3 \qquad K_3 = \frac{c([ML_3])}{c([ML_2]) \times c(L)}$$

$$\vdots \qquad \vdots$$

$$ML_{n-1} + L \rightleftharpoons ML_n \qquad K_n = \frac{c([ML_n])}{c([ML_{n-1}]) \times c(L)}$$

8.4.3 累积稳定常数

将逐级稳定常数依次相乘，可得到各级累积稳定常数β_n（cumulative stability constant）。

$$\beta_1^{\ominus} = K_1^{\ominus} = \frac{c([ML])}{c(M) \times c(L)}$$

$$\beta_2^{\ominus} = K_1^{\ominus} K_2^{\ominus} = \frac{c([ML_2])}{c(M) \times c^2(L)}$$

......

$$\beta_n^{\ominus} = K_1^{\ominus} K_2^{\ominus} \cdots K_n^{\ominus} = \frac{c([ML_n])}{c(M) \times c^n(L)}$$

最后一级累积稳定常数就是配合物的总的稳定常数。一些常见配离子的累积稳定常数见附录 V。利用配合物的稳定常数，可计算配合物中有关物质的浓度，以及讨论配位平衡与其他平衡之间的关系等。

8.4.4 配合物稳定常数的应用

1. 计算配合物溶液中有关离子的浓度

虽然配离子存在逐级配位现象，但是在实际中，配合物溶液中大多含有过量的配位剂。过量的配体使中心离子基本处于最高配位状态，而低级配离子的浓度可以忽略不计，因此，在绝大多数情况下，可以用总的稳定常数 $K_{稳定}$ 进行相关计算。

【例 8-1】 将 $0.04\ mol \cdot L^{-1}$ 的硝酸银溶液和 $2\ mol \cdot L^{-1}$ 的 NH_3 溶液等体积混合，计算达到配位平衡后溶液中 Ag^+ 的浓度。

解：由于是等体积混合，硝酸银和 NH_3 的浓度都减少一半，分别为 $0.02\ mol \cdot L^{-1}$ 和 $1\ mol \cdot L^{-1}$。

设平衡后 Ag^+ 的浓度 $c(Ag^+) = x\ mol \cdot L^{-1}$，则 $c([Ag(NH_3)_2]^+) = (0.02-x)\ mol \cdot L^{-1}$，$c(NH_3) = 1 - 2 \times (0.02-x) = (0.96 + 2x)(mol \cdot L^{-1})$。

$$Ag^+ + 2NH_3 \rightleftharpoons [Ag(NH_3)_2]^+$$

平衡浓度/$mol \cdot L^{-1}$ x $0.96 + 2x$ $0.02 - x$

NH_3 大大过量，可以近似认为全部 Ag^+ 都生成 $[Ag(NH_3)_2]^+$，x 值极小，即 $0.02 - x \approx 0.02$，$0.96 + 2x \approx 0.96$。

$$K_{稳定} = \frac{c([Ag(NH_3)_2]^+)}{c^2(NH_3) \times c(Ag^+)} = \frac{0.02}{x \times 0.96^2} = 1.7 \times 10^7$$

$c(Ag^+) = x = 1.93 \times 10^{-9}\ mol \cdot L^{-1}$

2. 判断沉淀生成或溶解的可能性

有些难溶盐因为形成配合物而溶解，比如 AgCl 溶解于 NH_3 溶液是由于形成了 $[Ag(NH_3)_2]^+$ 离子。利用稳定常数可以计算难溶物质在有配位剂存在时的溶解度及达到溶解平衡时所需配位剂的量。在含有配离子的溶液中加入一定浓度的其他离子时会有新的沉淀生成，比如在含有 $[Ag(NH_3)_2]^+$ 离子的溶液中加入 Br^-，会生成 AgBr 沉淀。

【例 8-2】 计算 AgI 在 $1\ L\ 2\ mol \cdot L^{-1}$ 氨水中的溶解度。

解：设在 $1\ L\ 2\ mol \cdot L^{-1}$ 氨水中能溶解 AgI $x\ mol$，因为 $[Ag(NH_3)_2]^+$ 的稳定常数较大，且 NH_3 大大过量，可以近似认为全部 Ag^+ 都生成 $[Ag(NH_3)_2]^+$。

$$AgI + 2NH_3 \rightleftharpoons [Ag(NH_3)_2]^+ + I^-$$

平衡浓度/mol·L^{-1} $2-2x$ x x

$$K^{\ominus} = \frac{c([Ag(NH_3)_2]^+) \times c(I^-)}{c^2(NH_3)} = \frac{c([Ag(NH_3)_2]^+) \times c(I^-) \times c(Ag^+)}{c^2(NH_3) \times c(Ag^+)}$$

$$= K_{稳定}([Ag(NH_3)_2]^+) \times K_{sp}(AgI) = 1.7 \times 10^7 \times 8.3 \times 10^{-17} = 1.41 \times 10^{-9}$$

即
$$1.41 \times 10^{-9} = \frac{x^2}{(2-2x)^2}$$

因为 NH$_3$ 大大过量,所以 $2-2x \approx 2$,得 $x = 1.68 \times 10^{-3}$ mol,即 AgI 在 1 L 2 mol·L^{-1} 氨水中的溶解度为 1.68×10^{-3} mol。

【例 8-3】 在 $[Ag(NH_3)_2]^+$ 离子浓度为 0.10 mol·L^{-1} 的溶液中,逐滴加入 KBr 溶液,当 KBr 浓度达到 0.10 mol·L^{-1} 时是否有 AgBr 沉淀生成?

解: 设 $[Ag(NH_3)_2]^+$ 离子解离生成的 Ag$^+$ 浓度为 x mol·L^{-1},因为 $[Ag(NH_3)_2]^+$ 的稳定常数较大,解离度较小,平衡时 $[Ag(NH_3)_2]^+$ 离子的浓度近似等于 0.10 mol·L^{-1}。

$$Ag^+ + 2NH_3 \rightleftharpoons [Ag(NH_3)_2]^+$$

平衡浓度/mol·L^{-1} x $2x$ 0.10

$$K_{稳定} = \frac{c([Ag(NH_3)_2]^+)}{c^2(NH_3) \times c(Ag^+)} = \frac{0.10}{x \times (2x)^2} = 1.7 \times 10^7$$

解得 $x = 1.5 \times 10^{-3}$ mol·L^{-1}

$Q = c(Ag^+) \times c(Br^-) = 1.5 \times 10^{-3} \times 0.10 = 1.5 \times 10^{-4} > K_{sp}(AgBr) = 5.0 \times 10^{-13}$。

所以有 AgBr 沉淀生成。

3. 计算金属和配离子间的电极电势值

金属离子形成稳定配离子后,浓度会急剧下降,根据能斯特(Nernst)方程,氧化还原电对的电极电势随着配合物的形成会发生改变。

【例 8-4】 已知 $E^{\ominus}(Ag^+/Ag) = 0.799$ V,求 $[Ag(NH_3)_2]^+ + e^- \rightleftharpoons Ag + 2NH_3$ 体系的标准电极电势值 $E^{\ominus}([Ag(NH_3)_2]^+/Ag)$。

解: 按照题意,$[Ag(NH_3)_2]^+$ 和 NH$_3$ 浓度均应为 1 mol·L^{-1},设达到平衡时 Ag$^+$ 浓度为 x mol·L^{-1}。

$$Ag^+ + 2NH_3 \rightleftharpoons [Ag(NH_3)_2]^+$$

平衡浓度/mol·L^{-1} x 1   1

$$K_{稳定} = \frac{c([Ag(NH_3)_2]^+)}{c^2(NH_3) \times c(Ag^+)} = \frac{1}{x \times 1} = 1.7 \times 10^7$$

解得 $x = 5.9 \times 10^{-8}$ mol·L^{-1}

根据能斯特方程,$E^{\ominus}([Ag(NH_3)_2]^+/Ag) = E(Ag^+/Ag) = 0.799 + 0.059 \, 2\lg c(Ag^+) = 0.38$ V。

4. 判断配离子转化反应的方向

配离子之间的转化反应向着生成更稳定配离子的方向进行,如在 $[Fe(SCN)_6]^{3-}$ 溶液中加入 F$^-$ 离子,血红色会逐渐消失,这是因为生成了无色的更稳定的配离子 $[FeF_6]^{3-}$,两种配离子的稳定常数相差越大,转化越完全。转化反应的方向和限度可以通过平衡常数来确定。

【例 8-5】 计算配位反应：$[Ag(NH_3)_2]^+ + 2CN^- \rightleftharpoons [Ag(CN)_2]^- + 2NH_3$ 平衡常数，并判断配位反应进行的方向。

解：根据题意，该转化反应的标准平衡常数为

$$K^\ominus = \frac{c([Ag(CN)_2]^-) \times c^2(NH_3)}{c([Ag(NH_3)_2]^+) \times c^2(CN^-)} = \frac{c([Ag(CN)_2]^-) \times c^2(NH_3)}{c([Ag(NH_3)_2]^+) \times c^2(CN^-)} \times \frac{c(Ag^+)}{c(Ag^+)}$$

$$= K_{稳定}([Ag(CN)_2]^-) / K_{稳定}([Ag(NH_3)_2]^+) = \frac{1.0 \times 10^{21}}{1.7 \times 10^7} = 5.9 \times 10^{13}$$

平衡常数 $K^\ominus$ 很大，所以反应向正方向，即生成 $[Ag(CN)_2]^-$ 方向进行。

8.5 配位滴定法

8.5.1 配位滴定法概述

配位滴定法是以金属离子和配位剂反应生成配合物为基础的滴定分析法。例如，Ag^+ 和 CN^- 可以反应生成稳定的 $[Ag(CN)_2]^-$ 配离子，当到化学点时 Ag^+ 与 CN^- 反应的物质的量之比为 1∶2，此时若再加入 1 滴 Ag^+ 溶液就可以生成白色的 $Ag[Ag(CN)_2]$ 沉淀，指示到达滴定终点。利用这个反应可以测定 Ag^+ 或 CN^- 含量。用于配位滴定的反应必须符合完全、定量、快速的要求，形成的配合物要相当稳定，配位数必须固定，此外还必须要有适当指示剂指示终点。无机配位剂（如 NH_3、Cl^-、SCN^- 等）可以和很多金属离子发生配位反应，但是能像上述那样的用于配位滴定的反应却极为有限。因为大多数无机配合物的稳定性差，配位数不固定，往往同时生成好几种配位数的配合物，使金属离子与配位剂之间没有明确的计量关系，有些反应没有合适的指示剂，难以判断终点，所以无机配位剂在配位滴定中使用的较少。

广泛使用的配位滴定剂是含有—$N(CH_2COOH)_2$ 基团的有机物，称为氨羧配位剂。目前已知的氨羧配位剂有几十种，其中应用最广的是乙二胺四乙酸（ethylene diamine tetraacetic acid），简称 EDTA。其结构式如下：

$$\begin{array}{c} HOOCH_2C \\ ^-OOCH_2C \end{array} \!\!\! HN^+ \!\!-\!\! CH_2 \!\!-\!\! CH_2 \!\!-\!\! \overset{H}{\underset{+}{N}} \!\!\! \begin{array}{c} CH_2COO^- \\ CH_2COOH \end{array}$$

EDTA 是一种有机四元酸，通常用 H_4Y 表示，分子中含有两个氨基和四个羧基，在实际中通常用溶解度较大的二钠盐，也简称 EDTA，用 $Na_2H_2Y \cdot 2H_2O$ 表示。EDTA 能与大多数金属离子配位，生成含有五个五元环的稳定性很高的螯合物，除去极少数情况，它与金属离子的配位比都是 1∶1。通常所说的配位滴定主要指以 EDTA 为滴定剂的滴定分析方法。

EDTA(H_4Y) 还可以再接受两个质子，形成 H_6Y^{2+}，相当于六元酸的形式。在水溶液中，EDTA 总是以 H_6Y^{2+}、H_5Y^+、H_4Y、H_3Y^-、H_2Y^{2-}、HY^{3-}、Y^{4-} 等七种形式同时存在的，七种型体之间存在六级解离平衡，有六个解离平衡常数。当溶液 pH 不同时，各个型体的分布分数 δ 也不相同（图 8-4）。在 pH<1 的强酸性溶液中，EDTA 主要以 H_6Y^{2+} 型体存在；在 pH>10.34 的溶液中主要以 Y^{4-} 形式存在。在 EDTA 的多种型体中，只有 Y^{4-} 可以与金

属进行配位,所以溶液酸度对配位滴定有很大影响。

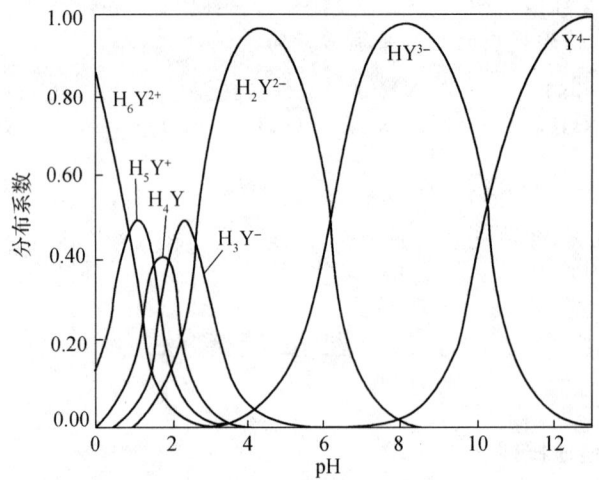

图 8-4 EDTA 各种型体的分布系数与溶液 pH 的关系

8.5.2 配合物的条件稳定常数

配位滴定中所涉及的化学平衡比较复杂。除了被测金属离子与滴定剂 EDTA 之间的主反应:M+Y⇌MY(略去电荷)之外,还存在许多副反应。配位剂 Y 可以与溶液中 H^+ 离子和其他干扰金属离子 N 发生副反应;金属离子可以与溶液中 OH^- 和其他配位剂 L 发生副反应;配合物 MY 在酸度较高的情况下会与 H^+ 发生副反应,形成 MHY,在碱度较高时会与 OH^- 反应生成 MOHY,但是酸式配合物和碱式配合物一般都不太稳定,计算时可以忽略不计。引入副反应系数(α),就可以定量地表示副反应进行的程度,下面分别讨论金属 M 和配位剂 Y 的副反应及副反应系数。

1. 滴定剂 Y 的副反应系数 α_Y

在 EDTA 的多种型体中,只有 Y^{4-} 可以与金属离子进行配位,滴定剂的副反应系数定义为 $\alpha_Y=\dfrac{c(Y')}{c(Y^{4-})}$,它表示未与 M 配位的 EDTA 各种存在型体的总浓度 $c(Y')$ 与能直接参与主反应的 Y^{4-} 的平衡浓度 $c(Y^{4-})$ 之比。α_Y 值越大,表示滴定剂发生的副反应越严重。$c(Y')=c(Y^{4-})$ 时,$\alpha_Y=1$,表示滴定剂未发生副反应。通常情况下,副反应总是存在的,所以 $c(Y')>c(Y^{4-})$,α_Y 总是大于 1。滴定剂 Y 与溶液中 H^+ 和其他干扰金属离子 N 发生副反应;分别用 $\alpha_{Y(H)}$ 和 $\alpha_{Y(N)}$ 表示,其主要作用的是 $\alpha_{Y(H)}$,若溶液中仅有 H^+ 与 Y 发生副反应,则 $\alpha_Y=\alpha_{Y(H)}$。因为 H^+ 与 Y 反应而使 EDTA 与 M 配位能力下降的现象称为酸效应,$\alpha_{Y(H)}$ 也称为酸效应系数。必须注意,滴定混合离子时,必须要考虑 $\alpha_{Y(N)}$。

$$\alpha_Y=\frac{c(Y')}{c(Y^{4-})}$$

$$=\frac{c(Y^{4-})+c(HY^{3-})+c(H_2Y^{2-})+c(H_3Y^-)+c(H_4Y)+c(H_5Y^+)+c(H_6Y^{2+})}{c(Y^{4-})}$$

$$=1+\frac{c(HY^{3-})}{c(Y^{4-})}+\frac{c(H_2Y^{2-})}{c(Y^{4-})}+\frac{c(H_3Y^-)}{c(Y^{4-})}+\frac{c(H_4Y)}{c(Y^{4-})}+\frac{c(H_5Y^+)}{c(Y^{4-})}+\frac{c(H_6Y^{2+})}{c(Y^{4-})}$$

$$= 1 + \beta_1 c(H^+) + \beta_2 c^2(H^+) + \beta_3 c^3(H^+) + \beta_4 c^4(H^+) + \beta_5 c^5(H^+) + \beta_6 c^6(H^+)$$

在上式中 β_n 为 EDTA 的积累质子化常数，随着溶液酸度的升高，酸效应系数 $\alpha_{Y(H)}$ 增大，表明由酸效应引起的副反应也越大，EDTA 与金属离子的配位能力就越小。为了应用方便，将不同 pH 时 $\lg\alpha_{Y(H)}$ 计算出来列成表 8-1。

表 8-1　EDTA 在不同 pH 条件时的酸效应系数

pH	$\lg\alpha_{Y(H)}$	pH	$\lg\alpha_{Y(H)}$	pH	$\lg\alpha_{Y(H)}$	pH	$\lg\alpha_{Y(H)}$
0.0	23.64	3.8	8.85	7.4	2.88	11.0	0.07
0.4	21.32	4.0	8.44	7.8	2.47	11.5	0.02
0.8	19.08	4.4	7.64	8.0	2.27	11.6	0.02
1.0	18.01	4.8	6.84	8.4	1.87	11.7	0.02
1.4	16.02	5.0	6.45	8.8	1.48	11.8	0.01
1.8	14.27	5.4	5.69	9.0	1.28	11.9	0.01
2.0	13.51	5.8	4.98	9.4	0.92	12.0	0.01
2.4	12.19	6.0	4.65	9.8	0.59	12.1	0.01
2.8	11.09	6.4	4.06	10.0	0.45	12.2	0.005
3.0	10.60	6.8	3.55	10.4	0.24	13.0	0.0008
3.4	9.80	7.0	3.32	10.8	0.11	13.9	0.0001

2. 金属离子 M 的副反应系数 α_M

配位滴定系统中如果存在其他的配位剂 L（可能来自于指示剂、掩蔽剂、缓冲剂等），或者在 pH 较大的溶液中进行滴定时，金属离子 M 会与 L 或 OH^- 发生干扰主反应的副反应，干扰程度可用副反应系数 α_M 表示。α_M 的定义是 $\alpha_M = \dfrac{c(M')}{c(M)}$，表示未与滴定剂 Y 配位的金属离子 M 的各种物种总浓度 $c(M')$ 是游离金属离子浓度 $c(M)$ 的多少倍。α_M 值越大，副反应越严重。

当仅考虑 M 与配位剂 L 的副反应时，副反应系数用 $\alpha_{M(L)}$ 表示：

$$\alpha_M = \frac{c(M')}{c(M)} = \frac{c(M) + c(ML_1) + c(ML_2) + \cdots + c(ML_n)}{c(M)}$$

$$= 1 + \frac{c(ML_1)}{c(M)} + \frac{c(ML_2)}{c(M)} + \cdots + \frac{c(ML_n)}{c(M)}$$

$$= 1 + \beta_1 c(L) + \beta_2 c^2(L) + \cdots + \beta_n c^n(L)$$

$\alpha_{M(L)}$ 是游离 L 浓度的函数。如果 L 也有酸效应，则溶液的 pH 还会影响 $c(L)$ 值，进而影响 $\alpha_{M(L)}$ 值。

在酸度较低时，OH^- 的浓度较高，可以与金属离子 M 发生副反应形成羟基配合物，其副反应系数称为羟合效应系数，用 $\alpha_{M(OH)}$ 表示。一些金属离子在不同 pH 下的 $\lg\alpha_{M(OH)}$ 值可以通过查表得知。

实际中往往是金属离子 M 同时发生多种副反应，因此 $\alpha_M \approx \alpha_{M(OH)} + \alpha_{M(L_1)} + \alpha_{M(L_2)} + \alpha_{M(L_3)} + \cdots + \alpha_{M(L_n)}$。

3. 配合物的条件稳定常数

在配位滴定中,由于各种副反应的存在,配合物的实际稳定性下降,配合物的稳定常数 $K_{稳定}$ 就不能真实反映主反应进行的程度。应该用未参与配位的金属离子 M 各种存在型体的总浓度 $c(M')$ 代替游离金属离子浓度 $c(M)$;用未参与配位的 EDTA 各存在型体的总浓度 $c(Y')$ 代替游离的 Y^{4-} 浓度 $c(Y^{4-})$。此时配合物的稳定性可表示为

$$K'_{稳定} = \frac{c(MY)}{c(M')c(Y')} = \frac{c(MY)}{\alpha_M c(M) \times \alpha_Y c(Y)} = \frac{K_{稳定}}{\alpha_M \alpha_Y}$$

即 $\lg K'_{稳定} = \lg K_{稳定} - \lg \alpha_M - \lg \alpha_Y$

在一定条件下,α_M 和 α_Y 均为定值,因此 $K'_{稳定}$ 在一定条件下是常数,因此称为条件稳定常数。条件稳定常数是用副反应系数校正后的配合物的实际稳定常数。

8.5.3 配位滴定曲线

视频:配位滴定终点判断

在配位滴定中,随着滴定剂 EDTA 的加入,金属离子 M 不断被配位,浓度逐渐减小。到达化学计量点附近时,溶液的 $pM(-\lg c(M))$ 发生急剧变化,产生滴定突跃。选择合适的指示剂可以指示滴定终点。如果以滴定剂 EDTA 的加入量为横坐标,以 pM 为纵坐标作图,可得配位滴定曲线。

以 $0.010\ 00\ \text{mol} \cdot \text{L}^{-1}$ 的 EDTA 溶液滴定 $20.00\ \text{mL}\ 0.010\ 00\ \text{mol} \cdot \text{L}^{-1}$ 的 Ca^{2+} 溶液为例,讨论滴定过程中金属离子浓度的变化情况,滴定是在在 pH=12 的缓冲体系中进行,假定不存在其他配位剂。

查表可知,$\lg K_{稳定}(CaY) = 10.69$,$\lg \alpha_{Y(H)} = 0.01$。

$\lg K'_{稳定}(CaY) = \lg K_{稳定}(CaY) - \lg \alpha_{Y(H)} = 10.69 - 0.01 = 10.68$。

滴定前,$c(Ca^{2+})$ 为原始浓度决定。$c(Ca^{2+}) = 0.010\ 00\ \text{mol} \cdot \text{L}^{-1}$,pCa=2.00。

滴定开始至化学计量点前,近似地以剩余的 Ca^{2+} 浓度来计算 pCa。

当若加入 EDTA 的体积为 19.98 mL(即被滴定 99.90%)时,溶液中 Ca^{2+} 的浓度为

$$c(Ca^{2+}) = \frac{0.010\ 00 \times 0.02}{20.00 + 19.98} = 5.0 \times 10^{-6}\ (\text{mol} \cdot \text{L}^{-1})$$

化学计量点时,由于配合物 CaY 比较稳定,几乎全部配位成配合物 CaY,$c(Ca^{2+}) = c(Y)$,$c(CaY) = 5.000 \times 10^{-3}\ \text{mol} \cdot \text{L}^{-1}$,根据配位平衡来计算 Ca^{2+} 的浓度。

$$K_{稳定}'(CaY) = \frac{c(CaY)}{c(Ca^{2+}) \times c(Y)} = \frac{c(CaY)}{c^2(Ca^{2+})} = 10^{10.68}$$

所以,$c(Ca^{2+}) = 3.3 \times 10^{-7}$,pCa=6.48。

化学计量点后,当加入的滴定剂为 20.02 mL 时,EDTA 过量 0.02 mL,其浓度为

$$c(Y) = \frac{0.02 \times 0.010\ 00}{20.00 + 20.02} = 5.0 \times 10^{-6}\ (\text{mol} \cdot \text{L}^{-1})$$

同时,可以近似认为 $c(CaY) = 5.0 \times 10^{-3}\ \text{mol} \cdot \text{L}^{-1}$,因此

$$c(Ca^{2+}) = \frac{5.0 \times 10^{-3}}{10^{10.68} \times 5.0 \times 10^{-6}} = 2.0 \times 10^{-8}\ (\text{mol} \cdot \text{L}^{-1}),\ pCa=7.70。$$

如此逐一计算,以 pCa 为纵坐标,加入 EDTA 标准溶液的百分数(或体积)为横坐标作

图,即得用 EDTA 标准溶液滴定 Ca^{2+} 的滴定曲线(图 8-5)。

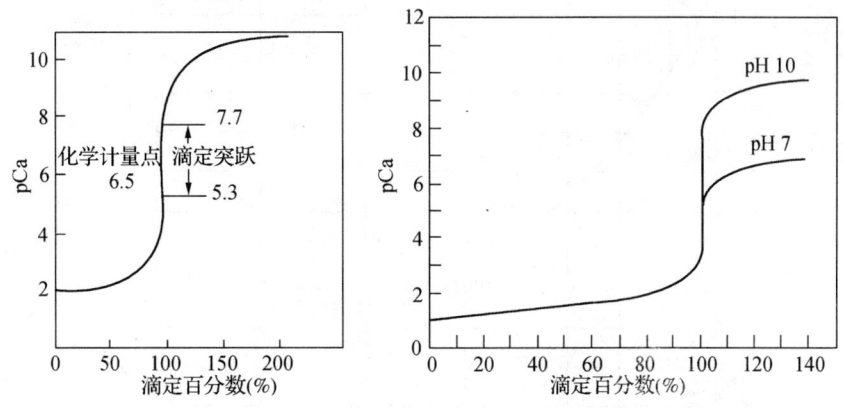

图 8-5　EDTA 滴定 Ca^{2+} 的滴定曲线

滴定突跃的大小是决定配位滴定准确度的重要依据,突跃越大,准确度越高。配位滴定的突跃大小取决于两个因素:一是条件稳定常数 $K'_{稳定}$ 的大小,条件一定时,条件稳定常数越大,突跃范围越大,因为 $K'_{稳定}$ 和酸碱性有关,所以滴定突跃会随着 pH 变化而变化,如 EDTA 滴定 Ca^{2+} 时,从 pH 等于 7、10、12 时,突跃范围越来越大;二是被滴定金属离子起始浓度的大小,金属离子起始浓度越小,滴定曲线的起点越高,因而其突跃部分就越短,从而使滴定突跃变小。

配位滴定所需要的条件取决于允许误差范围和检测终点的准确度。若允许误差为 $\pm 0.1\%$,而配位滴定目测终点的 ΔpM 值一般会有 ± 0.2 的误差,要想用 EDTA 成功滴定金属离子 M,则要求 $\lg[c(M) \times K'_{稳定}] \geqslant 6.0$。若当金属离子浓度 $c(M) = 0.01\ mol \cdot L^{-1}$,则要求配合物的条件稳定常数 $K'_{稳定} \geqslant 10^8$。

8.5.4　配位滴定中酸度的控制

酸度对配位滴定的影响非常大,因为与金属离子直接配位的是 Y^{4-},而溶液的酸度影响 Y^{4-} 的浓度大小,因此 pH 不能太低。同时,pH 不能太高,否则金属离子会发生水解。

配位滴定最高允许酸度或最低 pH 可以通过 $\lg[c(M) \times K'_{稳定}] \geqslant 6.0$ 这一条件来确定。若 $c(M) = 0.01\ mol \cdot L^{-1}$,则要求 $K'_{稳定} \geqslant 10^8$,即 $K'_{稳定} = [K_{稳定} - \alpha_{Y(H)}] \geqslant 10^8$,也即 $\lg\alpha_{Y(H)} \leqslant \lg K_{稳定} - 8$。根据不同 pH 时所对应的 $\lg\alpha_{Y(H)}$ 值可以计算出滴定该 M 离子的最高允许酸度或最低 pH。

以 pH-$\lg\alpha_{Y(H)}$ 作图所得曲线称酸效应曲线,如图 8-6 所示。图中有两个横坐标,除了 $\lg\alpha_{Y(H)}$ 还有 $\lg K_{稳定}$,这是根据 $\lg\alpha_{Y(H)} \leqslant \lg K_{稳定} - 8$ 这一关系式得出的。从曲线上可以直接查得 EDTA 滴定各金属离子的最高允许酸度。对稳定性高的配合物(如 BiY),可在较高酸度的条件下滴定;对于稳定性较差的配合物(如 MgY),则必须在酸度较低条件下滴定。

配位滴定还必须要考虑最低酸度,酸度太低,否则金属离子会发生水解,这可以由 $M(OH)_n$ 的溶度积求得。

配位滴定最佳酸度必然在最高和最低酸度之间,但是还必须要考虑使用的指示剂。不同的指示剂有其各自的酸度要求。因此直接滴定金属离子的 pH 范围应根据具体情况而定。

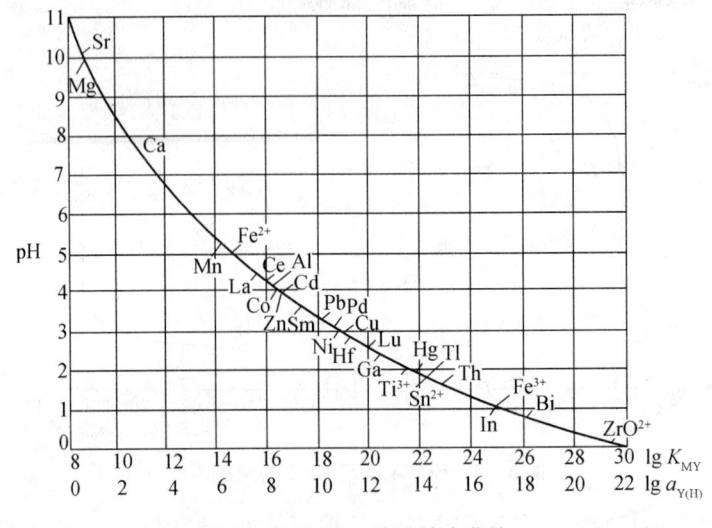

图 8-6　EDTA 的酸效应曲线

在滴定过程中，EDTA 的其他型体会逐渐转化成 Y^{4-}，不断释放出 H^+，使溶液酸度不断增高，从而降低 $K'_{稳定}(MY)$ 值，因此，配位滴定常加入一定量的缓冲溶液来控制酸度，加入何种缓冲溶液取决于配位滴定的最佳酸度。

8.5.5　配位滴定的指示剂

配位滴定分析中常使用金属指示剂（metallochromic indicator）指示终点。金属指示剂是一种有机染料，它能与金属离子形成与其本身颜色显著不同的有色配合物。配位滴定之前，将几滴指示剂 In 加到被测金属离子 M 的溶液中，并和少量金属离子 M 形成配合物 MIn，这时溶液颜色为配合物 MIn 的颜色。滴定开始后，金属离子 M 不断被配位，接近到化学计量点时，指示剂形成的配合物 MIn 中的金属离子 M 被 EDTA 夺取，释放出的指示剂 In，此时溶液颜色为指示剂 In 的颜色。通过颜色的变化判断终点的到达。

作为金属指示剂应具备的主要条件是：

（1）指示剂与金属离子的反应要迅速，要有一定的选择性，一定条件下只对某一种（或几种）离子发生显色反应；指示剂要稳定，以利于储存和使用。

（2）金属指示剂配合物与指示剂的颜色必须要有明显的区别，这样终点的变化才明显，便于判断。

（3）金属指示剂配合物 MIn 的稳定性应略低于滴定剂配合物 M－EDTA，一般稳定常数要小两个数量级，否则 EDTA 不能夺取 MIn 中的 M，在化学计量点时将看不到溶液颜色的变化，这种现象称为指示剂的封闭现象。当然 MIn 的稳定性不能太低，否则终点会过早出现。

（4）金属指示剂配合物 MIn 必须要易溶于水，若溶解度小，会使 EDTA 与 MIn 的交换反应进行缓慢，从而使终点拖长，这种现象称为指示剂的僵化。

金属指示剂有很多种，其中最常见的有铬黑 T 和钙指示剂。

1. 铬黑 T

铬黑 T 是弱酸性偶氮染料，其化学名称为 1-(1-羟基-2-萘偶氮)-6-硝基-2-萘酚-

4-磺酸钠,简称 EBT,结构式见图 8-7(a)。它与金属离子形成的配合物显红色。而未配位的铬黑 T 的水溶液的颜色随 pH 的不同而呈现不同的颜色：pH<6.3 时显紫红色,pH>11.5 时显橙色,紫红色和橙色都跟金属指示剂配合物的颜色相差不大,难以判断；当 pH 在 6.3～11.5 之间时显示蓝色,与红色明显不同。根据实验,以铬黑 T 为指示剂,用 EDTA 进行直接滴定时,最佳的酸度是在 pH=9～10.5 之间。比如,在 pH 为 10 的缓冲体系中,以铬黑 T 为指示剂,用 EDTA 可以滴定 Mg^{2+}、Zn^{2+}、Cd^{2+}、Pb^{2+} 和 Mn^{2+} 等,当溶液颜色有红色变为蓝色时,到达滴定终点。Al^{3+}、Fe^{3+}、Cu^{2+} 等离子对铬黑 T 有封闭作用。

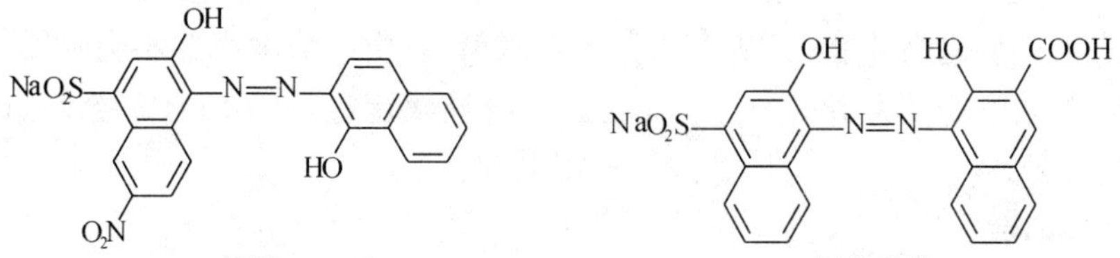

图 8-7 金属指示剂

铬黑 T 的水溶液不稳定,很容易因聚合而失效,如果与固体 NaCl(或 KCl)以 1∶100 比例混合,配成固体混合物使用,则相当稳定,保存时间较长。

2. 钙指示剂

钙指示剂的化学名称是 2-羟基-1-(2-羟基-4-磺酸基-1-萘偶氮)-3-萘甲酸,简称 NN,结构见图 8-7(b)。此指示剂的金属配合物颜色为酒红色,而它的水溶液在 pH<8 时显示酒红色,在 pH 为 8～13.5 时显示蓝色,故主要用于 pH 在 12～13 时滴定 Ca^{2+} 的指示剂。Al^{3+}、Fe^{3+}、Mn^{2+}、Cu^{2+} 等离子对钙指示剂有封闭作用。

钙指示剂的水溶液和乙醇溶液均不稳定,通常以干燥的 NaCl 或 KCl 作稀释剂把它配成固体混合物使用。

8.5.6 配位滴定的方式和应用示例

1. 配位滴定方式

配位滴定法主要用于测定各种金属离子的含量。在滴定中采用不同的滴定方式,不但能提高配位滴定的选择性,而且能扩大配位滴定的应用范围。常用的滴定方式有以下几种。

(1) 直接滴定法

它是配位滴定中常用的基本方法,如果金属离子与 EDTA 反应满足滴定分析的要求时就可以直接滴定。直接滴定法具有方便、快速的优点,可能引入的误差也较少。大多数金属离子(如 Mg^{2+}、Ca^{2+}、Cd^{2+}、Zn^{2+}、Cu^{2+}、Pb^{2+}、Ni^{2+}、Fe^{3+}、Hg^{2+}、Bi^{3+}、Th^{4+} 等)都可用 EDTA 直接进行滴定,根据 EDTA 标准溶液的浓度和所消耗的体积,计算试样中被测组分的含量。

例如,用 EDTA 可以在 pH 为 10 的缓冲体系中测定水中 Ca^{2+} 和 Mg^{2+} 的总含量。含有较多钙、镁离子的水称为硬水,通常将水中 Ca^{2+} 和 Mg^{2+} 的总含量折合为 $CaCO_3$(或 CaO)来计算水的硬度。当缓冲体系 pH 升高至 12 时 Mg^{2+} 形成沉淀而被掩蔽,可以单独测定 Ca^{2+} 的含量,两者之差即为 Mg^{2+} 的含量。

(2) 返滴定法

若被测离子与 EDTA 反应缓慢,被测离子在滴定条件下会发生水解等副反应,EDTA 无合适的指示剂或指示剂存在封闭现象,具有上述情况时可采用返滴定法。返滴定法是加入过量的 EDTA 标准溶液,使被测离子完全反应,然后用另一种金属离子的标准溶液返滴定过量的 EDTA,根据两种标准溶液消耗量之差,即可求得被测物质的含量。

用 EDTA 测定 Al^{3+} 就属于上述情况,Al^{3+} 与 Y^{4-} 反应速度较慢慢,在 pH 较大时 Al^{3+} 会水解,而且 Al^{3+} 还会封闭指示剂,因此需要用返滴定法测定 Al^{3+}。在含 Al^{3+} 的酸性待测液中加入过量的 EDTA 标准溶液,调节 pH 至 3~4,加热煮沸溶液使反应充分进行。由于溶液酸性较强,且配位剂过量,所以 Al^{3+} 并不会水解,且由于浓度小并不会封闭指示剂。待溶液冷却后,以二甲酚橙为指示剂,用 Zn^{2+} 标准溶液滴定过量的 EDTA 至终点,从而可以求出 Al^{3+} 的含量。

(3) 置换滴定法

置换滴定法可以分为两种情况。一是将被测离子和干扰离子先与 EDTA 标准溶液完全反应,然后加入另一类选择性高的配体夺取被测离子而释放出等当量的 EDTA,用金属离子标准溶液滴定置换出的 EDTA,根据前后两次所用 EDTA 标准溶液的体积即可计算出金属的含量。如测 Al^{3+} 和 Zn^{2+} 混合液中的 Al^{3+},先在混合液中加入过量的 EDTA 标准溶液,使其充分反应,用 Zn^{2+} 标准溶液滴定过量的 EDTA。然后加入 NH_4F 生成 AlF_6^{3-} 并释放出等当量的 EDTA,用 Zn^{2+} 标准溶液滴定 EDTA 就可以测出 Al^{3+} 含量。

另一种情况是用过量的配合物 NL 和被测离子 M 反应置换出金属离子 N,用 EDTA 标准溶液滴定 N 离子,即可求得金属 M 的含量。例如 Ag^+ 和 EDTA 形成的配合物稳定性不高,不能用 EDTA 直接滴定 Ag^+。若在含 Ag^+ 的溶液中加入过量的 $[Ni(CN)_4]^{2-}$ 配离子,会置换出与 Ag^+ 等当量的 Ni^{2+},然后用 EDTA 标准溶液滴定置换出的 Ni^{2+},可以求得 Ag^+ 的含量。

(4) 间接滴定法

有些金属离子(如 Li^+、Na^+、K^+ 等)与 EDTA 的配合物稳定性很小,有些非金属离子(如 SO_4^{2-} 和 PO_4^{3-} 等)不能和 EDTA 反应,可以利用间接滴定法测定它们的含量。比如 K^+ 可以 $K_2Na[Co(NO_2)_6] \cdot 6H_2O$ 形式沉淀下来,将沉淀、洗涤、并再次溶解形成溶液后,可以用 EDTA 滴定溶液中含有的 Co^{2+}。又如 PO_4^{3-} 可以沉淀为 $MgNH_4PO_4 \cdot 6H_2O$,将沉淀分离出来,洗涤并用 HCl 溶液,调节 pH 后,用 EDTA 标准溶液滴定溶液中的 Mg^{2+},即可求得 PO_4^{3-} 的含量。

8.5.7 提高配位滴定选择性的方法

在实际滴定中,会经常遇到多种金属离子共存的情况,由于 EDTA 能与大多数金属离子生成稳定的配合物,所以如何在含有多种金属离子的溶液中进行选择性滴定显得非常重要。所谓选择性滴定指的是当溶液中存在几种金属离子时,EDTA 只滴定其中的一种离子,而其他离子对该离子的滴定没有影响。提高配位滴定选择性的方法主要有以下几种。

1. 控制酸度

溶液的酸度对 EDTA 配合物的稳定性有很大影响。故在某些情况下,适当控制酸度可以提高滴定的选择性。例如在 pH=10 时 Mg^{2+} 会干扰 Zn^{2+} 的滴定,但是在 pH=5 时则不会干扰。又比如含有 Fe^{3+}、Zn^{2+}、Mg^{2+}、Ca^{2+} 等离子共存的混合溶液,可在 pH=2 时以磺基水杨酸为指示剂,用 EDTA 直接滴定 Fe^{3+},其他离子对滴定没有影响。一般两种离子的 $K_{稳定}$ 相差 10^6 以上,就可以用控制酸度的方法来达到选择性测定某一离子的目的。

2. 使用掩蔽剂法

当存在干扰离子时,若能加入与干扰离子起反应的试剂(掩蔽剂),使干扰离子生成更为稳定的配合物,或发生氧化还原反应,或生成沉淀等方式以消除其对滴定的干扰,这些消除干扰的方法称为掩蔽法。按照发生反应类型的不同,可分类如下。

(1) 配位掩蔽法

在溶液中加入配位剂(掩蔽剂),利用配位反应降低干扰离子的浓度以消除干扰的方法叫作配位掩蔽法,这是用得最广泛的方法。例如,pH=10 时,用 EDTA 测定水中的 Ca^{2+} 和 Mg^{2+} 时,Fe^{3+} 和 Al^{3+} 等离子的干扰可加入三乙醇胺掩蔽。又如,pH=10 时,用 EDTA 滴定 Mg^{2+} 时,Zn^{2+} 的干扰可用 KCN 掩蔽。常用的无机掩蔽剂有 NaF 和 NaCN 等;有机掩蔽剂有柠檬酸、酒石酸、草酸、三乙醇胺、二巯基丙醇等;EDTA 本身也可用作掩蔽剂。

(2) 氧化还原掩蔽法

利用氧化还原反应来改变干扰物质的价态,以达到消除干扰的方法叫作氧化还原掩蔽法。例如,用 EDTA 滴定 Hg^{2+} 时,Fe^{3+} 会有干扰,若用盐酸羟胺或抗坏血酸将 Fe^{3+} 还原成 Fe^{2+},由于 Fe^{2+}—EDTA 配合物的稳定性较差,对 Hg^{2+} 的滴定就没有干扰了。

(3) 沉淀掩蔽法

利用生成沉淀,降低干扰离子浓度,以消除干扰的方法叫作沉淀掩蔽法。例如,在 pH=10 时,Ca^{2+} 和 Mg^{2+} 会被同时滴定。当加入 NaOH,使溶液的 pH≥12。此时 Mg^{2+} 形成 $Mg(OH)_2$ 沉淀而不干扰 Ca^{2+} 的滴定。但是由于一些沉淀反应不够完全,特别是过饱和现象使沉淀效率不高,沉淀会吸附被测离子而影响测定的准确度。此外一些沉淀颜色深、体积庞大妨碍终点观察,因此只有在其他掩蔽方法都不适用时才使用此法。

3. 选用其他氨羧配位剂的方法

在配位滴定中,主要是选用氨羧配位剂 EDTA 做配位剂,但也还有其他的滴定剂能与金属离子形成稳定的配合物。比如乙二醇二乙醚二胺四乙酸(EGTA)就是一种,EGTA 与 Mg^{2+} 形成的配合物 Mg-EGTA 稳定性很差,但与 Ca^{2+} 形成的配合物却很稳定,EGTA 可以准确滴定 Ca^{2+},而不受 Mg^{2+} 干扰。

思考题

1. 配合物的组成有何特征?举例说明。
2. 举例说明下列术语的含义。
   (1) 配位体与配位原子 (2) 配位数与配位比
   (3) 单齿配位体与多齿配位体 (4) 螯合物与螯合剂
3. 配合物价键理论的要点是什么?该理论如何说明配合物的稳定性和空间构型?举例说明。
4. 试用晶体场理论说明 $[Cr(NH_3)_6]^{3+}$ 中 Cr(Ⅲ)的 d 轨道电子的分布情况。如果用 Br^- 代换 NH_3,情况将如何?分裂能增大还是减小?

5. 什么叫配离子的稳定常数和不稳定常数？两者关系如何？

6. 什么叫配合物的逐级稳定常数和配合物累积稳定常数？两者关系如何？

7. 螯合物与普通配合物有什么区别？形成螯合物的条件是什么？

8. 用难溶物质的溶度积的大小和配离子稳定常数的大小解释：在氨水中 AgCl 能溶解，AgBr 微溶；而在 $Na_2S_2O_3$ 溶液中 AgCl 和 AgBr 都能溶解。

9. 乙二胺四乙酸与金属离子的配位反应有什么特点？为什么无机配位剂很少在滴定中应用？

10. 何谓配合物的条件稳定常数？它是如何通过计算得到的？它对判断能否准确滴定有何意义？

11. 酸效应曲线是怎样绘制的？它在配位滴定中有什么用途？

12. 何谓金属指示剂？作为金属指示剂应具备哪些条件？它们怎样来指示配位滴定终点？试举一例说明。

13. pH＝10 时，镁和乙二胺四乙酸配合物的条件稳定常数是多少（不考虑水解等反应）？pH＝10 时能否用乙二胺四乙酸溶液滴定 Mg^{2+}？

习 题

1. 指出下列配合物的名称、中心离子的氧化值和配位数、配离子的电荷。

$[Pt(NH_3)_2Cl_2]$　$[Co(N_3)(NH_3)_3]SO_4$　$Na_3[Ag(S_2O_3)_2]$　$[Pt(CN)_4(NO_2)I]^{2-}$
$[Fe(CN)_5(CO)]^{3-}$　$[Co(ONO)(NH_3)_3(H_2O)_2]Cl_2$　$K_2[Zn(OH)_4]$　$[Cr(en)_3]^{3+}$

（注：NO_2 代表以 N 原子配位的硝基，ONO 代表以 O 原子配位的亚硝酸根，en 代表乙二胺）

2. $AgNO_3$ 能从化合物 $Pt(NH_3)_6Cl_4$ 的溶液中将所有的氯沉淀为 AgCl，但在 $Pt(NH_3)_3Cl_4$ 溶液中仅能沉淀 1/4 的氯。试根据这些事实写出这两种配合物的结构式。

3. 有两种配位化合物 A 和 B，元素分析表明它们具有相同的组成：21.95% Co，39.64% Cl，26.08% N，6.38% H，5.95% O，根据下列实验现象，确定它们的配离子，中心离子和配位数。

(1) A 和 B 的水溶液都呈微酸性，加入强碱并加热至沸腾时，有氨放出，同时析出 Co_2O_3 沉淀；

(2) 向 A 和 B 的水溶液中加入 $AgNO_3$ 溶液时都生成 AgCl 沉淀；

(3) 过滤除去上述两种溶液中的 AgCl 后，再加 $AgNO_3$ 均无变化，但加热至沸腾时，在 B 的溶液中又有 AgCl 生成，其质量为原来析出沉淀的一半。

4. 根据配合物的价键理论，指出下列配离子的中心离子的电子排布、杂化轨道的类型和配离子的空间构型。

$[Ag(CN)_2]^-$　$[Mn(H_2O)_6]^{2+}$　$[Fe(CN)_6]^{3-}$　$[FeF_6]^{3-}$　$[Cr(H_2O)_5Cl]^{2+}$　$[Ni(CN)_4]^{2-}$
$[Fe(CO)_5]$

5. 试根据磁矩判断下列配合物是内轨型还是外轨型，说明理由。

(1) $K_4[Mn(CN)_6]$ 测得磁矩 μ＝2.00 B.M；

(2) $(NH_4)_2[FeF_5(H_2O)]$ 测得磁矩 μ＝5.78 B.M。

6. 根据配位化学知识来解释下列事实：

(1) 为何大多数过渡元素的配合物是有色的，而 Zn(Ⅱ) 和 Cd(Ⅱ) 的配合物基本是无色的？

(2) 为何大多数四配位的 Cu(Ⅱ) 配合物的空间构型为平面正方形？

(3) HgS 为何能溶于 Na_2S 和 NaOH 的混合溶液，而不溶于 $(NH_4)_2S$ 和 $NH_3 \cdot H_2O$ 中？

(4) 为何将红色的 Cu_2O 溶于浓氨水中，得到的溶液却为无色？

(5) 为何 AgI 不能溶解于过量的氨水中，却能溶于 KCN 溶液中？

(6) AgBr 沉淀可溶于 KCN 溶液，为何 Ag_2S 却不溶解？

7. 现有 $0.1\ mol \cdot L^{-1}$ $AgNO_3$ 溶液 50 mL，加入密度为 $0.923\ g \cdot mL^{-1}$ 含 NH_3 18.24% 的氨水 30 mL 后，搅拌使充分反应后，将溶液加水稀释到 100 mL。求算达到平衡时此溶液中 Ag^+、$[Ag(NH_3)_2]^+$ 和

NH_3 的浓度分别为多少?(配离子$[Ag(NH_3)_2]^+$的稳定常数为1.7×10^7)。

8. 计算 AgBr 在 $1.00\ mol\cdot L^{-1} NH_3$ 溶液中的溶解度,以 $g\cdot L^{-1}$ 表示。

9. 阳离子 M^{2+} 可以与氯离子形成配离子$[MCl_4]^{2-}$,其不稳定常数为 1.0×10^{-21},MI_2 的溶度积为 1.0×10^{-15}。计算若使 $0.01\ mol\ MI_2$ 溶解于 1 L 溶液中,Cl^- 的最初浓度至少为多少?

10. 计算下列反应的平衡常数,并判断反应进行的方向。

(1) $[Cu(NH_3)_2]^+ + 2CN^- \rightleftharpoons [Cu(CN)_2]^- + 2NH_3$

(2) $[Cu(NH_3)_4]^{2+} + Zn^{2+} \rightleftharpoons [Zn(NH_3)_4]^{2+} + Cu^{2+}$

(3) $[HgCl_4]^{2-} + 4I^- \rightleftharpoons [HgI_4]^{2-} + 4Cl^-$

(4) $[Fe(CN)_6]^{3-} + 6H^+ \rightleftharpoons Fe^{3+} + 6HCN$

11. 已知在 25℃时配位反应:$Cu^{2+} + 4NH_3 \rightleftharpoons [Cu(NH_3)_4]^{2+}$ 的 $\Delta_r H_m^\ominus = -46.4\ kJ\cdot mol^{-1}$,$\Delta_r S_m^\ominus = -8.37\ J\cdot mol^{-1}\cdot K^{-1}$,求配离子$[Cu(NH_3)_4]^{2+}$的稳定常数。

12. 计算下列各电对的标准电极电势 $\varphi^\ominus$:

(1) $[Fe(CN)_6]^{3-} + e^- \rightleftharpoons [Fe(CN)_6]^{4-}$

(2) $[Cu(NH_3)_4]^{2+} + 2e^- \rightleftharpoons Cu + 4NH_3$

(3) $[Ag(NH_3)_2]^+ + e^- \rightleftharpoons Ag + 2NH_3$

(4) $[Co(NH_3)_6]^{3+} + e^- \rightleftharpoons [Co(NH_3)_6]^{2+}$

13. 已知:$Co^{3+} + e^- \rightleftharpoons Co^{2+}$, $\varphi^\ominus = 1.82\ V$;$4H^+ + O_2 + 4e^- \rightleftharpoons 2H_2O$,$\varphi^\ominus = 1.23\ V$。试通过计算判断 Co^{3+} 在水溶液中是否稳定?利用上题计算的数据 $\varphi^\ominus([Co(NH_3)_6]^{3+}/[Co(NH_3)_6]^{2+})$ 判断配离子 $[Co(NH_3)_6]^{3+}$ 是否稳定?

14. 称取分析纯 $CaCO_3\ 0.420\ 6\ g$,用 HCl 溶液溶解后,稀释成 500.00 mL。取出该溶液 50.00 mL,用钙指示剂在碱性溶液中以 EDTA 滴定,用去 38.84 mL。计算 EDTA 标准溶液的浓度。配制该浓度的 EDTA 1 L,应该称取 $Na_2H_2Y\cdot 2H_2O$ 多少克?$[M(Na_2H_2Y\cdot 2H_2O) = 372.26\ mol\cdot L^{-1}]$。

15. 称取含磷试样 $0.100\ 0\ g$,将试样处理成溶液,并以 $MgNH_4PO_4$ 形式沉淀。将沉淀分离,洗涤,溶解,然后用 $0.010\ 00\ mol\cdot L^{-1}$ 的 EDTA 标准溶液滴定,共消耗 20.00 mL。求该试样中 P 的质量分数(以 P_2O_5 形式表示)。

16. 称取铜锌合金试样 $0.500\ 0\ g$,用酸溶解并配成 100.0 mL 试液。吸取该溶液 25.00 mL,调至 pH=6.0,以 PAN 作指示剂,用浓度为 $0.050\ 00\ mol\cdot L^{-1}$ 的 EDTA 标准溶液滴定 Cu^{2+} 和 Zn^{2+},用去 37.30 mL。另取一份 25.00 mL 试液,调至 pH=10,加 KCN 以掩蔽 Cu^{2+} 和 Zn^{2+},用同浓度的 EDTA 标准溶液滴定 Mg^{2+},用去 4.10 mL。然后再加甲醛以解蔽 Zn^{2+},又用同浓度的 EDTA 溶液滴定,用去 13.40 mL。计算铜锌合金试样中 Cu^{2+}、Zn^{2+} 和 Mg^{2+} 的含量。

第9章 仪器分析法选介

> **学习要求：**
> 1. 了解显色反应及其影响因素。
> 2. 了解紫外-可见分光光度法的仪器及测量误差和测量条件的选择。
> 3. 熟悉紫外-可见分光光度法的实际应用。
> 4. 掌握朗伯-比尔定律及其偏离的原因。
> 5. 掌握紫外-可见分光光度法的测定方法和测量条件的选择。
> 6. 掌握电位分析法的基本原理、指示电极和参比电极的含义。了解甘汞电极、pH玻璃电极、氟离子选择性电极的结构和机理。
> 7. 掌握测定溶液pH的方法。掌握直接电位法测定离子浓度的方法。掌握电位滴定终点的确定方法。
> 8. 掌握原子吸收光谱分析的基本原理和定量分析方法。了解原子吸收分光光度计的主要构造和应用范围。
> 9. 掌握色谱分离的原理、分类和定性、定量方法。了解气相色谱仪、高效液相色谱仪的构造和各自的应用范围。

从20世纪中叶开始，仪器分析方法得到迅速的发展。目前，仪器分析法已广泛应用于现代科学技术的各个领域。仪器分析法的种类很多，限于篇幅，本章只介绍紫外-可见分光光度法、电位分析法、原子吸收分光光度法、气相色谱法和液相色谱法这五种常用的仪器分析法。

9.1 紫外-可见分光光度法

分光光度法(spectrophotometry)是基于物质分子对光的选择性吸收而建立起来的分析方法。按物质吸收光的波长不同，分光光度法可分为可见分光光度法、紫外分光光度法及红外分光光度法(又称红外光谱法)。分光光度法的灵敏度较高，适用于微量组分的测定。其灵敏度一般能达到 $1\sim 10~\mu g \cdot L^{-1}$ 的数量级。但该方法的相对误差较大，一般可达到2%～5%。

紫外-可见分光光度法具有操作方便、仪器设备简单、灵敏度和选择性较好等优点，目前已成为常规的仪器分析方法。在药物分析、卫生分析、生化检验等诸多领域都有极广泛的应用。本章主要讨论紫外-可见分光光度法的基本原理、常用仪器设备及若干基本应用。

9.1.1 概述

1. 光的基本性质

光是一种电磁波。所有电磁波都具有波粒二象性,可用能量、波长、频率和速度等物理量来描述这些性质。

光的衍射、折射、偏振和干涉等现象,就明显地表现了波动性。光的波长 λ、频率 ν 与光速 c 的关系为

$$\lambda \nu = c \tag{9-1}$$

光速在真空中等于 $2.9979 \times 10^8 \text{ m} \cdot \text{s}^{-1}$。

光同时具有粒子性。它是由一定能量的"光微粒子"(光子或光量子)所组成。通过光电效应、光压现象以及光的化学作用,可确证其粒子性。光子的能量与波长的关系为

$$E = h\nu = hc/\lambda \tag{9-2}$$

式中:E 为光子的能量;h 为普朗克常量,为 $6.626 \times 10^{-34} \text{ J} \cdot \text{s}$。

若将光按波长或频率排列,可得表 9-1 所示的电磁波谱表。波长范围在 200~400 nm 的光称为紫外光,波长范围在 400~750 nm 的光,可被人们的视觉所辨别,称为可见光。

表 9-1 电磁波谱范围表

波谱名称	波长范围	跃迁类型	分析方法
X 射线	10^{-1}~100 nm	K 和 L 层电子	X 射线光谱法
远紫外光	100~200 nm	中层电子	真空紫外光度法
近紫外光	200~400 nm	外层电子	紫外光度法
可见光	400~750 nm		比色及可见光度法
近红外光	0.75~2.5 μm		近红外光谱法
中红外光	2.5~5.0 μm	分子振动	中红外光谱法
远红外光	5.0~1 000 μm	分子转动和低位振动	远红外光谱法
微波	0.1~100 cm	分子转动	微波光谱法
无线电波	1~1 000 m	核的自旋	核磁共振光谱法

2. 物质的颜色与光的关系

只具有一种波长的光称为单色光(monochromatic light),由两种以上波长组成的光为混合光。白光就是混合光,它是由红、橙、黄、绿、青、蓝、紫等各种色光按一定比例混合而成的。如果把两种适当颜色的光按一定的强度比例混合也可以得到白光,这两种光就叫互补色光。

物质的颜色是由于物质对不同波长的光具有选择性的吸收作用而产生的。例如:硫酸铜溶液因吸收白光中的黄色光而呈蓝色;高锰酸钾溶液因吸收白光中的绿色光而呈紫色。因此,物质呈现的颜色和吸收的光颜色之间是互

图 9-1 互补色光示意图

补关系,如图 9-1 和表 9-2 所示。图 9-1 中处于一条直线的两种色光都是互补色光。

表 9-2 物质颜色和吸收光颜色的关系

物质颜色	吸收光颜色	吸收光波长/nm
黄绿	紫	400～450
黄	蓝	450～480
橙	绿蓝	480～490
红	蓝绿	490～500
紫红	绿	500～560
紫	黄绿	560～580
蓝	黄	580～600
绿蓝	橙	600～650
蓝绿	红	650～760

以上只是粗略地用物质对各种色光的选择性吸收来说明物质呈现的颜色。如果测定某种物质对不同波长单色光的吸收程度,以波长为横坐标,吸光度为纵坐标作图可得一条曲线,称为吸收光谱(absorption spectrum)或吸收曲线,它清楚地描述了物质对光的吸收情况。如图 9-2 所示。

从图 9-2 可以看出,$KMnO_4$ 溶液对波长 525 nm 附近的绿色光吸收最强,而对紫色光吸收最弱。光吸收程度最大处的波长叫作最大吸收波长,用 λ_{max} 表示。不同浓度的 $KMnO_4$ 溶液所得的吸收曲线都相似,其最大吸收波长不变,只是相应的吸光度大小不同。从上面的讨论可以看出有色溶液呈现的颜色,正是它所选择吸收光的互补色。吸收愈

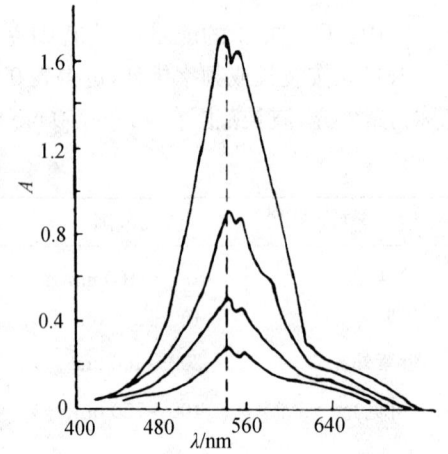

图 9-2 $KMnO_4$ 溶液的光吸收曲线

多,则互补色的颜色愈深。比较颜色的深浅,实质上是比较溶液对于吸收光的吸收程度之强弱。

吸收曲线可作为分光光度分析中选择波长的依据,测定时一般选择最大吸收波长的单色光作为光源。这样即使被测物质浓度较低,也可得到较大的吸光度,因而提高了分析的灵敏度。

9.1.2 光的吸收定律——朗伯-比尔定律

1. 朗伯-比尔定律

朗伯(Lambert)和比尔(Beer)分别于 1760 年和 1852 年研究了光的吸收与液层宽度及浓度的定量关系,两者结合称为朗伯-比尔定律,也称为光的吸收定律。

当一束平行的单色光照射到有色溶液时,光的一部分将被溶液吸收,一部分透过溶液,还有一部分被器皿表面所反射。由于在实际测量时,都是采用同样质料及厚度的比色皿,因而反射光的强度基本不变,故其影响可以不予考虑。设入射光强度为 I_0,透过光强度为 I_t,溶液的浓度为 c,液层厚度为 b,如图 9-3 所示。经实验表明它们之间有下列关系:

$$\lg \frac{I_0}{I_t} = kcb$$

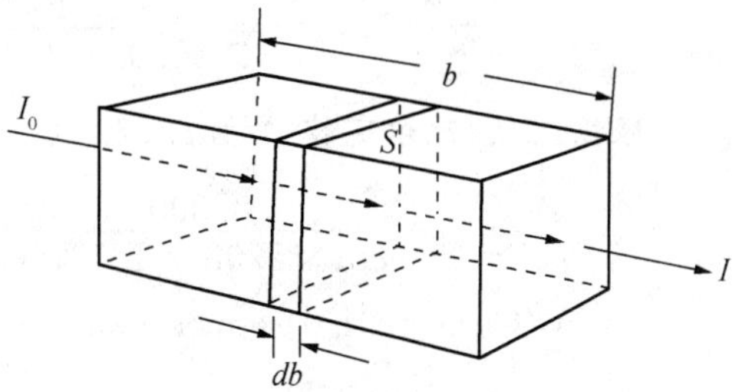

$\lg \dfrac{I_0}{I_t}$ 值愈大,说明光被吸收得愈多,故通常把 $\lg \dfrac{I_0}{I_t}$ 称为吸光度(absorbance),用 A 表示。上式可写成

$$A = \lg \frac{I_0}{I_t} = kcb \qquad (9-3)$$

图 9-3 光吸收示意图

式(9-3)即朗伯-比尔定律的数学表示式。它表明:当一束单色光通过有色溶液时,其吸光度与溶液浓度和厚度的乘积成正比。

通常还把透过光 I_t 和入射光 I_0 的比值 $\dfrac{I_t}{I_0}$ 称为透射比或透光度(transmittance),以 T 表示,其数值可用小数或百分数表示。溶液的透射比越大,表示它对光的吸收越小。

透射比、吸光度与溶液浓度及液层厚度的关系为

$$A = \lg \frac{I_0}{I_t} = \lg \frac{1}{T} = kcb \qquad (9-4)$$

由此看出,溶液浓度与厚度的乘积只与吸光度成正比,而不与透射比成正比。以上两式中 k 是比例系数,与入射光波长、溶液的性质及温度有关。当入射光波长和溶液温度一定时,k 代表单位浓度的有色溶液放在单位厚度的比色皿中的吸光度,其值由溶液浓度和厚度采用的单位所决定。k 值随 b 和 c 的单位而不同。当 c 的单位为 $g \cdot L^{-1}$,b 的单位为 cm 时,k 以 a 表示,称为吸收系数(absorption coefficient),其单位为 $L \cdot g^{-1} \cdot cm^{-1}$,此时式(9-3)变为

$$A = abc \qquad (9-5)$$

如果式(9-3)中浓度 c 的单位为 $mol \cdot L^{-1}$,b 的单位为 cm,这时 k 常用 κ 表示。κ 称为摩尔吸收系数(molar absorptivity),其单位为 $L \cdot mol^{-1} \cdot cm^{-1}$。它表示吸光质点的浓度为 $1\ mol \cdot L^{-1}$,溶液的厚度为 1 cm 时,溶液对光的吸收能力。κ 越大,表示吸光质点对某波长的光吸收能力愈强,光度测定的灵敏度越高。因此 κ 是吸光质点特性的重要参数,也是衡量光度分析方法灵敏度的指标。一般 κ 在 10^3 以上即可进行分光光度法测定,高灵敏度的分光光度法 κ 可达到 $10^5 \sim 10^6$。式(9-3)可写成

$$A = \kappa bc \qquad (9-6)$$

κ 与 a 的关系为

$$\kappa = Ma \qquad (9-7)$$

式中 M 为吸光物质的摩尔质量。

【例 9-1】 浓度为 $25.0\ \mu g \cdot (50\ mL)^{-1}$ 的 Cu^{2+} 溶液用双环己酮草酰二腙分光光度法测定,于波长 600 nm 处,用 2.0 cm 比色皿测得 $T = 50.1\%$,求 a 和 κ。已知 $M(Cu) = 64.0\ g \cdot mol^{-1}$。

解:已知 $T = 0.501$,则 $A = -\lg T = 0.300, b = 2.0\ cm$

$$c = \frac{25.0 \times 10^{-6} \text{ g}}{50.0 \times 10^{-3} \text{ L}} = 5.00 \times 10^{-4} \text{ g} \cdot \text{L}^{-1}$$

根据朗伯-比尔定律 $A = abc$,则

$$a = \frac{A}{bc} = \frac{0.300}{2.0 \text{ cm} \times 5.00 \times 10^{-4} \text{ g} \cdot \text{L}^{-1}} = 3.00 \times 10^2 \text{ L} \cdot \text{g}^{-1} \cdot \text{cm}^{-1}$$

$$\kappa = M(\text{Cu})a = 64.0 \text{ g} \cdot \text{mol}^{-1} \times 3.00 \times 10^2 \text{ L} \cdot \text{g}^{-1} \cdot \text{cm}^{-1} = 1.92 \times 10^4 \text{ L} \cdot \text{mol}^{-1} \cdot \text{cm}^{-1}$$

【例 9-2】 某有色溶液,当用 1 cm 比色皿时,其透射比为 T,若改用 2 cm 比色皿,则透射比应为多少?

解:由 $A = -\lg T = abc$,可得 $T = 10^{-abc}$

当 $b_1 = 1$ cm 时,$T_1 = 10^{-ac} = T$;

当 $b_2 = 2$ cm 时,$T_2 = 10^{-2ac} = T^2$。

光度分析的灵敏度除用 κ 表征之外,还常用桑德尔(Sandell)灵敏度 S 来表征。桑德尔灵敏度本来是人眼对有色质点在单位截面积液柱内能够检出的物质最低量,以 $\mu\text{g} \cdot \text{cm}^{-2}$ 为单位。将此概念推广到各种光度仪器,则规定当仪器所能测出最小吸光度 $A = 0.001$ 时,单位截面积光程内所检测出来的吸光物质的最低量,单位是 $\mu\text{g} \cdot \text{cm}^{-2}$。$S$ 和 κ 的关系推导如下:

$$A = 0.001 = \kappa cb$$

故

$$cb = \frac{0.001}{\kappa} \tag{9-8}$$

c 的单位是 $\text{mol} \cdot \text{L}^{-1}$,即 $\text{mol} \cdot (1\,000 \text{ cm}^3)^{-1}$,$b$ 的单位是 cm,则 cb 单位为 $\text{mol} \cdot (1\,000 \text{ cm}^2)^{-1}$,再乘以吸光物质摩尔质量 $M(\text{g} \cdot \text{mol}^{-1})$ 就是单位截面积光程内吸光物的质量,即为 S,所以

$$S = \frac{cb}{1\,000} \times M \times 10^6 = cbM \times 10^3$$

将式(9-8)代入,得

$$S = \frac{M}{\kappa} \tag{9-9}$$

【例 9-3】 用氯磺酚法测定铌,50 mL 溶液中含铌 50.0 μg,用 2.0 cm 比色皿测得吸光度为 0.701,求桑德尔灵敏度。

解:已知 $A = 0.701$,$b = 2.0$ cm,$M(\text{Nb}) = 92.9 \text{ g} \cdot \text{mol}^{-1}$

$$c = \frac{50.0 \times 10^{-6} \text{ g}}{50.0 \times 10^{-3} \text{ L} \times 92.9 \text{ g} \cdot \text{mol}^{-1}} = 1.08 \times 10^{-5} \text{ mol} \cdot \text{L}^{-1}$$

根据朗伯-比尔定律,可得

$$\kappa = \frac{A}{bc} = \frac{0.701}{2.0 \text{ cm} \times 1.08 \times 10^{-5} \text{ mol} \cdot \text{L}^{-1}} = 3.25 \times 10^4 \text{ L} \cdot \text{mol}^{-1} \cdot \text{cm}^{-1}$$

根据式(9-9),桑德尔灵敏度 S 为

$$S = \frac{M}{\kappa} = \frac{92.9 \text{ g} \cdot \text{mol}^{-1}}{3.25 \times 10^4 \text{ L} \cdot \text{mol}^{-1} \cdot \text{cm}^{-1}} = 2.86 \times 10^{-3} \ \mu\text{g} \cdot \text{cm}^{-2}$$

2. 偏离朗伯-比尔定律的原因

定量分析时,通常液层厚度是相同的,按照比尔定律,浓度与吸光度之间的关系应该是一条通过直角坐标原点的直线。但在实际工作中,往往会偏离线性而发生弯曲,见图 9-4 中的虚线。若在弯曲部分进行定量,将产生较大的测定误差。

偏离朗伯-比尔定律的原因很多,但基本上可分为物理方面的原因和化学方面的原因两大类。物理方面的原因主要是入射的单色光不纯所引起的。化学方面的原因主要是溶液本身的化学变化所引起的。

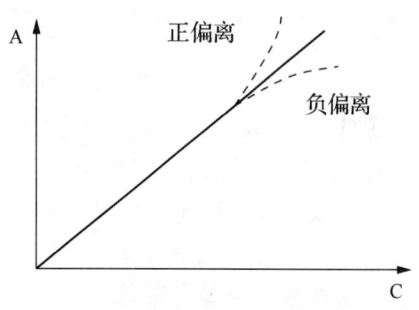

图 9-4 对比尔定律的偏离情况

(1) 物理因素

朗伯-比尔定律只对一定波长的单色光才能成立。但在实际工作中,目前各种方法都无法获得纯的单色光,即使质量较好的分光光度计所得的入射光,仍然具有一定波长范围的波带宽度。在这种情况下,吸光度与浓度并不完全成直线关系,因而导致了对朗伯-比尔定律的偏离。所得入射光的波长范围越窄,即"单色光"越纯,则偏离越小,标准曲线的弯曲程度也就越小或趋近于零。

(2) 化学因素

化学因素的偏离是由溶液本身引起的,主要有以下几方面:

① 朗伯-比尔定律表达式中的吸收系数与溶液的折光指数有关。溶液的折光指数随溶液浓度的改变而变化。实践证明,溶液浓度在 $0.01\ mol\cdot L^{-1}$ 或更低时,折光指数基本上是一个常数,说明朗伯-比尔定律只适用于低浓度的溶液,浓度过高会偏离朗伯-比尔定律。

② 朗伯-比尔定律是建立在均匀、非散射的溶液这个基础上的。如果介质不均匀,呈胶体、乳浊、悬浮状态,则入射光除了被吸收外,还会有反射、散射的损失,因而实际测得的吸光度增大,导致对朗伯-比尔定律的偏离。

③ 溶质的解离、缔合、互变异构及化学变化也会引起偏离。其中有色化合物的解离是偏离朗伯-比尔定律的主要化学因素。例如,显色剂 KSCN 与 Fe^{3+} 形成红色配合物 $Fe(SCN)_3$,存在下列平衡:

$$Fe(SCN)_3 \longrightarrow Fe^{3+} + 3SCN^-$$

溶液稀释时,上述平衡向右,解离度增大。所以当溶液体积增大一倍时,$Fe(SCN)_3$ 的浓度不止降低一半,故吸光度降低一半以上,导致偏离朗伯-比尔定律。

9.1.3 紫外-可见分光光度计及测定方法

1. 紫外-可见分光光度计的基本构造

测定溶液吸光度或透射比所用的仪器是分光光度计。一般都包括光源、单色光器、吸收池、检测器、显示器五大部分,见图 9-5。

视频:分光光度计使用方法

图 9-5 紫外-可见分光光度计结构示意图

光源(light source)可见分光光度计都以钨灯作光源,钨灯丝发出 320～3 200 nm 的连续光谱,其最适宜的波长范围是 360～1 000 nm。钨灯是 6～12 V 的钨丝灯泡,仪器装有聚光透镜使光线变成平行光。为保证光强度恒定不变,配有稳压电源。紫外-可见分光光度计中除有钨灯外,其光源还有氢灯,氢灯发射 150～400 nm 波长的光,适用于 200～400 nm 波长范围的紫外分光光度法测定。

单色器(monochromator)又称波长控制器,其作用是把光源辐射的复合光分解成按波长顺序排列的单色光。它包括狭缝和色散元件及准直镜三部分。色散元件用棱镜或光栅制成,棱镜有玻璃棱镜和石英棱镜。玻璃棱镜的色散波段一般在 360～700 nm,主要用于可见分光光度计中。石英棱镜的色散波段一般在 200～1 000 nm,可用于紫外-可见分光光度计中。有些较好的分光光度计用光栅做色散元件,其特点是工作波段范围宽,适用性强,对各种波长色散率几乎一致。

吸收池(absorption cell)吸收池(比色皿)是由无色透明的光学玻璃或熔融石英制成,用于盛装试液或参比溶液,形状一般是长方形。在可见光范围内使用玻璃吸收池,在紫外光范围内使用石英吸收池。一般分光光度计都配有一套不同宽度的吸收池,通常有 0.5 cm、1 cm、2 cm、3 cm 和 5 cm,可适用于不同浓度范围的试样测定。同一组吸收池的透光率相差应小于 0.5%,使用时应保护其透光面,不要用手直接接触。

检测器(detector)检测器是把透过吸收池后透射光强度转换成电讯号的装置。检测系统应具有灵敏度高、对透过光的响应时间短、且响应的线性关系好,对不同波长的光具有相同的响应可靠性。在分光光度计中常用光电管和光电倍增管等做检测器。

光电管是一种二极管,它是在玻璃或石英管内装有两个电极,阳极通常是镍环或镜片封装于真空管中,阴极为一个半圆形金属片涂上一层光敏物质,如氧化铈。这种光敏物质受光照射可以放出电子,向阳极流动形成光电流。光电流的大小和照射到它上面的光强度成正比。由于光电管产生的光电流比较小,所以需要用放大装置将其放大后才能用微安表检测。目前一些较高级的分光光度计中广泛用光电倍增管作为检测器,其灵敏度要比光电管约高 200 倍,适用于测量较微弱的光。

显示器(display)显示器是将检测器检测的信号显示和记录下来的装置。在分光光度计中常用的是微安表、数码显示管等。简单的分光光度计多用微安表。在标尺上有透射比(T)和吸光度(A)两种刻度,由于吸光度和透射比是负对数关系,因此透射比的刻度是均匀的,而吸光度的刻度是不均匀的。现代精密的分光光度计多带有微机,能在屏幕上显示操作条件、各项数据并可对光谱图像进行数据处理,测定准确而可靠。

2. 常用的分光光度计

紫外-可见分光光度计分为单波长和双波长分光光度计两类。单波长分光光度计又分为单光束和双光束分光光度计。

(1) 单光束分光光度计

单光束分光光度计结构如图 9-5 所示,一束经过单色器的光,交替通过参比溶液和试样溶液进行测定。因其结构简单、使用方便而被广泛地应用于科研和生产等领域。其中最具代表性的是721型分光光度计和751型分光光度计,751型分光光度计光学系统如图9-6所示。

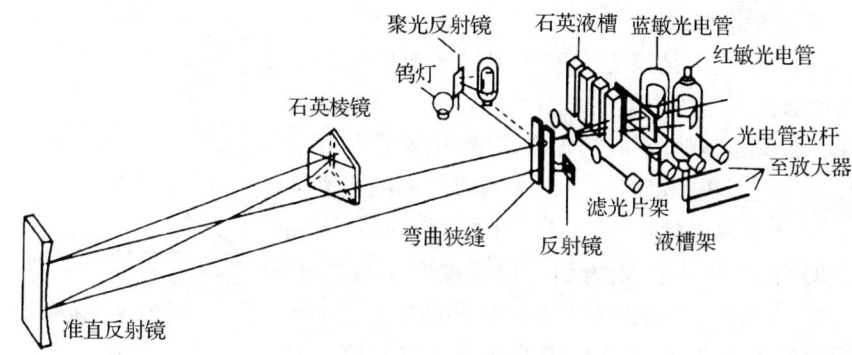

图9-6 751型紫外-可见分光光度计光学系统

(2) 双光束分光光度计

双光束分光光度计原理如图9-7所示。经过单色器的光束被切光器分为两路,并分别通过参比池和试样池,由检测系统测量即可得到试样溶液的吸光度。这类分光光度计有国产的730型和日本岛津公司的UV-365型等。由于采用双光路方式,两束光同时分别通过参比池和试样池,使操作简单,同时消除了单光束受光源强度变化的影响。即

$$A = A_S - A_R = \lg\frac{I_0}{I_S} - \lg\frac{I_0}{I_R} = \lg\frac{I_R}{I_S}$$

可见,A值与入射光强度无关。

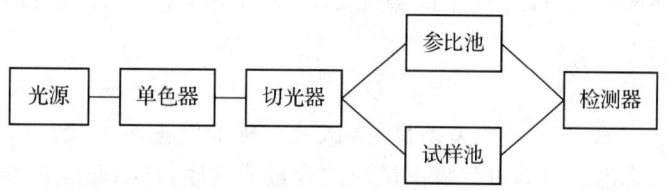

图9-7 双光束分光光度计原理图

(3) 双波长分光光度计

双波长分光光度计的工作原理见图9-8。它采用两个单色器,将同一光源的光分为两束,分别经单色器后得到两束不同波长的单色光,经切光器使两束单色光以一定频率交替照射同一试样,然后经过检测器显示出两个波长下的吸光度差值ΔA。

$$\Delta A = A_{\lambda_2} - A_{\lambda_1} = (\kappa_{\lambda_2} - \kappa_{\lambda_1})bc$$

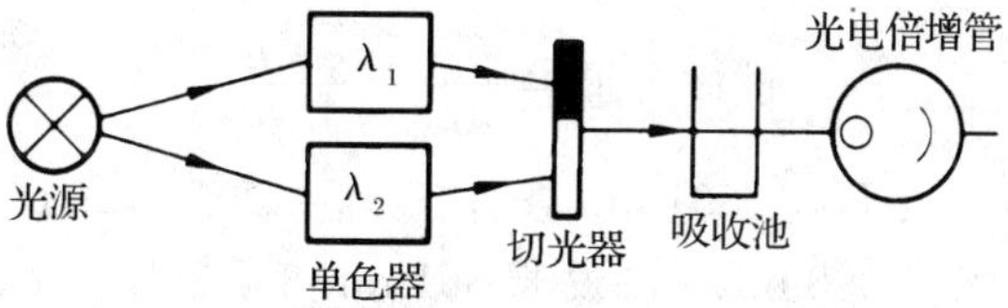

图9-8 双波长分光光度计原理图

双波长分光光度计不仅可测多组分混合试样、混浊试样,而且还可测得导数光谱。测量时使用同一吸收池和同一光源,因而误差小、灵敏度高。

2. 分光光度测定的方法

(1) 标准曲线法

视频:标准曲线制作

标准曲线法是吸光光度法中最经典的定量方法,此法尤其适用于单色光不纯的仪器。其方法是先配制一系列浓度不同的标准溶液,用选定的显色剂进行显色,在一定波长下分别测定它们的吸光度 A。以 A 为纵坐标,浓度 c 为横坐标,绘制 $A-c$ 曲线。若符合朗伯-比尔定律,则得到一条通过原点的直线,称为标准曲线,如图 9-9。然后用完全相同的方法和步骤测定被测溶液的吸光度,便可从标准曲线上找出对应的被

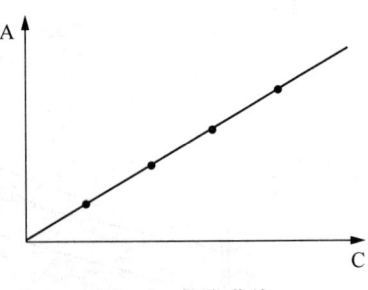
图 9-9 标准曲线

测溶液浓度或含量,这就是标准曲线法。在仪器、方法和条件都固定的情况下,标准曲线可以多次使用而不必重新制作,因而标准曲线法适用于大量的经常性的测定。

也可用直线回归的方法,求出回归的直线方程,再根据试液所测得的吸光度,从回归方程求得试液的浓度。在带有微机的分光光度计上,这些工作都能自动完成。

(2) 标准对照法

标准对照法又称直接比较法。其方法是将试液和一个标准溶液在相同条件进行显色、定容,分别测出它们的吸光度,按下式计算被测溶液的浓度:

$$\frac{A_{测}}{A_{标}} = \frac{\kappa_{测} c_{测} b_{测}}{\kappa_{标} c_{标} b_{标}}$$

在相同入射光及用同样比色皿测量同一物质时,$\kappa_{标} = \kappa_{测}$,$b_{标} = b_{测}$,所以

$$c_{测} = \frac{A_{测}}{A_{标}} c_{标}$$

标准对照法要求 A 与 c 线性关系良好,试液与标准溶液浓度接近,以减少测定误差。由于该法仅用一份标准溶液即可计算出试液的含量或浓度,这给非经常性分析工作带来方便,操作亦简单。

(3) 吸收系数法

在没有标准品可供比较测定的条件下,可查阅文献,找出被测物质的吸收系数,然后按文献规定条件测定被测物的吸光度,从试样的配制浓度、测定的吸光度及文献查出的吸收系数即可计算试样的含量,这种方法在有机化合物的紫外分析时有较大应用价值。

因为 $a_{样} = \dfrac{A}{c \cdot b}$,则

$$试样含量 = \frac{a_{样}}{a_{标}} = \frac{\dfrac{A}{c \cdot b}}{a_{标}}$$

【例 9-4】 已知维生素 B_{12} 在 361 nm 条件下 $a_{标} = 20.7$ L·g^{-1}·cm^{-1}。精确称取试样 30 mg,加水溶解稀释至 1 000 mL。在波长 361 nm 下,用 1.00 cm 吸收池测得溶液的吸光度为 0.618。计算试样维生素 B_{12} 的含量。

解：由 $A = a_{样} bc$，则

$$a_{样} = \frac{A}{c \cdot b} = \frac{0.618}{(30/1\,000) \times 1} = 20.6 (\text{L} \cdot \text{g}^{-1} \cdot \text{cm}^{-1})$$

$$维生素 \text{B}_{12} 的含量 = \frac{20.6\ \text{L} \cdot \text{g}^{-1} \cdot \text{cm}^{-1}}{20.7\ \text{L} \cdot \text{g}^{-1} \cdot \text{cm}^{-1}} \times 100\% = 99.5\%$$

9.1.4 显色反应及其影响因素

1. 显色反应及显色剂

有些被测物质的溶液颜色很淡或者根本没有颜色，这表明这些物质对可见光的吸收较弱，常常无法使测量的仪器有足够的响应信号。因此需要在被测溶液中加入某些物质，使被测物质转变为颜色较深的有色物质，便于在可见光范围内进行测定。这种被测元素在某种试剂的作用下，转变成有色化合物的反应叫显色反应(color reaction)，所加入试剂称为显色剂(color reagent)。

常见的显色反应大多数是生成配合物的反应，少数是氧化还原反应和增加吸光能力的生化反应。应用时应选择合适的反应条件和显色剂，以提高显色反应的灵敏度和选择性。

显色反应一般要满足下列要求：

(1) 选择性好

所谓选择性好就是所用的显色剂仅与被测组分显色而与其他共存组分不显色，或其他组分干扰少。否则须进行分离或掩蔽后才能进行测定。通常是选用干扰少或干扰容易消除的显色反应进行显色。

(2) 灵敏度要足够高

由于光度法一般用于微量组分的测定，故要求显色反应中所生成的有色化合物有大的摩尔吸收系数，一般应有 $10^4 \sim 10^5$ 数量级，才有足够的灵敏度。摩尔吸收系数越大，表示显色剂与被测物质形成有色物质的颜色越深，被测物质在含量较低的情况下也能测出。

(3) 有色配合物的组成要恒定

显色剂与被测物质的反应要定量进行，生成有色配合物的组成要恒定，即符合一定化学式。否则，由于组成的改变而引起色调的变化，将会出现误差。

(4) 生成的有色配合物稳定性好

即要求配合物有较大的稳定常数，这样显色反应进行得比较完全。同时要求有色配合物不易受外界环境条件的影响，亦不受溶液中其他化学因素的影响。这样才能有较好的重现性，结果才准确。

(5) 色差大

有色配合物与显色剂之间的颜色差别要大，这样试剂空白小，显色时颜色变化才明显。

2. 影响显色反应的因素

分光光度法是测定显色反应达到平衡时溶液的吸光度，因此，必需严格控制反应条件，使显色反应趋于完全和稳定，以提高测定的灵敏度和重现性。影响显色反应的主要因素如下：

(1) 显色剂的用量

显色反应一般可表示为

$$M + R \rightleftharpoons MR$$

根据化学平衡原理,有色配合物 MR 的稳定常数越大,显色剂 R 的用量越多,越有利于显色反应的进行。但有时过多的显色剂反而对测定不利。因此,在实际工作中,常根据实验结果来确定显色剂的用量。实验的方法是固定待测组分的浓度和其他条件,加入不同量的显色剂,显色后分别测定不同显色剂用量时的吸光度,绘制 A-$c(R)$ 关系曲线。通

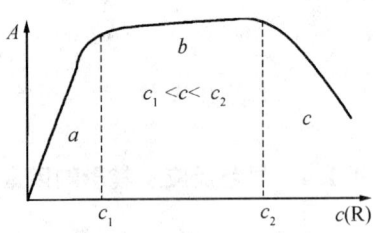

图 9-10 吸光度和显色剂用量曲线

常可得到如图 9-10 所示的三种情况:a 段在显色剂用量增加时,吸光度一直在增大;b 段显色剂用量增加,吸光度趋于稳定,并近似呈水平状;c 段反映当显色剂用量超过某一值时,溶液的吸光度反而下降。有色配合物 MR 的稳定常数越大,显色剂 R 的用量越多,越有利于显色反应的进行。但有时过多的显色剂反而对测定不利。在实际工作中,常根据实验结果来确定显色剂的用量。

(2) 溶液的酸度

许多显色剂都是有机弱酸或有机弱碱,溶液的酸度会直接影响显色剂的解离程度。对某些能形成逐级配合物的显色反应,产物的组成会随介质酸度的改变而改变,从而影响溶液的颜色。另外,某些金属离子会随着溶液酸度的降低而发生水解,甚至产生沉淀,使稳定性较低的有色配合物的解离程度增大,颜色变浅甚至消失,影响测定。显色反应通常是通过实验来确定最适宜的酸度条件,并常采用缓冲溶液来保持其恒定。

(3) 显色温度

显色反应的进行与温度有关,有些反应需要加热才能进行完全。但有些显色剂或有色配合物在较高温度下易分解褪色。此外温度对光的吸收及颜色深浅也有影响,因此同样可通过实验结果来选择相应的最适温度。一般情况下显色反应在室温条件下进行,要求标准溶液和被测溶液在测定过程中温度一致。

(4) 显色时间

有些反应瞬时完成,溶液的颜色很快即达到稳定,并在较长的时间内保持不变。有的反应进行缓慢,溶液须经过一段时间,颜色才能稳定。还有的有色配合物容易褪色,因此不同的显色反应需放置不同的时间,并在一定的时间范围内进行比色测定。

(5) 副反应的影响

显色反应应该尽可能地进行完全,但是,当溶液中有各种副反应存在时,便会影响主反应的完全程度。例如,被测金属离子 M 与显色剂 R 反应,生成有色配合物 MR_n,此时,若 M 有配位效应,R 有酸效应,则由于 R 的酸效应会影响 M 配位反应的完全程度。通常,当金属离子有 99% 以上被配位时,就可认为反应基本上是完全的。

(6) 溶液中共存离子的影响

如果共存离子本身有颜色或共存离子与显色剂生成有色配合物,会使吸光度增加,造成正干扰。如果共存离子与被测组分或显色剂生成无色配合物,则会降低被测组分或显色剂的浓度,从而影响显色剂与被测组分的反应,引起负干扰。

9.1.5 紫外-可见分光光度法的误差和测量条件的选择

1. 分光光度法的误差

分光光度法的误差指系统误差,主要来源于下列几个方面:

(1) 溶液偏离朗伯-比尔定律所引起的误差

如前所述,偏离朗伯-比尔定律的原因主要为物理因素和化学因素两大类。在实际工作中,可以利用标准曲线的直线段来测定被测溶液的浓度,从而减少由入射光为非单色光引起的误差;也可以利用试剂空白和确定适宜的浓度范围来减少由溶液本身所引起的误差。

(2) 仪器误差

仪器误差包括机械误差和光学系统的误差,如比色皿的质量,检流计的灵敏度都属于机械误差。对于光学系统来说,光源不稳定、棱镜的性能、安装条件及光电管的质量等都可以使分析产生误差。

(3) 操作误差

操作误差由分析人员所采用的实验条件与正确的条件有差别所引起的,如显色条件和测量条件掌握得不好等。这类误差是分光光度法分析中最普遍存在的。因而其影响因素在实验中需严格控制。

2. 分光光度法测量条件的选择

为了提高分光光度分析法的灵敏度和准确度,除了选择高效的显色剂外,还必须选择适当的测定条件。

(1) 入射光波长的选择

入射光波长选择的依据是吸收曲线,一般以最大吸收波长 λ_{max} 为测量的入射光波长。这是因为在此波长处摩尔吸收系数最大,测定的灵敏度最高,而且在此波长处吸光度有一较小的平坦区,能够减少或消除由于单色光的不纯而引起的对朗伯-比尔定律的偏离,提高测定的准确度。

若被测物质存在干扰物,且干扰物在 λ_{max} 处也有吸收,则根据"吸收大、干扰小"的原则,在干扰最小的条件下选择吸光度最大的波长。有时为了消除其他离子的干扰,也常常加入掩蔽剂。

(2) 吸光度读数范围的选择

任何分光光度计都有一定的测量误差,这是由于光源不稳定,读数不准确等因素造成的。一般来说,透射比读数误差 ΔT 是一个常数,但在不同的读数范围内所引起的浓度的相对误差却是不同的。

由朗伯-比尔定律 $A = -\lg T = \kappa bc$,微分可得

$$-\mathrm{d}\lg T = -0.433\mathrm{d}\ln T = -\frac{0.434}{T}\mathrm{d}T = \kappa b \mathrm{d}c$$

整理后得

$$\frac{\mathrm{d}c}{c} = \frac{0.434}{T\lg T}\mathrm{d}T$$

积分得

$$\frac{\Delta c}{c} = \frac{0.434}{T\lg T}\Delta T \tag{9-10}$$

式中：$\frac{\Delta c}{c}$ 为浓度的相对误差；ΔT 为透射比绝对误差。

若 $\Delta T = 0.5\%$，根据式(9-10)作 $\frac{\Delta c}{c} - T$ 关系曲线，见图 9-11。由关系曲线可以看出，浓度的相对误差 $\frac{\Delta c}{c}$ 大小与透射比(或吸光度)读数范围有关。当 T 为 20%～65% 时，$\frac{\Delta c}{c} < 2\%$；当 $T = 36.8\%$ 时，$\frac{\Delta c}{c} = 1.32\%$，浓度相对误差最小。

因此，为了减小浓度的相对误差，提高测量的准确度，一般应控制被测液的吸光度在 0.2～0.7(透射比为 65%～20%)。当溶液的吸光度不在此范围时，可以通过改变称样量、稀释溶液以及选择不同厚度的比色皿来控制吸光度。

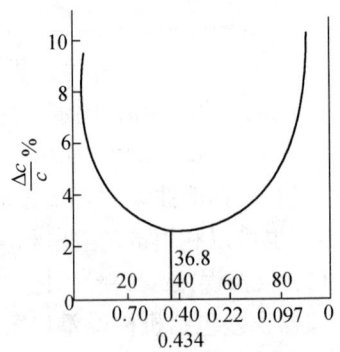

图 9-11　浓度测量的相对误差与透射比的关系

(3) 参比溶液的选择

选择参比溶液的总的原则是使试液的吸光度能真正反映待测物的浓度。通常利用空白试验来消除因溶剂或器皿对入射光反射和吸收带来的误差。参比溶液的选择方法如下：

① 纯溶剂空白　当试液、试剂、显色剂均为无色时，可直接用纯溶剂(或蒸馏水)作参比溶液。

② 试剂空白　试液无色，而试剂或显色剂有色时，可在同一显色反应条件下，加入相同量的显色剂和试剂(不加试样溶液)，稀至同一体积，以此作为参比溶液。

③ 试液空白　试剂和显色剂均无色，试液中其他离子有色时，可采用不加显色剂的溶液作参比溶液。

9.1.6　紫外-可见分光光度法应用实例

分光光度法在许多领域都有广泛的应用。除可测量试样微量组分之基本功能外，还可用来测定配合物的组成及稳定常数、弱酸的解离常数、化学反应的速率常数、催化反应的活化能等。此外，还可根据分子的紫外或红外光谱数据确定分子结构。本节择其主要加以介绍。

1. 单组分含量测定

对于在选定波长下只有待测单一组分有吸收的试样，可用 9.1.3 中所述的三种方法(前两种方法在可见分光光度法中更常用)计算含量。由于某一组分可用多种显色剂使其显色，因而又会有多种方法测定该组分。如铁的测定有硫代氰酸盐法、磺基水杨酸法和 1,10-邻二氮菲法等。不同方法测定的条件、灵敏度、选择性等是不同的，应根据实际情况选择一种合格的方法。

(1) 1,10-邻二氮菲法测定微量铁

1,10-邻二氮菲是有机配位剂之一。它与 Fe^{2+} 能形成 3∶1 的红色配离子：

视频:邻二氮菲-Fe^{2+}络合物滴定操作

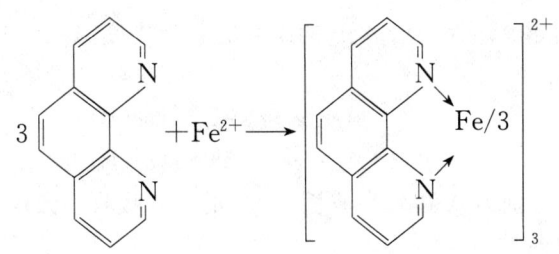

其最大吸收波长 $\lambda_{max}=512$ nm,κ 为 1.1×10^4 L·mol^{-1}·cm^{-1}。在 pH 为 3～9 范围内,反应能迅速完成,且显色稳定。在铁含量 0.5～8 μg·mL^{-1} 范围内,浓度与吸光度符合朗伯-比尔定律。被测溶液用 pH=4.5～5.0 的缓冲液保持其酸度,并用盐酸羟胺还原其中的 Fe^{3+},同时防止 Fe^{2+} 被空气氧化。一般用标准曲线法进行测定。

(2) 磷钼蓝法测定全磷

磷是构成生物体的重要元素,也是土壤肥效的要素之一,在工农业生产及生命科学研究中常会遇到磷的测定。测定时先用浓硫酸和高氯酸($HClO_4$)处理试样,使磷的各种形式转变为 H_3PO_4,然后在 HNO_3 介质中,H_3PO_4 与 $(NH_4)_2MoO_4$ 反应形成磷钼黄杂多酸 $(NH_4)_3PO_4·12MoO_3$。反应如下:

$$H_3PO_4 + 12(NH_4)_2MoO_4 + 21HNO_3 = (NH_4)_3PO_4·12MoO_3 + 21NH_4NO_3 + 12H_2O$$

用适当的还原剂如维生素 C 将其中的 Mo(Ⅵ)还原为 Mo(Ⅴ),即生成蓝色的磷钼蓝,其最大吸收波长为 $\lambda_{max}=660$ nm,用标准曲线法可测得试样的全磷含量。

2. 多组分含量测定

在含有多组分的体系中,各组分对同一波长的光可能都有吸收。这时,溶液的总吸光度等于各组分的吸光度之和:

$$A = A_1 + A_2 + A_3 + \cdots + A_n$$

这就是吸光度的加和性。因此,常可在同一溶液中进行多组分含量的测定,其测定的结果往往可以通过计算求得。

以双组分混合物为例,根据吸收峰相互重叠的情况,可按下列两种情况进行定量测定。

(1) 吸收峰互不重叠

如图 9-12(a),A、B 两组分的吸收峰相互不重叠,则可分别在 λ_{max}^A、λ_{max}^B 处用单组分含量测定的方法测定组分 A 和 B。

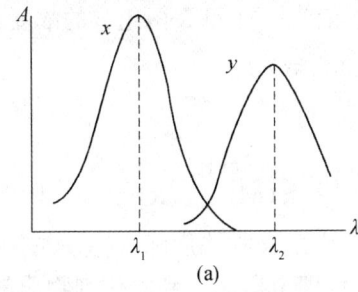
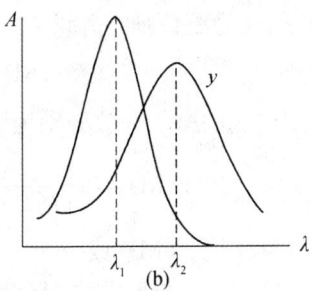

图 9-12 多组分的吸收曲线

(2) 吸收峰相互重叠

如图 9-12(b),A、B 两组分的吸收峰相互重叠,即 A 在 λ_{max}^B 处,B 在 λ_{max}^A 处也有吸收。

这时可分别在 λ_{max}^A 和 λ_{max}^B 处测出 A、B 两组分的总吸光度 A_1 和 A_2，然后根据吸光度的加和性列联立方程：

在 λ_{max}^A 处 $\qquad A_1 = \kappa_1^A bc(A) + \kappa_1^B bc(B)$

在 λ_{max}^B 处 $\qquad A_2 = \kappa_2^A bc(A) + \kappa_2^B bc(B)$

式中：κ_1^A、κ_1^B 分别为 A 和 B 在波长 λ_{max}^A 处的摩尔吸收系数；κ_2^A、κ_2^B 分别为 A 和 B 在波长 λ_{max}^B 处的摩尔吸收系数。

解上述联立方程，即可求得 A、B 两组分的浓度 $c(A)$ 和 $c(B)$。

在实际应用中，常限于 2～3 个组分体系，对于更复杂得多组分体系，可用计算机处理测定结果。

3. 配合物组成的测定

分光光度法可用来研究配合物的组成，下面简单介绍测定配合物组成的两种常用方法。

(1) 物质的量比法

物质的量比法是固定一种组分如金属离子 M 的浓度，改变配位剂 R 的浓度，得到一系列 $c(R)/c(M)$ 不同的溶液，以相应的试剂空白作参比溶液，分别测定其吸光度。以吸光度 A 为纵坐标，配位剂与金属离子的浓度比值为横坐标作图。当配位剂减少时，金属离子没有完全被配合。随着配位剂的增加，生成的配合物便不断增多。当金属离子全部被配位剂配合后，再增加配位剂，其吸光度亦不会增加了，如图 9-13 所

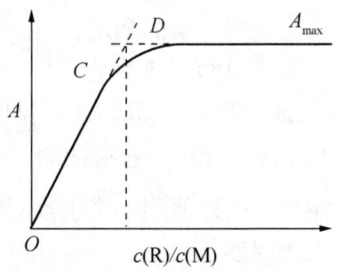

图 9-13 物质的量比法

示。图中的转折点不敏锐，这是由于配合物解离造成的。利用外推法可得一交叉点 D，D 点所对应的浓度比值就是配合物的配合比。对于解离度小的配合物，这种方法简单快速，可以得到满意的结果。

(2) 连续变化法

连续变化法是在金属离子和配位剂的物质的量之和保持恒定时，连续改变它们之间相对比率，配制一系列溶液。这些溶液中，有的金属离子过量，有的配位剂过量，它们的配合物浓度都不是最大值。只有金属离子与配位剂物质的量之比和配离子组成一定时，配合物浓度才最大。设配位反应为

$$M + nR \rightleftharpoons MR_n$$

M 为金属离子，R 为配位剂。并设 $c(M)$ 和 $c(R)$ 为溶液中 M 和 R 两组分的浓度：

$$c(M) + c(R) = c(常数)$$

金属离子和配位剂的摩尔分数分别为

$$x(M) = \frac{c(M)}{c(M) + c(R)}, \quad x(R) = \frac{c(R)}{c(M) + c(R)}$$

配制一系列不同 $x(M)$（或 $x(R)$）的溶液，溶液中配合物浓度随 $x(M)$（或 $x(R)$）而改变，当 $x(M)$（或 $x(R)$）与形成的配合物组成相当时，即金属离子和配位剂物质的量之比和配合物组成一致时，配合物的浓度最大。如果选择某一波长的光，M 和 R 对这波长的光基本不吸收，仅是 MR_n 吸收，测定各溶液的吸光度 A，以吸光度 A 为纵坐标，$x(M)$（或 $x(R)$）为横坐标，即可得配合物浓度的连续变化法曲线，如图 9-14 所示。由图 9-14 可见，MR_n

最大吸光度为 A，但由于配合物有一部分解离，其浓度要稍小些，实测得最大吸光度在 B' 处，即吸光度为 A'，根据与最大吸光度对应的 x 值，即可求出 n。

$$n = \frac{x(\mathrm{R})}{x(\mathrm{M})} = \frac{c(\mathrm{R})}{c(\mathrm{M})}$$

如 $x(\mathrm{R}) = x(\mathrm{M}) = 0.5$，$n=1$ 即生成 MR 配合物；如 $x(\mathrm{R}) = 0.67$，$x(\mathrm{M}) = 0.33$，$n=2$ 即生成 MR_2 配合物。

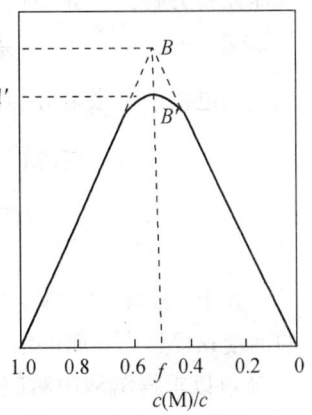

图 9-14　连续变化法

4. 紫外分光光度法定性分析简介

紫外分光光度法不仅可以进行定量分析、测定某些化合物的物理化学参数，而且还可以对一些有机化合物尤其是不饱和有机化合物进行定性分析。

一般定性分析有两种方法，一是比较吸收光谱曲线；二是先用经验规则计算最大吸收波长 $\lambda_{\max}$，然后与实测值进行比较。

不饱和有机化合物(特别是含共轭体系的有机化合物)既含有未共享的 n 电子又含有 π 电子，其中的 $\pi\text{-}\pi^*$ 跃迁吸收谱带和 $n\text{-}\pi^*$ 跃迁吸收谱带属于紫外-可见特征吸收光谱。目前，已有多种以实验结果为基础的各种有机化合物的紫外-可见光谱标准谱图。因此，可以将在相同条件下测得的未知物的吸收光谱与标准谱图进行比较来做定性分析。如果吸收光谱的形状，包括吸收光谱的 $\lambda_{\max}$、$\lambda_{\min}$，吸收峰的数目、位置、拐点以及 $\kappa_{\max}$ 等完全一致，则可以初步认为是同一化合物。

此外，在判断某化合物几种可能结构时，常根据伍德沃德(Woodward)规则和斯科特(Scott)规则来计算最大吸收波长 $\lambda_{\max}$，并与实验值进行比较来确认物质的结构。

伍德沃德-菲泽(Woodward-Fieser)规则是计算共轭二烯、多烯烃及共轭烯酮类化合物 $\lambda_{\max}$ 的经验规则。该规则主要以类丁二烯结构作为母体得到一个最大吸收的基数，然后对连接在母体上的不同取代基以及其他结构因素加以修正，得到一个化合物的总 $\lambda_{\max}$ 值。但该规则不适于芳香族化合物。因此，必须用斯科特规则来计算芳香族羰基衍生物和取代苯的 $\lambda_{\max}$。其方法类似于伍德沃德-菲泽规则。

应该指出，仅靠一个紫外光谱或仅以经验规则求得的 $\lambda_{\max}$ 来确定一个未知物结构是不现实的，还必须配合红外光谱、核磁共振波谱法和质谱法来进行定性鉴定和结构分析。但是，紫外光谱法仍不失为一种非常有用的定性分析辅助方法。

9.2　电位分析法

9.2.1　概述

1. 电位分析法的基本原理和分类

电位分析法是通过测定包括待测物溶液在内的化学电池的电动势，求得溶液中待测组分活(浓)度的一种电化学分析方法。

从第六章的学习中已经知道，半电池反应的电极电势与溶液中对应离子活度的关系服

从能斯特方程。例如,对于金属与溶液中对应离子所形成的半电池反应:

$$M^{n+} + ne^- \rightleftharpoons M$$

该金属电极的电极电势与溶液中对应金属离子活度的关系符合:

$$E(M^{n+}/M) = E^\ominus(M^{n+}/M) + \frac{RT}{nF}\ln\frac{\alpha(M^{n+})}{\alpha(M)}$$

$$= E^\ominus(M^{n+}/M) + \frac{RT}{nF}\ln\alpha(M^{n+}) \tag{9-11}$$

式中:$E^\ominus(M^{n+}/M)$为该半电池反应的标准电极电势;$\alpha(M^{n+})$为溶液中对应金属离子的活度;$\alpha(M)$为金属的活度,定义为1。从式(9-11)可知,如果可以测得该金属电极的电势E,就可以求得溶液中对应金属离子的活(浓)度。然而单个电极的电势是无法测量的。因此,需要有一支电势固定不变的电极(参比电极)与上述待测离子的金属电极(指示电极)及待测溶液一起,组成一个工作电池:

参比电极 ‖ 试样溶液 ∣ 指示电极

通过测量该工作电池的电动势:

$$E(\text{emf}) = E(M^{n+}/M) - E(参) \tag{9-12}$$

求得待测离子的金属电极的电势$E(M^{n+}/M)$,就可求得待测金属离子的活(浓)度。电位分析的基本装置见图9-15。

电位分析法可以分成两类。通过测量电极电势及其与待测离子间的能斯特关系,求得待测离子的活(浓)度的方法称为直接电位法。另一种方法是通过测量滴定过程中电极电势的变化,进而确定滴定的终点,通过滴定反应的化学计量关系,求得待测离子的浓度,这种方法称为电位滴定法。

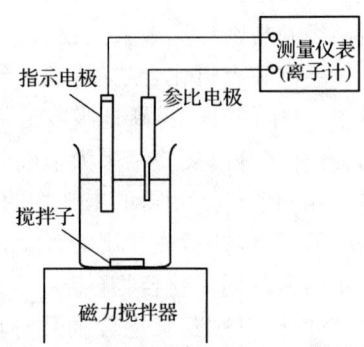

图9-15 电位法的基本装置

2. 指示电极和参比电极

在电位法测定中要用到两种功能不同的电极。其中电极电势能响应待测离子活度的电极称为指示电极(indicating electrode),而电极电势固定不变的电极称为参比电极(reference electrode)。

(1) 指示电极

指示电极的基本要求是其电极电势与试样溶液中待测离子活度之间的关系符合能斯特方程。常用的指示电极有金属基电极和离子选择性膜电极。

金属基指示电极是以金属得失电子为基础的半电池反应来指示相应离子活度的。最基本的金属基指示电极是基于金属与该种金属离子所组成的半电池反应来响应该种金属离子活度的电极。例如,将一根银丝插入Ag^+溶液,就构成了一支能响应溶液中Ag^+活度的银指示电极,它的半电池反应和电极电势表达式为

$$Ag^+ + e^- \rightleftharpoons Ag$$

$$E(Ag^+/Ag) = E^\ominus(Ag^+/Ag) + \frac{RT}{nF}\ln\alpha(Ag^+) \tag{9-13}$$

在电位分析中,能斯特方程习惯用常用对数来表示,此时式(9-13)可写成:

$$E(Ag^+/Ag) = E^{\ominus}(Ag^+/Ag) + \frac{RT}{nF}\ln\alpha(Ag^+) = E^{\ominus}(Ag^+/Ag) + S\lg\alpha(Ag^+)$$
(9-14)

式中 S 称为电极反应的斜率。25℃时，对于 $n=1$ 的一价离子，$S=0.0592$ V；对于 $n=2$ 的二价离子，$S=0.0296$ V，依次类推。这一类金属基电极常被称为第一类金属基电极。

金属基电极除了可直接指示该种金属离子的活度外，在适当的条件下还可以指示某些阴离子的活度。例如，在有 AgCl 沉淀存在的 Cl^- 溶液中，银电极就能指示 Cl^- 的活度。其半电池反应和电极电势的能斯特关系如下：

$$AgCl + e^- \rightleftharpoons Ag + Cl^-$$

$$E(AgCl/Ag) = E^{\ominus}(AgCl/Ag) - S\lg\alpha(Cl^-) \qquad (9-15)$$

对于由金属、该金属的难溶盐、此难溶盐的阴离子所组成的指示该阴离子的金属基指示电极，电极反应和能斯特响应式可用以下通式表示：

$$M_nX_m + me^- \rightleftharpoons nM + mX^{n-}$$

$$E(M_nX_m/M) = E^{\ominus}(M_nX_m/M) - S\lg\alpha(X^{n-}) \qquad (9-16)$$

这类金属基电极常被称为第二类金属基电极。

对于像 $Fe^{3+} + e^- \rightleftharpoons Fe^{2+}$ 的半电池反应，其电极电势指示的是溶液中两种离子的活（浓）度比。这时，可以将一根惰性的铂丝作为电极，插入含有 Fe^{3+}、Fe^{2+} 的溶液，它的电势为

$$E(Fe^{3+}/Fe^{2+}) = E^{\ominus}(Fe^{3+}/Fe^{2+}) + S\lg\frac{\alpha(Fe^{3+})}{\alpha(Fe^{2+})} \qquad (9-17)$$

这时，铂丝自身并没有电子的得失，它只是提供了 Fe^{3+} 和 Fe^{2+} 交换电子的场所。这类金属基电极常称为零类电极。

金属基指示电极结构简单，制作方便，是金属离子和某些阴离子的常用指示电极。

有关离子选择性膜电极的构造和原理，将在 9.2.2 中介绍。

(2) 参比电极

参比电极的基本要求是电极电势恒定，不受试样溶液组成变化的影响。在电化学分析中，最常用的参比电极是甘汞电极。它由汞、氯化亚汞（Hg_2Cl_2）沉淀、Cl^- 组成，半电池反应为

$$Hg_2Cl_2(s) + 2e^- \rightleftharpoons 2Hg + 2Cl^-$$

其电极电势为

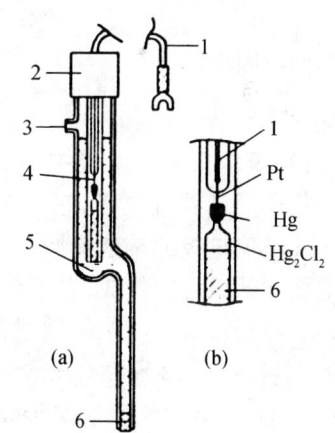

1. 导线；2. 塑料帽；3. 加液口；4. 内部电极；5. 氯化钾溶液；6. 多孔陶瓷

图 9-16 甘汞电极的结构示意图

$$E(Hg_2Cl_2/Hg) = E^{\ominus}(Hg_2Cl_2/Hg) - S\lg\alpha(Cl^-) \qquad (9-18)$$

可见甘汞电极实际上是一种能响应 Cl^- 活度的第二类金属基电极。但是，如果将电极反应所涉及的 Cl^- 浓度保持恒定，根据式(9-18)，在确定的温度下，甘汞电极的电势就是一个定值。甘汞电极的结构如图 9-16 所示，汞、甘汞与电极内部的 KCl 溶液接触，形成半电池。

电极内部一定浓度的 KCl 溶液借助电极下部的多孔陶瓷形成一个 KCl 盐桥,使甘汞电极与外部的试样溶液接触形成导电回路,但内部溶液不会与外部试样溶液发生混合而使内部的 KCl 浓度改变。甘汞电极因内充 KCl 溶液的浓度不同而有不同的电势值,常用的甘汞电极内充的 KCl 溶液浓度有 $0.1 \text{ mol} \cdot \text{L}^{-1}$、$1 \text{ mol} \cdot \text{L}^{-1}$、饱和溶液三种,其中最常用的是内充饱和 KCl 溶液的饱和甘汞电极(saturated calomel elect rode, SCE),它在 25℃时的电极电势为 0.242 V。

Ag-AgCl 电极也是常用的参比电极。在温度较高(>80℃)的条件下使用时,Ag-AgCl 电极的电势较甘汞电极稳定。25℃时,内充饱和 KCl 溶液的 Ag-AgCl 电极的电势为 0.199 V。

9.2.2 离子选择性电极

1. 离子选择性电极和膜电势

离子选择性电极(ion selective electrode, ISE)是 20 世纪 60 年代后迅速发展起来的一种电位分析法的指示电极。离子选择性电极的响应机理与上述的金属基电极完全不同,电势的产生并不是基于电化学反应过程中的电子得失,而是基于离子在溶液和一片被称为选择性敏感膜之间的扩散和交换,如此产生的电势就叫作膜电势(membrane potential)。选择性敏感膜可以由对特定离子具有选择性交换能力的材料(如玻璃、晶体、液膜等)制成。国际上,离子选择性电极是按敏感膜材料的性质分类的。例如,用晶体敏感膜制作的晶体电极(如用氟化镧单晶制成的氟离子选择性电极,用氯化银多晶制成的氯离子选择性电极),用玻璃膜和流动载体(液膜)制成的非晶体电极(前者如 pH 玻璃电极,后者如流动载体钙离子选择性电极)等。本节以 pH 玻璃电极和氟离子选择性电极为例,介绍离子选择性电极的基本结构和响应原理。

2. pH 玻璃电极

pH 玻璃电极是对溶液中的 H^+ 活度具有选择性响应的离子选择性电极,它主要用于测定溶液的 pH。pH 玻璃电极的构造见图 9-17。它的关键部分为电极下部由特殊组成(以摩尔分数表示:Na_2O,22%;CaO,6%;SiO_2,72%)制成的球泡形玻璃膜,该膜的厚度为 $0.03 \sim 0.1 \text{ mm}$。在玻璃泡内装有 $0.1 \text{ mol} \cdot \text{L}^{-1}$ HCl 溶液,其中插入一支 Ag-AgCl 参比电极。Ag-AgCl 内参比电极和溶液中的 Cl^- 所组成的内参比电极系统与玻璃膜形成了可靠的电接触。pH 玻璃电极对于溶液中 H^+ 的选择性响应

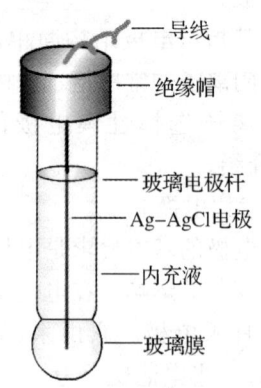

图 9-17 pH 玻璃电极的结构示意图

源于其泡状玻璃膜的内部结构。石英是纯 SiO_2,硅和氧以共价键结合成网络状的结构没有可供离子交换的电荷点位。而在掺有 Na_2O 的 SiO_2 玻璃膜中,硅氧网络结构中的一部分硅氧键断裂,形成带负电荷的硅—氧骨架,骨架上这些固定的负电荷点位具有离子交换的功能,通常它们与带正电荷的 Na^+ 形成离子键,可表示为

$$\begin{array}{c} \text{O} \\ | \\ \text{O}-\text{Si}-\text{O}^--\text{Na}^+ \\ | \\ \text{O} \end{array}$$

pH 玻璃电极在使用前必须在水中浸泡一段时间后才具有响应 H^+ 的功能,这一过程称为玻璃膜的水化。水化使玻璃膜的外表面形成厚度为 $10^{-5} \sim 10^{-4}$ mm 的水化层(玻璃膜的内表面由于装有 HCl 溶液,已经形成水化层),其中的 Na^+ 与溶液中 H^+ 发生离子交换:

$$SiO^- \ Na^+_{(表面)} + H^+_{(溶液)} \rightleftharpoons SiO^- \ H^+_{(表面)} + Na^+_{(溶液)}$$

由于硅氧骨架上的负电荷点位对于 H^+ 具有很大的亲和作用,因此上述反应的平衡常数非常大,即水化层中的负电荷点位几乎全被 H^+ 所占据。这时,pH 玻璃电极具备了响应溶液中 H^+ 的能力。当浸泡活化后的 pH 玻璃电极插入待测试样时,由于玻璃膜外表面水化层中的 H^+ 离子活度 $[a(H^+,试)]$ 与待测溶液中的 H^+ 离子活度 $[a'(H^+,试)]$ 不同,在两相的界面上会由于 H^+ 的扩散迁移而建立起相间电势。例如当 $a(H^+,试) > a'(H^+,试)$ 时,电极外部溶液中的 H^+ 就会向玻璃膜外表面的水化层扩散(溶液中的负离子由于受到硅酸盐骨架上负电荷的排斥无法进入水化层),在玻璃外表面和溶液界面形成一双电层,产生了一定的相间电势。该相间电势的大小符合能斯特方程:

$$E(试) = E^{\ominus}(试) + \frac{RT}{zF}\ln\frac{a(H^+,试)}{a'(H^+,试)} = E^{\ominus}(试) + \frac{RT}{F}\ln\frac{a(H^+,试)}{a'(H^+,试)} \qquad (9-19)$$

式中 z 为响应离子的电荷数,因 H^+ 带一个正电荷,所以 $z=1$。同样,对于玻璃膜的内表面,也存在着由于 H^+ 的扩散迁移而建立起相间电势,可表示为

$$E(试) = E^{\ominus}(内) + \frac{RT}{F}\ln\frac{a(H^+,内)}{a'(H^+,内)} \qquad (9-20)$$

式中 $a'(H^+,内)$ 和 $a(H^+,内)$ 分别表示玻璃膜内表面水化层中 H^+ 活度和玻璃泡内部所装溶液的 H^+ 活度。如果,玻璃膜的内外表面的结构完全一致,那么 $E^{\ominus}(内) = E^{\ominus}(试)$,$a'(H^+,试) = a'(H^+,内)$。于是,将式(9-19)减式(9-20),得到

$$E(膜相) = \frac{RT}{F}\ln\frac{a(H^+,试)}{a(H^+,内)}$$

$E(膜相)$ 表示玻璃膜内外表面处的相间电势的代数和。因为玻璃泡内装溶液的 H^+ 活度是固定的,因此,上式可改写为

$$E(膜相) = K + \frac{RT}{F}\ln a(H^+,试) \qquad (9-21)$$

实际上,玻璃膜内部(非水化层)还存在着离子扩散造成的扩散电势,在玻璃膜结构匀称的情况下,如将扩散电势忽略不计,那么 $E(膜相)$ 可以看成为横跨整个玻璃膜的膜电势 E(膜)。实际上玻璃电极的膜电势是通过电极内部的 Ag-AgCl 内参比电极测量的,因此,整个 pH 玻璃电极的电极电势为

$$E(玻璃) = E(AgCl/Ag) + E(膜)$$
$$= E(AgCl/Ag) + K + \frac{RT}{F}\ln a(H^+,试) = K' + \frac{RT}{F}\ln a(H^+,试)$$

或写成：

$$E(玻璃) = K' - \frac{2.303RT}{F}\text{pH}(试) \tag{9-22}$$

当在 25℃时，上式可写为：

$$E_{玻璃} = K' - 0.059\text{pH}(试) \tag{9-23}$$

即 pH 玻璃电极的电极电势与待测试样的 pH 有线性关系。

普通 pH 玻璃电极测定溶液酸度的适用范围是 pH 为 1～10。当 pH 高于 10 时，测得的 pH 比实际值要低，见图 9-18（A. Corning 015 玻璃电极，H_2SO_4；B. Corning 015 玻璃电极，HCl；C. Corning 015 玻璃电极，1 mol·L^{-1} Na^+；D. Beckman-GP 玻璃电极，1 mol·L^{-1} Na^+；E. L&N Black Dot 玻璃电极，1 mol·L^{-1} Na^+；F. Beckman Type E 玻璃电极，1 mol·L^{-1} Na^+）中的曲线 C、D。这种现象称为 pH 玻璃电极的"碱差"(alkaline error)。碱差的根本原因是玻璃膜并非是响应 H^+ 的专属性膜，它

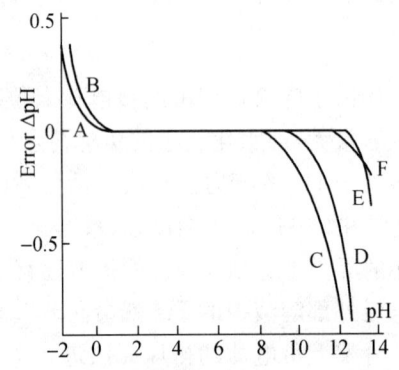

图 9-18 pH 玻璃电极的"碱差"和"酸差"

除了对 H^+ 具有选择性响应的能力之外，对溶液中的其他阳离子如 Na^+、K^+ 等离子也会有一定的响应。当被测试样的 pH 较低时，溶液中 H^+ 有相当的活度，电极响应 H^+ 所产生的膜电势较电极响应 Na^+、K^+ 等离子所产生的膜电势高得多，因此察觉不到这些阳离子干扰。当试液碱度较高如 pH>10 时，溶液中 H^+ 活度相对于 Na^+、K^+ 等其他阳离子已经很低，在这种情况下，电极响应 Na^+、K^+ 等离子所产生的膜电势就相当可观，表现出来的结果是 pH 玻璃电极"测到"了比实际上多的 H^+（比实际 pH 低）。因此所谓"碱差"是 pH 玻璃电极在碱度较高的溶液中响应 Na^+、K^+ 等离子的缘故。改变玻璃膜的成分，可以扩大 pH 玻璃电极在碱性区的使用范围。例如用 Li_2O 代替玻璃膜中的绝大部分 Na_2O，则可减小膜对 Na^+ 的亲和作用，从而使用范围扩大到 pH 为 0～14。pH 玻璃电极在酸性大(pH<1)的溶液中测得的 pH 会高于实际值，这种误差被称为"酸差"(acid error)。一种对"酸差"的解释是：膜电势只有在水的活度为 1 时，才符合能斯特方程。在高酸度下，相当部分的水分子由于质子的溶剂化，使水的活度小于 1，从而使测得的 pH 会高于实际值。

由 pH 玻璃电极的"碱差"现象可知，除了 H^+ 外，玻璃膜还能响应其他阳离子。如果改变玻璃膜的成分，使它对其他阳离子如 Na^+ 或 K^+ 具有较高的选择性，那么该玻璃电极实际上成为一支测定 Na^+（或 K^+）的玻璃电极。例如，一种商品 pNa 玻璃电极的玻璃膜成分为（用质量分数表示）Na_2O:11%；Al_2O_3:18%；SiO_2:71%。

3. 氟离子选择性电极

氟离子选择性电极对溶液中的游离 F^- 具有选择性响应能力，其构造如图 9-19。氟电极的关键部分是电极下部的一片氟化镧(LaF_3)单晶膜。电极内充有含有 0.1 mol·L^{-1} NaF 和 0.1 mol·L^{-1} NaCl 的溶液，并通过 Ag-AgCl 内参比电极与外部的测量仪器相联。为降低氟化镧单晶膜的内阻，氟化镧单晶中掺有少量氟化铕(EuF_2)。氟化铕的引入破坏了氟化镧完整无缺的晶格结构，在晶体内部产生了少量空穴。当氟电极浸入含有 F^- 的待测试

液时,溶液中的 F^- 会与氟化镧单晶膜上的 F^- 发生离子交换。如果试样溶液中的 F^- 活度较高,溶液中的 F^- 通过扩散迁移进入晶体膜的空穴中;反之,晶体表面的 F^- 扩散转移到溶液,在膜的晶格中留下一个 F^- 点位的空穴。如此,在晶体膜和溶液的相界面上形成了双电层,产生膜电势。膜电势的大小与试样溶液中 F^- 活度关系符合能斯特方程:

$$E(\text{膜}) = K' - \frac{RT}{F}\ln \alpha(F^-, \text{试})$$

加上内参比电极的电势,氟离子电极在活度为 $\alpha(F^-, \text{试})$ 的 F^- 试液中的电极电势为

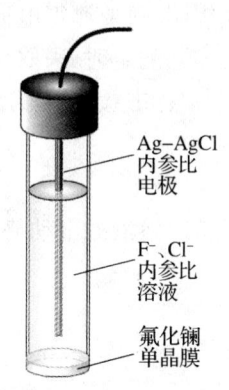

图 9-19 氟离子选择性电极的结构示意图

$$E(\text{氟电极}) = K - \frac{RT}{F}\ln \alpha(F^-, \text{试})$$

(9-24)

因此可以通过测量氟离子选择性电极的电势,测定试样溶液中 F^- 的活度。

氟离子选择性电极测定 F^- 的浓度(浓度和活度转换关系见 9.2.3)范围一般在 $10^{-1} \sim 10^{-5}$ mol·L^{-1} 之间。用氟离子选择性电极测定 F^- 浓度时,溶液的酸度应控制在 pH 为 5~6 之间。这是因为,当 pH<5 时,溶液中的 H^+ 会与游离的 F^- 结合生成弱酸 HF,它们不会被氟化镧单晶膜响应;当 pH>6 时,溶液中的 OH^- 能与膜表面的 LaF_3 反应:

$$LaF_3 + 3OH^- \rightleftharpoons La(OH)_3 + 3F^-$$

由于生成的 $La(OH)_3$ 沉积在晶体膜表面使膜表面性质发生变化,而置换出来的 F^- 又使电极表面附近的试样溶液中 F^- 浓度增大,因此对测定 F^- 浓度产生干扰。

9.2.3 直接电位法

直接电位法(direct potentiometry)是通过测量指示电极的电极电势,并根据电势与待测离子间的能斯特关系,求得待测离子的活(浓)度的方法。

1. 溶液 pH 的测定

最常用的直接电位法是用酸度计测定溶液的 pH。测定时,用 pH 玻璃电极作为指示电极,甘汞电极为参比电极,与待测溶液组成一个测量电池:

$$\text{饱和甘汞电极} \parallel \text{试样溶液} \mid \text{pH 玻璃电极}$$

该电池的电动势为

$$E = E(\text{玻璃}) - E(\text{甘汞})$$

将玻璃电极的电势表达式(9-22)代入上式,得到

$$E(\text{emf}) = K' - \frac{2.303RT}{F}\text{pH} - E(\text{甘汞})$$

由于甘汞电极的电势在一定条件下是一个常数,可与 K' 合并,得到

$$E(\text{emf}) = K - \frac{2.303RT}{F}\text{pH}$$

(9-25)

上式表明,只要测得电池的电动势,即可求出待测溶液的 pH。

实际测定时,采取与已知 pH 的标准缓冲溶液比较的方法来确定待测溶液的 pH。假如,测得标准缓冲溶液的电动势为

$$E(\text{emf},s) = K - \frac{2.303RT}{F}\text{pH}(s) \tag{9-26}$$

测得待测溶液的电动势为

$$E(\text{emf},x) = K - \frac{2.303RT}{F}\text{pH}(x) \tag{9-27}$$

将式(9-27)减式(9-26)得到

$$\text{pH}(x) = \text{pH}(s) - \frac{E(\text{emf},s) - E(\text{emf},x)}{2.303RT/F} \tag{9-28}$$

式(9-28)所示的与标准 pH 缓冲溶液比较而得到的待测液 pH 称为 pH 的实用定义。

应该注意的是,并不是任何缓冲溶液都可以用作标准缓冲溶液。实验室中最常用的几种标准缓冲溶液的组成及它们在不同温度下的 pH 见表 9-3。

表 9-3 标准缓冲溶液的 pH

温度℃	草酸氢钾 (0.05 mol·L^{-1})	酒石酸氢 (25℃,饱和)	邻苯二甲酸氢钾 (0.05 mol·L^{-1})	KH_2PO_4-Na_2HPO_4(各 0.025 mol·L^{-1})	硼砂 (0.01 mol·L^{-1})	氢氧化钙 (25℃,饱和)
0	1.666	—	4.003	6.984	9.464	13.423
10	1.670	—	3.998	6.923	9.332	13.003
20	1.675	—	4.002	6.881	9.225	12.627
25	1.679	3.557	4.008	6.865	9.180	12.454
30	1.683	3.552	4.015	6.853	9.139	12.289
35	1.688	3.549	4.024	6.844	9.102	12.133
40	1.694	3.547	4.035	6.838	9.068	11.984

2. 离子浓度的测定

用离子选择性电极测定离子活度时,是以离子选择性电极作为指示电极,以甘汞电极作为参比电极,与待测溶液一起组成一个测量电池,测量其电动势。例如,用氟离子选择性电极测定试样溶液中的 F$^-$ 时,就可以组成以下工作电池:

饱和甘汞电极 ‖ 试样溶液 | 氟离子选择性电极

该电池的电动势为

$$E(\text{emf}) = E(氟) - E(甘汞)$$

将式(9-24)代入,得到

$$E(\text{emf},x) = K' - \frac{2.303RT}{F}\lg\alpha(F^-) - E(甘汞) = K - \frac{2.303RT}{F}\lg\alpha(F^-) \tag{9-29}$$

将式(9-29)扩大到一般的情况,可以写为

$$E(\text{emf}) = K + \frac{2.303RT}{z(i)F}\lg\alpha(i) \tag{9-30}$$

式中:$\alpha(i)$ 为离子 i 的活度;$z(i)$ 为该离子所带的电荷数。式(9-30)表示,所测得的电

动势与待测离子活度的对数有线性关系,这便是定量分析的基础。应用这个关系式进行定量分析的具体方法有以下几种:

(1) 标准曲线法

本法与分光光度法中的标准曲线法相似。配制一系列已知浓度的待测物标准溶液,用相应的离子选择性电极和甘汞电极测定对应的电动势,然后以测得的 $E(\text{emf})$ 对相应的 $\lg c(i)$ 作标准曲线。在相同的条件下测出待测试样溶液的 $E(\text{emf})$ 值,从标准曲线上查出待测离子的 $\lg c(i)$ 值,再换算成待测离子的浓度。

用标准曲线法定量分析时,还要设法解决浓度与活度之间的差异问题。从式(9-30)可以看到,工作电池的电动势是与待测离子活度(并非浓度)的对数呈线性关系。在有些情况下,测定离子的活度确有重要意义。例如 Ca^{2+} 的生理作用就是与其活度有关。但是,在更多情况下,要求测定的是浓度而非活度。浓度与活度的关系为 $a(i) = \gamma(i)c(i)$,$\gamma(i)$ 是 i 离子的活度系数,它是溶液的离子强度(由溶液中各种离子的浓度和及所带的电荷所决定)的函数。只有在极稀的溶液中,$\gamma(i) \approx 1$,这时,离子的浓度和活度才近似相等。而在稍浓一些的溶液中,$\gamma(i) < 1$,待测离子的活度总是小于浓度,加上活度系数与待测离子的浓度间不存在简单的线性关系,于是,用 $E(\text{emf})$ 对 $\lg c(i)$ 作图时,浓度稍高即会使标准曲线偏离线性(见图 9-20),这就给浓度的测定带来了困难。

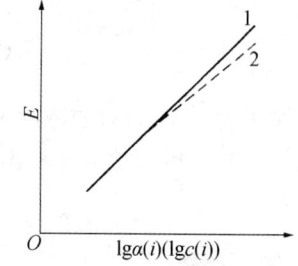

1. 以活度为变量;2. 以浓度为变量

图 9-20 以浓度或活度变量的标准曲线的对比

解决这一问题并不是通过求解 $\gamma(i)$ 将标准曲线上的活度校正为浓度,而是设法控制各标准溶液和待测溶液的离子强度为一个确定值,既不受待测离子浓度的影响,也不受试样溶液组成的影响,从而使活度系数 $\gamma(i)$ 成为一个不随试样变化而变化的常数。由于离子强度并不只取决于待测离子,而是由溶液中所有的离子所决定的。因此,为了使标准溶液和试样溶液的离子强度保持一致,可以向各标准溶液和试样溶液中加入一种对测定没有干扰的强电解质,所加入的浓度应该一致而且要远高于试样溶液中的背景电解质和待测离子的浓度。

这样,不论是标准溶液还是试样溶液,它们的离子强度都为这种外加的、固定浓度的强电解质所控制,从而使各待测溶液中待测组分的活度系数保持一致。在这种条件下:

$$E(\text{emf}) = K + \frac{2.303RT}{z(i)F}\lg a(i) = K + \frac{2.303RT}{z(i)F}\lg\gamma(i) + \frac{2.303RT}{z(i)F}\lg c(i)$$

式中第二个等号右边的第二项成为一个常数,使测得的电动势与待测离子浓度的对数保持线性关系,完全可以通过直线形的标准曲线来定量。这种人为加入的强电解质称为离子强度调节剂。例如,测定茶叶或牙膏中的氟离子含量时,在氟离子标准溶液和试样溶液中加入 $0.1 \text{ mol} \cdot \text{L}^{-1}$ 的 NaCl 作为离子强度调节剂以控制待测溶液的离子强度。

在以标准曲线法测定待测离子的浓度时,除了上述离子强度的问题以外,有时还需要对待测溶液的酸度加以控制,对可能存在的干扰离子加以掩蔽。例如,用氟离子选择性电极测定 F^- 浓度时,需要用 HAc—NaAc 缓冲溶液控制试液的 pH 在 5.0 左右;试样中存在的 Fe^{3+}、Al^{3+} 等能与 F^- 形成配合物的离子对测定的干扰需用柠檬酸钠来掩蔽。这种在测定 F^- 浓度时必须加入试液中的由离子强度调节剂、缓冲剂、掩蔽剂所组成的混合试剂,称为总离子强度调节缓冲剂(total ion strength adjustment buffer,TISAB)。

标准曲线法的优点是用一条标准曲线可以对多个试样进行定量分析,因此操作比较简便。通过加入 TISAB,可以在一定程度上消除由于离子强度、干扰组分等所引起的干扰。因此标准曲线法适用于试样组成较为简单的大批量试样的测定。

(2) 标准加入法

对于成分较为复杂的试样,难以用标准曲线法定量时,可以采用标准加入法。标准加入法的基本思路是:向待测的试样溶液中加入一定的小体积待测离子的标准溶液,通过加入标准溶液前后电动势的变化与加入量之间的关系,对原试样溶液中的待测离子浓度进行定量。

设待测试样溶液的体积为 $V(x)$,其中待测离子的浓度为 $c(x)$,它在待测溶液中的活度系数为 γ,测得的电动势为

$$E(\text{emf},1) = K + \frac{2.303RT}{zF}\lg\gamma c(x) \tag{9-31}$$

加入浓度为 $c(s)$($c(s)$ 的浓度最好是 $c(x)$ 的 50～100 倍),体积为 $V(s)$($V(s)$ 最好是 $V(x)$ 的 1/50～1/100)的待测离子标准溶液后测得的电动势为

$$E(\text{emf},2) = K + \frac{2.303RT}{zF}\lg\gamma\frac{c(x)V(x)+c(s)V(s)}{V(x)+V(s)} \tag{9-32}$$

由于所加入的标准溶液的体积很小,对试样溶液组成影响可以忽略不计,因此式 (9-31) 和式 (9-32) 中用了相同的 K 和 γ。用式 (9-32) 减式 (9-31),得到

$$\Delta E = E(\text{emf},2) - E(\text{emf},1) = \frac{2.303RT}{zF}\lg\frac{c(x)V(x)+c(s)V(s)}{c(x)[V(x)+V(s)]}$$

由于 $V(s) \ll V(x)$,所以 $V(s) + V(x) \approx V(x)$。将这一近似代入上式,经变换可以得到

$$c(x) = \frac{c(s)V(s)}{V(x)}(10^{\Delta E/S} - 1)^{-1} \tag{9-33}$$

式中 $S = 2.303RT/zF$,ΔE 用两电动势差的绝对值代入。这就是标准加入法的计算式。

标准加入法可以克服由于标准溶液组成与试样溶液不一致所带来的定量困难,也能在一定程度上消除共存组分的干扰。但标准加入法每个试样测定的次数增加了一倍,使测定的工作量增加许多。

3. 直接电位法的特点

直接电位法操作简单,分析速度快,不破坏试样溶液,可以测定有色甚至浑浊的试样溶液。但是直接电位法的准确度欠高。究其原因,是因为电动势测定的一个微小误差,通过反对数关系传递到浓度后所产生较大的浓度误差,而且这种误差随着离子所带电荷数的增加而增大。例如,电动势测量 1 mV 的误差,对于带一个电荷的离子,所产生的相对误差约为 4%,而对于带两个电荷的离子,所产生的相对误差约为 8%。

9.2.4 电位滴定法

电位滴定法 (potentiometric titration) 是以电位法确定滴定终点的一种滴定分析方法。简易的电位滴定装置是在图 9-15 所示装置的基础上,用滴定管向盛有待测溶液的烧杯中滴加滴定剂,并用磁力搅拌机自动搅拌溶液。随着滴定剂的滴入,待测离子(或滴定剂所含的与待测离子发生反应的离子)的浓度不断发生变化,所测得的指示电极的电极电势也跟着

发生变化。在化学计量点附近,电极电势发生突跃,指示滴定终点的到达。根据滴定剂的消耗量,求得试样中待测离子的浓度。

1. 电位滴定终点的确定

电位滴定终点的确定是根据滴定过程中指示电极的电极电势的变化来确定终点的。一般是每加一次滴定剂后,读一次电势值,直到明显超过化学计量点为止。这样就可得到一组消耗的滴定剂体积 V 和相应的电势 E 的数据,见表 9-4。如表中所示,在远离化学计量点时,每次加入的滴定剂体积可以是 5~10 mL,甚至更大。但在化学计量点前后 1~2 mL 区间内,每次滴入 0.05~0.1 mL 即应读一次电势值,而且为了方便滴定结束后终点的求算,在这段区间内每次滴入的体积最好相等。滴定终点的确定有三种方法。

表 9-4 以 $AgNO_3$ 溶液滴定 NaCl 溶液的数据

$AgNO_3$ 溶液体积/mL	$E(vs \cdot SCE)/mV$	ΔV	ΔE	$\Delta E/\Delta V$	$\Delta^2 E/\Delta V^2$
5.00	62	10.00	23	2.3	
15.00	85	5.00	22	4.4	
20.00	107	2.00	16	8	
22.00	123	1.00	15	15	
23.00	138	0.50	8	16	
23.50	146	0.30	15	50	
23.80	161	0.20	13	65	
24.00	174	0.10	9	90	
24.10	183	0.10	11	110	
24.20	194	0.10	39	390	200
24.30	233	0.10	83	830	2 800
24.40	316	0.10	24	240	4 400
24.50	340	0.10	11	110	−5 900
24.60	351	0.10	7	70	−1 300
24.70	358	0.30	15	50	
25.00	373	0.50	12	24	−400
25.50	385	0.520	11	22	
26.00	396	2.00	30	15	
28.00	426				

E-V 曲线法以表 9-4 的数据为例,将表中第一栏滴定剂体积为横坐标、第二栏相应的电势为纵坐标,作 E-V 滴定曲线(见图 9-21(a))。曲线上的拐点即为化学计量点,对应的滴定剂体积可用作为终点体积。E-V 曲线法求算终点的方法较为简单。但若终点突跃较小,确定的终点就会有较大的误差。

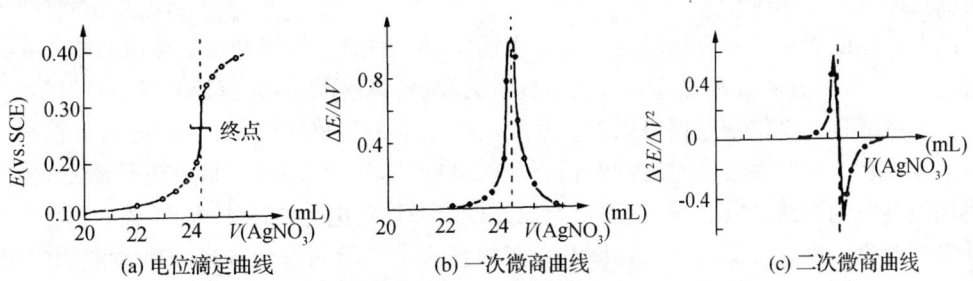

(a) 电位滴定曲线　　(b) 一次微商曲线　　(c) 二次微商曲线

图 9-21 电位滴定终点确定方法

$\Delta E/\Delta V$-V 曲线法也称一级微商法。$\Delta E/\Delta V$ 为加入一次滴定剂后所引起的电势变化值与所对应的加入滴定剂体积之比。如表 9-4 中,在 24.10 mL 和 24.20 mL 之间：

$$\frac{\Delta E}{\Delta V} = \frac{194-183}{24.20-24.10} = 110$$

与该微商值所对应的滴定剂体积为 $(24.10+24.20)\text{mL}/2 = 24.15$ mL。依次类推,可以求得一系列对应的 $\Delta E/\Delta V$-V 值。然后以 V 为横坐标、$\Delta E/\Delta V$ 为纵坐标作图,得到两段一级微分曲线,将它们外推相交后的交点可以认为是一级微分曲线的极大点,所对应的滴定剂体积即为终点体积(见图 9-21(b))。

用一级微商法确定终点准确度较高,即使 E-V 曲线上的终点突跃较小,仍能得到满意的结果。计算也不十分复杂,是较为常用的确定终点的方法。

$\Delta^2 E/\Delta V^2$-V 法也称二级微商法。一级微商为极大的地方,二级微商值等于零。这样,通过求解二级微商的零点,即可求得滴定终点所对应的滴定剂体积。具体的计算方法如下：

对应于滴定至 24.30 mL 时,二级微商值为

$$\frac{\Delta^2 E}{\Delta V^2} = \frac{\dfrac{\Delta E}{\Delta V(24.35 \text{ mL})} - \dfrac{\Delta E}{\Delta V(24.25 \text{ mL})}}{V(24.35 \text{ mL}) - V(24.25 \text{ mL})} = \frac{830-390}{24.35-24.25} = 4\,400$$

同理,对于 24.40 mL 有

$$\frac{\Delta^2 E}{\Delta V^2} = \frac{240-830}{24.45-24.35} = -5\,900$$

由于二级微商值从 24.30 mL 的 +4 400 变化为 24.40 mL 的 -5 900,因此,化学计量点(二级微商值为零)一定在 24.30 mL 和 24.40 mL 之间。在化学计量点附近,有理由认为二级微商值对滴定剂体积的关系是线性的,因此可以通过线性插值的方法计算终点的体积。设终点的滴定剂体积为 $(24.30+x)$mL,则 x 值可以通过以下比例式求出：

$$\frac{4\,400-(-5\,900)}{24.40-24.30} = \frac{4\,400-0}{(24.30+x)-24.30}$$

$$x = 0.10 \text{ mL} \times \frac{4\,400}{10\,300} = 0.04 \text{ mL}$$

所以终点的滴定剂体积应为 24.34 mL。

二级微商法可以克服一级微商需用外推法求终点可能引起的误差。随着计算机的普及,可利用相关软件方便地确定终点。例如,可将滴定剂的体积和相应的电动势数据输入 Excel 表格,利用"插入图表"功能,以"XY 散点图"的方式作电位滴定曲线和一级微商曲线,从而确定终点。

以上介绍的确定终点方法均需经过人工滴定、记录数据、计算和绘制滴定曲线等步骤才能获得,工作量较大而且费时。随着科学技术的发展,目前商品化的自动或半自动的电位滴定仪已大量涌现。电位滴定仪可以自动描绘出滴定曲线以确定终点,有的还具有输出二次微商信号并在二次微商改号时自动停止滴定的功能。采用自动(半自动)电位滴定,还可以采用预设终点的方法,使滴定仪在滴定到预先设定的终点电势时停止滴定(某个滴定体系的预设终点电势一般可以通过待测物标准溶液的预滴定试验而得到),在分析大量试样时,较为方便。

2. 电位滴定法的特点及应用

电位滴定法是一种滴定分析法，相比于直接电位法，它的最大优点是准确度高。直接电位法的误差可达到百分之几，而电位滴定将误差控制在千分之几以内并不困难。需要指出的是，电位滴定法是一种常量分析法，它不适用于微量分析。直接电位法则是一种微量分析法。

与采用指示剂确定终点的滴定分析法相比较，电位滴定法由于采用电位法指示终点，它既不受指示剂的限制，也不受试样溶液是否有色或浑浊的限制。而且，对于某些滴定突跃较小、用指示剂很难确定终点的滴定体系，用电位法确定滴定终点就不那么困难。由于电位滴定法能将滴定曲线直观地记录描绘出来，滴定突跃的大小和区间一目了然，因此它也是选择滴定指示剂的重要工具。

电位滴定可应用于各类滴定体系。用于酸碱滴定时，可采用 pH 玻璃电极作为指示电极；氧化还原滴定的指示电极可用金属基零类电极（最常用的是铂电极）；用于以银量法为基础的沉淀滴定时，可用金属银电极，也可使用如氯离子、碘离子选择性电极作为指示电极；用于 EDTA 配位滴定时，可以采用金属离子选择性电极等。

9.3 原子吸收分光光度法

9.3.1 概述

原子吸收分光光度法（atomic absorption spectrophotomety，AAS）又称原子吸收光谱法，是基于原子蒸气对于特定波长的光的吸收作用来进行定量分析的一种现代仪器分析方法。它的分析流程示意见图 9-22。假如需要测定试样溶液中微量铜的含量，可将含铜的试液在原子化系统中雾化成为气溶胶送入火焰，气溶胶微细雾粒中的铜盐在火焰中经历干燥、蒸发、解离等过程后，最终成为铜原子蒸气。从铜空心阴极灯辐射出的波长为 324.7 nm 的光穿过火焰中的铜蒸气时，其中一部分被铜的基态原子吸收而使透过火焰的该波长的光减弱。透过光通过单色器并由检测器测定其强度，根据透过光强度减弱的程度，即可求得试液中铜的浓度。

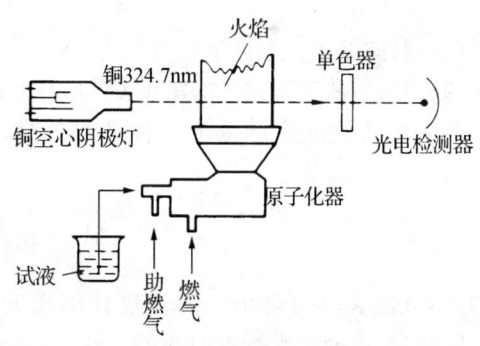

图 9-22 原子吸收分光光度分析的流程示意图

由此可见，原子吸收分光光度分析与前面所介绍的紫外-可见分光光度法有许多相似之处。首先，这两种方法都是基于物质对光的选择性吸收作用而建立的方法。但所不同的是，紫外-可见分光光度法的吸光主体是分子（或离子），所产生的吸收光谱为分子吸收光谱。由于分子吸收光谱是一种宽带吸收光谱，不同分子的光谱往往因为相互重叠而发生干扰。原子吸收分光光度法的吸光主体是气态的原子。由于原子吸收光谱是一条条不连续的线状光谱，不同种元素间吸收光谱重叠的机会非常少，因此原子吸收分光光度法元素间的干扰较少。其次,两种分析方法的基本流程和仪器结构也有许多相似之处。

本节对原子吸收分光光度法的基本原理、仪器结构、定量分析方法和应用范围作一简单的介绍。

9.3.2 基本原理

从第七章的学习可知,原子具有多种能级状态,原子在两个能级之间的跃迁总是伴随着能量的发射或吸收。在通常情况下,原子的外层电子处在基态。当受到热能激发时,其最外层的电子可以跃迁到高能级而处于激发态。处于激发态的原子很不稳定,在很短的时间内要跃迁回低能级而释放出能量,如果能量是以光的形式释放,则就产生一定波长的线状光谱。由于每种元素的原子结构不同,发出的线状光谱的波长也各不相同,因此往往称之为该元素的特征谱线。在元素的特征谱线中,从各激发态跃迁到基态的那些特征谱线称为共振发射线,其中从最低激发态跃迁到基态的那条特征谱线称为第一共振发射线。同样,当处在基态的气态原子,接受一定波长的光的辐照,气态原子会吸收其中特定波长的光从基态跃迁到激发态而产生特征的吸收光谱。使原子外层电子从基态跃迁到激发态所产生的吸收谱线称为共振吸收线。同一元素相互对应的共振发射线和共振吸收线的波长是相同的,统称为共振线(resonance line)。在原子吸收分析中,就是利用处于基态的原子蒸气对从光源辐射的共振(发射)线的吸收进行分析测定的。

原子吸收定量分析的基础是朗伯-比尔定律。假定从光源辐射出光强为 I_0 的某元素的共振线,通过该元素的原子蒸气层时,透过光的强度减弱为 I,则原子蒸气中基态原子的浓度 C',原子蒸气层厚度 L,与共振线入射和透过强度的关系符合:

$$A = \lg \frac{I_0}{I} = KLC' \tag{9-34}$$

由于在一般的原子化温度下(2 500~3 000 K),原子蒸气中的绝大多数原子都处在基态,因此式(9-34)中的基态原子的浓度 C' 可以用原子蒸气中的总原子浓度 C 代替,而 C 值又与试样溶液中待测元素的浓度 c 存在着严格的正比关系,因此引入一新的比例系数 k,式(9-34)可以改写为

$$A = \lg \frac{I_0}{I} = kLc \tag{9-35}$$

式(9-35)表示,原子吸收分光光度计测得的吸光度与试样溶液中的被测元素的浓度成正比。因此,可以通过做标准曲线的方法,对待测试样进行定量分析。

9.3.3 原子吸收分光光度计

原子吸收分光光度计由光源、原子化器(吸收池)、光学系统、检测和显示系统四部分所组成。图9-23为一最简单的单光束原子吸收分光光度计的结构示意图。将其与紫外-可见分光光度计结构相比较可以发现,原子吸收分光光度计的结构与紫外-可见分光光度计十分相似。其中的一个最主要的区别是:紫外-可见光度计的吸收池(比色皿)位于单色器之后,而原子吸收分光光度计的吸收(原子化器)位于单色器之前。原子吸收分光光度计所以这样排列,是为了避免原子化器(如火焰)发出的连续光进入检测器,干扰检测器对共振线光强的测量。

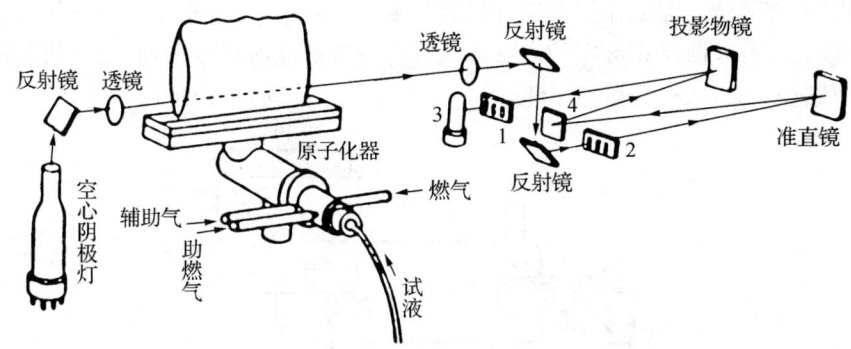

图 9-23 原子吸收分光光度计的结构示意图

1. 光源

光源的作用是发射待测元素的共振线供原子蒸气吸收。共振线的波长和待测元素的共振吸收线波长应完全重合。在原子吸收分光光度计中最常用的光源是空心阴极灯。空心阴极灯的阴极采用待测元素的同种金属制成,与由钨棒制成的阳极一起密封在充有惰性气体的玻璃管内。为消除玻璃对紫外光的吸收,共振

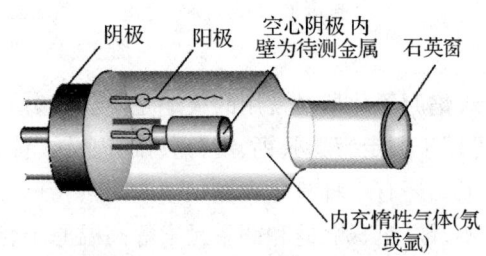

图 9-24 空心阴极灯示意图

线处在紫外区的空心阴极灯嵌有石英窗口。空心阴极灯的结构见图 9-24。使用时,在阴阳极之间施加一定的电压,即开始辉光放电,电子从阴极射向阳极,途中与惰性气体原子发生碰撞并使之电离为正离子。带正电的惰性气体离子在电场作用下,飞速撞击阴极内壁,使阴极表面的金属原子发生溅射。溅射出来的金属原子再与高速运动的电子、离子流发生碰撞而激发,发射出该金属元素的特征谱线。因为空心阴极灯的阴极是用待测元素相同的金属制作的,因此所发出的谱线中,一定含有供待测元素吸收的共振线(除共振线外,还有该元素的其他特征谱线以及内充惰性气体所发射的谱线)。也正是因为这个原因,原子吸收测什么元素,就要用什么元素做的空心阴极灯,即测一个元素就要换一个灯。

2. 原子化器

原子化器的作用是使试样溶液中的待测元素转变成原子(基态)蒸气。原子化器的工作状态对原子吸收法的灵敏度、精密度和受干扰程度有非常大的影响,是原子吸收测定的关键。根据原子化方式的不同,原子化器可分为火焰原子化器、电热石墨炉原子化器和氢化物原子化器。多数原子吸收分光光度计的原子化器是可卸式的,可以根据分析任务,将适用的原子化器装入光路。本节重点介绍火焰原子化器和电热石墨炉原子化器。

(1) 火焰原子化器

火焰原子化器利用火焰的能量使试样中待测元素的原子实现原子化,是最常用的原子化方式之一。火焰原子化器的结构较为简单,由雾化器、雾室和燃烧头组成,见图 9-25,再加上乙炔钢瓶、空压机(或助燃气钢瓶)、气体流量计等外部设备。工作时,压缩空气(最常用的助燃气)以较高的流速通过雾化器的喷嘴时产生一定负压,在该负压的作用下,试样溶液

被吸入雾化器,在高速气流的作用下被分散成气溶胶(雾粒),气溶胶在雾室中与乙炔(燃气)混合,其中较大的雾粒凝结在雾室的内壁并从雾室下方的废液口排出,而较细的雾粒则被混合气携带到燃烧头,进入火焰后原子化。

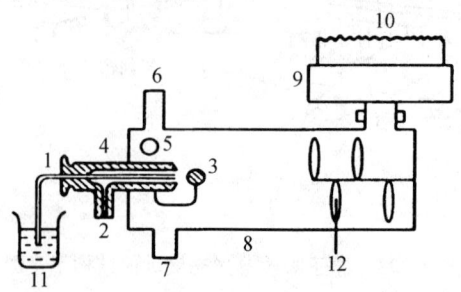

1. 毛细管;2. 空气入口;3. 撞击球;4. 雾化器;5. 空气补充入口;6. 燃气入口;
7. 排废液口;8. 预混合室;9. 燃烧器;10. 火焰;11. 试样溶液;12. 扰流器

图9-25 火焰原子化器

火焰原子化器最常用的火焰是空气-乙炔火焰。这种火焰的温度可以达到2 250 ℃左右,可用于测定钾、钠、钙、镁、铜、铁、镍、钴、锌、镉、锰、铬、金、银、铂、钯等常见的三十几种金属元素。还有一种氧化亚氮(N_2O,助燃气)-乙炔火焰,它的温度可以达到2 950 ℃,可用于测定铝、铍、钒、硅和镧系元素等高温原子化元素。但氧化亚氮-乙炔火焰的安全性不如空气-乙炔火焰。

火焰原子化器的特点是结构简单,使用方便,测定的精密度好(相对标准偏差2%左右),干扰较少。但是由于原子化效率不高(只有百分之几的试样溶液进入火焰被原子化),因此灵敏度欠高,测定的下限一般在零点几至几 $mg \cdot L^{-1}$ 之间。

(2) 电热石墨炉原子化器

电热石墨炉原子化器是利用大电流快速加热石墨炉产生高温,使置于炉内的小体积试样溶液在一瞬间转变为原子蒸气的电热原子化装置。图9-26(a)是石墨炉原子化器的示意图。它的主体为一个内径为6.5 mm长度为28 mm的石墨管。管壁中央的小孔是进样孔。石墨管的周围和内部通有惰性气体Ar,以保护高温下的石墨管不被氧化而烧毁;石墨炉的夹套中通有冷却水,以便一次测定后很快使石墨管冷却至接近室温,可进行下一个试样的进样(图9-26(a)中未画出惰性气体和冷却水系统)。

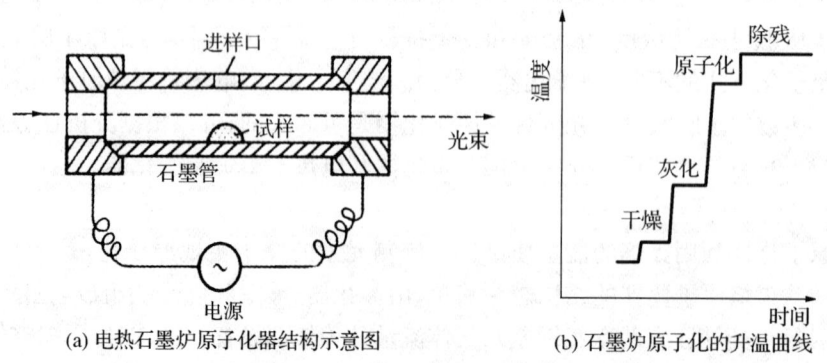

(a) 电热石墨炉原子化器结构示意图　　(b) 石墨炉原子化的升温曲线

图9-26 电热石墨炉原子化器

测定时可用微量取样器(也可用自动机械加样装置)吸取 20～100 μL 试样溶液加入石墨管中央。然后按预设的升温程序,经过干燥(使溶剂挥发)、灰化(除去易挥发或灰化的干扰物质,如有机物)、原子化、清洗(除去残留在石墨管中的耐高温物质)四个步骤,完成一次测定。图 9-27(b)为升温程序的示意图,每一步的具体温度和时间由测定对象的性质和试样基体所决定。升温程序是石墨炉原子吸收测定的关键实验条件。

电热石墨炉原子化的最大特点是灵敏度高,一般要比火焰原子化高 2～3 个数量级,是测定金属元素灵敏度最高的常规分析方法之一。但石墨炉原子化器设备复杂,价格昂贵,测定的精密度较火焰原子化逊色(相对标准偏差 5%～10%),而且容易受到共存元素的干扰。

3. 光学系统

原子吸收分光光度计的光学系统由外光路聚光系统和分光系统两部分组成。外光路的作用是将空心阴极灯发出的光会聚在原子蒸气浓度最高的位置,并将透过原子蒸气的光聚焦在分光器的狭缝上。分光系统的功能是将共振线与其他波长的光(如来自光源的非共振线和原子化器中的火焰发射)分开,仅允许共振线的透过光投射到光电倍增管上。分光系统由入射狭缝、准光镜、光栅、投影物镜、出射狭缝所组成。当测定不同的元素时,可以根据该元素共振线的波长,通过旋转光栅转角,选择测定波长。

4. 检测和显示系统

检测和显示系统的功能是将原子吸收的光信号转换为吸光度值并在显示器上显示。该系统由检测器、放大器和对数转换器、显示器三部分所组成。原子吸收分光光度计中的检测器一般采用光电倍增管,它能将较弱的透过光转换成电信号。由光电倍增管输出的微弱光电流经放大器放大、对数转换器转换成吸光度值后,由显示装置显示出读数。现代的原子吸收分光光度计往往联有微机数据处理系统,经过简单的人机对话,计算机可以画出标准曲线,并直接打印出试样的分析结果。

9.3.4 定量分析方法

原子吸收分析法常用的定量方法有标准曲线法和标准加入法。

1. 标准曲线法

标准曲线法的测定步骤和紫外-可见光度法中介绍的基本相同。在一定的待测元素的浓度范围内,配制一组标准溶液,分别测定该标准系列溶液的吸光度。然后以待测元素的浓度为横坐标、吸光度为纵坐标绘制标准曲线。再在相同的实验条件下测定试样溶液的吸光度,根据该吸光度值,从标准曲线中查出所对应的浓度即为试样溶液中待测元素的浓度。标准曲线法适用于试样基体较为简单的大批量试样,这样用同一条标准曲线可以对多个试样进行定量,工作效率高。使用标准曲线法应该注意以下问题:

(1) 试液和标准系列溶液应该采用相同的制备方法,以确保两者具有相同的介质,减少由于介质不同所引起的误差。例如,在测定土壤中的可溶性钙时,为了防止磷酸根的干扰,在向试液中加入一定量的硝酸锶溶液的同时,也要向标准系列溶液中加入同样量的硝酸锶溶液。

(2) 原子吸收分析法的标准曲线线性范围较小,因此制作标准曲线时,要注意到它的线性范围。

(3) 试液和标准系列溶液的测定应在相同的实验条件下进行。仪器熄火后重新启动，应重新制作标准曲线，或对原曲线进行检验。

2. 标准加入法

当分析某些基体较为复杂的试样时，很难使标准系列溶液的组成与试样溶液基本匹配，若仍然采用标准曲线法进行定量，就很可能会由于介质组成不一而产生干扰，引起定量误差。在这种情况下可以采取标准加入法定量。

标准加入法是向待测的试样溶液中加入一定量的待测元素的标准溶液，通过测定加入后分析信号的增量，对原试样中的待测元素进行定量测定。由于原子吸收法的吸光度与待测物浓度成正比关系，因此标准加入法的计算关系比电位分析中的标准加入法简单得多。具体的做法是：移取相同体积的试液两份分别于同容积的容量瓶甲和乙，然后移取一定量的待测元素标准溶液于容量瓶乙，用相同的介质将容量瓶甲和乙分别稀释到刻度，摇匀后，先后测定甲、乙两试液的吸光度。设容量瓶甲中待测元素的浓度为 c_x，则容量瓶乙中待测元素的浓度为 (c_0+c_x)，甲、乙两试液的吸光度分别为 A_x，A_{x+0}，于是可以得到：

$$A_x = kc_x$$
$$A_{x+0} = k(c_0 + c_x)$$

由于容量瓶甲中的 c_x 与容量瓶乙中的 (c_0+c_x) 处在几乎完全相同的介质之中，因此上两式中的比例系数相同，即不存在由于试样介质不匹配而产生的响应误差。合并上两式得到

$$c_x = \frac{A_x}{A_{x+0} - A_x} c_0 \tag{9-36}$$

通过式(9-36)求出的 c_x 可以进一步计算得到原试样中待测元素的含量。

标准加入法还可以通过作图法求解。具体的做法为：移取四份体积相同的试液于四只同样的容量瓶中（设定容后待测元素的浓度为 c_x），然后除第一只容量瓶外，分别加入一定量的待测元素标准溶液于另三只容量瓶，定容后四只容量瓶中的待测元素总浓度分别为 c_x、c_x+c_0、c_x+2c_0 和 c_x+3c_0，测得的吸光度分别为 A_x、A_1、A_2、A_3。以吸光度为纵坐标，标准溶液的加入浓度为横坐标作图，得到如图 9-27 所示的直线。将此直线外推，与横

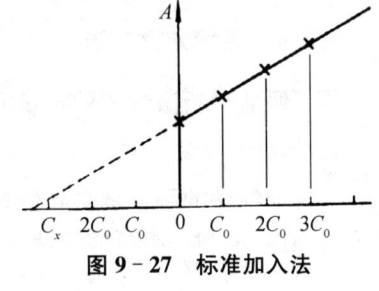

图 9-27 标准加入法

坐标轴的交点处浓度值的负值即为待测元素的浓度 c_x。作图法由于采用了多点校正，准确度要优于上述计算法。很明显，标准加入法可消除由于介质组成不匹配所造成的定量误差，但却增大了定量分析的工作量。使用标准加入法应注意以下问题：

(1) 加入的标准溶液的量应在原试样待测元素浓度的 50%～200% 之间，且应使加入后的总浓度仍落在线性范围之内。

(2) 如果标准曲线不经过原点（即不含待测元素的空白试样的吸光度不为 0），则不宜采用标准加入法定量。

9.3.5 原子吸收法的特点和应用

原子吸收分光光度分析法的主要特点是灵敏度高、选择性好、干扰相对较少、测定的精密度高,可以测定七十多种元素(主要为金属元素)。加上仪器设备并不很复杂,操作方便,目前已成为一种常规的微(痕)量金属元素的定量分析方法。在地矿、冶金、环境、建材、化工、生物医药、食品等行业中得到了广泛的应用。

9.4 色谱分析法

9.4.1 概述

色谱法(chromatography)是一类针对复杂试样的分离技术的总称。色谱分离总是在两相间进行的,其中流动的一相叫流动相(mobile phase),固定的一相叫固定相(stationary phase)。当流动相携带着混合物流过固定相时,由于各组分在流动相和固定相之间的分配平衡(或吸附平衡等)的差异,使得性质不同的各个组分随流动相移动的速度产生了差异,经过一段距离的移动之后,混合物中的各组分被一一分离开来。在经典色谱分离中,分离以后的组分常被分别收集于容器中,或用于进一步的分析,或作为纯化后的产物使用。而现代色谱分析将分离和分析(检测)过程集成于一台既能分离又能检测的功能齐全的分析仪器之中,成为一种分离能力较强、检测灵敏度较高、可实现自动化操作的仪器分析法。

色谱分析法的种类很多,可以从不同的角度加以分类:

(1) 按流动相和固定相的物态分,色谱法可分为气(指流动相的物态)固(指固定相的物态)色谱、气液色谱、液固色谱、液液色谱;将使用气体作流动相的统称为气相色谱(gas chromatography,GC),而将用液体作流动相的统称为液相色谱(liquid chromatography,LC)。

(2) 按操作形式分,可分为柱色谱法、纸色谱法、薄层色谱法,后两者又可称为平面色谱法。

(3) 按分离的机理分,可分为分配色谱法、吸附色谱法、离子交换色谱法、空间排阻色谱法和亲和色谱法等。

现代色谱分析法作为一大类用于复杂试样的分离分析方法,在科研、生产和社会生活中有着非常广泛的应用。它所涉及的分离分析对象包括大至高聚物和生物大分子,小至汽油、无机离子在内的许许多多种有机、无机化合物。在有机化合物中的同系物、异构体(如手性化合物)等难分离物质的分离分析中尤其见长。

本节主要介绍作为仪器分析法的气相色谱法和液相色谱法。

9.4.2 色谱分析法的原理

1. 分配平衡和差速迁移

色谱分离过程,实质上是试样中各组分在流动相和固定相之间的分配平衡(或吸附平衡、离子交换平衡,以下讨论中以分配平衡为例)的差异所造成的。各组分按其在两相间溶解能力的大小,以一定的比例分配在流动相和固定相之间。在一定的温度下,组分在两相之间分配达到平衡时的浓度比称为分配系数(partition coefficient)K。

$$K = \frac{\text{组分在固定相中的浓度}}{\text{组分在流动相中的浓度}} = \frac{c_S}{c_M} \tag{9-37}$$

在一定的温度下,各组分在两相间的分配系数是不相同的。分配系数小的组分每次达到分配平衡后,在固定相中的浓度小而在流动相中的浓度大,分配系数大的组分则反之。在色谱分离过程中,各组分要经历数千上万次这样的分配,于是分配系数小的组分(图 9-28 中的 B 组分)由于更易溶解在流动相中,它们随流动相流动的速度就要比分配系数大、更易溶解在固定相中的组分(图 9-28 中的 A 组分)快,见图 9-28(a),于是形成了分配系数不同的组分之间的差速迁移。只要分配的次数足够多,就可以将分配系数有微小差别的组分一一分离,当分离后的组分由流动相携带进入检测器时,就得到了一个一个的色谱峰。图 9-28(b)示意一对分配系数不同($K_A > K_B$)的组分经历色谱分离分析的全过程。

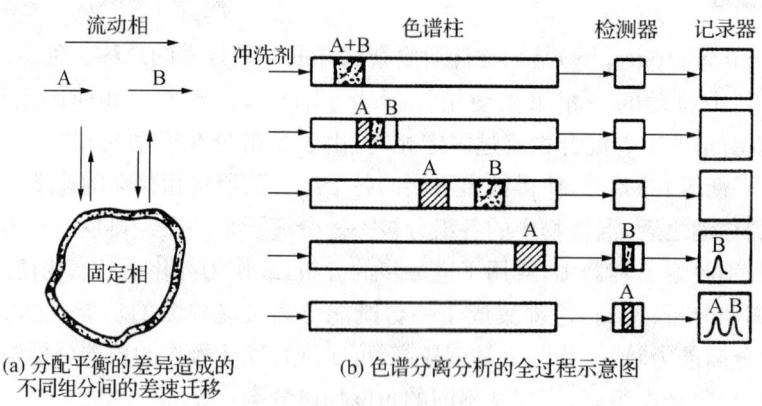

图 9-28 色谱分离原理

2. 色谱图和色谱峰参数

流动相携带组分进入色谱检测器后,由检测器响应并记录得到的一条信号-时间曲线称为色谱图。色谱图由基线(无信号处的平直线部分)和若干色谱峰组成,见图 9-29(a)。色谱图记录了一些与分离分析相关的色谱参数,分别讨论如下。

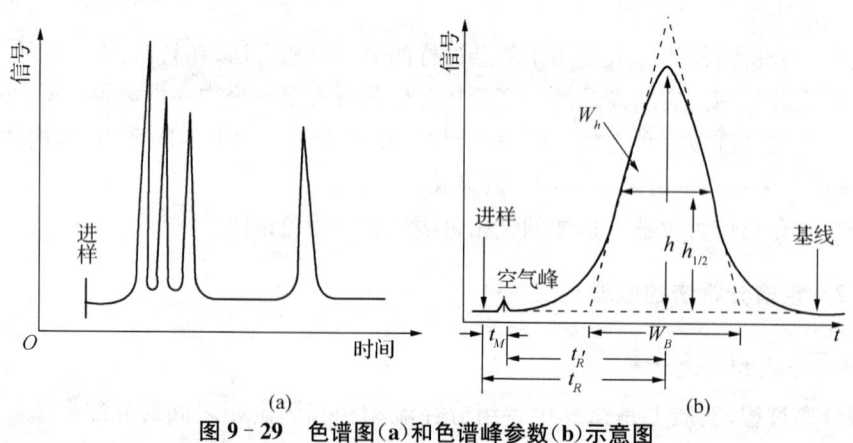

图 9-29 色谱图(a)和色谱峰参数(b)示意图

(1) 保留时间(retention time)t_R 指从进样开始到检测器测到某组分信号最大值(即流动相中该组分的浓度最大值)时所需的时间,如图 9-29(b)。

(2) 死时间(dead time)t_M 指完全不溶解于固定相因而不被固定相所保留的组分从进样到该组分信号最大值出现时所需要的时间。

(3) 校正保留时间(corrected retention time)t_R' 某组分的保留时间减去死时间即为该组分的校正保留时间。

(4) 相对保留(relative retention value)r_{21} 两组分的校正保留时间之比,可以证明也就是两组分的分配系数之比,即

$$r_{21} = \frac{t_{R_2}'}{t_{R_1}'} = \frac{K_2}{K_1} \tag{9-38}$$

① 峰高(h) 从基线到组分峰最大值(峰顶)间的距离所代表的信号值。
② 峰底宽度(Y) 自色谱峰上升沿和下降沿的拐点所作切线在基线上的截距。
③ 半峰宽($Y_{1/2}$) 峰高一半处的色谱峰宽度。注意,$Y = 1.70Y_{1/2}$。

色谱图中的上述色谱参数具有以下用途:
① 根据色谱峰的保留值可以进行定性鉴定;
② 根据色谱峰的峰高或峰面积可以进行定量测定;
③ 根据色谱峰的保留值和峰宽参数可以评价色谱的分离效率。

3. 柱效和分离度

如前所述,组分分配系数的差异决定了组分在色谱柱内迁移速度的差别,也就决定了色谱图上两组分峰之间的距离。这是色谱分离系统对组分的选择性的表现,是由体系的热力学性质(r_{21})所决定的。但是,组分分子在随流动相向柱尾迁移时,还不可避免地会发生扩散,从而使原本较窄的组分区带变宽,在色谱图上表现为一个增宽了的峰。如果组分峰变宽得较为显著,那么即使两组分由于化学性质的差异而在色谱图

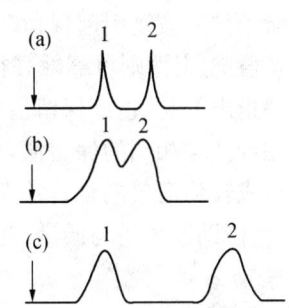

图 9-30 色谱峰变宽对色谱分离的影响

上拉开了距离,但仍然会相互重叠,不能完全分开,见图 9-30(b)。因此,在色谱分离中,希望组分区带在迁移过程中尽量不扩散即色谱峰尽量不变宽,见图 9-30(a),这就是色谱分析中常说的色谱柱的柱效(column efficiency)要高。柱效用理论塔板数(number of the theoretical plates)N 来表示。理论塔板数可以用色谱峰参数计算得到:

$$N = 5.54\left(\frac{t_R}{Y_{1/2}}\right)^2 = 16\left(\frac{t_R}{Y}\right)^2 \tag{9-39}$$

注意,式中的 t_R 和 $Y_{1/2}$,Y 应用相同的单位表示,如时间或距离的单位。同一组分在不同的色谱条件下得到不同的色谱峰参数,若用某条件下的参数计算得到的 N 值大,则说明该实验条件下色谱柱的柱效高。

色谱柱的柱效仅仅表示色谱柱的分离效率,它还不能定量地表示一对性质相似的难分离组分经过色谱柱后所能达到分离的程度。衡量相邻峰的分离程度是用分离度(resolution)R 来表示的。

$$R = \frac{t_{R_2} - t_{R_1}}{1/2(Y_2 - Y_1)} \tag{9-40}$$

当色谱峰对称呈正态分布时,从色谱峰参数计算得到的 $R=1$ 时,两相邻峰的分离程度达到 98%;当 $R=1.5$ 时,分离程度达到 99.7%。因而可以用 $R=1.5$ 作为相邻两峰完全分离的标志。分离度一方面与色谱分离系统对两个组分的选择性有关(r_{21}),另一方面也与色谱柱的柱效(N)有关。例如,图 9-30(a)表示的色谱分离系统对组分 1 和 2 有适中的选择性,由于柱效高,两组分得到了基线分离;图 9-30(b)的色谱分离系统对组分 1 和 2 的选择性与图 9-30(a)相似,但由于柱效低,两组分未能达到基线分离;图 10-30(c)的色谱分离系统对组分 1 和 2 的选择性很高,虽然柱效较低,但两组分仍能达到基线分离。

9.4.3 色谱定性和定量分析

1. 定性分析

色谱定性分析的目的是确定未知试样色谱图中各色谱峰所代表的化合物是什么。一般而言,在一定的色谱条件下,各种化合物有其特征的保留时间,色谱定性分析正是以保留时间为依据,通过与标准物色谱峰的对照来实现的。具体的做法可以在相同的色谱条件下,分别将未知试样和标准试样进样分离,然后将未知物色谱图中的峰与标准试样的色谱图加以对照,未知试样中保留值与某标准物相同的即可初步确定为同种化合物。这种直接比较法会因实验条件的波动引起保留时间变化而影响定性的可靠性,采用受实验条件影响较小的相对保留值 r_{21} 定性则可靠性高得多。

值得指出的是,色谱保留值的特征性并不很强。有时,不同的化合物在一种色谱条件下会具有相近甚至相同的保留值,给定性分析造成困难。因此依靠保留值的色谱定性分析仅适合于组成较为简单的试样中的指定化合物分析。对于组成复杂的未知化合物的定性分析,往往要借助于色谱与质谱、光谱的联用才能获得较为可靠的定性鉴定结果。

2. 定量分析

色谱定量分析是要确定试样中某(几)种化合物的含量有多少。色谱定量分析的基本依据是,在一定的色谱条件下,待测组分 i 的质量(或在流动相中的浓度)与检测器的响应信号(表现为色谱图上的峰面积或峰高)成正比,即

$$m_i = f'_i A_i \tag{9-41}$$

从式(9-41)不难看出,要求得待测组分 i 的质量 m_i,需要知道它的色谱峰的面积 A_i 和它的定量校正因子 f'_i,另外,还需要有一定的定量校正方法。

峰面积的测量色谱峰峰面积可以通过测量峰高和半峰宽后计算。对于峰形对称的峰,峰面积的计算式为

$$A = 1.065 h Y_{1/2} \tag{9-42}$$

不对称峰峰面积的近似计算公式为

$$A = 0.5 h (Y_{0.15} + Y_{0.85}) \tag{9-43}$$

式中 $Y_{0.15}$ 和 $Y_{0.85}$ 分别为峰高 0.15 和 0.85 处的峰宽。

现代色谱仪中都带有自动积分设备,能准确、迅速地将峰面积测量出来。

定量校正因子色谱定量分析是基于待测物质的量与其峰面积的正比例关系。但由于检测器对不同的组分有不同的响应灵敏度,两个组分在流动相的浓度即使相同,它们的峰面积

也不一定相等,这样不同组分间峰面积的大小并不一定反映组分含量的高低,因而需经校正因子校正后方可定量。式(9-41)中的 f'_i 即为校正因子,它的意义是单位峰面积所代表的 i 组分的质量(或浓度,视 m_i 所表示的物理量而定)。在实际分析中,往往选用一物质(通常是苯)为基准,求得待测物质的相对校正因子。具体做法为:准确称量待测组分和基准物质的标准物,混匀后,在选定的色谱条件下进样分离,测得待测组分和基准物的峰面积后计算相对校正因子:

$$f_i = \frac{f'_{m,i}}{f'_{m,s}} = \frac{m_i/A_i}{m_s/A_s} \tag{9-44}$$

3. 定量计算方法

(1) 归一法(normallization method)

当试样中的所有组分都能流出色谱柱并在色谱图上得到对应的色谱峰时,采用归一法定量最为方便简单。它的基本原理是试样中所有组分(包括溶剂)的含量之和为 100%。如果试样中有 n 个组分,它们的质量分别为 $m_1, m_2, \cdots, m_n$,各组分质量之和为 m,则组分 i 在试样中的质量分数 w_i 可按下式计算:

$$w_i = \frac{m_i}{m} = \frac{A_i f_i}{A_1 f_1 + A_2 f_2 + \cdots + A_i f_i + \cdots + A_n f_n} = \frac{c_s}{c_M} \tag{9-45}$$

归一法的特点是简单、准确、对进样量的要求不高。但当试样中有组分不能从色谱柱中流出或虽能流出但检测器不能响应而无色谱峰时,则不能使用。

(2) 内标法(internal standard method)

当只需测定试样中一个或少数几个组分时,可采用此法定量。内标法定量是选择一种试样中不存在的物质作为内标物,将一定量的内标物加入到准确称量的试样之中,混匀后取一定体积进样分析,根据待测组分和内标物的峰面积比,求出待测组分的含量。假如质量为 m 的试样中待测组分 i 的质量为 m_i,加入内标物的质量为 m_s,进样分离后可以得到

$$\frac{m_i}{m_s} = \frac{f_i A_i}{f_s A_s}$$

其中待测物的质量可以表达为

$$m_i = \frac{f_i A_i}{f_s A_s} m_s$$

于是,待测物在试样中的质量分数 w_i 的计算式可以写为

$$w_i = \frac{m_i}{m} = \frac{f_i A_i m_s}{f_s A_s m} \tag{9-46}$$

可见内标法是通过外加的内标物与待测物的峰面积、校正因子之间的比例关系,通过内标物的量来确定待测物的量的。它不受试样中的各组分是否都出峰的限制,但却可以消除由于进样量和其他实验条件的波动对定量的影响。内标法的缺点是每一个试样均需加入一定量的内标物,增加了测定的工作量。

(3) 外标法(external standard method)

又称标准曲线法。它与其他仪器分析法中所使用的标准曲线法基本一样,即用待测组分的标准物制备成一系列标准溶液,在选定的色谱条件下取一定体积的标准溶液进样分离,

用待测组分的峰面积对浓度做标准曲线。分析试样时,在相同的色谱条件下取同样体积的试样进样分离,测得试样中待测组分的峰面积,从标准曲线上查得待测组分的含量。

外标法操作简单,适合大批量试样的分析。但是,进样量等实验条件对测定的准确度有很大的影响。

9.4.4 气相色谱仪及气相色谱法的特点

1. 气相色谱仪

气相色谱仪的结构示意见图 9-31,它由载气系统、进样系统、分离系统、检测和记录系统等部分所组成。

视频:气相色谱仪
虚拟仿真操作

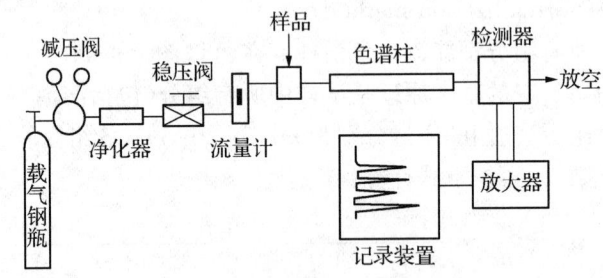

图 9-31 气相色谱仪的结构示意图

载气系统　载气系统的作用是向色谱仪的分离、检测系统提供纯度高、流速稳定的气体流动相。载气系统由气源(一般为 N_2、H_2 钢瓶)、气体净化器、载气流量调节阀和流量表所组成。

需要说明的是,气相色谱中的流动相之所以被称之为载气,是因为它们对被分离的组分仅仅起到运载作用,而没有任何特殊的选择性作用。气相色谱的分离作用主要依靠固定相对组分的选择性作用。

进样系统　进样系统由进样口、气化室和微量注射器所组成。进样时,由微量注射器吸取一定体积的试样溶液,然后将注射器针尖刺穿进样口的硅橡胶隔膜,迅速将溶液推入气化室。由于气化室的温度一般控制在试样的沸点左右,因此试样迅速气化为气体,由进入气化室的载气携带进入色谱柱。

分离系统　分离系统由色谱柱组成,是色谱分离的关键部分。气相色谱的色谱柱一般使用内径为 4~6 mm,长度为 1~4 m 的圆盘形不锈钢管或玻璃管,内部填充有色谱固定相。气相色谱往往需要在高于室温的温度下进行分离,因此色谱柱均放置在一个可以控制温度的恒温箱中。

气相色谱的固定相是组分赖以分离的唯一相。如果色谱分离的机理是分配型色谱,那么固定相由一些高沸点的有机化合物(固定液)涂渍在多孔的担体(最常用的担体是硅藻土担体)之上所形成的液体固定相。由于气相色谱分离的对象多种多样,因此可供选择的固定液也有很多种,应根据分析任务合理选择。对于气体的分离,常用一些固体吸附剂(如 Al_2O_3、硅胶、分子筛等)作为固体固定相使用,此时色谱的分离机理为吸附色谱。

检测记录系统　检测、记录系统的作用是将经色谱柱分离并在载气携带下从色谱柱后流出的一个个组分的浓度转换成一定的响应信号并记录为色谱图。气相色谱仪中最常用的检测器有热导池检测器和氢火焰离子化检测器。前者是根据待测组分和载气在导热能力上的差异设计成的一种通用型检测器。后者则根据有机化合物在氢火焰中燃烧时能产生少量的离子而设计成的一种离子化检测器,它的灵敏度较热导池检测器高,但只能响应有机化合物。

色谱仪的记录系统是必不可少的。最简单的可以使用记录仪记录色谱图。现代的气相色谱仪均采用微机控制和数据处理。微机中配有色谱工作站,负责色谱图的记录和保留值、峰高、峰面积的计算和记录,并能直接报告分析结果。

2. 气相色谱法的特点和应用

气相色谱法的特点如下:

(1) 分离效率高。一般一根 1~2 m 的色谱柱,理论塔板数可达数千片。

(2) 分析速度快。通常,气相色谱在几分到几十分钟时间内就可以完成一个试样中多种组分的分离与分析。

(3) 灵敏度高。气相色谱中所使用的检测器灵敏度高,可以检测出 $10^{-11} \sim 10^{-12}$ g 的物质。因此它可以直接用以测定试样中的微(痕)量物质。

(4) 设备不太复杂,操作费用也比较低。

(5) 气相色谱法只能分析气体和比较容易气化的化合物。

气相色谱主要用于分析相对分子质量较小(<400)的低沸点(<500 ℃)化合物,如炼油厂的低沸点油类、化学品中的痕量杂质、环境中的有机污染物、饮料中的成分、食品中的农药残留、化妆品中的香料等等,被广泛地应用于石油、化工、环保、轻工、医药卫生、食品饮料等行业。

9.4.5　高效液相色谱仪及高效液相色谱法的特点

1. 高效液相色谱仪

视频:高效液相色谱仪原理+操作

现代液相色谱分析法一般称为高效液相色谱法(high performance liquid chromatography,HPLC)。之所以这样称呼,是因为它与经典的液相色谱法相比较,由于采用了极细的固定相,柱效大大提高了。

高效液相色谱仪的基本流程见图 9-32。一般由储液器、高压泵、进样系统、分离系统、检测和记录系统等部分组成。

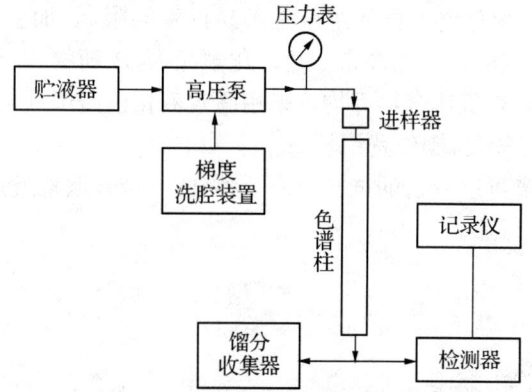

图 9-32　高效液相色谱的基本流程

流动相供应和驱动系统由储液器和高压泵组成。由于色谱柱内填充了极细的固定相,柱的渗透性差,因此需要高压泵对流动相施加高压方可使其通过色谱柱。目前高效液相色谱仪上用的高压泵大多是机械式往复柱塞泵,可以产生几百个大气压的压力。

与气相色谱不同,液相色谱的流动相对组分具有很强的选择性,可以根据具体的分析任务选择极性、酸度、离子强度各异的溶剂与一定的固定相配合,形成最佳的分离体系。目前功能较好的高效液相色谱仪中往往配有两个高压泵,可以分别驱动两种不同的溶剂(如甲醇和水)以一定的比例混合成具有一定洗脱强度的流动相,当用计算机以预设的程序控制两个泵的流量时,就可自动地得到洗脱强度随时间变化的流动相,用以提高柱效和分离速度。这样的装置称为梯度洗脱装置。

进样系统由注射器和进样阀组成。高效液相色谱的柱压高,不能用注射器直接进样,往往用注射器取样后,先将试样注入色谱仪进样阀的采样环中,然后切换进样阀,将一定体积的试样注入色谱柱的柱头。

分离系统色谱柱组成高效液相色谱的分离系统。高效液相色谱的色谱柱采用内径为 3.9~4.5 mm,长度为 15~30 cm 的直形不锈钢管,内充极细(粒径 5~10 μm)的固定相。最常用的固定相是表面经不同化合物改性后的硅胶,例如用 18 个碳的烷烃改性的 C_{18} 硅胶固定相是液液分配高效液相色谱中最常用的一种固定相。

检测记录系统常用的高效液相色谱的检测器有折光指数检测器和紫外吸收检测器。前者是利用连续测定流动相的折光率(取决于流动相组成)变化来测定试液浓度的原理制成的一种通用型检测器;而后者适用于有紫外吸收的化合物的检测。

2. 高效液相色谱法的特点和应用

高效液相色谱可以根据所要分离的化合物性质的不同,选择不同分离机理的分离模式。常见的分离模式有液液分配色谱、液固吸附色谱、离子交换色谱、空间排阻色谱(基于分子体积大小而分离)等。采用不同的分离模式,除了固定相和流动相有所不同外,仪器的其他部分和操作方法则大同小异。不论采用何种分离模式,一般说来,高效液相色谱具有以下特点:

(1) 柱效高。理论塔板数一般可达 30 000/m 左右。

(2) 高速。分离分析一个试样中的几个组分一般只要几到几十分钟。

(3) 高灵敏度。采用常用的紫外检测器时,最低检测量为 $10^{-7} \sim 10^{-12}$ g 数量级。

(4) 适用面广。液相色谱不再受组分是否易挥发的限制,加上高效液相色谱有多种分离模式可以选择,因此它的适用面非常广泛。化学品、合成药物和天然化合物、高聚物、生物大分子、无机离子、金属有机化合物等均可采用高效液相色谱法分析。

(5) 仪器设备相对较贵,操作费用较高。

由于高效液相色谱可以分析的试样很广泛,因此它被普遍地应用于化工、制药、医院、卫生、生物、食品、轻工等行业。

思考题

1. 什么是吸收曲线?有何实际意义?
2. 朗伯-比尔定律的物理意义是什么?

3. 吸光度与透射比有什么关系?
4. 摩尔吸收系数的物理意义是什么? 它与哪些因素有关?
5. 分光光度计有哪些部件? 各有什么作用?
6. 分光光度法测定中,参比溶液的作用是什么? 选择参比溶液的原则是什么?
7. 用于光度测定的显色反应应满足什么要求?
8. 偏离朗伯-比尔定律的原因主要有哪些?
9. 什么是标准曲线? 有何实际意义?
10. 物质溶液的颜色与光的吸收有何关系?
11. 直接电位法和电位滴定法各有什么优缺点?
12. 确定电位滴定法终点的方法有哪几种? 与使用指示剂确定终点的滴定分析相比较,电位滴定法有何特点?

1. 某有色溶液置于 1 cm 比色皿中,测得吸光度为 0.30,则入射光强度减弱了多少? 若置于 3 cm 比色皿中,入射光强度又减弱了多少?

2. 用 1.0 cm 比色皿在 480 nm 处测得某有色溶液的透射比为 60%。若用 5.0 cm 比色皿,要获得同样的透射比,则该溶液的浓度应为原来浓度的多少倍?

3. 准确称取 1.00 mmol 指示剂 HIn 5 份,分别溶解于 1.0 L 不同 pH 的缓冲溶液中,用 1.0 cm 比色皿在 615 nm 波长处测得吸光度如下。试求该指示剂的 pK_a。

pH	1.00	2.00	7.00	10.00	11.00
A	0.00	0.00	0.588	0.840	0.840

4. 某苦味酸胺试样 0.025 0 g,用 95% 乙醇溶解并配成 1.0 L 溶液,在 380 nm 波长处用 1.0 cm 比色皿测得吸光度为 0.760。试估计该苦味酸胺的相对分子质量为多少?(已知在 95% 乙醇溶液中的苦味酸胺在 380 nm 时 $\lg \kappa = 4.13$)

5. 有一溶液,每毫升含铁 0.056 mg。吸取此试液 2.0 mL 于 50 mL 容量瓶中定容显色,用 1.0 cm 比色皿于 508 nm 处测得吸光度 $A=0.400$。试计算吸收系数 a,摩尔吸收系数 κ 和桑德尔灵敏度 S。($M(Fe)=56 \text{ g} \cdot \text{mol}^{-1}$)

6. 称取钢样 0.500 g,溶解后定量转入 100 mL 容量瓶中,用水稀释至刻度。从中移取 10.0 mL 试液置于 50 mL 容量瓶,将其中的 Mn^{2+} 氧化为 MnO_4^-,用水稀释至刻度,摇匀。于 520 nm 处用 2.0 cm 比色皿测得吸光度为 0.50,试求钢样中锰的质量分数。(已知 $\kappa_{520}=2.3 \times 10^3 \text{ L} \cdot \text{mol}^{-1} \cdot \text{cm}^{-1}$,$M(Mn)=55 \text{ g} \cdot \text{mol}^{-1}$)

7. 有一化合物在醇溶液中的 λ_{max} 为 240 nm,其 κ 为 $1.7 \times 10^4 \text{ L} \cdot \text{mol}^{-1} \cdot \text{cm}^{-1}$,摩尔质量为 314.47 g·$mol^{-1}$。试问配制什么样的浓度范围最为合适?

8. 有一 A 和 B 两种化合物混合溶液,已知 A 在波长 282 nm 和 238 nm 处的吸收系数分别为 720 L·$g^{-1} \cdot cm^{-1}$ 和 270 L·$g^{-1} \cdot cm^{-1}$;而 B 在上述两波长处吸光度相等。现把 A 和 B 混合液盛于 1 cm 吸收池中,测得 λ_{max} 为 282 nm 处的吸光度为 0.442,在 λ_{max} 238 nm 处的吸光度为 0.278,求化合物 A 的浓度。

9. 用纯品氯霉素($M=323.15 \text{ g} \cdot \text{mol}^{-1}$) 2.00 mg 配制成 100 mL 溶液,以 1 cm 吸收池在其最大吸收波长 278 nm 处测得透射比为 24.3%。试求氯霉素的摩尔吸收系数。

10. 精密称取 0.050 0 g 试样,置 250 mL 容量瓶中,加入 HCl 溶液稀释至刻度。准确吸取 2 mL 试液,稀释至 100 mL。以 0.02 mol·L^{-1} HCl 溶液为空白,在 263 nm 处用 1.0 cm 吸收池测得透射比为 41.7%,其 κ 为 12 000 L·$mol^{-1} \cdot cm^{-1}$,被测物摩尔质量为 100.0 g·mol^{-1}。试计算 263 nm 处的吸收系数 a 和试

样的含量。

11. 25 ℃时，用电池 SCE ‖ H^+ ｜玻璃电极测量溶液的 pH。

用 pH=4.00 的缓冲液测得电动势为 0.209 V。用未知溶液测得的电动势分别为 0.312 V、0.088 V，试计算未知溶液的 pH。

12. 25 ℃时，用氟离子选择性电极测定水样中的氟。取水样 25.00 mL，加 TISAB 溶液 25 mL，测得氟电极相对于 SCE 的电势（即工作电池的电动势）为 0.137 2 V；再加入 $1.00×10^{-3}$ mol·L^{-1} 标准氟溶液 1.00 mL，测得其电势为 0.117 0 V（相对于 SCE）。忽略稀释影响，计算水样中氟离子的浓度。

第 10 章　重要元素及其化合物

视频：元素毒性＋
Chemical elements

> **学习要求：**
> 1. 了解元素的分布及其分类。
> 2. 掌握 s 区、p 区、d 区、ds 区及 f 区元素性质的一般规律。
> 3. 熟悉重要元素及其化合物的化学性质及变化规律。
> 4. 了解元素化学的一些新进展。

元素化学是研究元素所组成的单质和化合物的制备、性质及其变化规律的一门学科，它是各门化学学科的基础。元素及其化合物性质对工农业生产及人类生活产生着巨大的影响。本章仅对各区元素的性质作一概述，并对一些重要元素及其化合物作简单介绍。

迄今为止，人类已经发现的元素和人工合成的元素共 118 种，其中地球上天然存在的元素有 92 种，这些元素广泛分布在地壳、海洋、大气以及生命体中。元素在地壳中的含量称为丰度，常用质量分数来表示。地壳中含量居前十位的元素分别是 O、Si、Al、Fe、Ca、Na、K、Mg、H、Ti。他们在地壳中主要以矿物形式存在，如锂辉石[$LiAl(SiO_3)_2$]、钠长石[$Na(AlSi_3O_8)$]、钾长石[$K(AlSi_3O_8)$]、光卤石（$KCl \cdot MgCl_2 \cdot 6H_2O$）、明矾石[$KAl_3(SO_4)_2(OH)_6$]、大理石（$CaCO_3$）、菱铁矿（$FeCO_3$）、菱镁矿（$MgCO_3$）、钛铁矿（成分 $FeTiO_3$）等等。这 10 种元素占了地壳总质量的 99.2%，而且轻元素含量较高，重元素含量较低。

海洋也是元素资源的巨大宝库，海水主要由氢和氧构成的水，以及能溶解于水的化学元素构成。海水中的化学元素大多是以盐类离子的形式存在的。迄今已发现海水中的化学元素达 80 多种。一般将每千克海水中含量在 1 毫克以上的元素成为海水中的常量元素。每千克海水含有小于 1 毫克的元素称为微量元素。除 H 和 O 外，海水中所含的常量元素有 Cl、Na、Mg、S、Ca、K、Br、C、Sr、B、Si 和 F 共 12 种。微量元素有 Li、N、P、Mn、Fe、Ni、Cu、Zn、As、Rb、Cd、I、Cs、Ba、Hg、Pb 和 U。这些元素大多与其他元素结合成无机盐的形式存在于海水中。由于海水的总体积（约 1.4×10^9 km³）十分巨大，虽然某些元素的百分含量极低，但在海水中的总含量却十分惊人，如 I_2 总量达 7.0×10^{13} kg（而 I 元素的质量百分数仅为 0.000 005），因此，海洋是一个巨大的物资库。

大气层也是元素的重要来源。元素在大气中主要以气体分子形式存在。大气层的成分主要有 N_2，占 78.1%；O_2，占 20.9%；Ar，占 0.93%；还有少量的 CO_2、稀有气体（He、Ne、Ar、Kr、Xe、Rn）和水蒸气。

大约 99% 以上的生物体是由 10 种含量较多的化学元素构成的，即 O、C、H、N、Ca、P、Cl、S、K 和 Na。此外，人体中还含有少量的 Mg、Fe、Mn、Cu、Zn、B、Mo 和微量的 Si、Al、Ni、

Ga、F、Ta、Sr 和 Se。

元素的发现经历了漫长的历史过程,它与人类的进步和科技的发展有着密切的联系。元素周期表中 112 种元素根据外层价电子构型的不同,周期表可以分成 s 区、ds 区、d 区、f 区及部分 p 区元素(如图 10-1)。s 区元素,价电子构型为 $ns^{1\sim 2}$,主要包括元素周期表中 ⅠA 族元素、ⅡA 族元素。p 区元素,价电子构型为 $ns^2np^{1\sim 6}$,它指的是元素具有最高能量的电子是排布在 p 轨道上的元素,包括元素周期表中零族元素(包括氦,为 $1s^2$)。d 区元素,价电子构型为 $(n-1)d^{1\sim 8}ns^2$(少数例外,如 $Cr3d^54s^1$,$Pd4d^{10}5s^0$),即第ⅢB 至第Ⅷ族是元素周期表中的副族元素,这些元素中具有最高能量的电子是填在 d 轨道上的。ds 区元素,价电子构型为 $(n-1)d^{10}ns^{1\sim 2}$,包括ⅠB 和ⅡB,ds 区元素的族数等于最外层 ns 轨道上的电子数。f 区元素,价电子构型为 $(n-2)f^{0\sim 14}(n-1)d^{0\sim 2}ns^2$(有例外),包括镧系和锕系元素,位于周期表下方,f 区元素最后一个电子填充在 f 亚层。

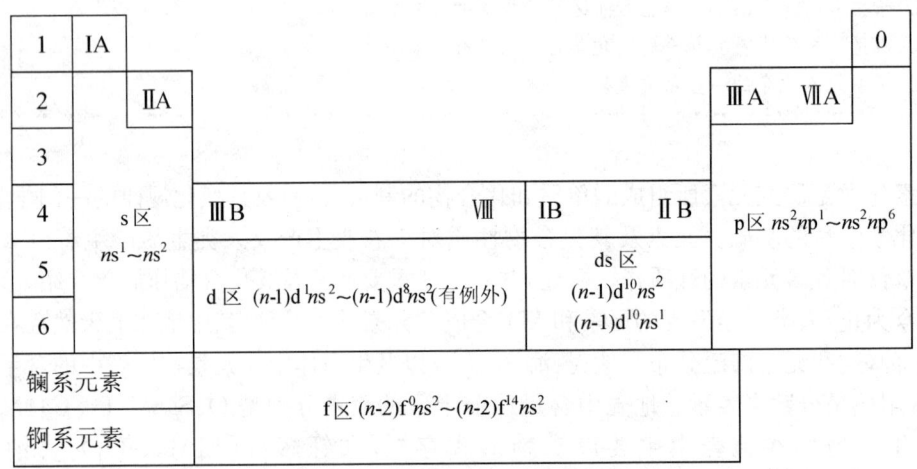

图 10-1 元素周期表中元素的分区图

10.1 s 区元素及其重要化合物

s 区元素主要是指元素周期表中ⅠA 族的碱金属元素和ⅡA 族碱土金属元素。ⅠA 族元素包括锂(Li)、钠(Na)、钾(K)、铷(Rb)、铯(Cs)、钫(Fr)六种元素,由于它们的氧化物溶于水呈碱性,所以称为碱金属。ⅡA 族元素包括铍(Be)、镁(Mg)、钙(Ca)、锶(Sr)、钡(Ba)、镭(Ra)六种元素,由于钙、锶、钡的氧化物在性质上介于"碱性的"和"土性的"(以前把黏土的主要成分,既难溶于水又难熔融的 Al_2O_3 称为"土")之间,所以这种元素又被称为碱土金属。这两族元素中:锂、铷、铯、铍因为密度小,在自然界中储量少且分散,被称为轻稀有金属,其中锂在现代生活中的应用日益重要,钫和镭是放射性元素。钠、钾、镁、钙和钡在地壳内蕴藏较丰富,它们的单质和化合物用途广泛。由于碱金属和碱土金属的化学性质很活泼,所以它们只能以化合状态存在于自然界中。

10.1.1 s 区元素通性

在 s 区元素中,无论同一族元素自上而下,或者同一周期从左到右,性质的变化都呈现明显的规律。其中一些性质变化趋势图10-2所示。

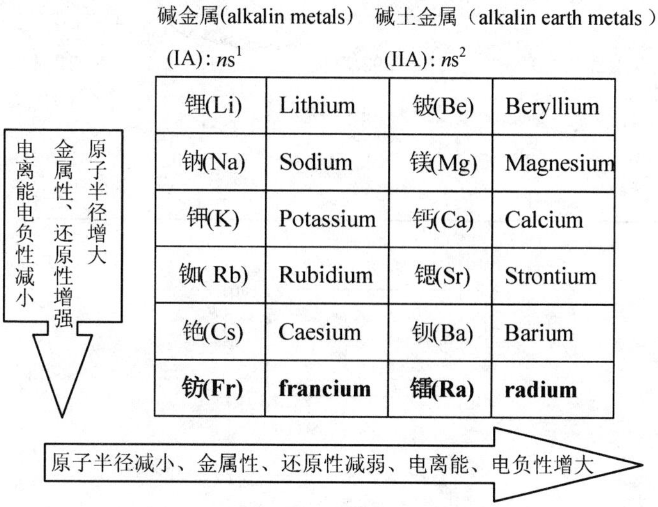

碱金属(alkalin metals)　　碱土金属（alkalin earth metals）
(IA): ns^1　　　　　　　　(IIA): ns^2

锂(Li)	Lithium	铍(Be)	Beryllium
钠(Na)	Sodium	镁(Mg)	Magnesium
钾(K)	Potassium	钙(Ca)	Calcium
铷(Rb)	Rubidium	锶(Sr)	Strontium
铯(Cs)	Caesium	钡(Ba)	Barium
钫(Fr)	francium	镭(Ra)	radium

←（向下）原子半径增大、金属性、还原性增强、电离能、电负性减小

→（向右）原子半径减小、金属性、还原性减弱、电离能、电负性增大

图10-2　s区元素一些性质的变化趋势

碱金属原子的电子层结构为 ns^1，最外层只有一个电子，次外层为8电子(Li为2电子)，对核电荷的屏蔽效应较强，所以在反应中易失去最外层的s电子而表现出很高的化学活泼性，因此，各周期元素的第一电离能以碱金属为最低。与同周期的元素比较，碱金属原子体积最大，只有一个成键电子，在固体中原子间的引力较小，所以它们的熔点、沸点、硬度、升华热都很低，并随着Li-Na-K-Rb-Cs的顺序而下降。随着原子量的增加(即原子半径增加)，电离能和电负性也依次降低(表10-1)。碱金属性质的变化一般很有规律，但由于锂原子最小，所以有些性质表现特殊。例如，在电极电势变化趋势中，Li表现"反常"。虽然Li的电离能比Na的大，但是 $\varphi^{\ominus}(Li^+/Li)$ 却比 $\varphi^{\ominus}(Na^+/Na)$ 低(分别为-3.04 V和-2.71 V)。这个矛盾可用 Li^+ 有较大的水合能来解释。

电极反应：$M(s) \longrightarrow M(aq) + e^-$

$\varphi^{\ominus}$ 的高低与该过程的 $\Delta G^{\ominus}$ 有关（$\Delta G^{\ominus} = -nF\varphi^{\ominus}$）。一般条件下，熵对 $\Delta G^{\ominus}$ 影响较小，则 $\Delta G^{\ominus}$ 的大小或者 $\varphi^{\ominus}$ 的高低主要由 ΔH 来判断，而 ΔH 可通过玻恩-哈伯循环来求得：

表10-1　ⅠA族元素的一些性质:碱金属元素

元素	锂(Li)	钠(Na)	钾(K)	铷(Rb)	铯(Cs)
原子序数	3	11	19	37	55
价电子构型	$2s^1$	$3s^1$	$4s^1$	$5s^1$	$6s^1$
原子半径/pm	155	190	255	248	267
离子(M^+)半径/pm	60	95	133	148	169
沸点/℃	1 317	892	774	688	690
熔点/℃	180	97.8	64	39	28.5
电负性 χ	1.0	0.9	0.8	0.8	0.7
电离能/kJ·mol^{-1}	520	496	419	403	376

(续表)

元素	锂(Li)	钠(Na)	钾(K)	铷(Rb)	铯(Cs)
水合能/kJ·mol^{-1} (M$^+$(g)→M$^+$(aq))	−498	−393	−310	−284	−251
升华能/kJ·mol^{-1}	195	108	90	86	78
电极电势 $\varphi^{\ominus}$(M$^+$/M)/V	−3.045	−2.714	−2.925	−2.925	−2.923
氧化数	+1	+1	+1	+1	+1

$$\begin{array}{ccc} M(s) & \xrightarrow{\Delta H} & M^+(aq) + e^- \\ \downarrow S & & \uparrow \Delta_h H \\ M(g) & \xrightarrow{I} & M^+(g) + e^- \end{array}$$

$$\Delta H = S + I + \Delta_h H$$

式中:S 为升华能;I 为电离能;$\Delta_h H$ 为水合能。从表 10-1 中列出的数据可以看出,虽然 Li 单质的电离能和升华能高于 Na 单质,但是由于 Li$^+$ 水合时放出的能量远远高于 Na$^+$,所以导致电极反应总的 ΔH(Li)$<\Delta H$(Na)。所以 Li 比 Na 在水溶液中更容易失去电子,即电极电势更低。事实上,除了氧化态(或电极电势)以外,Li 及其化合物的性质也与本族其他碱金属差别较大,而与周期表中 Li 的右下角金属元素 Mg 有很多相似之处。

与碱金属元素比较,碱土金属最外层有 2 个 s 电子。次外层电子数目和排列与相邻的碱金属元素是相同的。由于核电荷相应增加了一个单位,对电子的引力要强一些,所以碱土金属的原子半径比相邻的碱金属要小些,第一电离能(I_1)要大些,较难失去第一个价电子(表 10-2)。碱土金属失去第二个价电子的电离能(I_2)约为第一电离能(I_1)的一倍。从表面上看好像碱土金属要失去两个电子而形成 M^{2+} 似乎很困难,实际上生成化合物时所释放的晶格能足以补充它们失去第二个电子所需的电离能(I_2)。它们的第三电离(I_3)能约为第二电离能(I_2)的 4~8 倍,要失去第三个电子就很困难。因此,碱土金属的主要氧化数是 +2,而不是 +1 和 +3。综上所述,碱土金属的金属活泼性远不如碱金属。通过比较它们的标准电极电势 $\varphi^{\ominus}$ 数值,也可以得到同样的结论。表 10-1 和表 10-2 分别给出这两族元素性质的具体数据可以看出,在这两族元素中,它们的原子半径和核电荷都由上而下逐渐增大,核对外层电子的引力(主要受原子半径的影响)逐渐减弱,失去电子的倾向逐渐增大,所以它们的金属活泼性由上而下逐渐增强。

表 10-2 ⅡA 族元素的一些性质:碱土金属元素

元素	铍(Be)	镁(Mg)	钙(Ca)	锶(Sr)	钡(Ba)
原子序数	4	12	20	38	56
价电子构型	2s^2	3s^2	4s^2	5s^2	6s^2
原子半径/pm	112	160	197	215	222
离子(M^{2+})半径/pm	31	65	99	113	135
沸点/℃	2 970	1 107	1 487	1 334	1 140

(续表)

元素	铍(Be)	镁(Mg)	钙(Ca)	锶(Sr)	钡(Ba)
熔点/℃	1 280	651	845	769	725
电负性 χ	1.5	1.2	1.0	1.0	0.9
第一电离能/kJ·mol^{-1}	899	738	590	549	503
第二电离能/kJ·mol^{-1}	1 757	1 451	1 145	1 064	965
水合能/kJ·mol^{-1} (M$^+$(g)→M^{2+}(aq))	−2 455	−1 900	−1 565	−1 415	−1 275
升华能/kJ·mol^{-1}	322	150	177	163	176
电极电势 $\varphi^{\ominus}$(M$^+$/M)/V	−1.85	−2.37	−2.87	−2.89	−2.90
氧化数	+2	+2	+2	+2	+2

10.1.2 s区元素的重要化合物

1. 氢化物及氢氧化物

碱金属及碱土金属由于核外只有一个电子(ns^1)或者两电子(ns^2),容易失去电子,具有很强的还原性,s区金属元素相关电对的标准电极电势 $\varphi^{\ominus}$ 如表10-3所示。

表10-3 s区金属元素相关电对的标准电极电势 $\varphi^{\ominus}$(单位:V)

碱金属	电极电势 $\varphi^{\ominus}$	碱土金属	电极电势 $\varphi^{\ominus}$
Li$^+$/Li	−3.04	Be^{2+}/Be	−1.97
Na$^+$/Na	−2.71	Mg^{2+}/Mg	−2.36
K$^+$/K	−2.93	Ca^{2+}/Ca	−2.84
Rb$^+$/Rb	−2.92	Sr^{2+}/Sr	−2.89
Cs$^+$/Cs	−2.92	Ba^{2+}/Ba	−2.92

碱金属和碱土金属(Be 和 Mg 除外),在高温下与氢直接化合,可得离子型氢化物:

$$2M + H_2 =\!=\!= 2MH \quad (M = Li、Na、K、Rb、Cs)$$

$$M + H_2 =\!=\!= MH_2 \quad (M = Ca、Sr、Ba)$$

在这些氢化物中存在 H$^-$,电势 $\varphi^{\ominus}$(H$_2$/H$^-$)如下所示(氢元素在碱性介质中电势图):

$$2H^+ + 2e^- \longrightarrow H_2 \quad \varphi^{\ominus} = 0 \text{ V}$$

$$H_2 + 2e^- \longrightarrow 2H^- \quad \varphi^{\ominus} = -2.25$$

$$H^+ \xrightarrow{0} H_2 \xrightarrow{-2.25} H^-$$

说明离子型氢化物具有极强的还原性,例如:

$$H^- + H_2O =\!=\!= H_2 + OH^-$$

$$TiCl_4 + 4NaH \xrightarrow{\text{高温}} Ti + 4NaCl + 2H_2(g)$$

氢元素在碱性介质中电势图:

$$H_2O + e^- \longrightarrow OH^- + H_2 \quad \varphi^{\ominus} = 0 \text{ V}$$

$$H_2 + 2e^- \longrightarrow 2H^- \quad \varphi^\ominus = -2.25$$

$$H_2O \xrightarrow{-0.828} H_2 \xrightarrow{-2.25} H^-$$

活泼的金属与水发生反应，实质是与水中的 H^+ 反应，将水中氢离子浓度 $c(H^+)=1.0\times 10^{-7}$ mol·L^{-1} 带入能斯特方程中，计算出 $\varphi(H^+/H_2)=-0.414$ V，可见凡是电极电势低于 -0.414 V 的金属元素都可以与水反应，根据标准电极电势 $\varphi^\ominus$ 的大小可以判定出，碱金属与碱土金属都可以与水反应生成相应的碱。

$$2Na + 2H_2O \Longrightarrow 2NaOH + H_2$$

$$Ca + 2H_2O \Longrightarrow Ca(OH)_2 + H_2$$

金属钠与水反应剧烈，反应过程中放出大量的热使金属钠熔化成小球浮在水面上（金属钠的密度小于水的密度），同时反应过程中有 H_2 产生，在空气中容易着火。钾与水的反应更激烈，并发生燃烧，铷、铯与水剧烈反应并发生爆炸。因此为避免碱金属与空气接触，一般将金属锂用固体石蜡封存；而钠、钾则放入煤油中保存；金属铷、铯保存在液体石蜡中。根据表 10-3 中标准电极电势 $\varphi^\ominus$ 的大小可以看出，金属锂的活泼性应比铯更大，但与水反应的剧烈程度还不如活性较小的金属钠，主要原因就是锂的熔点较高，反应产生的热量还不足以使它熔化，而钠与水反应时放出的热可以使钠熔化，因而固体锂与水接触的机会不如液态钠；并且反应产物 LiOH 的溶解度较小，它覆盖在锂的表面阻碍反应持续进行。除了 Be 以外，碱土金属也都能与水反应产生一定量的氢气，铍能与水蒸气反应，镁能将热水分解，而钙、锶、钡与冷水就能比较剧烈地进行反应。铍呈现特殊的化学性质主要是因为它是碱土金属中半径最小的金属元素，形成化合物的主要是以共价键的形式存在而不是离子键。虽然 $[Be(H_2O)_4]^{2+}$ 很常见，但是游离的 Be^{2+} 却很少见，并且铍的单质和化合物都是有毒性的。

对氧化物的水合物（含氧酸或氢氧化物），均可用 ROH 表示，其水溶液的酸碱性与 ROH 的解离方式有关：

R—O ┊ H 发生酸式解离，溶液呈酸性

R ┊ O—H 发生碱式解离，溶液呈碱性

为了说明到底发生酸式还是碱式解离，定义离子势 $\Phi=z/r$，其中 z 为 R 的电荷；r 为 R 的半径。

讨论：Φ 越大，即正离子的电荷大半径小，使"O^{2-}"的电子云向 R 偏移。从而 R—O 间电子出现的几率密度增大，而 O—H 间电子出现的几率密度减小。即 R—O 间的作用力增大而 O—H 间的作用力减小，故易发生酸式离解，且 Φ 越大则酸性越强；反之 Φ 越小则碱性越强。有人提出了用 $\sqrt{\Phi}$ 值来判断酸碱性的经验规则：

$\sqrt{\Phi} < 0.22$，   金属氢氧化物呈碱性；

$0.22 < \sqrt{\Phi} < 0.32$，金属氢氧化物呈中性；

$\sqrt{\Phi} > 0.32$，   金属氢氧化物呈酸性。

根据表 10-4 中计算出来相应金属元素的 $\sqrt{\Phi}$ 值，可以得出这两族元素氢氧化物碱性递变的次序如下：

$$\text{LiOH} < \text{NaOH} < \text{KOH} < \text{RbOH} < \text{CsOH}$$

中强碱　　强碱　　强碱　　强碱　　强碱

$$\text{Be(OH)}_2 < \text{Mg(OH)}_2 < \text{Ca(OH)}_2 < \text{Sr(OH)}_2 < \text{Ba(OH)}_2$$

两性　　中强碱　　强碱　　强碱　　强碱

表 10-4　碱金属和碱土金属氢氧化物 $\sqrt{\Phi}$ 值

	$\sqrt{\Phi}$		$\sqrt{\Phi}$
LiOH	0.13	Be(OH)$_2$	0.25
NaOH	0.10	Mg(OH)$_2$	0.18
KOH	0.087	Ca(OH)$_2$	0.14
RbOH	0.082	Sr(OH)$_2$	0.13
CsOH	0.077	Ba(OH)$_2$	0.12

碱性增强 ↓　　　碱性增强 ↓　　　碱性增强 ←

碱金属和碱土金属碱性递变规律：同一主族从上到下碱性逐渐增强；同一周期碱金属氢氧化物的碱性强于碱土金属，所以碱金属和碱土金属氢氧化物中，除 Be(OH)$_2$ 为两性，Mg(OH)$_2$ 为中强碱，其余均为强碱。

碱金属的氢氧化物在水中都是易溶的，溶解时还放出大量的热。碱土金属的氢氧化物的溶解度则较小，其中 Be(OH)$_2$ 和 Mg(OH)$_2$ 是难溶的氢氧化物。碱土金属的氢氧化物的溶解度列入表 10-5 中。由表中数据可见，对碱土金属来说，由 Be(OH)$_2$ 到 Ba(OH)$_2$，溶解度依次增大。这是由于随着金属离子半径的增大，正、负离子之间的作用力逐渐减小，容易被水分子所解离的缘故。

表 10-5　碱土金属氢氧化物的溶解度 (20 ℃)

氢氧化物	Be(OH)$_2$	Mg(OH)$_2$	Ca(OH)$_2$	Sr(OH)$_2$	Ba(OH)$_2$
溶解度/mol·L^{-1}	8×10^{-6}	5×10^{-4}	1.8×10^{-2}	6.7×10^{-2}	2×10^{-1}

2. 氧化物及氮化物

碱金属和碱土金属的活泼性，表现在它们在空气中都容易与氧发生化合反应。碱金属在室温下能迅速地与空气中的氧反应，所以碱金属在空气中放置一段后，金属表面就生成一层氧化物，在锂的表面上除生成氧化物外还有氮化物。钠、钾在空气中稍微加热就燃烧起来，而铷和铯在常温下遇空气就立即燃烧。碱金属与氧反应可形成三种类型的氧化物，即：正常氧化物（含 O^{2-}）、过氧化物（含 O_2^{2-}）、超氧化物（含 O_2^-），如表 10-6。

表 10-6　碱金属燃烧产物

碱金属	氧化物	过氧化物	超氧化物
Li	Li$_2$O		
Na		Na$_2$O$_2$	
K			KO$_2$
Rb			RbO$_2$
Cs			CsO$_2$

表中：M_2O_2（M=Na）和 MO_2（M=K、Rb、Cs）分别称为过氧化物和超氧化物。根据 O_2 分子的 16 个电子的填充规则，可得其电子排布式为

$$O_2:[KK(\sigma_{2s})^2(\sigma_{2s}^*)^2(\sigma_{2px})^2(\pi_{2py})^2(\pi_{2pz})^2(\pi_{2py}^*)^1(\pi_{2pz}^*)^1]$$

按洪特规则，最后 2 个电子应自旋平行地分别填充 π_{2py}^* 和 π_{2pz}^* 轨道，因此 O_2 有 2 个成单电子，为顺磁性。O_2 的电子式可简写为：

$$:\!O\!\vdots\!\vdots\!O\!:$$

式中：短线代表 σ 键；三点代表 3 个电子 π 键。

过氧离子 O_2^{2-} 的电子排布式为：$[KK(\sigma_{2s})^2(\sigma_{2s}^*)^2(\sigma_{2px})^2(\pi_{2py})^2(\pi_{2pz})^2(\pi_{2py}^*)^2(\pi_{2pz}^*)^2]$

电子结构式为：

$$[:\!\ddot{O}\!-\!\ddot{O}\!:]^{2-}$$

超氧离子 O_2^- 的电子排布式：$[KK(\sigma_{2s})^2(\sigma_{2s}^*)^2(\sigma_{2px})^2(\pi_{2py})^2(\pi_{2pz})^2(\pi_{2py}^*)^2(\pi_{2pz}^*)^1]$

电子结构式为：

$$[:\!\ddot{O}\!\cdots\!\ddot{O}\!:]^{2-}$$

联系 O_2、O_2^{2-}、O_2^- 的结构可以看出：O_2^{2-} 和 O_2^- 的反键轨道上的电子比 O_2 多，键级比 O_2 小，键能（分别为 142 kJ·mol^{-1} 和 398 kJ·mol^{-1}）比 O_2（498 kJ·mol^{-1}）小。所以过氧化物和超氧化物稳定性不高。如表 10-6 所示，由于活泼的碱金属在空气中燃烧产物都是过氧化物和超氧化物，要制备它们的正常氧化物则可由金属与过氧化物或硝酸盐作用得到：

$$Na_2O_2 + 2Na == 2Na_2O$$

$$2KNO_3 + 10K == 6K_2O + N_2$$

碱土金属活泼性比碱金属略差，室温下这些金属表面缓慢氧化成一层致密氧化膜，它们在空气中加热才显著发生反应。另外碱土金属的氧化物也可由碳酸盐或硝酸盐加热分解制得。例如：

$$CaCO_3 \xrightarrow{\triangle} CaO + CO_2$$

$$2Sr(NO_3)_2 \xrightarrow{\triangle} 2SrO + 4NO_2 + O_2$$

碱金属形成的过氧化物呈碱性，能与水、稀酸等作用生成 H_2O_2，还可与 CO_2 作用发生歧化反应，放出 O_2。例如：

$$Na_2O_2 + 2H_2O == 2NaOH + H_2O_2$$

$$Na_2O_2 + H_2SO_4 == Na_2SO_4 + H_2O_2$$

$$Na_2O_2 + 2CO_2 == 2Na_2CO_3 + O_2$$

另外，Na_2O_2 具有强氧化性，将 MnO_2 氧化：

$$Na_2O_2 + MnO_2 == Na_2MnO_4$$

利用 Na_2O_2 的这些化学性质，Na_2O_2 被用做氧化剂、漂白剂、氧气发生剂等。另外由于 Na_2O_2 兼有碱性和氧化性，在分析化学中常用作熔矿剂，使某些难溶于酸的矿物（如铬铁

矿)分解,反应方程式如下:

$$2Fe(CrO_2)_2 + 7Na_2O_2 \xrightarrow{\triangle} 4Na_2CrO_4 + Fe_2O_3 + 3Na_2O$$

碱金属中 K、Rb、Cs 在空气中燃烧即得超氧化物。在碱土金属中,钡和钙的超氧化物在特殊条件下可形成相应的超氧化物。超氧化物也能与水和 CO_2 等作用放出 O_2。例如:

$$2KO_2 + 2H_2O == 2KOH + H_2O_2 + O_2$$

$$4KO_2 + 2CO_2 == 2K_2CO_3 + 3O_2$$

实验发现,Li 在空气中燃烧生成的产物中除氧化物外,还有氮化物,这一现象跟碱金属也类似,反应方程式如下:

$$6Li + N_2 == 2Li_3N$$

$$3Ca + N_2 == Ca_3N_2$$

因此在金属熔炼中常用 Li、Ca 等 s 区金属元素作为除气剂,除去溶解在熔融金属中的氮气和氧气。

碱金属与液氨的反应很特别,在液氨中的溶解度超出了人们想象的程度(表 10-7)。碱金属溶入液氨以后溶液呈蓝色,并且随着溶液浓度的增大溶液颜色加深。当溶液中氨的浓度超过 1 mol·L^{-1} 后,在原来深蓝色溶液上出现一个青铜色的新相;浓度继续增加时,溶液就会由蓝色变成青铜色。如果将溶液蒸发,又重新得到碱金属单质。实验还发现,制得的碱金属的液氨溶液比纯液氨溶剂密度减小,并且随着加入的液氨浓度的增大,碱金属的液氨溶液的顺磁性反而减少。同时碱金属溶于液氨后溶液产生了导电性,在 1 500 nm 处还出现宽吸收峰。通过上述现象,推测出碱金属的稀液氨溶液中存在下列平衡:

$$M(s) + (x+y)NH_3(l) \longrightarrow M(NH_3)_x^+ + e(NH_3)_y^-(l)(形成氨合电子)$$

上述方程证明,碱金属在稀液氨溶液中离解生成氨合阳离子和氨合电子,所以溶液有导电性。正因为碱金属的液氨溶液中因含有大量氨合电子,所以溶液具有顺磁性。又因为溶液在 1 500 nm 处出现宽吸收峰,所以碱金属的液氨溶液呈蓝色。

表 10-7 碱金属在液氨中的溶解度(-35 ℃)

碱金属元素 M	Li	Na	K	Rb	Cs
溶解度/(mol·L^{-1})	15.7	10.8	11.8	12.5	13.0

实验证明碱金属的液氨溶液中产生氨合电子结构是:NH_3 分子处于 4~6 个电子形成的"空穴"(半径大概为 300 pm)之中(图 10-3)。

这种碱金属的液氨溶液不稳定,容易分解形成酰胺:

$$M + NH_3 == MNH_2 + \frac{1}{2}H_2$$

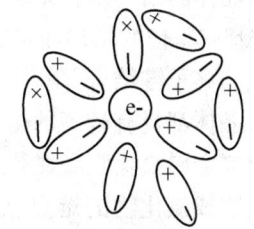

图 10-3 碱金属的液氨溶液中氨合电子结构

钙、锶、钡也能溶于液氨生成蓝色溶液。与钠相比,它们溶解得慢些,溶解的液氨的量也少些。

碱金属元素因为第一电离能比较低,在化学反应过程中容易失去最外层电子(ns^1)变成氧化值为+1的离子,从而形成不同类型的路易斯酸,这是碱金属元素最显著的特质之一。但是有趣的是当碱金属形成环状配合物的时候,碱金属阳离子的周围不再是一个电子给予体,而是被很多电子给予体包围。图10-4给出了包含金属离子的冠状配合物的结构:图10-4(a)中是一种环醚,通常称冠醚,它与碱金属形成环状配合物时,碱金属位于中心,电子给予体是环上氧原子。图10-4(b)中是一种的穴醚,可以由八个电子给予体形成一个"笼"状结构将碱金属离子包围到其中,图10-4(c)所示。图10-4(d)是金属杂冠醚,金属离子镶嵌在冠状结构体上。1987年,化学家C. J. Pederson、D. J. Cram和J. M. Lehn因为探明这种金属冠醚结构而荣获诺贝尔化学奖。在这种大环配离子中,多个电负性大的电子给予体与碱金属阳离子借静电力相吸引而形成稳定的大环结构。同时在碱金属冠醚体系中也验证了Na^-的存在。主要是因为碱金属得到一个电子以后,s轨道全充满了,这种结构的稳定性虽然比8电子结构差些,但比只有半充满的s轨道要稳定些,所以在特殊条件下碱金属能形成负离子。这些可从它们的电子亲和能都是正值得到验证。Li、Na、K、Rb、Cs的电子亲和能依次为 59.8 kJ·mol^{-1}、52.9 kJ·mol^{-1}、48.4 kJ·mol^{-1}、46.9 kJ·mol^{-1}、45.5 kJ·mol^{-1}。

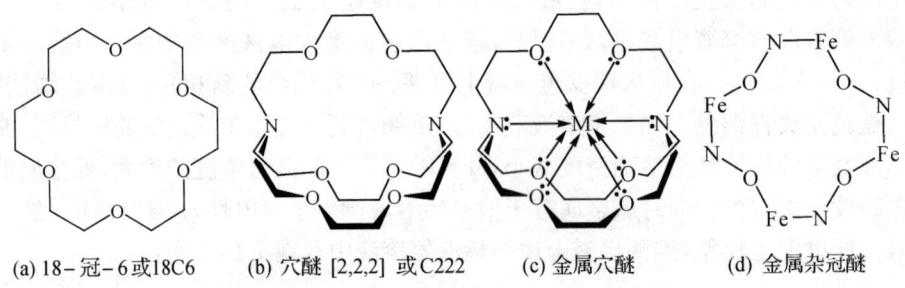

(a) 18-冠-6或18C6 (b) 穴醚 [2,2,2] 或C222 (c) 金属穴醚 (d) 金属杂冠醚

图10-4 冠醚、穴醚、金属穴醚和金属杂冠醚

3. 重要盐类的性质

碱金属和碱土金属的常见盐类有卤化物、碳酸盐、硝酸盐、硫酸盐和硫化物等,下面讨论它们的共性和一些特性,并简单介绍几种重要的盐。

(1) 碱金属和碱土金属氟化物和氯化物的熔点

绝大多数的碱金属和碱土金属的卤化物是离子型晶体,其晶体大多数属NaCl型(铯除外,其卤化物是CsCl型),只有锂、铍和镁的卤化物(例如LiCl)具有一定程度的共价性。离子型晶体的结构微粒是阴、阳离子,离子间作用力 $f = k(Q_+ |Q_-|)/(r_+ + r_-)^2$,随着离子电荷($Q_+|Q_-|$)的增加而增大,随离子间半径($r_+ + r_-$)的增大而减小。由于阴阳离子力是以较强的离子键结合,阴、阳离子结合比较牢固,断裂离子键需要较大的能量,因此,一般来说离子晶体都具有较高的熔点和沸点,在离子晶体中,结构微粒间作用力越大,熔沸点越高。

碱金属氟化物和氯化物的熔点在同一主族中从上到下(除Li外)逐渐降低,而碱土金属氟化物或氯化物的熔点从上到下逐渐升高(除BaF_2外)。两者变化趋势不同的主要原因是:碱金属离子极化力小,它们的氟化物或氯化物都是典型的离子晶体,所以碱金属从上到下随着离子半径增加,静电引力(或者晶格能)逐渐降低,故熔点降低;而碱土金属离子极化力比碱金属大,而且从下而上随半径减小极化力增强,所以它们的卤化物从下而上由典型的离子性过渡到共价性,所以它们的熔点从下而上逐渐降低。

表 10-8 碱金属和碱土金属氟化物和氯化物的熔点

碱金属	氟化物	氯化物	碱土金属	氟化物	氯化物
	熔点/℃			熔点/℃	
Li	846	606	Be	552	405
Na	996	801	Mg	1 263	714
K	858	776	Ca	1 418	772
Rb	775	715	Sr	1 477	873
Cs	703	645	Ba	1 368	963

Li^+、Be^{2+} 的卤化物熔点最低，主要是由于 Li^+、Be^{2+} 离子半径最小，极化作用较强，才使得它们的卤化物具有较明显的共价性，一些 Mg^{2+} 的卤化物也是共价性的。在 $BeCl_2$ 中共价性已经超过了离子性。在高温条件下 $BeCl_2$ 气态主要以线状单体的形式存在，如图 10-5(a)所示。而低温固态 $BeCl_2$ 则是以链状多聚体结构形式存在，如图 10-5(c)所示。$BeCl_2$ 易升华，随着温度的升高，先变成气态双聚体结构[图 10-5(b)]，在 1 000 ℃时才变成直线形的 $BeCl_2$ 分子。$BeCl_2$ 易溶于有机溶剂。这些都表明了它的共价性。

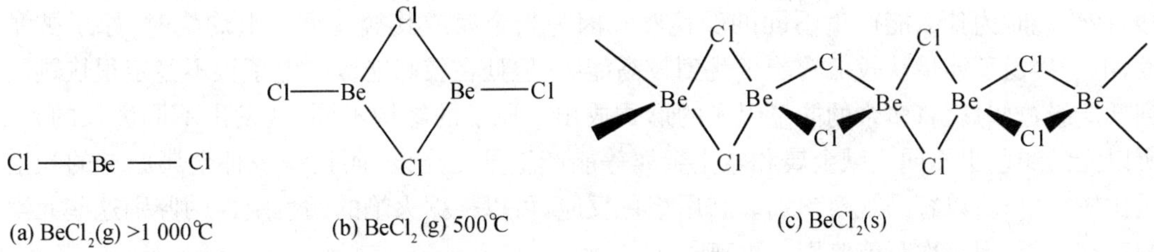

图 10-5 $BeCl_2$ 的结构

碱金属和碱土金属卤化物中最有用的一种化合物就是 Grignard 试剂(格氏试剂)。它是由法国化学家维克多·格林尼亚发现，并因此而获得了诺贝尔化学奖。Grignard 试剂的一类通式为 RMgX 的试剂(图 10-6)，式中 R 为脂肪烃基或芳香烃基，X 为卤素(Cl、Br 或 I)，它是由卤代烃与镁粉在无水乙醚或四氢呋喃(THF)中反应制得。格氏试剂是共价化合物，镁原子直接与碳相连形成极性共价键，碳为负电性端，因此格氏试剂是极强的路易斯碱，能从水及其他路易斯酸中夺取质子，故格氏试剂不能与水、二氧化碳等接触。在需要格氏试剂制备和引发的化学反应中一定要在无水，隔绝空气条件下进行。Grignard 试剂性质极为活泼，是一种重要的有机合成试剂，可与具有活泼氢的化合物醛、酮、酯、酰卤、腈、环氧乙烷、卤代烷、二氧化碳、三氯化磷、三氯化硼、四氯化硅等试剂进行反应。

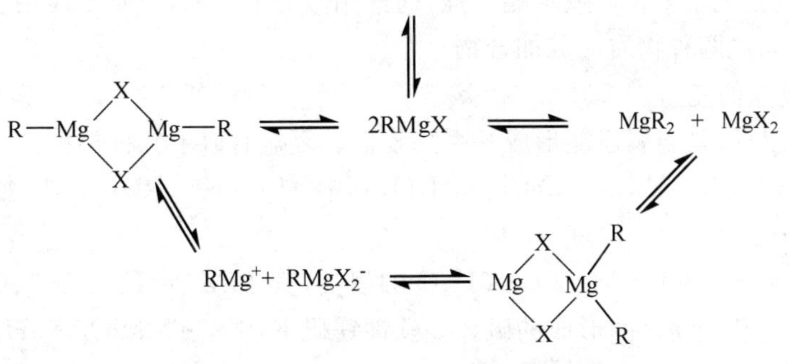

图 10-6 Grignard 试剂中的化学平衡

(2) 碱金属和碱土金属盐类溶解性的特点

碱金属盐类的最大特征是易溶于水，并且在水中完全电离，所有碱金属离子都是无色的。只有少数碱金属盐是难溶的。它们的难溶盐一般都是由大的阴离子组成，而且碱金属离子越大、难溶盐的数目也越多。

难溶钠盐有：

六羟基锑酸钠 $Na[Sb(OH)_6]$　　白色

醋酸双氧铀酰锌钠 $NaAc·Zn(Ac)_2·3UO_2(Ac)_2·9H_2O$　　黄绿色

难溶的钾盐稍多，有：

高氯酸钾 $KClO_4$　白色　　　　　酒石酸氢钾 $KHC_4H_4O_6$　白色

四苯硼酸钾 $KB(C_6H_5)_4$　白色　　六氯铂酸钾 $K_2[PtCl_6]$　淡黄色

钴亚硝酸钠钾 $K_2Na[Co(NO_2)_6]$　亮黄色

钠、钾的一些难溶盐常用于鉴定钠、钾离子。焰色反应（flame reaction）也是用来鉴定化合物中碱金属或者碱土金属存在的方法之一。焰色反应是指碱金属和钙、锶、钡的挥发性盐在无色火焰中灼烧时，能使火焰呈现出一定颜色，这叫"焰色反应"。碱金属和钙、锶、钡的盐，在灼烧时为什么能产生不同的颜色呢？因为当金属或其盐在火焰上灼烧时，原子被激发，电子接受了能量从较低的能级跳到较高能级，但处在较高能级的电子很不稳定很快跳回到低能级，这时就将多余的能量以光的形式放出。原子的结构不同，就发出不同波长的光，所以光的颜色也不同。碱金属和碱土金属等能产生可见光谱，而且每一种金属原子的光谱线比较简单，所以容易观察识别。利用焰色反应，可以根据火焰的颜色定性的鉴别这些元素的存在与否，但一次只能鉴别一种离子。

(3) 形成结晶水合物的倾向

一般来说，离子愈小，它所带的电荷愈多，则作用于水分子的电场愈强，它的水合热愈大。碱金属离子是最大的正离子，离子电荷最少，它的水合热常小于其他金属离子。碱金属离子的水合能力从 Li→Cs 是降低的，这也反映在盐类形成结晶水合物的倾向减小。几乎所有的锂盐都是水合物，钠盐约有 75% 是水合物，钾盐有 25% 是水合物，铷盐和铯盐仅有少数是水合物。在常见的碱金属盐中，卤化物大多是无水的，硝酸盐中只有锂形成水合物，$LiNO_3·H_2O$ 和 $LiNO_3·3H_2O$，硫酸盐只有 $Li_2SO_4·H_2O$ 和 $Na_2SO_4·10H_2O$，碳酸盐中除 Li_2CO_3 无水合物外，其余皆有不同形式的水合物。

碱土金属离子的电荷高，半径小，离子电势大，水合倾向大，因此碱土金属比碱金属盐更容易形成结晶水合物。各种碱土金属都能形成带结晶水的盐，其无水盐容易吸收空气中的水分潮解。特别是无水 $CaCl_2$ 吸水能力强，通常用做的干燥剂，但是不能用它来干燥氨水和乙醇，因为它能与这两种物质形成加合物。

(4) 形成复盐的能力

除金属 Li 以外，碱金属还能形成一系列复盐。复盐有以下几种类型：

光卤石类，通式为 $M^+Cl·MgCl_2·H_2O$，其中 $M^+=K^+$、Rb^+、Cs^+，如光卤石 $KCl·MgCl_2·6H_2O$；

矾类，通式为 $M_2^+SO_4·MgSO_4·6H_2O$ 的矾类，其中 $M^+=K^+$、Rb^+、Cs^+，它是由钾、铷、铯的硫酸盐与硫酸镁之间形成的矾。如软钾镁矾 $K_2SO_4·MgSO_4·6H_2O$；另一类矾类的通式为 $M^+M^{3+}(SO_4)_2·12H_2O$，其中 $M^+=Na^+$、K^+、Rb^+、Cs^+，$M^{3+}=Al^{3+}$、Cr^{3+}、

Fe^{3+}、Co^{3+}、Ga^{3+}、V^{3+} 等离子,它是碱金属硫酸盐与三价金属硫酸盐之间形成的矾。如明矾 $KAl(SO_4)_2 \cdot 12H_2O$。

与单纯的碱金属盐相比,其复盐的溶解度一般小很多。

10.1.3 s区元素重要化合物的应用

卤化物中用途最广的是氯化钠,有海盐、岩盐和井盐等。氯化钠除食用外,它是制取金属钠、氢氧化钠、碳酸钠、氯气和盐酸等多种化工产品的基本原料。冰盐混合物可作为制冷剂。

碱金属碳酸盐有两类:正盐和酸式盐。碳酸钠俗称苏打或纯碱,其水溶液因水解而呈碱性。它是一种重要的化工原料。碳酸氢钠俗称小苏打,其水溶液呈弱碱性,主要用于医药和食品工业,煅烧碳酸氢钠可得到碳酸钠。

$Na_2SO_4 \cdot 10H_2O$ 俗称芒硝,由于它有很大的熔化热,是一种较好的相变贮热材料的主要组分,可用于低温贮存太阳能。白天它吸收太阳能而熔融,夜间冷却结晶就释放出热能。无水硫酸钠俗称元明粉,大量用于玻璃、造纸、水玻璃、陶瓷等工业中,也用于制硫化钠和硫代硫酸钠等。

KNO_3 在空气中不吸潮,在加热时有强氧化性,用来制黑火药。硝酸钾在农业市场用途十分广泛,硝酸钾属于二元复合肥。硝酸钾是无氯钾、氮复合肥料,植物营养素钾、氮的总含量可达60%左右,具有良好的物理化学性质。硝酸钾施用于烟草具有肥效高,易吸收,促进幼苗早发,增加烟草产量,提高烟草品质的重要作用。

无水氯化镁是制取金属镁的原料,光卤石和海水是取得氯化镁的主要资源。氯化镁常况下以 $MgCl_2 \cdot 6H_2O$ 形式存在,用加热水合物的方法不能得到无水盐,因为它会水解为 $Mg(OH)Cl$。要得到无水的氯化镁,必须将六水合氯化镁在干燥的氯化氢气流中加热脱水。工业上常用在高温下通氯气于焦炭和氧化镁的混合物制取。氯化镁有吸潮性,普通食盐的潮解就是含有氯化镁之故。$MgSO_4 \cdot 7H_2O$ 为无色斜方晶体。加热至350 K失去6个分子 H_2O,在520 K变为无水盐。硫酸镁微溶于醇,不溶于乙酸和丙酮,用作媒染剂、泻盐,也用于造纸、纺织、肥皂、陶瓷、油漆工业。

$CaCl_2 \cdot 6H_2O$ 加热至473 K失去水而成 $CaCl_2 \cdot 2H_2O$,温度高于533 K完全脱水形成白色多孔的氯化钙,此过程有少许水解反应发生,故无水氯化钙中常含有微量氧化钙。无水氯化钙有很强的吸水性,是一种重要的干燥剂。由于它能与气态氨和乙醇形成加成物,所以不能用于干燥氨气和乙醇。氯化钙和冰(1.44∶1)的混合物是实验室常用的制冷剂,可获得218K的低温。

CaF_2(萤石)是制取HF和 F_2 的重要原料。在冶金工业中用作助熔剂也用于制作光学玻璃和陶瓷等。常用的荧光灯中涂有荧光材料 $3Ca_3(PO_4)_2Ca(F,Cl)_2$ 和少量 Sb^{3+}、Mn^{2+} 的化合物,卤磷酸钙称为母体,Sb^{3+}、Mn^{2+} 离子为激活剂,用紫外光激发后,发出荧光。

$CaSO_4 \cdot 2H_2O$ 俗称生石膏,硫酸盐矿物。加热至393 K左右它部分脱水而成熟石膏 $CaSO_4 \cdot \frac{1}{2}H_2O$,这个反应是可逆的。熟石膏与水混合成糊状后放置一段时间会变成二水合盐,这时逐渐硬化并膨胀,故用以制模型、塑像、粉笔和石膏绷带等。石膏还是生产水泥的原料之一和轻质建筑材料。把石膏加热到773 K以上,得到无水石膏,它不能与水化合。

$BaCl_2$ 为无色单斜晶体,一般为水合物 $BaCl_2 \cdot 2H_2O$。加热至400 K变为无水盐。氯化钡用于医药、灭鼠剂和鉴定硫酸根离子的试剂。氯化钡可溶于水。可溶性钡盐对人、畜都有害,对人致死量为 0.8 g,切忌入口。

10.2 p 区元素及其重要化合物

p 区元素(除 He 外)原子结构的特征是最后一个电子填充在 np 轨道上,最外层电子结构为 ns^2np^{1-6}。p 区元素包括ⅢA 至零族六个主族,是元素周期表中唯一包含金属和非金属的一个区。因此,该区元素具有许多种性质。

本章主要讨论 p 区重要元素的单质和主要化合物的制备、性质及其变化规律。本区同一周期的元素,从左到右非金属性逐渐增强;同一主族的元素,从上到下金属性逐渐增强。而有效核电荷只是略有增加,因此,金属性逐渐增强,非金属性逐渐减弱。p 区元素的电负性较 s 区元素的大,所以 p 区元素在许多化合物中常以共价键结合,其金属性比碱金属和碱土金属要弱。某些元素甚至表现出两性,如 Si、Al 等。p 区元素大多具有多种氧化值,其最高正氧化值等于其最外层电子数(即族数)。除此之外,还可显示可变氧化值,且正氧化值彼此之间的差值为 2,例如,硫原子的正氧化值分别为 +2、+4、+6 等。

10.2.1 硼族元素

周期表中的ⅢA 族元素,通称硼族元素,包括硼(Boron)、铝(Aluminum)、镓(Gallium)、铟(Indium)、铊(Thallium)五种元素,其中除硼以外都为金属元素。元素的主要物理性质如表 10-9 所示。本节主要讨论硼和铝。

表 10-9 硼族元素的一些基本性质

	硼(B)	铝(Al)	镓(Ga)	铟(In)	铊(Tl)
价电子构型	$2s^22p^1$	$3s^23p^1$	$4s^24p^1$	$5s^25p^1$	$6s^26p^1$
共价半径/pm	79.5	118	126	144	148
熔点/℃	2 300	660.1	29.8	156.6	303.5
沸点/℃	2 500	2 467	2 403	2 080	1 457
电负性 χ	2.0	1.5	1.6	1.7	1.8
电离能/(kJ·mol^{-1})	800.6	577.6	578.8	558.3	589.3
常见氧化态	+3	+3	(+1),+3	+1,+3	+1,(+3)

硼族元素原子的价层电子构型为 ns^2np^1。它们的最高氧化数为 +3。硼、铝一般只形成氧化数为 +3 的化合物。硼(图 10-7)是非金属元素,更倾向于形成共价键。它的化学性质与同一周期的非金属元素碳、硅元素更相近,而与同一主族的金属铝元素差距很大。铝是典型的两性金属,具有银白色光泽,质软。具有良好的导电导热和延展性能。铝的电离能较小,电负性为 1.5。铝的标准电极电位为 −1.66 V,但却不能从水中置换出氢气,因为它与水接触时表面易生成一层难溶解的氢氧化铝。铝与氧气的结合能力很强,铝暴露在

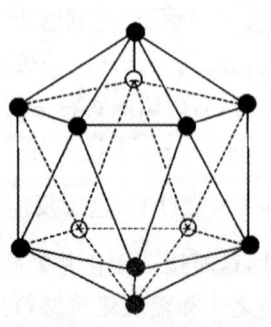

图 10-7 α 菱形硼

空气中,其表面会形成一层致密的氧化膜。从镓到铊,由于"惰性电子对效应",氧化数为+3的化合物的稳定性降低,而氧化数为+1的化合物的稳定性增加,故Tl^{3+}具有强的氧化性。

1. 硼的重要化合物

(1) 硼烷

硼可与氢形成一系列共价化合物,这些化合物的物理性质与碳的氢化物相似,故称为硼烷(borane)。其中最简单的硼烷是乙硼烷(diborane),它的分子式是B_2H_6。由于硼烷的生成焓是正值,所以不能直接合成,只能通过间接的方法制得。例如,用NaH还原卤化硼制备B_2H_6:

$$6NaH + 8BF_3 = 6NaBF_4 + B_2H_6$$

硼烷的结构很独特,按照B原子的最外层外电子结构,最简单的硼烷分子似乎应是BH_3,但是在这样的分子中B还有一个空的2p轨道没有成键,如果该轨道也能参加成键,系统的能量将会进一步降低,故BH_3是不稳定系统,很容易变成硼烷是B_2H_6。

$$2BH_3(g) = B_2H_6(g) \quad \Delta_r H_m^\ominus = -148 \text{ kJ} \cdot \text{mol}^{-1}$$

测定B_2H_6的分子结构可知:在成键时,B原子采取sp^3杂化,形成四个sp^3杂化轨道,每个B原子用两个有电子的sp^3杂化轨道分别与两个氢原子的s轨道(各有一个电子)重叠形成两个正常的B—H共价键(σ键),当两个处于同一平面的BH_2单元相互接近时,剩下的另外两个sp^3杂化轨道在平面的两侧分别与H原子重叠,形成两个包括一个H原子和两个B原子共用两个电子构成的键,这样形成的键叫三中心二电子键(three-center two-electron bond),此键好像是两个B原子,通过H原子作为桥梁联结成为B⟨H⟩B键,它是一种非定域键,也称为氢桥键(注意与氢键不同)。如图10-8,两个氢桥键都垂直于四个正常的B—H键(σ键)所组成的平面,分别位于该平面的上、下两侧。三中心二电子键的强度大约是一般共价键的一半,所以硼烷的性质要比烷烃活泼。

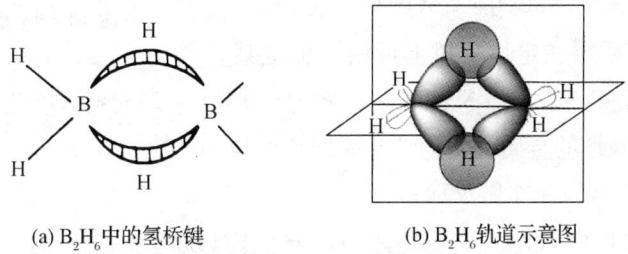

(a) B_2H_6中的氢桥键　　(b) B_2H_6轨道示意图

图10-8　B_2H_6的结构

例如,乙硼烷在空气中能自燃,并放出大量的热:

$$B_2H_6(g) + 3O_2(g) = B_2O_3(s) + 3H_2O(g) \quad \Delta_r H_m^\ominus = -2\,033.79 \text{ kJ} \cdot \text{mol}^{-1}$$

硼烷也很容易水解,例如:

$$B_2H_6(g) + 6H_2O(l) = 2H_3BO_3(aq) + 6H_2(g) \quad \Delta_r H_m^\ominus = -465 \text{ kJ} \cdot \text{mol}^{-1}$$

由于硼烷燃烧的热效应很大,且反应速率快,所以有可能作为高能燃料用于火箭与导弹,也可用作水下火箭燃料。但由于硼烷价格昂贵,不稳定,并且毒性很大,远远超过HCN、光气($COCl_2$)的毒性,所以使用上受到限制。

(2) 硼酸

硼酸是 Lewis 酸,是一个极弱的一元酸,$K_a^\ominus = 6 \times 10^{-10}$。硼酸显酸性并不是它可离解出 H^+,而是可以接受水离解出的 OH^-。

$$H_3BO_3 + H_2O \rightleftharpoons \left[\begin{array}{c} OH \\ HO-B\leftarrow OH \\ OH \end{array}\right]^- + H^+$$

这是由于 B 为缺电子原子,可以接受孤对电子而形成配位键。如果在硼酸溶液中加入多羟基化合物(如二醇或甘油),则因形成配合物使酸性增强。

$$2\begin{array}{c} R \\ HC-OH \\ HC-OH \\ R \end{array} + H_3BO_3 \rightleftharpoons \left[\begin{array}{c} R \quad R \\ HC-O \quad O-CH \\ \quad B \\ HC-O \quad O-CH \\ R \quad R \end{array}\right]^- + H^+ + 3H_2O$$

(3) 硼酸盐

硼酸盐中最主要的是四硼酸的钠盐 $Na_2B_4O_7 \cdot 10H_2O$,俗称硼砂(borax)。按其结构,硼砂的化学式应写作 $Na_2B_4O_5(OH)_4 \cdot 8H_2O$,其阴离子结构为 $[B_4O_5(OH)_4]^{2-}$(图 10-9)。硼砂为无色透明晶体,在干燥的空气中容易失去部分水而风化,加热至 380~400 ℃,完全失水成为无水盐 $Na_2B_4O_7$,若加热到 878 ℃,则熔化为玻璃状物。溶化的硼砂能溶解许多金属氧化物,生成具有特征颜色的偏硼酸的复盐。例如:

$$Na_2B_4O_7 + CoO = 2NaBO_2 \cdot Co(BO_2)_2 \text{(宝蓝色)}$$

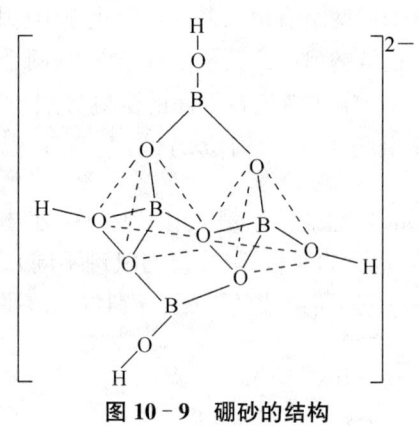

图 10-9 硼砂的结构

硼砂的这一性质用在定性分析上可用来鉴定某些金属离子,称为硼砂珠试验。$Na_2B_4O_7$ 可看成是 $B_2O_3 \cdot 2NaBO_2$,因此上述反应可看成酸性氧化物 B_2O_3 与碱性的金属氧化物结合成偏硼酸盐的反应。

硼砂易溶于水,并发生水解反应:

$$[B_4O_5(OH)_4]^{2-} + 5H_2O \rightleftharpoons 2[B(OH)_4]^- + 2H_3BO_3$$

水解后溶液呈碱性,20 ℃时,测得硼砂溶液的 pH 为 9.24。另外,硼砂可作分析化学中的基准物,用来标定盐酸等酸溶液的浓度,1 mol 硼砂可与 2 mol HCl 反应。另外,硼砂是一种用途很广的重要化工原料,大量用在陶瓷、玻璃工业中,还作为硼肥,在农业生产上起着重要作用。硼砂是硼在自然界主要的矿石,它是制造单质硼和其他硼化物的主要原料。

2. 铝的重要化合物

铝是两性元素,即能溶于酸也能溶于碱:

$$2Al + 6HCl = 2AlCl_3 + 3H_2 \uparrow$$

$$2Al + 2NaOH + 6H_2O \rightleftharpoons 2Na[Al(OH)_4] + 3H_2 \uparrow$$

氢氧化铝也是两性氢氧化物,在溶液中形成的 $Al(OH)_3$ 为白色凝胶状沉淀,在溶液中存在以下两种方式离解:

$$Al^{3+} + 3OH^- \rightleftharpoons Al(OH)_3 \text{ 或 } H_3AlO_3 \underset{-H_2O}{\overset{+H_2O}{\rightleftharpoons}} H^+ + [Al(OH)_4]^-$$

上述体系中加酸,平衡向左移动,生成铝盐;加碱,平衡向右移动,生成铝酸盐。光谱实验证明,水溶液中的铝酸钠实为是 $[Al(OH)_4]^-$ 而非 $NaAlO_2$。固态的 $NaAlO_2$ 要用 Al_2O_3 和固体 $NaOH$(或 Na_2CO_3)熔融的方法制得:

$$Al_2O_3 + 2NaOH \xrightarrow{\text{熔融}} 2NaAlO_2(s) + H_2O(g) + 6KOH(s)$$

铝的氧化物 Al_2O_3 有多种同质异晶的晶体,其中自然界存在的 $\alpha\text{-}Al_2O_3$ 称为刚玉,含微量 $Cr(Ⅲ)$ 的称为红宝石,含有少量 $Fe(Ⅱ)$、$Fe(Ⅲ)$ 和 $Ti(Ⅳ)$ 的称为蓝宝石,含有少量 Fe_3O_4 的称为刚玉粉。$\alpha\text{-}Al_2O_3$ 有很高的熔点和硬度,化学性质稳定,不溶于水、酸和碱,常用作耐火、耐腐蚀和高硬度材料。$\gamma\text{-}Al_2O_3$ 硬度小,不溶于水,但能溶于酸和碱,具有很强的吸附性能,可作吸附剂及催化剂。

铝最常见的盐是 $AlCl_3$ 和 $KAl(SO_4)_2 \cdot 12H_2O$(明矾),溶于水后便发生水解,生成一系列碱式盐,直到 $Al(OH)_3$ 胶状沉淀。这些水解产物能吸附水中的泥沙、重金属离子及有机污染物等一起沉降,因此可用作水的净化剂。明矾是人们早已广泛应用的净水剂。$AlCl_3$ 是有机合成中常用的催化剂。

10.2.2 碳族元素

1. 通性

周期表中的ⅣA族元素,包括碳(Carbon)、硅(Silicon)、锗(Germanium)、锡(Tin)、铅(Lead)五种元素,通称碳族元素。碳元素在地壳中约占 0.03%,但它却是地球上分布最广、化合物最多的元素。碳在自然界中存在两种同素异形体——金刚石、石墨(图 10-11)。金刚石和石墨早已被人们所知,拉瓦锡做了燃烧金刚石和石墨的实验后,确定这两种物质燃烧都产生了 CO_2,因而得出结论。C_{60}(图 10-11)是 1985 年由美国休斯敦赖斯大学的化学家斯莫利和科尔与来访的英国人克罗托发现的,它是由 60 个碳原子组成的一种球状的稳定的碳分子,是金刚石和石墨之后的碳的第三种同素异形体。把 C_{60} 从中间切开,在中间塞入 10 个碳原子,再组成一个新的碳球,那就是 C_{70}。类似的,可以得到 C_{80}、C_{90}、C_{100} 等等,它们都是碳的一类同素异形——统称富勒烯(Fullerenes)。如果 C_{60} 一直增加到 C_{1000}、C_{10000} 的时候,其实它就是碳纳米管了。因此,Smalley 认为碳纳米管和富勒烯是类似结构,它们都是巴基家族的,富勒烯叫巴基球,碳纳米管叫巴基管。石墨烯(Graphene)(图 10-10)是碳的又一种同素异形体,是由碳原子以 sp^2 杂化轨道组成六角型呈蜂巢晶格的平面薄膜,目前是世上最薄却也是最坚硬的纳米材料。硅元素约占地壳的四分之一,硅在自然界主要以 SiO_2 和硅酸盐的形式存在,构成了矿物界的主体。锗是稀有元素。单质锗是主要的半导体材料。锡和铅是常见元素。

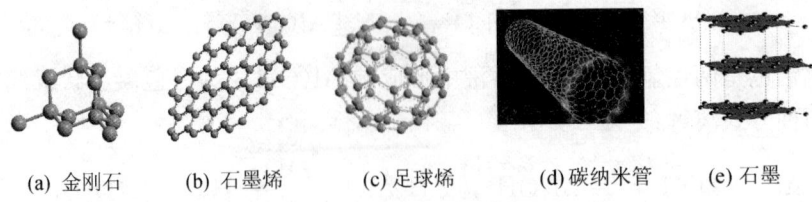

(a) 金刚石　　(b) 石墨烯　　(c) 足球烯　　(d) 碳纳米管　　(e) 石墨

图 10-10　碳的同素异形体

碳族元素的一些主要性质列于表 10-10 中。从表中可以看出，碳族元素由上而下从典型的非金属元素碳、硅过渡到典型的金属元素锡和铅。

表 10-10　碳族元素的一些基本性质

	碳(C)	硅(Si)	锗(Ge)	锡(Sn)	铅(Pb)
价电子构型	$2s^2 2p^2$	$3s^2 3p^2$	$4s^2 4p^2$	$5s^2 5p^2$	$6s^2 6p^2$
共价半径/pm	77	113	122	141	147
熔点/℃	3 550	1 410	937	232(白)	327
沸点/℃	4 329	2 355	2 830	2 260(白)	1 744
电负性 χ	2.5	1.8	1.8	1.8	1.8
电离能/(kJ·mol^{-1})	1 086	787	762	709	716
键能/(kJ·mol^{-1})					
M—M	346	222	188	146	—
M—O	358	452	360	—	—
M—H	415	320	289	251	—
主要氧化态	$-4, +2, +4$	$+4$	$-4, +2, +4$	$+2, +4$	$+2, +4$

碳族元素的价层电子构型为 ns^2np^2，主要的氧化态为 $+2$、$+4$，其中 C、Si 主要形成氧化数为 $+4$ 的化合物；Sn 氧化态为 $+2$ 的化合物具有强还原性。而由于"惰性电子对效应"，Pb 氧化态为 $+4$ 的化合物有强氧化性，易被还原为 Pb^{2+}，所以 Pb 的化合物以 $+2$ 氧化数为主。

2. 碳的重要化合物

(1) 碳的氧化物

碳的氧化物中较常见的为 CO(carbon monoxide) 和 CO_2(carbon dioxide) (图 10-11)。

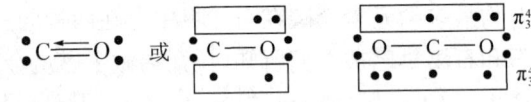

图 10-11　CO、CO_2 的结构

在实验室可以将甲酸用硫酸脱水的方法制备 CO。CO 中存在一个 σ 键、一个正常的 π 键和一个 π 配键，π 配键的电子来自氧。CO 的配位能力很强，能与一些过渡金属形成配合物，如 $Ni(CO)_4$、$Fe(CO)_5$ 等。CO 与 N_2 结构相似，属于等电子体(Isoelectronic Species)。等电子体指原子总数相同、价电子总数相同的分子或离子具有相似的化学键特征。CO_2 是直线形分子，中心碳原子 C 为 sp 杂化，整个分子还存在两个离域的 π_3^4 键。CO_2 与 N_2O、N_3^-、NO_2^+ 等也是等电子体。CO_2 的化学性质不活泼，常用作反应的惰性介质。固态 CO_2 称为干冰，可作低温制冷剂。

(2) 碳酸和碳酸盐

碳酸(carbonic acid) 是二元弱酸，因此它存在两类盐：碳酸盐(carbonate) 和碳酸氢盐。

正盐中除了碱金属(除 Li 外)和铵的碳酸盐溶于水外,其他的碳酸盐都难溶于水,但是大多数的碳酸氢盐都溶于水。一般说来,难溶碳酸盐对应的碳酸氢盐的溶解度较大,例如 $Ca(HCO_3)_2$ 溶解度比 $CaCO_3$ 大,因而 $CaCO_3$ 能溶于 H_2CO_3 中;但易溶碳酸盐对应的碳酸氢盐的溶解度反而小,例如 $NaHCO_3$ 溶解度就比 Na_2CO_3 要小。

金属离子与 CO_3^{2-} 形成碳酸盐沉淀时,由于溶液中存在 CO_3^{2-} 的水解作用,一般会形成三种不同的沉淀形式。

① 当金属离子(如 Ca^{2+}、Sr^{2+}、Ba^{2+}、Cd^{2+}、Ag^+ 等)的碳酸盐的溶解度小于其相应的氢氧化物时,得到碳酸盐沉淀:

$$Ca^{2+} + CO_3^{2-} = CaCO_3 \downarrow$$

② 当金属离子(如 Fe^{3+}、Cr^{3+}、Al^{3+})的碳酸盐的溶解度大于其相应的氢氧化物时,得到是氢氧化物沉淀:

$$2Fe^{3+} + 3CO_3^{2-} + 3H_2O = 2Fe(OH)_3 \downarrow + 3CO_2 \uparrow$$

③ 当金属离子(如 Zn^{2+}、Cu^{2+}、Pb^{2+}、Mg^{2+}、Bi^{3+} 等)的碳酸盐的溶解度与其相应的氢氧化物相当时,得到碱式碳酸盐沉淀:

$$2Cu^{2+} + 2CO_3^{2-} + H_2O = Cu_2(OH)_2CO_3 \downarrow + CO_2 \uparrow$$

碳酸盐和碳酸氢盐的热稳定性较差,受热按下式分解:

$$M(II)(HCO_3)_2 \xrightarrow{\triangle} M(II)CO_3 + H_2O + CO_2 \uparrow$$

$$M(II)CO_3 \xrightarrow{\triangle} M(II)O + CO_2 \uparrow$$

不同碳酸盐的热分解温度也不同,它的受热温度取决于正离子的极化能力,金属离子的电荷越多,半径越小,极化能力越大,分解温度越低。如:

$$MgCO_3 < CaCO_3 < SrCO_3 < BaCO_3$$

3. 硅的含氧化合物

二氧化硅(silicon dioxide)为原子晶体,分别与四个 O 原子成键,其结构单元为 Si—O 四面体,结构中的 Si 和 O 的原子数之比是 1:2,组成的最简式是 SiO_2。SiO_2 不存在单个的分子,其熔沸点很高。因此,石英(主要含 SiO_2)能耐高温,能透过紫外光,可用于制造耐高温的仪器和医学、光学仪器。

SiO_2 的化学性质稳定,不溶于强酸,仅与 HF 作用:

$$SiO_2 + 4HF = SiF_4 \uparrow + 2H_2O$$

高温时,二氧化硅和 NaOH 或 Na_2CO_3 共熔则会生成相应的硅酸盐:

$$SiO_2 + Na_2CO_3 \xrightarrow{共熔} Na_2SiO_3 + CO_2 \uparrow$$

在向上面得到的可溶性的硅酸盐溶液中加入 HCl、NH_4Cl 或通入 CO_2,则会发生如下反应,即可制得硅酸(silicicacid):

$$Na_2SiO_3 + 2HCl = H_2SiO_3 + 2NaCl$$

$$Na_2SiO_3 + NH_4Cl + H_2O = H_2SiO_3 + 2NaCl + NH_3 \uparrow$$

$$Na_2SiO_3 + CO_2 + H_2O \Longrightarrow H_2SiO_3 + 2Na_2CO_3$$

在反应初始阶段并无沉淀,此时硅酸以溶胶形式存在。放置后便会失去水聚合成多硅酸而有胶状物出现,这称为硅凝胶,经干燥后脱水得硅胶,可作为干燥剂。聚硅酸有多种形态,常用 $xSiO_2 \cdot yH_2O$ 表示。现已知有正硅酸 $H_4SiO_4(x=1,y=2)$、偏硅酸 $H_2SiO_3(x=y=1)$、二偏硅酸 $H_2Si_2O_5(x=2,y=1)$ 等,其中 $x/y>1$ 者称为多硅酸,实际上硅酸通常是上述各种硅酸的混合物。硅酸中以偏硅酸组成最简单,因此习惯用 H_2SiO_3 作为硅酸的代表。硅酸是一种极弱的酸,其酸性比碳酸还弱。

硅酸盐(silicates)中除碱金属盐可溶于水,其他的硅酸盐均不溶于水。地壳主要就是由不溶于水的各种硅酸盐组成。许多矿物如正长石($K_2O \cdot Al_2O_3 \cdot 6SiO_2$)、泡沸石($Na_2O \cdot Al_2O_3 \cdot 2SiO_2 \cdot nH_2O$)、石棉($CaO \cdot 3MgO \cdot 4SiO_2$)、滑石($3MgO \cdot 4SiO_2 \cdot H_2O$),许多岩石如花岗岩等都是硅酸盐。硅酸钠是最常见的可溶性硅酸盐,其透明的浆状溶液称作"水玻璃",它的化学式为 $Na_2O \cdot nSiO_2(n \approx 3.3)$,是纺织、造纸、制皂、铸造等工业的重要原料。

4. 锡与铅的重要化合物

锡、铅都能形成氧化数为 +2 和 +4 的两性的氧化物和氢氧化物,其中 +4 氧化态的以酸性为主,+2 氧化态的以碱性为主。它们的酸碱性变化规律如下:

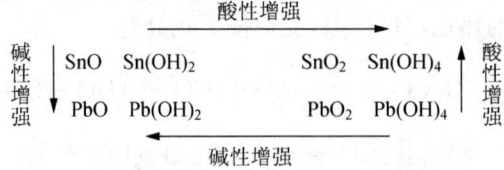

其中酸性以 $Sn(OH)_4$ 为最强,碱性以 $Pb(OH)_2$ 为最强,酸碱性强弱不同的情况可以用 R—O—H 模型来加以解释。锡和铅的氢氧化物都不溶于水,所以,在 Sn^{2+}、Pb^{2+} 溶液中加 NaOH 时均先生成相应的白色氢氧化物沉淀,因其氢氧化物呈两性,所以还可溶于过量的 NaOH 溶液中:

$$Sn(OH)_2 + 2OH^- \longrightarrow [Sn(OH)_4]^{2-}$$

$$Pb(OH)_2 + OH^- \Longrightarrow [Pb(OH)_3]^-$$

其中,$Pb(OH)_2$ 的酸性较弱,故需用较浓的碱。

因为惰性电子对效应,Pb^{4+} 具有很强的氧化性,Pb^{2+} 的还原性差,较为稳定;而 Sn^{4+} 的氧化性则很差,Sn^{2+} 的还原性则较强。如:$SnCl_2$ 是实验室中常用的重要还原剂,它可以把 $HgCl_2$ 还原为白色的 Hg_2Cl_2,若过量则还原成灰黑的 Hg:

$$2HgCl_2 + SnCl_2 \Longrightarrow SnCl_4 + Hg_2Cl_2 \downarrow (白)$$

$$Hg_2Cl_2 + SnCl_2 \Longrightarrow SnCl_4 + 2Hg \downarrow (灰黑)$$

这一反应很灵敏,常用于定性鉴定 Hg^{2+} 或 Sn^{2+}。$SnCl_2$ 易水解,Sn^{2+} 在溶液中易被空气中的 O_2 所氧化。因此,在配制 $SnCl_2$ 溶液时,应先加入少量浓 HCl 抑制其水解,并在配制好的溶液中加入少量金属 Sn 粒。$PbCl_2$ 为白色固体,微溶于冷水中,溶于热水,也能溶于盐酸溶液中生成 $[PbCl_4]^{2-}$ 或溶于过量的 NaOH 溶液中生成 $[Pb(OH)_3]^-$。

锡、铅氧化物中 PbO_2 是强氧化剂,能将浓盐酸和浓硫酸氧化放出 Cl_2 或 O_2,但它不溶

于强氧化性的浓 HNO_3。

$$PbO_2 + 4HCl(浓) = PbCl_2 + Cl_2\uparrow + 2H_2O$$

$$PbO_2 + 2H_2SO_4(浓) = PbSO_4 + O_2\uparrow + 2H_2O$$

铅还有另一种类型的氧化物：Pb_3O_4(鲜红色，俗称铅丹)，从反应性能上可将其看成是 PbO_2(褐色)和 PbO(黄色)的混合物，如反应：

$$Pb_3O_4 + 8HCl = 3PbCl_2 + Cl_2\uparrow + 4H_2O$$

$$Pb_3O_4 + 4HNO_3 = 2Pb(NO_3)_2 + PbO_2\downarrow + 2H_2O$$

铅和可溶性铅盐都对人体有毒。Pb^{2+} 在人体内能与蛋白质中的半胱氨酸反应生成难溶物，使蛋白质中毒。

10.2.3 氮族元素

周期表中的 ⅤA 族元素，包括氮(Nitrogen)、磷(Phosphorus)、砷(Arsenic)、锑(Antimony)、铋(Bismuth)五种元素，通称为氮族元素。氮、磷是典型的非金属元素，而砷和锑为准金属元素，铋为金属元素。氮和磷的单质性质差别很大。N_2 的熔、沸点很低，而磷单质熔、沸点较高。氮以游离状态存在于空气中，由于氮气分子中存在 N≡N 键，所以 N_2 很不活泼，和大多数物质难于起反应。白磷有很高的活性，它暴露空气中就会自燃，因此白磷要贮存在水中。砷、锑、铋是亲硫元素，它们在自然界中主要以硫化物矿的形式存在。

1. 通性

氮族元素的一些主要性质列于表 10-11 中。从表中可以看出，本族元素从氮到铋随着原子序数的增大，元素的非金属性递减，金属性递增。

表 10-11 氮族元素的性质

性 质	氮(N)	磷(P)	砷(As)	锑(Sb)	铋(Bi)
原子序数	7	15	33	51	83
价层电子构型	$2s^2 2p^3$	$3s^2 3p^3$	$4s^2 4p^3$	$5s^2 5p^3$	$6s^2 6p^3$
常见氧化数	$-3,+1,+2,+3,+4,+5$	$-3,+1,+3,+5$	$-2,+3,+5$	$+3,+5$	$+3,+5$
熔点/℃	-210	44.2(白磷)	811(28.4 MPa)	630.5	271.5
沸点/℃	-195.8	280.3(白磷)	612(升华)	1 635	1 579
原子半径/pm	71	111	116	145	155
离子半径					
$r(M^{3-})$/pm	171	212	222	245	
$r(M^{3+})$/pm	16	44	58	76	96
$r(M^{5+})$/pm	13	34	47	62	74
第一电离能 I_1/kJ·mol^{-1}	1 401	1 060	966	833	703
电负性 χ	3.04	2.19	2.18	2.05	2.02

本族元素的价电子层结构为 ns^2np^3，与卤素和氧族元素相比，形成正氧化数化合物的趋势较明显。常见的氧化态为 -3、$+3$ 和 $+5$。随着原子序数增加，从上到下形成 -3 氧化态的倾向减小。在氧化数为 -3 的二元化合物中，只有活泼金属的氮化物和磷化物是离子型的。本族元素特征氧化态是 $+3$ 和 $+5$，从上到下 $+3$ 氧化态稳定性增加，$+5$ 氧化态稳定性减小。主要是因为在氮族元素中，按 As—Sb—Bi 的顺序，随着核电荷的增加 ns^2 价电子的稳定性增加，即依 As—Sb—Bi 的顺序，元素表现为 $+3$ 的特性逐渐增强，常称此现象为"惰性电子对效应"。故 Bi(V) 具有很强的氧化性。

2. 氮及其重要化合物

(1) 氨和铵盐

NH_3 (ammonia) 是有特殊刺激气味的无色气体。分子呈三角锥形，有极性。分子间能生成氢键而缔合，故较同族其他元素的氢化物，其沸点 ($-33.42\ ℃$) 反常的高。NH_3 是氮的重要化合物，几乎所有含氮的化合物都可以由它来制取。工业上在高温、高压和催化剂存在下，由 H_2 和 N_2 合成 NH_3。液氨和水类似，也有自偶解离作用：

$$2NH_3 \rightleftharpoons NH_4^+ + NH_2^- \qquad K^{\ominus} = 1.9 \times 10^{-23}\ (T = 223\ K)$$

故液氨是一种良好的非水溶剂。

NH_3 的化学性质主要表现为：

① 加合反应 NH_3 分子中的 N 具有孤对电子，可以作为电子对的给予体与具有空轨道的物种（如 H^+、Ag^+、Cu^{2+} 等）以配位键互相结合。例如，NH_3 与水中 H^+ 的 1s 空轨道以配位键互相结合形成 NH_4^+，水中的 OH^- 因此而增多，氨水溶液呈弱碱性：

$$\text{H}:\overset{..}{\underset{..}{\text{N}}}:\text{H} + \text{H}^+ \longrightarrow [\text{H}:\overset{..}{\underset{..}{\text{N}}}:\text{H}]^+$$
(H above and below N on both sides)

与 Ag^+、Cu^{2+} 等离子加合，形成 $[Ag(NH_3)_2]^+$、$[Cu(NH_3)_4]^{2+}$ 等配离子。

② 还原反应 NH_3 分子中的 N 处于最低氧化数 -3，在一定条件下，可被氧化剂氧化成 N_2 或氧化数较高的氮的化合物。例如 NH_3 在纯 O_2 中燃烧生成 N_2：

$$4NH_3 + 3O_2 \Longrightarrow 2N_2 + 6H_2O$$

在铂催化剂的作用下，可生成 NO：

$$4NH_3 + 5O_2 \xrightarrow[200\ ℃]{Pt} 4NO + 6H_2O$$

此反应是工业上氨接触氧化法制造 HNO_3 的基础反应。

常温下 NH_3 能与许多强氧化剂（如 Cl_2、H_2O_2、$KMnO_4$ 等）直接发生作用，例如：

$$3Cl_2 + 2NH_3 \Longrightarrow N_2 + 6HCl$$

产生的 HCl 与剩余的 NH_3 进一步反应生成 NH_4Cl 白烟，工业上常用此来检查氯气管道是否漏气。

③ 取代反应 在一定条件下，NH_3 分子中的 H 原子可以依次被取代，生成一系列氨的衍生物。例如，金属 Na 可与 NH_3 反应，生成氨基化钠：

$$2NH_3 + 2Na \xrightarrow{350\ ℃} 2NaNH_2 + H_2$$

NH_3 还可生成亚氨基(=NH)的衍生物,如 Ag_2NH;氮化物(N≡),如 Li_3N。

铵盐(ammonium salt)是 NH_3 和酸的反应产物。铵盐易溶于水,且都发生一定程度的水解。当铵盐与强碱作用时,都能产生 NH_3,能与石蕊试纸反应,可验证 NH_3 的生成。铵盐中的 NH_4^+ 的半径(143 pm)和 K^+ 的半径(133 pm)很接近,因此铵盐和钾盐在晶型、溶解度等方面都有相似之处。例如,NH_4ClO_4 和 $KClO_4$ 相似,它们的溶解度很小。但是铵盐和钾盐在热稳定性上有很大的差异。固态铵盐加热极易分解,其分解产物因酸根不同而异:

① 挥发性酸组成的铵盐,加热分解则 NH_3 与酸一起挥发,例如:

$$NH_4Cl \xrightarrow{\triangle} NH_3\uparrow + HCl\uparrow$$

② 难挥发性酸组成的铵盐,加热分解时只有 NH_3 挥发逸出,酸则残留于容器中,例如:

$$(NH_4)_2SO_4 \xrightarrow{\triangle} NH_3\uparrow + NH_4HSO_4$$

③ 氧化性酸组成的铵盐,加热分解产生的 NH_3 被氧化性酸氧化成 N_2 或氮的化合物,例如:

$$NH_4NO_3 \xrightarrow{210\ ℃} N_2O\uparrow + 2H_2O$$

$$(NH_4)_2Cr_2O_7 \xrightarrow{\triangle} N_2\uparrow + Cr_2O_3 + 4H_2O$$

(2) 硝酸及其盐

硝酸(nitric acid)是工业上重要的三酸(盐酸、硫酸、硝酸)之一。工业上生产 HNO_3 的主要方法是氨的接触氧化法:

$$4NH_3 + 5O_2 \xrightarrow[\text{Pt-Rh 催化剂}]{1\ 000\ ℃} 4NO + 6H_2O \qquad \Delta_rH_m^\ominus = -904\ kJ\cdot mol^{-1}$$

NO 和 O_2 化合成 NO_2,NO_2 再和 H_2O 反应即可制得 HNO_3。

纯硝酸为无色液体,易挥发,遇光和热即部分分解。而实验室长期久置的硝酸一般呈黄色,主要原因就是分解出来的 NO_2 又溶于 HNO_3。

$$4HNO_3 == 2H_2O + 4NO_2\uparrow + O_2\uparrow$$

HNO_3 是强酸又是强氧化剂。HNO_3 中的 N 呈最高氧化数+5,HNO_3 分子又不稳定,故具有强氧化性。很多非金属(C、P、S、I 等)都能被 HNO_3 氧化成相应的氧化物或含氧酸:

$$3C + 4HNO_3 == 3CO_2\uparrow + 4NO\uparrow + 2H_2O$$

$$3P + 5HNO_3 + 2H_2O == 3H_3PO_4 + 5NO\uparrow$$

$$S + 2HNO_3 == H_2SO_4 + 2NO\uparrow$$

$$3I_2 + 10HNO_3 == 6HIO_3 + 10NO\uparrow + 2H_2O$$

故不要把浓硝酸与还原性有机物物质储存在一起,如松节油遇浓硝酸则燃烧。

HNO_3 作为氧化剂,主要还原产物有:

$$\overset{+4}{NO_2}、H\overset{+3}{NO_2}、\overset{+2}{NO}、\overset{+1}{N_2O}、\overset{0}{N_2}、\overset{-3}{NH_4^+}$$

因此,HNO_3 在氧化还原反应中,其还原产物常常是混合物。混合物中以哪种物质为主,往往取决于 HNO_3 的浓度、还原剂的强度和用量以及反应的温度。例如,除少数不活泼金属 Au、Pt、Ir 外,几乎所有的金属都能与 HNO_3 反应。通常,如果浓 HNO_3 作氧化剂时,还原产物主要是 NO_2;稀 HNO_3 作氧化剂时,还原产物主要是 NO;极稀的 HNO_3 作氧化剂时,只要还原剂足够活泼,还原产物主要是 NH_4^+。例如:

$$Cu + 4HNO_3(浓) = Cu(NO_3)_2 + 2NO_2 + 2H_2O$$

$$3Cu + 8HNO_3(稀) = 3Cu(NO_3)_2 + 2NO + 4H_2O$$

$$4Mg + 10HNO_3(极稀) = 4Mg(NO_3)_2 + NH_4NO_3 + 3H_2O$$

浓 HNO_3 与浓 HCl 体积比为 1∶3 组成的混合酸称为王水,可溶解 Au 和 Pt 等不活泼的金属。反应中 HNO_3 做强氧化剂,HCl 中的 Cl^- 做配离子与溶解下来的金属离子形成稳定的配离子,从而降低了溶液中金属离子浓度,有利反应向金属溶解的方向进行:

$$Au + HNO_3 + 4HCl = H[AuCl_4] + NO + 2H_2O$$

$$3Pt + 4HNO_3 + 18HCl = 3H_2[PtCl_6] + 4NO + 8H_2O$$

硝酸盐(nitrate)在常温下比较稳定,硝酸盐的水溶液都没有氧化性,但在高温时固体硝酸盐都会分解放出 O_2 而显氧化性。硝酸盐分解产物因盐中的金属阳离子不同而不同。

① 活泼性位于 Mg 之前的碱金属和碱土金属的硝酸盐,受热分解产生亚硝酸盐和 O_2:

$$2NaNO_3 \xrightarrow{\triangle} 2NaNO_2 + O_2 \uparrow$$

② 活泼性在 Mg 与 Cu 之间的金属的硝酸盐,受热分解得到相应的金属氧化物:

$$2Pb(NO_3)_2 \xrightarrow{\triangle} 2PbO + 4NO_2 \uparrow + O_2 \uparrow$$

③ 活泼性比 Cu 差的金属的硝酸盐,受热分解生成金属单质:

$$2AgNO_3 \xrightarrow{\triangle} 2Ag + 2NO_2 \uparrow + O_2 \uparrow$$

所有硝酸盐在高温时容易分解放出 O_2,故与可燃性物质混和会极迅速燃烧,硝酸盐可用于制造烟火与黑火药。

(3) 亚硝酸及亚硝酸盐

亚硝酸是一种弱酸($K_a^{\ominus} = 4.6 \times 10^{-4}$),很不稳定,仅存在于冷的稀溶液中,该溶液受热时按下式分解:

$$2HNO_2 \rightleftharpoons H_2O + \underset{蓝色}{N_2O_3} \rightleftharpoons H_2O + NO + \underset{棕色}{NO_2}$$

亚硝酸虽然很不稳定,但亚硝酸盐(nitrite)却是稳定的。亚硝酸盐是极度致癌物质。

亚硝酸盐在化学性质上主要表现为氧化还原性。亚硝酸盐中的 N 的氧化数为 +3,处于中间氧化态,故既有氧化性又有还原性。根据酸性介质的电极电势 $\varphi_A^{\ominus}(HNO_2/NO) = 1.00\ V$,$\varphi_A^{\ominus}(NO_3^-/HNO_2) = 0.94\ V$ 也可看出,HNO_2 是强氧化剂(氧化能力超过 HNO_3)和弱的还原剂。在水溶液中能将 I^- 氧化为 I_2:

$$2HNO_2 + 2I^- + 2H^+ = 2NO \uparrow + I_2 + 2H_2O$$

此反应可用以定量测定亚硝酸盐。亚硝酸及其盐只有遇到强氧化剂时才能被氧化。例如:

$$5NO_2^- + 2MnO_4^- + 6H^+ = 5NO_3^- + 2Mn^{2+} + 3H_2O$$

(4) NO_2^- 和 NO_3^- 的鉴定

① NO_2^- 的鉴定　亚硝酸盐溶液加 HAc 酸化，加入新鲜配制的 $FeSO_4$ 溶液，溶液呈棕色：

$$NO_2^- + Fe^{2+} + 2HAc \Longrightarrow NO\uparrow + Fe^{3+} + 2Ac^- + H_2O$$

$$[Fe(H_2O)_6]^{2+} + NO \Longrightarrow \underset{棕色}{[Fe(NO)(H_2O)_5]^{2+}} + H_2O$$

② NO_3^- 的鉴定　向硝酸盐溶液中加入少量 $FeSO_4$ 溶液，混匀，沿试管壁缓缓小心加入浓 H_2SO_4，在两液界面处出现棕色环，称为棕色环反应：

$$NO_3^- + 3Fe^{2+} + 4H^+ \Longrightarrow 3Fe^{3+} + NO + 2H_2O$$

$$[Fe(H_2O)_6]^{2+} + NO \Longrightarrow \underset{棕色}{[Fe(NO)(H_2O)_5]^{2+}} + H_2O$$

此反应与鉴定亚硝酸根离子的区别是：硝酸盐在 HAc 条件下无棕色环生成，必须用浓 H_2SO_4。

3. 磷及其重要化合物

(1) 单质磷及磷的氧化物

磷在自然界都是以磷酸盐的形式存在的，如磷酸钙 $Ca_3(PO_4)_2$，磷灰石 $Ca_5F(PO_4)_3$ 等。单质磷是以磷酸盐为原料制备：将 $Ca_3(PO_4)_2$、炭粉、石英砂混合后放在 1 400 ℃ 左右的电炉中加热，生成的气体通入到冷水中，即得白磷。白磷有剧毒，化学性质较活泼；红磷无毒，化学性质比白磷稳定得多。

$$2Ca_3(PO_4)_2 + 6SiO_2 + 10C \Longrightarrow 6CaSiO_3 + P_4 + 10CO$$

磷(P_4)空气中燃烧时可得 P_2O_5，如果空气不足时则得 P_2O_3。实际上它们都是以双聚分子的形式存在的，即 P_4O_{10}、P_4O_6，不过通常简写成 P_2O_5 和 P_2O_3。

五氧化二磷(P_2O_5)有很强的吸水性，与许多化合物反应时能以水分子组成夺取相当的 H 和 O，例如，可使 H_2SO_4 和 HNO_3 脱水分别变为硫酐和硝酐。因此它的干燥性能也优于其他常用干燥剂。

$$P_2O_5 + 3H_2SO_4 \Longrightarrow 3SO_3 + 2H_3PO_4$$

$$P_2O_5 + 6HNO_3 \Longrightarrow 3N_2O_5 + 2H_3PO_4$$

(2) 磷的含氧酸及其盐

磷有多种含氧酸，其中以磷酸(phosphoric acid)为最主要，也最稳定。磷酸 H_3PO_4 又称正磷酸，是一个非氧化性的中强三元酸。磷酸在加热时会脱水，形成多种缩合酸，如：

两分子 H_3PO_4 失去一个 H_2O 分子形成焦磷酸 $H_4P_2O_7$，继续加热又失去一个 H_2O 分子变成偏磷酸 HPO_3，最后偏磷酸与 H_2O 结合，又重新得到 H_3PO_4，其关系如下：

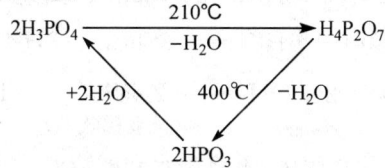

由几个单酸脱水，再通过氧原子连起来的酸叫多酸或缩合酸，缩合酸有链状、环状或骨

架状的结构。磷酸可以形成多种多磷酸。如三聚磷酸和三偏磷酸,分别是由三个正磷酸 H_3PO_4 脱去两分子 H_2O 得到三聚磷酸或三磷酸 $H_5P_3O_{10}$;三个正磷酸 H_3PO_4 脱去三分子 H_2O 得到三偏磷酸$(HPO_3)_3$。

三聚磷酸$(H_5P_3O_{10})$

三偏磷酸$(HPO_3)_3$

磷酸盐(phosphate)和磷酸一氢盐除 K^+、Na^+、NH_4^+ 盐外,都不溶于水,而所有磷酸二氢盐都能溶于水。利用磷酸盐的难溶性可对 PO_4^{3-} 进行定性鉴定:在硝酸溶液中,PO_4^{3-} 与过量钼酸铵$(NH_4)_2MoO_4$ 混合加热时,可慢慢生成黄色的磷钼酸铵沉淀:

$$PO_4^{3-} + 3NH_4^+ + 12MoO_4^{2-} + 24H^+ \Longrightarrow (NH_4)_3PO_4 \cdot 12MoO_3 \cdot 6H_2O\downarrow + 6H_2O$$

磷酸盐除用作化肥外,还用作洗涤剂及动物饲料的添加剂,亦用于电镀和有机合成上。磷酸盐在食品中应用甚广。

4. 砷、锑及铋的重要化合物

(1) 砷、锑、铋的氧化物及含氧酸盐

砷、锑、铋的次外层为 18 电子构型,与氮、磷的次外层 8 电子构型不同,因此砷、锑、铋在性质上有更多的相似之处,常把它们称为砷分族。

砷、锑、铋有氧化数为 +3 的氧化物 As_2O_3、Sb_2O_3、Bi_2O_3 和氧化数为 +5 的氧化物 As_2O_5、Sb_2O_5。其中 As_2O_3 俗称砒霜,剧毒,致死量为 0.1 g。

As_2O_3 是白色的两性偏酸性固体,微溶于水,易溶于酸碱:

$$As_2O_3 + 6NaOH == 2Na_3AsO_3 + 3H_2O$$
(亚砷酸钠)

$$As_2O_3 + 6HCl == 2AsCl_3 + 3H_2O$$

Sb_2O_3 是白色的两性氧化物固体,不溶于水,能溶于强酸或强碱溶液中:

$$Sb_2O_3 + 6HCl == 2SbCl_3 + 3H_2O$$

$$Sb_2O_3 + 2NaOH == 2NaSbO_2 + H_2O$$
(偏亚锑酸钠)

Bi_2O_3 是黄色的弱碱性氧化物固体,不溶于水和碱溶液,能溶于酸,生成铋盐:

$$Bi_2O_3 + 6HNO_3 == 2Bi(NO_3)_3 + 3H_2O$$

在上述盐酸体系中生成的 As^{3+}、Sb^{3+} 的盐很不稳定,都易水解,Bi^{3+} 的盐同样也容易水解:

$$AsCl_3 + 3H_2O \rightleftharpoons H_3AsO_3 + 3HCl$$

$$SbCl_3 + H_2O \rightleftharpoons SbOCl\downarrow(氯化氧锑) + 2HCl$$

$$BiCl_3 + H_2O \rightleftharpoons BiOCl\downarrow(氯化氧铋) + 2HCl$$

因此,在这些盐的溶液时,要使它们稳定存在都应先加入相应的强酸以抑制其水解。

砷分族含氧酸盐由于存在惰性电子对效应,使氧化值为 +5 的 As、Sb、Bi 化合物稳定性降低而氧化性增强;氧化值为 +3 的化合物稳定性增强而还原性减弱。因此,氧化值为 +3 的亚砷酸盐是较强的还原剂,在碱性溶液中能被中等强度的氧化剂 I_2 所氧化:

$$AsO_3^{3-} + I_2 + 2OH^- \rightleftharpoons AsO_4^{3-} + 2I^- + H_2O$$

根据电极电势可知,此反应进行的方向,将取决于溶液的酸碱性:

$$H_3AsO_4 + 2H^+ + 2e^- \rightleftharpoons H_3AsO_3 + H_2O \qquad \varphi_A^\ominus = 0.58\ V$$

在强酸介质中,AsO_4^{3-} 的电势增大氧化能力将增强,$\varphi_A^\ominus(I_2/I^-)$ 电势不受 pH 的影响,因此 H_3AsO_4 能将 I^- 氧化成 I_2。

而氧化数为 +5 的偏铋酸盐不论在酸性或碱性溶液中都有很强的氧化性。在酸性溶液中它能将 Mn^{2+} 氧化成紫红色的 MnO_4^-,从而可以鉴定 Mn^{2+} 的存在:

$$5NaBiO_3(s) + 2Mn^{2+} + 14H^+ \rightleftharpoons 2MnO_4^- + 5Bi^{3+} + 5Na^+ + 7H_2O$$

砷分族元素氧化物及含氧酸的酸碱性变化规律都可以用 R—O—H 模型得到解释,其变化规律如下:

	还原性减弱,碱性增强 →			
酸性增强 ↓	As_2O_3 H_3AsO_3 (两性偏酸性)	Sb_2O_3 $Sb(OH)_3$ (两性偏碱性)	Bi_2O_3 $Bi(OH)_3$ (弱碱性)	碱性增强 ↓
	As_2O_5 H_3AsO_4 (中强酸)	Sb_2O_5 $Sb_2O_5 \cdot xH_2O$ (两性偏酸性)	Bi_2O_5 (极不稳定) (弱酸性)	
	← 氧化性减弱,酸性增强			

(2) 砷、锑、铋的硫化物

砷、锑、铋的氧化数为 +3、+5 的硫化物都是不溶于水的有色沉淀。通过向其阳离子盐(M^{3+}、M^{5+})溶液和含氧酸盐(MO_3^{3-}、MO_4^{3-})中通入 H_2S 制得其相应的硫化物:As_2S_3(黄色)、Sb_2S_3(橙红色)、Bi_2S_3(黑色)、As_2S_5(黄色)、Sb_2S_5(橙红色)。

砷分族硫化物的酸碱性与其相应氧化物的酸碱性类似。As_2S_3 呈两性偏酸性,不溶于酸,但是易溶于碱或碱性硫化物,如 Na_2S、$(NH_4)_2S$,生成相应的硫代亚砷酸盐,例如:

$$As_2S_3 + 6NaOH \rightleftharpoons Na_3AsO_3 + Na_3AsS_3 + 3H_2O$$

$$As_2S_3 + 3Na_2S \rightleftharpoons 2Na_3AsS_3$$
$$\text{(硫化亚砷酸钠)}$$

前一反应相当于酸性氧化物与碱反应;后一反应相当于酸性氧化物与碱性氧化物反应。

As_2S_5 酸性比相应的 As_2S_3 强,因此更易溶于碱或碱金属硫化物中,生成相应的硫代砷酸盐:

$$As_2S_5 + 3Na_2S \Longrightarrow 2Na_3AsS_4$$

$$4As_2S_5 + 24NaOH \Longrightarrow 3Na_3AsO_4 + 5Na_3AsS_4 + 12H_2O$$

硫代亚砷酸盐(AsS_3^{3-})和硫代酸砷盐(AsS_4^{3-})可以看作是亚砷酸盐(AsO_3^{3-})和砷酸盐(AsO_4^{3-})中的 O 被 S 取代后的产物,这类含氧酸盐被硫取代的盐通称为硫代酸盐。硫代酸盐均不稳定,遇强酸就发生分解,生成 H_2S 和相应的硫化物沉淀:

$$2AsS_3^{3-} + 6H^+ \Longrightarrow As_2S_3 \downarrow + 3H_2S \uparrow$$

$$2SbS_3^{3-} + 6H^+ \Longrightarrow Sb_2S_3 \downarrow + 3H_2S \uparrow$$

在分析化学上利用硫代亚砷酸盐和硫代砷酸盐的生成和分解反应,可以对这些元素离子的进行分离和定性鉴定。

10.2.4 氧族元素

周期表中的ⅥA族元素,包括氧(Oxygen)、硫(Sulfur)、硒(Selenium)、碲(Tellurium)、钋(Polonium)五种元素,通称为氧族元素。氧和硫是典型的非金属元素,硒和碲是准金属元素,而钋是金属元素。其中氧是地壳中含量最多的元素,丰度以质量计高达 46.6%。硒、碲是稀有元素。钋是放射性元素。

1. 氧族元素通性

氧族元素的一些主要性质列于表 10-12 中。从表中可以看出,本族元素的原子半径、离子半径随原子序数增加而增大;电离能随原子序数增加而减小。与氟相似,氧原子也因半径特小,某些性质出现"反常"。例如,它的单键解离能比硫小。氧与硫单质熔、沸点相差很大,这也是因为氧原子半径小成键方式不同的缘故。单质 O_2 与 S_8 的分子结构:

O_2分子结构　　S_8分子结构　　O_3分子结构

表 10-12　氧族元素的性质

性　质	氧(O)	硫(S)	硒(Se)	碲(Te)
原子序数	8	16	34	52
价层电子构型	$2s^22p^4$	$3s^23p^4$	$4s^24p^4$	$5s^25p^4$
常见氧化数	-2	$-2,+2,+4,+6$	$-2,+2,+4,+6$	$-2,+2,+4,+6$
熔点/℃	-218.6	112.8	221	450
沸点/℃	-183.0	444.6	685	1 009
原子半径/pm	60	104	115	139
M^{2-}离子半径/pm	140	184	198	221
第一电离能 I_1/kJ·mol^{-1}	1 310	1 000	941	870
电负性 χ	3.44	2.58	2.55	2.1

氧族元素价电子构型为 ns^2np^4,有获得 2 个电子变为稀有气体稳定结构的趋势,因而氧

族元素具有较强的非金属性,当然其非金属性比同周期的卤素要弱。氧族元素原子和其他元素化合时,如果电负性相差很大,则可以有电子的转移。例如,氧可以和大多数金属形成二元离子化合物,氧族元素和高价态的金属或非金属化合时,所生成的化合物主要为共价化合物。硫、硒、碲只能形成少数离子型的化合物。

氧族元素都有同素异形体,例如,氧有 O_2 和 O_3(臭氧)(分子中含有离域键 π_3^4)两种单质;硫有斜方硫、单斜硫和弹性硫。氧和硫的性质相似,都活泼。它们对应化合物的性质也有很多相似之处。

2. 氢化物

本族元素的氢化物有 H_2O、H_2S、H_2Se 和 H_2Te 性质的递变与卤化氢相似,随着中心原子序数增加,熔沸点、酸性、还原性依次增加,而稳定性、键能依次减小。其中 H_2O 因形成氢键,熔沸点比 H_2S 高。

(1) 硫化氢

硫化氢(hydrogen sulfide)是一种有臭鸡蛋气味的有毒气体,为大气污染物之一,空气中含的 H_2S 体积分数到 1×10^{-3} 时会引起人头晕头疼,大量吸入 H_2S 会造成死亡。所以在制取和使用 H_2S 时要注意实验室的通风。H_2S 微溶于水,其水溶液称为氢硫酸。氢硫酸在实验室用作沉淀剂,许多金属离子遇 H_2S 可生成难溶的金属硫化物沉淀。金属硫化物沉淀大多数具有特征的颜色。硫化物的这些性质可以用于分离和鉴定金属离子,也可用来鉴定 S^{2-},例如:S^{2-} 与盐酸作用,放出 H_2S 气体,可使醋酸铅试纸变黑,这是鉴别 S^{2-} 的方法之一:

$$S^{2-} + 2H^+ \Longrightarrow H_2S\uparrow$$

$$Pb(Ac)_2 + H_2S \Longrightarrow PbS\downarrow(黑) + 2HAc$$

硫化氢中 S 的氧化值为 -2,处于最低氧化值,只具有还原性$[\varphi^{\ominus}(S/H_2S)=0.141\ V]$,且为一较强的还原剂,可被氧化剂氧化到 0、+4、+6 三种氧化态。氢硫酸在空气中放置能被 O_2 氧化,析出游离 S 而浑浊:

$$2H_2S + O_2 \Longrightarrow 2S\downarrow + 2H_2O$$

强氧化剂在过量时可以将 H_2S 氧化成 H_2SO_4:

$$H_2S + 4Cl_2 + 4H_2O \Longrightarrow 8HCl + H_2SO_4$$

(2) 过氧化氢

过氧化氢的分子式为:H_2O_2,俗称双氧水。过氧化氢(hydrogen peroxide)分子中两个氧原子连在一起,—O—O—键称为过氧键,两个 H 原子和两个 O 原子不在同一个平面上。因此过氧化物不同于二氧化物(dioxide),在过氧化物分子中存在过氧键,而二氧化物中则没有过氧键。在气态时,H_2O_2 的空间结构如图 10-12 所示。

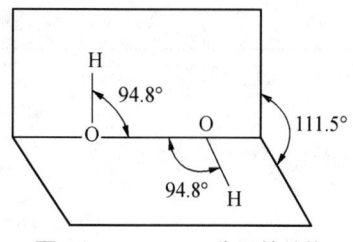

图 10-12 H_2O_2 分子的结构

纯 H_2O_2 是无色的黏稠液体,分子间有氢键。由于极性比水强,在固态和液态时分子缔合的程度比水大,所以沸点比水高,为 150 ℃。过氧化氢可以与水以任意比例互溶，通常所用的双氧水为含 H_2O_2 30%的水溶液。根据 H_2O_2 的电势图可知，H_2O_2 应该不能存在，因为它可自发的可发生歧化反应：

$$2H_2O_2 \rightleftharpoons 2H_2O + O_2$$

但是该反应活化能较高，室温下分解速率较慢，引入催化剂（如某些金属离子：Mn^{2+}、Fe^{3+}、Cr^{3+} 等）、见光、加热可加速 H_2O_2 的分解。为防止分解，通常把 H_2O_2 溶液保存在棕色瓶中，并应存放于阴凉处。

$$\varphi_A^{\ominus}/V: O_2 \xrightarrow{-0.682} H_2O_2 \xrightarrow{1.77} H_2O$$

$$\varphi_B^{\ominus}/V: O_2 \xrightarrow{-0.076} HO_2^- \xrightarrow{0.88} H_2O \quad (H_2O_2 \text{是二元弱酸，在碱中以} HO_2^- \text{形式存在})$$

H_2O_2 中 O 的氧化值为 -1，处于中间价态，故既有氧化性又有还原性。不过其氧化性表现得更突出一些。例如，在酸性条件下 H_2O_2 能把 Fe^{2+} 氧化成 Fe^{3+}，把亚硫酸氧化成硫酸，把硫化物氧化成硫酸盐，如：

$$H_2O_2 + 2Fe^{2+} + 2H^+ \rightleftharpoons 2Fe^{3+} + 2H_2O$$

$$H_2SO_3 + H_2O_2 \rightleftharpoons H_2SO_4 + H_2O$$

$$PbS + 4H_2O_2 \rightleftharpoons PbSO_4 + 4H_2O$$

在碱性溶液中，根据 $CrO_4^{2-}/[Cr(OH)_4]^-$ 的电势 $\varphi_B^{\ominus} = -0.12$ V 可知：H_2O_2 可把绿色的 $[Cr(OH)_4]^-$ 氧化为黄色的 CrO_4^{2-}：

$$2[Cr(OH)_4]^- + 3H_2O_2 + 2OH^- \rightleftharpoons 2CrO_4^{2-} + 8H_2O$$

H_2O_2 的还原性较弱，只是在遇到比它更强的氧化剂时才表现出还原性。例如：

$$2MnO_4^- + 5H_2O_2 + 6H^+ \rightleftharpoons 2Mn^{2+} + 5O_2\uparrow + 8H_2O$$

这一反应可用于高锰酸钾法定量测定 H_2O_2。H_2O_2 的氧化性比还原性要显著，因此，常用作氧化剂。过氧化氢是重要的无机化工原料，也是实验室常用试剂。由于其氧化还原产物为 O_2 或 H_2O，使用时不会引入其他杂质，所以过氧化氢是一种理想的氧化还原试剂。过氧化氢能将有色物质氧化为无色，所以可用来作漂白剂；它还具有杀菌作用，3%的溶液在医学上用作消毒剂和食品的防霉剂；90%的 H_2O_2 曾作为火箭燃料的氧化剂。

3. 硫的重要含氧化合物

硫能形成多种氧化物和含氧酸，一些常见的列于表 10-13。本节主要介绍亚硫酸及其盐、硫酸及其盐和硫代硫酸盐的性质。

表 10-13 硫的若干含氧酸

名称（化学式）	硫的氧化态	结构式	存在形式	备注
亚硫酸（H_2SO_3）	+4	HO—S̈—OH（上:O）	盐	由 SO_2 溶于水形成 H_2SO_3，不稳定
硫酸（H_2SO_4）	+6	HO—S—OH（上下各一O）	酸、盐	中心硫原子：sp^3 杂化 第一步完全解离，第二步部分解离 （$pK_{a2} = 1.2 \times 10^{-2}$）

(续表)

名称(化学式)	硫的氧化态	结构式	存在形式	备注
硫代硫酸 ($H_2S_2O_3$)	+2	$HO-\overset{\overset{S}{\|}}{\underset{\underset{O}{\|}}{S}}-OH$	盐	酸不稳定,易分解 $S_2O_3^{2-} + 2H^+ \Longleftrightarrow S\downarrow + SO_2\uparrow + H_2O$ 重金属的硫代硫酸盐难溶
过二硫酸 ($H_2S_2O_8$)	+7	$HO-\overset{\overset{O}{\|}}{\underset{\underset{O}{\|}}{S}}-O-O-\overset{\overset{O}{\|}}{\underset{\underset{O}{\|}}{S}}-OH$	酸、盐	氧化性强:$\varphi_A^{\ominus}(S_2O_8^{2-}/SO_4^{2-}) = 2.01$ V 还原产物为 SO_4^{2-}
连二硫酸 ($H_2S_2O_6$)	+5	$HO-\overset{\overset{O}{\|}}{\underset{\underset{O}{\|}}{S}}-\overset{\overset{O}{\|}}{\underset{\underset{O}{\|}}{S}}-OH$	酸、盐	较稳定的强酸。受热分解: $H_2S_2O_6 \longrightarrow SO_2 + H_2SO_4$
连四硫酸 ($H_2S_4O_6$)	+2.5	$HO-\overset{\overset{O}{\|}}{\underset{\underset{O}{\|}}{S}}-S-S-\overset{\overset{O}{\|}}{\underset{\underset{O}{\|}}{S}}-OH$	盐	$2S_2O_3^{2-} + I_2 \Longleftrightarrow S_4O_6^{2-} + 2I^-$ (碘量法的测定原理)

(1) **亚硫酸及其盐**

SO_2 的结构与 O_3 相似,中心原子采取 sp^2 杂化,在分子平面内还存在离域 $\pi(\pi_3^4)$ 键。SO_2 的水溶液叫亚硫酸(sulfurous acid),亚硫酸很不稳定,仅存在于溶液中。

在二氧化硫、亚硫酸及其盐中,S 的氧化数为 +4,所以它们既有氧化性,也有还原性。但以还原性为主。在酸性体系中 H_2SO_3 的有关电极电势为:$\varphi_A^{\ominus}(H_2SO_3/S) = 0.45$ V;$\varphi_A^{\ominus}(SO_4^{2-}/H_2SO_3) = 0.17$ V,由此可见它是较强的还原剂和弱的氧化剂。例如,它可将 I_2 还原成 I^-,使 I_2 淀粉溶液的蓝色褪去:

$$SO_3^{2-} + I_2 + H_2O \Longleftrightarrow SO_4^{2-} + 2I^- + 2H^+$$

这也是直接碘量的主要原理。SO_3^{2-} 只有遇到强的还原剂时,亚硫酸及其盐才表现氧化性。例如:

$$2H_2S + 2H^+ + SO_3^{2-} \Longleftrightarrow 3S\downarrow + 3H_2O$$

亚硫酸是一个中强酸,可形成两类盐,即正盐和酸式盐。正盐 Na_2SO_3 或酸式盐 $NaHSO_3$ 常作印染工业中的除氯剂,除去布匹漂白后残留的氯。它们还可以用作消毒剂,杀灭霉菌。

(2) **硫酸及其盐**

纯硫酸(sulfuric acid)是无色油状液体。市售浓硫酸的质量分数为 96%~98%,密度为 1.84 mol·L^{-1},有强烈的脱水性,并能从一些有机物中夺取水分而发生炭化作用。因此,浓 H_2SO_4 能严重地破坏动植物组织,如损坏衣物和烧伤皮肤,因此在使用时应特别注意安全。浓硫酸能和水结合为一系列的稳定水化物,因此它还具有极强的吸水性,常用作干燥剂。

浓 H_2SO_4 吸收 SO_3 可得到发烟硫酸:

$$H_2SO_4 + xSO_3 \Longleftrightarrow H_2SO_4 \cdot xSO_3$$

硫酸是一种相当强的氧化剂,特别是在加热时它能氧化很多金属和非金属,而其本身被

还原为 SO_2、S 或 S^{2-}。它和非金属作用时,一般还原为 SO_2。它和金属作用时,其被还原的程度和金属的活泼性有关,不活泼的金属只能将硫酸还原为 SO_2;活泼金属可以将硫酸还原为单质 S 甚至 H_2S。铁和铝易被浓硫酸钝化,可用来运输浓硫酸。

$$C + 2H_2SO_4 \xrightarrow{\triangle} CO_2 + 2SO_2 + 2H_2O$$

$$Cu + 2H_2SO_4 = CuSO_4 + SO_2 + 2H_2O$$

硫酸盐(sulfates)一般都易溶于水,只有 $PbSO_4$、$CaSO_4$ 等难溶于水,$BaSO_4$ 几乎不溶于水也不溶于酸。因此,常用可溶性的钡盐溶液鉴定溶液中 SO_4^{2-} 的存在。多数硫酸盐还具有生成复盐的倾向,如摩尔盐 $(NH_4)_2SO_4 \cdot FeSO_4 \cdot 12H_2O$、铝钾矾 $K_2SO_4 \cdot Al_2(SO_4)_3 \cdot 24H_2O$ 等。硫酸盐有很多重要的用途,如明矾是常用的净水剂,胆矾($CuSO_4 \cdot 5H_2O$)是消毒杀菌剂和农药,绿矾($FeSO_4 \cdot 7H_2O$)是农药、药物等的原料。

(3) 硫代硫酸盐(thiosulfate)

亚硫酸盐与硫化合生成硫代硫酸盐:

$$Na_2SO_3 + S \xrightarrow{\triangle} Na_2S_2O_3$$

硫代硫酸钠在中性、碱性溶液中很稳定,在酸性溶液中由于生成不稳定的硫代硫酸($H_2S_2O_3$)而分解:

$$S_2O_3^{2-} + 2H^+ = S\downarrow + SO_2\uparrow + H_2O$$

该反应常用来鉴定 $S_2O_3^{2-}$,它可以看成是 SO_4^{2-} 中的一个 O 原子被 S 原子所代替的产物。硫代硫酸盐是一个中等强度的还原剂,与强氧化剂如氯、溴等作用被氧化成硫酸盐;与较弱的氧化剂(如碘)作用被氧化成连四硫酸盐。连四硫酸根离子,S 的平均氧化值为 +2.5。

$$S_2O_3^{2-} + 4Cl_2 + 5H_2O = 2SO_4^{2-} + 8Cl^- + 10H^+$$

$$2S_2O_3^{2-} + I_2 = S_4O_6^{2-} + 2I^-$$

前一反应可用于除 Cl_2,后一反应为间接碘量法的基础。

硫代硫酸根有很强的配位能力,例如:

$$2S_2O_3^{2-} + AgX = [Ag(S_2O_3)_2]^{3-} + X^- \quad (X 代表 Cl,Br)$$

在照相技术中,常用硫代硫酸钠作定影剂,将未曝光的溴化银溶解。

重金属的硫代硫酸盐难溶并且不稳定。例如 Ag^+ 与 $S_2O_3^{2-}$ 生成 $Ag_2S_2O_3$ 白色沉淀,在溶液中 $Ag_2S_2O_3$ 迅速分解,颜色由白色经黄色、棕色,最后成黑色的 Ag_2S。利用此反应可鉴定 $S_2O_3^{2-}$ 的存在:

$$S_2O_3^{2-} + 2Ag^+ = Ag_2S_2O_3\downarrow$$

$$Ag_2S_2O_3 + H_2O = Ag_2S\downarrow + H_2SO_4$$

过一硫酸(H_2SO_5)和过二硫酸($H_2S_2O_8$)可以看成是 H_2O_2 分子中的一个 H 原子或两个 H 被 —SO_3H 取代的产物。过硫酸分子中有过氧键(—O—O—),因此具有很强的氧化性 $[\varphi_A^{\ominus}(S_2O_8^{2-}/SO_4^{2-}) = 2.01 \text{ V}]$。例如,过硫酸在 Ag^+ 的催化下,能将 Mn^{2+} 氧化为 MnO_4^-:

$$2Mn^{2+} + 5S_2O_8^{2-} + 8H_2O \xrightarrow{Ag^+} 2MnO_4^- + 10SO_4^{2-} + 16H^+$$

该反应可用于鉴定 Mn^{2+}。

4. 微量元素——硒

1817年,瑞典的贝采利乌斯从硫酸厂的铅室底部的黏稠物质中制得硒(Se)。Se是稀有元素之一,到目前为止已发现六种固体同素异形体。Se在空气中燃烧发出蓝色火焰,生成二氧化硒(SeO_2)。也能直接与各种金属和非金属反应,包括氢和卤素。不能与非氧化性的酸作用,但它溶于浓硫酸、硝酸和强碱中。溶于水的硒化氢(H_2Se)能使许多重金属离子沉淀成为微粒的硒化物。硒与氧化态为+1的金属可生成两种硒化物,即正硒化物(M_2Se)和酸式硒化物(MHSe)。正的碱金属和碱土金属硒化物的水溶液会使元素Se溶解,生成多硒化物(M_2Se_n),与硫能形成多硫化物相似。

1973年世界卫生组织专家委员会正式确定,硒是人体营养必需的微量元素。硒除了延缓衰老、抑癌抗癌作用外,也具有对有害重金属离子解毒的功能。硒的某些化合物有保护细胞的作用。因此,硒与细胞损伤性疾病(肿瘤、心脏病等)的关系是当前生物无机化学领域中重要的研究课题之一。

10.2.5 卤素

周期表中的ⅦA族元素,包括氟(Fluorine)、氯(Chlorine)、溴(Bromine)、碘(Iodine)和砹(Astatine)五种元素,通称为卤族元素(halogens group)。因它们都能直接和金属化合生成盐类。NaCl在很早以前就被人类用来保存食物或者用作食品添加剂。碘(I)元素是法国药剂师库尔图瓦(Courtois)于1811年将硫酸与海草灰溶液反应升华后得到的产物。溴(Br_2)单质是法国化学家巴拉尔(Balard, A. J.)在1826年用Cl_2与$MgBr_2$反应制得的。虽然早在17世纪的时候,人类已经开始利用氢氟酸来雕刻玻璃,但是氟(F)元素直到1886年才被人们所分离提取出来。砹(At)是1940年由美国科学家科里森(Corson, D. R.)、麦肯齐(Mackenzie, K. R)和意大利化学家西格雷(Segre, E.)利用氦原子核轰击金属铋209,合成的放射性元素。At不稳定,对它的性质研究尚少,但确知砹和碘性质相近。

卤族元素的一些主要性质列于表10-14中。从表中可见,卤素的原子半径等都随原子序数增大而增大,而电离能、电负性等随原子序数增大而减小。

表 10-14 卤族元素的性质

性 质	氟(F)	氯(Cl)	溴(Br)	碘(I)
原子序数	9	17	35	53
价层电子构型	$2s^2 2p^5$	$3s^2 3p^5$	$4s^2 4p^5$	$5s^2 5p^5$
常见氧化数	-1	$-1, +1, +3,$ $+5, +7$	$-1, +1, +3,$ $+5, +7$	$-1, +1, +3,$ $+5, +7$
熔点/℃	-219.7	-100.99	-7.3	113.5
沸点/℃	-188.2	-34.03	58.75	184.34
原子半径/pm	67	99	114	138
X^-离子半径/pm	133	181	196	220
X—X键离解能/kJ·mol^{-1}	155	240	190	199
电子亲和能/kJ·mol^{-1}	328	349	325	295
第一电离能 I_1/kJ·mol^{-1}	1 680	1 260	1 140	1 010
电负性 χ	3.98	3.16	2.96	2.66

卤素的价层电子构型均为 ns^2np^5，容易得到一个电子变为 8 电子的稳定结构，所以它的第一电离能和电负性都很大，非金属性很强，其单质具有较强的氧化性。而且卤素的非金属性从氟到碘依次减弱。碘元素稍有些金属性，可以生成碘盐，如 $I(CH_3COO)_3$、$I(ClO_4)_3$。

F 元素的电子亲和能和 X—X 键离解能都反常的小，主要原因是 F 原子半径特别小。当 F 元素接受外来电子或公用电子对成键时，小的原子半径将引起电子间较大斥力，从而部分抵消气态氟原子形成气态 F^- 时所放出的能量，所以 F 元素的电子亲和能较小。F 元素的 X—X 键离解能反常小也是因为 F 原子半径特别小，使孤对电子与孤对电子间排斥力较大；另外还与 F 处于第二周期，不存在空 d 轨道，不可能像 Cl、Br、I 可以形成 d-pπ 键，而使 X—X 键间的作用力加强。

1. 卤素单质的物化性质

卤族元素的单质都是双原子分子，他们的物理性质，如熔点、沸点、颜色和聚集状态等随着原子序数增加有规律的变化。在常温下，F_2、Cl_2 为气体，Br_2 是易挥发的液体，I_2 是固体，这是色散力依次增大的缘故。所有卤素均有刺激性气味，刺激性从 Cl_2 至 I_2 依次减小。吸入较多的卤素蒸气会严重中毒，甚至导致死亡。卤素单质都很稳定，除了 I_2 以外，卤素的单质在高温时都很难分解。卤素的单质易溶于有机溶剂，如在四氯化碳、氯仿、乙醚、乙醇等非极性或弱极性溶剂中的溶解度比在水中要大得多，这是由于卤素的分子是非极性分子，遵循"相似相溶"原理。I_2 虽然难溶于水，但却能溶于碘化物溶液中，形成易溶于水的 I_3^-：

$$I_2 + I^- \rightleftharpoons I_3^- （棕色）$$

卤素单质的化学性质同一族中也呈规律性的递变。

卤素的单质具有较强的氧化性，为活泼的非金属元素，因此它们能与许多物质直接反应，其反应的剧烈程度按 F、Cl、Br、I 的顺序递减。卤素的单质与 H_2 反应时，F_2 与 H_2 在阴冷处就能化合，放出大量热并引起爆炸。Cl_2 和 H_2 的混合物在常温下缓慢化合，在强光照射时反应加快，甚至会发生爆炸反应。Br_2 和 H_2 的化合反应比 Cl_2 缓和。I_2 和 H_2 在高温下才能化合。

卤素的单质也能与水反应。在水溶液中，卤素单质氧化能力的大小可用标准电极电势 $\varphi^\ominus$ 衡量。从以下卤素的电势图可以看出，卤素与水可发生两种类型的氧化还原反应。

$\varphi_A^\ominus/V$（酸性条件下）：

$$ClO_4^- \xrightarrow{1.19} ClO_3^- \xrightarrow{1.21} HClO_2 \xrightarrow{1.64} HClO \xrightarrow{1.63} Cl_2 \xrightarrow{1.36} Cl^-$$
（上方 1.43，下方 1.47）

$$BrO_3^- \xrightarrow{1.49} HBrO \xrightarrow{1.59} Br_2 \xrightarrow{1.07} Br^-$$
（下方 1.52）

$$H_5IO_6 \xrightarrow{1.7} IO_3^- \xrightarrow{1.14} HIO \xrightarrow{1.45} I_2 \xrightarrow{0.54} I^-$$
（上方 1.09，下方 1.20）

$\varphi_B^\ominus/\text{V}$(碱性条件下)：

$$ClO_4^- \xrightarrow{0.36} ClO_3^- \xrightarrow{0.33} ClO_2^- \xrightarrow{0.66} ClO^- \xrightarrow{0.40} Cl_2 \xrightarrow{1.36} Cl^-$$

（带有 0.50 和 0.89 的跨接电势）

$$BrO_3^- \xrightarrow{0.54} BrO^- \xrightarrow{0.45} Br_2 \xrightarrow{1.07} Br^-$$

（带有 0.76 和 0.52 的跨接电势）

$$H_5IO_6 \xrightarrow{0.7} IO_3^- \xrightarrow{0.14} IO^- \xrightarrow{0.45} I_2 \xrightarrow{0.54} I^-$$

（带有 0.49 和 0.20 的跨接电势）

(1) 卤素与水的氧化反应

卤素作氧化剂，水作还原剂，卤素 X_2（X=F、Cl、Br）置换水中的氧。电极电势为

$$4H^+ + O_2 + 4e^- \rightleftharpoons 2H_2O \quad \varphi = 0.816 \text{ V}(H^+ = 1.0 \times 10^{-7} \text{mol} \cdot \text{L}^{-1})$$

$$X_2 + 2e^- \rightleftharpoons 2X^- \quad \varphi^\ominus(F_2/F^-) = 2.87 \text{ V}$$

总反应方程式：$2F_2 + 2H_2O = O_2\uparrow + 4HF$

因此，就热力学而言，除 I_2 以外，F_2、Cl_2 和 Br_2 均可氧化水。事实上 F_2 与水能剧烈反应放出 O_2，但是 Cl_2 和 Br_2 由于动力学原因反应较缓慢。I_2 不能与水反应，但是其逆反应可自发进行。

$$4I^- + O_2 + 4H^+ = 2I_2 + 2H_2O$$

(2) 卤素分子与水发生歧化反应

氟不能形成正氧化态，不发生歧化反应。

$$X_2 + H_2O \rightleftharpoons H^+ + X^- + HXO$$

这是一个可逆反应，显然在上述平衡体系中加碱可以使平衡向右移动，促进歧化反应的进行：

$$X_2 + 2OH^- \rightleftharpoons X^- + XO^- + H_2O \tag{1}$$

由元素电势也可看出，在碱性条件下可发生歧化反应生成卤化物和次卤酸盐。另外由元素电势图还可以看出，在碱性条件下，次卤酸盐还可以发生歧化反应：

$$3XO^- \rightleftharpoons 2X^- + XO_3^- \tag{2}$$

那么卤素单质在碱性条件下歧化反应的产物到底是什么？根据实验证明，歧化反应(1)对氯、溴、碘来讲都是快反应。因而歧化反应的实际产物主要由歧化反应(2)决定，如果歧化反应(2)反应速率快，则歧化反应的产物为 X^- 和 XO_3^-；而如果歧化反应(2)速率慢的话，则产物为 X^- 和 XO^-。歧化反应(2)的速率与卤素的种类及温度有关。例如：Cl_2 在室温反应时，歧化反应(2)速率极慢；而在高于 70 ℃ 时则很快。其歧化反应的产物：

对于 Cl_2：

$T=25$ ℃，$\quad Cl_2 + 2OH^- = Cl^- + ClO^- + H_2O$

$T>70$ ℃，$\quad 3Cl_2 + 6OH^- = 5Cl^- + ClO_3^- + 3H_2O$

对于 Br_2：

$T=0\ ^\circ C$, $\qquad Br_2 + 2OH^- == Br^- + BrO^- + H_2O$

$T=25\ ^\circ C$, $\qquad 3Br_2 + 6OH^- == 5Br^- + BrO_3^- + 3H_2O$

对于 I_2：歧化反应(2)在任何温度下都是快的，则

$$3I_2 + 6OH^- == 5I^- + IO_3^- + 3H_2O$$

因此在室温条件下将 Cl_2、Br_2 和 I_2 分别加入碱液中，得到的产物分别是 ClO^-、BrO_3^- 和 IO_3^-。如果反应要制得 BrO^-，体系要冷却降温。

由卤素电势图发现：在酸性条件下均不能发生歧化反应，而歧化反应的逆反应却是可以发生的，则

$$ClO_3^- + 5Cl^- + 6H^+ == 3Cl_2 \uparrow + 3H_2O$$

$$ClO^- + Cl^- + 2H^+ == Cl_2 \uparrow + H_2O$$

溴与碘也可发生类似的反应。

卤素除了与其他物质进行反应，卤素之间也能形成化合物，称为互卤化物，通式 XX'_n。一般原子序数大的电负性较低的卤素原子(X)为中心原子，n 一般为奇数。常见有：$IF(g)$、$IF_3(g)$、$IF_5(g)$、$IF_7(g)$、$ICl(g)$、$BrF(g)$、$BrF_3(g)$、$BrF_5(g)$、$BrCl(g)$、$ClF(g)$、$ClF_3(g)$、$ClF_5(g)$、$IBr(g)$。卤素还能形成多种价态的含氧酸，如 $HClO$、$HClO_2$、$HClO_3$、$HClO_4$。

卤素一般不能与稀有气体反应，但卤素中的氟的性质特别活泼，它却能与稀有气体中的氙和氪起反应，生成 XeF_2、XeF_4、KrF_2 等白色固体。通常 F_2 的制备只能通过电解溶解在液态 HF 中的氟氢化钾(KHF_2)。

2. 卤化氢、卤化物及卤酸盐

(1) 卤化氢

卤化氢(hydrogen halide)均为无色且有刺激性臭味的气体。纯液态卤化氢不导电，表明它们是共价型化合物。卤化氢易溶于水，溶于水生成氢卤酸，氢卤酸都是挥发性的酸。除氢氟酸(hydrofluoric acid)是弱酸外，其余的氢卤酸都是强酸，酸性强弱：$HF(pK_a=3.5)<HCl(pK_a=8.2)<HBr(pK_a=11)<HI(pK_a=12)$。HF 是水溶液体系中最弱的酸，主要原因就是在 HF 体系中 F^- 与水合氢离子(H_3O^+)形成分子间氢键($H_3O^+F^-$)$F^-\!-\!H^+\!-\!OH_2$ 存在分子间氢键，大大降低了水中游离的 H_3O^+ 的浓度。当 HF 浓度增大时，游离的 H_3O^+ 的浓度会逐渐增大发生如下反应：

$$H_3O^+\ F^- + HF == H_3O^+ + HF_2^-$$

HF 可以通过氢键与活泼金属的氟化物形成各种"酸式盐"，如 $KHF_2(KF \cdot HF)$ 等；与其他氢卤酸不同，氢氟酸能与二氧化硅或硅酸盐反应，一般生成气态的 SiF_4：

$$SiO_2 + 4HF == SiF_4 \uparrow + 2H_2O$$

$$CaSiO_3 + 6HF == SiF_4 \uparrow + CaF_2 + 3H_2O$$

因此，氢氟酸不能贮于玻璃容器中，应该盛于塑料容器里。上述反应说明 Si—F 键比 Si—O 键有更大的键能。该反应可利用来蚀刻玻璃，溶解硅酸盐。

在卤化氢和氢卤酸中，卤素处于最低氧化数 -1，因此具有还原性，根据由标准电极电势

的值大小可知：HF＜HCl＜HBr＜HI。HF 几乎不具有还原性，除电流外，任何强氧化剂都不能氧化它。氢碘酸是一种强酸，具有强烈的腐蚀作用，有还原性。氢卤酸中以盐酸的工业产量最大，盐酸为一种重要的工业原料和化学试剂。商品浓盐酸的相对密度为 1.19，含 37%（质量分数）左右的 HCl（浓度约为 12 mol·L^{-1}）。工业上盐酸的制备：

$$Cl_2 + H_2 \xrightarrow{点燃} 2HCl$$

实验室里卤化氢通常用卤化物（如 NaCl、CaF$_2$ 等）与高沸点的酸（如：H$_2$SO$_4$、H$_3$PO$_4$）反应制取。

$$NaCl + H_2SO_4(浓) \xrightarrow{\triangle} NaHSO_4 + HCl \uparrow$$

$$CaF_2 + H_2SO_4(浓) \xrightarrow{\triangle} CaSO_4 + 2HF \uparrow$$

HBr、HI 则不能用其卤化物与浓硫酸反应制得，主要是因为 HBr、HI 的还原性强，可与浓硫酸发生氧化还原反应。

$$2HBr + H_2SO_4(浓) = SO_2 + Br_2 + 2H_2O$$

$$8HI + H_2SO_4(浓) = H_2S + 4I_2 + 4H_2O$$

另外卤化氢可用非金属卤化物的水解来制备：

$$PBr_3 + 3H_2O = 3HBr + H_3PO_3$$

实际应用时并不需要预先制得三卤化磷，只需将溴或碘与红磷混合，再将水逐渐加入该混合物中，就可制得 HBr 或 HI：

$$3Br_2 + 2P + 6H_2O = 2H_3PO_3 + 6HBr$$

$$3I_2 + 2P + 6H_2O = 2H_3PO_3 + 6HI$$

(2) 卤化物

卤素与电负性比它小的元素生成的二元化合物称为卤化物（halides）。卤化物可分为金属卤化物和非金属卤化物。卤素与活泼的碱金属、碱土金属形成金属卤化物，它们的熔沸点高，大多可溶于水并几乎完全解离，而 AgCl、Hg$_2$Cl$_2$、PbCl$_2$ 难溶于水。

卤素和非金属形成非金属卤化物。非金属卤化物的熔沸点低，不溶于水（如 CCl$_4$），或遇水立即水解（如 PCl$_5$、SiCl$_4$），水解常生成相应的氢卤酸和该非金属的含氧酸：

$$PCl_5 + 4H_2O = 5HCl + H_3PO_4$$

$$SiCl_4 + 3H_2O = 4HCl + H_2SiO_3$$

金属氟化物与其他卤化物不同，碱土金属的氟化物（特别是 CaF$_2$）难溶于水，而碱土金属的其他卤化物却易溶于水；AgF 易溶于水，而银的其他卤化物则不溶于水。

(3) 卤素含氧酸及盐

卤素可以形成氧化值为 +1、+3、+5、+7 的含氧酸及其盐。卤素的含氧酸有多种多样，见表 10-15，其结构见图 10-13。其中以氯的含氧酸及其盐最为重要，即次氯酸（hypochloric acid）及次氯酸盐（hypochlorite）和氯酸盐（chlorate）。其中氟和氧的化合物叫氟化物（如二氟化氧 OF$_2$），因为氟的电负性最大，其氧化数总为负值，在此氧的氧化数为 +2。因此氟不能形成含氧酸或含氧酸盐。

表 10-15 卤素含氧酸

名　称	卤素的氧化态	氯	溴	碘
次卤酸	+1	HOCl*	HOBr*	HOI*
亚卤酸	+3	$HClO_2^*$	—	—
卤　酸	+5	$HClO_3^*$	$HBrO_3$	HIO_3
高卤酸	+7	$HClO_4$	$HBrO_4$	HIO_4, H_5IO_6

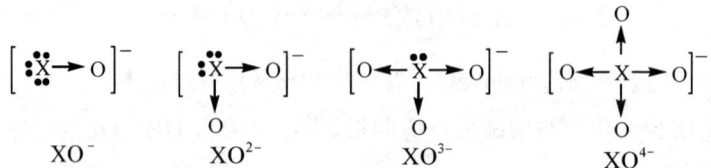

图 10-13　卤素含氧酸根的结构

卤素含氧酸中以氯的含氧酸最重要。氯的含氧酸性质变化规律如下：随着中心原子 R^{n+} 氧化数的升高，相应的含氧酸稳定性也增大，酸性增强，氧化性减弱。氯的含氧酸的稳定性随着氯氧化数的增加，主要是因为氯和氧之间的化学键（Cl—O 键）数目增加，它们受热分解或参加反应时需要断开的 Cl—O 键的数目随之增多，因此热稳定性随之增加。而氯的含氧酸的氧化性却随氯氧化数增加而减弱。其中 $HClO_2$ 有些例外，其热稳定性最差、氧化性最强。根据上述规律得到下面两条结论。

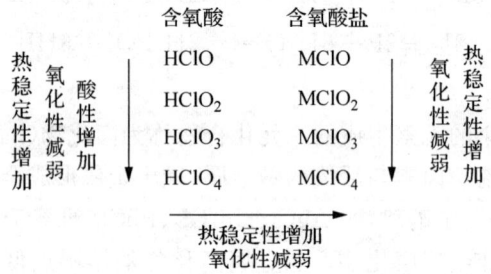

① 同一周期中，不同元素的含氧酸的酸性自左向右逐渐增强。例如：

$$H_2SiO_3 < H_3PO_4 < H_2SO_4 < HClO_4$$

② 同一主族中，不同元素的含氧酸的酸性自上而下逐渐减弱。例如：

$$HClO_3 > HBrO_3 > HIO_3$$

HClO 中氯的氧化值 +1，为一元弱酸，其酸性比 H_2CO_3 还弱。HClO 是 Cl_2 与水作用，发生下列可逆反应制得：

$$Cl_2 + H_2O \rightleftharpoons HClO + H^+ + Cl^-$$

Cl_2 在水中的溶解度不大，在反应中又有强酸生成，所以上述歧化反应进行得不完全。HClO 平衡常数 $K^\ominus = 3.98 \times 10^{-8}$，它只能存在于溶液中，在水溶液中性质不稳定，容易见光分解生成氧气。HClO 具有杀菌和漂白能力就是这个原因。

一般通过 Cl_2 与 NaOH 反应来制备 HClO：

$$Cl_2 + 2NaOH(冷) == NaCl + NaClO + H_2O$$

次氯酸盐(或漂白粉)的漂白作用也主要基于 HClO 的氧化性。Cl_2 之所以有漂白作用,就是由于它和水作用生成 HClO 的缘故,干燥的 Cl_2 是没有漂白能力的。

漂白粉遇酸放出 Cl_2:

$$Ca(ClO)_2 + 4HCl == CaCl_2 + 2Cl_2 \uparrow + 2H_2O$$

漂白粉在潮湿空气中受 CO_2 作用逐渐分解释出 HClO:

$$Ca(ClO)_2 + CO_2 + H_2O == CaCO_3 + 2HClO$$

漂白粉是强氧化剂,作为价廉的消毒、杀菌剂,广泛用于漂白棉、麻、纸浆等。

把次氯酸盐溶液加热,发生歧化反应,得到氯酸盐:

$$3ClO^- == ClO_3^- + 2Cl^-$$

因此将 Cl_2 通入热的碱溶液,可制得氯酸盐:

$$3Cl_2 + 6KOH == 5KCl + KClO_3 + 3H_2O$$

这也是一个歧化反应。

$KClO_3$ 是重要的氯酸盐。在冷水中 $KClO_3$ 的溶解度不大,当溶液冷却时,就有 $KClO_3$ 白色晶体析出。固体 $KClO_3$ 加热分解有两种方式,有催化剂存在时,它受热分解为 KCl 和 O_2;若无催化剂,则发生歧化反应:

$$2KClO_3 \xrightarrow[200℃]{MnO_2} 2KCl + 3O_2 \uparrow$$

$$4KClO_3 \xrightarrow{400℃} 3KClO_4 + KCl$$

固体氯酸盐是强氧化剂,和各种易燃物(如 S、C、P)混合时,受撞击会发生剧烈爆炸,因此氯酸盐被用来制造炸药、火柴和烟火等。

氯酸盐在中性(或碱性)溶液中不具有氧化性,只有在酸性溶液中才具有氧化性,且是强氧化剂。在酸性条件下根据相应的电极电势:$\varphi^{\ominus}(ClO_3^-/Cl_2) = 1.47$ V;$\varphi^{\ominus}(ClO_3^-/Cl^-) = 1.45$ V;$\varphi^{\ominus}(Cl_2/Cl^-) = 1.36$ V 可知,它能把 $I_2[\varphi^{\ominus}(IO_3^-/I^-) = 1.20$ V]氧化成 HIO_3,而本身的还原产物取决于其用量。

I^- 过量: $$ClO_3^- + 6I^- + 6H^+ == 3I_2 + Cl^- + 3H_2O$$

ClO_3^- 过量: $$ClO_3^- + 5I^- + 6H^+ == 5IO_3^- + 3Cl_2 + 3H_2O$$

氯酸(chloricacid) $HClO_3$ 可利用次氯酸加热使之发生歧化反应而制得,也可用 $Ba(ClO_3)_2$ 与稀 H_2SO_4 反应得到:

$$Ba(ClO_3)_2 + H_2SO_4 == BaSO_4 \downarrow + 2HClO_3$$

$HClO_3$ 是一个强酸,其酸性接近于 HCl。

用 $KClO_4$ 同浓 H_2SO_4 反应,然后减压蒸馏,即可得到高氯酸(perchloric acid):

$$KClO_4 + H_2SO_4 == KHSO_4 + HClO_4$$

$HClO_4$ 是已知无机酸中最强的酸。无水 $HClO_4$ 是无色液体。浓的 $HClO_4$ 不稳定,受热分解。$HClO_4$ 在贮藏时必须远离有机物质,否则会发生爆炸。但 $HClO_4$ 的水溶液在氯的含氧酸中是最稳定的,其氧化性也远比 $HClO_3$ 弱。

高氯酸盐(perchlorate)$HClO_4$ 是氯的含氧酸盐中最稳定的,不论是固体还是在溶液中都有较高的稳定性。固体高氯酸盐受热时都分解为氯化物和 O_2：

$$KClO_4 \xrightarrow{525\ ℃} KCl + 2O_2 \uparrow$$

因此,固态高氯酸盐在高温下是强氧化剂,但氧化能力比氯酸盐弱,可用于制造较为安全的炸药。$Mg(ClO_4)_2$ 和 $Ba(ClO_4)_2$ 是很好的吸水剂和干燥剂。NH_4ClO_4 用作火箭的固体推进剂。

3. 卤素离子的鉴定

常见无机离子的鉴定是元素化合物部分的主要内容。离子的鉴定是根据离子的化学性质,选择该离子具有的特征反应,运用定性分析化学的方法去确证该离子的存在。

离子鉴定反应的要求是:有明显的外在特征变化(溶液颜色的改变,沉淀的生成或溶解,有气体产生等),反应迅速,有一定的灵敏度和选择性。

(1) Cl^- 的鉴定

氯化物溶液中加入 $AgNO_3$,即有白色沉淀生成,该沉淀不溶于 HNO_3,但能溶于稀氨水,酸化时沉淀重新析出:

$$Cl^- + Ag^+ = AgCl \downarrow$$

$$AgCl + 2NH_3 = [Ag(NH_3)_2]^+ + Cl^-$$

$$[Ag(NH_3)_2]^+ + Cl^- + 2H^+ = AgCl \downarrow + 2NH_4^+$$

(2) Br^- 的鉴定

溴化物溶液中加入氯水,再加 $CHCl_3$ 或 CCl_4,振摇,有机相显黄色或红棕色:

$$2Br^- + Cl_2 = Br_2 + 2Cl^-$$

(3) I^- 的鉴定

碘化物溶液中加入少量氯水或加入 $FeCl_3$ 溶液,即有 I_2 生成。I_2 在 CCl_4 中显紫色,如加入淀粉溶液则显蓝色:

$$2I^- + Cl_2 = I_2 + 2Cl^-$$

$$2I^- + 2Fe^{3+} = I_2 + 2Fe^{2+}$$

10.3　d 区元素

d 区元素包括元素周期表中 IIIB 族到 VIII 族的化学元素,这些元素的原子结构特征是价电子依次充填在次外层的 d 轨道上,其价电子结构为 $(n-1)d^{1-8}ns^2$(少数例外,如 $Cr3d^54s^1$,$Pd4d^{10}5s^0$),通常也把这些元素称为过渡元素(transition elements)。有时镧系元素和锕系元素也被包括在过渡元素之中。另外,IB 族元素(铜、银、金)在形成 +2 和 +3 价化合物时也使用了 d 电子;IIB 族元素(锌、镉、汞)在形成稳定配位化合物的能力上与传统的过渡元素相似,因此,也常把 IB 和 IIB 族元素列入过渡元素之中。过渡元素分成第一过渡系(从钪到锌),第二过渡系(从钇到镉)和第三过渡系(从镧到汞,不包括镧系元素)。第一过渡系的元素及其化合物应用较广,并有一定的代表性。下面重点讨论第一过渡系。

10.3.1 通性

第一过渡元素的一般性质列于表 10-16。d 区元素价电子结构是 $(n-1)d^{1-8}ns^{1-2}$,它们的价电子不仅包括最外层的 s 电子,还包括次外层全部或部分 d 电子(Zn、Cd、Hg 除外)。由于 $(n-1)d$ 轨道和 ns 轨道能量相近,d 电子可以全部或部分参与成键,这样的电子构型使得它们能形成多种氧化数的化合物。这些化合物中最高氧化数等于最外层 s 电子和次外层 d 电子数的总和,但在第Ⅷ族、ⅠB、ⅡB 族中这一规律不完全。

表 10-16 第一过渡元素的一般性质

第一过渡系	价层电子构型	熔点/℃	沸点/℃	原子半径 pm	第一电离能 $kJ \cdot mol^{-1}$	氧化数
钪(Sc)	$3d^1 4s^2$	1 541	2 836	161	639.5	**3**
钛(Ti)	$3d^2 4s^2$	1 668	3 287	145	664.6	$-1,0,2,3,\mathbf{4}$
钒(V)	$3d^3 4s^2$	1 917	3 421	132	656.5	$-1,0,2,3,\mathbf{4,5}$
铬(Cr)	$3d^5 4s^1$	1 907	2 679	125	659.0	$-2,-1,0,2,\mathbf{3},4,5,\mathbf{6}$
锰(Mn)	$3d^5 4s^2$	1 244	2 095	124	723.8	$-2,-1,0,\mathbf{2},3,\mathbf{4},5,6,\mathbf{7}$
铁(Fe)	$3d^6 4s^2$	1 535	2 861	124	765.7	$0,\mathbf{2,3},4,5,6$
钴(Co)	$3d^7 4s^2$	1 494	2 927	125	764.9	$0,\mathbf{2,3},4$
镍(Ni)	$3d^8 4s^2$	1 453	2 884	125	742.5	$0,\mathbf{2},3,(4)$
铜(Cu)	$3d^{10} 4s^1$	1 085	2 562	128	751.7	$\mathbf{1,2},3$
锌(Zn)	$3d^{10} 4s^2$	420	907	133	912.6	**2**

注:表中黑体数字为常见氧化数,氧化数为 0 的表示这种元素形成羰合物时的氧化数。

d 区元素最外层电子数一般都不超过 2 个电子,较容易失去,所以它们都是金属元素。d 区元素与 s 区元素相比,前者有较大的有效核电荷,较小的原子半径,较大的密度,较高的熔、沸点(Zn、Cd、Hg 除外)和良好的导电导热性。d 区元素的化学活泼性也较相近。同一族的过渡元素(除ⅢB 族外)都是自上而下活泼性降低,主要由于同族元素自上而下原子半径增加不大,而核电荷数却增加较多,对电子吸引增强,所以第二、三过渡系元素的活泼性急剧下降。特别是镧以后的第三过渡系的元素,又受镧系收缩的影响,它们的原子半径与第二过渡系相应的元素的原子半径几乎相等。因此第二、三过渡系的同族元素及其化合物,在性质上很相似。例如,锆与铪在自然界中彼此共生在一起,把它们的化合物分离开比较困难。同一过渡系的元素在化学活泼性上,总的来说自左向右减弱,但是减弱的程度不大。另外,d 区元素也有较活泼的金属,例如钪(Sc)、钇(Y)、镧(La)是过渡元素中最活泼的金属,由于它们原子次外层 d 轨道中仅有一个电子,这个电子对它们的影响尚不显著,所以它们的性质较活泼并接近于碱土金属。

过渡元素的原子或离子都具有空的价电子轨道,这种电子构型为接受配位体的孤对电子形成配价键创造了条件。因此它们的原子或离子都有形成配合物的倾向。

过渡元素的大多数水合离子常带有一定的颜色主要也是因为它们的离子具有未成对的 d 电子有关。过渡元素的许多离子具有未成对的 d 电子,没有未成对 d 电子的离子如 Sc^{3+}、Zn^{2+}、Ag^+、Cu^+ 等都是无色的,而具有未成对 d 电子的离子则呈现出颜色,如 Cu^{2+}、Cr^{3+}、Co^{2+} 等。

综上所述,过渡元素主要有以下几个特点:

(1) 同一种元素有多种氧化数；
(2) 金属活泼性；
(3) 易于形成多种配合物；
(4) 水合离子和酸根离子常带有颜色。

10.3.2 铬的重要化合物

铬(Chromium)元素，银白色金属，在元素周期表中属ⅥB族，常见氧化态也有很多，如表10-14所示，其中最重要的是氧化数为+6和+3的化合物。自然界中铬的化合物中元素铬通常以不同颜色存在，故被称为"多彩的元素"。由于铬的漂亮的色泽及高的硬度，常被镀在其他金属表面起装饰和保护作用。铬可以形成合金，各种不锈钢中几乎都有较高比例的铬，当钢中铬含量达到14%左右，就是不锈钢。

氧化态为+3的铬的氧化物为Cr_2O_3(绿色)，为极难熔化的氧化物之一，熔点是2275℃；它又是难溶两性氧化物，微溶于水，但溶于酸和碱。灼烧过的Cr_2O_3不溶于水，也不溶于酸。

Cr^{3+}在水溶液中以$[Cr(H_2O)_6]^{3+}$的形式存在，内界的水分子可被其他配体所置换，而使溶液呈现不同的颜色。如：$[Cr(H_2O)_6]Cl_3$ 紫色；$[Cr(H_2O)_5Cl]Cl_2 \cdot H_2O$ 绿色；$[Cr(H_2O)_5Cl_2]Cl \cdot 2H_2O$ 暗绿色，因此常见到Cr^{3+}的溶液多为绿色。如果内界水被氨置换，也可生成颜色不同的配离子：$[Cr(NH_3)_2(H_2O)_4]^{3+}$ 紫红色；$[Cr(NH_3)_4(H_2O)_2]^{3+}$ 橙红色；$[Cr(NH_3)_6]^{3+}$ 黄色。需要指出的是，如果在Cr^{3+}溶液中加入氨水，得到的不是$[Cr(NH_3)_6]^{3+}$而是蓝色胶态$Cr(OH)_3$沉淀，$[Cr(NH_3)_6]^{3+}$一般在液氨系统内形成。$Cr(OH)_3$与$Al(OH)_3$相似，也显两性。当溶液中碱过量时就生成相应的$[Cr(OH)_4]^-$：

$$Cr^{3+}(紫色) + 3OH^- \rightleftharpoons Cr(OH)_3(灰蓝色) \begin{array}{l} \xrightarrow{H^+} Cr^{3+} \\ \xrightarrow{OH^-} [Cr(OH)_4]^-(绿色) \end{array}$$

0.1 mol·L   pH 4.9～6.8   pH 12～15

因此，要想把Cr^{3+}全部沉淀，必须把pH控制在6.8～12。

铬的元素电势图如下：

酸性溶液中，$\varphi_A^\ominus/V$

$$Cr_2O_7^{2-} \xrightarrow{1.33} Cr^{3+} \xrightarrow{-0.41} Cr^{2+} \xrightarrow{-0.91} Cr$$
$$\underline{\phantom{Cr_2O_7^{2-}\quad} -0.74 \phantom{\quad Cr^{2+}}}$$

碱性溶液中，$\varphi_B^\ominus/V$

$$CrO_4^{2-} \xrightarrow{-0.12} Cr(OH)_3 \xrightarrow{-1.1} Cr(OH)_2 \xrightarrow{-1.4} Cr$$
$$\underline{\phantom{CrO_4^{2-}\quad} -1.3 }$$

从铬元素的电势图可以看出，Cr^{3+}在酸性溶液中很稳定，氧化能力弱；在碱性溶液中具有很强的还原性，易被氧化成CrO_4^{2-}。例如，在碱性介质中，Cr^{3+}可被稀的H_2O_2溶液氧化：

$$2Cr(OH)_4^- + 2OH^- + 3H_2O_2 \rightleftharpoons 2CrO_4^{2-} + 8H_2O$$
(绿色)   (黄色)

在酸性条件下，只有用强氧化剂如过硫酸钾$K_2S_2O_8$才能使Cr^{3+}氧化：

$$2Cr^{3+} + 3S_2O_8^{2-} + 7H_2O \xrightarrow{\triangle} Cr_2O_7^{2-} + 6SO_4^{2-} + 14H^+$$

氧化态为+6的铬的主要化合物为 $K_2Cr_2O_7$，俗称红矾钾，为橙红色晶体，易溶于水。在水溶液体系中 $Cr_2O_7^{2-}$ 和 CrO_4^{2-} 存在下列平衡：

$$\underset{(黄色)}{2CrO_4^{2-}} + 2H^+ \rightleftharpoons \underset{(橙红色)}{Cr_2O_7^{2-}} + H_2O$$

可见，在酸性体系中，主要以 $Cr_2O_7^{2-}$ 的形式存在，溶液呈橙红色；在碱性体系中，主要以 CrO_4^{2-} 存在，溶液呈黄色。由于溶液中有上述平衡的存在，向 $Cr_2O_7^{2-}$ 溶液中加入 Ba^{2+}、Pb^{2+}、Ag^+ 时，可形成难溶于水的 $BaCrO_4$（柠檬黄色）、$PbCrO_4$（铬黄色）、Ag_2CrO_4（砖红色）沉淀，可以理解为：

$$4Ag^+ + Cr_2O_7^{2-} + H_2O \rightleftharpoons 2Ag_2CrO_4 \downarrow + 2H^+$$

氧化数为+3和+6的铬在酸碱介质中的相互转化关系可总结如下：

$$Cr(OH)_4^- \xrightarrow{OH^-,\,氧化剂} CrO_4^{2-}$$

$$H^+ \updownarrow OH^- \qquad\qquad H^+ \updownarrow OH^-$$

$$Cr^{3+} \underset{H^+,\,还原剂}{\overset{H^+,\,强氧化剂}{\rightleftharpoons}} Cr_2O_7^{2-}$$

在酸性溶液中，$Cr_2O_7^{2-}$ 与 H_2O_2 反应生成蓝色的过氧化铬（CrO_5）：

$$Cr_2O_7^{2-} + 4H_2O_2 + 2H^+ \rightleftharpoons 2CrO_5 + 5H_2O$$

这也是鉴定 $Cr_2O_7^{2-}$ 的反应。由于 CrO_5 在水中很不稳定，很快分解为 Cr^{3+} 并放出 O_2。但是它在乙醚或戊醇溶液中较稳定，因此加入乙醚萃取 CrO_5。CrO_5 的结构相当于 CrO_3 中两个氧原子被两个过氧基（—O—O—）取代，故它的分子式也可写成 $CrO(O_2)_2$。

饱和 $K_2Cr_2O_7$ 溶液和浓 H_2SO_4 的混合液叫作铬酸洗液，它有很强的氧化性和去污能力，在实验室中用于洗涤玻璃器皿。但是由于它有很强腐蚀性以及 Cr^{3+} 是致癌物质，能用一般洗涤剂洗净的器皿，尽量不要选用铬酸洗液。

10.3.3 锰的重要化合物

锰（Manganese）原子的价电子是 $3d^5 4s^2$，如果失去最外层的两个 s 电子，其 d 亚层半充满，这是一个比较稳定的结构，因此氧化态为+2的锰较稳定。另外其 3d 电子也可部分或全部反应，从而形成氧化态+7的化合物，不过其中以氧化态为+2、+4、+6、+7的化合物最为常见。

氧化数为+2的锰盐有 $MnSO_4 \cdot 5H_2O$，$MnCl_2 \cdot 4H_2O$，$Mn(NO_3)_2 \cdot 3H_2O$ 等。Mn^{2+} 在水溶液中都是以 $[Mn(H_2O)_6]^{2+}$ 的形式存在，因此溶液呈淡粉色或肉色。

锰的元素电势图如下：

酸性溶液中，$\varphi_A^\ominus/V$

$$\mathrm{MnO_4^-} \xrightarrow{0.5545} \mathrm{MnO_4^{2-}} \xrightarrow{2.27} \mathrm{MnO_2} \xrightarrow{0.95} \mathrm{Mn^{3+}} \xrightarrow{1.51} \mathrm{Mn^{2+}} \xrightarrow{-1.18} \mathrm{Mn}$$

上方跨度：1.700（$\mathrm{MnO_4^-} \to \mathrm{MnO_2}$），1.229 3（$\mathrm{MnO_2} \to \mathrm{Mn^{2+}}$）
下方跨度：1.512（$\mathrm{MnO_4^{2-}} \to \mathrm{Mn^{3+}}$）

碱性溶液中，$\varphi_B^\ominus/V$

$$\mathrm{MnO_4^-} \xrightarrow{0.5545} \mathrm{MnO_4^{2-}} \xrightarrow{0.6175} \mathrm{MnO_2} \xrightarrow{-0.20} \mathrm{Mn(OH)_3} \xrightarrow{-0.10} \mathrm{Mn(OH)_2} \xrightarrow{-1.56} \mathrm{Mn}$$

下方跨度：0.596 5，−0.051 4

由电势图可知，$\mathrm{Mn^{2+}}$ 在酸性溶液中稳定，只有用强氧化剂（如 $\mathrm{PbO_2}$、$\mathrm{NaBiO_3}$、$\mathrm{(NH_4)_2S_2O_8}$ 等）才能使 $\mathrm{Mn^{2+}}$ 氧化为 $\mathrm{MnO_4^-}$。例如在 $\mathrm{HNO_3}$ 溶液中，$\mathrm{Mn^{2+}}$ 与 $\mathrm{NaBiO_3}$ 反应如下：

$$2\mathrm{Mn^{2+}} + 5\mathrm{NaBiO_3} + 14\mathrm{H^+} = 2\mathrm{MnO_4^-} + 5\mathrm{Bi^{3+}} + 5\mathrm{Na^+} + 7\mathrm{H_2O}$$

由于产物中 $\mathrm{MnO_4^-}$ 具有很深的颜色，故这一反应通常用来鉴定 $\mathrm{Mn^{2+}}$ 的存在。

在碱性溶液中，$\mathrm{Mn^{2+}}$ 转化成白色难溶于水的 $\mathrm{Mn(OH)_2}$ 的沉淀。$\mathrm{Mn(OH)_2}$ 不稳定，在空气中很快被氧化，而逐渐变成棕色的 $\mathrm{MnO_2}$ 的水合物：

$$\mathrm{Mn(OH)_2} \xrightarrow{O_2} \mathrm{Mn_2O_3 \cdot} x\mathrm{H_2O} \xrightarrow{O_2} \mathrm{MnO_2 \cdot} y\mathrm{H_2O}$$

在锰的氧化值为 +4 的化合物中以 $\mathrm{MnO_2}$ 最为重要，它是一种黑色粉末状固体，不溶于水。$\mathrm{MnO_2}$ 中锰的氧化数处于中间值，故既具有氧化性又具有还原性。

$\mathrm{MnO_2}$ 有较强的氧化能力。例如，浓盐酸或浓 $\mathrm{H_2SO_4}$ 与 $\mathrm{MnO_2}$ 在加热时按下式进行反应：

$$\mathrm{MnO_2} + 4\mathrm{HCl} \xrightarrow{\triangle} \mathrm{MnCl_2} + 2\mathrm{H_2O} + \mathrm{Cl_2}\uparrow$$

$$2\mathrm{MnO_2} + 2\mathrm{H_2SO_4} \xrightarrow{\triangle} 2\mathrm{MnSO_4} + 2\mathrm{H_2O} + \mathrm{O_2}\uparrow$$

在碱性介质的熔融状态下，有氧化剂存在时作为还原剂的 $\mathrm{MnO_2}$ 有被氧化为锰（Ⅵ）酸盐的倾向。例如，将其和固体碱混合在空气中或者与 $\mathrm{KClO_3}$ 等氧化剂一起加热熔融，就可制得锰酸盐：

$$2\mathrm{MnO_2} + 4\mathrm{KOH} + \mathrm{O_2} \xrightarrow{共熔} 2\mathrm{K_2MnO_4} + \mathrm{H_2O}$$
（绿色）

$$3\mathrm{MnO_2} + 6\mathrm{KOH} + \mathrm{KClO_3} \xrightarrow{共熔} 3\mathrm{K_2MnO_4} + \mathrm{KCl} + 3\mathrm{H_2O}$$

氧化值为 +6 的化合物中，比较稳定的是锰酸盐，如锰酸钾 $\mathrm{K_2MnO_4}$，锰酸及其氧化物 $\mathrm{MnO_3}$ 都是极不稳定的化合物，很容易分解。锰酸盐虽然稳定但也只有在强碱介质较稳定。由电势图可知，在碱性条件下，理论上 $\mathrm{MnO_4^{2-}}$ 也可发生歧化反应：

$$3\mathrm{MnO_4^{2-}} + 2\mathrm{H_2O} = 2\mathrm{MnO_4^-} + \mathrm{MnO_2} + 4\mathrm{OH^-}$$

但由于元素电势差值不大，其歧化反应的程度很小。而且，从上述平衡来看，加碱可以使平衡向左移动，故锰酸盐在强碱介质中是能够稳定存在的。相反地，在中性或酸性溶液中，绿

色的 MnO_4^{2-} 瞬间歧化生成紫色的高锰酸盐 MnO_4^- 和棕色的 MnO_2 沉淀：

$$3MnO_4^{2-} + 4H^+ = MnO_2\downarrow + 2MnO_4^- + 2H_2O$$

高锰酸盐中氧化态为+7，在 Mn(Ⅶ)的化合物重要的是高锰酸钾，其固体呈紫黑色，水溶液呈紫红色。光对 $KMnO_4$ 分解起催化作用，所以配制好的 $KMnO_4$ 一般保存在棕色瓶中。

$KMnO_4$ 也是最重要和常用的氧化剂之一，它的氧化能力受介质的酸碱性影响，因此导致 $KMnO_4$ 在不同的环境中它的还原产物的不同。一般，在酸性介质中 $KMnO_4$ 还原产物是 Mn^{2+}；弱碱性或者中性介质中其还原产物是 MnO_2；而强碱性介质中它的还原产物是 MnO_4^{2-}。例如，以亚硫酸盐作还原剂，在酸性介质中，其反应如下：

$$2MnO_4^- + 6H^+ + 5SO_3^{2-} = 2Mn^{2+} + 5SO_4^{2-} + 3H_2O$$

在中性介质中：

$$2MnO_4^- + H_2O + 3SO_3^{2-} = 2MnO_2\downarrow + 3SO_4^{2-} + 2OH^-$$

在较浓碱溶液中：

$$2MnO_4^- + 2OH^- + SO_3^{2-} = 2MnO_4^{2-} + SO_4^{2-} + H_2O$$

还原产物还会因氧化剂与还原剂相对量的不同而不同。例如 MnO_4^- 与 SO_3^{2-} 在酸性条件下的反应，若 SO_3^{2-} 过量，MnO_4^- 的还原产物为 Mn^{2+}；若 MnO_4^- 过量，MnO_4^- 与产物 Mn^{2+} 在酸性介质还能继续反应生成最终产物 MnO_2：

$$2MnO_4^- + 3Mn^{2+} + 2H_2O = 5MnO_2\downarrow + 4H^+$$

在酸性介质中 $KMnO_4$ 氧化能力很强，它本身有很深的紫红色，而它的还原产物 Mn^{2+} 几乎接近无色（浓 Mn^{2+} 溶液呈淡红色），所以在定量分析中用它来测定还原性物质时，不需另加指示剂，因此 $KMnO_4$ 滴定法测定过氧化氢的含量应用很广。

10.3.4 铁、钴、镍的重要化合物

铁(Iron)、钴(Cobalt)、镍(Nickel)原子是第四周期Ⅷ族元素，通常这三个元素称作铁系元素。它们最外层电子都是 $4s^2$，次外层 3d 电子分别是 $3d^6$、$3d^7$ 和 $3d^8$。由于 3d 电子已超过 5 个，全部 d 电子参与成键变得困难了，所以在一般条件下，其中，铁呈+2，+3 氧化态，钴的+2 氧化态稳定，+3 氧化态具有强的氧化性，镍一般呈现+2 的氧化态。铁、钴和镍的性质比较相近，单质都表现出磁性，化学活泼中等，在冷的浓硝酸中都会变成钝态。

(1) 铁、钴、镍的氧化物和氢氧化物

FeO(黑色)、CoO(灰绿色)、NiO(暗绿色)、Fe_2O_3(红棕色)、Co_2O_3(黑色)、Ni_2O_3(黑色)。

FeO、CoO、NiO 均为碱性氧化物，不溶于碱，可溶于酸。它们可由铁、钴和镍的相应草酸盐在隔绝空气的条件下加热制得。例如，草酸亚铁在隔绝空气的条件下加热制得 FeO 的反应式为

$$FeC_2O_4 = FeO + CO\uparrow + CO_2\uparrow$$

Fe_2O_3、Co_2O_3、Ni_2O_3 都是难溶于水的两性偏碱的氧化物。实验室中，常将 $Fe(OH)_3$

加热脱水而制得较纯的 Fe_2O_3；而 Co_2O_3 和 Ni_2O_3 可通过加热在空气中加热氧化态为 +2 的相应碳酸盐或草酸盐制得，当反应温度达到 673K 左右时，空气中的氧气可将 +2 的 Co、Ni 氧化。

$$4NiCO_3 + O_2 = 2Ni_2O_3 + 4CO_2$$

对氧化值为 +3 的 Fe、Co、Ni 的氧化物来讲，均具有较强的氧化性，由下列各元素电势图可见。

$\varphi_A^\ominus/V$：

$$Fe^{3+} \xrightarrow{0.77} Fe^{2+} \xrightarrow{-0.441} Fe$$

$$Co^{3+} \xrightarrow{1.84} Co^{2+} \xrightarrow{-0.277} Co$$

$$Ni^{3+} \xrightarrow{71.84} Ni^{2+} \xrightarrow{-0.25} Ni$$

$\varphi_B^\ominus/V$：

$$Fe(OH)_3 \xrightarrow{-0.56} Fe(OH)_2$$

$$CoO(OH) \xrightarrow{0.20} Co(OH)_2$$

$$NiO(OH)_3 \xrightarrow{0.49} Ni(OH)_2$$

Fe、Co、Ni 氧化性逐渐增强，如它们可与 HCl 发生如下氧化还原反应 $[\varphi^\ominus(Cl_2/Cl^-) = 1.36\ V]$：

$$Fe_2O_3 + 6HCl = 2FeCl_3 + 3H_2O \text{（非氧化还原反应）}$$

$$Co_2O_3 + 6HCl = 2CoCl_2 + Cl_2 \uparrow + 3H_2O$$

$$Ni_2O_3 + 6HCl = 2NiCl_2 + Cl_2 \uparrow + 3H_2O$$

$Fe(OH)_2$（白色）、$Co(OH)_2$（粉色）和 $Ni(OH)_2$（绿色）都可通过向氧化值 +2 的铁、钴和镍盐溶液加强碱而制得。由电极电势可知，$Fe(OH)_2$ 沉淀容易吸收空气中的氧，迅速被氧化为土绿色到暗棕色的中间产物（即有部分 +2 氧化数的铁被氧化为 +3 氧化数）；若有足够氧气存在时，最终全部被氧化为 $Fe(OH)_3$：

$$4Fe(OH)_2 + O_2 + 2H_2O = 4Fe(OH)_3$$

$Co(OH)_2$ 沉淀在碱性条件下也可被空气中的氧气氧化，但速率很慢，若用强氧化剂如 $NaClO(Cl_2、Br_2)$ 则可使反应迅速进行，生成棕褐色 $CoO(OH)$：

$$2Co(OH)_2 + ClO^- = 2CoO(OH) + H_2O + Cl^-$$

对 $Ni(OH)_2$ 则不能被空气中的氧气氧化，必须用强氧化剂才可将其氧化成黑色的 $NiO(OH)$：

$$2Ni(OH)_2 + ClO^- = 2NiO(OH) + H_2O + Cl^-$$

$Fe(OH)_3$、$Co(OH)_3$ 以及 $Ni(OH)_3$ 的基本性质与相应氧化数的氧化物的相似。但其与酸的作用，表现出不同的性质。例如 $Fe(OH)_3$ 与盐酸仅发生中和反应；但是 $Co(OH)_3$ 与盐酸作用，能把 Cl^- 氧化为氯气；$Ni(OH)_3$ 的氧化性更强，也能把盐酸氧化为 Cl_2。其中

Co(OH)₃ 的反应方程如下：

$$2CoO(OH) + 6HCl = 2CoCl_2 + Cl_2 + 4H_2O$$

(2) 铁、钴、镍的盐类

氧化值为 +2 的 Fe、Co、Ni 盐有如下一些共同特性：

① Fe^{2+}、Co^{2+}、Ni^{2+} 的硫酸盐、硝酸盐和氯化物都易溶于水。从溶液中结晶出来时，常带有相同数目的结晶水。例如：

$FeSO_4 \cdot 7H_2O$ $Fe(NO_3)_2 \cdot 6H_2O$ $FeCl_2 \cdot 6H_2O$

$CoSO_4 \cdot 7H_2O$ $Co(NO_3)_2 \cdot 6H_2O$ $CoCl_2 \cdot 6H_2O$

$NiSO_4 \cdot 7H_2O$ $Ni(NO_3)_2 \cdot 6H_2O$ $NiCl_2 \cdot 6H_2O$

Fe^{2+}、Co^{2+}、Ni^{2+} 它们有未充满的 d 电子，因此他们的水合离子都具有一定的颜色都具有一定的颜色（如下所示），所以离子从溶液中结晶出来时，水合离子中的水成为结晶水共同析出，上述铁(Ⅱ)盐都带淡绿色，钴(Ⅱ)盐带粉红色、镍(Ⅱ)盐带绿色。

$[Fe(H_2O)_6]^{2+}$、$[Co(H_2O)_6]^{2+}$、$[Ni(H_2O)_6]^{2+}$
　淡绿色　　　　粉红色　　　　绿色

② Fe^{2+}、Co^{2+}、Ni^{2+} 的硫酸盐都能与碱金属或铵的硫酸盐形成复盐。如硫酸亚铁铵 $(NH_4)_2SO_4 \cdot FeSO_4 \cdot 6H_2O$，俗称摩尔盐，是分析化学中 $K_2Cr_2O_7$ 法或 $KMnO_4$ 法的还原剂之一，其中的 Fe^{2+} 具有相对强的稳定性。

亚铁盐中，以 $FeSO_4 \cdot 7H_2O$ 最重要。它为绿色的水合晶体，又称绿矾，在空气中逐渐风化，同时表面氧化为黄褐色的碱式硫酸盐 $[Fe(OH)SO_4]$。$FeSO_4$ 可用于保护木材，制蓝黑墨水，防止害虫等。$NiSO_4$ 是工业上电镀镍的原料。

$CoCl_2 \cdot 6H_2O$ 是常用的钴盐。带有结晶水的 $CoCl_2$ 在受热脱水的过程中其颜色会发生变化：

$$CoCl_2 \cdot 6H_2O \underset{}{\overset{52.25\,℃}{\rightleftharpoons}} CoCl_2 \cdot 2H_2O \underset{}{\overset{90\,℃}{\rightleftharpoons}} CoCl_2 \cdot H_2O \underset{}{\overset{120\,℃}{\rightleftharpoons}} CoCl_2$$
　粉红色　　　　　　紫红色　　　　　蓝紫色　　　　蓝色

利用这一性质，实验室常用作干燥剂的硅胶就是浸有 $CoCl_2$ 的水溶液，利用 $CoCl_2$ 因吸水和脱水而发生的颜色变化，来表示硅胶吸湿情况。当它们在吸水后颜色逐渐变红，如变成粉红色说明干燥剂已失效，需重新烘干至蓝色再重复使用。

Fe^{2+}、Co^{2+}、Ni^{2+} 之间也有明显的差异。如还原性按 $Fe^{2+} > Co^{2+} > Ni^{2+}$ 的顺序减弱。Fe^{2+} 还原性很强，而 Co^{2+}、Ni^{2+} 稳定性好。

氧化数为 +3 的铁盐稳定，而 +3 的钴盐和镍盐不稳定。它们的氧化性按 $Fe^{3+} < Co^{3+} < Ni^{3+}$ 的顺序增强。虽然在氧化值为 +3 的盐中，Fe^{3+} 的氧化性较差，但它在酸性条件下仍为中强氧化剂，如可发生如下反应：

$$2Fe^{3+} + H_2S = 2Fe^{2+} + S + 2H^+$$

$FeCl_3$ 常作氧化剂应用在有机合成和刻蚀某些金属方面。例如，工业上常应用 $FeCl_3$ 的酸性溶液在铁制部件上刻蚀字样，反应式为：

$$2Fe^{3+} + Fe \Longrightarrow 3Fe^{2+}$$

这一反应的平衡常数根据公式 $\lg K^\ominus = \dfrac{nE^\ominus}{0.0592}$ 计算得 $K^\ominus = 10^{41}$，可见此反应向右进行的程

度是很大的。同理在 Fe^{2+} 的溶液中加入金属铁，可防止 Fe^{2+} 被氧化为 Fe^{3+}。在无线电工业上，利用类似的原理 $FeCl_3$ 的溶液刻蚀铜制造，印刷线路。

在其他方面，$FeCl_3$ 是共价键占优势的化合物，它的蒸气含有双聚分子 Fe_2Cl_6，其结构为：

$$\begin{array}{ccc} Cl & Cl & Cl \\ \diagdown & \downarrow & \diagup \\ Fe & & Fe \\ \diagup & \uparrow & \diagdown \\ Cl & Cl & Cl \end{array}$$

(3) 铁、钴、镍配合物

① 氨合物　铁盐和钴盐、镍盐性质上的差别可以从它们与氨水的反应中表现出来。Fe^{2+} 或 Fe^{3+} 在水溶液中与氨水难以形成稳定的氨合物，得到的是 $Fe(OH)_2$ 和 $Fe(OH)_3$ 沉淀。在无水状态下 $FeCl_2$ 可与 NH_3 形成 $[Fe(NH_3)_6]Cl_2$，遇水则按下式分解：

$$[Fe(NH_3)_6]Cl_2 + 6H_2O \rightleftharpoons Fe(OH)_2\downarrow + 4NH_3 \cdot H_2O + 2NH_4Cl$$

在 Co^{2+}、Ni^{2+} 溶液中加入过量的氨水，则会形成相应的配合物：

$$Co^{2+} + 6NH_3 \rightleftharpoons [Co(NH_3)_6]^{2+} \quad 黄色 \quad \beta^\ominus = 10^{4.39}$$

$$Ni^{2+} + 6NH_3 \rightleftharpoons [Ni(NH_3)_6]^{2+} \quad 紫色 \quad \beta^\ominus = 10^{8.01}$$

根据电极电势：$\varphi^\ominus(Co^{3+}/Co^{2+}) = 1.84\text{ V}$，$\varphi^\ominus([Co(NH_3)_6]^{3+}/[Co(NH_3)_6]^{2+}) = 0.1\text{ V}$，可见虽然 Co^{3+} 具有很强的氧化性，但 $[Co(NH_3)_6]^{3+}$ 的氧化能力却很差，主要由于 $[Co(NH_3)_6]^{3+}$ 配合物非常稳定的缘故。所以 $[Co(NH_3)_6]^{2+}$ 具有较强的还原性，可被空气中的氧气氧化：

$$4[Co(NH_3)_6]^{2+} + O_2 + 2H_2O \rightleftharpoons 4[Co(NH_3)_6]^{3+} + 4OH^-$$
$$\qquad\qquad\qquad\qquad\qquad\qquad\qquad 橙黄色$$

Co^{3+} 的配合物都是配位数为 6 的。Co^{3+} 在水溶液中不能稳定存在，难以与配位体直接形成配合物，通常把钴（Ⅱ）盐溶在有配合剂的溶液中，借氧化剂把 Co^{2+} 氧化，从而制出 Co^{3+} 的配合物，如：

$$2[Co(NH_3)_6]^{2+} + H_2O_2 + 2H^+ \rightleftharpoons 2[Co(NH_3)_6]^{3+} + 2H_2O$$
$$\qquad 土黄色 \qquad\qquad\qquad\qquad\qquad 红棕色$$

Co^{3+} 形成配合物后，在溶液中则是稳定的。$[Ni(NH_3)_6]^{2+}$ 也很稳定，但是 Ni^{3+} 的配合物比较少见，且是不稳定的。

② 氰合物　Fe^{3+}、Fe^{2+}、Co^{2+}、Ni^{2+} 都能与 CN^- 形成配位数为 6 或 4 的配合物。这些配合物都是内轨型配合物，在溶液中都很稳定。

在 Fe^{2+} 溶液中加入 KCN 溶液，先得到白色的 $Fe(CN)_2$ 沉淀，随后与过量的 KCN 反应，从溶液中析出黄色晶体 $K_4[Fe(CN)_6] \cdot 3H_2O$，俗称黄血盐。

$$Fe^{2+} + 2CN^- \rightleftharpoons Fe(CN)_2(s)$$

$$Fe(CN)_2 + 4KCN \rightleftharpoons K_4[Fe(CN)_6]$$

Fe^{3+} 不能与 KCN 直接生成褐红色晶体 $K_3[Fe(CN)_6]$（俗称称叫赤血盐）。它是由氯气氧化黄血盐 $K_4[Fe(CN)_6]$ 的溶液而制得：

$$2K_4[Fe(CN)_6] + Cl_2 \rightleftharpoons 2KCl + 2K_3[Fe(CN)_6]$$

$[Fe(CN)_6]^{4-}$ 和 $[Fe(CN)_6]^{3-}$ 在溶液中十分稳定,因此在含有 $[Fe(CN)_6]^{4-}$ 和 $[Fe(CN)_6]^{3-}$ 的溶液中几乎检查不出离解的 Fe^{2+} 和 Fe^{3+}。这两种化合物通常用来检验 Fe^{3+} 和 Fe^{2+} 的试剂。当 Fe^{3+} 与 $K_4[Fe(CN)_6]$ 反应时溶液中立即有蓝色沉淀,这种沉淀俗称普鲁士蓝,其反应式为:

$$K^+ + Fe^{3+} + [Fe(CN)_6]^{4-} \rightleftharpoons K[Fe(CN)_6Fe](s) \quad 普鲁士蓝$$

这一反应是检查溶液中是否存在 Fe^{3+} 的灵敏反应。

当 Fe^{2+} 与 $K_3[Fe(CN)_6]$ 反应时溶液中也产生蓝色沉淀,这种沉淀俗称滕氏蓝,其反应式为

$$K^+ + Fe^{2+} + [Fe(CN)_6]^{3-} \rightleftharpoons K[Fe(CN)_6Fe](s) \quad 滕氏蓝$$

这一反应也是检查溶液中是否存在 Fe^{2+} 的灵敏反应。

实验证明,这两种蓝色沉淀实际上是同一种物质,它们不仅化学组成相同,而且基本的晶格结构也相同。

Fe^{3+} 与 $[Fe(CN)_6]^{3-}$ 在溶液中不生成沉淀,但溶液变成暗棕色。Fe^{2+} 与 $[Fe(CN)_6]^{4-}$ 作用则生成白色的 $Fe_2[Fe(CN)_6]$ 沉淀。由于 Fe^{2+} 易被空气氧化,所以最后也形成普鲁士蓝。

钴和镍也可形成氰化物。与 Fe^{2+} 相似,当 Co^{2+} 溶液中加入 KCN 溶液,可得到浅棕色的 $Co(CN)_2$ 沉淀,它溶于过量的 KCN 中形成 $[Co(CN)_6]^{4-}$。$[Co(CN)_6]^{4-}$ 很不稳定,具有很强的还原性($\varphi^\ominus = -0.8\text{ V}$),可把水还原:

$$2[Co(CN)_6]^{4-} + 2H_2O \xrightarrow{\triangle} 2[Co(CN)_6]^{3-} + 2OH^- + H_2$$

Ni^{2+} 也可与过量的 KCN 反应生成稳定平面正方形配合物 $[Ni(CN)_4]^{2-}$。Ni(Ⅱ)配合物常见的除了 $[Ni(CN)_4]^{2-}$ 外还有二丁二肟合镍(Ⅱ),后者为鲜红色沉淀,可用于定性鉴定 Ni^{2+}:

10.4 ds 区元素

ds 区元素包括ⅠB族的铜(Copper)、银(Silver)、金(Gold)和ⅡB族元素的锌(Zinc)、镉(Cadmium)、汞(Mercury)。ⅠB族元素通常称为铜族,ⅡB族元素称为锌族。铜族和锌族元素原子的价电子层构型分别为 $(n-1)d^{10}ns^1$ 和 $(n-1)d^{10}ns^2$。虽然 ds 区元素的最外层电子与碱金属和碱土金属相同,但它们的性质却有很大的差距。主要原因是 ds 区元素的核电荷数比相应的 s 区元素大 10,虽然它们核外也多了 10 个 d 电子,但是这些电子不能完全屏

蔽掉增加的核电荷数,因此 ds 区元素的有效核电荷数比 s 区相应的要大,以致 ds 区元素的原子半径比相应的 s 区元素小得多,电离能也高的多,所以 ds 区元素的化学性质活性比 s 区要小得多。ds 区元素的一些基本性质见表 10-17。

表 10-17　ds 元素的一些基本性质

	铜(Cu)	银(Ag)	金(Au)	锌(Zn)	镉(Cd)	汞(Hg)
价电子构型	$3d^{10}4s^1$	$4d^{10}5s^1$	$5d^{10}6s^1$	$3d^{10}4s^2$	$4d^{10}5s^2$	$5d^{10}s^2$
熔点/℃	1 083	960.5	1 063	419.4	320.9	−38.89
沸点/℃	2 582	2 177	2 707	907	763.3	357
共价半径/pm	117	134	134	125	148	149
离子半径/pm　M^+	96	126	137			
M^{2+}	72	—	—	74	97	110
第一电离能/(kJ·mol^{-1})	745.5	731.0	890.1	906.4	867.7	1 007.0
第二电离能/(kJ·mol^{-1})	1 957.9	2 074	1 980	1 733.3	1 631.4	1 809.7
$M^+(g)$水和能/(kJ·mol^{-1})	−582	−485	−664			
$M^{2+}(g)$水和能/(kJ·mol^{-1})	−2 121	—	—	−2 054	−1 816	−1 833
升华能/(kJ·mol^{-1})	340	285	385	131	112	62
电负性 χ	1.9	1.9	2.4	1.6	1.7	1.9
常见氧化态	+1,+2	+1	+1,+3	+2	+2	+2,+1

10.4.1　通性

ds 区元素由于次外层都是 18 电子结构,所以当它们分别形成与族数相同的氧化数的化合物时,相应的离子都是 18 电子构型,所以这两族的离子都有强的极化力,这就使它们的二元化合物一般都部分地或完全地带有共价性。其中,铜族元素的 d 轨道都是刚好填满 10 个电子,在刚好填满电子的情况下 d 轨道上的电子并不是很稳定,也容易失去 d 轨道上的电子,所以铜族元素除了失去最外层的一个电子变成氧化态为 +1 的离子外,还可以再失去一个 1—2 个 d 轨道的电子变成氧化值为 +2 或者 +3 的离子。而锌族元素的 d 轨道已经趋于稳定了,所以只能失去最外层 s 轨道上的一对电子,变成氧化值为 +2 的离子(除了 Hg 有 +1 氧化态)。

ds 区元素与 d 区过渡元素性质类似,易形成配合物。但由于锌族元素的离子 M^{2+} d 轨道已填满,电子不能发生 d—d 跃迁,因此它们的配合物一般无色。

ds 区的铜族元素的单质铜、银、金是电的良导体,其中银在金属中是导电性最好的金属,铜次之。它们是密度较大,熔、沸点较高,延展性较好的金属。铜、银之间以及铂、锌、锡、钯等其他金属之间很容易形成合金。如铜合金中的黄铜(含锌)、青铜(含锡)、白铜(含镍)等。而 ds 区的锌族元素锌、镉、汞与 p 区元素相邻,所以与第 4、5、6 周期的 p 区金属元素有些相似,如熔点都较低,水合离子都无色等。汞是唯一在室温下呈液态的金属,并且在常温下易蒸发。汞蒸气吸入会引起人体慢性中毒,如果出现少量汞泄露时,应该在上面撒一些硫粉或者 $FeCl_3$ 封闭汞液,防止挥发。如果已经挥发,应该注意室内通风,降低室内汞蒸气的浓度。

铜族金属的活泼性比锌族大,并且每族元素都是从上到下活性降低的。他们与各种酸碱反应的活性如表 10-18 所示。

表 10-18 ds 区金属的反应性

反应物	Cu	Ag	Au	Zn	Cd	Hg
O_2	+(加热)	−	−	+(加热)	+(加热)	+(加热)
HNO_3 或 H_2SO_4	+	+	+	+	+	+
HCl	−	−	−	+	+	−
NaOH	−	−	−	+	−	−

10.4.2 铜族元素

铜族元素的原子的价层电子为 $(n-1)d^{10}ns^1$ 型,铜族元素+1 氧化数的离子都是无色的,而高氧化态的离子由于次外层未充满而都是有颜色的(Cu^{2+} 蓝色、Au^{3+} 红黄色)。

从表 10-18 可看出,铜、银、金的化学活泼性较差,室温下看不出它们能与氧或水反应,但是,如果反应能产生难溶物质或配离子,则就能与 O_2 发生反应。例如,铜与含有 CO_2 的潮湿空气接触,铜的表面生成绿色的铜锈(俗称铜绿)——碱式碳酸铜 $Cu_2(OH)_2CO_3$:

$$2Cu + O_2 + H_2O + CO_2 =\!=\!= Cu_2(OH)_2CO_3$$

1. 铜的化合物

Cu^+ 为 18 电子构型,具有较强的极化力,因此几乎所有 Cu^+ 的化合物都难溶于水,而 Cu^{2+} 的化合物则易溶于水的较多。

Cu^{2+} 形成的铜盐最常见的是蓝色的五水硫酸铜($CuSO_4 \cdot 5H_2O$),俗称胆矾,易溶于水。$CuSO_4 \cdot 5H_2O$ 中的四个水与 Cu^{2+} 配位,而第五个水分子则是通过氢键同时与硫酸根及配位水分子相连,其结构式如图 10-14 所示。当 $CuSO_4 \cdot 5H_2O$ 受热逐步脱水后变成白色的无水硫酸铜粉末。它具有很强的吸水性,吸水后则变成蓝色,故常用来检验有机物中的微量水,也可用作干燥剂。

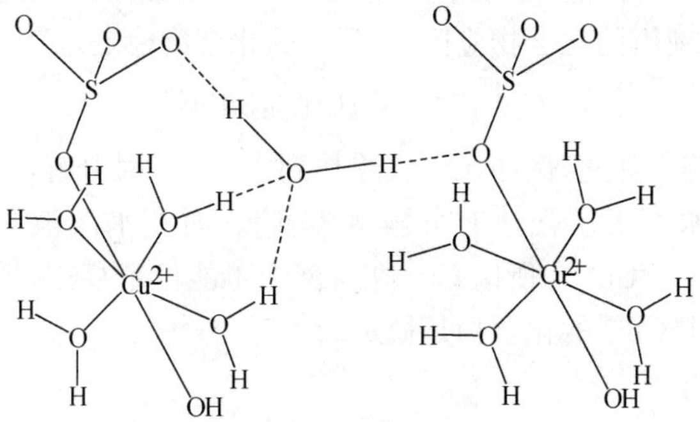

图 10-14 $CuSO_4 \cdot 5H_2O$ 的结构

$$CuSO_4 \cdot 5H_2O \xrightarrow[-2H_2O]{102\ ℃} CuSO_4 \cdot 3H_2O \xrightarrow[-2H_2O]{113\ ℃} CuSO_4 \cdot H_2O \xrightarrow[-H_2O]{258\ ℃} CuSO_4$$

在溶液中，Cu^{2+} 与 6 个 H_2O 分子形成的六配位的水合铜离子 $[Cu(H_2O)_6]^{2+}$ 也呈蓝色。在 Cu^{2+} 的溶液中加入适量的碱，析出浅蓝色 $Cu(OH)_2$ 沉淀。而其热稳定性较差，加热至接近沸腾时分解出黑色的 CuO：

$$Cu^{2+} + 2OH^- \rightleftharpoons \underset{\text{浅蓝色}}{Cu(OH)_2(s)} \xrightarrow{80\sim90\ ^\circ C} \underset{\text{黑色}}{CuO(s)} + H_2O$$

这一反应常用来制取 CuO，另外碳酸铜 $Cu_2(OH)_2CO_3$ 加入至 200 ℃也能制得 CuO。

$Cu(OH)_2$ 两性偏碱，微溶于过量的浓碱中，生成亮蓝色的四羟基合铜（Ⅱ）离子 $[Cu(OH)_4]^{2-}$：

$$Cu(OH)_2 + 2OH^- \rightleftharpoons [Cu(OH)_4]^{2-}$$

四羟基合铜（Ⅱ）离子有一定的氧化性，可被葡萄糖还原为暗红色的 Cu_2O：

$$2[Cu(OH)_4]^{2-} + \underset{\text{（葡萄糖）}}{C_6H_{12}O_6} \rightleftharpoons \underset{\text{暗红色}}{Cu_2O\downarrow} + C_6H_{12}O_7 + 4OH^- + 2H_2O$$

这一反应可用于检验某些还原性糖的存在，医院里就常用这个反应来检验糖尿病。而 Cu_2O 的制备通常是采用氢气还原 CuO：

$$2CuO + H_2 \xrightarrow{150\ ^\circ C} Cu_2O + H_2O\uparrow$$

在 Cu^{2+} 溶液中加入少量的氨水，先得到浅蓝色碱式硫酸铜 $Cu_2(OH)_2SO_4$ 沉淀，当氨水过量时沉淀溶解，得到深蓝色的配合物 $[Cu(NH_3)_4]^{2+}$，它是平面正方形的配离子，在溶液中较稳定：

$$Cu^{2+} + 4NH_3 \rightleftharpoons [Cu(NH_3)_4]^{2+}$$

上述反应可用于 Cu^{2+} 的鉴定。但在含量极小时，此法不易检出。可采用在 Cu^{2+} 中性或酸性溶液中加 $K_4[Fe(CN)_6]$，生成砖红色的 $Cu_2[Fe(CN)_6]$ 沉淀来检测：

$$2Cu^{2+} + [Fe(CN)_6]^{4-} \rightleftharpoons Cu_2[Fe(CN)_6]\downarrow \quad \text{砖红色}$$

此反应很灵敏，但是 Fe^{3+}、Co^{2+} 存在时有干扰。

硫酸铜有杀菌能力，用于蓄水池、游泳池中防止藻类生长。硫酸铜与石灰乳混合而生成波尔多液，可用于消灭植物的病虫害。

从 Cu^+ 的价电子构型来看，亚铜离子的 3d 轨道为全满结构。这种结构是一种稳定的结构，所以从结构上讲亚铜的化合物应比 Cu(Ⅱ) 的化合物稳定。

$$Cu^+:3d^{10}4s^0 ; Cu^{2+}:3d^9 4s^0$$

事实上在固态时确实如此，例如，Cu_2O 受热到 1 800 ℃时分解，而 CuO 在 1 100 ℃时分解为 Cu_2O 和 O_2；无水 $CuCl_2$ 强热时分解为 CuCl。而在水溶液中，从电势图可以看出 $\varphi^{\ominus}(Cu^+/Cu) > \varphi^{\ominus}(Cu^{2+}/Cu^+)$，所以 Cu^+ 在溶液中不能稳定存在，很容易发生歧化反应为 Cu^{2+} 和 Cu，即水溶液中 Cu^{2+} 的化合物是稳定的。

从铜的电势图看出：

$$Cu^{2+} \xrightarrow{0.159\ V} Cu^+ \xrightarrow{0.52\ V} Cu$$

在水溶液中要使 Cu^+ 稳定存在，不发生歧化反应，必须使 $\varphi^{\ominus}_{\text{右}} < \varphi^{\ominus}_{\text{左}}$，可采用下列两种途径实现：① 有还原剂存在；② Cu^+ 形成难溶化合物沉淀或配位化合物。其相应的电极电势如下：

$$Cu^{2+} \xrightarrow{0.509\ V} CuCl \xrightarrow{0.171\ V} Cu$$

$$Cu^{2+} \xrightarrow{0.438\ V} [CuCl_2]^- \xrightarrow{0.241\ V} Cu$$

可见，Cu^+ 因形成难溶化合物或配合物后，溶液中游离 Cu^+ 浓度降低，使 $\varphi^{\ominus}_{右} < \varphi^{\ominus}_{左}$，故 CuCl、$[CuCl_2]^-$ 在溶液中可稳定存在，不会发生歧化反应，因此歧化反应的逆反应却可发生：

$$Cu^{2+} + Cu + 2Cl^- \xrightarrow{\triangle} 2CuCl\downarrow (白色)$$

$$CuCl(s) + Cl^- \underset{H_2O}{\overset{Cl^-过量}{\rightleftharpoons}} [CuCl_2]^- (土黄色)$$

总反应： $$Cu^{2+} + Cu + 4Cl^- (浓) \xrightarrow{\triangle} 2[CuCl_2]^-$$

Cu^{2+} 与还原剂 I^- 反应也可得到 Cu^+ 的化合物。主要因为 $\varphi^{\ominus}(Cu^{2+}/CuI) = 0.86\ V$，相当于提高了 Cu^{2+} 的氧化能力，从而反应可进行，分析化学上正是利用该反应测定铜的含量的（碘量法）。

$$2Cu^{2+} + 4I^- = 2CuI(s) + I_2$$

2. 银的化合物

银的许多化合物（不包括配盐）都是难溶于水的。易溶于水的 Ag^+ 化合物有：高氯酸银（$AgClO_4$）、氟化银（AgF）、氟硼酸银（$AgBF_4$）和硝酸银（$AgNO_3$）等。$AgNO_3$ 为一种强氧化剂，可被有机物还原为黑色的 Ag，也可被 Zn、Cu 等金属还原为 Ag：

$$2AgNO_3 + Cu = 2Ag\downarrow + Cu(NO_3)_2$$

$AgNO_3$ 在日光照射下会逐渐分解：

$$2AgNO_3 \xrightarrow{光} 2Ag + NO_2\uparrow + O_2\uparrow$$

因此 $AgNO_3$ 应该保存在棕色玻璃瓶里。在 $AgNO_3$ 溶液中加入卤化物，可生成相应的卤化银沉淀（AgF 易溶于水），其溶解度按顺序减小：AgCl（白色）<AgBr（浅黄）<AgI（黄色）。Ag^+ 有较强的极化作用，而卤离子的极化率从 Cl^- 到 I^- 依次增大，从离子极化观点来看，相互的极化作用依次增强，卤化银逐步由离子键变为共价键占优势的 AgI，从而使它们在水中的溶解度逐步减小。Ag^+ 为 d^{10} 构型，次外层轨道处于全满状态，所以它的化合物一般呈白色或无色，但 AgBr 呈淡黄色，AgI 呈黄色，这与卤素负离子和 Ag^+ 之间发生的电荷迁移有关。

卤化银具有感光性，见光易分解，照相工业上常用 AgBr 制造照相底片或印相纸等。

从电对电势 $[\varphi^{\ominus}(Ag^+/Ag) = 0.799\ V]$ 来看，Ag^+ 的氧化性不算弱，但在 Ag^+ 溶液中加入 I^- 时，Ag^+ 却不能把 I^- 氧化为 I_2，而是发生下列反应：

$$Ag^+ + I^- = AgI\downarrow$$

这是由于 Ag^+ 与 I^- 生成 AgI 沉淀后，降低了溶液中 Ag^+ 的浓度，使 Ag^+/Ag 的电极电势大大降低，以致 Ag^+ 氧化 I^- 的反应不能发生。同样地，在 Ag^+ 溶液中通入 H_2S，也不会发生氧化还原反应，而是析出 Ag_2S 沉淀。

AgI 溶在过量的 KI 溶液中，可生成 $[AgI_2]^-$ 配离子：

$$AgI(s) + I^- \rightleftharpoons [AgI_2]^-$$

在水溶液中,Ag^+ 能与多种配位体(如 NH_3、$S_2O_3^{2-}$、CN^-)形成配合物,其配位数一般是 2。由于 Ag^+ 的许多化合物都是难溶于水的,在 Ag^+ 溶液中加入配位剂时,常首先生成难溶化合物。当配位剂过量时,此难溶化合物将形成配离子而溶解。例如,在定性分析中,Ag^+ 的鉴定可利用它与盐酸反应生成白色凝乳沉淀,沉淀不溶于硝酸,但溶于氨水。

$$AgCl(s) + 2NH_3 \cdot H_2O \rightleftharpoons [Ag(NH_3)_2]^+ + Cl^- + 2H_2O$$

含有 $[Ag(NH_3)_2]^+$ 的溶液能把醛和某些糖类氧化,本身被还原为 Ag。例如:

$$2[Ag(NH_3)_2]^+ + HCHO + 3OH^- \rightleftharpoons HCOO^- + 2Ag\downarrow + 4NH_3 + 2H_2O$$

工业上利用这类反应来制镜子或在暖水瓶的夹层上镀银。

再如,Ag^+ 与配位剂 $S_2O_3^{2-}$ 作用先产生 $Ag_2S_2O_3$,产物迅速分解,颜色由白色经黄色、棕色,最后成黑色的 Ag_2S。但若 $S_2O_3^{2-}$ 过量,则反应最终产生配离子:

$$2Ag^+ + S_2O_3^{2-} \rightleftharpoons [Ag(S_2O_3)_2]^{3-}$$

$[Ag(S_2O_3)_2]^{3-}$ 也是常见的银的一种配合物,照相底片上未曝光的 AgBr 在定影液 ($S_2O_3^{2-}$) 中形成 $[Ag(S_2O_3)_2]^{3-}$ 而溶解:

$$AgBr + 2S_2O_3^{2-} \rightleftharpoons [Ag(S_2O_3)_2]^{3-} + Br^-$$

因此 Ag^+ 化合物中很多难溶于水的沉淀可通过加入配位体而将沉淀溶解,但是难溶于水的 Ag_2S 难以借配位反应使它溶解,通常借助于氧化还原反应使它溶解。例如,用 HNO_3 来氧化 Ag_2S 而使沉淀溶解,发生如下反应:

$$3Ag_2S(s) + 8H^+ + 2NO_3^- \xrightarrow{\triangle} 6Ag^+ + 2NO\uparrow + 3S\downarrow + 4H_2O$$

10.4.3 锌族元素

Zn、Cd、Hg 的原子的价层电子为 $(n-1)d^{10}ns^2$ 型。锌和镉的化合物与汞的化合物相比有许多不同之处,如 Zn、Cd 易形成氧化数为 +2 的化合物,而汞有 +1 和 +2 两种氧化数。在氧化数为 +1 的汞的化合物中,汞以 Hg_2^{2+} (—Hg—Hg—) 形式存在。在汞的化合物中,有许多是以共价键结合的。

ZnO 和 $Zn(OH)_2$ 都是两性物质,$Cd(OH)_2$ 为两性偏碱性。向 Zn^{2+}、Cd^{2+} 溶液中加入强碱时,分别生成白色的 $Zn(OH)_2$ 和 $Cd(OH)_2$ 沉淀,当碱过量时,$Zn(OH)_2$ 溶解生成 $[Zn(OH)_4]^{2-}$,而 $Cd(OH)_2$ 则难以溶解。

向 Hg^{2+}、Hg_2^{2+} 的溶液中加入强碱时,分别生成黄色的 HgO 和棕褐色的 Hg_2O 沉淀,因为 $Hg(OH)_2$ 和 $Hg_2(OH)_2$ 都不稳定,生成时立即脱水为氧化物:

$$Hg^{2+} + 2OH^- \rightleftharpoons HgO\downarrow + H_2O$$

$$Hg_2^{2+} + 2OH^- \rightleftharpoons HgO\downarrow + Hg\downarrow + H_2O$$

HgO 和 Hg_2O 都能溶于热浓硫酸中,但难溶于碱溶液中。

1. 锌的化合物

氯化锌($ZnCl_2 \cdot H_2O$)是较重要的锌盐,易潮解,极易溶于水。其稀溶液因 Zn^{2+} 水解成

$[Zn(OH)]^+$ 而使溶液呈弱酸性,而浓水溶液由于形成配合酸而呈显著酸性。

$$Zn^{2+} + 2Cl^- + H_2O \Longrightarrow H[ZnCl_2(OH)]$$

该溶液还能溶解金属氧化物。例如,利用 $ZnCl_2$ 它可清除金属表面的锈层,使焊接不至于形成假焊。

$$FeO + 2H[ZnCl_2(OH)] \Longrightarrow Fe[ZnCl_2(OH)]_2 + H_2O$$

Zn^{2+} 溶液与 NH_3 或 CN^- 都能形成配位数为 4 的配合物 $[Zn(NH_3)_4]^{2+}$ 或 $[Zn(CN)_4]^{2-}$。但是 $Zn(OH)_2$ 却不溶于氨水,主要原因就是 $Zn(OH)_2$ 溶解度太小,难以借配位反应使它溶解。但是如果在溶液中加入适量的铵盐(或者 NH_4^+),就能促进 Zn^{2+} 的配合物的形成,从而使 $Zn(OH)_2$ 溶解。$Cu(OH)_2$ 与氨水反应也有类似的情况。

2. 汞的化合物

金属汞与锌、镉性质差别很大,相应的 Hg^{2+} 与 Zn^{2+} 或 Cd^{2+} 的性质也很不相同。主要原因就是 Hg^{2+} 具有很强的形成共价键的倾向。例如,共价化合物 HgS 在水中比 ZnS、CdS 小得多,HgS 是金属硫化物中溶解度最小的。ZnS、CdS 能溶于盐酸,但 HgS 却要溶于王水中。

$$3HgS(s) + 12Cl^- + 8H^+ + 2NO_3^- \Longrightarrow 3[HgCl_4]^{2-} + 3S\downarrow + 2NO\uparrow + 4H_2O$$

Hg^{2+} 的可溶性盐主要有 $HgCl_2$ 和 $Hg(NO_3)_2$。$HgCl_2$ 是典型的共价化合物,其中 Hg 以 sp 杂化轨道与 Cl 结合,空间构型为直线形。Hg^{2+} 的卤化物(HgF_2 除外)以及 $Hg(CN)_2$ 和 $Hg(SCN)_2$ 都是共价型分子,为直线形构型,这点与 $HgCl_2$ 一样。$HgCl_2$ 在水中溶解度很小,为弱电解质。$HgCl_2$ 受热可升华,故称升汞,极毒,但它的稀溶液在外科上可用作消毒剂。

$HgCl_2$ 可通过加热 $HgSO_4$ 与 NaCl 固体混合物制得:

$$HgSO_4 + 2NaCl \xrightarrow{300\ ℃} Na_2SO_4 + HgCl_2(g)$$

在这种温度下制得的是 $HgCl_2$ 气体,冷却后变为 $HgCl_2$ 固体。

$HgCl_2$ 在水溶液中主要以分子形式存在。而 Hg_2Cl_2 是不溶于水的白色沉淀,又称甘汞,也是一种直线型分子,无毒,见光易分解。若在 $HgCl_2$ 溶液中加入氨水,则生成氨基氯化汞白色沉淀:

$$HgCl_2 + 2NH_3 \Longrightarrow \underset{\text{氨基氯化汞}}{NH_2HgCl\downarrow} + NH_4Cl$$

只有在含有过量的 NH_4Cl 的氨水中 $HgCl_2$ 才能与 NH_3 形成配合物:

$$HgCl_2 + 2NH_3 \xrightarrow{NH_4Cl} [Hg(NH_3)_2Cl_2]$$

Hg^{2+} 可与 X^-、CN^- 等形成配合物,Hg^{2+} 能形成多种配合物,其配位数为 4 的占绝大多数,都是反磁性的。这种配合物常借加合反应生成。如,在 Hg^{2+} 溶液中加入 KI,得到的红色 HgI_2 沉淀可溶于过量的 KI 溶液中,形成无色的 $[HgI_4]^{2-}$,反应方程如下:

$$Hg^{2+} + 2I^- \Longrightarrow HgI_2\downarrow(红) \xrightarrow{+2I^-} [HgI_4]^-(无色)$$

$K_2[HgI_4]$ 的碱性溶液称为奈斯勒试剂,可用来检验 NH_4^+ 或 NH_3:

$$2[HgI_4]^{2-} + NH_4^+ + 4OH^- = \left[\begin{matrix} & Hg & \\ O & & NH_2 \\ & Hg & \end{matrix}\right] I\downarrow + 3H_2O + 7I^-$$
（红棕色）

硝酸汞 $Hg(NO_3)_2$ 和硝酸亚汞 $Hg_2(NO_3)_2$ 都是离子型化合物，易溶于水。$Hg(NO_3)_2$ 可用 HgO 或 Hg 与 HNO_3 作用制取：

$$HgO + 2HNO_3 = Hg(NO_3)_2 + H_2O$$

$$Hg + 4HNO_3(浓) = Hg(NO_3)_2 + 2NO_2 + 2H_2O$$

根据 Hg 的电极电势可知：

$$Hg^{2+} \xrightarrow{0.92\ V} Hg_2^{2+} \xrightarrow{0.793\ V} Hg$$

$$HgCl_2 \xrightarrow{0.63\ V} Hg_2Cl_2 \xrightarrow{0.268\ V} Hg$$

因为 $\varphi_{右}^\ominus < \varphi_{左}^\ominus$，所以 Hg_2^{2+} 在溶液中不会发生歧化反应，则歧化反应的逆反应（反歧化反应）可发生，因此 $Hg(NO_3)_2$ 与 Hg 作用可制取 $Hg_2(NO_3)_2$：

$$Hg(NO_3)_2 + Hg = Hg_2(NO_3)_2$$

同理
$$HgCl_2 + Hg = Hg_2Cl_2$$

若要使 Hg_2^{2+} 发生歧化反应转化为 Hg^{2+} 并使之稳定存在，就得使 Hg^{2+} 形成难解离的物质，从而降低 Hg^{2+} 的浓度。如，在 Hg_2^{2+} 溶液中加入 NH_3，OH^-，I^- 或 S^{2-}，歧化反应均可发生：

$$Hg_2(NO_3)_2 + 2NH_3 = NH_2HgNO_3\downarrow + Hg\downarrow + NH_4NO_3$$
氨基硝酸汞

$$Hg_2^{2+} + 2OH^- = HgO\downarrow + Hg\downarrow + H_2O$$

$$Hg_2^{2+} + 2I^- = [HgI_4]^{2-} + Hg\downarrow$$

$$Hg_2^{2+} + S^{2-} = HgS\downarrow + Hg\downarrow$$

从上述的电势图可看出，Hg_2^{2+} 和 Hg^{2+} 都具有氧化性，都能氧化 $SnCl_2$。在 $HgCl_2$ 逐滴加入 $SnCl_2$ 溶液首先生成白色的 Hg_2Cl_2 沉淀，当过量时，白色 Hg_2Cl_2 沉淀进一步被还原成黑色的 Hg 单质，此反应可用来定性的鉴定 Hg_2^{2+} 和 Hg^{2+}。

$$2HgCl_2 + SnCl_2 = Hg_2Cl_2\downarrow(白色) + SnCl_4$$

$$Hg_2Cl_2 + SnCl_2 = 2Hg\downarrow(黑色) + SnCl_4$$

10.5 f 区元素

f 区元素周期表中是第六周期ⅢB族镧这个位置包括的第 57~71 号元素（镧系，用符号 Ln 表示）和第七周期ⅢB族锕这个位置包括的第 89~102 号元素（锕系，用符号 An 表示）共 30 种元素。它们原子的价电子层构型为：$(n-2)f^{0\sim 14}(n-1)d^{0\sim 2}ns^2$，新增电子主要排布在 $(n-2)f$ 亚层，镧系和锕系元素也属于过渡元素，为了区别于元素周期表的 d 区过渡元素，将其称为内过渡元素。大多数元素具有最高能量的电子是排布在 f 轨道上的,这一区中同周期的元素之间的性质差别很小。

镧系元素和ⅢB族另两种元素钇(Y)和钪(Sc)一起,又合称稀土元素(Rare earth element),因为它们化学性质相似,在自然界中基本上共生在一起。锕系元素都是放射性元素。

镧系元素(Lanthanide)是第 57 号元素镧(La)到 71 号元素镥(Lu)共 15 种元素的统称,具有银白色或灰色光泽,质地比较软,具有延展性,活泼性很强,镧系元素用符号 Ln 表示。镧系元素的外层和次外层的电子构型基本相同,原子基态的电子构型是 $4f^{0\sim14}5d^{0\sim1}6s^2$ 电子逐一填充到 4f 轨道上。虽然元素镧本身在基态时没有 f 电子,但和它后面各元素极为相似,所以将它作为镧系元素对待。在这些原子中,5s、5p 和 6s 填满电子后才在第四电子层中的 4f 上逐渐填充电子,由于电子数的变化是在这种内层,所以这些元素在化学性质上非常相似。只是镧系元素新增加的电子大都填入了从外侧数第三个电子层(即 4f 电子层)中,所以镧系元素又可以称为 4f 系。

镧系元素性质上的微小差别,主要是由"镧系收缩"引起的。因为核内每增加一个质子,相应进入 4f 亚层的电子却太分散,不像定域程度更高的内层电子那样能有效地屏蔽核电荷,所以随着镧系元素原子序数的增加,原子核对最外层电子的引力就不断增大,这就使得原子体积从镧到镥依次减小。三价阳离子的收缩是十分规则的,从 La^{3+} 的 106 pm 收缩到 Lu^{3+} 的 85 pm,如表 10-19 所示。

表 10-19 镧系元素的金属原子半径 R(M)和离子半径 $R(M^{n+})$

元素	La	Ce	Pr	Nd	Pm	Sm	Eu	Gd
R(M)/pm	187.7	182.4	182.8	182.2	—	180.2	198.3	180.1
$R(M^{2+})$/pm	—	—	—	—	—	111.0	109.0	—
$R(M^{3+})$/pm	106.1	103.4	101.3	99.5	97.5	96.4	95.0	93.8
$R(M^{4+})$/pm	—	92	90	—	—	—	—	84

元素	Tb	Dy	Ho	Er	Tm	Yb	Lu
R(M)/pm	178.3	177.5	176.7	175.8	174.7	193.9	173.5
$R(M^{2+})$/pm	—	—	—	—	93.0	94.0	—
$R(M^{3+})$/pm	92.3	90.8	89.4	88	87	85.8	85
$R(M^{4+})$/pm	84	—	—	—	—	—	—

虽然金属半径总的趋向是减小,但 Eu 和 Yb 的半径比其余原子的要大得多。它们是形成氧化态为 +2 的阳离子倾向最大的两个镧系元素。在固体中,这两种原子可能只将两个电子给予导带,而所形成的 +2 离子和其余镧系金属 +3 离子相比,其半径较大、离子键的结合力较弱,金属 Eu 和 Yb 与表中相邻的金属比,显然具有较低的密度,较低的熔点和较低的升华能。

镧系元素的头三个:La、Ce、Pr 是具有 h.c.p. 和 c.c.p. 晶形的双晶形金属。其余的除 Eu(b.c.c.)和 Yb(c.c.p.)外都为 h.c.p. 结构。镧系金属的密度,从 La(6.17 g·cm^{-3})到 Lu(9.84 g·cm^{-3})随原子序数而增大,其中 Eu(5.62 g·cm^{-3})及 Yb(6.98 g·cm^{-3})例外。Eu 和 Yb 这两种金属的密度低是由于原子体积大的缘故。

事实上 Eu 和 Yb 对 Sr 的相似程度比对它们最邻近的元素还要大。这些金属相当柔软,具有展延性,但抗张强度低。它们都是银白色的金属,在室温下,最重的镧系元素保持光泽而较轻的镧系元素迅速失去光泽。除 Yb 外,所有的镧系元素具有相当强的顺磁性。直至 290 K,Gd 仍具铁磁性虽然这些金属本身的机械性能不好,但它们可以作为合金材料,使钢变硬和使镁在高温时的强度和耐蠕变性增大。将它们加到镍铬合金中用以制造电阻丝可增加其使用寿命。

根据镧系元素的标准电极电势 $\varphi^{\ominus}(Ln^{3+}/Ln)$ 值可预计,这些金属在还原性方面与金属镁相似。它们在水溶液中容易形成 Ln^{3+} 离子的主要因素是这些离子有很大的水合焓。在室温下干燥空气对镧系金属腐蚀缓慢,但潮湿空气对 Eu 的腐蚀却非常迅速,对大多数轻镧系金属腐蚀也十分迅速。所有的镧系金属在空气中受温热时都能燃烧。Ce 与其他一些轻镧系元素所成的混合物称为稀土合金,能引火,作为打火机的打火石使用。Eu 和 Yb 溶解在液氨中产生蓝色溶液,这一性质类似于碱金属和碱土金属。因此,镧系元素不论在高温的反应中还是在溶液中的性质方面,它们的活泼性都和镁相似。

La^{3+} 和 Lu^{3+} 在紫外、可见或近红外区都不呈现吸收带,而其余镧系元素都能出现。这些吸收带与一般过渡金属离子的吸收带相比是较窄的,从 Pr^{3+} 的红色到 Gd^{3+} 的紫色再回到 Tm^{3+} 的红色。络合剂能改变一般过渡金属离子的外电子层结构,而使其吸收光谱发生变动,但络合剂对镧系离子的光谱只有微小的影响,所以以上述吸收带有关的能量改变可能是由于 4f 亚层电子产生激发的结果。在 4f 亚层中,具有 n 个电子的离子通常和 4f 亚层中有 $14-n$ 个电子的离子有相似的吸收光谱,但是 Nd^{3+} ($4f^3$)、Er^{3+} ($4f^{11}$) 和 Pm^{3+}、Ho^{3+} 两对离子的吸收光谱是反常的。

镧系元素应用极为广泛。化学工业上主要用作催化剂。例如混合镧系元素的氯化物和磷酸盐用作催化剂,以加速石油的裂化分解。混合稀土氧化物广泛用作玻璃抛光材料和玻璃的脱色剂,还可用来制造耐辐射玻璃和激光玻璃。用三氧化二钇和三氧化二镝可制得耐高温透明陶瓷,这种陶瓷被用于火箭、激光、电真空等技术工程上。此外,电视工业中大量使用的荧光粉为某些稀土化合物,此荧光粉用于制造电视荧光屏。钢铁中加入少量稀土元素,可大大改善钢的机械性能,因此稀土元素可称为钢铁的"维生素"。例如在生铁里加进铈,可得到球墨铸铁,使生铁具有韧性且耐磨,可以铁代钢,以铸代锻。此外,农业上用稀土元素可是粮食增产 10%~20%,白菜增产 29%,大豆增产 50%,还可提高西瓜的产量和甜度,因此用作高效微量肥料。

10.6 化学元素与人体健康

近年来,随着科学技术水平的不断发展和提高,化学元素与人体健康的研究正在不断深入和扩展,但人们对人体构成及各种疾病产生机理和化学元素关系的重要性认识仍然不足,这就要求人们多了解人体的构成和微量元素对人体健康的作用,以减少疾病,提高身体素质,延长寿命。

构成人体的最基本元素就是 C、O、N、H,四种元素占了人体重量的 96%,他们主要以水、糖类、蛋白质、维生素和脂肪的形式存在。另外 Ca、P、K、S、Na、Cl、Mg 等七种元素主要是以无机盐的形式存在于人体内,是人体内血液和各种液体所必需的成分,他们的特殊生理功能是任何其他物质难以取代的。上述 11 种元素就占了人体总重量的 99% 以上,是构成人体最基本、最必需的化学元素(表 10-20)。

表 10-20　人体内含量较多的化学元素及日需量

元素名称	质量分数%	日需量/(mg·d^{-1})	元素名称	质量分数%	日需量/(mg·d^{-1})
O	65.0	2 550	C	18.0	270
H	10.0	330	N	3.0	16
Ca	2.0	1.1	P	1.0	1.4
K	0.35	3.3	S	0.25	0.85
Na	0.15	4.4	Cl	0.15	5.1
Mg	0.05	0.31			

根据元素在机体内的含量,可划分为宏量元素与微量元素两种。凡是占人体总重量的 0.01% 以上的元素称宏量元素(most abundant elements),凡是占人体总重量的 0.01% 以下的元素称为微量元素(trace element)。另外,根据人体对微量元素的需要情况又分为必需微量元素(essential race elements)、非必需微量元素(unessential race elements)和有害微量元素(hazardous race elements)。

微量元素,虽然含量甚微,但对人类生命活动起着不可忽视的作用。它们参与了人体内多种酶、辅酶、维生素、激素及核酸的形成,具有特异的生理功能,与机体细胞增殖、新陈代谢等密切相关。另外,微量元素中维持人体正常生命活动不可缺少的元素,被称为必需微量元素或生命元素。各种必需元素在人体内都有一定的浓度范围,过量或缺乏都对机体有害。例如,钙是人体内含量最高的金属元素,主要以羟基磷酸钙[$Ca_{10}(PO_4)_6(OH)_2$]晶体的形式存在,它主要存在于骨骼和牙齿中,具有坚硬的结构支撑作用。如果人体内钙元素缺乏,对于幼儿可引起佝偻症和发育不良;对于老年人可引起骨质疏松症,容易骨折。研究表明亚洲人成人每天钙摄入量达到 800 mg 即可满足人体的需求。如果人体摄入钙的含量过多,则可能会干扰人体对其他微量元素的吸收利用。因此在日常饮食中,摄入钙的含量并不是越多越好,最主要是要考虑其吸收率。此外,Fe、F、I、Zn、Se、Co、Cu、Mo、Mn、Cr 等微量元素对维持人体正常生命活动也有着极大的贡献(表 10-21)。

表 10-21　人体必需微量元素功能与平衡失调症

元素	主要生理功能	缺乏症	过量症
Fe	造血,组成血红蛋白和含铁酶,传递电子和氧,维持器官功能	贫血,免疫力低,无力,头痛,口腔炎,易感冒,肝癌	影响胰腺,心衰,糖尿病,肝硬化
F	长牙骨,防龋齿,促生长,参与氧化还原和钙磷代谢	龋齿,骨质疏松贫血	氟斑牙,氟骨症,骨质增生
Zn	激活 200 多种酶,参与核酸和能量代谢,促进性机能正常,抗菌,消炎	侏儒,溃疡,炎症,不育,白发,白内障,肝硬化	胃肠炎,前列腺肥大,贫血,高血压,冠心病

(续表)

元素	主要生理功能	缺乏症	过量症
Se	组酶,抑制自由基,护心肝,对重金属解毒	心血管病,克山病,大骨节病,癌,关节炎,心肌病	硒土病,心肾功能障碍,腹泻,脱发
Co	造血,心血管的生长和代谢,促进核酸和蛋白质合成	心血管,贫血脊髓炎,气喘,青光眼	心肌病变,心力衰竭,高血脂,致癌
Cu	造血合成酶和血红蛋白,增强防御功能	贫血,心血管损伤,冠心病,脑障碍,溃疡,关节炎	黄疸肝炎,肝硬化,胃肠炎,癌
Cr	发挥胰岛素作用,调节胆固醇、糖和脂质代谢,防止血管硬化	糖尿病,心血管病,高血脂,胆石,胰岛素功能失常	伤肝肾,鼻中隔穿孔,肺癌
Mn	组酶,激活剂,增强蛋白质代谢,合成维生素,防癌	软骨,营养不良,神经紊乱,肝癌,生殖功能受抑	无力,帕金森症,心肌梗塞
Mo	组成氧化还原酶,催化尿酸,抗铜贮铁,维持动脉弹性	心血管症,克山病,食道癌,肾结石,龋齿	脱毛,软骨,贫血,腹泻
I	组成甲状腺和多种酶,调节能量,加速生长	甲状腺肿,心悸,动脉硬化	甲状腺肿

一些元素的存在与否与生命的延续无关,它们通常被称为非必需元素。还有一些微量元素是环境中的污染物,例如铅、镉和汞等,它们通过呼吸或饮食侵入人体,对人体产生致畸、致突变、致癌的作用,这些微量元素就称为有害元素。

(1) 镉中毒

镉中毒会使肾功能受到破坏,肾小管对低分子蛋白再吸收功能发生障碍,糖、蛋白质代谢发生紊乱,引发尿蛋白症、糖尿病;镉进入呼吸道可引起肺炎、肺气肿,作用于消化系统则引起肠胃炎,镉中毒者常常伴有贫血,骨骼中有过量镉积累会使骨骼软化、变形、骨折、萎缩,镉中毒还会引起癌症。

1931年日本出现了一种怪病,患者大多是妇女,病症表现为腰、手、脚等关节疼痛。病症持续几年后,患者全身各部位会发生神经痛、骨痛现象,行动困难,甚至呼吸都会带来难以忍受的痛苦。到了患病后期,患者骨骼软化、萎缩,四肢弯曲,脊柱变形,骨质松脆,就连咳嗽都能引起骨折。患者不能进食,疼痛无比,因无法忍受痛苦而自杀。这种病由此得名为"骨癌病"或"痛痛病"。1946~1960年,日本医学界从事综合临床、病理、流行病学、动物实验和分析化学的人员经过长期研究后发现,"骨痛病"就是由于神通川上游的神冈矿山废水引起的镉(Cd)中毒。

(2) 铅中毒

铅是作用于全身各个系统和器官的毒物,其中主要是骨髓造血系统和神经系统。损害骨髓造血系统能引起贫血;损害神经系统能引起末梢神经炎,使运动和感觉出现异常(如伸肌麻痹)。铅随血流进入脑组织,损伤小脑和大脑皮质细胞,干扰代谢活动,造成脑贫血、脑水肿、高血压,智力和行为损害大,侵入胎儿脑组织,可影响婴儿的发育。对心血管和肾脏产生损害(如小动脉痉挛、面色苍白、腹绞痛,还常伴有视网膜小动脉痉挛、高血压和肾病)。对消化系统产生伤害,特别是肝脏(如肝肿大、黄疸、肝硬化、肝坏死)。长时间低剂量铅中毒会出现贫血、头痛、头晕、疲乏、记忆力减退、失眠、易被噩梦惊醒等症状,还常伴有消化不良、食欲不振、恶心腹痛、大便秘结和齿龈的边缘上有蓝色的铅线等。

(3) 汞中毒

汞俗称水银,是我们常用的温度表里显示多少度的银白色金属,它是一种剧毒的重金属,具有较强的挥发性。汞对于生物的毒性不仅取决于它的浓度,而且与汞的化学形态以及生物本身的特征有密切关系。1956年日本水俣湾出现的一种奇怪的病,这种"怪病"是日后轰动世界的"水俣病",即是由汞中毒引起的。大量的金属汞或汞化物由呼吸道或消化道进人体内后,数小时至数日内可出现头晕全身乏力、热口腔炎以及恶心腹痛、腹泻等症状。严重时可导致急性肺水肿和急性肾衰(曲小管坏死)。而长期接触低浓度汞及汞化物引起的职业性中毒为慢性汞中毒。它可以分为轻度中毒中度中毒和重度中毒。轻度汞中毒症状神经衰弱症候群,如全身乏力、头昏、头痛、睡眠障碍等。轻度情绪改变,如急躁易怒好哭等。手指舌眼睑轻度震颤。消化道功能紊乱,患者有口腔炎,口中有金属味。中度汞中毒精神性格有明显改变。记忆力显著降低,影响到工作和生活。手、舌、眼睑震颤明显,情绪紧张时震颤加剧。重度汞中毒有明显的神经精神症状。

总而言之,人类的生存决定于化学元素,即使人体健康所必需的那些化学元素,在体内也必须保持一种平衡状态,一旦这种平衡遭到了破坏,身体健康就会受到影响。当然这种平衡是相对的、动态的,不是一成不变的,它因人的性别、年龄、不同的生理时期、所处的地域、环境及所从事的职业等多种因素不同而变化。但可以说,人类健康长寿最关键的因素之一即是维持人体内几十种元素的平衡、协调及和谐。若体内的化学元素平衡失调,就会导致某种疾病。丰富而多样化的食品是获得各种丰富营养及必需微量元素的最好方法,而防治污染,保护环境,则是防止人体摄入过量元素和有害元素的必要手段。

思考题

1. 与同族元素相比,锂、铍有哪些特殊性?
2. 试说明碱金属和碱土金属在同一族从上到下,同一周期从左到右离子半径、电离能以及离子水合能的递变规律?
3. 解释为什么 $\varphi^{\ominus}(Li^+/Li) < \varphi^{\ominus}(Na^+/Na)$,但金属锂与水反应不如金属钠与水反应剧烈?
4. 为什么碱金属氯化物的熔点是 $NaCl > KCl > RbCl > CsCl$,而碱土金属氯化物的熔点是 $MgCl_2 > CaCl_2 > SrCl_2 > BaCl_2$。
5. 举例说明 HF 的特殊性质及其原因。
6. 试用最简单的方法区分硫化物、亚硫酸盐、硫代硫酸盐和硫酸盐溶液。
7. 将下列酸按强弱的次序排列:
$$H_6TeO_6 \quad HMnO_4 \quad HBrO_3 \quad H_3PO_4 \quad H_3AsO_4 \quad HIO_3$$
8. SO_2 与 Cl_2 的漂白机理有什么不同?
9. 将 Cl_2 不断通入 KI 溶液,为什么开始时溶液呈黄色,继而有棕褐色沉淀生产,最后又变成无色溶液?
10. 解释为何氧以单质 O_2 形式而硫单质以 S_8 形式存在?
11. 解释为什么 N_2 很稳定,可用作保护气;而磷单质白磷很活泼,在空气中自燃?
12. 在强酸性和强碱性介质中,铬(Ⅲ)和铬(Ⅵ)各以何种离子存在?呈何颜色?
13. 试验高锰酸盐在不同介质中的还原产物应先加还原剂还是先加介质?为什么?
14. $BaCrO_4$ 和 $BaSO_4$ 的溶度积相近,为什么 $BaCrO_4$ 可溶于强酸,$BaSO_4$ 而则不溶。

15. 在 Cu^{2+}、Ag^+、Ca^{2+}、Hg_2^{2+}、Hg^{2+} 的溶液中,分别加入适量的 NaOH 溶液,问各有什么物质生成? 写出有关的离子反应方程式。

16. 试将 Cu^{2+}、Ag^+、Zn^{2+} 及 Hg^{2+} 混合离子分离。

习 题

1. 锂、钠、钾在氧气中燃烧生成何种氧化物? 这些氧化物与水反应情况如何? 以化学方程式说明。

2. 如何鉴别下列各对物质?
   (1) $Be(OH)_2$,$Mg(OH)_2$
   (2) $BeCO_3$,$MgCO_3$
   (3) LiF,KF
   (4) $NaClO_4$,$KClO_4$

3. 在某酸性 $BaCl_2$ 溶液中,有少量 $FeCl_3$ 杂质,先用 $BaCO_3$ 调节溶液 pH 值,可把 Fe^{3+} 沉淀为 $Fe(OH)_3$,而除去。试用有关平衡理论解释之。

4. 完成下列反应方程式:
   (1) $KBr+KBrO_3+H_2SO_4 \longrightarrow$
   (2) Cl_2 通入热的碱液
   (3) Br_2 加入冷水冷却碱液
   (4) $H_2SO_4+S \xrightarrow{\triangle}$
   (5) $Mn^{2+}+S_2O_8^{2-}+H_2O \xrightarrow{Ag}$
   (6) $MnO_4^-+H_2O+H^+ \longrightarrow$

5. 写出下列反应方程:
   (1) 由 NaBr 制 HBr
   (2) 由 KI 制备 KIO_3
   (3) 由 I_2 和 P 制备 HI
   (4) 由 Cl_2 和 $CaCO_3$ 制备漂白粉

6. 解释下列现象或事实:
   (1) HF 的酸性没有 HCl 强,但可与 SiO_2 反应生成 SiF_4,而 HCl 却不与 SiO_2 反应;
   (2) I_2 在水中的溶解度小,而在 KI 溶液中或在苯中的溶解度大;
   (3) Cl_2 可从 KI 溶液中置换出 I_2,I_2 也可以从 $KClO_3$ 溶液中置换出 Cl_2。

7. 下列各物质在酸性溶液中能否共存? 为什么?
$FeCl_3$ 与 Br_2 水;$FeCl_3$ 与 KI 溶液;KI 与 KIO_3 溶液

8. 比较下列各对物质指定性质的大小和强弱:
   (1) 键能 F—F 和 Cl—Cl
   (2) 电子亲和能 F 和 Cl
   (3) 酸性 HI 和 HCl
   (4) 热稳定性 HI 和 HBr
   (5) 水中溶解度 MgF_2 和 $MgCl_2$
   (6) 氧化性 HClO 和 $HClO_4$

9. 完成下列反应方程式:
   (1) $Na(s)+NH_3(l) \longrightarrow$
   (2) Cl_2(过量)$+NH_3 \longrightarrow$
   (3) $(NH_4)_2Cr_2O_7 \longrightarrow$
   (4) $HNO_3+S \longrightarrow$
   (5) $Fe+HNO_3$(极稀)$\longrightarrow$
   (6) $Zn(NO_3)_2 \longrightarrow$
   (7) $NH_4NO_3 \longrightarrow$
   (8) $Pt+HNO_3+HCl \longrightarrow$
   (9) $NO_3^-+Fe^{2+}+H^+ \longrightarrow$
   (10) $As_2S_3+NaOH \longrightarrow$

10. 有一种钠盐 A,将其灼烧有气体 B 放出,留下残余物 C。气体 B 能使带有火星的木条复燃。残余物 C 可溶于水,将该水溶液用 H_2SO_4 酸化后,分成两份:一份加几滴 $KMnO_4$ 溶液,$KMnO_4$ 褪色;另一份加几滴 KI-淀粉溶液,溶液变蓝色。问 A、B 和 C 为何物? 并写出相关的反应式。

11. 完成下列反应方程式:
    (1) $SiO_2+HF \longrightarrow$
    (2) $Sn(OH)_2+NaOH \longrightarrow$
    (3) $Na_2SiO_3+NH_4Cl \longrightarrow$
    (4) $PbO_2+Mn^{2+}+H^+ \longrightarrow$
    (5) Pb_3O_4+HCl(浓)$\longrightarrow$
    (6) $SnCl_2+HgCl_2 \longrightarrow$

12. 写出 Na_2CO_3 溶液分别与下列几种盐反应的方程式:

$BaCl_2$ $MgCl_2$ $Pb(NO_3)_2$ $AlCl_3$

13. 某红色固体粉末 A 与 HNO_3 反应得褐色沉淀 B。将沉淀过滤后,在滤液中加入 K_2CrO_4 溶液,得黄色沉淀 C。在虑渣 B 中加入浓盐酸,则有气体 D 放出,此气体可使 KI-淀粉试纸变蓝。问 A、B、C 和 D 各为何物?

14. 完成下列反应,写出配平的离子方程式:

(1) $KClO_3 + FeSO_4 + H_2SO_4 \longrightarrow$
(2) $MnO_2 + HBr \longrightarrow$
(3) $K_2Cr_2O_7 + HCl \longrightarrow$
(4) $NaNO_2 + KI + H_2SO_4 \longrightarrow$
(5) $NO_3^- + Fe^{2+} + H^+ \longrightarrow$
(6) $NO_2^- + MnO_4^- + H^+ \longrightarrow$
(7) $Ag_2S + NO_3^- + H^+ \longrightarrow$

15. 试用最简单的方法区分硫化物、亚硫酸盐、硫代硫酸盐和硫酸盐溶液。

16. 在下列各反应中,H_2O_2 是氧化剂还是还原剂?试写出各反应中氧化剂和还原剂的半反应式:

(1) $PbS + 4H_2O_2 =\!=\!= PbSO_4 + 4H_2O$
(2) $2H_2O_2 =\!=\!= 2H_2O + O_2$

17. 解释下列问题:

(1) 实验室为何不能长久保存 H_2S、Na_2S 和 Na_2SO_3 溶液?
(2) 用 Na_2S 溶液分别作用于 Cr^{3+} 和 Al^{3+} 的溶液,为什么得不到相应的硫化物 Cr_2S_3 和 Al_2S_3?
(3) 通 H_2S 于 Fe^{3+} 盐溶液中为什么得不到 Fe_2S_3 沉淀?

18. 用平衡移动的观点解释三种磷酸盐(Na_3PO_4、Na_2HPO_4、NaH_2PO_4)与 $AgNO_3$ 作用都生成黄色的 Ag_3PO_4 沉淀的原因。析出 Ag_3PO_4 沉淀后,溶液的酸碱性有何变化?

19. 完成下列反应式:

(1) $Cr_2O_3 + NaOH \longrightarrow$
(2) $Cr^{3+} + NH_3 \cdot H_2O \longrightarrow$
(3) $Cr(OH)_4^- + Br_2 + OH^- \longrightarrow$
(4) $Cr_2O_7^{2-} + Pb^{2+} + H_2O \longrightarrow$
(5) $MnO_2 + KOH + KClO_3 \longrightarrow$
(6) $MnO_4^- + NO_2^- + OH^- \longrightarrow$
(7) $MnO_4^- + NO_2^- + H_2O \longrightarrow$
(8) $K_2MnO_4 + HAc \longrightarrow$

20. 根据下列现象,写出有关反应式:

(1) 在 $Cr_2(SO_4)_3$ 溶液中滴加 NaOH 溶液,先析出灰蓝色絮状沉淀,后又溶解,此时加入溴水,溶液颜色由绿变黄。
(2) 将 H_2S 通入 H_2SO_4 酸化的 $K_2Cr_2O_7$ 溶液中,溶液颜色由橙变绿,同时有乳白色沉淀析出。
(3) 黄色 $BaCrO_4$ 沉淀溶解在浓 HCl 溶液中,得到一种绿色溶液。

21. 有一种黑色化合物 A,不溶于碱液,加热时可溶于浓盐酸而放出气体 B。将 A 与 NaOH 和 $KClO_3$ 共热,它就变成可溶于水的绿色化合物 C。如将 C 酸化,则得到紫红色溶液 D 和沉淀 A。用 Na_2SO_3 溶液处理 D 时也可得到沉淀 A。若用 H_2SO_4 酸化的 Na_2SO_3 溶液处理 D,则得到几近无色的溶液 E。问 A、B、C、D 和 E 各为何物?写出有关反应式。

22. 氨水能否分别与在 Cu^{2+}、Ag^+、Ca^{2+}、Hg_2^{2+}、Hg^{2+} 反应?若能得话,试指出反应产物和现象。

23. I^- 能否分别与在 Cu^{2+}、Ag^+、Ca^{2+}、Hg_2^{2+}、Hg^{2+} 反应?若能反应,试指出反应产物和现象。

24. 完成下列反应式:

(1) $Cu(OH)_2 + C_6H_{12}O_6 \longrightarrow$
(2) $HgS + HCl + HNO_3 \longrightarrow$
(3) $AgBr + Na_2S_2O_3$(过量)$\longrightarrow$
(4) $Hg_2Cl_2 + H_2S \longrightarrow$
(5) $Cu_2O + H_2SO_4 \longrightarrow$

25. 有一白色硫酸盐 A,溶于水得蓝色溶液。在此溶液中加入 NaOH 得浅蓝色沉淀 B,加热 B 变成黑色物质 C。C 可溶于 H_2SO_4,在所得的溶液中逐滴加入 KI 溶液,先有棕褐色的沉淀 D 析出,后又变成红棕色溶液 E 和白色沉淀 F。问 A、B、C、D 和 E 各为何物?写出有关反应式。

第 11 章 常见离子的定性分析

> **学习要求：**
> 1. 了解分析反应进行的条件，鉴定反应的灵敏性和选择性，掌握灵敏度的计算方法。
> 2. 了解分别分析和系统分析的特点，掌握空白试验，对照试验和概念。
> 3. 掌握常见阳离子的 H_2S 系统分组方案、原理和步骤。
> 4. 掌握 1~5 组常见阳离子的性质，组试剂的作用，系统分析的方法以及各离子的主要检出反应。
> 5. 掌握 13 种阴离子的主要分析特性、阴离子初步试验的意义和内容；熟悉常见阴离子的鉴定反应及主要反应条件。

11.1 无机定性分析概述

定性分析（Qualitative Analysis）的任务是鉴定物质的化学组成，即确定物质是由哪些元素、离子、基团或化合物组成。根据分析所依据的原理，定性分析分为仪器分析法和化学分析法。在化学分析法中，反应在溶液中进行的鉴定方法称为湿法；化学反应在固体之间进行的称为干法，如焰色反应、熔珠试验法等。根据分析的对象，定性分析又可以分为有机定性分析和无机定性分析。

11.1.1 定性分析进行的条件

定性分析中所用的化学反应称为定性反应，包括两大类：一类用于分离或掩蔽离子；另一类用于鉴定离子的存在。分离或掩蔽反应，要求反应进行得完全、快速。而鉴定反应大都是在水溶液中进行的离子反应，不仅要求反应灵敏、快速，而且还要具有明显的外观特征，如沉淀的生成或溶解、溶液颜色的改变、气体或特殊气味的产生等，使我们能直接觉察到反应的发生。

定性反应同所有化学反应一样，需要一定的条件才能按照预期的方向进行。定性反应需具备如下的条件。

1. 反应物的浓度

溶液中的离子，只有当其浓度足够大时鉴定反应才能显著进行，并产生明显的现象。以沉淀反应为例，不仅要求参加反应的离子浓度的乘积大于该温度下沉淀的溶度积，使沉淀反应发生，而且还要使沉淀析出的量足够多，以便于观察。

2. 溶液的酸度

许多分离和鉴定反应都要求在一定的酸度下进行。例如,用生成黄色 $PbCrO_4$ 沉淀反应鉴定 Pb^{2+} 时,只能在中性或弱酸性溶液中进行。若酸度过高,则由于 CrO_4^{2-} 大部分转化为 $HCrO_4^-$ 或 H_2CrO_4,降低了溶液中 CrO_4^{2-} 的浓度,得不到 $PbCrO_4$ 沉淀。如酸度过低,则可能析出 $Pb(OH)_2$ 沉淀,甚至转化为 $[Pb(OH)_4]^{2-}$,也得不到 $PbCrO_4$ 沉淀。

3. 溶液的温度

温度对定性反应的影响较大,是因为温度对试剂、反应产物的稳定性和溶解度、某些反应进行的速率和反应完成的程度都有较大的影响。例如,$PbCl_2$ 沉淀的溶解度随着温度的升高而迅速增大,因此用 HCl 沉淀 Pb^{2+} 时不能在热溶液中进行。

4. 溶剂的影响

溶剂会影响生成物的溶解度和稳定性。一般的化学反应都在水溶液中进行,如果反应产物在水中的溶解度较大或不够稳定时,可加入某种有机溶剂使其溶解度降低或稳定性增加。例如,$CaSO_4$ 在水中溶解度较大,如以生成 $CaSO_4$ 沉淀的形式分离或鉴定 Ca^{2+} 时,向水溶液中加入乙醇,$CaSO_4$ 沉淀的溶解度就迅速降低。又如,以生成蓝色过铬酸(H_2CrO_6)的方法鉴定 Cr^{3+} 时,由于过铬酸在水中极不稳定,往往来不及观察蓝色就迅速分解而消失。如果事先在溶液中加入乙醚或戊醇,使生成的过铬酸被萃取到有机层中,就较稳定,蓝色明显可见。

5. 干扰物质的影响

干扰物质是指相同反应条件下,能与所用试剂,甚至能与被测离子起反应的物质。为消除干扰,常加入掩蔽剂或沉淀剂,使被测离子(或干扰离子)产生沉淀而分离,或经处理使其挥发或分解。例如,用 H_2SO_4 鉴定 Pb^{2+},生成 $PbSO_4$ 白色沉淀,若溶液中共存有 Ba^{2+}、Sr^{2+}、Hg_2^{2+},它们也会生成白色沉淀,影响 Pb^{2+} 的鉴定。

11.1.2 鉴定反应的灵敏度和选择性

1. 鉴定反应的灵敏度

不同的鉴定方法检出同一离子的灵敏度是不一样的。在定性分析中,灵敏度通常以最低浓度(concentration limit)和检出限量(identification limit)来表示。

最低浓度指在一定条件下,利用某鉴定反应能检出离子并能得出肯定结果时该离子的最低浓度,以 $\rho_B(\mu g/mL)$ 或 $1:G$ 表示。G 表示含有 1 g 被鉴定离子的溶剂的质量(g)。检出限量是指在一定条件下,某定性反应能检出某种离子的最小质量,通符以号 m 表示,单位为 μg。

鉴定方法的灵敏度是用逐步降低被测离子浓度的方法得到的实验值。例如,以 $Na_3[Co(NO_2)_6]$ 为试剂鉴定 K^+ 时,在中性或弱酸性溶液中得到黄色沉淀:

$$2K^+ + Na^+ + Co(NO_2)_6^{3-} \Longrightarrow K_2Na[Co(NO_2)_6]\downarrow \text{(黄色)}$$

为了测定该方法的灵敏度,将已知浓度的 K^+ 试液逐级稀释,每次稀释后均平行取出数份含 K^+ 试液(每份 1 滴,约 0.05 mL)进行鉴定试验,发现直到 K^+ 的浓度稀至 $1:12\,500$ ($1:G$,即 1 g K^+ 溶于 12 500 g 水中)时,还可得到肯定的结果,如试液再稀释或取试液体积再小时,就观察不到任何现象。这个鉴定反应的灵敏度可表示为(由于溶液很稀,1 mL 溶液按 1 g 计):

检出限量 $1\,g : 12\,500\,mL = m : 0.05\,mL$

$$m = 4 \times 10^{-6}\,g = 4\,\mu g$$

最低浓度 $$\rho_B = \frac{m}{V} = \frac{4\ \mu g}{0.05\ mL} = 80\ \mu g \cdot mL^{-1}$$

因此，检出限量、最低浓度和试液体积（V）之间的关系为

$$1 : G = m \times 10^{-6} g : V$$

$$m = \rho V$$

$$1 : G = \rho_B \times 10^{-6} g : 1$$

显然，检出限量越低，最低浓度越小，鉴定反应越灵敏。

在定性分析中，要求鉴定反应的检出限量应小于 $50\ \mu g$，最低浓度应小于 $1\ 000\ \mu g/mL$。

2. 鉴定反应的选择性及提高选择性的方法

定性分析要求鉴定方法不仅要灵敏，而且希望鉴定某种离子时不受其他共存离子的干扰。在许多离子存在的条件下，一种试剂只与其中某几种离子起反应，则这种反应称为选择性反应，所用试剂称为选择性试剂。与试剂起反应的离子越少，反应的选择性越高。

在一定条件下，若加入的试剂只与混合物中某一种离子起反应，其他离子没有类似现象，这种反应称为该离子的特效反应（specific reaction），所用试剂则称为特效试剂（specific reagent）。例如，阳离子中只有 NH_4^+ 能与强碱（如 NaOH）加热时产生具有特殊气味的、能使湿润的红色石蕊试纸变蓝的 NH_3，这一反应就是鉴定 NH_4^+ 的特效反应，NaOH 就是鉴定 NH_4^+ 的特效试剂。

实际上真正的特效反应并不多，而且只有在一定条件下反应才有特效性，特效试剂也比较少。提高鉴定反应灵敏度的途径主要有：

（1）控制溶液的酸度 这是最常用的方法之一。例如，在中性或弱碱性溶液中 $BaCl_2$ 与 SO_4^{2-}、SO_3^{2-}、$S_2O_3^{2-}$、CO_3^{2-} 作用都能生成白色沉淀。但用 HNO_3 酸化后，仅有白色晶型沉淀 $BaSO_4$ 生成，因而成为鉴定 SO_4^{2-} 的特效方法。

（2）加入掩蔽剂 例如，以 NH_4SCN 法鉴定 Co^{2+} 时，最严重的干扰来自 Fe^{3+}，因为它同 SCN^- 生成血红色的络离子 $[Fe(SCN)_n]^{3-n}$，掩盖了 $[Co(SCN)_3]^{2-}$ 的天蓝色。此时如在溶液中加入 NaF 作掩蔽剂，可与 Fe^{3+} 生成更稳定的无色 $[FeF_6]^{3-}$，则可消除 Fe^{3+} 的干扰。

（3）分离干扰离子 如果没有别的方法时，最基本的手段是使干扰离子或待检离子生成沉淀，然后进行分离，或使干扰物质分解挥发。

11.1.3 空白试验和对照试验

鉴定反应的"灵敏"与"特效"，是使某种待检离子可被准确检出的必要条件，但下述两方面因素会影响鉴定反应的可靠性。第一，溶剂、辅助试剂或器皿等均可能引入离子，它们被当作待检离子而鉴定出来，此种情况称为过度检出，简称过检；第二，由于试剂失效或反应条件控制不当而使鉴定反应的现象不明显甚至得出否定结论，这种情况称为漏检。

第一种情况可通过空白试验予以避免。即在进行鉴定反应的同时，另取一份蒸馏水代替试液，以相同方法和条件进行鉴定试验。其作用在于检查试剂或蒸馏水中是否可以含有被鉴定的离子。

例如，在试样的酸性溶液中用 NH_4SCN 法鉴定 Fe^{3+} 时，得到浅红色溶液，说明有微量铁存在。为弄清这微量 Fe^{3+} 是否为原试样所有，可另取配制试液的蒸馏水，加入同量的 HCl 溶液和 NH_4SCN 溶液，若得到同样的浅红色，说明试样中并不含 Fe^{3+}；若得到的是更

浅的红色或无色,说明试样中确实有微量 Fe^{3+} 存在。

第二种情况,即当鉴定反应不够明显或现象异常,特别是怀疑所得的否定结果是否准确时,往往需要做对照实验,即以已知离子的溶液代替试液,用同法进行鉴定。对照试验的作用在于检查试剂是否变质、失效或反应条件是否控制正确。

例如,用 $SnCl_2$ 溶液鉴定 Hg^{2+} 时,没有出现黑色的沉淀,一般认为无 Hg^{2+} 存在。但由于 $SnCl_2$ 溶液容易被空气氧化而失效,可取少量 Hg^{2+} 溶液,加入 $SnCl_2$ 溶液,也未出现灰黑色沉淀,说明 $SnCl_2$ 溶液失效,应重新配制溶液。

空白试验和对照实验可避免定性分析中的过检和漏检现象,对于正确判断分析结果,及时纠正错误有着重要的意义。

11.1.4 分别分析和系统分析

在多种离子共存时,不经过分组分离,利用特效反应及某些选择性高的反应直接鉴定待测离子的方法称为分别分析法(individual analysis)。它具有快速和机动的特点,不受机动顺序的限制。若对未知试液大体了解,只需确定其中某少数几种离子是否存在时,应用分别分析法为适宜。

所谓系统分析(systematic analysis),是指按一定的顺序和步骤向试液中加入某种试剂,将性质相近的离子逐组沉淀并分离开来,然后继续进行组内分离,直至彼此不再干扰鉴定反应为止。这种方法适用于组成较复杂的试样。这些用于分组的试剂称为组试剂(group reagent),组试剂通常都是沉淀剂。理想的组试剂应满足以下条件:① 反应迅速、分离完全;② 沉淀与溶液要易于分离;③ 组内离子的种类不宜太多;④ 过量的组试剂对以后的分离和鉴定不起干扰作用。

本章在阳离子分析中主要采用系统分析法;阴离子分析则主要采用分别分析法。

11.2 常见阳离子的分析

对人体较有影响的阳离子有:Ag^+、Hg_2^{2+}、Hg^{2+}、Pb^{2+}、Bi^{3+}、Cu^{2+}、Cd^{2+}、As(Ⅲ,Ⅴ)、Sb(Ⅲ,Ⅴ)、Sn(Ⅱ,Ⅳ)、Al^{3+}、Cr^{3+}、Fe^{3+}、Fe^{2+}、Mn^{2+}、Zn^{2+}、Co^{2+}、Ni^{2+}、Ba^{2+}、Sr^{2+}、Ca^{2+}、K^+、Na^+、Mg^{2+}、NH_4^+。其中 K^+、Na^+、Ca^{2+}、Mg^{2+} 为人体内常见的离子;Cu^{2+}、Fe^{2+}/Fe^{3+}、Zn^{2+}、Mn^{2+} 是人体内具有重要功能的微量金属离子;对人体具有较大毒性的是 As^{3+}、Hg^{2+}、Pb^{2+}、Cd^{2+} 等。这些离子分离与鉴定主要采用系统分析,即选用适当的组试剂,将阳离子分成若干组,使各组离子按顺序分批沉淀下来,然后在各组中进一步分离和鉴定每一种离子。

11.2.1 常见阳离子与常用试剂的反应

1. 与 HCl 反应

在常见阳离子中,只有 Ag^+、Pb^{2+}、Hg_2^{2+} 能与 HCl 作用,生成白色氯化物沉淀:

$$\left.\begin{array}{l} Ag^+ \\ Pb^{2+} \\ Hg_2^{2+} \end{array}\right\} \xrightarrow{HCl} \left\{\begin{array}{ll} AgCl & 白色,溶于氨水 \\ PbCl_2 & 白色,溶于热水 \\ Hg_2Cl_2 & 白色 \end{array}\right.$$

2. 与 H_2SO_4 反应

在常见阳离子中，只有 Ba^{2+}、Sr^{2+}、Ca^{2+}、Pb^{2+}、Ag^+ 能与 H_2SO_4 形成硫酸盐沉淀：

$$\left.\begin{array}{l} Ba^+ \\ Sr^{2+} \\ Ca^{2+} \\ Pb^{2+} \\ Ag^+ \end{array}\right\} \xrightarrow{H_2SO_4} \left\{\begin{array}{ll} BaSO_4 & 白色 \\ SrSO_4 & 白色 \\ CaSO_4 & 白色，溶于饱和(NH_4)_2SO_4，生成[Ca(SO_4)_2]^{2-} \\ PbSO_4 & 白色 \\ Ag_2SO_4 & 白色 \end{array}\right.$$

3. 与 NaOH 反应

加适量 NaOH 溶液于阳离子混合液时，除 K^+、Na^+、NH_4^+、Ba^{2+}、As^{3+} 之外，多数阳离子能生成氢氧化物沉淀，其中能溶于过量 NaOH 生成两性氢氧化物的有 Cr^{3+}、Pb^{2+}、Zn^{2+} 等。

$$\left.\begin{array}{l} Pb^{2+} \\ Cr^{3+} \\ Zn^{2+} \end{array}\right\} \xrightarrow{适量 NaOH} \begin{array}{ll} Pb(OH)_2\downarrow & 白色 \\ Cr(OH)_3\downarrow & 灰绿色 \\ Zn(OH)_2\downarrow & 白色 \end{array} \xrightarrow{过量 NaOH} \begin{array}{ll} PbO_2^{2-} & 无色 \\ CrO_2^- & 亮绿色 \\ ZnO_2^{2-} & 无色 \end{array}$$

4. 与 NH_3 反应

加适量氨水于阳离子混合液中与加适量 NaOH 溶液结果基本一致，但其中能溶于过量氨水生成配离子的有 Ag^+、Cu^{2+}、Cd^{2+}、Zn^{2+} 等。

$$\left.\begin{array}{l} Ag^+ \\ Cu^{2+} \\ Cd^{2+} \\ Zn^{2+} \end{array}\right\} \xrightarrow{适量 NH_3 \cdot H_2O} \begin{array}{ll} Ag_2O\downarrow & 褐色 \\ Cu(OH)_2\downarrow & 蓝绿色 \\ Cd(OH)_2\downarrow & 白色 \\ Zn(OH)_2\downarrow & 白色 \end{array} \xrightarrow{过量 NH_3 \cdot H_2O} \begin{array}{ll} [Ag(NH_3)_2]^+ & 无色 \\ [Cu(NH_3)_4]^{2+} & 深蓝色 \\ [Cd(NH_3)_4]^{2+} & 无色 \\ [Zn(NH_3)_4]^{2+} & 无色 \end{array}$$

5. 与 $(NH_4)_2CO_3$ 反应

加碳酸铵溶液于阳离子混合液中时，多数阳离子与碳酸铵生成碳酸盐、碱式碳酸盐或氢氧化物沉淀，不产生沉淀的有 K^+、Na^+、NH_4^+、As^{3+} 等。

6. 与 H_2S 反应（$0.3\ mol \cdot L^{-1}$ HCl 溶液）

H_2S 是二元酸，在溶液中解离出 S^{2-}，S^{2-} 的浓度与酸度有关：酸度越大，S^{2-} 浓度越大。由于金属硫化物溶解度相差很大，根据溶度积原理推断，有的金属离子能在酸性溶液中生成硫化物沉淀，有的在碱性溶液中生成硫化物沉淀。在 $0.3\ mol \cdot L^{-1}$ HCl 溶液中通入 H_2S 能生成沉淀的有：

$$\left.\begin{array}{l} Ag^+ \\ Pb^{2+} \\ Cu^{2+} \\ Cd^{2+} \\ Hg_2^{2+} \\ Hg^{2+} \\ As(V) \\ As^{3+} \end{array}\right\} \xrightarrow[0.3\ mol \cdot L^{-1}\ HCl]{H_2S} \begin{array}{l} \left.\begin{array}{l} Ag_2S\downarrow\quad 黑色 \\ PbS\downarrow\quad 黑色 \\ CuS\downarrow\quad 黑色 \\ CdS\downarrow\quad 黑色 \end{array}\right\} 溶于热的稀 HNO_3 \\ \left.\begin{array}{l} HgS\downarrow 黑色+Hg\downarrow \\ HgS\downarrow\quad 黑色 \end{array}\right\} 溶于王水 \\ \left.\begin{array}{l} As_2S_5\downarrow\quad 黄色 \\ As_2S_3\downarrow\quad 黄色 \end{array}\right\} 不溶于浓 HCl，溶于 NaOH \end{array}$$

7. 与(NH₄)₂S 或反应

加硫化铵溶液于阳离子混合液中时,生成的沉淀除 Ag^+、Hg_2^{2+}、Pb^{2+}、Cu^{2+}、Cd^{2+}、Hg^{2+}、As^{3+}外,还有:

$$\left.\begin{array}{l} Mn^{2+} \\ Fe^{3+} \\ Fe^{2+} \\ Zn^{2+} \\ Al^{3+} \\ Cr^{3+} \end{array}\right\} \xrightarrow[\text{或氨性溶液通 } H_2S]{(NH_4)_2S} \left.\begin{array}{ll} MnS\downarrow & \text{肉色} \\ Fe_2S_3+FeS\downarrow & \text{黑色} \\ FeS\downarrow & \text{黑色} \\ ZnS\downarrow & \text{白色} \end{array}\right\} \text{溶于稀 HCl} \\ \left.\begin{array}{ll} Al(OH)_3 & \text{白色} \\ Cr(OH)_3 & \text{灰绿色} \end{array}\right\} \text{溶于碱和稀 HCl}$$

11.2.2 常见阳离子的系统分组

根据阳离子与常见试剂反应生成产物的溶解度,按它们的共性和差异性,选用适当的组试剂,将阳离子分成若干个组,再在各组中进行分离和鉴定各种离子。根据所选组试剂的不同,有多种分组方案,如两酸两碱系统分析法分组方案和硫化氢系统分析法分组方案。最常用的是硫化氢系统分析法。

硫化氢系统分析法是以各阳离子的硫化物在不同介质中的溶解度差异为基础的系统分析法,再根据各阳离子的氯化物、碳酸盐溶解度的不同,以 HCl、H_2S、$(NH_4)_2S$ 和 $(NH_4)_2CO_3$ 为组试剂,将常见阳离子分成五个组,系统分析步骤见图 11-1 所示。

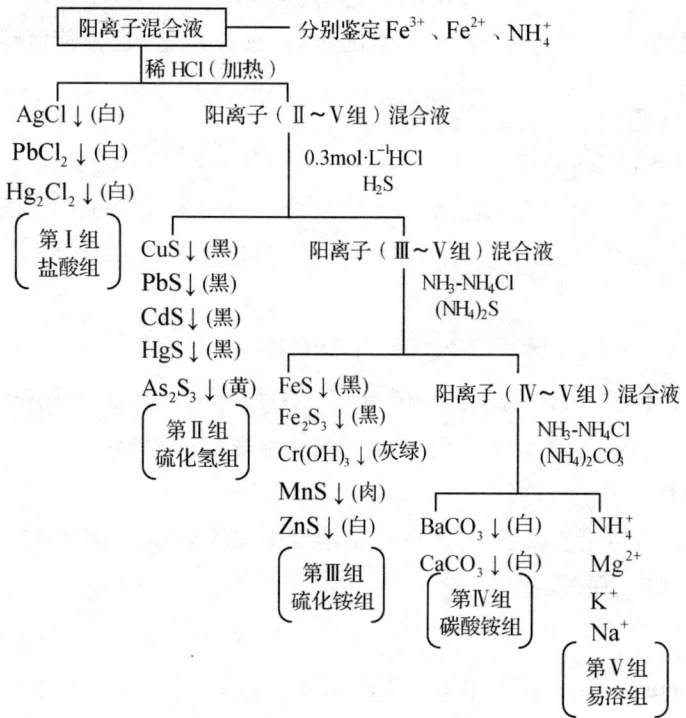

图 11-1 阳离子硫化氢系统分离步骤

硫化氢系统分析中,常用硫代乙酰胺代替 H_2S,因硫代乙酰胺在酸性溶液中能水解产生 H_2S。

$$CH_3CSNH_2 + 2H_2O \longrightarrow CH_3COONH_4 + H_2S \uparrow$$

11.2.3 常见阳离子的硫化氢系统分析法

1. 第Ⅰ组阳离子的定性分析(盐酸组、银组)

(1) 概述

本组包括 Ag^+、Hg_2^{2+} 和 Pb^{2+} 等三种离子,称为银组。它们都能与盐酸作用生成氯化物沉淀,从试液中最先被分离出来,按顺序称为第一组,按组试剂称为盐酸组。

氯化物中 $AgCl$ 和 Hg_2Cl_2 的溶解度很小,可以沉淀完全。但 $PbCl_2$ 的溶解度就大得多,并随着温度的升高而显著增大,利用此性质可使 $PbCl_2$ 与 $AgCl$ 和 Hg_2Cl_2 分离。$AgCl$ 可溶于氨水,利用此性质可使 $AgCl$ 与 Hg_2Cl_2 分离。

(2) 组试剂与本组离子的沉淀

为使本组离子沉淀完全,必须加入适当过量的 HCl,利用同离子效应降低沉淀的溶解度。但加入 HCl 的量不能过大,否则生成配离子,导致氯化物沉淀不完全。

$$AgCl + Cl^- \rightleftharpoons [AgCl_2]^-$$
$$Hg_2Cl_2 + 2Cl^- \rightleftharpoons [HgCl_4]^{2-} + Hg \downarrow$$
$$PbCl_2 + 2Cl^- \rightleftharpoons [PbCl_4]^{2-}$$

视频:Ag^+
的鉴定

在系统分析中,考虑 Bi^{2+}、Sb^{2+} 的水解,酸应过量,通常使沉淀后溶液中 HCl 浓度约为 $1\ mol \cdot L^{-1}$。

(3) 本组离子的鉴定

① Ag^+ 的鉴定

Ag^+ 在水溶液中为无色离子,鉴定反应一般为生成 $AgCl$ 沉淀法:向含 Ag^+ 的溶液中加入盐酸,有白色沉淀,再加氨水,沉淀溶解,再加 HNO_3 酸化,白色沉淀重新析出,表示有 Ag^+ 存在。

$$AgCl + 2NH_3 \rightleftharpoons [Ag(NH_3)_2]^+ + Cl^-$$

$[Ag(NH_3)_2]^+ + Cl^- + 2H^+ \rightleftharpoons AgCl \downarrow + 2NH_4^+$ $m = 0.5\ \mu g$, $\rho_B = 10\ \mu g \cdot mL^{-1}$

沉淀可溶于 NaOH,但难溶于稀 HNO_3,在氨水及醋酸中不溶。

② Pb^{2+} 的鉴定

Pb^{2+} 在水溶液中为无色离子,向含 Pb^{2+} 的溶液中加入 HAc 和 K_2CrO_4,有黄色 $PbCrO_4$ 沉淀产生,表示有 Pb^{2+} 存在。

$$Pb^{2+} + CrO_4^{2-} \rightleftharpoons PbCrO_4 \downarrow (黄色) \quad m = 20\ \mu g,\ \rho_B = 250\ \mu g \cdot mL^{-1}$$

Ag^+、Hg_2^{2+}、Hg^{2+}、Cu^{2+}、Bi^{3+}、Co^{2+}、Ni^{2+}、Sn^{2+} 等离子也能生成铬酸盐沉淀,是干扰离子,应在分离后再鉴定 Pb^{2+}。

③ Hg_2^{2+} 鉴定

Hg_2^{2+} 在水溶液中为无色离子,它是以共价键结合的二聚体:

$$Hg_2^{2+} =\!=\!= Hg^{2+} + Hg\downarrow$$

鉴定时向含 Hg_2^{2+} 的溶液中加入 HCl,生成白色沉淀,加氨水后变为灰色或黑色沉淀,表示有 Hg_2^{2+} 存在

$$Hg_2Cl_2 + 2NH_3 =\!=\!= HgNH_2Cl\downarrow(白色) + Hg\downarrow(黑色) + NH_4^+ + Cl^-$$

$$m = 10\ \mu g,\ \rho_B = 200\ \mu g\cdot mL^{-1}$$

2. 第Ⅱ组阳离子的定性分析(硫化氢组)

(1) 概述

本组包括 Hg^{2+}、Pb^{2+}、Bi^{3+}、Cu^{2+}、Cd^{2+}、As(Ⅲ,Ⅴ)、Sb(Ⅲ,Ⅴ)、Sn(Ⅱ,Ⅳ)等离子。本组离子的特性是在稀 HCl 溶液中可与 H_2S 生成硫化物沉淀。根据硫化物的酸碱性不同,把本组的8种离子分成以下两个小组:

① 铜组(ⅡA组) PbS(黑色)、Bi_2S_3(黑褐色)、CuS(黑色)、CdS(亮黄色),具有碱性,不溶于 Na_2S。

② 锡组(ⅡB组) HgS(黑色)、As_2S_3(淡黄色)、Sb_2S_3(橙红色)、SnS_2(亮黄色),具有酸性,能溶于 Na_2S 中,形成硫代硫酸盐。

(2) 铜组(ⅡA组)离子的鉴定

铜组硫化物可用 $6\ mol\cdot L^{-1}\ HNO_3$ 加热溶解,溶解后,将析出的 S 分离除去,滤液用于铜组离子的鉴定。

$$3PbS + 2NO_3^- + 8H^+ =\!=\!= 3Pb^{2+} + 3S\downarrow + 2NO\uparrow + 4H_2O$$

$$Bi_2S_3 + 2NO_3^- + 8H^+ =\!=\!= 2Bi^{3+} + 3S\downarrow + 2NO\uparrow + 4H_2O$$

① Bi^{3+} 的鉴定 亚锡酸钠法:新配置亚锡酸钠能迅速还原 Bi^{3+} 成为黑色金属 Bi。

$$2Bi^{3+} + 3SnO_2^{2-} + 6OH^- =\!=\!= 2Bi\downarrow(黑色) + 3SnO_3^{2-} + 3H_2O$$

$$m = 5\ \mu g,\ \rho_B = 100\ \mu g\cdot mL^{-1}$$

② Cu^{2+} 的鉴定 $K_4[Fe(CN)_6]$ 法(黄血盐法):在中性或弱酸性溶液中,Cu^{2+} 与 $K_4[Fe(CN)_6]$ 反应,生成红棕色 $Cu_2[Fe(CN)_6]$ 沉淀。沉淀不溶于稀酸,能溶于氨水成为深蓝色的铜氨络离子。

$$2Cu^{2+} + [Fe(CN)_6]^{4-} =\!=\!= Cu_2[Fe(CN)_6]\downarrow(红棕色)$$

$$m = 0.02\ \mu g,\ \rho_B = 0.4\ \mu g/mL$$

视频:Cu^{2+} 的鉴定

Fe^{3+} 和大量 Co^{2+}、Ni^{2+} 的存在对 Cu^{2+} 的鉴定有干扰。

③ Cd^{2+} 的鉴定 在弱酸性溶液中,Cd^{2+} 与 H_2S 反应生成黄色 CdS 沉淀,这是检验 Cd^{2+} 的最好方法。

$$Cd^{2+} + H_2S =\!=\!= CdS\downarrow(黄色) + 2H^+ \qquad m = 5\ \mu g,\ \rho_B = 100\ \mu g\cdot mL^{-1}$$

视频:Cd^{2+} 的鉴定

(3) 锡组(ⅡB组)离子的鉴定

在用 Na_2S 溶出的锡组硫代酸盐溶液中,逐滴加入浓 HAc 至呈酸性,硫代酸盐即被分解,重新析出相应的硫化物沉淀,并产生 H_2S 气体。

① 砷与锑、锡、汞的分离和砷的鉴定

(a) 砷与锑、锡、汞的分离

在 As_2S_3、HgS、SnS_2、Sb_2S_3 硫化物中，As_2S_3 的酸性最强，用 $(NH_4)_2CO_3$ 或氨水即可将其溶解，因而达到砷的分离。

$$As_2S_3 + 3CO_3^{2-} \Longrightarrow AsS_3^{3-} + AsO_3^{3-} + 3CO_2$$

$$As_2S_3 + 6NH_3 + 3H_2O \Longrightarrow AsS_3^{3-} + AsO_3^{3-} + 6NH_4^+$$

(b) 砷的鉴定

取 $(NH_4)_2CO_3$ 或氨水处理后的离心液，加稀盐酸酸化，如有黄色沉淀生成，显示有砷存在。

$$AsS_3^{3-} + AsO_3^{3-} + 6H^+ \Longrightarrow As_2S_3 \downarrow + 3H_2O$$

② 汞与锑、锡的分离和 Hg^{2+} 的鉴定

(a) 汞与锑、锡的分离

在 HgS、SnS_2、Sb_2S_3 沉淀上，加浓盐酸并加热，HgS 不溶解，而锑和锡的硫化物则生成氯配离子而溶解。

$$SnS_2 + 4H^+ + 6Cl^- \Longrightarrow [SnCl_6]^{2-} + 2H_2S$$

$$Sb_2S_3 + 6H^+ + 12Cl^- \Longrightarrow 2[SbCl_6]^{3-} + 3H_2S$$

(b) Hg^{2+} 的鉴定

视频：Hg^{2+} 的鉴定

$SnCl_2$ 法：Hg^{2+} 可被 $SnCl_2$ 还原为白色的 Hg_2Cl_2 沉淀，进一步还原生成黑色金属汞两者混合在一起为灰黑色沉淀。

$$2HgCl_2 + SnCl_2 \Longrightarrow Hg_2Cl_2 \downarrow (白色) + SnCl_4$$

$$Hg_2Cl_2 + SnCl_2 \Longrightarrow 2Hg \downarrow (黑色) + SnCl_4$$

$$m = 5\ \mu g,\ \rho_B = 100\ \mu g \cdot mL^{-1}$$

③ 锑的鉴定

金属锡还原法：Sb^{3+}、Sb^{5+} 离子可被金属锡还原为黑色的金属锑而出现黑斑。

$$2[SbCl_6]^{3-} + 3Sn \Longrightarrow 2Sb \downarrow (黑色) + 3[SnCl_4]^{2-}$$

$$m = 5\ \mu g,\ \rho_B = 100\ \mu g \cdot mL^{-1}$$

④ 锡离子的鉴定

氯化汞法：Sn^{2+} 与 $HgCl_2$ 作用，生成白色 Hg_2Cl_2 沉淀和黑色 Hg 沉淀：

$$SnCl_4^{2-} + 2HgCl_2 \Longrightarrow Hg_2Cl_2 \downarrow + SnCl_4$$

$$SnCl_4^{2-} + Hg_2Cl_2 \Longrightarrow 2Hg \downarrow + SnCl_6^{2-}$$

$$m = 1\ \mu g,\ \rho_B = 20\ \mu g \cdot mL^{-1}$$

3. 第Ⅲ组阳离子的定性分析(硫化铵组)

(1) 概述

本组包括七种元素形成的八种离子：Al^{3+}、Cr^{3+}、Fe^{3+}、Fe^{2+}、Mn^{2+}、Zn^{2+}、Co^{2+}、Ni^{2+}，也称铁组或铝镍组。它们的氯化物都溶于水，区别于第一组。在 $0.3\ mol \cdot L^{-1}$ HCl 溶液中通入 H_2S 不能生成硫化物沉淀，区别于第二组。在氨性溶液中铵盐存在下，通入 H_2S 或 $(NH_4)_2S$ 作用则生成硫化物及氢氧化物沉淀，这个性质又区别于第四组，因此第三组阳离

子的组试剂为 $NH_3 \cdot H_2O + H_2S$ 或 $(NH_4)_2S$。

(2) 本组离子的鉴定

① Fe^{2+} 的鉴定

视频：Fe^{2+}/Fe^{3+} 的鉴定

(a) 铁氰化钾法：Fe^{2+} 在酸性溶液中与铁氰化钾作用生成滕氏蓝沉淀：

$$Fe^{2+} + K^+ + [Fe(CN)_6]^{3-} = KFe[Fe(CN)_6]\downarrow (深蓝色)$$

(b) 邻二氮菲(phen)法：邻二氮菲(亦称邻菲啰啉)与 Fe^{2+} 作用生成较稳定的橘红色配合物，Fe^{3+} 对此反应无干扰。

$$Fe^{2+} + 3phen = [Fe(phen)_3]^{2+}(橘红色) \quad m = 0.25\ \mu g, \rho_B = 0.5\ \mu g \cdot mL^{-1}$$

一些阳离子因与试剂生成的络合物都不是红色，不妨碍此鉴定反应。

② Fe^{3+} 的鉴定

(a) 亚铁氰化钾法：Fe^{3+} 与亚铁氰化钾作用生成普鲁士蓝沉淀，这是 Fe^{3+} 的重要反应。

$$Fe^{3+} + K^+ + [Fe(CN)_6]^{4-} = KFe[Fe(CN)_6]\downarrow (深蓝色)$$

$$m = 0.05\ \mu g, \rho_B = 1\ \mu g \cdot mL^{-1}$$

(b) 硫氰酸盐法：Fe^{3+} 与硫氰酸盐作用生成血红色络离子：

$$Fe^{3+} + 5SCN^- = [Fe(SCN)_5]^{2-}(血红色) \quad m = 0.25\ \mu g, \rho_B = 5\ \mu g \cdot mL^{-1}$$

此反应只能在稀溶液中进行，不能用 HNO_3，因其具有氧化性，能破坏 SCN^-。

③ Mn^{2+} 的鉴定

铋酸钠法：Mn^{2+} 在酸性(HNO_3 或 H_2SO_4)溶液中能被强氧化剂(如固体铋酸钠、过硫酸铵、PbO_2)氧化成深紫色的 MnO_4^-：

$$2Mn^{2+} + 5NaBiO_3 + 14H^+ = 2MnO_4^- + 5Bi^{3+} + 5Na^+ + 7H_2O$$

$$m = 0.8\ \mu g, \rho_B = 20\ \mu g \cdot mL^{-1}$$

此反应非常灵敏，是 Mn^{2+} 的特效反应。

④ Cr^{3+} 的鉴定

在强碱性溶液中，H_2O_2 将 Cr^{3+} 氧化为 CrO_4^{2-}，再用 H_2SO_4 酸化至 pH＝2～3，CrO_4^{2-} 转变成 $Cr_2O_7^{2-}$。$Cr_2O_7^{2-}$ 与 H_2O_2 作用，生成蓝色的过氧化铬。

$$Cr^{3+} + 4OH^- = CrO_2^- + 2H_2O$$

$$2CrO_2^- + 3H_2O_2 + 2OH^- = 2CrO_4^{2-}(黄色) + 4H_2O$$

$$2CrO_4^{2-} + 2H^+ = Cr_2O_7^{2-} + H_2O$$

$$Cr_2O_7^{2-} + 4H_2O_2 + 2H^+ = 2CrO_5 + 5H_2O$$

$$m = 2.5\ \mu g, \rho_B = 50\ \mu g \cdot mL^{-1}$$

CrO_5 在水溶液中不稳定，可在溶液中加入戊醇或乙醚，提高其稳定性。

此反应无其他离子干扰。

⑤ Ni^{2+} 的鉴定

在中性、弱酸性(HAc)或氨性(pH＝5～10)溶液中，Ni^{2+} 与丁二酮肟(亦称联乙酰二肟、丁二肟等)生成鲜红色螯合物沉淀。此沉淀可被强酸、强碱或浓氨水所分解，因此反应合适的酸度为 pH=5～10 为宜。Fe^{2+} 存在时有类似反应,可先加 H_2O_2 消除 Fe^{2+} 的干扰。

$$m = 0.16 \ \mu g, \rho_B = 3 \ \mu g \cdot mL^{-1}$$

⑥ Co^{2+} 的鉴定

硫氰酸铵法:含 Co^{2+} 溶液以 HCl 酸化,加入浓 NH_4SCN 与丙酮或乙醇、戊醇,有蓝色配合物 $Co(SCN)_4^{2-}$ 生成:

$$Co^{2+} + 4SCN^- \Longrightarrow [Co(SCN)_4]^{2-}(蓝色)$$

视频:Ni^{2+}、Co^{2+}、Zn^{2+} 的鉴定

$$m = 0.5 \ \mu g, \rho_B = 10 \ \mu g \cdot mL^{-1}$$

Fe^{3+} 能与 NH_4SCN 生成血红色 $Fe(SCN)_5^{2-}$ 对鉴定反应有干扰,可加入 NH_4F 掩蔽。

⑦ Zn^{2+} 的鉴定

在中性或微酸性溶液中,Zn^{2+} 与 $(NH_4)_2[Hg(SCN)_4]$ 生成白色结晶状沉淀。向试剂中加入含 Co^{2+} 很稀(<0.02%)的溶液,在不断摩擦器壁的条件下,如迅速得到蓝紫色的结晶,表示有 Zn^{2+} 存在。

$$Zn^{2+} + [Hg(SCN)_4]^{2-} \Longrightarrow Zn[Hg(SCN)_4] \downarrow (白色)$$

$$Co^{2+} + [Hg(SCN)_4]^{2-} \Longrightarrow Co[Hg(SCN)_4] \downarrow (深蓝色)$$

$$m = 0.5 \ \mu g, \rho_B = 10 \ \mu g \cdot mL^{-1}$$

⑧ Al^{3+} 的鉴定

在 HAc-NaAc 缓冲溶液中,Al^{3+} 与铝试剂(金黄色素三羧酸铵)作用生成红色螯合物。加氨水使溶液呈碱性并加热,可促进鲜红色絮状沉淀生成。

4. 第Ⅳ组阳离子的定性分析(碳酸铵组)

(1) 概述

本组包括 Ba^{2+}、Sr^{2+}、Ca^{2+} 三种离子,称为钙组。在 $NH_3 + NH_4Cl$ 存在下,由于它们能与 $(NH_4)_2CO_3$ 作用生成碳酸盐沉淀而与第五组离子分离。本组离子的氯化物、硫化物都易溶于水、碳酸盐较难溶于水,本组的组试剂是 $(NH_4)_2CO_3$。

(2) 本组离子的鉴定

① Ba^{2+} 的鉴定

视频:Ca^{2+}、Ba^{2+} 分离与鉴定

(a) K_2CrO_4 法:Ba^{2+} 离子与 K_2CrO_4 作用,生成黄色 $BaCrO_4$ 沉淀:

$$Ba^{2+} + CrO_4^{2-} \Longrightarrow BaCrO_4 \downarrow \quad m = 3.5 \ \mu g, \rho_B = 70 \ \mu g \cdot mL^{-1}$$

$BaCrO_4$ 可溶于盐酸和硝酸,不溶于醋酸。如有 Sr^{2+} 存在,亦不会产生沉淀,故无干扰。

(b) 玫瑰红酸钠法:Ba^{2+} 与玫瑰红酸钠试剂在中性溶液中生成红棕色沉淀,此沉淀不溶于稀 HCl 溶液,但经稀 HCl 溶液处理后,沉淀的颗粒变得更细小,颜色也转为鲜红色。此鉴定反应宜在滤纸上进行,由于滤纸易于吸附沉淀,现象更为明显。

$$m = 0.5 \ \mu g, \rho_B = 5 \ \mu g \cdot mL^{-1}$$

(c) 焰色反应:钡离子的挥发性盐可使无色火焰变成黄绿色,利用此反应可做确证钡离子的试验。

② Sr^{2+} 的鉴定

(a) 硫酸锶沉淀法：Sr^{2+} 在水溶液中为无色，与 $(NH_4)_2SO_4$ 作用，可缓慢生成 $SrSO_4$ 白色沉淀。Ba^{2+} 也能生成类似的白色沉淀，但生成较快；Ca^{2+} 与浓 $(NH_4)_2SO_4$ 作用，能生成可溶性络合物 $(NH_4)_2[Ca(SO_4)_2]$。因此，可在 Ba^{2+} 不存在的条件下，利用 $(NH_4)_2SO_4$ 的浓溶液鉴定 Sr^{2+}。

$$Sr^{2+} + CrO_4^{2-} = SrCrO_4 \downarrow$$

(b) 焰色反应：Sr^{2+} 的挥发性盐可使无色火焰变成洋红色，利用此反应可做 Sr^{2+} 离子的确证试验。

③ Ca^{2+} 的鉴定

$(NH_4)_2C_2O_4$ 法：在中性或氨性或醋酸溶液中，Ca^{2+} 与 $(NH_4)_2C_2O_4$ 生成白色 CaC_2O_4 沉淀：

$$Ca^{2+} + C_2O_4^{2-} = CaC_2O_4 \downarrow \quad m = 1\ \mu g,\ \rho_B = 20\ \mu g \cdot mL^{-1}$$

此沉淀溶于强酸，但不溶于 HAc，Ba^{2+}、Sr^{2+} 有干扰，可用饱和 $(NH_4)_2SO_4$ 分离，消除干扰。

5．第 V 组阳离子的定性分析（易溶组）

(1) 概述

本组离子包括 K^+、Na^+、Mg^{2+}、NH_4^+ 等离子，称为钠组。其中，K^+、Na^+、NH_4^+ 离子的氯化物、硫化物、碳酸盐及 Mg^{2+} 离子的氯化物、硫化物都溶于水，本组没有组试剂。

(2) 本组离子的鉴定

① K^+ 的鉴定

(a) 亚硝酸钴钠法：K^+ 在中性或醋酸性溶液中与亚硝酸钴钠作用生成黄色结晶形沉淀：

$$2K^+ + Na^+ + Co(NO_2)_6^{3-} = K_2Na[Co(NO_2)_6] \downarrow \text{（组成随条件而变）}$$

强酸强碱都能使试剂破坏：

$$Co(NO_2)_6^{3-} + 3OH^- = Co(OH)_3 \downarrow + 6NO_2^-$$

$$2Co(NO_2)_6^{3-} + 10H^+ = 2Co^{2+} + 5NO \uparrow + 7NO_2 + 5H_2O$$

$$m = 4\ \mu g,\ \rho_B = 80\ \mu g \cdot mL^{-1}$$

此外，NH_4^+ 有干扰，它也能与亚硝酸钴钠生成 $(NH_4)_2Na[Co(NO_2)_6]$ 黄色沉淀。所以鉴定 K^+ 前必须除净 NH_4^+。

(b) 四苯硼酸钠试法：在中性、碱性稀酸溶液中，K^+ 与四苯硼酸钠生成白色沉淀：

$$K^+ + [B(C_6H_5)_4]^- = K[B(C_6H_5)_4] \downarrow \text{（白色）}$$

$$m = 0.5\ \mu g,\ \rho_B = 10\ \mu g \cdot mL^{-1}$$

NH_4^+ 与试剂有类似的反应，所以，鉴定 K^+ 前必须事先除去 NH_4^+。

(c) 焰色反应：K^+ 离子的易挥发盐类可使无色火焰变成紫色。

② Na^+ 的鉴定

(a) 显微结晶反应：在中性或醋酸性溶液中 Na^+ 与醋酸铀酰锌生成淡黄色结晶形沉

淀,在显微镜下观察其结晶形状为正四面体或正八面体。

$$Na^+ + Zn^{2+} + 3UO_2^{2+} + 9Ac^- + 9H_2O \rightleftharpoons NaAc \cdot Zn(Ac)_2 \cdot 3UO_2(Ac)_2 \cdot 9H_2O \downarrow (黄色)$$

$$m = 12.5 \ \mu g, \ \rho_B = 250 \ \mu g \cdot mL^{-1}$$

该沉淀的溶解度较大,故应加入过量的试剂。

(b) 焰色反应:Na^+ 离子的易挥发盐类可使无色火焰变成黄色。

③ NH_4^+ 的鉴定

视频:Na^+ 和 NH_4^+ 的鉴定

(a) 气室法:NH_4^+ 与强碱一起加热时放出气体 NH_3,NH_3 遇湿润的红色石蕊试纸,使试纸变蓝。通常认为这是 NH_4^+ 的专属反应。

$$m = 0.05 \ \mu g, \ \rho_B = 1 \ \mu g \cdot mL^{-1}$$

(b) 奈氏试剂法(奈斯勒试剂):奈斯勒试剂是四碘合汞(Ⅱ)酸钾 K_2HgI_4 的 KOH 溶液,它与 NH_4^+ 离子作用生成红棕色沉淀:

$$NH_3 + 2HgI_4^{2-} + OH^- \rightleftharpoons [Hg_2I_2NH_2]I \downarrow + 5I^- + H_2O$$

$$m = 0.05 \ \mu g, \ \rho_B = 1 \ \mu g \cdot mL^{-1}$$

Fe^{3+}、Co^{2+}、Cr^{3+}、Ni^{2+}、Ag^+ 等离子存在时与奈氏试剂中 KOH 生成有色氢氧化物沉淀,干扰 NH_4^+ 离子的鉴定,需预先将它们除去。

④ Mg^{2+} 的鉴定

镁试剂法:在碱性溶液中,Mg^{2+} 与对硝基苯偶氮间苯二酚(简称镁试剂)的碱性溶液生成螯合物蓝色沉淀。镁试剂是一种有机染料,在酸性溶液中为黄色,碱性溶液中为红色或红紫色。当被 $Mg(OH)_2$ 沉淀吸附后呈天蓝色,故反应必须在碱性条件下进行。

$$m = 0.5 \ \mu g, \ \rho_B = 10 \ \mu g \cdot mL^{-1}$$

11.3 常见阴离子的基本性质和鉴定

阴离子主要是由非金属元素构成的简单离子(如 S^{2-}、Cl^- 等)和复杂离子(如 NO_3^-、SO_4^{2-}、PO_4^{3-} 等)。尽管组成阴离子的元素为数不多,但阴离子的数目却很多,有时组成元素相同,但却以多种形式存在。例如,由 S 和 O 可以构成 SO_3^{2-}、SO_4^{2-}、$S_2O_3^{2-}$ 和 $S_2O_8^{2-}$ 等阴离子,这些离子所含的元素相同,但性质各不相同,所以分析结果不但要知道含什么元素,还要知道该元素的存在状态。

11.3.1 阴离子的分析特性

1. 与酸反应(易挥发性)

阴离子与酸反应的结果,有的放出气体,有的产生沉淀。例如:

$$CO_3^{2-} + 2H^+ \rightleftharpoons CO_2 \uparrow + H_2O$$

$$S_2O_3^{2-} + 2H^+ \rightleftharpoons S \downarrow + SO_2 \uparrow + H_2O$$

$$SiO_3^{2-} + 2H^+ \rightleftharpoons H_2SiO_3 \downarrow$$

只有当 SiO_3^{2-} 的浓度较大时,才能形成明显的 H_2SiO_3 胶状沉淀。

故这些阴离子一般应保持在碱性溶液中。在酸性溶液中加入稀 H_2SO_4 或 HCl 并加热,产生气泡。根据气泡的性质,可以初步判断含有何种阴离子。

2. 氧化性和还原性

在酸性溶液中,多数阳离子可以共存,而有些阴离子却不能共存,具体情况如表 11-1 所示,它们彼此之间可能发生氧化还原反应,以至存在形式改变。当溶液呈碱性时,阴离子的氧化还原活性较低,本章所研究的 13 种阴离子都能共存。

表 11-1 酸性溶液中不能共存的阴离子

阴离子	与左栏阴离子不能共存的阴离子
NO_2^-	S^{2-}、$S_2O_3^{2-}$、SO_3^{2-}、I^-
I^-	NO_2^-、NO_3^-
SO_3^{2-}	NO_2^-、S^{2-}、NO_3^-
$S_2O_3^{2-}$	NO_2^-、S^{2-}、NO_3^-
S^{2-}	NO_2^-、$S_2O_3^{2-}$、SO_3^{2-}、NO_3^-

3. 形成络合物的性质

一些阴离子,如 PO_4^{3-}、$S_2O_3^{2-}$、CN^-、F^-、Cl^-、Br^-、I^- 和 NO_2^- 等,能与阳离子形成配合物,故对双方的分析鉴定均有干扰。因此在制备阴离子分析试液时,需事先把碱金属以外的阳离子(定性分析中称为重金属离子)全部分离出去。此外,由于重金属离子的颜色、氧化还原性及可能与阴离子生成沉淀等也干扰阴离子分析。

由于阴离子在分析过程中容易起变化,不适宜进行手续繁多的系统分析。同时阴离子一直没有理想的组试剂,它们共存的机会也较少,相互间基本无干扰,可利用的特效反应较多,所以在阴离子分析中主要采用分别分析法进行。

11.3.2 分析试液的制备

制备阴离子分析试液时须满足三个条件:除去重金属离子;将阴离子全部转入溶液;保持阴离子原来的存在状态。

阴离子分析试液制备的方法是:试液经 Na_2CO_3 粉末处理,得到含 K^+、Na^+、NH_4^+、As(Ⅲ,Ⅴ)的溶液,成为碳酸钠提取液。Na_2CO_3 溶液呈碱性,阴离子在碱性环境中比较稳定,既可避免挥发性反应,彼此发生氧化还原反应的机会也最少。各种沉淀称为残渣。残渣中的硫化物、卤化物加入稀 H_2SO_4,用 Zn 粉还原,S^{2-} 和 X^- 转入溶液中;而残渣中的磷酸盐用稀 HNO_3 处理后,PO_4^{3-} 转入溶液中。如果试样中不含重金属离子,可直接用水溶解,加 NaOH 呈碱性后可制得阴离子分析试液。

11.3.3 阴离子的初步试验

采用分别分析鉴定鉴定阴离子时,为了缩小鉴定离子的范围,在鉴定前要做一些初步实验,弄清哪些阴离子可能存在?哪些阴离子不可能存在?阴离子的初步实验一般包括分组实验、挥发性试验和氧化性试验、还原性试验等。

1. 分组实验

根据阴离子与某些试剂的反应将其分成三组,如表 11-2 所示。组试剂只起查明是否有该组离子的存在的作用,以简化分析步骤。

表 11-2 阴离子的分组

组别	组试剂	组的特性	组中包括的阴离子
I	$BaCl_2$(中性或弱碱性)	钡盐难溶于水	SO_4^{2-}、SO_3^{2-}、$S_2O_3^{2-}$(浓度大)、CO_3^{2-}、PO_4^{3-}
II	$AgNO_3$(HNO_3 存在下)	银盐难溶于水和稀 HNO_3	Cl^-、Br^-、I^-、S^{2-}($S_2O_3^{2-}$ 浓度小)
III	—	钡盐和银盐都溶于水	NO_3^-、NO_2^-、Ac^-

按照分组的条件在试剂中加入组试剂,如有沉淀生成则表明有该组离子存在;如无沉淀,则该组离子可全部排除。

注意:① 只有当 $S_2O_3^{2-}$ 的浓度大于 $4.5\ mg·mL^{-1}$ 时,才能析出 BaS_2O_3 沉淀,且易形成过饱和溶液。沉淀时需以玻璃棒摩擦器壁,若无沉淀,只能得出 $S_2O_3^{2-}$ 含量不大或不存在的初步结论,再用分别鉴定证实。

② 当 $S_2O_3^{2-}$ 的浓度较大时,它与 Ag^+ 生成 $Ag(S_2O_3)^-$ 络离子而不生成沉淀;当 $S_2O_3^{2-}$ 浓度较小时,则可能在第二组中检出:

$$Ag_2S_2O_3 \downarrow (白色) \xrightarrow{黄色,棕色} Ag_2S \downarrow (黑色)$$

$$Ag_2S_2O_3 \downarrow + H_2O \xrightarrow{黄色,棕色} Ag_2S \downarrow (黑色) + H_2SO_4$$

2. 挥发性试验

取原液少许,直接加稀 H_2SO_4 或稀 HCl,必要时可加热,如有气体产生,则可能含有 CO_3^{2-}、S^{2-}、SO_3^{2-}、NO_2^- 等离子。根据气体的性质,可以初步判断含有什么阴离子:

CO_2:由 CO_3^{2-} 生成,无色无味,能使 $Ba(OH)_2$ 或 $Ca(OH)_2$ 饱和溶液变浑浊。

SO_2:由 SO_3^{2-} 或 $S_2O_3^{2-}$(同时析出 S↓)生成,无色,有燃烧硫黄的刺激臭味,具有还原性,可使 $K_2Cr_2O_7$ 溶液变绿($Cr_2O_7^{2-}$ 被还原为 Cr^{3+})。

NO_2:由 NO_2^- 生成,红棕色气体,有氧化性,能使 KI-淀粉试纸变蓝。

H_2S:由 S^{2-} 生成,无色,有腐蛋味,可使湿润的 $Pb(Ac)_2$ 试纸变黑。

上述试验最好取固体试验进行,现象明显,易于判断。如试液中上述离子浓度很小时,反应现象不明显,不能据此得出确切的结论。

3. 氧化性试验

本章所讨论的阴离子中,具有氧化性的有 NO_2^-、NO_3^-。试液用稀 H_2SO_4 酸化后,加 KI-淀粉溶液,若溶液变蓝色,则表示 NO_2^- 存在。

4. 还原性试验

根据阴离子还原性的大小选择两种具有不同强度氧化能力的试剂进行下述试验。

(1) $KMnO_4$(酸性) 试液用 H_2SO_4 酸化后,加入 0.03% $KMnO_4$ 溶液,若溶液的紫红

色褪去,则表示 SO_3^{2-}、$S_2O_3^{2-}$、S^{2-}、Br^-、I^- 或 NO_2^-,以及浓度较大的 Cl^- 等可能存在(至少一种)。

(2) I_2-淀粉(酸性) I_2 溶液的氧化能力远较 $KMnO_4$ 为弱,因此它只能氧化强还原性的阴离子,如 SO_3^{2-}、$S_2O_3^{2-}$ 或 S^{2-} 等。试验时在 I_2 溶液中加入淀粉使呈蓝色,当 I_2 被还原成 I^- 时则蓝色消失,表示上述三种离子至少有一种可能存在。

11.3.4　阴离子第Ⅰ组(SO_4^{2-}、SO_3^{2-}、$S_2O_3^{2-}$、PO_4^{3-}、CO_3^{2-})

1. 本组离子的一般特性

(1) 钡盐的生成及性质

本组离子可与可溶性钡盐 $BaCl_2$ 作用,生成难溶于水的白色沉淀。除 $BaSO_4$ 外,其余沉淀都可溶于酸中。因此,本组离子的组试剂是在中性或弱碱性条件下的 $BaCl_2$。

视频:SO_4^{2-} 的鉴定

(2) 银盐的生成及性质

本组离子与可溶性银盐作用可生成沉淀,其中 Ag_2SO_4 溶解度比较大,所有沉淀都可溶于稀酸中。

2. 鉴定反应

(1) SO_4^{2-} 的鉴定

SO_4^{2-} 与 $BaCl_2$ 作用生成不溶于酸的白色 $BaSO_4$ 沉淀,这是鉴定 SO_4^{2-} 离子最重要的鉴定反应。

$$m = 5\ \mu g,\ \rho_B = 100\ \mu g \cdot mL^{-1}$$

(2) $S_2O_3^{2-}$ 的鉴定

由于 S^{2-} 对 $S_2O_3^{2-}$ 和 SO_3^{2-} 的鉴定都有干扰,因此鉴定前,必须把 S^{2-} 除去。取一部分试液,加入固体 $CdCO_3$,由于 CdS 的溶解度较 $CdCO_3$ 为小,故 $CdCO_3$ 转化为 CdS,S^{2-} 即被除去,而 $S_2O_3^{2-}$ 和 SO_3^{2-} 留在溶液中。

在已除 S^{2-} 的试液中加入过量 $AgNO_3$,生成白色 $Ag_2S_2O_3$ 沉淀。此沉淀很快水解为黄色、棕色,最后变为黑色 Ag_2S 沉淀,这是鉴定 $S_2O_3^{2-}$ 离子的最好方法。

$$S_2O_3^{2-} + 2Ag^+ \longrightarrow Ag_2S_2O_3 \downarrow (白色)$$

$$Ag_2S_2O_3 \downarrow + H_2O \longrightarrow Ag_2S(黑色) + H_2SO_4$$

$$m = 2.5\ \mu g,\ \rho_B = 25\ \mu g \cdot mL^{-1}$$

(3) SO_3^{2-} 的鉴定

$S_2O_3^{2-}$ 干扰 SO_3^{2-} 的鉴定,可向已除 S^{2-} 的试液中加入饱和 $Sr(NO_3)_2$,使其与 SO_3^{2-} 生成 $SrSO_3$ 沉淀。沉淀经分离并洗涤后,加稀 HCl 溶液使其溶解。在酸性溶液中,由 SO_3^{2-} 生成的 SO_2 气体可使 KIO_3-淀粉溶液首先被还原为 I_2-淀粉溶液而显蓝色,继而又将 I_2 还原为 I^- 而使蓝色褪去,以判断是否有 SO_3^{2-} 存在。

视频:SO_3^{2-}、CO_3^{2-} 和 PO_4^{3-} 的鉴定

(4) CO_3^{2-} 的鉴定

CO_3^{2-} 与酸反应生成 CO_2 气体,可使饱 $Ba(OH)_2$ 或 $Ca(OH)_2$ 溶液变浑浊。这是鉴定所有碳酸盐的重要方法。

为了防止 SO_3^{2-}、$S_2O_3^{2-}$ 的干扰,可在加酸前加入数滴 H_2O_2 将它们氧化成 SO_4^{2-}。

$$SO_3^{2-} + H_2O_2 \rightleftharpoons SO_4^{2-} + H_2O$$

$$S_2O_3^{2-} + H_2O_2 \rightleftharpoons SO_4^{2-} + H_2O + S\downarrow$$

(5) PO_4^{3-} 的鉴定

$(NH_4)_2MoO_4$ 的 HNO_3 溶液叫钼酸试剂,PO_4^{3-} 与之作用可生成黄色结晶状磷钼酸铵沉淀。

$$PO_4^{3-} + 3NH_4^+ + 12MoO_4^{2-} + 24H^+ \rightleftharpoons (NH_4)_3PO_4 \cdot 12MoO_3 \cdot 6H_2O\downarrow + 6H_2O$$

此沉淀溶于氨水或碱中,但不溶于酸。在微酸性溶液中,即使处于沉淀状态,磷钼酸铵也有很强的氧化性,可将联苯胺氧化为联苯胺蓝,本身被还原为钼蓝。

$$m = 1.25\ \mu g,\ \rho_B = 25\ \mu g \cdot mL^{-1}$$

AsO_4^{3-} 或 SiO_3^{2-} 的干扰可以加酒石酸消除。使用玻璃器皿时,溶液中经常含有微量 SiO_3^{2-},故鉴定 PO_4^{3-} 时,无论是否鉴定出 SiO_3^{2-},都要采取消除 SiO_3^{2-} 干扰的措施。

11.3.5 阴离子第Ⅱ组(Cl^-、Br^-、I^-、S^{2-})

1. 本组离子的一般特性

本组离子在 HNO_3 中,可被 Ag^+ 离子沉淀。沉淀不溶于冷稀 HNO_3 中。因此,本组离子的组试剂是在稀 HNO_3 存在下的 $AgNO_3$。

本组离子的钡盐易溶于水,它们不能被 $BaCl_2$ 所沉淀。

2. 鉴定反应

(1) Cl^- 的鉴定

在试液中加稀 HNO_3 和 $AgNO_3$,并加热,生成银盐沉淀,在沉淀中加氨水,$AgCl$ 白色沉淀溶解,生成 $[Ag(NH_3)_2]^+$,溶液加硝酸酸化,白色 $AgCl$ 沉淀又复出现,表示有 Cl^- 存在。

$$AgCl\downarrow + 2NH_3 \cdot H_2O \rightleftharpoons [Ag(NH_3)_2]^+ + Cl^- + 2H_2O$$

$$m = 0.5\ \mu g,\ \rho_B = 10\ \mu g \cdot mL^{-1}$$

视频:Cl^-、Br^- 和 I^- 的鉴定

(2) Br^- 的鉴定

Br^- 易被氧化剂氧化成游离 Br_2。在酸性溶液中,Br^- 可被 $NaClO$ 氧化成游离溴。

$$2Br^- + ClO^- + 2H^+ \rightleftharpoons Br_2 + Cl^- + H_2O$$

游离溴在溶液中为棕色,在苯层中为红棕色,若加入过量 $NaClO$,则 Br_2 变为黄色的 $BrCl$。这是 Br^- 离子的最重要反应之一。

$$ClO^- + Cl^- + 2H^+ \rightleftharpoons H_2O + Cl_2$$

$$Br_2 + Cl_2 \rightleftharpoons 2BrCl$$

(3) I^- 的鉴定

I^- 在酸性溶液中,能被 KNO_2 氧化成游离 I_2。

$$2I^- + 2NO_2^- + 4H^+ \rightleftharpoons I_2 + 2H_2O + 2NO\uparrow$$

反应生成的碘为暗灰色沉淀或使溶液呈现棕色。苯或三氯甲烷萃取时显红紫色。Cl^-、Br^- 不被 HNO_2 氧化,故无干扰。

当有 Br^-、I^- 共存时,取试液加稀 H_2SO_4 酸化,同时加入几滴苯(或 CCl_4),滴加新鲜氯水并震荡,如苯层显 I_2 的紫色示有 I^- 存在;继续加入氯水,I 被氧化为 IO_3^-,故紫色消失,有机层出现 Br_2 的红棕色或 BrCl 的黄色,示有 Br^-。

(4) S^{2-} 的鉴定

在碱性溶液中,S^{2-} 与亚硝酰铁氰化钠 $Na_2[Fe(CN)_5NO]$ 反应生成紫色络合物。此反应是 S^{2-} 的特效反应。

$$S^{2-} + 4Na^+ + [Fe(CN)_5NO]^{2-} = Na_4[Fe(CN)_5NOS]$$

$$m = 1\ \mu g, \rho_B = 20\ \mu g \cdot mL^{-1}$$

由于强还原性阴离子 S^{2-}、SO_3^{2-} 和 $S_2O_3^{2-}$ 等干扰 Br^- 和 I^- 的鉴定,所以首先要向试液中加入 HNO_3 和 $AgNO_3$ 使 Cl^-、Br^- 和 I^- 沉淀为银盐,与上述离子分离。

11.3.6 阴离子第Ⅲ组(NO_3^-、NO_2^-、Ac^-)

1. 本组离子的一般特性

本组离子的钡盐、银盐皆易溶于水,这是和前两组不同之处。

2. 鉴定反应

(1) NO_3^- 的鉴定

将试液以 H_2SO_4 酸化后,加入二苯胺的浓 H_2SO_4 溶液,NO_3^- 存在时溶液变为深蓝色。NO_2^- 对此反应有干扰,须事先在酸性溶液中加入尿素,并加热使 NO_2^- 分解除去。

$$m = 0.5\ \mu g, \rho_B = 10\ \mu g \cdot mL^{-1}$$

视频:NO_3^-、NO_2^- 的鉴定

(2) NO_2^- 的鉴定

NO_2^- 在 HAc 溶液中能使对氨基苯磺酸重氮化,然后与 α-萘胺生成红色偶氮染料,这是鉴定 NO_2^- 的特效反应,反应灵敏度高,选择性好。

$$m = 0.01\ \mu g, \rho_B = 0.2\ \mu g \cdot mL^{-1}$$

(3) Ac^- 的鉴定

生成乙酸戊酯法 在含 CH_3COO^- 的试液中加浓 H_2SO_4 和戊醇,并加热使其反应,可生成有特殊水果香味乙酸戊酯($CH_3COOC_5H_{11}$):

$$2CH_3COONa + H_2SO_4 = NaSO_4 + 2CH_3COOH$$

$$CH_3COOH + C_5H_{11}OH = CH_3COOC_5H_{11} + H_2O$$

思考题

1. 定性分析的任务是什么?有哪些分类方法?
2. 什么是空白试验?什么是对照试验?进行空白试验和对照试验的目的是什么?

3. 什么是分别分析和系统分析？什么是组试剂？组试剂应具备哪些条件？

4. 为沉淀第二组阳离子，调节酸度时：(1) 以 HNO_3 代替 HCl，(2) 以 H_2SO_4 代替 HCl，(3) 以 HAc 代替 HCl，将分别发生何种问题？

5. 分析第三组阳离子未知物时，在下列各种情况下哪些离子不可能存在？

(1) 固体试样是无色晶体混合物；

(2) 从试液中分出第一、二组阳离子的沉淀，除去剩余的 H_2S 并加入 $NH_3 - NH_4Cl$ 后，无沉淀产生；

(3) 继(2)加热试液，并加入组试剂$(NH_4)_2S$ 或 TAA 后得白色沉淀。

6. 有一阴离子未知溶液，在初步试验中得到以下结果。试将应进行分别鉴定的阴离子列出。

(1) 加稀 H_2SO_4 时有气泡发生；

(2) 在中性时加 $BaCl_2$ 溶液有白色沉淀；

(3) 在稀 HNO_3 存在下加 $AgNO_3$ 溶液得白色沉淀；

(4) 在稀 H_2SO_4 存在下加 KI-淀粉溶液无变化；

(5) 在稀 H_2SO_4 存在下加 I_2-淀粉溶液无变化；

(6) 在稀 H_2SO_4 酸性条件下，加 $KMnO_4$ 溶液，紫红色褪去。

习 题

1. 用 $K_4Fe(CN)_6$ 试剂鉴定 Cu^{2+} 的最低浓度为 $0.4\ \mu g \cdot mL^{-1}$，检出限量是 $0.02\ \mu g$，则取试液的体积应为多少 mL？

2. 取含铁试样 $0.01\ g$ 制成 $2\ mL$ 试液，如用 1 滴 NH_4SCN 饱和溶液与 1 滴试液作用，仍可肯定检出 Fe^{3+}，试液再稀释，反应不可靠，已知此反应的检出限量为 $0.5\ \mu g\ Fe^{3+}$，最低浓度为 $5\ \mu g \cdot mL^{-1}$，估计此试样中铁的质量分数。

3. 用 K_2CrO_4 作试剂，鉴定 Ag^+ 时，将含有 Ag^+ 为 $1\ mg \cdot mL^{-1}$ 的溶液稀释 25 倍，仍能得到正结果，再稀释反应为负结果，如果鉴定每次取试液 $0.05\ mL$，求此反应的检出量 m 和最低浓度。

4. 用一种试剂分离下列每一组物质分开？

(1) As_2S_3，HgS　　(2) CuS，HgS　　(3) Sb_2S_3，As_2S_3

(4) $PbSO_4$，$BaSO_4$　　(5) $Cd(OH)_2$，$Bi(OH)_3$　　(6) $Pb(OH)_2$，$Cu(OH)_2$

(7) SnS_2，PbS　　(8) SnS，SnS_2　　(9) ZnS，CuS

5. 如何将下列各对沉淀分离？

(1) $Hg_2SO_4 - PbSO_4$　　(2) $Ag_2CrO_4 - Hg_2CrO_4$　　(3) $Hg_2CrO_4 - PbCrO_4$

(4) $AgCl - PbSO_4$　　(5) $Pb(OH)_2 - AgCl$　　(6) $Hg_2SO_4 - AgCl$

第 12 章 化学中常用的分离方法

> **学习要求：**
> 1. 了解分离和富集的目的和任务，挥发和蒸馏分离法的原理。
> 2. 了解层析分离法的分类，理解柱层析分离法、纸层析分离法和薄层色谱分离法的基本原理、分离方法及应用，了解超临界流体萃取法、毛细管电泳分离法、固相萃取分离法和膜分离法的基本原理及应用。
> 3. 熟悉化学中常用的分离和富集方法，离子交换分离过程及应用。
> 4. 掌握分离和富集的一般要求和回收率的概念。
> 5. 掌握沉淀分离法和溶剂萃取分离法的基本原理、方法分类、特点和应用，离子交换法的原理、离子交换树脂的种类和性能参数，还能运用各种层析分离法解决实际问题。

在定量分析中，分析对象比较简单时，可以通过选择合适的分析方法来提高分析结果的准确度。但在实际分析工作中，分析对象往往较为复杂，共存组分的存在通常会影响分析结果的准确度，必须选择适当的方法来排除干扰。通过第十一章的学习，我们知道消除干扰最简便的方法是控制分析条件或选用适宜的掩蔽剂，然而当采用上述方法并不奏效时，就需要事先将待测组分与干扰组分分离。当待测组分含量较低、测定方法灵敏度不够高时，还需在分离干扰组分的同时，将微量待测组分富集起来后再行测定，故分离过程往往也包含富集过程。

分析工作中对分离有一定的要求：一是干扰组分减少到不再干扰的程度；二是被测组分在分离过程中的损失要小到可以忽略不计的程度。被测组分在分离过程中的损失，常用回收率(R)来衡量。

$$R = \frac{\text{分离后被测组分的含量}}{\text{分离前被测组分的含量}} \times 100\% \tag{12-1}$$

实际工作中，常采用加入标准物质于试样中来测定加标回收率。被测组分含量不同时，对于回收率的要求也不同。一般来讲，对于质量分数大于 1% 的被测组分，回收率应大于 99.9%；对于质量分数为 0.01%～1% 的被测组分，回收率应大于 99%；质量分数小于 0.01% 的痕量组分，回收率为 90%～95%，有时甚至更低一些也是允许的。

延伸阅读：加标回收率

化学中常用的分离方法有沉淀分离法、溶剂萃取分离法、挥发和蒸馏分离法、离子交换法和层析分离法等。

12.1 沉淀分离法

沉淀分离法是利用沉淀反应来进行分离的方法。沉淀分离法的基本原理是利用溶度积原理,根据不同物质在溶剂中的溶解度不同,在试液中加入适当的沉淀剂,控制沉淀条件使被测组分沉淀或将干扰组分沉淀,从而使被测组分和干扰组分彼此分离。沉淀法是一种经典的化学分离方法,不仅可用于常量组分的分离,还可以利用共沉淀现象对微量组分进行分离和富集。

沉淀分离法可分为无机沉淀剂分离法、有机沉淀剂沉淀分离法(适用于常量组分的分离)、共沉淀分离和富集法(适用于微量或痕量组分的分离),下面将分别进行介绍。

12.1.1 无机沉淀剂沉淀分离法

无机沉淀剂有很多,形成的沉淀类型也很多,有氢氧化物、硫化物、卤化物、硫酸盐、磷酸盐和碳酸盐等。在此,着重介绍氢氧化物与硫化物沉淀分离法。

1. 氢氧化物沉淀分离法

除碱金属与部分碱土金属外,大多数金属离子都能生成氢氧化物沉淀,不同氢氧化物沉淀的溶解度差异很大。根据溶度积原理,可以估算出金属氢氧化物开始沉淀和沉淀完全(残留金属离子浓度小于 $10^{-5}\,\text{mol}\cdot\text{L}^{-1}$)时所需的酸度。因此,可以通过控制溶液酸度,改变溶液中的$[\text{OH}^-]$,以达到沉淀分离的目的。表 12-1 列出了一些常见氢氧化物开始沉淀和沉淀完全时的 pH。

表 12-1 常见氢氧化物开始沉淀和沉淀完全时的 pH

氢氧化物	开始沉淀 原始浓度为 $1\,\text{mol}\cdot\text{L}^{-1}$	开始沉淀 原始浓度为 $0.01\,\text{mol}\cdot\text{L}^{-1}$	沉淀完全	沉淀开始溶解	沉淀完全溶解
Sn(OH)_4	0	0.5	1.0	13	>14
Ce(OH)_4		0.8	1.2		
Sn(OH)_2	0.9	2.1	4.7	10	13.5
Fe(OH)_3	1.5	2.3	4.1		
Ga(OH)_3		3.5		9.7	
*Bi(OH)_3		4.0			
Al(OH)_3	3.3	4.0	5.2	7.8	10.8
Th(OH)_4		4.5			
Cr(OH)_3	4.0	4.9	6.8	12	>14
*Cu(OH)_2	5.0				
Be(OH)_2	5.2	6.2	8.8		

(续表)

氢氧化物	开始沉淀 原始浓度为 1 mol·L^{-1}	开始沉淀 原始浓度为 0.01 mol·L^{-1}	沉淀完全	沉淀开始溶解	沉淀完全溶解
$Zn(OH)_2$	5.4	6.4	8.0	10.5	12~13
$Ce(OH)_3$		7.1~7.4			
$Fe(OH)_2$	6.5	7.5	9.7	13.5	
*$Co(OH)_2$	6.6	7.6	9.2	14	
*$Ni(OH)_2$	6.7	7.7	9.2		
$Cd(OH)_2$	7.2	8.2	9.7		
*$Pb(OH)_2$		7.2	8.7	10	13
*$Mn(OH)_2$	7.8	8.8	10.4	14	
$Mg(OH)_2$	9.4	10.4	12.4		
稀土		6.8~8.5	~9.5		
$WO_3 \cdot nH_2O$		~0	~0		~8
$SiO_2 \cdot nH_2O$		<0		7.5	
$PbO_2 \cdot nH_2O$		<0		12	

* 析出氢氧化物之前,先生成碱式盐沉淀

应当指出,由于诸多因素的影响,实际所需的 pH 范围与表中所估算的数据有一定的出入,表中数据只能作为参考。利用氢氧化物沉淀分离,关键在于根据实际情况来选择合适的 pH。通常可用以下沉淀剂来控制溶液的 pH。

(1) NaOH 溶液:加入 NaOH 调节溶液的 pH≥12,可使部分金属离子形成氢氧化物沉淀下来。采用此法可分离两性金属离子(如 Al^{3+}、Cr^{3+}、Zn^{2+} 和 Pb^{2+} 等)与非两性金属离子(如 Ag^+、Cd^{2+}、Hg^{2+}、Fe^{3+}、Co^{2+}、Ni^{2+} 和 Mn^{2+} 等)。

(2) 氨-氯化铵缓冲溶液:利用它可控制溶液的 pH 为 8~9,常用来沉淀不与 NH_3 配位的金属离子(如 Fe^{3+} 和 Al^{3+}),此时溶液中共存的 Ag^+、Cd^{2+}、Cu^{2+}、Co^{2+}、Zn^{2+} 和 Ni^{2+} 会与 NH_3 形成稳定的配离子而留在溶液中,从而实现分离。溶液中大量 NH_4^+ 的存在,亦可作为抗衡离子,减少氢氧化物对其他金属离子的吸附,促进胶状氢氧化物沉淀的凝聚。

(3) 金属氧化物或碳酸盐的悬浊液:在酸性溶液中加入 ZnO 悬浊液,调节溶液的 pH 至 6 左右,可使某些高价金属离子定量沉淀,达到分离的目的。除 ZnO 悬浊液外,其他微溶性碳酸盐或氧化物的悬浊液如 $BaCO_3$、$PbCO_3$ 和 MgO 等,也可以用来控制溶液的 pH,作为氢氧化物沉淀分离法中的沉淀剂。

(4) 有机碱:如六次甲基四胺、吡啶、苯胺、苯肼等有机碱,与其共轭酸组成的缓冲溶液可控制溶液的 pH,继而使部分金属离子析出氢氧化物沉淀,以达到沉淀分离的目的。

在使用氢氧化物沉淀分离法时,可以加入掩蔽剂来提高分离的选择性。

2. 硫化物沉淀分离法

可形成硫化物沉淀的金属离子大约有 40 余种,且各种金属硫化物的溶解度相差悬殊。

由于溶液中的 S^{2-} 浓度与 H^+ 浓度有关,可通过调节溶液酸度从而控制 S^{2-} 浓度的方法使金属离子彼此分离。根据生成硫化物沉淀所需酸度的不同,可将金属离子分为以下三类:

(1) 在 H^+ 浓度约为 $0.3\ mol \cdot L^{-1}$ 的 HCl 溶液中通入 H_2S 气体,能生成硫化物沉淀的金属离子有 Cu^{2+}、Cd^{2+}、Bi^{3+}、Pb^{2+}、Ag^+、Ru^{3+}、Rh^{3+}、Os^{4+}(铜分组,不溶于 Na_2S)和 As^{3+}、Hg^{2+}、Sb^{3+}、Sn^{4+}、$V(V)$、Ge^{4+}、Se^{4+}、Te^{4+}、$Mo(Ⅵ)$、$W(Ⅵ)$、Au^{3+}、Pt^{4+}、Ir^{4+}(砷分组,能溶于 Na_2S 而形成配位硫化物),可实现与其他金属离子的分离。

(2) 在 pH≈2 的酸性溶液中,除上述金属离子外,Zn^{2+}、Ga^{3+}、In^{3+}、Tl^{3+} 也能被沉淀。

(3) 在氨性溶液中,能生成硫化物沉淀的有:Ag^+、Hg^{2+}、Pb^{2+}、Cu^{2+}、Cd^{2+}、Bi^{3+}、In^{3+}、Tl^{3+}、Mn^{2+}、Fe^{2+}、Co^{2+}、Ni^{2+} 和 Th^{4+} 等,同时 Al^{3+}、Ga^{3+}、Cr^{3+}、Be^{2+}、Ti^{4+}、Zr^{4+}、Hf^{4+}、$Nb(V)$ 和 $Ta(V)$ 等最终会析出氢氧化物沉淀。

硫化物沉淀分离法所用沉淀剂 H_2S 有剧毒,且大多数沉淀属于无定型沉淀,共沉淀现象严重,而且存在后沉淀现象,分离效果也不理想。如果采用硫代乙酰胺为沉淀剂,利用硫代乙酰胺在酸性或碱性溶液中水解产生的 H_2S 或 S^{2-} 来进行均相沉淀,可使沉淀性能和分离效果有所改善。硫代乙酰胺在酸性或碱性溶液中的反应分别为:

$$CH_3CSNH_2 + 2H_2O + H^+ \rightleftharpoons CH_3COOH + H_2S + NH_4^+$$

$$CH_3CSNH_2 + 3OH^- \rightleftharpoons CH_3COO^- + S^{2-} + NH_3 + H_2O$$

硫化物沉淀分离法的选择性不高,主要适用于分离除去重金属离子。

12.1.2 有机沉淀剂沉淀分离法

与无机沉淀剂沉淀分离相比,有机沉淀剂分离法具有吸附作用小、选择性与灵敏度高的特点,而且灼烧时共沉淀剂易除去,因而在沉淀分离中应用广泛。

有机沉淀剂与金属离子生成的沉淀类型主要有螯合物沉淀、离子缔合物沉淀与三元配合物沉淀。

1. 螯合物沉淀

生成螯合物沉淀所用的有机沉淀剂,通常含有 —COOH、—OH、—SH、—SO_3H、=NOH 等基团,这些基团中的 H^+ 可被金属离子置换;同时还应含有如 —NH_2、—NH—、—C=O、—C=S 等,基团中的 N、O、S 原子能与金属离子配位,形成含有五元环或六元环的稳定螯合物。例如,Mg^{2+} 和 8-羟基喹啉反应生成 8-羟基喹啉镁:

这类有机沉淀剂所形成螯合物的结构中,疏水基团的增多(或增大)能使沉淀的溶解度变得更小。由于生成的螯合物分子中疏水基团较多,且分子大都不带(或少带)电荷,不易吸附杂质,因此所得沉淀较纯。

2. 离子缔合物沉淀

通常,生成离子缔合物所用的有机沉淀剂在水溶液中会离解成带正电荷或带负电荷的大体积离子,与带相反电荷的金属离子或金属配离子通过静电引力缔合,形成不带电荷的难溶于水的中性分子而沉淀。如氯化四苯砷、四苯基硼酸钠等,它们的沉淀反应如下:

$$(C_6H_5)_4As^+ + MnO_4^- \Longrightarrow (C_6H_5)_4AsMnO_4 \downarrow$$

$$2(C_6H_5)_4As^+ + HgCl_4^{2-} \Longrightarrow [(C_6H_5)_4As]_2HgCl_4 \downarrow$$

$$B(C_6H_5)_4^- + K^+ \Longrightarrow KB(C_6H_5)_4 \downarrow$$

3. 三元配合物沉淀

这类沉淀是被沉淀组分与两种不同的有机配体形成的三元混配配合物或三元离子缔合物。如在含 SCN^- 的溶液中,加入吡啶(C_6H_5N)能与 Ca^{2+}、Co^{2+}、Mn^{2+}、Cd^{2+}、Zn^{2+}、Ni^{2+} 等离子形成三元配合物沉淀。

延伸阅读:四甲基氯化铵沉淀法分离提纯铂和钯

生成三元配合物的沉淀反应选择性好、灵敏度高,且生成的沉淀组成稳定、摩尔质量大,故应用较为广泛。

12.1.3 痕量组分的共沉淀分离和富集

利用共沉淀现象,以某种沉淀为载体,将痕量组分定量地共沉淀下来,达到分离的目的。这种方法要求被测痕量组分的回收率要高,且共沉淀载体不干扰被测组分的测定。

1. 利用吸附作用进行共沉淀分离

如可利用比表面积较大的 $Fe(OH)_3$、$Al(OH)_3$ 或 $MnO(OH)_2$ 为载体,通过吸附共沉淀将痕量组分共沉淀分离富集。

2. 利用生成混晶进行共沉淀分离

利用生成混晶对痕量组分进行共沉淀分离富集。如利用 Pb^{2+} 与 Ba^{2+} 生成硫酸盐混晶,用 $BaSO_4$ 共沉淀分离富集 Pb^{2+}。

3. 利用有机共沉淀剂进行共沉淀分离

(1) 利用胶体的凝聚作用进行共沉淀:如辛可宁、丹宁、动物胶等。

(2) 利用离子缔合物的形成进行共沉淀:如甲基紫、孔雀绿、品红、亚甲基蓝等。

(3) 利用"固体萃取剂"进行共沉淀:如欲分离富集试样溶液中痕量的 Ni^{2+},加入丁二酮肟时,由于生成的丁二酮肟镍螯合物量很少,并不形成沉淀。此时可以在体系中加入丁二酮肟二烷酯的乙醇溶液,由于它在水中的溶解度很小,会沉淀出来,丁二酮肟镍也会与之共沉淀而被载带下来。丁二酮肟二烷酯只起载体的作用,不发生任何反应,称为惰性共沉淀剂(或"固体萃取剂")。常见的"固体萃取剂"还有酚酞和 α-萘酚。

12.2 溶剂萃取分离法

溶剂萃取分离法又称液-液萃取分离法,是利用物质对水的亲疏性不同,将与水互不相溶的有机溶剂和试液一起振荡,使两相充分接触,达到溶解平衡,一些组分进入有机相中,而另一些组分仍留在水相中,从而实现分离的方法。

萃取分离法简单、快速，特别是分离效果好，故应用广泛。它不仅适于常量组分的分离，同样也适于微量组分的分离富集；不仅适于实验室少量试样的分离，而且还适于工业生产中大批量试样的分离和纯化。若萃取物是有色化合物，则可以取有机相直接进行光度法测定，该法称为萃取光度法，灵敏度高，选择性好。除此之外，溶剂萃取分离法还是原子吸收光谱法、色谱法及电化学分析法等对于试样预处理必不可少的手段。但是，萃取分离法所用的有机溶剂大都易燃、易挥发，有一定的毒性，且溶剂用量多，成本高，所以在应用上也受到了一定的限制。

12.2.1 萃取分离的基本原理

1. 萃取分离过程本质

视频：萃取与分离

萃取分离的原理是"相似相溶"，带电荷的物质具有亲水性，不易被有机溶剂萃取而留在水相中，如各种无机离子；呈电中性的物质具有疏水性，易被有机溶剂萃取进入有机相中。

物质对水的亲疏性是可以改变的，为了将待分离组分从水相萃取到有机相，萃取过程通常也是将物质由亲水性转化为疏水性的过程。所以说，萃取分离过程的本质是完成由水相到有机相的转变，使亲水性物质转变成疏水性物质。反之，用水溶液从有机相中萃取被分离组分，称为反萃取。例如，控制试样溶液的 pH 值，用双硫腙作萃取剂，氯仿作萃取溶剂，用萃取光度法可以测定 Hg^{2+}、Zn^{2+}、Pb^{2+}、Cd^{2+} 等微量金属离子的浓度。

2. 分配系数和分配比

设水相中有某物质 A，加入有机溶剂并使两相充分接触后，由于 A 在两相中都有一定的溶解度，在两相中分配达到动态平衡：

$$A_{水} \rightleftharpoons A_{有}$$

当溶液的温度和离子强度一定时，物质 A 在有机相和水相中的平衡浓度比称为分配系数，用 K_D 表示，有

$$K_D = \frac{[A]_o}{[A]_w} \tag{12-2}$$

需要指出的是，K_D 仅适用于 A 物质浓度较低的溶液，浓度较高时，须用活度代替浓度。在多数情况下，物质 A 在两相中的存在形式并不单一，常会发生解离、聚合或与其他组分发生化学反应，情况比较复杂，常以多种存在形式存在，不能简单地用分配系数来说明整个萃取过程的平衡问题。因此，通常用分配比（D）来表示溶质在两相中的分配情况，即溶质 A 在有机相中的各种存在形式的总浓度与水相中各种存在形式的总浓度之比。

$$D = \frac{c_o}{c_w} \tag{12-3}$$

分配比 D 除与温度有关外，还与溶液的离子强度、酸度等诸多因素有关，更能反映出物质 A 在两相中分配的实际情况。在实际工作中，常通过改变试样中某一组分的存在形式，如形成配合物等，使该组分的分配比增大，从而使其易与其他组分分离。对于一般的萃取分离体系，通常要求 D 值大于 10。

3. 萃取率

溶质 A 被萃取到有机相中的百分率,称为萃取率,通常用 E 表示,它是衡量萃取效率的一个重要指标。

$$E = \frac{\text{被萃取物质在有机相中的总量}}{\text{被萃取物质的总量}} \times 100\% \tag{12-4}$$

若溶质 A 在有机相中的总浓度为 c_o,在水相中的总浓度为 c_w,两相的体积分别为 V_o 和 V_w。则萃取率 E 为

$$E = \frac{c_o V_o}{c_o V_o + c_w V_w} \times 100\% = \frac{D}{D + \frac{V_w}{V_o}} \times 100\% \tag{12-5}$$

由(12-5)可以看出,萃取率 E 的大小与分配比 D 及两相的体积比 V_w/V_o 有关,两相体积比一定,分配比 D 越大,萃取效率越高。例如,当 $V_w/V_o=1$ 时,E 与 D 的关系为:$D=9$,$E=90\%$;$D=99$,$E=99\%$;$D=999$,$E=99.9\%$。

一般对于常量组分的分离,要求 E 值达到 99.9% 以上,而对微量组分的分离,E 达到 95% 甚至 85% 以上就可以了。

当分配比 D 值较小时,通过单次萃取,往往不能满足分析要求。在实际工作中,通常采用连续萃取即增加萃取的次数来提高萃取效率。

设体积为 V_w 的水相中含有被萃取物 A 的质量为 m_0,用体积为 V_o 的有机溶剂萃取一次,水相中剩余被萃取物 A 的质量为 m_1,则进入有机相的质量为 $(m_0 - m_1)$,此时分配比 D 为

$$D = \frac{c_o}{c_w} = \frac{(m_0 - m_1)/V_o}{m_1/V_w}$$

则

$$m_1 = m_0 \left(\frac{V_w}{DV_o + V_w}\right) \tag{12-6}$$

不难推出,若每次用体积为 V_w 的有机溶剂萃取 n 次,水相中剩余的被萃取物 A 的质量为 m_n,则

$$m_n = m_0 \left(\frac{V_w}{DV_o + V_w}\right)^n \tag{12-7}$$

【例 12-1】 含有单质碘 10.00 mg 的水溶液 100 mL,用 90 mL CCl_4 按下述两种方式进行萃取:

(1) 90 mL CCl_4 一次萃取;

(2) 每次用 30 mL CCl_4,分三次萃取。

已知 $D=85$,试比较两者的萃取效率。

解:(1) 根据式(12-6)可得,全量一次性萃取时

$$m_1 = m_0 \frac{V_w}{DV_o + V_w} = 10.00 \text{ mg} \times \frac{100 \text{ mL}}{85 \times 90 \text{ mL} + 100 \text{ mL}} = 0.13 \text{ mg}$$

$$E = \frac{m_0 - m_1}{m_0} \times 100\% = \frac{(10.00 - 0.13) \text{ mg}}{10.00 \text{ mg}} \times 100\% = 98.70\%$$

(2) 同理可得,分三次萃取时

$$m_3 = m_0 \left(\frac{V_w}{DV_o + V_w}\right)^3 = 10.00 \text{ mg} \times \left(\frac{100 \text{ mL}}{85 \times 30 \text{ mL} + 100 \text{ mL}}\right)^3 = 5.4 \times 10^{-4} \text{ mg}$$

$$E = \frac{m_0 - m_3}{m_0} \times 100\% = \frac{(10.00 - 5.4 \times 10^{-4}) \text{mg}}{10.00 \text{ mg}} \times 100\% = 99.99\%$$

4. 分离系数

在进行溶剂萃取分离时,不仅要了解对某种物质的萃取程度如何,还要考虑两种组分间的分离效果如何。为了说明两种组分的分离效果,常用分离系数 β 来表示。

$$\beta = \frac{D_A}{D_B} \tag{12-8}$$

β 表示相同萃取条件下,两种不同组分 A,B 分配比的比值。D_A 和 D_B 相差越大,两种组分间的分离效果越好,萃取的选择性越高;若 D_A 和 D_B 越接近,则表明两种组分不能或很难被萃取分离。

12.2.2 重要的萃取体系

为使无机离子的萃取过程能顺利进行,必须在水相中加入某种试剂,使被萃取组分与该试剂结合形成不带电荷、难溶于水却易溶于有机溶剂的分子,加入的试剂被称为萃取剂。根据被萃取组分与萃取剂结合方式的不同,可将萃取体系分为以下三类。

1. 金属螯合物萃取体系

加入螯合剂将被萃取组分转化为疏水性金属螯合物而进入有机相中进行萃取的体系,称为螯合物萃取体系。如 8-羟基喹啉可与 Pd^{2+}、Ti^{3+}、Fe^{3+}、Ca^{2+}、In^{3+}、Al^{3+}、Co^{2+}、Zn^{2+} 等离子生成以下螯合物(M^{n+} 代表金属离子):

[化学反应式:8-羟基喹啉 + (1/n)M^{n+} ⇌ 金属螯合物 + H^+]

生成的螯合物难溶于水,可用有机溶剂萃取。

2. 离子缔合物萃取体系

加入萃取剂将被萃取组分转化为疏水性离子缔合物而进入有机相中进行萃取的体系,称为离子缔合物萃取体系。例如,亚铜离子与双喹啉形成络合阳离子后,可与阴离子 Cl^-、ClO_4^- 形成缔合物,被异戊醇萃取。

延伸阅读:新型稀土萃取剂研究现状与进展,离子液体萃取分离有机物研究进展

$$Cu^+ + 2 \underbrace{\text{[双喹啉结构]}}_{(Bq)} = Cu(Bq)_2^+$$

$$Cu(Bq)_2^+ + Cl^- = [Cu(Bq)_2^+ \cdot Cl^-]$$

3. 三元配合物萃取体系

三元配合物具有选择性好、灵敏度高的特点,近年来这类萃取体系发展较快,广泛用于稀有元素、分散元素的分离和富集。

12.2.3 萃取条件的选择

不同的萃取体系,对萃取条件的要求不一样。下面以金属螯合物萃取体系为例,讨论选择萃取条件的原则。

1. 螯合剂的选择

螯合剂与金属离子生成的螯合物应为中性分子,且生成的螯合物越稳定,萃取效率越高。一般而言,螯合剂含疏水基团越多,亲水基团越少,萃取效率就越高。

2. 溶液的酸度

溶液的酸度会影响萃取剂的解离、螯合物的稳定性及金属离子的水解,所以萃取分离过程中酸度的选择非常重要。溶液的酸度越低,分配比越大,越有利于萃取。但酸度过低可能会引起金属离子的水解,或引起其他干扰反应,对萃取反而不利,因此应根据具体情况选择合适的酸度范围。

3. 萃取溶剂的选择

根据螯合物的结构,按照"相似相溶"的原则,选择合适的有机溶剂作为萃取剂。例如含烷基的螯合物通常选用卤代烷烃(如 CCl_4、$CHCl_3$)作萃取溶剂,含芳香基的螯合物通常选用芳香烃(如苯、甲苯等)作萃取溶剂较为合适。

此外还要考虑溶剂的其他性质,如密度与水溶液的密度的差别要大,黏度要小。最好选用无毒或低毒、挥发性小、不易燃烧的有机溶剂作萃取剂。

4. 干扰离子的消除

(1) 控制体系的酸度

通过控制体系的酸度的方法进行选择性萃取,将待测组分与干扰组分分离。例如,在含 Hg^{2+}、Pb^{2+}、Bi^{3+}、Cd^{2+} 的溶液中,可将溶液的 pH 控制在 1 左右,用二苯硫腙-CCl_4 萃取 Hg^{2+},而 Pb^{2+}、Bi^{3+}、Cd^{2+} 不被萃取;若要继续萃取 Pb^{2+},可先调节溶液的 pH 至 4~5,将 Bi^{3+}、Cd^{2+} 除去,再将 pH 调至 9~10,将 Pb^{2+} 萃取出来。

(2) 加入掩蔽剂

如果控制酸度尚不能消除干扰,则可以加入掩蔽剂,使干扰离子生成亲水性化合物而不被萃取。如用二苯硫腙-CCl_4 萃取 Ag^+ 时,若控制 pH 为 2 左右,并加入 EDTA 溶液,则除 Hg^{2+}、Au^{3+} 外,许多共存金属离子都不被萃取。

除上述条件外,体系的温度、离子强度、振荡时间等因素也会影响萃取分离效果。

在分析工作中,萃取操作一般采用间歇法,通常在梨形分液漏斗中进行。对于分配系数较小物质的萃取,则可以在不同形式的连续萃取器中进行连续萃取。

视频:索氏提取器

12.3 挥发和蒸馏分离法

挥发分离法,利用物质挥发性的差异分离共存组分的方法。它是将组分从液体或固体样品中转变为气相的过程,包括蒸发、蒸馏、升华、灰化和驱气等。该法对于非金属元素特别有效,常可达到完全分离。在无机化合物中,具有挥发性的物质并不多,故分离的选择性较高。表12-2列出了适用于挥发法分离的部分元素和化合物(不包括金属螯合物和有机金属化合物)。

表12-2 适于挥发法分离的部分元素和化合物

挥发形式	元素和化合物
单质	H、N、卤素、Hg 等
氢化物	As、Sb、Bi、Te、Sn、Pb、Ge、F、Cl、S、N、O
氟化物	B、Mo、Nb、Si、Ta、Ti、V、W
氯化物	Al、As、Cd、Cr、Ga、Hg、Mo、Sb、Sn、Ta、Ti、V、W、Zn、Zr
溴化物	As、Bi、Hg、Sb、Se、Sn
碘化物	As、Sb、Sn、Te
氧化物	As、C、H、Os、Re、Ru、S、Se、Te

蒸馏法是有机化学中一种非常重要的分离方法。有机分析中,也常用到挥发和蒸馏分离法,如有机物中C、H、O、N、S等元素的定量测定,多可用此方法分离。如含氮化合物中氮含量的测定,采用凯氏定氮法将化合物中的氮经处理转化为NH_4^+,然后在碱性条件下将NH_3蒸出,用酸吸收后用酸碱滴定法测定。

12.4 离子交换法

利用离子交换剂与溶液中离子发生交换反应而进行离子分离的方法称为离子交换法。这种方法既能用于带相反电荷离子间的分离,也能用于带相同电荷及性质相近离子间的分离。早在20世纪初,工业上就开始使用沸石来软化硬水,但沸石作为一种天然的无机离子交换剂,化学稳定性和机械强度差,再生困难,且离子交换能力低,故应用受到很大限制。为了克服以上缺点,20世纪40年代以来又合成出了多种类型的有机聚合物离子交换剂,即离子交换树脂。目前所说的离子交换分离法一般都采用离子交换树脂作为离子交换剂。

离子交换法分离效率高,已广泛用于微量或痕量组分的富集和纯物质的制备,适用于实验室和工业规模的分离。

12.4.1 离子交换树脂的种类和性质

1. 种类

离子交换树脂是一种具有三维空间网状结构的高分子聚合物。树脂骨架十分稳定,不溶于水和一般的有机溶剂,与酸、碱和一般的弱氧化物都不起作用,对热也较稳定。在网状骨架上连有许多可以与溶液中的离子发生交换作用的活性基团。根据活性基团的不同,离子交换树脂可分为阳离子交换树脂、阴离子交换树脂和特殊功能树脂。

(1) 阳离子交换树脂

阳离子交换树脂的活性交换基团为酸性,它的阳离子可与溶液中的阳离子发生交换反应。根据活性基团的强弱,可以分为强酸型和弱酸型两类。

① 强酸型阳离子交换树脂:活性基团为磺酸基($-SO_3H$),这类树脂应用较广,在酸性、中性和碱性溶液中都能使用。

② 弱酸型阳离子交换树脂:活性基团为羧基($-COOH$)或酚羟基($Ar-OH$),这类树脂对 H^+ 亲和力强,只能在中性或碱性溶液中使用,在酸性溶液中不宜使用。如R—OH和R—COOH树脂,分别要求溶液的pH不能低于4和9.5。这类树脂易用酸洗脱,选择性高,故常用于分离不同强度的有机碱。

(2) 阴离子交换树脂

阴离子交换树脂的活性交换基团为碱性,它的阴离子可与溶液中的其他阴离子发生交换反应。根据活性基团的强弱,可以分为强碱型和弱碱型两类。

① 强碱型阴离子交换树脂:活性基团为季胺基$[-N(CH_3)_3Cl]$,这类树脂应用较广,在酸性、中性和碱性溶液中都能使用。

② 弱碱型阴离子交换树脂:活性基团为伯胺基($-NH_2$)、仲胺基($=NH$)或叔胺基($\equiv N$),这类树脂对 OH^- 的亲和力大,在碱性溶液不宜使用。

(3) 特殊功能树脂

① 螯合树脂:含有特殊的活性基团,可与某些金属离子形成螯合物。在交换过程中能选择性地交换某些金属离子。如氨羧基螯合树脂含$[-N(CH_2COOH)_2]$螯合基团,对溶液中的 Cu^{2+}、Co^{2+}、Ni^{2+} 有很好的选择性螯合作用。这类树脂的优点是选择性高;缺点是制备困难,成本高,交换容量低。

② 大孔树脂:这类树脂由于在聚合时加入了适当的致孔剂,故比一般的树脂有更多、更大的孔道,比表面积大,离子易迁移扩散,富集速度快,稳定性高。

③ 氧化还原树脂:含可逆的氧化还原基团,在适当的反应条件下它们能与其他分子或离子发生可逆的电子得失反应,不会引入杂质,可用其去除溶液中的溶解氧。

④ 萃淋树脂:也称萃取树脂,这类树脂含液态萃取剂,是以苯乙烯—二乙烯苯为骨架的具有大孔结构和有机萃取剂的共聚物,兼有离子交换法和萃取法的优点。

⑤ 纤维交换剂:将天然纤维素上的羟基进行酯化、磷酸化、羧基化后,可制成阳离子交换剂;经胺化后可制成阴离子交换剂。这类树脂具有开放性的长链,比表面积大,孔隙宽松,稳定性高,交换速度快,易于洗脱,分离效果好,常用于蛋白质、氨基酸、酶、激素等生物分子的分离提纯,也可用于无机离子的分离富集。

表 12-3 列出了几种常见的离子交换树脂。

表 12-3 几种常见的离子交换树脂

类型	结构	活性基团	可交换的 pH 范围
强酸型	交联的聚苯乙烯	$-SO_3H$	0~14
中等酸型	交联的聚苯乙烯	$-PO(OH)_2$	4~14
弱酸型	聚丙烯酸	$-COOH$	6~14
强碱型	交联的聚苯乙烯	$-N(CH_3)_2Cl$	0~14
弱碱型	交联的聚苯乙烯	$-NH(CO_3)_3OH$ $-NH_2(CO_3)OH$	0~7
双交换基团	酚甲醛聚合物	$-OH$ 和 $-SO_3H$	磺酸基可以在任何 pH 时交换,酚羟基在 pH>9.5 时交换
螯合树脂	交联的聚苯乙烯	$-H_2C-N\begin{smallmatrix}CH_2COOH\\CH_2COOH\end{smallmatrix}$	6~14

2. 性能参数

(1) 交联度

离子交换树脂在合成过程中,由链状聚合物分子相互连接形成网状结构的过程,称为交联,在此过程中加入的试剂,称为交联剂。交联剂用量的多少,反映了树脂的交联程度,通常将树脂中交联剂所占的质量百分数称为交联度。它是衡量离子交换树脂孔隙度的一个重要指标。

$$交联度 = \frac{交联剂质量}{干树脂总质量} \times 100\% \tag{12-9}$$

树脂的交联度越大,网状结构的孔径越小,网眼越密,选择性越高,因为只有小体积的离子可以进入,体积大的离子不能发生交换反应。交联度大时,树脂结构紧密,机械强度好,然而树脂对水的溶胀性能较差,交换速度较慢。反之,交联度小时,网眼较大,树脂对水的溶胀性较好,交换反应速率较快,但其机械强度和选择性较差。通常,树脂的交联度应控制在 4%~14% 为宜。

(2) 交换容量

交换容量是指每克干树脂所能交换的离子的物质的量($mmol \cdot g^{-1}$)。它是表征离子交换树脂活性基团的重要参数。它决定于网状结构中活性基团的数目。

交换容量可通过实验的方法测得,一般为 3~6 $mmol \cdot g^{-1}$(干树脂)。

12.4.2 离子交换亲和力

离子在树脂上的交换能力称为离子交换亲和力。树脂亲和力的大小与水合离子半径、离子所带电荷及离子极化程度有关。

1. 强酸型阳离子交换树脂

(1) 对于不同价态的离子,所带电荷数越高,亲和力越大。以下离子的亲和力大小顺序为：$Na^+ < Ca^{2+} < Al^{3+} < Th^{4+}$。

(2) 当离子价态相同时，亲和力随水合离子半径减小而增大。

对于常见的一价阳离子，亲和力大小顺序为：$Li^+ < H^+ < Na^+ < NH_4^+ < K^+ < Rb^+ < Cs^+ < Tl^+ < Ag^+$；对于二价阳离子，顺序为 $Mg^{2+} < Zn^{2+} < Co^{2+} < Cu^{2+} < Cd^{2+} < Ni^{2+} < Ca^{2+} < Sr^{2+} < Pb^{2+} < Ba^{2+}$。

(3) 稀土元素的亲和力随原子序数增大而减小，主要是由于镧系收缩现象所致。

2. 弱酸型阳离子交换树脂

此类树脂对 H^+ 的亲和力比其他阳离子大，除此之外，亲和力大小顺序与强酸型阳离子交换树脂相同。

3. 强碱型阴离子交换树脂

常见阴离子的亲和力顺序为：$F^- < OH^- < CH_3COO^- < HCOO^- < H_2PO_4^- < Cl^- < NO_2^- < CN^- < Br^- < C_2O_4^{2-} < NO_3^- < HSO_4^- < I^- < CrO_4^{2-} < SO_4^{2-} <$ 柠檬酸根离子。

由于树脂对离子亲和力的不同，进行离子交换时，就会呈现一定的选择性。若溶液中各种离子的浓度相同，则亲和力大的离子先被交换，亲和力小的后被交换。当用合适的洗脱剂洗脱时，后被交换的离子先被洗脱下来，从而实现分离。

12.4.3 离子交换分离操作过程

离子交换分离法包括静态法和柱交换分离法。

静态法是将处理好的交换树脂放于样品溶液中，或搅拌或静止，反应一段时间后分离。该法简便易行，但分离效率低，常用于离子交换现象的研究。

柱交换分离法是将树脂颗粒装填在交换柱上，让试液和洗脱液依次流过交换柱进行分离。以下主要介绍离子交换柱分离法的操作过程。

1. 交换过程

(1) 树脂的选择和预处理

在使用离子交换柱分离法进行分析时，首先应根据待分离试样的性质与分离要求，选择合适型号和粒度的离子交换树脂。

筛选：一般商品化的树脂大小不够均匀，故在使用前首先应过筛除去过大和过小的颗粒，也可以让干树脂先吸水充分溶胀后，再筛选大小一定的颗粒备用。

浸泡：其目的主要是为了除去树脂内部杂质。如强酸型阳离子交换树脂，可先用乙醇洗去有机杂质，再用 $2 \sim 4 \text{ mol} \cdot \text{L}^{-1}$ HCl 溶液浸泡两天以除去其他杂质并使其溶胀，然后用蒸馏水洗至中性，浸于去离子水中备用。

转型：根据不同的分离需要将处理好的树脂进一步转型。如强酸型阳离子交换树脂，可用 NH_4Cl 溶液转化为 NH_4^+ 型阳离子交换树脂；强碱型阴离子交换树脂可用 NaCl 溶液转化为 Cl^- 型阴离子交换树脂。

(2) 装柱

离子交换分离一般在交换柱中进行，如图 12-1 所示。其装柱与一般色谱法相同，交换柱的直径与长度主要由待交换物质的量和分离的难易程度决定，较难分离的物质一般需要较长的柱子。操作方法如下：在柱管底部装填少量玻璃纤维，柱管注满水，倒入一定量的湿树脂,让其自然沉降,树脂层的高度约为柱高的90%。为防止加溶液时树脂被冲起,在树脂层上面也应铺一层玻璃纤维,并保持蒸馏水的液面略高于树脂层,以防树脂干涸混入气泡。

(3) 交换

控制一定的流速,将待分离试液缓缓倾入交换柱,试液中那些能与离子交换树脂发生交换反应的带相同电荷的离子将保留在柱上,而那些带异性电荷的离子或中性分子则不发生交换作用,随着液相会继续向下流动。

(4) 洗脱(淋洗)

用适当的洗脱剂,以一定的流速,将交换上去的离子洗脱并分离。洗脱过程其实就是交换过程的逆过程。当洗脱液不断地倾入交换柱时,已交换在柱上的样品离子就不断地被置换下来。置换下来的离子在下行过程中又会与新鲜的离子交换树脂上的可交换离子发生交换,重新被柱保留。在淋洗过程中,待分离的离子在下行过程中反复地进行着"置换—交换—置换"的过程。

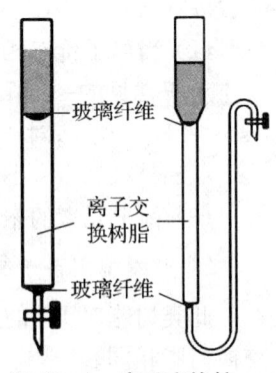

图 12-1　离子交换柱

阳离子型交换树脂常用 HCl 作洗脱剂;阴离子型交换树脂常用 NaCl 或 NaOH 作洗脱剂。洗脱下来的离子可用于分析测定。

(5) 树脂再生

将离子从树枝上洗脱下来后,树脂柱还需要用酸或碱进行再生,恢复到交换前的状态,以便循环使用。大多数情况下,洗脱过程也就是再生过程。

12.4.4　离子交换法应用示例

离子交换分离法分离不同电荷的离子是非常方便的,下面举几例作简单说明。

1. 去离子水的制备

视频:用离子交换剂软化硬水

自来水中常含有一些溶解性的盐类离子,要获得工业生产与科学研究中普遍使用的去离子水,可通过离子交换法制备。先将强酸型阳离子交换树脂处理成 H-型,强碱型阴离子交换树脂处理成 OH-型,再将水样依次流经 H-型阳离子交换柱和 OH-型阴离子交换柱,即可制得去离子水,其交换反应依次为:

$$Me^{n+} + nR-SO_3H \Longleftrightarrow (R-SO_3)_nMe + nH^+$$

$$nH^+ + X^{n-} + nR-N(CH_3)_3^+OH^- \Longleftrightarrow [R-N(CH_3)_3]_nX + nH_2O$$

以上方法是将阳、阴离子交换柱串联起来使用,称为复柱法。由于柱上交换产物易发生逆反应,故该法制得的去离子水纯度不高。若要得到更高纯度的去离子水,通常可再串联一个混合柱(阳、阴离子交换树脂按交换容量 1∶1 混合装柱),相当于将阳、阴离子交换柱多级串联起来使用,称为混合柱法。

树脂使用一段时间后,其活性基团会逐渐被水中交换上来的离子所饱和,最终会完全丧失交换能力,故需要定期用强酸、强碱来分别洗脱阳、阴离子交换柱,使树脂再生。

2. 痕量组分的富集

当试样中不含大量的其他电解质时,离子交换法则是富集痕量组分的有效方法。例如矿石中痕量铂、钯的测定,可先将矿石用浓 HCl 溶解,使 Pt(Ⅳ)、Pd(Ⅱ)转化为 $PtCl_6^{2-}$ 和 $PdCl_4^{2-}$,稀释后,将试液通过 Cl-型强碱性阴离子交换树脂的微型柱,使 $PtCl_6^{2-}$ 和 $PdCl_4^{2-}$ 附着在交换树脂上。取出树脂,高温灰化,再用王水浸取残渣,得到浓度较高的含 Pt(Ⅳ) 和 Pd(Ⅱ) 的试液,定容后用分光光度法测定。

3. 试样中总盐量的测定

工厂废水、土壤抽取物、海水、天然水中总盐量的测定是十分重要的分析项目之一,可用离子交换-酸碱滴定法进行测定。水样通过 H-型阳离子交换柱,阳离子与 H^+ 进行交换反应,置换出与盐等量的氢离子,通过用氢氧化钠标准溶液滴定来确定交换出的氢离子的量,从而确定水样中的总盐量。

12.5 层析分离法

层析法又称色谱法或色层法,是利用被分离物质物理化学性质的差异,在两相(固定相与流动相)中分配系数的不同而进行分离的方法。层析分离操作简便,样品用量可多可少,既能用于实验室的分离分析,也能用于工业生产中产品的制备和提纯。若与相关仪器结合,可组成各种自动化程度高的分离分析仪器。近年来,层析分离法已迅速发展成为一门内容丰富的专门学科,广泛应用于化学、化工、生物、医药、卫生、环境保护等诸多领域。

在层析分离法中,属于仪器分析方法的气相色谱法、高效液相色谱法已在 9.4 一节中作了专门的介绍,本节只简单介绍属于经典液相色谱法的柱层析分离法、纸层析分离法和薄层色谱分离法。

12.5.1 柱层析分离法

1. 分离原理和过程

柱层析分离法,又称柱色谱法,是最早出现的一种经典的液相色谱法。先将吸附剂(如氧化铝、硅胶等)均匀填充在色谱柱中,然后从柱的顶端缓慢注入被分离的试样溶液,再用流动相(洗脱剂)加在柱子的上方不断淋洗,组分就会依先后顺序流出色谱柱从而实现分离。

视频:柱层析法

若样品溶液中含有 A 和 B 两种组分,且固定相对 A 的吸附能力大于对 B 的吸附能力,则 A 首先被吸附到固定相上,然后 B 才被吸附。但往往两者的吸附能力差别甚微,故开始的时候并不能完全分开。当用洗脱剂进行淋洗时,A、B 两组分会在在流动相和固定相中进行反复多次地溶解、吸附、再溶解、再吸附过程,经过一段时间后,组分 B 随流动相移动速率较快,而 A 因受固定相的吸附力大而在流动相中移动较为困难,于是本来混在一起的 A、B 两组分在色谱柱中会逐渐分开,若 A、B 具有不同的颜色,则在色谱柱中会观察到两条不同的色带,"色谱"一词也由此得名。如果继续用洗脱剂淋洗,并用适当容器分别接收,就会收集到 A、B 的纯溶液。

2. 柱层析分离对吸附剂的要求

柱层析法对吸附剂的基本要求是:

(1) 应具有较大的比表面积和足够大的吸附能力;
(2) 颗粒均匀,并有一定的粒度和机械强度,在使用过程中不易破碎;
(3) 不溶于所选的溶剂和洗脱剂;
(4) 具有化学惰性,不与被分离组分、所选溶剂和洗脱剂发生化学反应;
(5) 具有较为可逆的吸附性能,既能吸附试样组分,又易于解析。

目前,常用的吸附剂有硅胶和氧化铝,其次是聚酰胺、活性炭、硅酸镁和高聚物微球等。吸附剂对一些常见化合物的吸附能力的大小顺序为:饱和烃<不饱和烃<醚<酯<醛<酮<胺<含羟基化合物<酸和碱。

3. 柱层析分离对洗脱剂的要求

对洗脱剂的基本要求是:
(1) 对样品组分要有足够的溶解能力;
(2) 具有化学惰性,不与被分离组分和吸附剂发生化学反应;
(3) 黏度小,易流动,不致洗脱得太慢;
(4) 有足够的纯度;
(5) 毒性尽可能小。

洗脱剂的选择应综合考虑吸附剂的吸附能力与被分离组分的极性。一般来说,采用吸附性能较弱的吸附剂分离极性较强的组分时,应选用极性较强的溶剂如水和甲醇等作洗脱剂;采用吸附性能较强的吸附剂分离极性较弱的组分时,通常选用极性较弱的溶剂如石油醚、环己烷等作洗脱剂。多数情况下,为了获得更好的分离效果,通常选用两种或两种以上极性不同的有机溶剂以一定的配比混合,调成极性梯度更细的洗脱剂。常见有机溶剂的极性大小顺序为:石油醚<环己烷<四氯化碳<苯<甲苯<二氯甲烷<氯仿<乙醚<乙酸乙酯<丙酮<正丙醇<乙醇<甲醇<吡啶<酸。

柱层析分离法柱效不高,目前已很少用于分析检测,但由于柱填料(吸附剂)价格便宜,柱容量又大,无须特殊的仪器设备,现普遍用于复杂混合物的预分离,如有机合成、植物化学、中草药活性成分的提取等领域的初步分离。

12.5.2 纸层析分离法

纸层析分离法又称纸色谱法,是以层析滤纸作为载体的液相色谱法。该法具有设备简单、易于操作、分离效果好等优点,已广泛用于无机物、有机物、生物分子和药物分子等的分离分析。

1. 方法原理

纸层析分离法是根据不同物质在固定相和流动相间的分配比不同而进行分离的。以层析滤纸为载体,滤纸纤维素(葡萄糖分子聚合成的大分子)吸附的水分子构成纸色谱的固定相,被水饱和的有机溶剂作为流动相(又称展开剂)。样品组分在两相之间进行分配时,由于各组分分配系数不同,使它们在滤纸上的迁移速率不同,从而实现分离。

2. 操作过程

取一大小适宜的滤纸条,用毛细管将试液点样在其原点处,然后挂在加盖的玻璃缸(色谱筒)内,让纸条下端浸入流动相中,但不要让试样点接触液面(如图 12-2)。流动相由于毛细管作用,沿滤纸向上展开,当接触到点在滤纸上的试样原点时,试样中的各组分就不断地在固定相和展开剂之间分配和再分配,当分离进行一定时间后,溶剂前沿上升到接近滤纸条的上沿时,取出纸条,在溶剂前沿上做标记;晾干纸条,在纸条上找出各组分的斑点,然后再进行分析。

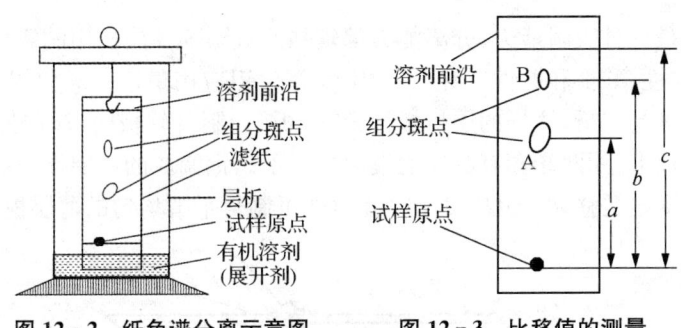

图 12-2　纸色谱分离示意图　　图 12-3　比移值的测量

3. 比移值(R_f)的测量

在平面色谱(纸色谱和薄层色谱)中,常用比移值(R_f)来表示组分在色谱中的迁移情况。

$$R_f = \frac{\text{原点至组分斑点中心的距离}}{\text{原点至溶剂前沿的距离}} \tag{12-10}$$

如图 12-3 所示,a、b、c 分别为展开结束时原点至组分 A、B 和溶剂前沿的距离。对于组分 A,$R_f = \frac{a}{c}$;对于组分 B,$R_f = \frac{b}{c}$。R_f 的变动范围为 0～1。当 $R_f = 0$ 时,表明该组分留在原点为移动,即组分未被展开;若 $R_f \approx 1$,表明该组分随展开剂一起上升,即组分在固定相中的浓度趋近于 0。根据各组分 R_f 值的差别,可以判断各组分的分离情况。一般来说,组分 R_f 值只要相差 0.02 以上就能彼此分离;R_f 值越大的组分,分离效果越好。

12.5.3　薄层色谱分离法

薄层色谱分离法,简称板层析法,是将柱色谱与纸色谱相结合而发展起来的一种色谱分离方法。从形式上看,薄层色谱与纸色谱很相似,都属于平面色谱;但从分离的机理看,薄层色谱与柱色谱是相同的。与纸层析法相比,它具有灵敏快速、分离清晰、可以采用各种方法显色等优点,因而在制药、农药、染料、生化工程等方面的应用尤为广泛。

1. 方法原理

薄层色谱是把吸附剂均匀铺在支撑体上,制成薄层板作为固定相,以一定组成的溶剂作为流动相(展开剂),进行色谱分离的方法。其吸附剂常为纤维素、硅胶、活性氧化铝等,支撑体常为铝板、塑料板或玻璃板等。它利用吸附剂对不同组分吸附能力的差异,试样沿着吸附层不断地发生"溶解—吸附—再溶解—再吸附"的过程,造成它们在薄层上迁移速度的差别,从而得到分离。各组分比移值 R_f 的计算同纸色谱。

2. 薄层色谱吸附剂和展开剂的选择

在薄层色谱中,为了获得良好的分离效果,必须选择适当的吸附剂和展开剂。

吸附剂的选择原则:对于非极性组分的分离,应用活性强的吸附剂;对于极性组分的分离,应选用活性弱的吸附剂。

多数情况下,薄层色谱所用的吸附剂都做成细粉状,一般在 150~250 目。其吸附能力的强弱,与所含的水分有关。含水量增加吸附能力就减弱,因此需把吸附剂在一定温度下烘焙驱除水分,这个过程被称为薄层板的"活化"。在薄层色谱中最常用的吸附剂为活性氧化铝和硅胶。

活性氧化铝是一种吸附能力、分离能力都较强的吸附剂。层析用的氧化铝,按生产条件的不同,可分为中性、酸性和碱性三种,其中中性氧化铝应用最广。氧化铝一般不加黏合剂就用粉铺成薄层进行层析,这样的层析板称为"软板"。制备软板时,涂层操作比较简单,将氧化铝撒在玻璃板上,用两端套有圆环的玻璃棒或不锈钢制成的铺层棒压在氧化铝上,按一定方向用同一速度缓缓移动,如图 12-4 所示,即可制得平滑均匀的薄层板。

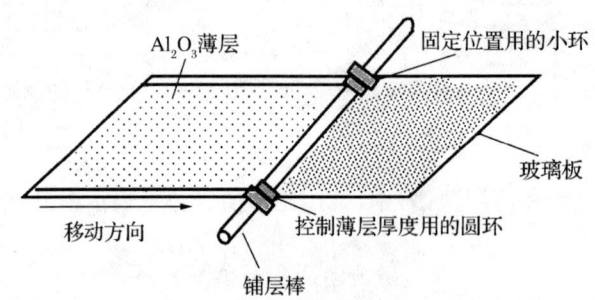

图 12-4 薄层色谱软板制作图

硅胶是一种略带酸性的吸附剂,常用于分离中性和酸性组分。硅胶一般要与黏合剂粉按一定比例混合,加水调成糊状,均匀涂于板上制成薄层,然后加热烘干,使之活化,这样的层析板称为"硬板",保存于干燥器中备用。

展开剂的选择原则:对于非极性组分的分离,选用非极性溶剂作为展开剂;对于极性组分的分离,选用极性溶剂作为展开剂。一些常用溶剂的极性强弱顺序可参见柱层析分离中的洗脱剂。

3. 薄层色谱的展开

薄层色谱的展开操作一般采用上升法,对于软板,应采用近水平方向展开,如图 12-5(a)所示;对于硬板,常采用近垂直方向展开,如图 12-5(b)所示;对于组成复杂而难于分离的试样,若一次层析不能使组分完全分离,可采用双向展开法(点试样于薄层的一角,用一种展开剂展开,层析完毕待溶剂挥发后,再用另一种展开剂,朝着与原来垂直的方向进行第二次展开)。如采用双向展开法分离氨基酸及其衍生物,便获得了理想的分离效果。

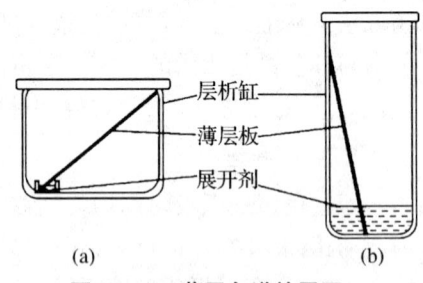

图 12-5 薄层色谱的展开

有色组分经色谱展开后呈明显色斑,易于观察。对于无色组分,则可以借助各种物理和化学的方法使其成为有色物质而显现出来,最简单的方法是用紫外灯照射,许多有机物对紫外光有吸收或吸收紫外光后能发射出荧光,从而确定斑点位置。

4. 应用

薄层色谱分离法广泛应用于有机物的分析,近年来在环境监测分析中应用最多,在无机物的分离中应用较少。例如,粮食、水果和蔬菜中农药马拉松、稻瘟净残留量的测定。样品先用甲醇提取,用毛细管点样于GF_{254}的薄层板上,同时点上马拉松、稻瘟净的对照品,以石油醚-乙酸乙酯(体积比为8∶2)的混合溶剂作为展开剂展开,晾干,将薄层板在紫外灯(254 nm)下显色,进行定性和半定量分析。此外,它在研究中草药的有效成分、天然化合物的组成,以及药物分析、氨基酸及其衍生物的分析等方面应用也很广泛。

应该指出,薄层色谱法对于成分复杂的混合试样的分离分析还有一定的困难,而高效薄层色谱法的出现使分离效能大大提高,这一缺陷也由此得到了克服。在高效薄层色谱法中还采用了一些改进的色谱装置和色谱技术,加上设备简便易行,操作快速灵敏,因而薄层色谱法日益显示出它的重要性,在分离效能上已经能与高效液相色谱法相媲美。

12.6　新的分离和富集方法简介

随着科学技术和工农业生产的迅猛发展,近年来涌现出了许多新的分离和富集技术。本节只对部分较为成熟的分离技术如超临界流体萃取法、毛细管电泳分离法、固相萃取分离法和膜分离法作简单介绍。

12.6.1　超临界流体萃取分离法

超临界流体萃取分离法是利用超临界流体作萃取剂在两相之间进行萃取的一种分离方法。早在1879年,Hannay等就发现超临界乙醇流体对无机盐固体具有显著的溶解能力,但超临界流体萃取技术却是在近30年来才迅速发展起来的一种新型物质分离技术。

延伸阅读:超临界流体技术研究新进展

1. 基本原理

超临界流体是介于气、液之间的一种既非气态又非液态的临界状态,是在超临界温度和压力状态下存在的高密度流体,兼有气体和液体的双重特性,其黏度与气体相似,密度和液体相近,但扩散系数比液体大得多。超临界流体对物质进行溶解和分离的过程称为超临界流体萃取。

超临界流体萃取分离过程是利用超临界流体的溶解能力与其密度的关系,即利用压力和温度对超临界流体溶解能力的影响而进行的分离。当气体处于超临界状态时,对试样有较好的渗透性和较强的溶解能力,能够将试样中某些成分提取出来。超临界萃取的实际操作范围可以通过改变溶剂的压力、温度和密度等操作条件来调节。

超临界流体萃取中萃取剂随萃取对象的不同而改变,可用作超临界流体的气体有很多,如二氧化碳、乙烯、氨、氧化亚氮、二氯二氟甲烷等。通常用二氧化碳作超临界萃取剂可萃取分离低极性和非极性的化合物;用氨或氧化亚氮作超临界流体萃取剂可萃取分离极性较大的化合物。目前应用最广的萃取剂是二氧化碳,这是由于 CO_2 具有无毒无味、不燃烧、纯度高、性质稳定、价廉易得,操作条件(临界温度 31.3 ℃,临界压力 7.2 MPa)温和,对有效成分破坏少,对操作者无毒害,对环境无污染等特点,是一种天然绿色的超临界流体萃取剂。

2. 应用

与传统的分离技术相比,超临界流体萃取具有高效、快速、后处理简单等特点,因此广泛用于原料中有效成分的提取,如从茉莉花、玫瑰花等鲜花中提取天然香料,从花生、大豆、椰子、葵花籽中提取油脂,对中草药的有效成分进行提取、浓缩与精制等。它也可用于杂质或有害成分的去除,如从啤酒中脱除苦味素,从烟叶中去除尼古丁,从咖啡豆中去除咖啡因等。它可被用于活化或再生各种吸附剂,如分子筛、活性炭等。此外,它还被用于环境污染物的分离富集,如萃取土壤、水底沉积物和大气颗粒物等试样中的多环芳烃、多氯联苯、农药、有机胺及酚类等。

超临界流体萃取的另一个特点是它能与其他仪器分析方法联用,如超临界流体萃取-气相色谱联用、超临界流体萃取-高效液相色谱联用等,从而避免了试样转移时的损失,减少了各种人为的随机误差,大大提高了分析方法的精密度和灵敏度。

12.6.2 毛细管电泳分离法

毛细管电泳,又称高效毛细管电泳,是近年来发展最快的分析化学研究领域之一。1981 年 Jorgenson 等在内径为 75 μm 的石英毛细管内施加高电压进行分离,创立了现代毛细管电泳分离法。短短的几年内,毛细管电泳分离法由于满足了以生物工程为代表的生命科学各领域中对生物大分子(如肽、蛋白质、DNA 等)的分离分析要求,故其正迅速发展成为生命科学及其他学科实验室中一种常用的分析手段。

毛细管电泳分离法是以弹性石英毛细管为分离通道,以高压直流电场为驱动力,依据样品中各组分之间电位梯度及离子淌度的差异而实现分离的分析方法。对于给定的离子和介质,淌度是离子的特征常数,是由离子所受的电场力与其通过介质时所受的摩擦力的平衡所决定的。带电量大的物质具有的淌度高,而带电量小的物质淌度低。离子的迁移度分别与电泳淌度和电场强度成正比。

依据分离介质和原理的不同,毛细管电泳分离法又可分为毛细管区带电泳(CZE)、胶束电动色谱(MEKC)、毛细管凝胶电泳(CGE)、毛细管等电聚焦电泳(CIEF)和毛细管等速电泳(CI)等。各种分离方法功能各异,因此毛细管电泳分离法的应用也十分广泛,通常能配成溶液或悬浮液的样品(除挥发性物质和不溶物外)均能用毛细管电泳进行分离和分析,小到无机离子,大到生物大分子和超分子,甚至对整个细胞都可进行分离检测。毛细管电泳分离法已广泛用于化学、生命科学、医药科学、临床医学、分子生物学、法庭与侦破鉴定、环境、海关、农学、生产过程监控、产品质检以及单细胞和单分子分析等领域。

目前,很多科研工作者正致力于微流控芯片毛细管电泳与质谱联用技术的研究,以进一步提高系统对复杂样品的分离分析能力。上述系统在蛋白质分离分析及蛋白质组研究中有广阔的应用前景。尤其是对于复杂蛋白质样品的多维分离分析,芯片毛细管电泳以其快速高效的特点,可以作为其中的一维分离方法,显著提高蛋白质的分析通量。相信随着研究的不断深入及相关技术的不断发展,微流控芯片毛细管电泳蛋白质分离技术将日趋成熟,并在生化分析、临床诊断和蛋白质组等研究领域中发挥出更加重要的作用。

12.6.3 固相萃取分离法

固相萃取分离法是从 20 世纪 80 年代中期由液固萃取和液相色谱技术相结合发展起来的一项样品前处理技术。它采用选择性吸附、选择性洗脱的方式对样品进行富集、分离和净化,是一种包括液相和固相的物理萃取过程,也可以将其近似地看作一种简单的液相色谱分离过程。

固相萃取分离法的分离原理是基于液-固色谱理论,使液体样品溶液通过吸附剂,保留其中被测物质,再选用适当强度的溶剂冲去杂质,然后用少量溶剂迅速洗脱被测物质,从而达到快速分离净化与浓缩的目的。

固相萃取按其分离模式的不同,可分为正相固相萃取、反相固相萃取和离子交换固相萃取。正相固相萃取常用硅胶、氧化铝、硅酸镁等强极性吸附剂,萃取极性较强的化合物。洗脱正相吸附剂吸附的目标物时,常用甲醇、异丙醇等极性溶剂。当目标物为非极性到中等极性的化合物,且样品中干扰物的极性比目标物的极性更强时,常采用反相固相萃取模式。该法常用含非极性烷烃基的硅胶(如键合硅胶 C8、键合硅胶 C18 等)作吸附剂,非极性到中等极性的溶剂如正己烷、二氯甲烷等作洗脱剂。离子交换固相萃取的分离对象是带电荷的化合物,常用离子交换树脂、表面化学键合有季胺基或磺酸基的硅胶作吸附剂,用离子强度较大的缓冲溶液作洗脱剂。

固相萃取分离方法已广泛应用于各行各业,包括生物样品中各种内源性物质和外源性物质及其代谢产物的分离、纯化;药物分析中的安眠类药物、抗组胺药物、抗抑郁药物、局麻药物、兴奋药物等的检测;法医学中的毒物分析(安非他明、大麻类、有机磷、麻醉剂、氰化物等)及环境监测中某些金属离子的测定。从痕量样品的前处理到工业规模的化学分离,固相萃取在制药、精细化工、生物医学、食品分析、有机合成、环境和其他领域起着越来越重要的作用。

固相微萃取分离法是近年来在固相萃取技术基础上发展起来的一种微萃取分离方法,是一种集采样,萃取,浓缩和进样于一体的无溶剂样品微萃取分离富集技术。与固相萃取技术相比,固相微萃取操作更简单,携带更方便,费用也更加低廉;另外该技术还克服了固相萃取回收率低、吸附剂孔道易堵塞的缺点。因此该分离方法已成为目前所采用的样品前处理技术中最常使用的方法之一,广泛用于环境污染物、农药、食品饮料及生物物质等的分离与富集。

12.6.4 膜分离法

膜分离技术是运用天然或人工制备的、具有选择性的膜为分离介质,以外界能量和化学势差(浓度差、温度差、压力差和电势差)为驱动力,利用混合物中各组分渗透性能的差异进行分离、提纯和富集的一种新型分离技术。

视频:膜分离法

膜分离根据驱动力的不同,可以分为渗透和渗析、电渗析、反渗透、纳滤、超滤和微滤等。与传统的分离方法相比,膜分离成本低、能耗少、效率高,可在常温下进行,无二次污染,并可对有用物质进行回收,可代替传统的分离技术如蒸馏、萃取、蒸发和吸附等过程),特别适于性质相似的生物物质组分等混合物的分离。目前,膜分离技术已成为当今分离科学中的重要手段之一,广泛用于化工、环保、电子、轻工、石油、食品、医药等领域。

思考题

1. 在分析化学中,为什么要进行分离富集?
2. 在等浓度的 Fe^{2+}、Al^{3+}、Cr^{3+}、Cu^{2+}、Zn^{2+}、Mn^{2+}、Ca^{2+}、Mg^{2+}、Ag^+、K^+ 的混合溶液中,加入 NH_4Cl-NH_3 的缓冲溶液控制 pH 为 9 左右,试分析存在于溶液和沉淀中离子的种类和存在形式,分离是否完全?
3. 在分析浓度分别为 $0.01\ mol \cdot L^{-1}$ 的 Al^{3+} 和 Mg^{2+} 的溶液中,若控制 $NH_3 \cdot H_2O$ 的浓度为 $0.10\ mol \cdot L^{-1}$,NH_4Cl 的浓度为 $0.20\ mol \cdot L^{-1}$,试问 Al^{3+} 和 Mg^{2+} 能否分离完全?
4. 用硫酸钡重量法测定 S 含量时,大量 Fe^{3+} 会产生共沉淀。当分析硫铁矿(FeS_2)中的硫含量时,如果用硫酸钡重量法进行测定,用什么方法可以消除 Fe^{3+} 的干扰?
5. 简述分配系数和分配比的区别与联系。
6. 萃取效率与哪些因素有关?如何提高萃取效率?简述萃取操作的基本步骤及基本要求。
7. 离子交换树脂分为几类?各有什么特点?离子交换分离法的操作步骤?
8. 举例说明强酸性阳离子交换树脂和强碱性阴离子交换树脂的交换原理。
9. 如何测定 R_f 值?比移值 R_f 在纸色谱分离中有什么重要作用?
10. 比较吸附柱色谱、薄层色谱、纸色谱和离子交换色谱分离机理的异同。
11. 试述毛细管电泳分离法的分离原理?它的应用如何?

习 题

1. $0.02\ mol \cdot L^{-1}\ Fe^{2+}$ 溶液加 NaOH 进行沉淀时,要使其沉淀达 99.99% 以上,溶液的 pH 至少要达到多少?已知 $K_{sp}=8\times10^{-16}$。
2. 已知某萃取体系的萃取率 $E=98\%$,$V_w=V_o$,求分配比 D。
3. 现有 $0.100\ 0\ mol \cdot L^{-1}$ 某有机一元弱酸(HB)100 mL,若用 50 mL 甲苯萃取后,取水相 20 mL,用 $0.020\ 00\ mol \cdot L^{-1}\ NaOH$ 滴定至终点,消耗 15 mL,计算一元弱酸在两相中的分配系数 K_D。
4. 25 ℃时,Br_2 在 CCl_4 和水中的分配比为 29.0,水溶液中的溴分别用等体积、1/2 体积的 CCl_4 萃取 2 次、1/3 体积的 CCl_4 萃取三次时,萃取率各为多少?
5. 碘在某有机溶剂和水中的分配比是 8.0,如果用该有机溶剂 100 mL 和含碘 $0.05\ mol \cdot L^{-1}$ 的水溶液 50 mL 一起摇动至平衡,取此平衡的有机溶剂 10.0 mL,则需 $0.06\ mol \cdot L^{-1}\ Na_2S_2O_3$ 多少毫升才能把碘定量还原?
6. 某含铜试样用二苯硫腙-$CHCl_3$ 光度法测定铜,称取试样 0.200 0 g,溶解后定容为 100 mL,取出 10 mL 显色并定容至 25 mL,用等体积的 $CHCl_3$ 萃取一次,有机相在最大吸收波长处以 1 cm 比色皿测得吸光度为 0.380,在该波长下 $\varepsilon=3.8\times10^4\ L \cdot mol^{-1} \cdot cm^{-1}$,若分配比 $D=10$,$Mr(Cu)=63.55$,试计算:
   (1)萃取百分率 E;
   (2)试样中铜的质量分数。
7. 若以分子状态存在在 99% 以上时可通过蒸馏完全分离,而允许误差以分子状态存在在 1% 以下,试通过计算说明在什么酸度下可挥发分离甲酸和苯酚?
8. 称取 $1.000\ 0\ g$ H-型阳离子交换树脂,以 $0.102\ 5\ mol \cdot L^{-1}\ NaOH$ 溶液 50.00 mL 浸泡 24 h,使树

脂上的 H^+ 全部交换到溶液中,再用 $0.1050\ mol \cdot L^{-1}$ HCl 标准溶液滴定过量的 NaOH,用去 25 mL,计算该阳离子交换树脂的交换容量。

9. 现称取 KNO_3 试样 0.2786 g,溶于水后使其通过强酸型阳离子交换树脂,流出液用 $0.1075\ mol \cdot L^{-1}$ NaOH 滴定,如用甲基橙做指示剂,用去 $NaOH_2$ 3.85 mL。计算 KNO_3 的纯度。

10. 含 A、B 两组分的混合溶液用纸色谱分离,已知 $R_{f(A)}=0.40$,$R_{f(B)}=0.65$,欲使 A、B 组分分离后的斑点中心相距 4 cm,问滤纸条至少多少厘米?

附 录

附录 I 本书采用的法定计量单位

本书采用《中华人民共和国法定计量单位》,现将有关法定计量单位摘录如下。

1. 国际单位制基本单位

量的名称	单位名称	单位符号	量的名称	单位名称	单位符号
长度	米	m	质量	千克(公斤)	kg
时间	秒	s	电流	安[培]	A
热力学温度	开[尔文]	K	物质的量	摩[尔]	mol
光强度	坎[德拉]	cd			

2. 国际单位制导出单位(部分)

量的名称	单位名称	单位符号	量的名称	单位名称	单位符号
面积	平方米	m^2	体积	立方米	m^3
压力	帕[斯卡]	Pa	能、功、热量	焦[耳]	J
电量、电荷	库[仑]	C	电势、电压、电动势	伏[特]	V
摄氏温度	摄氏度	℃			

3. 国际单位制词冠(部分)

分数	中文符号	国际符号	分数	中文符号	国际符号	分数	中文符号	国际符号
10^1	十	da	10^{-1}	分	d	10^2	百	h
10^{-2}	厘	c	10^3	千	k	10^{-3}	毫	m
10^6	兆	M	10^{-6}	微	μ	10^9	吉[咖]	G
10^{-9}	纳[诺]	n	10^{12}	太[拉]	T	10^{-12}	皮[可]	p

4. 我国选定的非国际单位制单位(部分)

	单位名称	单位符号
时间	分	min
	[小]时	h
	日,(天)	d

(续表)

	单位名称	单位符号
体积	升	L
	毫升	mL
能	电子伏特	eV
质量	吨	t

附录Ⅱ 基本物理常量和本书使用的一些常用量的符号与名称

1. 基本物理常量

量	符号	数值	单位
摩尔气体常数	R	8.314 510	$J \cdot mol^{-1} \cdot K^{-1}$
阿伏伽德罗常数	N_A	$6.022\ 136\ 7 \times 10^{23}$	mol^{-1}
光速	c	$2.997\ 924\ 58 \times 10^{8}$	$m \cdot s^{-1}$
普朗克常量	h	$6.626\ 075\ 5 \times 10^{-34}$	$J \cdot s$
元电荷	e	$1.602\ 177\ 22 \times 10^{-19}$	C
法拉第常数	F	96 487.309	$C \cdot mol^{-1}$ 或 $J \cdot V^{-1} \cdot mol^{-1}$
热力学温度	T	$\{T\}=\{t\}+273.15$（正确值）	K

2. 本书使用的一些常用量的符号与名称

符号	名称	符号	名称	符号	名称
a	活度	N_A	阿伏伽德罗数	E_a	活化能
A_i	电子亲和能	p	压力	E	能量、误差、电动势
c	物质的量浓度	Q	热量、电量、反应商	α	副反应系数、极化率
d_i	偏差	r	粒子半径	β	累积平衡常数
D_i	键解离能	s	标准偏差	γ	活度系数
G	吉布斯函数	S	熵、溶解度	Δ	分裂能
H	焓	T	热力学温度、滴定度	θ	键角
I	离子强度、电离能	U	热力学能、晶格能	μ	真值、键矩、磁矩、偶极矩
k	速率常数	V	体积	ρ	密度
K	平衡常数	w	质量分数	ξ	反应进度
m	质量	W	功	σ	屏蔽常数
M	摩尔质量	x_B	摩尔分数、电负性	E	电极电势
n	物质的量	$Y_{1,m}$	原子轨道的角度分布	ψ	波函数、原子(分子)轨道

附录Ⅲ 一些常见单质、离子及化合物的热力学函数

(298.15 K, 100 kPa)

物质 B 化学式	状态	$\dfrac{\Delta_f H_m^\ominus}{kJ \cdot mol^{-1}}$	$\dfrac{\Delta_f G_m^\ominus}{kJ \cdot mol^{-1}}$	$\dfrac{S_B^\ominus}{J \cdot mol^{-1} \cdot K^{-1}}$
Ag	cr	0	0	42.5
Ag^+	aq	105.579	77.107	72.68
AgBr	cr	−100.37	−96.90	107.1

(续表)

物质 B 化学式	状态	$\dfrac{\Delta_f H_m^\ominus}{kJ \cdot mol^{-1}}$	$\dfrac{\Delta_f G_m^\ominus}{kJ \cdot mol^{-1}}$	$\dfrac{S_B^\ominus}{J \cdot mol^{-1} \cdot K^{-1}}$
$AgCl$	cr	−127.068	−109.789	96.2
$AgCl_2^-$	aq	−245.2	−215.4	231.4
Ag_2CrO_4	cr	−731.74	−641.76	217.6
AgI	cr	−61.84	−66.19	115.5
AgI_2^-	aq	—	−87.0	—
$AgNO_3$	cr	−124.39	−33.41	140.92
Ag_2O	cr	−31.05	−11.20	121.3
Ag_3PO_4	cr	—	−879	—
Ag_2S	cr(α—斜方)	−32.59	−40.69	144.01
Al	cr	0	0	28.33
Al^{3+}	aq	−531	−485	−231.7
$AlCl_3$	cr	−704.2	−628.8	110.67
AlO_2^-	AO	−930.9	−830.9	−36.8
Al_2O_3	cr(刚玉)	−1 675.7	−1 582.3	50.92
$Al(OH)_4^-$	aq[AlO_2^-(aq)+2H_2O(l)]	−1 502.5	−1 305.3	102.9
$Al_2(SO_4)_3$	cr	−3 440.84	−3 099.94	239.3
As	cr(灰)	0	0	35.1
AsH_3	g	66.44	68.93	222.78
As_4O_6	cr	−1 313.94	−1 152.43	214.2
As_2S_3	cr	−169.0	−168.6	163.6
B	cr	0	0	5.86
BCl_3	g	−403.76	−388.72	290.10
BF_3	g	−1 137.00	−1 120.33	254.12
B_2H_6	g	35.6	86.7	232.11
B_2O_3	cr	−1 272.77	−1 193.65	53.97
$B(OH)_4^-$	aq	−1 344.03	−1 153.17	102.5
Ba	cr	0	0	62.8
Ba^{2+}	aq	−537.64	−560.77	9.6
$BaCl_2$	cr	−858.6	−810.4	123.68
BaO	cr	−553.5	−525.1	70.42
BaS	cr	−460	−456	78.2
$BaSO_4$	cr	−1 473.2	−1 362.2	132.2
Be	cr	0	0	9.50
Be^{2+}	aq	−382.8	−379.73	−129.7
$BeCl_2$	cr(α)	−490.4	−445.6	82.68
BeO	cr	−609.6	−580.3	14.14
$Be(OH)_2$	cr(α)	−902.5	−815.0	51.9
Bi^{3+}	aq	—	82.8	—
$BiCl_3$	cr	−379.1	−315.0	117.0
$BiOCl$	cr	−366.9	−322.1	120.5
Bi_2S_3	cr	−143.1	−140.6	200.4

(续表)

物质 B 化学式	状态	$\dfrac{\Delta_f H_m^{\ominus}}{kJ \cdot mol^{-1}}$	$\dfrac{\Delta_f G_m^{\ominus}}{kJ \cdot mol^{-1}}$	$\dfrac{S_m^{\ominus}}{J \cdot mol^{-1} \cdot K^{-1}}$
Br^-	aq	−121.55	−103.96	82.4
Br_2	l	0	0	152.231
Br_2	aq	−2.59	3.93	130.5
Br_2	g	30.907	3.110	245.436
C	cr(石墨)	0	0	5.740
C	cr(金刚石)	1.895	2.900	2.377
CH_4	g	−74.81	−50.72	186.264
CH_3OH	l	−238.66	−166.27	126.8
C_2H_2	g	226.73	209.20	200.94
CH_3COO^-	aq	−486.01	−369.31	86.6
CH_3COOH	l	−484.5	−389.9	124.3
CH_3COOH	aq	−485.76	−396.46	178.7
$CHCl_3$	l	−134.47	−73.66	201.7
CCl_4	l	−135.44	−65.21	216.40
C_2H_5OH	l	−277.69	−174.78	160.78
C_2H_5OH	aq	288.3	−181.64	148.5
CN^-	aq	150.6	172.4	94.1
CO	g	−110.525	−137.168	197.674
CO_2	g	−393.509	−394.359	213.74
CO_2	aq	−413.80	−385.98	117.6
$C_2O_4^{2-}$	aq	−825.1	−673.9	45.6
CS_2	l	89.70	65.27	151.34
Ca	cr	0	0	41.42
Ca^{2+}	aq	−542.83	−553.58	−53.1
$CaCl_2$	cr	−795.8	−748.1	104.6
$CaCO_3$	cr(方解石)	−1 206.92	−1 128.79	92.9
CaH_2	cr	−186.2	−147.2	42
CaF_2	cr	−1 219.6	−1 167.3	68.87
CaO	cr	−635.09	−604.03	39.75
$Ca(OH)_2$	cr	−986.09	−898.49	83.39
CaS	cr	−482.4	−477.4	56.5
$CaSO_4$	cr(α)	−1 425.24	−1 313.42	108.4
Cd	cr	0	0	51.76
Cd^{2+}	aq	−75.9	−77.612	−73.2
$Cd(OH)_2$	cr	−560.7	−473.6	96
CdS	cr	−161.9	−156.5	64.9
Cl^-	aq	−167.159	−131.228	56.5
Cl_2	g	0	0	223.066
Cl_2	aq	−23.4	6.94	121
ClO^-	aq	−107.1	−36.8	42
ClO_3^-	aq	−103.97	−7.95	162.3

(续表)

物质 B 化学式	状态	$\dfrac{\Delta_f H_m^\ominus}{kJ \cdot mol^{-1}}$	$\dfrac{\Delta_f G_m^\ominus}{kJ \cdot mol^{-1}}$	$\dfrac{S_B^\ominus}{J \cdot mol^{-1} \cdot K^{-1}}$
ClO_4^-	aq	−129.33	−8.52	182.0
Co	cr(六方)	0	0	30.04
Co^{2+}	aq	−58.2	−54.4	−113
Co^{3+}	aq	92	134	−305
$CoCl_2$	cr	−312.5	−269.8	109.16
$Co(NH_3)_4^{2+}$	aq	—	−189.3	—
$Co(NH_3)_6^{3+}$	aq	−584.9	−157.0	146
$Co(OH)_2$	cr(蓝)	—	−450.6	—
$Co(OH)_2$	cr(桃红)	−539.7	−454.3	79
Cr	cr	0	0	23.77
$CrCl_3$	cr	−556.5	−486.1	123.0
CrO_4^{2-}	aq	−881.15	−727.75	50.21
Cr_2O_3	cr	−1 139.7	−1 058.1	81.2
$Cr_2O_7^{2-}$	aq	−1 490.3	−1 301.1	261.9
Cs	cr	0	0	85.23
Cs^+	aq	−258.28	−292.02	133.05
CsCl	cr	−443.04	−414.53	101.17
CsF	cr	−553.5	−525.5	92.80
Cu	cr	0	0	33.150
Cu^+	aq	71.67	49.98	40.6
Cu^{2+}	aq	64.77	65.49	−99.6
CuBr	cr	−104.6	−100.8	96.11
CuCl	cr	−137.2	−119.86	86.2
$CuCl_2^-$	aq	—	−240.1	—
CuI	cr	−67.8	−69.5	96.7
$Cu(NH_3)_4^{2+}$	aq	−348.5	−111.07	273.6
CuO	cr	−157.3	−129.7	42.63
Cu_2O	cr	−168.6	−146.0	93.14
CuS	cr	−53.1	−53.6	66.5
$CuSO_4$	cr	−771.36	−661.8	109
F^-	aq	−332.63	−278.79	−13.8
F_2	g	0	0	202.78
Fe	cr	0	0	27.28
Fe^{2+}	aq	−89.1	−78.9	−137.7
Fe^{3+}	aq	−48.5	−4.7	−315.9
$FeCl_2$	cr	−341.79	−302.30	117.95
$FeCl_3$	cr	−399.49	−334.00	142.3
Fe_2O_3	cr(赤铁矿)	−824.2	−742.2	87.4
Fe_3O_4	cr(磁铁矿)	−1 118.4	−1 015.4	146.4
$Fe(OH)_2$	cr(沉淀)	−569.0	−486.5	88
$Fe(OH)_3$	cr(沉淀)	−823.0	−696.5	106.7

(续表)

物质 B 化学式	状态	$\dfrac{\Delta_f H_m^\ominus}{kJ \cdot mol^{-1}}$	$\dfrac{\Delta_f G_m^\ominus}{kJ \cdot mol^{-1}}$	$\dfrac{S_B^\ominus}{J \cdot mol^{-1} \cdot K^{-1}}$
$Fe(OH)_4^{2-}$	aq	—	−769.7	—
FeS_2	cr(黄铁矿)	−178.2	−166.9	52.93
$FeSO_4 \cdot 7H_2O$	cr	−3 014.57	−2 509.87	409.2
H^+	aq	0	0	0
H_2	g	0	0	130.684
H_3AsO_3	aq	−742.2	−639.80	195.0
H_3AsO_4	aq	−902.5	−766.0	184
$H[BF_4]$	aq	−1 574.9	−1 486.9	180
H_3BO_3	cr	−1 094.33	−968.92	88.83
H_3BO_3	aq	−1 072.32	−968.75	162.3
HBr	g	−36.40	−53.45	198.695
HCl	g	−92.307	−95.299	186.908
HClO	g	−78.7	−66.1	236.67
HClO	aq	−120.9	−79.9	142
HCN	aq	107.1	119.7	124.7
H_2CO_3	aq[CO_2(aq)+H_2O(l)]	−699.65	−623.08	187.4
$HC_2O_4^-$	aq	−818.4	−698.34	149.4
HF	aq	−320.08	−296.82	88.7
HF	g	−271.1	−273.2	173.779
HI	g	26.48	1.70	206.549
HIO_3	aq	−211.3	−132.6	166.9
HNO_2	aq	−119.2	−50.6	135.6
HNO_3	l	−174.10	−80.71	155.6
H_3PO_4	cr	−1 279.0	−1 119.1	110.50
HS^-	aq	−17.06	12.08	62.8
H_2S	g	−20.63	−33.56	205.79
H_2S	aq	−39.7	−27.83	121
HSCN	aq	—	97.56	
HSO_4^-	aq	−887.34	−755.91	131.8
H_2SO_3	aq	−608.81	−537.81	232.2
H_2SO_4	l	−831.989	−609.003	156.904
H_2SiO_3	aq	−1 182.8	−1 079.4	109
H_4SiO_4	aq[H_2SiO_3(aq)+H_2O(l)]	−1 468.6	−1 316.6	180
H_2O	g	−241.818	−228.575	188.825
H_2O	l	−285.830	−237.129	69.91
H_2O_2	l	−187.78	−120.35	109.6
H_2O_2	g	−136.31	−105.57	232.7
H_2O_2	aq	−191.17	−134.03	143.9
Hg	l	0	0	76.02
Hg	g	61.317	31.820	174.96
Hg^{2+}	aq	171.1	164.40	−32.2

(续表)

物质 B 化学式	状态	$\dfrac{\Delta_f H_m^\ominus}{kJ \cdot mol^{-1}}$	$\dfrac{\Delta_f G_m^\ominus}{kJ \cdot mol^{-1}}$	$\dfrac{S_B^\ominus}{J \cdot mol^{-1} \cdot K^{-1}}$
Hg_2^{2+}	aq	172.4	153.52	84.5
$HgCl_2$	aq	−216.3	−173.2	155
$HgCl_4^{2+}$	aq	−554.0	−446.8	293
Hg_2Cl_2	cr	−265.22	−210.745	192.5
HgI_2	cr(红色)	−105.4	−101.7	180
HgI_4^{2-}	aq	−235.6	−211.7	360
HgO	cr(红色)	−90.83	−58.539	70.29
HgS	cr(红色)	−58.2	−50.6	82.4
HgS	cr(黑色)	−53.6	−47.7	88.3
I^-	aq	−55.19	−51.57	111.3
I_2	cr	0	0	116.135
I_2	g	62.438	19.327	260.69
I_2	aq	22.6	16.40	137.2
I_3^-	aq	−51.5	−51.4	239.3
IO_3^-	aq	−221.3	−128.0	118.4
K	cr	0	0	64.18
K^+	aq	−252.38	−283.27	102.5
KBr	cr	−393.798	−380.66	95.90
KCl	cr	−436.747	−409.14	82.59
$KClO_3$	cr	−397.73	−296.25	143.1
$KClO_4$	cr	−432.75	−303.09	151.0
KCN	cr	−113.0	−101.86	128.49
K_2CO_3	cr	−1 151.02	−1 063.5	155.52
K_2CrO_4	cr	−1 403.7	−1 295.7	200.12
$K_2Cr_2O_7$	cr	−2 061.5	−1 881.8	291.2
KF	cr	−567.27	−537.75	66.57
$K_3[Fe(CN)_6]$	cr	−249.8	−129.6	426.06
$K_4[Fe(CN)_6]$	cr	−594.1	−450.3	418.8
KHF_2	cr(α)	−927.68	−859.68	104.27
KI	cr	−327.900	−324.892	106.32
KIO_3	cr	−501.37	−418.35	151.46
$KMnO_4$	cr	−837.2	−737.6	171.71
KNO_2	cr(正交)	−369.82	−306.55	152.09
KNO_3	cr	−494.63	−394.86	133.05
KO_2	cr	−284.93	−239.4	116.7
K_2O_2	cr	−494.1	−425.1	102.1
KOH	cr	−424.764	−379.08	78.9
KSCN	cr	−200.16	−178.31	124.26
K_2SO_4	cr	−1 437.79	−1 321.37	175.56
Li	cr	0	0	29.12
Li^+	aq	−278.49	−293.31	13.4

(续表)

物质 B 化学式	状态	$\dfrac{\Delta_f H_m^\ominus}{kJ \cdot mol^{-1}}$	$\dfrac{\Delta_f G_m^\ominus}{kJ \cdot mol^{-1}}$	$\dfrac{S_B^\ominus}{J \cdot mol^{-1} \cdot K^{-1}}$
Li_2CO_3	cr	−1 215.9	−1 132.06	90.37
LiF	cr	−615.97	−587.71	35.65
LiH	cr	−90.54	−68.05	20.008
Li_2O	cr	−597.94	−561.18	37.57
$LiOH$	cr	−484.93	−438.95	42.80
Li_2SO_4	cr	−1 436.49	−1 321.70	115.1
Mg	cr	0	0	32.68
Mg^{2+}	aq	−466.85	−454.8	−138.1
$MgCl_2$	cr	−641.32	−591.79	89.62
$MgCO_3$	cr(菱镁矿)	−1 095.8	−1 012.1	65.7
$MgSO_4$	cr	−1 284.9	−1 170.6	91.6
MgO	cr(方镁石)	−606.70	−569.43	26.94
$Mg(OH)_2$	cr	−924.54	−833.51	63.18
Mn	cr(α)	0	0	32.01
Mn^{2+}	aq	−220.75	−228.1	−73.6
$MnCl_2$	cr	−481.29	−440.59	118.24
MnO_2	cr	−520.03	−466.14	53.05
MnO_4^-	aq	−541.4	−447.2	191.2
MnO_4^{2-}	aq	−653	−500.7	59
MnS	cr(绿色)	−214.2	−218.4	78.2
$MnSO_4$	cr	−1 065.25	−957.36	112.1
N_2	g	0	0	191.61
NH_3	g	−46.11	−16.45	192.45
NH_3	aq	−80.29	−26.50	111.3
NH_4^+	aq	−132.51	−79.31	113.4
N_2H_4	l	50.63	149.34	121.21
N_2H_4	g	95.40	159.35	238.47
N_2H_4	aq	34.31	128.1	138.0
NH_4Cl	cr	−314.43	−202.87	94.6
NH_4HCO_3	cr	−849.4	−665.9	120.9
$(NH_4)_2CO_3$	cr	−333.51	−197.33	104.60
NH_4NO_3	cr	−365.56	−183.87	151.08
$(NH_4)_2SO_4$	cr	−1 180.5	−901.67	220.1
NO	g	90.25	86.55	210.761
NO_2	g	33.18	51.31	240.06
NO_2^-	aq	−104.6	−32.0	123.0
NO_3^-	aq	−205.0	−108.74	146.4
N_2O_4	l	−19.50	97.54	209.2
N_2O_4	g	9.16	97.89	304.29
N_2O_5	cr	−43.1	113.9	178.2
N_2O_5	g	11.3	115.1	355.7

(续表)

物质 B 化学式	状态	$\dfrac{\Delta_f H_m^\ominus}{kJ \cdot mol^{-1}}$	$\dfrac{\Delta_f G_m^\ominus}{kJ \cdot mol^{-1}}$	$\dfrac{S_B^\ominus}{J \cdot mol^{-1} \cdot K^{-1}}$
NOCl	g	51.71	66.08	261.69
Na	cr	0	0	51.21
Na^+	aq	−240.12	−261.905	59.0
NaAc	cr	−708.81	−607.18	123.0
$Na_2B_4O_7$	cr	−3 291.1	−3 096.0	189.54
$Na_2B_4O_7 \cdot 10H_2O$	cr	−6 288.6	−5 516.0	586
NaBr	cr	−361.062	−348.983	86.82
NaCl	cr	−411.153	−384.138	72.13
Na_2CO_3	cr	−1 130.68	−1 044.44	134.98
$NaHCO_3$	cr	−950.81	−851.0	101.7
NaF	cr	−573.647	−543.494	51.46
NaH	cr	−56.275	−33.46	40.016
NaI	cr	−287.78	−286.06	98.53
$NaNO_2$	cr	−358.65	−284.55	103.8
$NaNO_3$	cr	−467.85	−367.00	116.52
Na_2O	cr	−414.22	−375.46	75.06
Na_2O_2	cr	−510.87	−447.7	95.0
NaO_2	cr	−260.2	−218.4	115.9
NaOH	cr	−425.609	−379.494	64.455
Na_3PO_4	cr	−1 917.4	−1 788.80	173.80
NaH_2PO_4	cr	−1 536.8	−1 386.1	127.49
Na_2HPO_4	cr	−1 478.1	−1 608.2	150.50
Na_2S	cr	−364.8	−349.8	83.7
Na_2SO_3	cr	−1 100.8	−1 012.5	145.94
Na_2SO_4	cr(斜方晶体)	−1 387.08	−1 270.16	149.58
Na_2SiF_6	cr	−2 909.6	−2 754.2	207.1
Ni	cr	0	0	29.87
Ni^{2+}	aq	−54.0	−45.6	−128.9
$NiCl_2$	cr	−305.332	−259.032	97.65
NiO	cr	−239.7	−211.7	37.99
$Ni(OH)_2$	cr	−529.7	−447.2	88
$NiSO_4$	cr	−872.91	−759.7	92
$NiSO_4$	aq	−949.3	−803.3	−18.0
NiS	cr	−82.0	−79.5	52.97
O_2	g	0	0	205.138
O_3	g	142.7	163.2	238.9
O_3	aq	125.9	174.6	146
OF_2	g	24.7	41.9	247.43
OH^-	aq	−229.994	−157.244	−10.75
P	白磷	0	0	41.09
P	红磷(三斜)	−17.6	−121.1	22.80

(续表)

物质 B 化学式	状态	$\dfrac{\Delta_f H_m^\ominus}{kJ \cdot mol^{-1}}$	$\dfrac{\Delta_f G_m^\ominus}{kJ \cdot mol^{-1}}$	$\dfrac{S_B^\ominus}{J \cdot mol^{-1} \cdot K^{-1}}$
PH_3	g	5.4	13.4	210.23
PO_4^{3-}	aq	−1 277.4	−1 018.7	−222
P_4O_{10}	cr	−2 984.0	−2 697.7	228.86
Pb	cr	0	0	64.81
Pb^{2+}	aq	−1.7	−24.43	10.5
$PbCl_2$	cr	−359.41	−314.10	136.0
$PbCl_3^-$	aq	—	−426.3	—
$PbCO_3$	cr	−699.1	−625.5	131.0
PbI_2	cr	−175.48	−173.64	174.85
PbI_4^{2-}	aq	—	−254.8	—
PbO_2	cr	−277.4	−217.33	68.6
$Pb(OH)_3^-$	aq	—	−575.6	—
PbS	cr	−100.4	−98.7	91.2
$PbSO_4$	cr	−919.94	−813.14	148.57
S	cr(正交)	0	0	31.80
S^{2-}	aq	33.1	85.8	−14.6
SO_2	g	−296.830	−300.194	248.22
SO_2	aq	−322.980	−300.676	161.9
SO_3	g	−395.72	−371.06	256.76
SO_3^{2-}	aq	−635.5	−486.5	−29
SO_4^{2-}	aq	−909.27	−744.53	20.1
$S_2O_3^{2-}$	aq	−648.5	−522.5	67
$S_4O_6^{2-}$	aq	−1 224.2	−1 040.4	257.3
$SbCl_3$	cr	−382.11	−323.67	184.1
Sb_2S_3	cr(黑)	−174.9	−173.6	182.0
SCN^-	aq	76.44	92.71	144.3
Si	cr	0	0	18.83
SiC	cr(β-立方)	−65.3	−62.8	16.61
$SiCl_4$	l	−680.7	−619.84	239.7
$SiCl_4$	g	−657.01	−616.98	330.73
SiF_4	g	−1 614.9	−1 572.65	282.49
SiF_6^{2-}	aq	−2 389.1	−2 199.4	122.2
SiO_2	α-石英	−910.49	−856.64	41.84
Sn	cr(白色)	0	0	51.55
Sn	cr(灰色)	−2.09	0.13	44.14
Sn^{2+}	aq	−8.8	−27.2	−17
$Sn(OH)_2$	cr	−561.1	−491.6	155
$SnCl_2$	aq	−329.7	−299.5	172
$SnCl_4$	l	−511.3	−440.1	258.6
SnS	cr	−100	−98.3	77.0
Sr	cr(α)	0	0	52.3

(续表)

物质 B 化学式	状态	$\Delta_f H_m^\ominus$ / kJ·mol^{-1}	$\Delta_f G_m^\ominus$ / kJ·mol^{-1}	$S_B^\ominus$ / J·mol^{-1}·K^{-1}
Sr^{2+}	aq	−545.80	−559.48	−32.6
$SrCl_2$	cr(α)	−828.9	−781.1	114.85
$SrCO_3$	cr(菱锶矿)	−1 220.1	−1 140.1	97.1
SrO	cr	−592.0	−561.9	54.5
$SrSO_4$	cr	−1 453.1	−1 340.9	117
Ti	cr	0	0	30.63
$TiCl_3$	cr	−720.9	−653.5	139.7
$TiCl_4$	l	−804.2	−737.2	252.34
TiO_2	cr(锐钛矿)	−939.7	−884.5	49.92
TiO_2	cr(金红石)	−944.7	−889.5	50.33
Zn	cr	0	0	41.63
Zn^{2+}	aq	−153.89	−147.06	−112.1
$ZnCl_2$	cr	−415.05	−396.398	111.46
$Zn(OH)_2$	cr(β)	−641.91	−553.52	81.2
$Zn(OH)_4^{2-}$	aq	—	−858.52	—
ZnS	闪锌矿	−205.98	−201.29	57.7
$ZnSO_4$	cr	−982.8	−871.5	110.5

注：cr 为结晶固体；l 为液体；g 为气体；aq 为水溶液，非电离物质，标准状态，$b=1$ mol·kg^{-1} 或不考虑进一步解离时的离子。

数据摘自《NBS 化学热力学性质表》[美国]国家标准局，刘天河．赵梦月译．北京：中国标准出版社，1998

附录 Ⅳ 常见弱酸、弱碱在水中的解离常数(298.15 K)

1. 常见弱酸

弱酸	分子式	级数	$K_a^\ominus$	弱酸	分子式	级数	$K_a^\ominus$
砷酸	H_3AsO_4	1	6.3×10^{-3}	磷酸	H_3PO_4	1	7.6×10^{-3}
		2	1.0×10^{-7}			2	6.3×10^{-8}
		3	3.2×10^{-12}			3	4.4×10^{-13}
亚砷酸	$HAsO_2$		6.0×10^{-10}	焦磷酸	$H_4P_2O_7$	1	3.0×10^{-2}
硼酸	H_3BO_3		5.8×10^{-10}			2	4.4×10^{-3}
						3	2.5×10^{-7}
焦硼酸	$H_2B_4O_7$	1	1.0×10^{-4}			4	5.6×10^{-10}
		2	1.0×10^{-9}	亚磷酸	H_3PO_3	1	5.0×10^{-2}
碳酸	H_2CO_3 (CO_2+H_2O)	1	4.2×10^{-7}			2	2.5×10^{-7}
		2	5.6×10^{-11}	氢硫酸	H_2S	1	1.07×10^{-7}
氢氰酸	HCN		6.2×10^{-10}			2	1.26×10^{-15}
氢氟酸	HF		6.6×10^{-4}	硫酸	H_2SO_4		1.0×10^{-2}
亚硝酸	HNO_2		5.1×10^{-4}	亚硫酸	H_2SO_3 (SO_2+H_2O)	1	1.3×10^{-2}
过氧化氢	H_2O_2		1.8×10^{-12}			2	6.3×10^{-8}

(续表)

弱酸	分子式	级数	$K_a^\ominus$	弱酸	分子式	级数	$K_a^\ominus$
偏硅酸	H_2SiO_3	1	1.7×10^{-10}	邻苯二甲酸	$C_6H_4(COOH)_2$	1	1.1×10^{-3}
		2	1.6×10^{-12}			2	3.9×10^{-6}
甲酸	HCOOH		1.8×10^{-4}	草酸	$H_2C_2O_4$	1	5.9×10^{-2}
乙酸	CH_3COOH		1.8×10^{-5}			2	6.4×10^{-5}
一氯乙酸	$CH_2ClCOOH$		1.4×10^{-3}	d-酒石酸	CH(OH)COOH | CH(OH)COOH	1	9.1×10^{-4}
二氯乙酸	$CHCl_2COOH$		5.0×10^{-2}			2	4.3×10^{-5}
三氯乙酸	CCl_3COOH		0.23	柠檬酸	CH$_2$COOH CH(OH)COOH CH$_2$COOH	1	7.4×10^{-4}
氨基乙酸盐	$^+NH_3CH_2COOH$	1	4.5×10^{-3}			2	1.7×10^{-5}
	$^+NH_3CH_2COO^-$	2	2.5×10^{-10}			3	4.0×10^{-7}
抗坏血酸	(结构式)	1	5.0×10^{-5}	苯酚	C_6H_5OH		1.1×10^{-10}
		2	1.5×10^{-10}	乙二胺四乙酸	H_6-EDTA^{2+}	1	0.1
					H_5-EDTA^+	2	3×10^{-2}
					H_4-EDTA	3	1×10^{-2}
					H_3-EDTA^-	4	2.1×10^{-3}
乳酸	$CH_3CHOHCOOH$		1.4×10^{-4}		H_2-EDTA^{2-}	5	6.9×10^{-7}
苯甲酸	C_6H_5COOH		6.2×10^{-5}		$H-EDTA^{3-}$	6	5.5×10^{-11}

2. 常见弱碱

弱碱	分子式	级数	$K_b^\ominus$	弱碱	分子式	级数	$K_b^\ominus$
氢氧化铝	$Al(OH)_3$		1.38×10^{-9}	乙胺	$CH_3CH_2NH_2$		5.6×10^{-4}
氢氧化锌	$Zn(OH)_2$		9.55×10^{-4}	二甲胺	$(CH_3)_2NH$		1.2×10^{-4}
氨水	NH_3		1.8×10^{-5}	二乙胺	$(C_2H_5)_2NH$		1.2×10^{-4}
联氨	H_2NNH_2	1	3.0×10^{-6}	乙醇胺	$HOCH_2CH_2NH_2$		3.2×10^{-5}
		2	7.6×10^{-15}	三乙醇胺	$(HOCH_2CH_2)_3N$		5.8×10^{-7}
羟胺	NH_2OH		9.1×10^{-6}	六次甲基四胺	$(CH_2)_6N_4$		1.4×10^{-9}
乙二胺	$H_2NCH_2CH_2NH_2$	1	8.5×10^{-5}				
		2	7.1×10^{-8}				
甲胺	CH_3NH_2		4.2×10^{-4}	吡啶	C_5H_5N		1.5×10^{-9}

附录V 一些配位化合物的稳定常数与金属离子的羟合效应系数

1. 一些配位化合物的累积稳定常数

	$\lg\beta_1$	$\lg\beta_2$	$\lg\beta_3$	$\lg\beta_4$	$\lg\beta_5$	$\lg\beta_6$
1. F^-						
Al(Ⅲ)	6.10	11.15	15.00	17.75	19.37	19.84
Be(Ⅱ)	5.1	8.8	12.6			
Fe(Ⅲ)	5.28	9.30	12.06			
Th(Ⅲ)	7.65	13.46	17.97			
Ti(Ⅳ)	5.4	9.8	13.7	18.0		
Zr(Ⅳ)	8.80	16.12	21.94			

（续表）

	$\lg\beta_1$	$\lg\beta_2$	$\lg\beta_3$	$\lg\beta_4$	$\lg\beta_5$	$\lg\beta_6$
2. Cl^-						
Ag(Ⅰ)	3.04	5.04		5.30		
Au(Ⅲ)		9.8				
Bi(Ⅲ)	2.44	4.7	5.0	5.6		
Cd(Ⅱ)	1.95	2.50	2.60	2.80		
Cu(Ⅰ)		5.5	5.7			
Fe(Ⅲ)	1.48	2.13	1.99	0.01		
Hg(Ⅱ)	6.74	13.22	14.07	15.07		
Pb(Ⅱ)	1.62	2.44	1.70	1.60		
Pt(Ⅱ)		11.5	14.5	16.0		
Sb(Ⅲ)	2.26	3.49	4.18	4.72		
Sn(Ⅱ)	1.51	2.24	2.03	1.48		
Zn(Ⅱ)	0.43	0.61	0.53	0.20		
3. Br^-						
Ag(Ⅰ)	4.38	7.33	8.00	8.73		
Au(Ⅰ)		12.46				
Cd(Ⅱ)	1.75	2.34	3.32	3.70		
Cu(Ⅰ)		5.89				
Cu(Ⅱ)	0.30					
Hg(Ⅱ)	9.05	17.32	19.74	21.00		
Pb(Ⅱ)	1.2	1.9		1.1		
Pd(Ⅱ)				13.1		
Pt(Ⅱ)				20.5		
4. I^-						
Ag(Ⅰ)	6.58	11.74	13.68			
Cd(Ⅱ)	2.10	3.43	4.49	5.41		
Cu(Ⅰ)		8.85				
Hg(Ⅱ)	12.87	23.82	27.60	29.83		
Pb(Ⅱ)	2.00	3.15	3.92	4.47		
5. CN^-						
Ag(Ⅰ)		21.1	21.7	20.6		
Au(Ⅰ)		38.3				
Cd(Ⅱ)	5.48	10.60	15.23	18.78		
Cu(Ⅰ)		24.0	28.59	30.30		
Fe(Ⅱ)						35
Fe(Ⅲ)						42
Hg(Ⅱ)				41.4		
Ni(Ⅱ)				31.3		
Zn(Ⅱ)				16.7		
6. NH_3						
Ag(Ⅰ)	3.24	7.05				
Cd(Ⅱ)	2.65	4.75	6.19	7.12	6.80	5.14

(续表)

	lgβ₁	lgβ₂	lgβ₃	lgβ₄	lgβ₅	lgβ₆
Co(Ⅱ)	2.11	3.74	4.79	5.55	5.73	5.11
Co(Ⅲ)	6.7	14.0	20.1	25.7	30.8	35.2
Cu(Ⅰ)	5.93	10.86				
Cu(Ⅱ)	4.31	7.98	11.02	13.32	12.86	
Fe(Ⅱ)	1.4	2.2				
Hg(Ⅱ)	8.8	17.5	18.5	19.28		
Ni(Ⅱ)	2.80	5.04	6.77	7.96	8.71	7.74
Pt(Ⅱ)						35.3
Zn(Ⅱ)	2.37	4.81	7.31	9.46		
7. OH^-						
Ag(Ⅰ)	3.96					
Al(Ⅲ)	9.27			33.03		
Be(Ⅱ)	9.7	14.0	15.2			
Bi(Ⅲ)	12.7	15.8		35.2		
Cd(Ⅱ)	4.17	8.33	9.02	8.62		
Cr(Ⅲ)	10.1	17.8		29.9		
Cu(Ⅱ)	7.0	13.68	17.00	18.5		
Fe(Ⅱ)	5.56	9.77	9.67	8.58		
Fe(Ⅲ)	11.87	21.17	29.67			
Ni(Ⅱ)	4.97	8.55	11.33			
Pb(Ⅱ)	7.82	10.85	14.58		61.0	
Sb(Ⅲ)		24.3	36.7	38.3		
Tl(Ⅲ)	12.86	25.37				
Zn(Ⅱ)	4.40	11.30	14.14	17.60		
8. $P_2O_7^{4-}$						
Ca(Ⅱ)	4.6					
Cd(Ⅱ)	5.6					
Cu(Ⅱ)	6.7	9.0				
Ni(Ⅱ)	5.8	7.4				
Pb(Ⅱ)		5.3				
9. SCN^-						
Ag(Ⅰ)		7.57	9.08	10.08		
Au(Ⅰ)		23		42		
Cd(Ⅱ)	1.39	1.98	2.58	3.6		
Co(Ⅱ)	−0.04	−0.70	0	3.00		
Cr(Ⅲ)	1.87	2.98				
Cu(Ⅰ)	12.11	5.18				
Fe(Ⅲ)	2.95	3.36				
Hg(Ⅱ)		17.47		21.23		
Ni(Ⅱ)	1.18	1.64	1.81			
Zn(Ⅱ)	1.62					
10. $S_2O_3^{2-}$						

	$\lg\beta_1$	$\lg\beta_2$	$\lg\beta_3$	$\lg\beta_4$	$\lg\beta_5$	$\lg\beta_6$
Ag(Ⅰ)	8.82	13.46				
Cd(Ⅱ)	3.92	6.44				
Cu(Ⅰ)	10.27	12.22	13.84			
Hg(Ⅱ)		29.44	31.90	33.24		
Pb(Ⅱ)		5.13	6.35			
11. 草酸 $H_2C_2O_4$						
Al(Ⅲ)	7.26	13.0	16.3			
Fe(Ⅱ)	2.9	4.52	5.22			
Fe(Ⅲ)	9.4	16.2	20.2			
Mn(Ⅱ)	3.97	5.80				
Ni(Ⅱ)	5.3	7.64	8.5			
Zn(Ⅱ)	4.89	7.60	8.15			
12. 乙酸 CH_3COOH						
Ag(Ⅰ)	0.73	0.64				
Pb(Ⅱ)	2.52	4.0	6.4	8.5		
13. 乙二胺						
Ag(Ⅰ)	4.70	7.70				
Cd(Ⅱ)	5.47	10.09	12.09			
Co(Ⅱ)	5.91	10.64	13.94			
Co(Ⅲ)	18.7	34.9	48.69			
Cr(Ⅱ)	5.15	9.19				
Cu(Ⅰ)		10.8				
Cu(Ⅱ)	10.67	20.00	21.0			
Fe(Ⅱ)	4.34	7.65	9.70			
Hg(Ⅱ)	14.3	23.3				
Mn(Ⅱ)	2.73	4.79	5.67			
Ni(Ⅱ)	7.52	13.84	18.33			
Zn(Ⅱ)	5.77	10.83	14.11			

2. 一些金属离子的羟合效应系数 $\lg\alpha\{M(OH)\}$

金属离子	离子强度	pH													
		1	2	3	4	5	6	7	8	9	10	11	12	13	14
Al^{3+}	2					0.4	1.3	5.3	9.3	13.3	17.3	21.3	25.3	29.3	33.3
Bi^{3+}	3	0.1	0.5	1.4	2.4	3.4	4.4	5.4							
Ca^{2+}	0.1													0.3	1.0
Cd^{2+}	3									0.1	0.5	2.0	4.5	2.1	12.0
Co^{2+}	0.1								0.1	0.4	1.1	2.2	4.2	7.2	10.2
Cu^{2+}	0.1								0.2	0.8	1.7	2.7	3.7	4.7	5.7
Fe^{2+}	1									0.1	0.6	1.5	2.5	3.5	4.5
Fe^{3+}	3			0.4	1.8	3.7	5.7	7.7	9.7	11.7	13.7	15.7	17.7	19.7	21.7

(续表)

金属离子	离子强度	\multicolumn{14}{c}{pH}
		1	2	3	4	5	6	7	8	9	10	11	12	13	14
Hg^{2+}	0.1			0.5	1.9	3.9	5.9	7.9	9.9	11.9	13.9	15.9	17.9	19.9	21.9
La^{3+}	3										0.3	1.0	1.9	2.9	3.9
Mg^{2+}	0.1										0.1	0.5	1.3	2.3	
Mn^{2+}	0.1										0.1	0.5	1.4	2.4	3.4
Ni^{2+}	0.1								0.1	0.7	1.6				
Pb^{2+}	0.1						0.1	0.5	1.4	2.7	4.7	7.4	10.4	13.4	
Th^{4+}	1			0.2	0.8	1.7	2.7	3.7	4.7	5.7	6.7	7.7	8.7	9.7	
Zn^{2+}	0.1									0.2	2.4	5.4	8.5	11.8	15.5

3. 金属-EDTA 配位化合物的稳定常数

M	Ag^+	Al^{3+}	Ba^{2+}	Be^{2+}	Bi^{3+}	Ca^{2+}	Cd^{2+}	Co^{2+}	Co^{3+}	Cr^{3+}
$lgK_{MY}^{\ominus}$	7.32	16.5	7.78	9.2	27.8	11.0	16.36	16.26	41.4	23.4
M	Cu^{2+}	Fe^{2+}	Fe^{3+}	Hg^{2+}	Mg^{2+}	Mn^{2+}	Ni^{2+}	Pb^{2+}	Sn^{2+}	Zn^{2+}
$lgK_{MY}^{\ominus}$	18.70	14.27	24.23	21.5	9.12	13.81	18.5	17.88	18.3	16.36

4. 金属-EDTA 配位化合物的条件稳定常数

金属离子	\multicolumn{15}{c}{pH}
	0	1	2	3	4	5	6	7	8	9	10	11	12	13	14
Ag					0.7	1.7	2.8	3.9	5.0	5.9	6.8	7.1	6.8	5.0	2.2
Al				3.0	5.4	7.5	9.6	10.4	8.5	6.6	4.5	2.4			
Ba						1.3	3.0	4.4	5.5	6.4	7.3	7.7	7.8	7.7	7.3
Bi	1.4	5.3	8.6	10.6	11.8	12.8	13.6	14.0	14.1	14.0	13.9	13.3	12.4	11.4	10.4
Ca					2.2	4.1	5.9	7.3	8.4	9.3	10.25	10.6	10.7	10.4	9.7
Cd			1.0	3.8	6.0	7.9	9.9	11.7	13.1	14.2	15.0	15.5	14.4	12.0	8.4	4.5
Co			1.0	3.7	5.9	7.8	9.7	11.5	12.9	13.9	14.5	14.7	14.0	12.1		
Cu			3.4	6.1	8.3	10.2	12.2	14.0	15.4	16.3	16.6	16.6	16.1	15.7	15.6	15.6
Fe(Ⅱ)				1.5	3.7	5.7	7.7	9.5	10.9	12.0	12.8	13.2	12.7	11.8	10.8	9.8
Fe(Ⅲ)	5.1	8.2	11.5	13.9	14.7	14.8	14.6	14.1	13.7	13.6	14.0	14.3	14.4	14.4	14.4
Hg(Ⅱ)	3.5	6.5	9.2	11.1	11.3	11.3	11.1	10.5	9.6	8.8	8.4	7.7	6.8	5.8	4.8
La				1.7	4.6	6.8	8.8	10.6	12.0	13.1	14.0	14.6	14.3	13.5	12.5	11.5
Mg						2.1	3.9	5.3	6.4	7.3	8.2	8.5	8.2	7.4		
Mn			1.4	3.6	5.5	7.4	9.2	10.6	11.7	12.6	13.4	13.4	12.6	11.6	10.6	
Ni			3.4	6.1	8.2	10.1	12.0	13.8	15.2	16.3	17.1	17.4	16.9			
Pb			2.4	5.2	7.4	9.4	11.4	13.2	14.5	15.2	15.2	14.8	13.0	10.6	7.6	4.6
Sr						2.0	3.8	5.2	6.3	7.2	8.1	8.5	8.6	8.5	8.0	
Zn			1.1	3.8	6.0	7.9	9.9	11.7	13.1	14.2	14.9	13.6	11.0	8.0	4.7	1.0

附录 Ⅵ 难溶化合物的溶度积常数(298.15 K)

化合物	溶度积	化合物	溶度积	化合物	溶度积
醋酸盐		* $Co(OH)_3$	1.6×10^{-44}	* $AlPO_4$	6.3×10^{-19}
** $AgAc$	1.94×10^{-3}	* $Cr(OH)_2$	2×10^{-16}	* $CaHPO_4$	1×10^{-7}
卤化物		* $Cr(OH)_3$	6.3×10^{-31}	* $Ca_3(PO_4)_2$	2.0×10^{-29}
* $AgBr$	5.0×10^{-13}	* $Cu(OH)_2$	2.2×10^{-20}	** $Cd_3(PO_4)_2$	2.53×10^{-33}
* $AgCl$	1.8×10^{-10}	* $Fe(OH)_2$	8.0×10^{-16}	$Cu_3(PO_4)_2$	1.40×10^{-37}
* AgI	8.3×10^{-17}	* $Fe(OH)_3$	4×10^{-38}	$FePO_4 \cdot 2H_2O$	9.91×10^{-16}
BaF_2	1.84×10^{-7}	* $Mg(OH)_2$	1.8×10^{-11}	* $MgNH_4PO_4$	2.5×10^{-13}
* CaF_2	5.3×10^{-9}	* $Mn(OH)_2$	1.9×10^{-13}	$Mg_3(PO_4)_2$	1.04×10^{-24}
* $CuBr$	5.3×10^{-9}	* $Ni(OH)_2$(新制备)	2.0×10^{-15}	* $Pb_3(PO_4)_2$	8.0×10^{-43}
* $CuCl$	1.2×10^{-6}	* $Pb(OH)_2$	1.2×10^{-15}	* $Zn_3(PO_4)_2$	9.0×10^{-33}
* CuI	1.1×10^{-12}	* $Sn(OH)_2$	1.4×10^{-28}	**铬酸盐**	
* Hg_2Cl_2	1.3×10^{-18}	* $Sr(OH)_2$	9×10^{-4}	Ag_2CrO_4	1.12×10^{-12}
* Hg_2I_2	4.5×10^{-29}	* $Zn(OH)_2$	1.2×10^{-17}	* $Ag_2Cr_2O_7$	2.0×10^{-7}
HgI_2	2.9×10^{-29}	**草酸盐**		* $BaCrO_4$	1.2×10^{-10}
$PbBr_2$	6.60×10^{-6}	$Ag_2C_2O_4$	5.4×10^{-12}	* $CaCrO_4$	7.1×10^{-4}
* $PbCl_2$	1.6×10^{-5}	* BaC_2O_4	1.6×10^{-7}	* $CuCrO_4$	3.6×10^{-6}
PbF_2	3.3×10^{-8}	* $CaC_2O_4 \cdot H_2O$	4×10^{-9}	* Hg_2CrO_4	2.0×10^{-9}
* PbI_2	7.1×10^{-9}	CuC_2O_4	4.43×10^{-10}	* $PbCrO_4$	2.8×10^{-13}
SrF_2	4.33×10^{-9}	* $FeC_2O_4 \cdot 2H_2O$	3.2×10^{-7}	* $SrCrO_4$	2.2×10^{-5}
碳酸盐		$Hg_2C_2O_4$	1.75×10^{-13}	**硫酸盐**	
Ag_2CO_3	8.45×10^{-12}	$MgC_2O_4 \cdot 2H_2O$	4.83×10^{-6}	* Ag_2SO_4	1.4×10^{-5}
* $BaCO_3$	5.1×10^{-9}	$MnC_2O_4 \cdot 2H_2O$	1.70×10^{-7}	* $BaSO_4$	1.1×10^{-10}
$CaCO_3$	3.36×10^{-9}	** PbC_2O_4	8.51×10^{-10}	* $CaSO_4$	9.1×10^{-6}
$CdCO_3$	1.0×10^{-12}	* $SrC_2O_4 \cdot H_2O$	1.6×10^{-7}	Hg_2SO_4	6.5×10^{-7}
* $CuCO_3$	1.4×10^{-10}	$ZnC_2O_4 \cdot 2H_2O$	1.38×10^{-9}	* $PbSO_4$	1.6×10^{-8}
$FeCO_3$	3.13×10^{-11}	* CdS	8.0×10^{-27}	* $SrSO_4$	3.2×10^{-7}
Hg_2CO_3	3.6×10^{-17}	* $CoS(\alpha-型)$	4.0×10^{-21}	**其他盐**	
$MgCO_3$	6.82×10^{-6}	* $CoS(\beta-型)$	2.0×10^{-25}	* $[Ag^+][Ag(CN)_2^-]$	7.2×10^{-11}
$MnCO_3$	2.24×10^{-11}	* Cu_2S	2.5×10^{-48}	* $Ag_4[Fe(CN)_6]$	1.6×10^{-41}
$NiCO_3$	1.42×10^{-7}	* CuS	6.3×10^{-36}	* $Cu_2[Fe(CN)_6]$	1.3×10^{-16}
* $PbCO_3$	7.4×10^{-14}	* FeS	6.3×10^{-18}	* Ag_2S	6.3×10^{-50}
$SrCO_3$	5.6×10^{-10}	HgS(黑色)	1.6×10^{-52}	* $AgIO_3$	3.0×10^{-8}
$ZnCO_3$	1.46×10^{-10}	HgS(红色)	4×10^{-53}	$Cu(IO_3)_2 \cdot H_2O$	7.4×10^{-8}
氢氧化物		* MnS(晶形)	2.5×10^{-13}	** $KHC_4H_4O_6$(酒石酸氢钾)	3×10^{-4}
* $AgOH$	2.0×10^{-8}	** NiS	1.07×10^{-21}	** $Al(8-羟基喹啉)_3$	5×10^{-33}
* $Al(OH)_3$(无定形)	1.3×10^{-33}	* PbS	8.0×10^{-28}	* $K_2Na[Co(NO_2)_6] \cdot H_2O$	2.2×10^{-11}
* $Be(OH)_2$(无定形)	1.6×10^{-22}	* SnS	1×10^{-25}	* $Na(NH_4)_2[Co(NO_2)_6]$	4×10^{-12}
* $Ca(OH)_2$	5.5×10^{-6}	* SnS_2	2×10^{-27}	** $Ni(丁二酮肟)_2$	4×10^{-24}
* $Cd(OH)_2$	5.27×10^{-15}	** ZnS	2.93×10^{-25}	** $Mg(8-羟基喹啉)_2$	4×10^{-16}
** $Co(OH)_2$(粉红色)	1.09×10^{-15}	**磷酸盐**		** $Zn(8-羟基喹啉)_2$	5×10^{-25}
** $Co(OH)_2$(蓝色)	5.92×10^{-15}	* Ag_3PO_4	1.4×10^{-16}		

摘自 David R. Lide, Handbook of Chemistry and Physics, 78th. edition, 1997—1998
* 摘自 J. A. Dean Ed. Lange's Handbook of Chemistry, 13th. edition 1985
** 摘自其他参考书。

附录Ⅶ 标准电极电势(298.15 K)

1. 在酸性溶液中

电对	电极反应	$\varphi^{\ominus}/V$
Li(Ⅰ)—(0)	$Li^+ + e^- \rightleftharpoons Li$	−3.045
K(Ⅰ)—(0)	$K^+ + e^- \rightleftharpoons K$	−2.925
Rb(Ⅰ)—(0)	$Rb^+ + e^- \rightleftharpoons Rb$	−2.925
Cs(Ⅰ)—(0)	$Cs^+ + e^- \rightleftharpoons Cs$	−2.923
Ba(Ⅱ)—(0)	$Ba^{2+} + 2e^- \rightleftharpoons Ba$	−2.90
Sr(Ⅱ)—(0)	$Sr^{2+} + 2e^- \rightleftharpoons Sr$	−2.89
Ca(Ⅱ)—(0)	$Ca^{2+} + 2e^- \rightleftharpoons Ca$	−2.87
Na(Ⅰ)—(0)	$Na^+ + e^- \rightleftharpoons Na$	−2.714
La(Ⅲ)—(0)	$La^{3+} + 3e^- \rightleftharpoons La$	−2.52
Ce(Ⅲ)—(0)	$Ce^{3+} + 3e^- \rightleftharpoons Ce$	−2.48
Mg(Ⅱ)—(0)	$Mg^{2+} + 2e^- \rightleftharpoons Mg$	−2.37
Sc(Ⅲ)—(0)	$Sc^{3+} + 3e^- \rightleftharpoons Sc$	−2.08
Al(Ⅲ)—(0)	$[AlF_6]^{3-} + 3e^- \rightleftharpoons Al + 6F^-$	−2.07
Be(Ⅱ)—(0)	$Be^{2+} + 2e^- \rightleftharpoons Be$	−1.85
Al(Ⅲ)—(0)	$Al^{3+} + 3e^- \rightleftharpoons Al$	−1.66
Ti(Ⅱ)—(0)	$Ti^{2+} + 2e^- \rightleftharpoons Ti$	−1.63
Si(Ⅳ)—(0)	$[SiF_6]^{2-} + 4e^- \rightleftharpoons Si + 6F^-$	−1.20
Mn(Ⅱ)—(0)	$Mn^{2+} + 2e^- \rightleftharpoons Mn$	−1.18
V(Ⅱ)—(0)	$V^{2+} + 2e^- \rightleftharpoons V$	−1.18
Ti(Ⅳ)—(0)	$TiO^{2+} + 2H^+ + 4e^- \rightleftharpoons Ti + H_2O$	−0.89
B(Ⅲ)—(0)	$H_3BO_3 + 3H^+ + 3e^- \rightleftharpoons B + 3H_2O$	−0.87
Si(Ⅳ)—(0)	$SiO_2 + 4H^+ + 4e^- \rightleftharpoons Si + 2H_2O$	−0.86
Zn(Ⅱ)—(0)	$Zn^{2+} + 2e^- \rightleftharpoons Zn$	−0.763
Cr(Ⅲ)—(0)	$Cr^{3+} + 3e^- \rightleftharpoons Cr$	−0.74
C(Ⅳ)—(Ⅲ)	$2CO_2 + 2H^+ + 2e^- \rightleftharpoons H_2C_2O_4$	−0.49
Fe(Ⅱ)—(0)	$Fe^{2+} + 2e^- \rightleftharpoons Fe$	−0.440
Cr(Ⅲ)—(Ⅱ)	$Cr^{3+} + e^- \rightleftharpoons Cr^{2+}$	−0.41
Cd(Ⅱ)—(0)	$Cd^{2+} + 2e^- \rightleftharpoons Cd$	−0.403
Ti(Ⅲ)—(Ⅱ)	$Ti^{3+} + e^- \rightleftharpoons Ti^{2+}$	−0.37
Pb(Ⅱ)—(0)	$PbI_2 + 2e^- \rightleftharpoons Pb + 2I^-$	−0.365
Pb(Ⅱ)—(0)	$PbSO_4 + 2e^- \rightleftharpoons Pb + SO_4^{2-}$	−0.355 3
Pb(Ⅱ)—(0)	$PbBr_2 + 2e^- \rightleftharpoons Pb + 2Br^-$	−0.280
Co(Ⅱ)—(0)	$Co^{2+} + 2e^- \rightleftharpoons Co$	−0.277
Pb(Ⅱ)—(0)	$PbCl_2 + 2e^- \rightleftharpoons Pb + 2Cl^-$	−0.268
V(Ⅲ)—(Ⅱ)	$V^{3+} + e^- \rightleftharpoons V^{2+}$	−0.255
V(Ⅴ)—(0)	$VO_2^+ + 4H^+ + 5e^- \rightleftharpoons V + 2H_2O$	−0.253
Sn(Ⅳ)—(0)	$[SnF_6]^{2-} + 4e^- \rightleftharpoons Sn + 6F^-$	−0.25
Ni(Ⅱ)—(0)	$Ni^{2+} + 2e^- \rightleftharpoons Ni$	−0.246
Ag(Ⅰ)—(0)	$AgI + e^- \rightleftharpoons Ag + I^-$	−0.152

(续表)

电对	电极反应	$\varphi^{\ominus}/\text{V}$
Sn(II)—(0)	$Sn^{2+}+2e^-=\!=\!=Sn$	-0.136
Pb(II)—(0)	$Pb^{2+}+2e^-=\!=\!=Pb$	-0.126
Hg(II)—(0)	$[HgI_4]^{2-}+2e^-=\!=\!=Hg+4I^-$	-0.04
H(I)—(0)	$2H^++2e^-=\!=\!=H_2$	0.00
Ag(I)—(0)	$[Ag(S_2O_3)_2]^{3-}+e^-=\!=\!=Ag+2S_2O_3^{2-}$	0.003
Ag(I)—(0)	$AgBr+e^-=\!=\!=Ag+Br^-$	0.071
S(2.5)—(II)	$S_4O_6^{2-}+2e^-=\!=\!=2S_2O_3^{2-}$	0.08
Ti(IV)—(III)	$TiO^{2+}+2H^++e^-=\!=\!=Ti^{3+}+H_2O$	0.10
S(0)—(II)	$S+2H^++2e^-=\!=\!=H_2S$	0.141
Sn(IV)—(II)	$Sn^{4+}+2e^-=\!=\!=Sn^{2+}$	0.154
Cu(II)—(I)	$Cu^{2+}+e^-=\!=\!=Cu^+$	0.159
S(VI)—(IV)	$SO_4^{2-}+4H^++2e^-=\!=\!=H_2SO_4+2H_2O$	0.17
Hg(II)—(0)	$[HgBr_4]^{2-}+2e^-=\!=\!=Hg+4Br^-$	0.21
Ag(I)—(0)	$AgCl+e^-=\!=\!=Ag+Cl^-$	0.2223
Hg(I)—(0)	$Hg_2Cl_2+2e^-=\!=\!=2Hg+2Cl^-$	0.268
Cu(II)—(0)	$Cu^{2+}+2e^-=\!=\!=Cu$	0.337
V(IV)—(III)	$VO^{2+}+2H^++e^-=\!=\!=V^{3+}+H_2O$	0.337
Fe(III)—(II)	$[Fe(CN)_6]^{3-}+e^-=\!=\!=[Fe(CN)_6]^{4-}$	0.36
S(IV)—(II)	$2H_2SO_3+2H^++4e^-=\!=\!=S_2O_3^{2-}+3H_2O$	0.40
Ag(I)—(0)	$Ag_2CrO_4+2e^-=\!=\!=Ag+CrO_4^{2-}$	0.447
S(IV)—(0)	$H_2SO_3+4H^++4e^-=\!=\!=S+3H_2O$	0.45
Cu(I)—(0)	$Cu^++e^-=\!=\!=Cu$	0.52
I(0)—(−I)	$I_2+2e^-=\!=\!=2I^-$	0.5345
Mn(VII)—(VI)	$MnO_4^-+e^-=\!=\!=MnO_4^{2-}$	0.564
As(V)—(III)	$H_3AsO_4+2H^++2e^-=\!=\!=H_3AsO_3+H_2O$	0.58
Hg(II)—(I)	$2HgCl_2+2e^-=\!=\!=Hg_2Cl_2+2Cl^-$	0.63
O(0)—(−I)	$O_2+2H^++2e^-=\!=\!=H_2O_2$	0.682
Pt(II)—(0)	$[PtCl_4]^{2-}+2e^-=\!=\!=Pt+4Cl^-$	0.73
Fe(III)—(II)	$Fe^{3+}+e^-=\!=\!=Fe^{2+}$	0.771
Hg(I)—(0)	$Hg_2^{2+}+2e^-=\!=\!=2Hg$	0.793
Ag(I)—(0)	$Ag^++e^-=\!=\!=Ag$	0.799
N(V)—(IV)	$NO_3^-+2H^++e^-=\!=\!=NO_2+H_2O$	0.80
Hg(II)—(I)	$2Hg^{2+}+2e^-=\!=\!=Hg_2^{2+}$	0.920
N(V)—(III)	$NO_3^-+3H^++2e^-=\!=\!=HNO_2+H_2O$	0.94
N(V)—(II)	$NO_3^-+4H^++3e^-=\!=\!=NO+2H_2O$	0.96
N(III)—(II)	$HNO_2+H^++e^-=\!=\!=NO+H_2O$	1.00
Au(III)—(0)	$[AuCl_4]^-+3e^-=\!=\!=Au+4Cl^-$	1.00
V(V)—(IV)	$VO_2^++2H^++e^-=\!=\!=VO^{2+}+H_2O$	1.00
Br(0)—(−I)	$Br_2(l)+2e^-=\!=\!=2Br^-$	1.065
Cu(II)—(I)	$Cu^{2+}+2CN^-+e^-=\!=\!=Cu(CN)_2^-$	1.12
Se(VI)—(IV)	$SeO_4^{2-}+4H^++2e^-=\!=\!=H_2SeO_3+H_2O$	1.15
Cl(VII)—(V)	$ClO_4^-+2H^++2e^-=\!=\!=ClO_3^-+H_2O$	1.19

(续表)

电对	电极反应	$\varphi^{\ominus}/V$
I(V)—(0)	$2IO_3^- + 12H^+ + 10e^- = I_2 + 6H_2O$	1.20
Cl(V)—(Ⅲ)	$ClO_3^- + 3H^+ + 2e^- = HClO_2 + H_2O$	1.21
O(0)—(Ⅱ)	$O_2 + 4H^+ + 4e^- = 2H_2O$	1.229
Mn(Ⅳ)—(Ⅱ)	$MnO_2 + 4H^+ + 2e^- = Mn^{2+} + 2H_2O$	1.23
Cr(Ⅵ)—(Ⅲ)	$Cr_2O_7^{2-} + 14H^+ + 6e^- = 2Cr^{3+} + 7H_2O$	1.33
Cl(0)—(Ⅰ)	$Cl_2 + 2e^- = 2Cl^-$	1.36
I(Ⅰ)—(0)	$2HIO + 2H^+ + 2e^- = I_2 + 2H_2O$	1.45
Pb(Ⅳ)—(Ⅱ)	$PbO_2 + 4H^+ + 2e^- = Pb^{2+} + 2H_2O$	1.455
Au(Ⅲ)—(0)	$Au^{3+} + 3e^- = Au$	1.50
Mn(Ⅲ)—(Ⅱ)	$Mn^{3+} + e^- = Mn^{2+}$	1.51
Mn(Ⅶ)—(Ⅱ)	$MnO_4^- + 8H^+ + 5e^- = Mn^{2+} + 4H_2O$	1.51
Br(V)—(0)	$2BrO_3^- + 12H^+ + 10e^- = Br_2 + 6H_2O$	1.52
Br(Ⅰ)—(0)	$2HBrO + 2H^+ + 2e^- = Br_2 + 2H_2O$	1.59
Ce(Ⅳ)—(Ⅲ)	$Ce^{4+} + e^- = Ce^{3+}$ (1 mol·L^{-1} HNO_3)	1.61
Cl(Ⅰ)—(0)	$2HClO + 2H^+ + 2e^- = Cl_2 + 2H_2O$	1.63
Cl(Ⅲ)—(Ⅰ)	$HClO_2 + 2H^+ + 2e^- = HClO + H_2O$	1.64
Pb(Ⅳ)—(Ⅱ)	$PbO_2 + SO_4^{2-} + 4H^+ + 2e^- = PbSO_4 + 2H_2O$	1.685
Mn(Ⅶ)—(Ⅳ)	$MnO_4^- + 4H^+ + 3e^- = MnO_2 + 2H_2O$	1.695
O(Ⅰ)—(Ⅱ)	$H_2O_2 + 2H^+ + 2e^- = 2H_2O$	1.77
Co(Ⅲ)—(Ⅱ)	$Co^{3+} + e^- = Co^{2+}$	1.84
S(Ⅶ)—(Ⅵ)	$S_2O_8^{2-} + 2e^- = 2SO_4^{2-}$	2.01
F(0)—(Ⅰ)	$F_2 + 2e^- = 2F^-$	2.87

2. 在碱性溶液中

电对	电极反应	$\varphi^{\ominus}/V$
Mg(Ⅱ)—(0)	$Mg(OH)_2 + 2e^- = Mg + 2OH^-$	−2.69
Al(Ⅲ)—(0)	$H_2AlO_3^- + H_2O + 3e^- = Al + 4OH^-$	−2.35
P(Ⅰ)—(0)	$H_2PO_2^- + e^- = P + 2OH^-$	−2.05
B(Ⅲ)—(0)	$H_2BO_3^- + H_2O + 3e^- = B + 4OH^-$	−1.79
Si(Ⅳ)—(0)	$SiO_3^{2-} + 3H_2O + 4e^- = Si + 6OH^-$	−1.70
Mn(Ⅱ)—(0)	$Mn(OH)_2 + 2e^- = Mn + 2OH^-$	−1.55
Zn(Ⅱ)—(0)	$Zn(CN)_4^{2-} + 2e^- = Zn + 4CN^-$	−1.26
Zn(Ⅱ)—(0)	$ZnO_2^{2-} + 2H_2O + 2e^- = Zn + 4OH^-$	−1.216
Cr(Ⅲ)—(0)	$CrO_2^- + 2H_2O + 3e^- = Cr + 4OH^-$	−1.2
Zn(Ⅱ)—(0)	$Zn(NH_3)_4^{2+} + 2e^- = Zn + 4NH_3$	−1.04
S(Ⅵ)—(Ⅳ)	$SO_4^{2-} + H_2O + 2e^- = SO_3^{2-} + 2OH^-$	−0.93
Sn(Ⅱ)—(0)	$HSnO_2^- + H_2O + 2e^- = Sn + 3OH^-$	−0.91
Fe(Ⅱ)—(0)	$Fe(OH)_2 + 2e^- = Fe + 2OH^-$	−0.877
H(Ⅰ)—(0)	$2H_2O + 2e^- = H_2 + 2OH^-$	−0.828
Cd(Ⅱ)—(0)	$Cd(NH_3)_4^{2+} + 2e^- = Cd + 4NH_3$	−0.61
S(Ⅳ)—(Ⅱ)	$2SO_3^{2-} + 3H_2O + 4e^- = S_2O_3^{2-} + 6OH^-$	−0.58

(续表)

电 对	电极反应	$\varphi^{\ominus}/V$
Fe(Ⅲ)—(Ⅱ)	$Fe(OH)_3 + e^- \rightleftharpoons Fe(OH)_2 + OH^-$	−0.56
S(0)—(Ⅱ)	$S + 2e^- \rightleftharpoons S^{2-}$	−0.48
Ni(Ⅱ)—(0)	$Ni(NH_3)_6^{2+} + 2e^- \rightleftharpoons Ni + 6NH_3(aq)$	−0.48
Cu(Ⅰ)—(0)	$Cu(CN)_2^- + e^- \rightleftharpoons Cu + 2CN^-$	约−0.43
Hg(Ⅱ)—(0)	$Hg(CN)_4^{2-} + 2e^- \rightleftharpoons Hg + 4CN^-$	−0.37
Ag(Ⅰ)—(0)	$Ag(CN)_2^- + e^- \rightleftharpoons Ag + 2CN^-$	−0.31
Cr(Ⅵ)—(Ⅲ)	$CrO_4^{2-} + 2H_2O + 3e^- \rightleftharpoons CrO_2^- + 4OH^-$	−0.12
Cu(Ⅰ)—(0)	$Cu(NH_3)_2^+ + e^- \rightleftharpoons Cu + 2NH_3$	−0.12
Mn(Ⅳ)—(Ⅱ)	$MnO_2 + 2H_2O + 2e^- \rightleftharpoons Mn(OH)_2 + 2OH^-$	−0.05
Ag(Ⅰ)—(0)	$AgCN + e^- \rightleftharpoons Ag + CN^-$	−0.017
Mn(Ⅳ)—(Ⅱ)	$MnO_2 + 2H_2O + 2e^- \rightleftharpoons Mn(OH)_2 + 2OH^-$	−0.05
N(Ⅴ)—(Ⅲ)	$NO_3^- + H_2O + 2e^- \rightleftharpoons NO_2^- + 2OH^-$	0.01
Hg(Ⅱ)—(0)	$HgO + H_2O + 2e^- \rightleftharpoons Hg + 2OH^-$	0.098
Co(Ⅲ)—(Ⅱ)	$Co(NH_3)_6^{3+} + e^- \rightleftharpoons Co(NH_3)_6^{2+}$	0.1
Co(Ⅲ)—(Ⅱ)	$Co(OH)_3 + e^- \rightleftharpoons Co(OH)_2 + OH^-$	0.17
I(Ⅴ)—(Ⅰ)	$IO_3^- + 3H_2O + 6e^- \rightleftharpoons I^- + 6OH^-$	0.26
Cl(Ⅴ)—(Ⅲ)	$ClO_3^- + H_2O + 2e^- \rightleftharpoons ClO_2^- + 2OH^-$	0.33
Cl(Ⅶ)—(Ⅴ)	$ClO_4^- + H_2O + 2e^- \rightleftharpoons ClO_3^- + 2OH^-$	0.36
Ag(Ⅰ)—(0)	$Ag(NH_3)_2^+ + e^- \rightleftharpoons Ag + 2NH_3$	0.373
O(0)—(Ⅱ)	$O_2 + 2H_2O + 4e^- \rightleftharpoons 4OH^-$	0.401
I(Ⅰ)—(Ⅰ)	$IO^- + H_2O + 2e^- \rightleftharpoons I^- + 2OH^-$	0.49
Mn(Ⅵ)—(Ⅳ)	$MnO_4^{2-} + 2H_2O + 2e^- \rightleftharpoons MnO_2 + 4OH^-$	0.60
Br(Ⅴ)—(Ⅰ)	$BrO_3^- + 3H_2O + 6e^- \rightleftharpoons Br^- + 6OH^-$	0.61
Cl(Ⅲ)—(Ⅰ)	$ClO_2^- + H_2O + 2e^- \rightleftharpoons ClO^- + 2OH^-$	0.66
Br(Ⅰ)—(Ⅰ)	$BrO^- + H_2O + 2e^- \rightleftharpoons Br^- + 2OH^-$	0.76
Cl(Ⅰ)—(Ⅰ)	$ClO^- + H_2O + 2e^- \rightleftharpoons Cl^- + 2OH^-$	0.89

部分习题参考答案

第1章

1. $1.53\ g\cdot L^{-1}$ 2. $16.05\ g/mol$ 3. $279.0\ g\cdot mol^{-1}$, $HgCl_2$ 4. $47.37\ kPa$ 5. $191.34\ kPa$ 6. $67.3\ L$ 7. (1) $75\ kPa$ (2) $112.5\ kPa$ (3) $243\ kPa$ 8. (1) $7.79\ L$ (2) $17.3\ g$ 9. 7.1% 10. $15.8\ mol\cdot L^{-1}$ 11. $162\ g\cdot mol^{-1}$ 12. $9.89\ g$ 14. $107.9\ g\cdot mol^{-1}$ 15. $10.87\ g$ 16. $3.85\ K\cdot kg\cdot mol^{-1}$ 17. $269.5\ g\cdot mol^{-1}$, S_8 18. $86.96\ g\cdot mol^{-1}$ 19. $752\ kPa$ 20. $2874\ kPa$ 21. (1) $1.54\times10^{-4}\ mol\cdot L^{-1}$ (2) $6.69\times10^4\ g\cdot mol^{-1}$ (3) $2.86\times10^{-4}\ K$ (4) 不能

第2章

1. $17\ kJ$ 3. $425\ g$ 5. $219.0\ kJ\cdot mol^{-1}$ 7. $\Delta_rH_m^{\ominus}(总)=-1366.8\ kJ\cdot mol^{-1}$ 11. $T>1110.3\ K$ 15. 2.4×10^{-2} 17. $61.7\%,92\%$ 19. 2.6×10^{-4} 8. 9×10^{-3} 21. 6.7×10^{43} 2.5×10^{36} 23. $-317\ kJ\cdot mol^{-1}$ 25. $5.0\times10^{-4}\ mol^{-1}\cdot L\cdot s^{-1}$ 27. $2.2\times10^{-2}\ h^{-1}$

第3章

1. $0.2\ g$ $20\ mL$ 3. -0.15 0.60% 5. 0.155 ± 0.004 7. 9.56 ± 0.19 9.56 ± 0.13 9. $w(P_2O_5)$: $8.47\%,0.09\%,0.13\%,1.5\%,(8.47\pm0.11)\%,(8.47\pm0.21)\%$; $w(SiO_2)$: $1.61\%,0.08\%,0.10\%,6.2\%,(1.61\pm0.10)\%,1.54\%,0.14\%,0.18\%,12\%,(1.54\pm0.30)\%$ 13. $0.005\ 080\ g\cdot mL^{-1}$ 15. $0.030\ 26$ 17. 91.41% 19. 56.08%

第4章

2. (1) 3.02 (2) 1.9% 3. (1) 8.87 (2) 1.19 (3) 5.13 (4) 0.90 (5) 11.1 (6) 12.38 (7) 4.19 (8) 7.00 4. NaH_2PO_4 溶液 $307.7\ mL$, Na_2HPO_4 溶液 $192.3\ mL$ 5. NH_3 水 $16.67\ mL$, 固体 $(NH_4)_2SO_4$ $1.914\ g$ 6. $[NH_4]^+=0.100\ mol\cdot L^{-1}$ $[NH_3]=5.5\times10^{-8}\ mol\cdot L^{-1}$ 7. $pH=7.74$, 突跃范围 $7.74\sim9.70$, 酚酞 10. 1.153 11. $w(H_3PO_4)=91.84\%$, $w(P_2O_5)=66.51\%$ 12. Na_2CO_3 72.17%, $NaHCO_3$ 6.06% 13. Na_2CO_3 70.70%, $NaOH$ 17.39% 14. 19.24% 15. $w(Na_3PO_4)=73.64\%$, $w(Na_2HPO_4)=7.22\%$ 16. H_3PO_4 $14.89\ mmol$, NaH_2PO_4 $7.07\ mmol$ 17. HCl $0.2254\ mol/L$, $NaOH$ $0.2139\ mol/L$ 18. $w(P)=0.4032\%$

第5章

2. $s_2>s_3>s_1>s_4$ 3. 3.2×10^{-11} 4. $pH=12.35$ 5. 有沉淀产生 6. $0.658\ g$ 7. MgF_2 先沉淀 8. pH 控制在 $5.62\sim3.20$ 之间 10. $0.074\ 21\ mol\cdot L^{-1}$ $0.070\ 67\ mol\cdot L^{-1}$ 11. 85.58% 12. 40.56% 13. (1) $1.12\times10^{-4}\ mol\cdot L^{-1}$ (2) $1.18\times10^{-5}\ mol\cdot L^{-1}$ (3) $3.08\times10^{-3}\ mol\cdot L^{-1}$ 14. (1) 有 $BaCO_3$ 沉淀生成 (2) 有 $Mg(OH)_2$ 沉淀生成 (3) 有沉淀生成 15. $pH=1.10$ 16. $6\ 000\ L$ 17. 3 18. 0.074%

第6章

7. (1) $1.354\ V$ (2) $0.34\ V$ (3) $0.505\ V$ 8. (1) $1.80\ V$ (2) $0.839\ V$ (3) $1.05\ V$ (4) $0.287\ V$

16. (1) -5.69×10^4 J·mol^{-1}　(2) -7.33×10^4 J·mol^{-1}　(3) 2.5×10^4 J·mol^{-1}　17. (1) 1.23 V (2) 1.02 V　18. (1) $K^\ominus=8\times10^{10}$　(2) $K^\ominus=1.2\times10^{-10}$　19. 0.002 4 mol·L^{-1}　20. (3) 0.885 V　(4) $K^\ominus=4.5\times10^{56}$　(5) 5.12×10^5 J·mol^{-1}　21. 2×10^{-3} mol·L^{-1}　22. 2×10^{-8}　23. 0.082 V　26. (1) $\varphi_1=0.67$ V, $\varphi_2=0.89$V　(2) ClO$_3^-$、ClO$_2^-$、ClO$^-$、Cl$_2$　27. 0.026 7 mol·L^{-1}　28. $w(PbO_2)=19.4\%$, $w(PbO)=36.14\%$ 29. $w(KI)=26.7\%$

第 7 章

1. (1) 120 pm　(2) 6.6×10^{-23} pm　2. (2)(5)(6)　10. (1) 第四主族元素　(2) Fe　(3) Cu　11. (1) 24 (2) $1s^22s^22p^63s^23p^63d^54s^1$　(3) $3d^54s^1$　(4) 第四周期、第ⅥB，最高氧化物质化学式为：MO$_3$　17. -326.8 kJ·mol^{-1}

第 8 章

2. [Pt(NH$_3$)$_6$]Cl$_4$ 和 [Pt(NH$_3$)$_3$Cl$_3$]Cl　3. (A)[Co(NH$_3$)$_5$H$_2$O]$^{3+}$；(B)[Co(NH$_3$)$_5$Cl]$^{2+}$　7. [Ag$^+$]=3.7×10^{-10} mol·L^{-1}，[NH$_3$]=2.9 mol·L^{-1}，[Ag(NH$_3$)$_2^+$]≈0.05 mol·L^{-1}　8. 0.68 g·L^{-1}　9. 4.1×10^{-2} mol·L^{-1}　11. 4.90×10^7　14. 0.010 82 mol·L^{-1}，4.028 g　15. 0.142 0　16. 0.039 9,0.350 5,0.607 5

第 9 章

1. 50%, 87%　3. $pK_a=6.63$　5. $a=1.8\times10^2$ L·g^{-1}·cm^{-1}, $\kappa=1.0\times10^4$ L·mol^{-1}·cm^{-1}, $S=5.6\times10^{-3}$ μg·cm^{-2}　7. 0.003 7—0.013 g·L^{-1}　9. 1.0×10^4　13. 2.26, 6.05　14. 3.35×10^{-5} mol·L^{-1}

第 10 章

(无)

第 11 章

1. 0.05 mL　2. 0.1%　3. 2 μg

第 12 章

1. 9.30　2. 49　3. 10　4. 96.7%, 99.6%, 99.9%　5. 7.8 mL　6. 90.9%, 0.087%　7. pH 5.74～7.96 8. 2.5 mmol·g^{-1}　9. 93.04%　10. 16 cm

主要参考书目

1. 华彤文,杨骏英,陈景和,等. 普通化学原理[M]. 2版. 北京:北京大学出版社,1993.
2. 傅献彩. 大学化学[M]. 北京:高等教育出版社,1999.
3. 呼世斌,黄蔷蕾. 无机及分析化学[M]. 北京:高等教育出版社,2001.
4. 大连理工大学无机化学教研室. 无机化学[M]. 4版. 北京:高等教育出版社,2001.
5. 南京大学《无机及分析化学》编写组. 无机及分析化学[M]. 3版. 北京:高等教育出版社,1996.
6. 董元彦. 无机及分析化学[M]. 北京:科学出版社,2001.
7. 武汉大学. 分析化学[M]. 4版. 北京:高等教育出版社,2000.
8. 华东理工大学分析化学教研组,成都科学技术大学分析化学教研组. 分析化学[M]. 4版. 北京:高等教育出版社,1995.
9. 武汉大学,吉林大学,等. 无机化学[M]. 3版. 曹锡章,宋天佑,王杏乔,修订. 北京:高等教育出版社,1994.
10. 宁开桂. 无机及分析化学[M]. 北京:高等教育出版社,1999.
11. 贾之慎. 普通化学[M]. 北京:中国农业科技出版社,1995.
12. 张仕勇. 无机及分析化学[M]. 杭州:浙江大学出版社,2000.
13. 韩振茂. 医用基础化学[M]. 北京:高等教育出版社,1998.
14. 李健美,李利民. 法定计量单位在基础化学中的应用[M]. 北京:中国计量出版社,2000.
15. 贾之慎. 无机及分析化学[M]. 2版. 北京:高等教育出版社,2007.
16. John W H. Chemistry for changing times[M]. Fifth edition. New York:Macmillan Publishing Company,1988.
17. Moeller T, Bailar J C, et al. Chemistry with Inorganic Quantitative Analysis[M]. New York:Academic Press Inc.,1980.
18. Skoog D A, West D M. Analytical Chemistry[M]. 4th edition. Philadelphia:Saunders College Publishing,1986.
19. Holtzciaw H F, Bobinson W R, Odom J D. General Chemistry with Qualitative Analysis[M]. Ninth edition. Lexington:D. C. heah and company,1991.

图书在版编目(CIP)数据

无机及分析化学／许兴友，杜江燕主编. — 2 版.
— 南京：南京大学出版社，2017.4(2021.8 重印)
高等院校化学化工教学改革规划教材
ISBN 978-7-305-18413-0

Ⅰ.①无… Ⅱ.①许… ②杜… Ⅲ.①无机化学-高等学校-教材 ②分析化学-高等学校-教材 Ⅳ.①O61 ②O65

中国版本图书馆 CIP 数据核字(2017)第 073279 号

出版发行	南京大学出版社
社　　址	南京市汉口路 22 号　　邮编 210093
出 版 人	金鑫荣
丛 书 名	高等院校化学化工教学改革规划教材
书　　名	无机及分析化学(第二版)
总 主 编	姚天扬　孙尔康
主　　编	许兴友　杜江燕
责任编辑	刘　飞　蔡文彬　　编辑热线　025-83686531
照　　排	南京开卷文化传媒有限公司
印　　刷	南京京新印刷有限公司
开　　本	787×1092　1/16　印张 25.75　字数 627 千
版　　次	2017 年 4 月第 2 版　2021 年 8 月第 4 次印刷
ISBN	978-7-305-18413-0
定　　价	59.00 元
网　　址	http://www.njupco.com
官方微博	http://weibo.com/njupco
官方微信号	njupress
销售咨询热线	(025)83594756

PPT：无机及分析化学课件

＊版权所有，侵权必究
＊凡购买南大版图书，如有印装质量问题，请与所购图书销售部门联系调换